中文版Rhino 6.0

产品设计从入门到精通

孙燕飞 编著

机械工业出版社
CHINA MACHINE PRESS

前 言

Rhino 是工业产品设计及动画场景设计师们所钟爱的一套集合概念设计与造型功能的强大工具，广泛应用于三维动画制作、工业制造、科学研究以及机械设计等领域。它能轻易整合 3ds Max 与 Softimage 的模型功能部分，对制作精细、弹性与复杂的 3D NURBS 模型，有点石成金的效能。同时，Rhino 也是早期将 NURBS 的强大且完整的造型功能引入到 Windows 操作系统中的软件之一。

本书内容

本书以 Rhino 6.0 为教学版本，向读者详细地讲解了该软件的产品设计功能及其插件功能的应用，全书共 9 章。

- 第 1 章：以循序渐进的方法介绍了 Rhino 6.0 软件的基础知识、产品设计相关专业知识等入门内容。
- 第 2 章：主要讲解 Rhino 的基本操作、环境配置、视窗配置、工作平面、坐标系、可见性设置等知识，便于读者在之后的学习中全面理解与掌握该软件。
- 第 3 章：主要介绍 Rhino 中物件变换工具的使用方法及相关功能，包含物件在 Rhino 坐标系中的移动，物件的旋转、缩放、倾斜、镜像等内容。
- 第 4 章：主要介绍 Rhino 的曲线设计功能。曲线在 Rhino 中的作用是相当大的，曲线既是实体建模的基础，也是曲面建模的基础。曲线既可作为挤出实体的截面，也是曲面建模时的空间骨架。
- 第 5 章：主要介绍 Rhino 实体建模功能。通常，设计师需要根据产品外形的复杂程度，使用不同的建模工具进行建模。对于产品外形比较简单的机械产品，使用 Rhino 的实体建模工具完全可以把模型构建出来。
- 第 6 章：主要介绍 Rhino 6.0 的曲面设计功能。曲面就像是一张有弹性的矩形薄橡皮，NURBS 曲面可以呈现简单的造型（平面及圆柱体），也可以呈现自由造型或雕塑曲面。
- 第 7 章：主要展示了综合应用 Rhino 6.0 的实体建模和曲面建模功能等软件技巧来设计三个工业产品。
- 第 8 章：主要介绍利用 RhinoGold 的相关功能设计各类漂亮珠宝首饰的相关方法和

技巧。

- 第 9 章：主要介绍 Rhino 的渲染辅助软件 KeyShot 7.0，通过学习 KeyShot 相关操作命令，帮助读者可以更好地掌握对 Rhino 所构建的数字模型进行后期渲染处理，以及最终输出符合设计要求的渲染图的相关方法。

本书特色

本书从软件的基本应用及行业知识入手，以 Rhino 6.0 软件的建模指令和插件程序的应用为主线，以实例为引导，按照由浅入深、循序渐进的方式，讲解软件的新版特性和操作方法，使读者能快速掌握 Rhino 的软件设计技巧。

本书中的所有案例均从实战出发，每章、每节都相应配有典型的技术案例，让软件学习与实战技术紧密结合，有助于读者掌握更多的拓展知识。

本书既可以作为大中专院校工业设计、产品设计、珠宝设计等专业的培训教程，也可作为对制造行业有浓厚兴趣读者的案头手册。

作者信息

本书由淄博职业学院的孙燕飞负责全书的编写，参与本书内容编写和案例测试的人员还包括：张红霞、孙占臣、罗凯、刘金刚、王俊新、董文洋、张学颖、鞠成伟、杨春兰、刘永玉、金大玮、陈旭、黄晓瑜、王全景、田婧、黄成、戚彬、马萌、赵光、张庆余、王岩、刘纪宝、任军、郝庆波、李勇、秦琳晶、吕英波、黄建峰、张晓智、王晓丹、张雨滋等，他们为完成本书的编写提供了大量的帮助。

感谢您选购了本书，希望我们的努力对您的工作和学习有所帮助，也希望您把对本书的意见和建议告诉我们。

目　录

Chapter 第1章 Rhino 6.0 产品设计入门

本章导读

Rhino 软件是目前工业设计与产品设计专业应用最为广泛的三维造型软件之一。其强大的曲面造型功能可以应用到诸多行业，如产品设计、建筑造型设计、珠宝设计、游戏建模、制鞋、人物建模等。

Rhino 6.0 是目前最新版本，本章将学习 Rhino 6.0 软件的相关基础知识和工业产品开发与设计流程的知识。

案例展现

案 例 图	描 述
	经过版本的更新改进，Rhino 操作界面越来越简洁、人性化。Rhino 中有大量的工具和命令，而这些工具和命令，不仅可以通过选择图标的方式来执行，还可以以文本的形式直接输入命令。

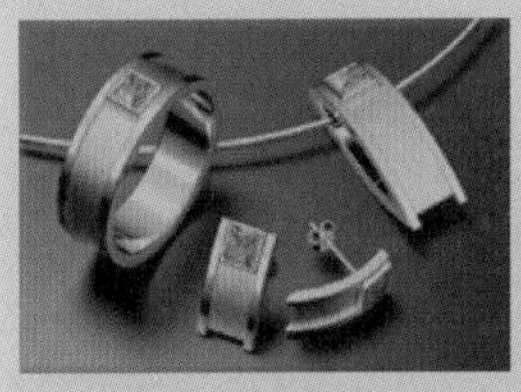
V-Ray渲染作品

Flamingo渲染作品

Penguin渲染作品

KeyShot渲染作品

1.1 工业产品设计概述

工业设计是工业化时代中将技术、艺术与文化转化为生产力的核心环节，也是现代服务业的重要组成部分。

工业设计的主体是产品设计，随着工业加工能力的深入和系统控制能力的提高，其理念已经从产品性能研发、外观设计延伸到市场推广的全过程。

1.1.1 理解产品设计

产品设计既不是一部分人理解的机械传动设计、电气产品的电子线路设计等工程设计，也不是有些人认为的对产品的外形进行美化装饰。前者属于工程设计的范畴，旨在解决产品系统中物与物之间的关系；后者属于对产品的艺术加工，用于展示艺术家的个人意愿。

产品设计的领域很广，有很多内容与其他设计领域相重叠，如家具、椅子等既是产品，又是室内环境设计的组成部分；电话亭、公共候车亭等既是产品，也是室外环境设计的组成部分；产品的标志、包装等设计又涵盖了视觉传达设计的内容。美国著名设计师雷蒙德·罗维认为，产品设计的内容包括大到火车、小到口红的设计。

产品凝聚了材料、技术、生产、管理、需求、消费、审美以及社会经济文化等各方面的因素，是特定时代、特定地域的科学技术水平、生活方式、审美情趣等诸多信息的载体。对于产品的正确理解，有助于把握产品设计的实质。

讨论产品设计离不开对使用者的讨论，可是一旦将人的因素加进来，就容易使刚接触产品设计的人迷失方向。如若抛开人的因素不谈，单从产品本身来讲，产品的基本类型大致有如下几种。

1. 具有全新功能的产品

图 1-1 所示的椅子看起来很简洁，却蕴含着多种变化的可能性，符合现代家具多功能、无限定、简约的特征。它不仅可以作为椅子使用，还可以作为小爬梯、储物架或者任何你能想到的方式来使用。

图 1-1 全新功能的椅子

2. 具有全新形态的产品

图 1-2 所示的这款室内自行车设计可同时供 3 个用户使用。不使用时，它呈鸡蛋形，在下拉出席位时，踏板也跟着推出。外壳是由玻璃纤维制成，使整个设计轻巧耐用。

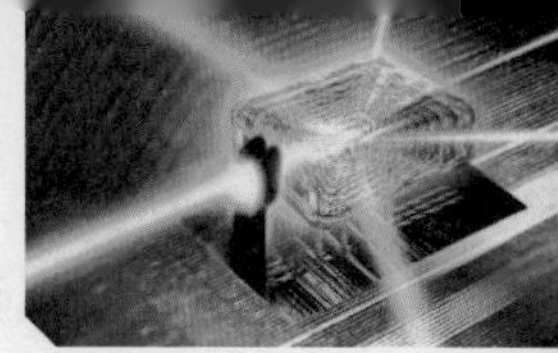

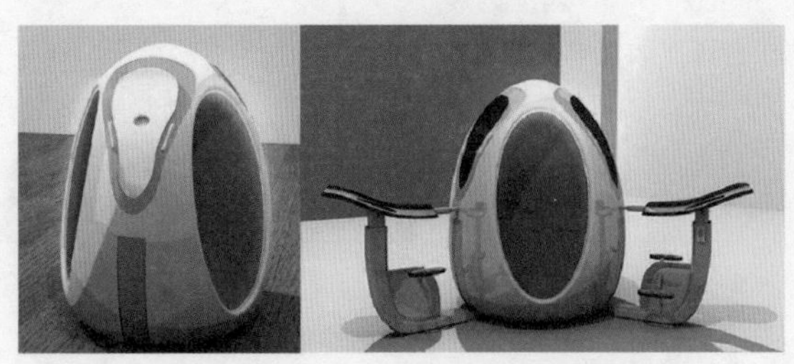

图 1-2　全新形态的室内自行车

3. 在现有功能上进行改进的产品

专供老年人或病人卧床喝水的杯子，设计中注重卧床者使用的功能因素，杯口的部分边缘向外突出，便于在卧床状态下的人饮用时水流直接进入其口中，从而避免握杯的手晃动时水流溢出。水杯把手在喝水口的正侧面，造型宽扁，并向后倾斜一定的角度，使水杯更易于抓握，如图 1-3 所示。

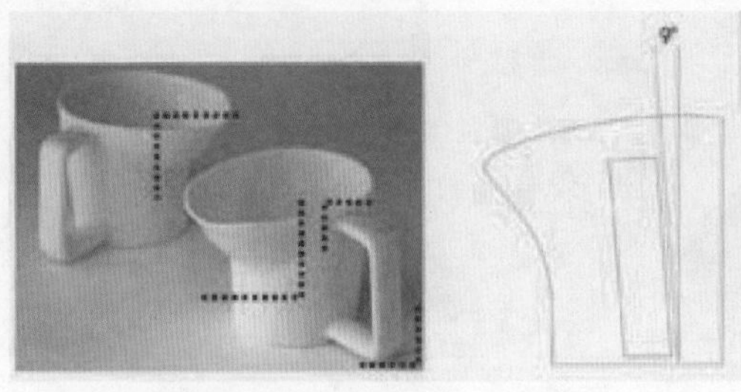

图 1-3　老年人用水杯

图 1-4 所示的这款产品则是在传统插头外观的基础上进行了改造，把插头的中间部分设计成一个圆环，在拔出插头时手指可以放在里面，这样在拔插头时会非常方便、容易，设计师还在圆环内设计了一圈 LED 光环，可以让用户在夜间迅速找到它，并且很方便地拔下。

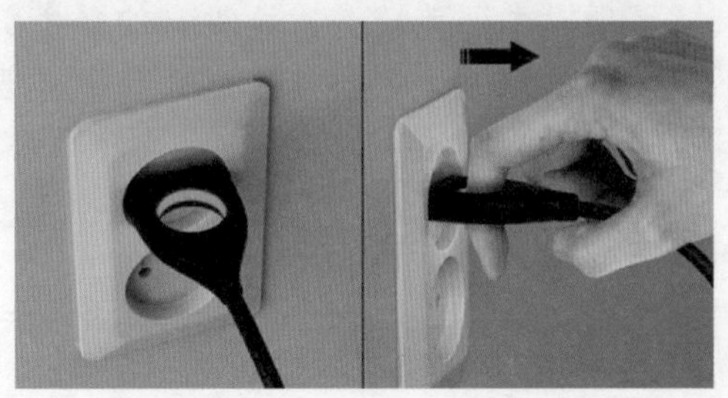

图 1-4　方便拔出的插头设计

4. 具有新用途的现有产品

图 1-5 所示的这款插座，可以像电风扇的定时控制开关一样设定电器的工作时间，不用的时候可以旋转插头把插座关闭锁住。它还提供非常方便的电流供应时间选择，如果电器本身没有设定工作时间的功能，那么只要将它旋转到对应的时间位置就可以了，到指定时间即会自动切断电流。

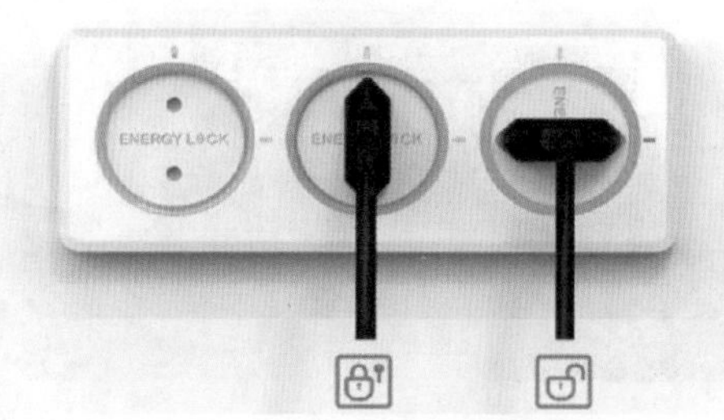

图 1-5　自动切断电源的插座

5. 具有附属功能的产品

在图 1-6 所示的第一张图中展示的 U 盘设计结合了数字存储功能和夹纸功能，非常适合办公环境。而第二张图展示的这款产品设计则为管道牙刷，中间有空隙，当牙膏用到最后阶段时，可以直接用它来辅助将牙膏挤出，从而避免浪费。第三张图展示的设计则是将茶几的腿部设计开口，可以用来夹报纸杂志。

图 1-6　附属功能的产品设计

6. 开辟新市场的产品

Swatch 公司在 2008 年推出了两款奥运新品，一款以京剧脸谱为灵感，两张鲜艳的红色脸谱图案贯穿整个表带，呈现出中国传统艺术所具有的平衡美与大气。另一款则以唐代青花瓷为设计元素，不仅生动地绘制出中国传统的繁花、祥云、蝴蝶、羽翼和燕子等元素，更巧妙地将其结合奥运五环，把属于世界的盛典赋予清秀淡雅的中国气韵，如图 1-7 所示。

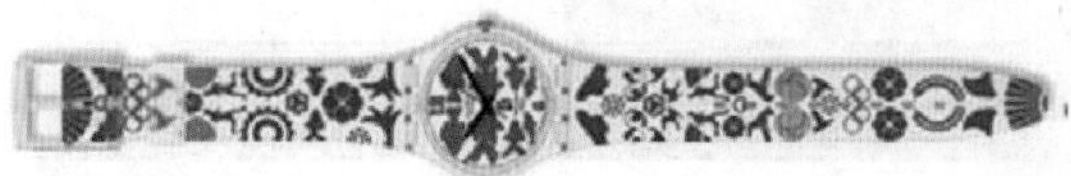

图 1-7　中国风手表

7. 改进式样的产品

外观造型是产品向消费者提供的第一个刺激信号，优秀的造型设计可以为一件产品的技术与价值带来提升，从而延长产品的寿命周期。因此，改进式样是企业实现产品更新的一种

手段，例如，别克君越和君威的造型变化，既能实现产品设计的差异化，又能保持产品系列的基本元素特征，如图 1-8 所示。

图 1-8　改进式样的产品

8. 降级产品

为了应对国际金融危机，带动工业生产，促进消费，拉动内需，我国自 2009 年开始推广家电下乡活动，一些在城市销量一般的产品在乡下却是畅销品，农民朋友们也从中受益。对于乡镇地区来说，就是接受了降级产品。

去过日本的朋友都知道，在日本看过的一些最新产品，国内却没有销售。据传是因为日本有一个不成文的规定，国内生产的某些新产品，要在本国上市一段时间才可以出口到其他消费地区。对于消费日本产品的其他区域来说，也是接受了降级产品。当然，降级产品与质量好坏没有必然联系。

9. 具有全新生活形态的产品

现代社会，压力是每个人都要面对的问题，心灵超市的出现，使人们得以重新审视自己的生活状态，例如某些空容器上面贴有如【每天多点儒家思想】【暂停一下】【中庸】【如何放手】【安全感】等各种关于情感、社会等不同主题的标签，如图 1-9 所示。

图 1-9　具有全新生活形态的产品

因住房贷款陷入困境以及受到绿色住宅理念的影响，将火车车厢、大型集装箱等作为住家也变成了一些人的灵感，如图 1-10 所示。在成本与造价方面，火车车厢、大型集装箱等比传统房屋便宜，最重要的是，这间房屋独一无二只属于你，并且绿色环保（具本摆放规

则请依据当地法律法规)。除此之外，世界各地还有很多利用废旧火车，改造成办公场所、餐厅、酒吧、桥梁、教会等的案例。

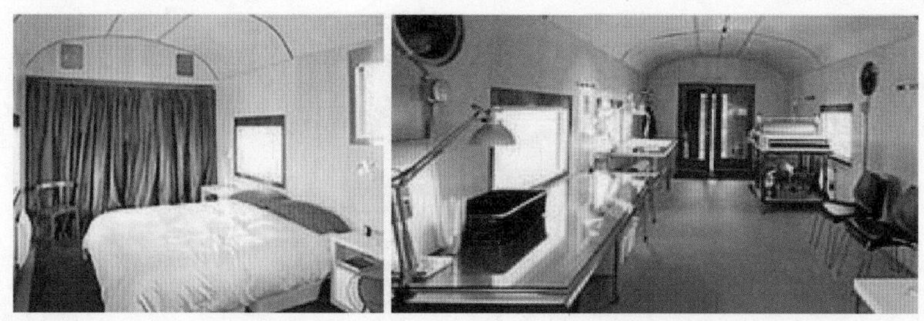

图 1-10　废旧火车改造成住宅后的使用情境

10. 加入新服务理念的旧的产品

产品的硬件可能已经陈旧，但是产品的服务依然持续中，比如汽车租赁服务。

1.1.2　数字技术下的产品设计表达方式

数字技术下的产品设计表达方式，一般是将产品模型的形体转化为计算机中的数据，再利用这些数据，配合与之配套的软硬件接口构建产品的虚拟模型，预览生产后的效果，模拟机构运动，同时，还能够与生产环节的上下游紧密地结合起来。

1. 数字草绘

数字草绘（Digital Sketch）相对于以往的草绘方式而言，更加灵活和便捷。通过数位板（屏）作为输入媒介，真实地模拟马克笔、彩铅、针管笔等设计工具的物理特性，并引入图层这一重要概念，还能够根据施加压力的不同，表现出丰富的笔触变化，既可以进行快速方案构思，也可以进行深入细致的刻画。建议读者掌握一定的数字草绘技术，从而绘制出更加出色的设计方案。数字草绘设计实例如图 1-11 所示。

Wacom Intuos 3数位板

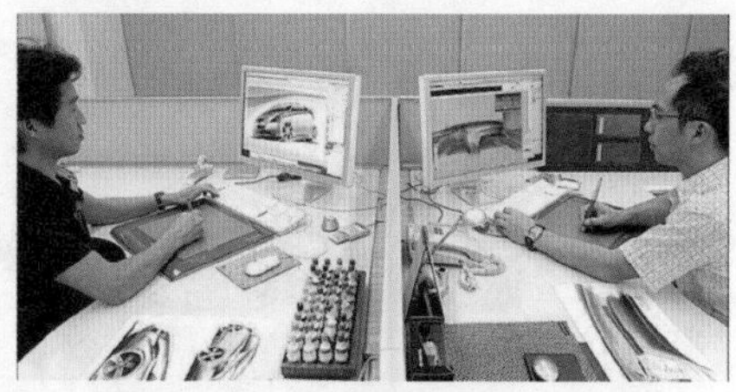

设计师正在使用数位板进行汽车设计

利用数字草绘进行概念草图表达

利用数字草绘进行精细效果图表达

图 1-11　数字草绘设计实例

2. 计算机二维效果图

计算机二维效果图（2D Rendering）介于草绘和数字模型之间，具有制作速度快、修改方便、基本能够反映产品本身材质、光影、尺度比例等诸多优点。效果图如图 1-12 和图 1-13所示。

图 1-12　手机二维设计效果图

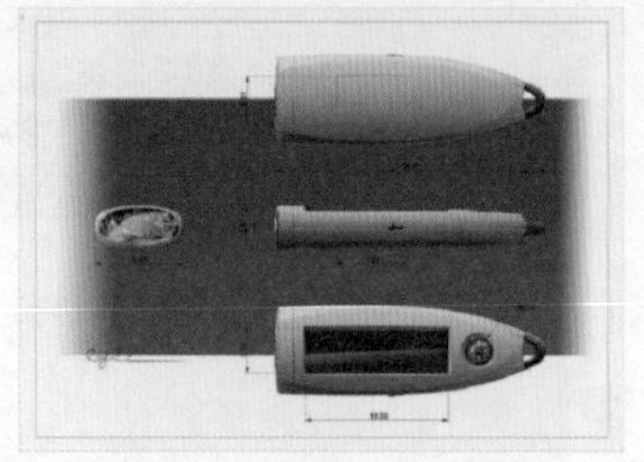

图 1-13　太阳能手电筒二维设计效果图

3. 计算机三维效果图

计算机三维效果图（3D Rendering）借助三维造型软件和相关的渲染软件，根据特定的工具和算法进行产品造型和效果表现。相对于二维效果图来说，三维效果图能够更加直观、真实地表现产品本身的质感、体量感和空间感。三维效果图虽然能很直观地表现产品生产后的形象，但工作效率和可修改能力相对不足，如图 1-14 所示。

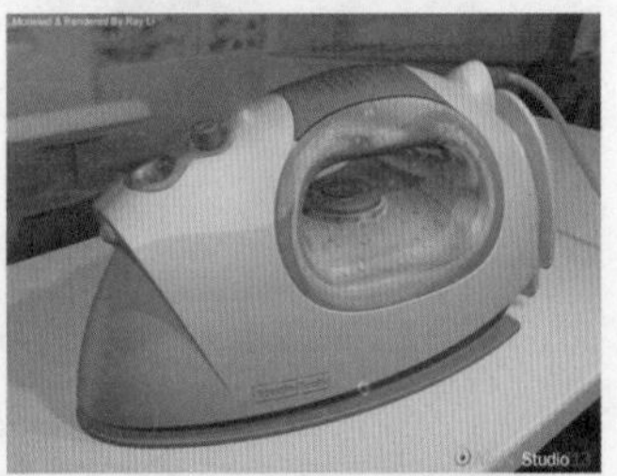

StudioTools制作的电熨斗效果图

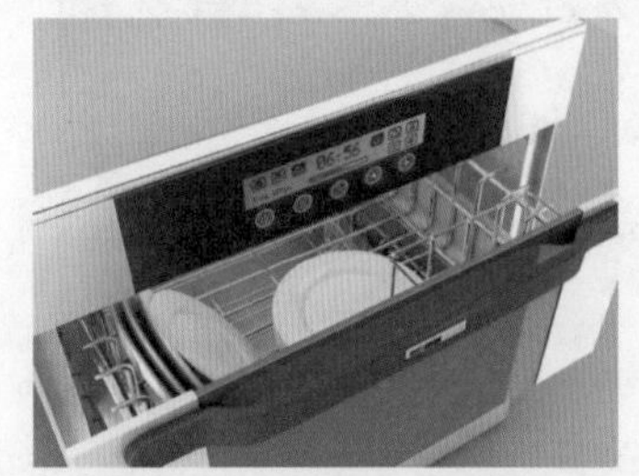

V-Ray for Rhino制作的消毒柜效果图

V-Ray for Rhino制作的食品加工机效果图

Cinema 4D制作的概念车效果图

图 1-14　计算机三维效果图

4. VR 技术

VR（Virtual Reality）技术亦称虚拟现实技术。该技术通过数字手段，对产品设计方案进行虚拟演示和评估。通过 VR 技术，操纵者可以在产品电子模型或样机阶段身临其境地进行产品操作，从而确认当前的方案是否有能力完成预期的设计目标，也可从中评估使用的缺陷和问题，并予以改进，如图 1-15 和图 1-16 所示。

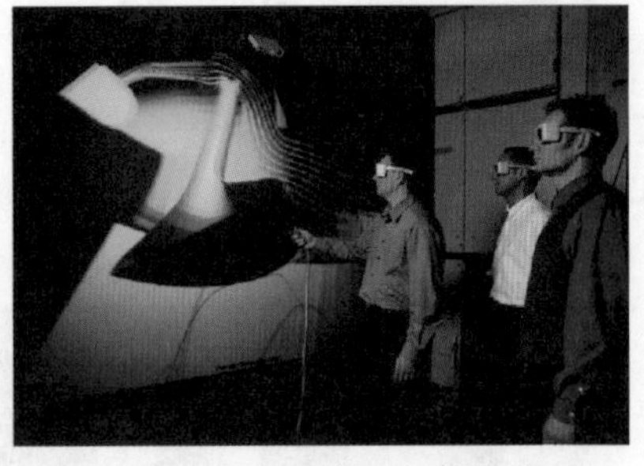

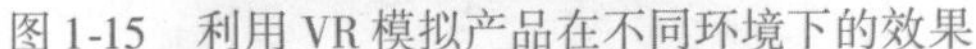

图 1-15　利用 VR 模拟产品在不同环境下的效果　　图 1-16　利用 VR 进行方案的工程评估

5. RP 技术

RP（Rapid Prototyping）技术也叫快速成型技术。该技术是 20 世纪 80 年代后期由工业发达国家率先开发的新技术，其主要技术特征是成型的快捷性，能自动、快捷、精确地将设计思想通过电子模型数据的形式转变成一定功能的产品样机或直接制造零部件，该项技术不仅能缩短产品研制开发周期，减少产品研制开发费用，而且对迅速响应市场需求，提高企业核心竞争力具有重要作用，如图 1-17 和图 1-18 所示。

图 1-17　数控 RP 设备正在加工产品手板　　图 1-18　利用数控铣刀进行油泥车身塑形

RP 技术成型的方法基于计算机三维实体造型，在对三维数据进行处理后，形成截面轮廓信息，随后将各种材料按三维模型的截面轮廓信息进行扫描，使材料粘结、固化、烧结，逐层堆积成为实体原型。目前的快速成型技术的成型方法基本都是按照如下步骤进行的。

01 利用 CAD/CAM 软件（如 Creo、SolidWorks、Unigraphics 等）设计和构建产品三维模型，然后输出特定格式的文件（如 IGES、STEP 等）。

02 RP 设备内置的处理软件对数据文件进行分层处理。

03 RP 设备对分层处理好的数据模型进行分层实体制造，循环往复，直到生成整个成型件。

04 成型件制成后，通常还要按照一定步骤进行表面清洁、打磨抛光、喷漆上色等后处理工序，才能得到最终完美的产品样品。

1.2 Rhino 6.0 软件简介

Rhino 是一款可以在系统中建立、编辑、分析和转换 NURBS 曲线、曲面和实体的三维

多功能建模软件。使用 Rhino 在建模时不受模型的复杂度、阶数以及尺寸的限制，并且支持多边形网格和点云。

1.2.1　简易的用户界面

Rhino 是一款专业的 3D 建模软件，经过版本的更新改进，其操作界面越来越简洁、人性化。Rhino 中有大量的工具或命令，而这些工具和命令，不仅可以通过选择图标的方式来选择执行，还可以直接以文本的形式输入命令。另外，Rhino 中具有类似于 Alias（一款工业设计和 A 级曲面建模软件）的记录构建历史功能，大大提高了 Rhino 的实用性。

Rhino 支持多种平台，除了 Windows 系统，还可以在 Apple Mac OSX 系统中完美地运行，需要注意的是，Rhino 6.0 有 32 位和 64 位两种版本。图 1-19 所示的是 Rhino 6.0 的软件界面。

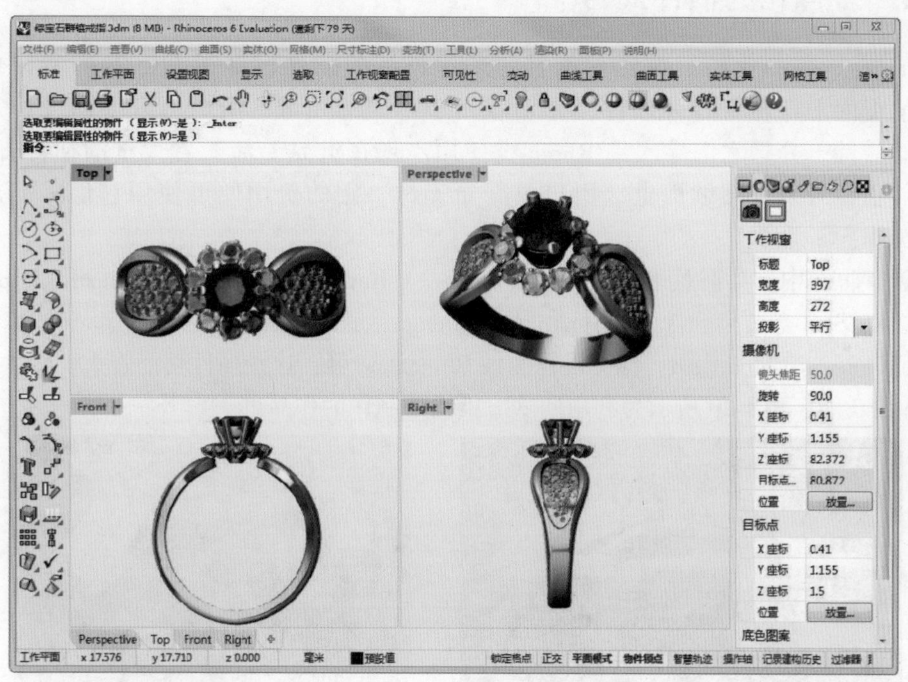

图 1-19　Rhino 软件界面

1.2.2　优质的曲面建模

Rhino 通过运用多种技术，帮助用户制作出高品质的曲面，以实现精确建模。它利用 G-Infinity 混接技术，能够以实时的互动方式来调整混接的两端的转折形状，并维持所设定的几何连续条件（连续性级别最高可以设定到 G4）。UDT 通用变形技术（Universal Deformation Technology）能够让使用者无限制地对曲线、曲面、多边形网格以及实体物件做变形作业，同时还能够保持物件的完整条件。另外，Rhino 还包含布尔运算、RP（Rapid Prototyping）制作、网格（Mesh）文件编辑与修改、强大的多混合（Blend）功能、多样化的圆角技术（Filleting）、多种显示模式等，并且提供了几乎涵盖所有常用工业格式的数据接口，这使得 Rhino 文件可以完好准确地导入到其他软件中。

1.2.3 实惠的价格优势

Rhino 自推出以来，一直秉持经济实惠的价格策略，提供专业级的建模技术，是一个较“平民化”的高端软件。

与 Maya、SoftImage XSI、Alias 等体积庞大的软件相比，Rhino 不仅体积小，轻巧方便，而且在功能上也丝毫不逊色于它们，在价格方面也是经济实惠，是一款值得三维设计人员掌握的、具有较高使用价值的高级建模软件。Rhino 采用灵活的插件机制，弹性高，用户可以根据自己的需要自由地选择并添加各类不同的插件。

Rhino 大概拥有十几种语言版本，在全球几十个国家销售，无论是 3D 建模新手，还是专家级设计人员，都可以用它完成大量建模工作。

1.2.4 多样化的插件支持

Rhino 是一款专业的三维建模软件，采用灵活的插件设计机制，支持多样化的插件。目前市面上存在着各种插件，分别应用于不同的领域，用户可以根据设计需要购买相应的插件，并把它们导入到 Rhino 中使用。现在世界上活跃着大量的插件开发者，很多插件正在开发并陆续面世，用户只需要支付一定的费用便可使用它们来完成特定的设计工作。

在众多插件中，具有代表性的有 Flamingo、V-Ray、Maxwellrender、Brazil、HyperShot、Penguin、KeyShot 等渲染插件，还有动画插件 Bongo、船舶设计插件 Rhino Marin、珠宝设计插件 TechGems 与 Rhino Glod、鞋类设计插件 RhinoShoe 等，这些插件功能强大，极大地增强了 Rhino 的功能。图 1-20 所示为利用四款渲染插件制作的作品。

V-Ray for Rhino渲染器

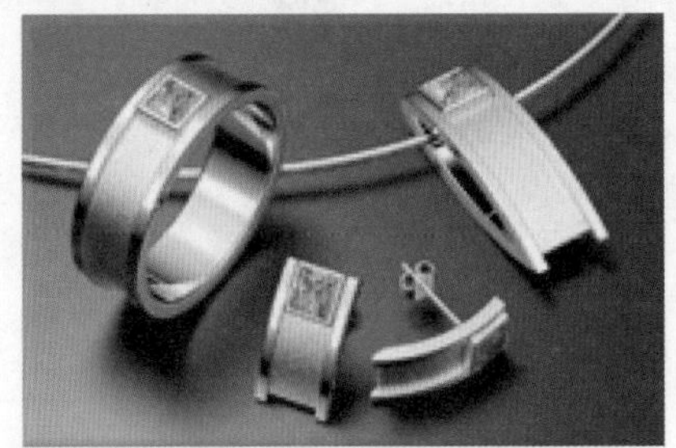

Flamingo（火烈鸟）渲染器

Penguin渲染器

Keyshot渲染器

图 1-20　利用 Rhino 的四款渲染插件制作的作品

1.2.5 良好的文件兼容

Rhino 支持约 35 种文件保存格式，具体的支持格式如图 1-21（左）所示，导入的文件支持格式约为 28 种，几乎兼容了现存的所有的 CAD 数据，如图 1-21（右）所示。Rhino 所具备的优秀文件兼容性便于用户把 Rhino 生成的建模数据导入其他程序或从其他程序导入建模数据进行二次加工，同时也进一步拓宽了 Rhino 的应用领域。

Rhino 5 3D 模型 (*.3dm)
Rhino 4 3D 模型 (*.3dm)
Rhino 3 3D 模型 (*.3dm)
Rhino 2 3D 模型 (*.3dm)
3D Studio (*.3ds)
ACIS (*.sat)
Adobe Illustrator (*.ai)
AutoCAD drawing exchange file - (*.dxf)
AutoCAD drawing file - (*.dwg)
COLLADA (*.dae)
Cult3D (*.cd)
DirectX (*.x)
Enhanced Metafile (*.emf)
GHS Geometry file (*.gf)
GHS Part Maker file (*.pm)
Google Earth (*.kmz)
GTS (*.gts)
IGES (*.igs; *.iges)
KML Google Earth (*.kml)
LightWave (*.lwo)
Moray UDO (*.udo)
MotionBuilder (*.fbx)
Object Properties (*.csv)
Parasolid (*.x_t)
PLY - Polygon File Format (*.ply)
POV-Ray Mesh (*.pov)
Raw Triangles (*.raw)
RenderMan (*.rib)
SketchUp (*.skp)
SLC (*.slc)

Rhino 3D 模型 (*.3dm)
Rhino 3dm 备份文件 (*.3dmbak)
Rhino 分工工作(*.rws)
3D Studio (*.3ds)
AutoCAD drawing exchange file - (*.dxf)
AutoCAD drawing file - (*.dwg)
AutoCAD hatch pattern file (*.pat)
DirectX (*.x)
GHS Geometry (*.gf; *.gft)
GTS file (*.gts)
IGES (*.igs; *.iges)
Leica Cyclone 点 (*.pts)
LightWave (*.lwo)
MicroStation files (*.dgn)
MotionBuilder (*.fbx)
NextEngine Scan (*.scn)
PDF 文件 (*.pdf; *.ai, *.eps)
PLY - 多边形文件格式 (*.ply)
Raw Triangles (*.raw)
Recon M 和 PTS 文件 (*.m,*.pts)
SketchUp (*.skp)
SLC (*.slc)
SolidWorks (*.sldprt;*.sldasm)
STEP (*.stp; *.step)
Stereolithography (*.stl)
VDA (*.vda)
VRML (*.vrml,*.wrl)
WAMIT (*.gdf)
WaveFront OBJ (*.obj)
ZCorp (*.zpr)

图 1-21　Rhino 可导入、导出的文件格式

1.2.6 逼真的实物输出

在使用 Rhino 软件完成三维建模后，可以通过数控机床（CNC，Computer Numeric Control）或快速成型（RP，Rapid Prototyping）设备，将三维建模数据加工成实物，然后把输出的 RP 模型利用硅或橡胶模进行批量复制加工。若 RP 材料具备可塑性，则可以采用直接浇铸法（Direct Casting），使用指定的金属进行加工。RP 设备是产品设计领域中的常用设备，能够制作出各种各样的形态，对设计研究与产品制作具有非常重要的意义。

1.3 Rhino 相关设计网站

1. http://www.rhino3d.com

此网站是 Rhino 软件开发公司 Rovert McNeel & Associates 的官方网站，内有与 Rhino 相关的庞大资料，是一个全球性的网络。此官方网站支持多种语言，可点开导航栏中的【Language】选项，在弹出的语言选项中选择相应的语言，即可访问到相应的页面。在该网站中，各种资料被分门别类地组织在一起，主要分类有 Rhino 最新信息、插件（Plug-in）、支持、教学、资源、作品等。无论是 Rhino 学习新手，还是专家，都能在此网站的学习中受益，并获得大量有用的信息，如图 1-22 所示。

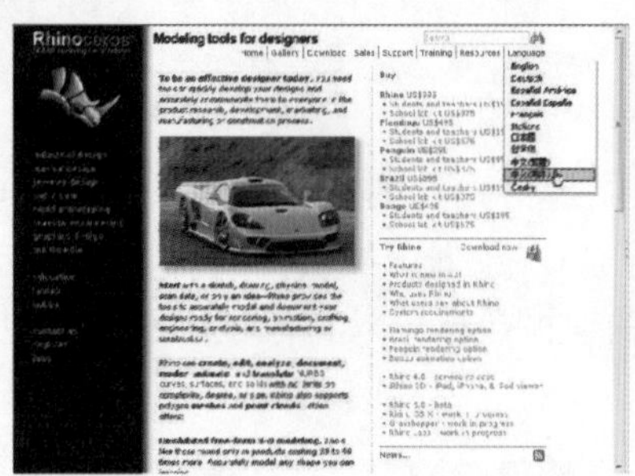

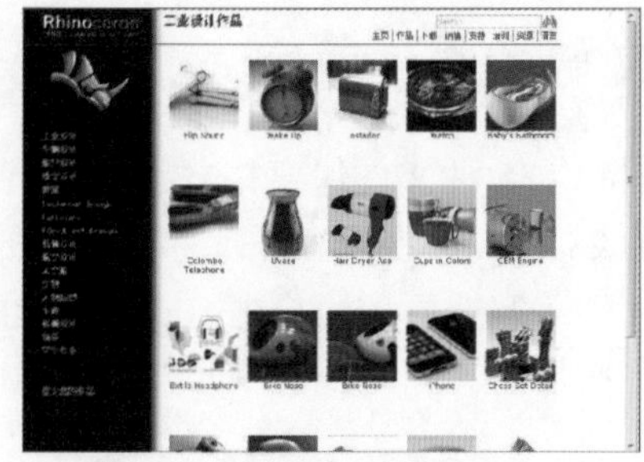

图 1-22　Rhino 官方网站

2. http://www.rhino3d.tv

此网站汇聚了 Rovert McNeel & Associates 公司的视频使用指南以及各种视频学习资料，对 Rhino 初级学习用户非常有帮助。用户在注册为会员并安装 QuickTime 后，能够免费获得这些视频学习资料，如图 1-23 所示。

图 1-23　视频学习资料网站

3. http://www.tsplines.com

此网站是 T-Splines 插件的官方网站，T-Splines 是由 Alias 公司领导开发的一种革命性的崭新建模技术，它结合了 NURBS 和细分曲面建模技术的特点，虽然和 NURBS 很相似，不过它极大地减少了模型表面上的控制点的数目，可以进行局部细节和合并两个 NURBS 面片等操作，使得建模操作速度和渲染速度都得到提升。T-Splines 在塑造角色自然的面部特征以及表现汽车等流线型的产品时，效果非常卓越。用户在此网站上能够找到此插件使用方法的各种资源，比如 PDF 格式的用户指南、视频学习资料等，如图 1-24 所示。

图 1-24　T-Splines 官方网站

4. http://www.asgvis.com

Rhino 渲染插件 V-Ray 的官网，它是由专业的渲染器开发公司 Chaos Group 开发的渲染

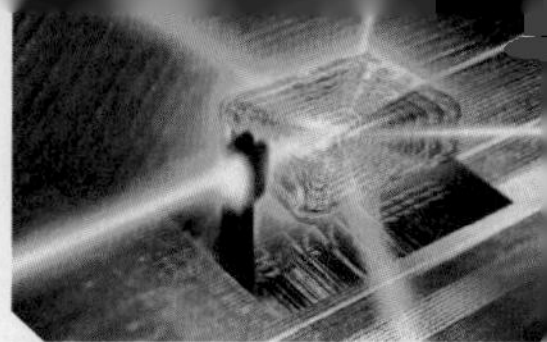

软件，是目前业界最受欢迎的渲染引擎。用户在此网站中能够获得 V-Ray 渲染插件的相关信息与知识，还能获得各种材质资源等。V-Ray 也可以提供单独的渲染程序，方便使用者渲染各种图片，如图 1-25 所示。

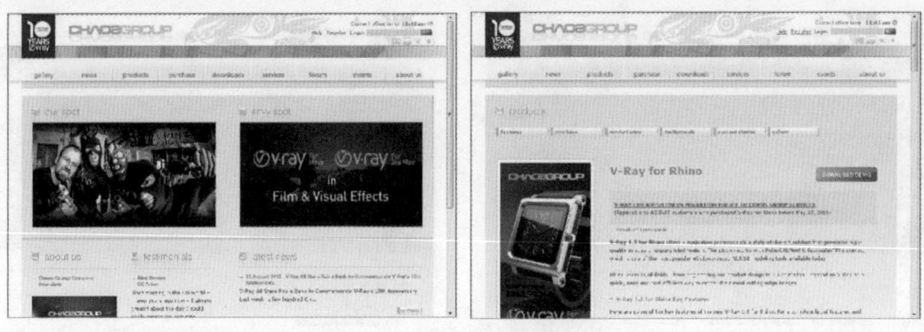

图 1-25　V-Ray 官方网站

5. http://www.flamingo3d.com

此网站是 Rhino 专业渲染插件 Flamingo 的官网，通过该网站，用户能够获得 Flamingo 插件的最新信息以及相关的渲染知识，如图 1-26 所示。

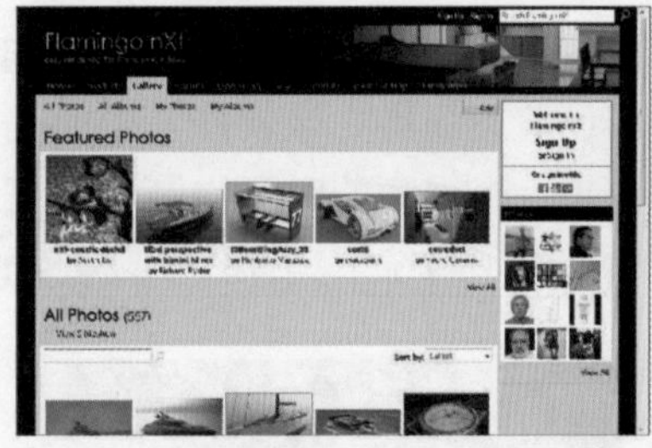

图 1-26　Flamingo 官方网站

6. http://www.sensable.com

此网站是 Clay Tools 工具的官方网站，用户通过该网站能够获得与 Clay Tools 有关的信息、作品以及实例等资料。

Clay Tools 为美国软件公司 SensAble 所开发的三维设计工具，运用独有的触感雕刻笔，可在计算机中建立立体雕塑，并且雕刻笔压感强，操作简单，容易上手，是三维设计的好助手。借助此工具能够弥补单独使用 Rhino 带来的不足，帮助用户轻松而清晰地表达设计观念，应用领域非常广泛，如图 1-27 所示。

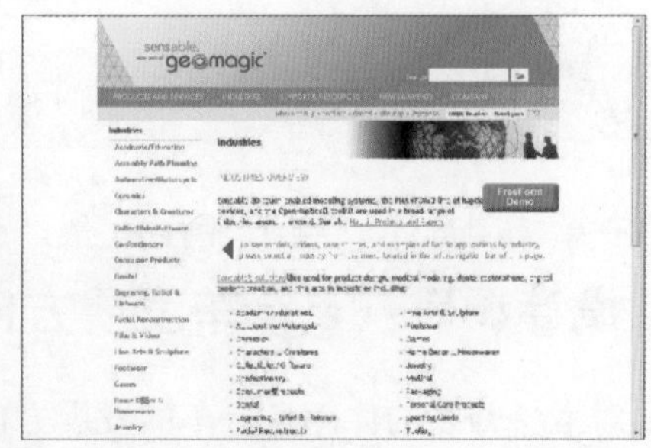

图 1-27　Clay Tools 的官方网站

7. http://www.maxwellrender.com

此网站是 Rhino 专业渲染插件 Maxwell Render 的官网，通过该网站，用户能够获得 Maxwell Render 插件的最新消息以及相关知识，如图 1-28 所示。

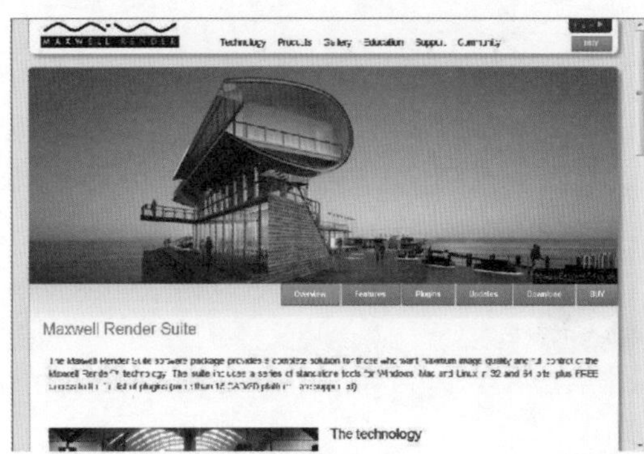

图 1-28　Maxwell Render 官方网站

8. http://www.bunkspeed.com

此网站是 Rhino 即时渲染插件 HyperShot 的官方网站。HyperShot 是由 Bunkspeed 公司出品的一款即时着色渲染插件。该软件采用即时渲染技术，可以让使用者更加直观和方便地调节场景的各种效果，在很短的时间内制作出高品质的渲染效果图，甚至直接在软件中表达出渲染效果，大大缩短了传统渲染操作所需要花费的大量时间，如图 1-29 所示。

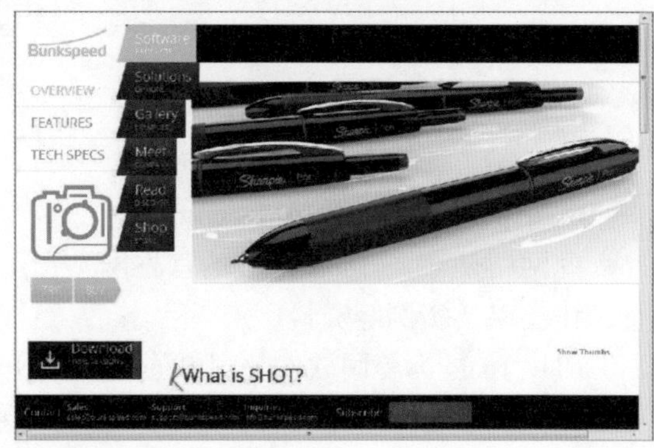

图 1-29　HyperShot 官方网站

1.4 产品开发与设计流程

下面以一款休闲自行车为例，阐述一般产品的开发与设计流程。

1.4.1　设计调研：自行车发展方向

下面要对准备开发的休闲自行车的发展方向进行设计调研，如图 1-30、图 1-31、图 1-32 所示。

这是一辆超越现代理念的自行车，车身由质量超轻的碳纤维制成，以一个顺时针转动轴

提供后轮扭力驱动整车前进，替代了传统的齿轮和链条装置，显得既简洁又时尚。这款自行车最大可能地方便了不同用户的需要。根据不同需要，各个使用者可以调整车筐大小，选择适合自己的组合结构。

图1-30 自行车发展方向（一）

图1-31 自行车发展方向（二）

图1-32 自行车发展方向（三）

1. 宝马设计元素分析

下面是对宝马设计元素的分析，如图 1-33 所示。

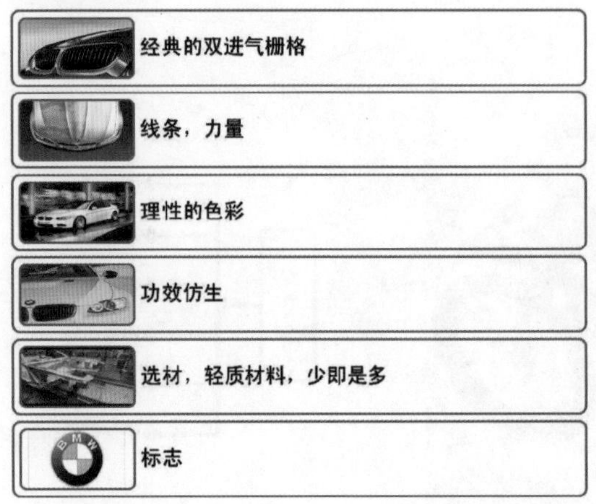

图 1-33　宝马设计元素分析

2. 设计定位

定位：针对社会上层人士设计一款具有 BMW 设计风格的城市休闲自行车。

设计切入点：外观融入宝马设计元素（褶皱线、BMW 标志、BMW 色彩），车架材料运用铝合金、人机方面更加安全舒适、功能齐全，如图 1-34 所示。

图 1-34　设计定位

1.4.2　方案设计展示

1. 创意草图

创意草图可以有以下几种不同的方案，如图 1-35 所示。

方案一

方案二

图 1-35　创意草图方案

2. 创意效果图

在选定方案之后，绘制设计创意效果图，如图 1-36 所示。

3. 产品工程图

确定产品各部分的尺寸，创建一份表达该设计尺寸的产品工程图，如图 1-37 所示。

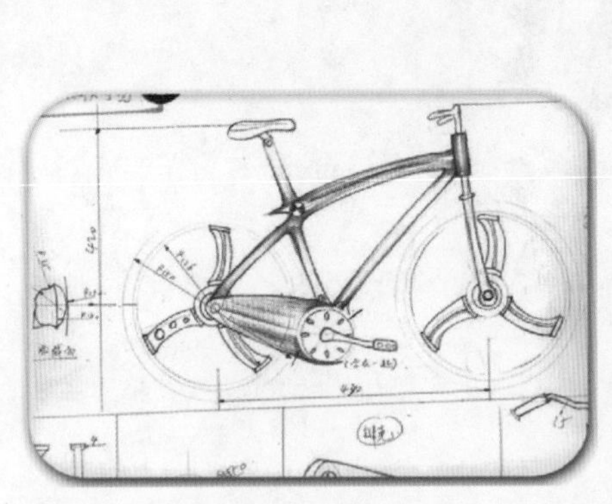

图 1-36 创意效果图

图 1-37 产品工程图

4. 产品结构说明

最后对整个产品的各部分结构进行说明，如图 1-38 所示。

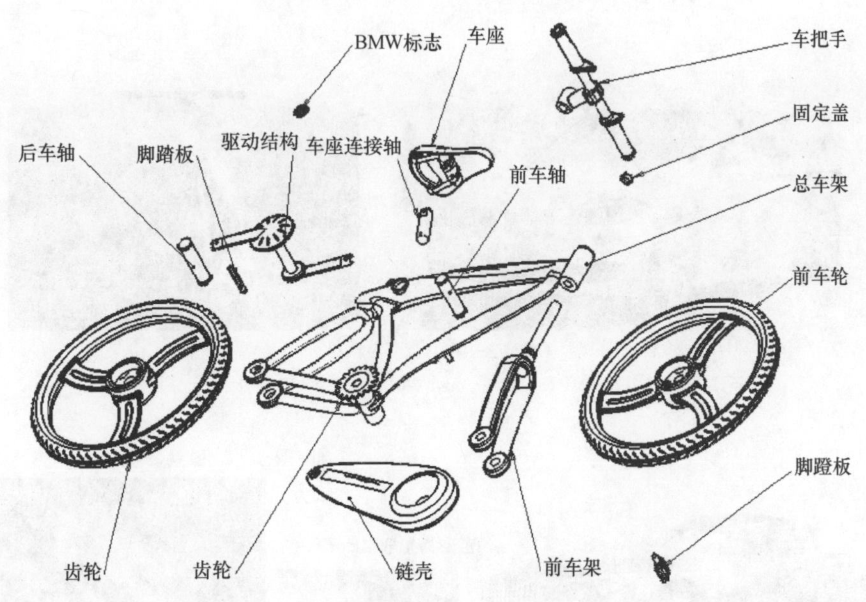

图 1-38 产品结构说明

5. 产品装配爆炸图

为了更好地表达设计产品的结构，有时候需要创建整个产品的装配爆炸图，更好地表达整个设计结构，如图 1-39 所示。

图 1-39　总体爆炸图

6. 产品效果展示

最后完成产品渲染效果图，如图 1-40、图 1-41、图 1-42、图 1-43 所示。整体车型简洁而时尚，局部融入了 BMW 经典的设计元素褶皱线以彰显动力。整个车架为碳纤维材料，强度大。轮辐简化为三块金属壳体，其材料为铝合金，壳体中嵌入了蓝色塑料，增强装饰效果。整体车型呈现向前奔跑的姿态，充满动力和时尚，充分体现了 BMW 品质。

图 1-40　产品效果展示（一）

色彩搭配取自BMW标志

图 1-41　产品效果展示（二）

图 1-42　产品效果展示（三）

图 1-43　产品效果展示（四）

1.4.3　产品细节展示

最后，为了更好地表达整个产品的设计效果，需要对细节进行展示，如图 1-44、图 1-45、图 1-46 所示。

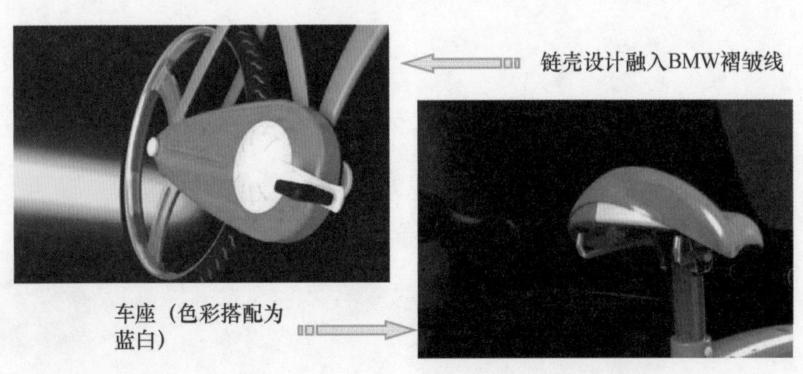

图 1-44　产品细节展示（一）

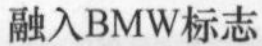

车梁设计

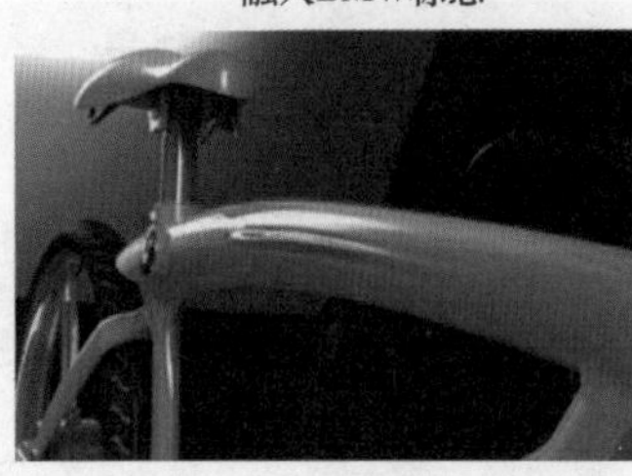

图 1-45　产品细节展示（二）

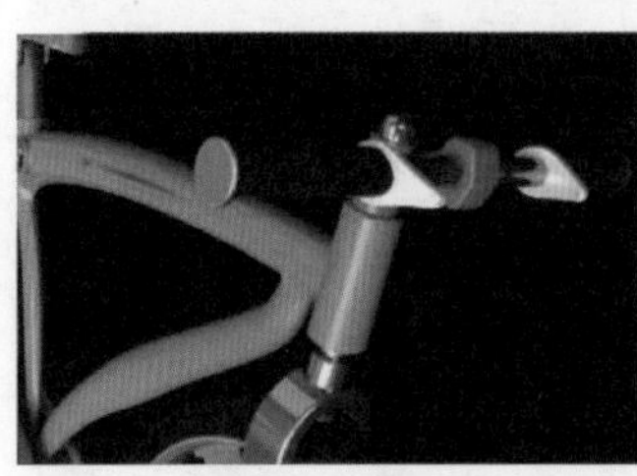

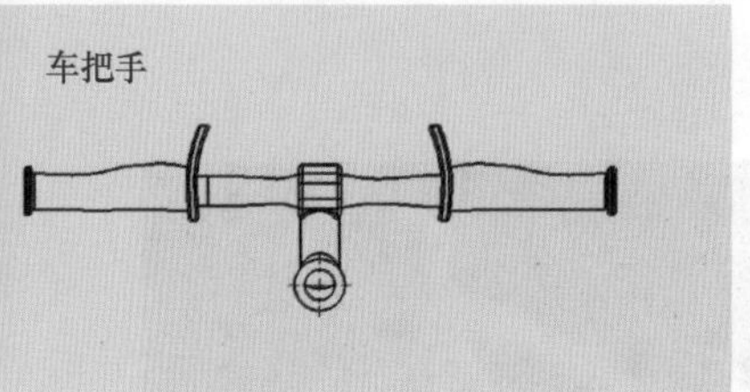

图 1-46　产品细节展示（三）

Chapter

第2章 Rhino 6.0 配置和操作

本章导读

与其他三维建模软件的学习方法类似，要快速掌握 Rhino 的建模技术，首先要从软件的基本操作、环境配置、视窗配置、工作平面、坐标系、可见性设置等方面全面理解与掌握，否则即使学会部分功能指令，也无法完成产品设计。

案例展现

案 例 图	描 述
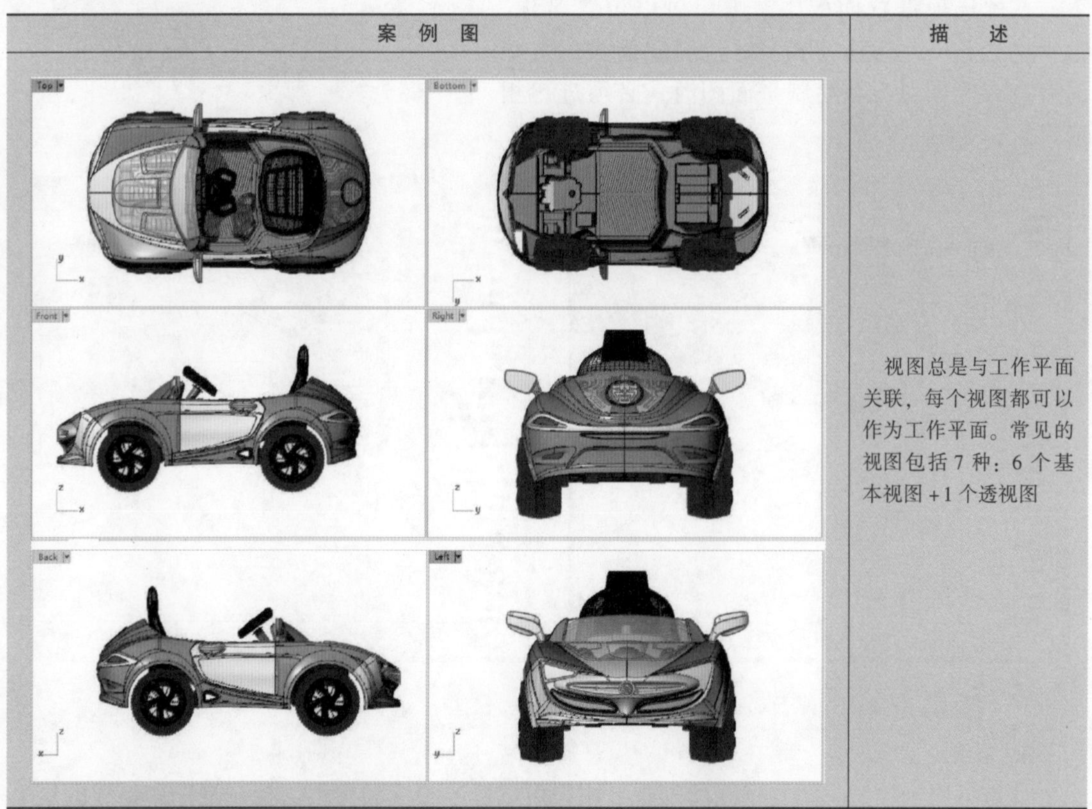	视图总是与工作平面关联，每个视图都可以作为工作平面。常见的视图包括 7 种：6 个基本视图 +1 个透视图

2.1 Rhino 6.0 环境设置

初次运行 Rhino，需要对部分选项进行调整，这些选项往往与 Rhino 的使用息息相关，而其他的选项则对工作的影响不大，故不必设置，采用默认设置即可。

2.1.1 设置文件属性

执行菜单栏中【工具】|【选项】命令，弹出【Rhino 选项】对话框，如图 2-1 所示。

图 2-1 【Rhino 选项】对话框

1. 单位

在 Rhino 中，可以根据设计者的需要，灵活地更改度量单位。【绝对公差】影响建模的准确程度，用户可以根据建模准确程度的要求调整绝对公差的数值。此外，还有【相对公差】【角度公差】等选项，根据设计需要，灵活调整即可，如图 2-2 所示。

2. 尺寸标注

在此选项设置面板中，用户可以设置名称、数字格式、尺寸标注箭头、标注引线箭头、文字对齐方式等项目，在绘制平面图时，必须进行相应设置，如图 2-3 所示。

图 2-2 单位设置

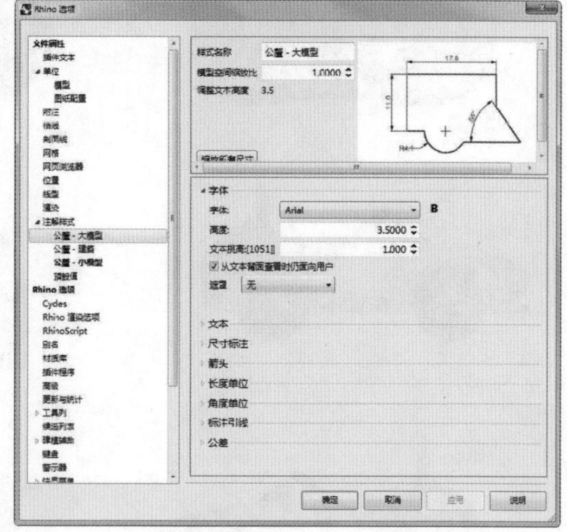

图 2-3 尺寸标注设置

3. 格线

此选项用于控制视图中格线的外观，用户可以修改相应的参数，控制视图中格线的展现方式。在默认状态下，子格线横纵向间隔均为 1mm，每两条主格线之间存在九条子格线，即两条主格线间相距 10mm。根据设计需要，用户可以自行修改格线的各参数，这对精确建

模大有用处。

每条格线间隔默认为1mm，若想在格点锁定状态下，在1mm的中间位置绘制线条，则需要将【锁定间隔】设置为0.5mm。在坐标中心点绘制基准线或调整对象的位置时，需要格线辅助。若想隐藏格线，可以在选项中取消勾选【显示格线】复选框，也可在工作视窗处于激活的情形下，按下【F7】键，如图2-4所示。

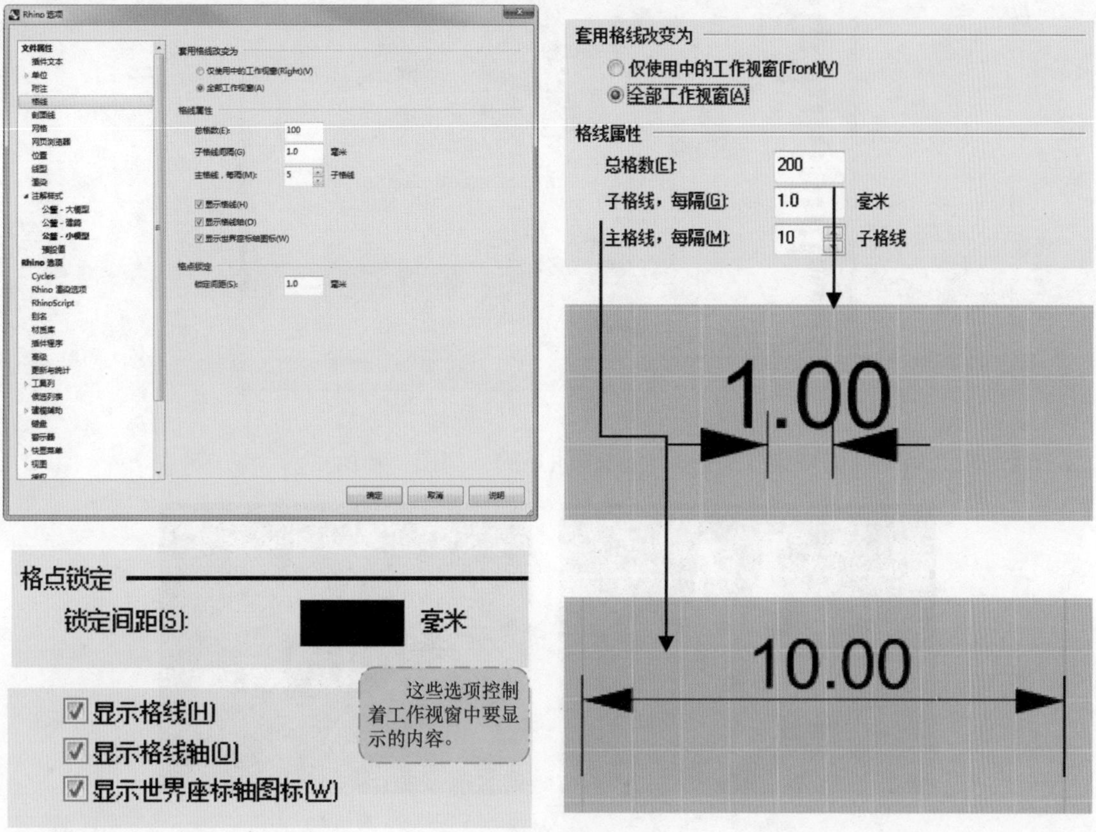

图2-4　格线设置

4. 渲染

在把Rhino安装到电脑之后，打开【Rhino选项】对话框，选择【渲染】项，在对话框右侧区域中，用户可以修改渲染的默认设置，如图2-5所示。

> **技巧点拨**
>
> 若在Rhino中安装了其他渲染插件，在渲染选项的右侧区域中，一些渲染的设置会有所不同。

在渲染设置中，首先需要关注的是【解析度与品质】选项区。在模型的渲染中，背景色与物体色的边界处常常会出现锯齿现象。通常，【低品质】会呈现锯齿状线条。最好的渲染品质是【高品质】，当然，渲染品质越高，所耗费的计算时间就越长，而且跟设计者的电脑配置有关。

图 2-5　渲染设置

低品质与高品质的渲染效果差别还是很明显的，如图 2-6 所示。

低品质

高品质

图 2-6　渲染品质对渲染的影响

设置【解析度与品质】选项会影响到模型的渲染速度。建议开始时采用默认设置，在最终渲染时，再根据渲染效果进行相应的调整。

5. 网格

在最终渲染与制作 RP 模型转换 STL 文件时，网格设置相当重要。在对渲染要求不高的场合下，保持默认网格设置即可，但是如果想要获得高质量的渲染效果，必须同时设置【抗锯齿】与网络选项，如图 2-7 所示。

图 2-7　网格选项设置

在网格选项设置中，包含【渲染网格品质】项目，其下有 3 种模式可供选择。

- 【粗糙、较快】：渲染速度非常快，但是

网格分隔数目少，渲染品质差。

- 【平滑、较慢】：渲染比较平滑，品质高，但是速度慢，产生的数据量大，耗费时间长。
- 【自定义】：可以调整网格分隔的密度等相关参数，从而自主控制渲染的效果。

对于以上两种软件预设的渲染品质项目，可做一下比较，如图 2-8 所示。

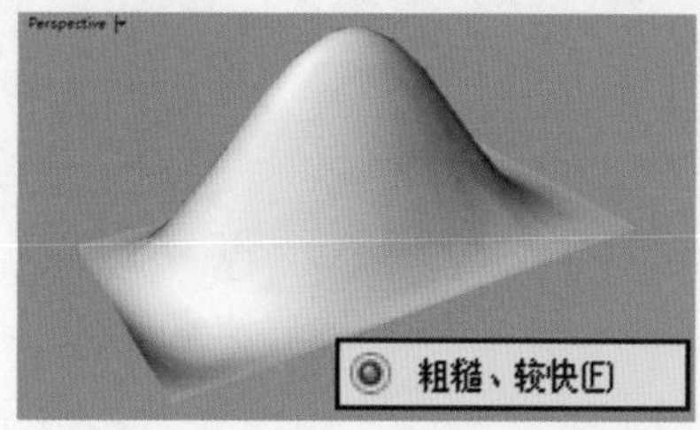

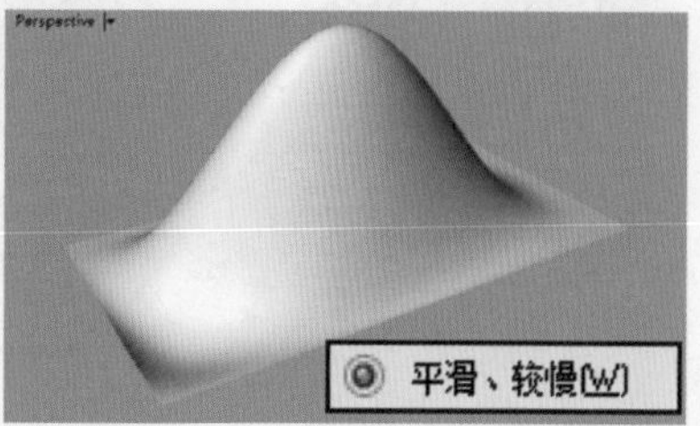

图 2-8　不同的渲染品质比较

若想获得高质量的渲染效果，最好选择【自定义】选项。该选项下，【密度】指的是多边形网格的分割密集程度，决定着多边形边缘与原曲面的距离，当【密度】等于 0 时，渲染效果最差，设置【密度】为 1 时，可以获得较为理想的渲染效果。

若想设置更高的数值，需单击【进阶设置】按钮，在下拉选项中设置【最大角度】与【最大长宽比】等选项。保持【密度】值为 0，逐渐减小【最大角度】的数值，网格的数量逐渐增加，渲染的效果会逐渐变好，如图 2-9 所示。

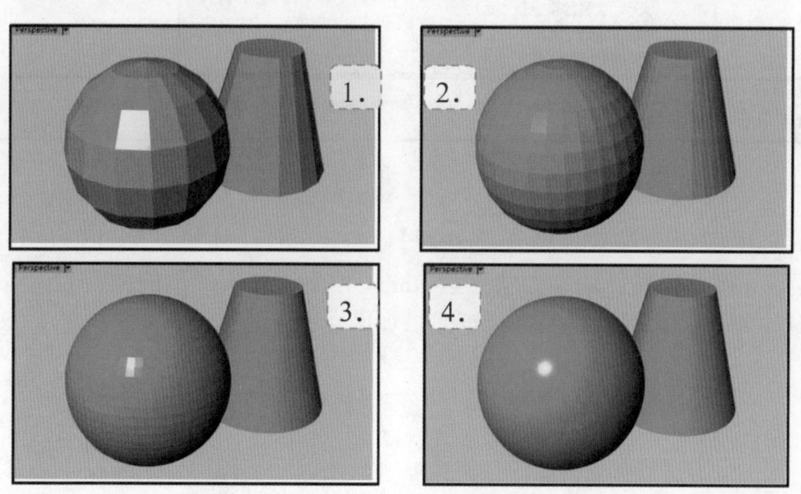

图 2-9　网格进阶设置

2.1.2　设置 Rhino 选项

1. 外观

在【外观】选项面板中，可以更改提示窗口的字体、文字大小、文字颜色、背景颜色，以及其他选项，如图 2-10 所示。

在软件使用过程中，有时需要修改指令窗口中命令文本的字体、颜色、尺寸、背景色

等，这些修改在【指令提示】选项区中皆可完成，如图 2-11 所示。

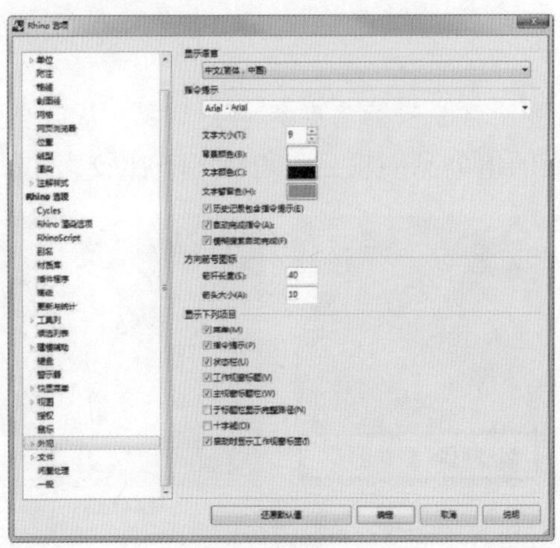

图 2-10 【外观】选项

指令提示
宋体 - 宋体
文字大小(T): 9
背景颜色(B):
文字颜色(C):
文字暂留色(H):
☑历史记录包含指令提示(E)
☑自动完成指令(A):
☑模糊搜寻自动完成(F)

当光标停留在某项命令的选项上，该选项将会突出显示颜色。

指令: _BlendSrf
选取第一个边缘的第一段 (自动连锁(A)=是 连锁连续性(C)=相切 方向(D)=两方向 接缝公差(G)=0.01 角度公差(N)=1): 连锁连续性
连锁连续性 <相切> (位置(P) 相切(T) 曲率(C)):

图 2-11 修改【指令提示】选项

在 Rhino 选项窗口的左侧，展开【外观】选项，可以看到一个【颜色】选项，单击【颜色】选项，右侧的设置区域中，将显示 Rhino 界面的各项颜色的当前设置。在这些项目右侧的颜色块上单击，可以对它们进行更改，如图 2-12 所示。

工作视窗颜色
背景
主格线
子格线
X 轴
Y 轴
Z 轴
世界座标轴图示 X 轴
世界座标轴图示 Y 轴
世界座标轴图示 Z 轴
图纸配置
物件显示
选取的物件
锁定的物件
新图层
界面元素
反馈图形
轨迹线
十字线
图层对话框

图 2-12 调整 Rhino 界面的颜色

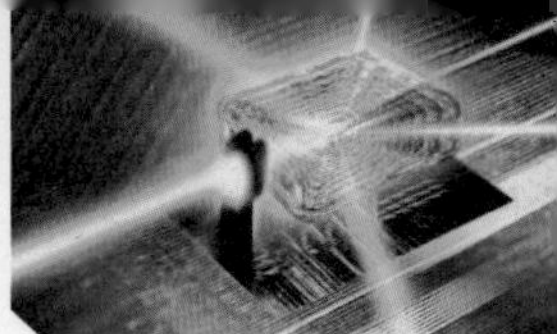

2. 视图

单击在工作窗口的标题栏右侧的下拉箭头，弹出一个下拉菜单，在此菜单中有多种显示模式可供选择。这些显示模式能够很好地辅助建模的工作，如图 2-13 所示。

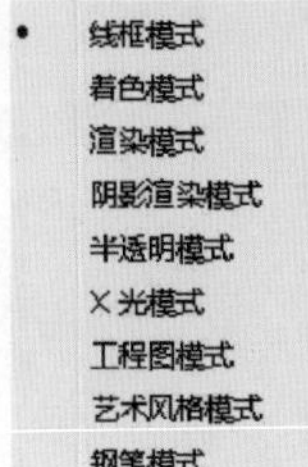

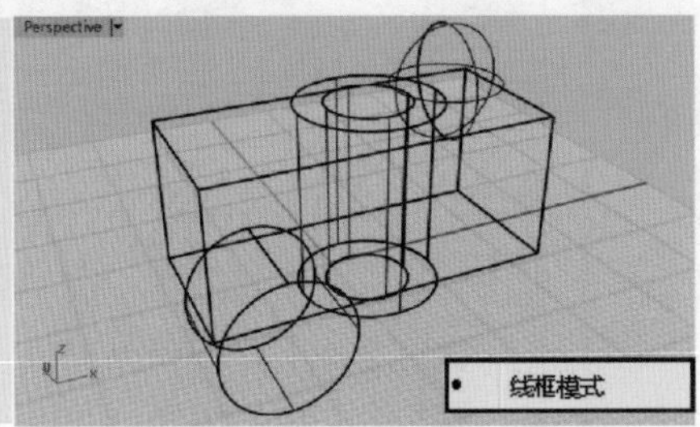

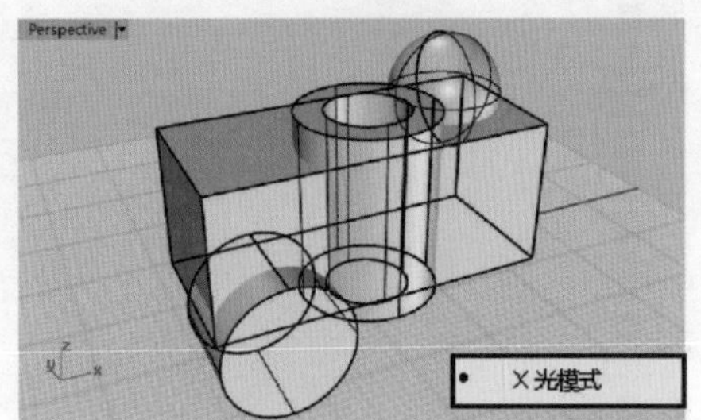

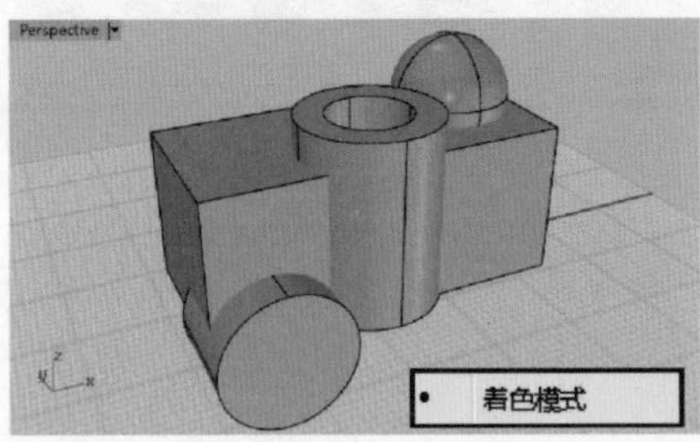

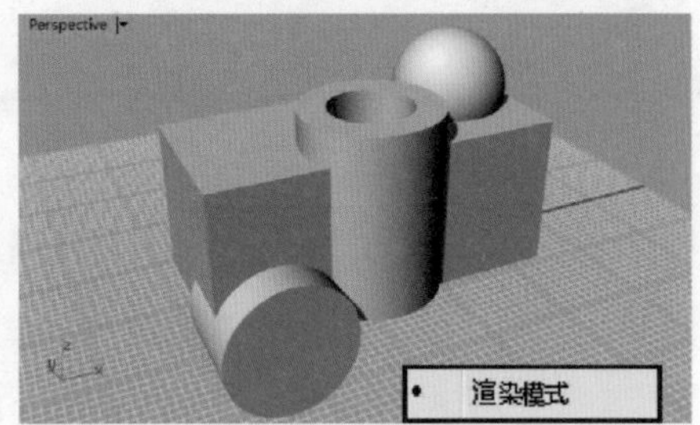

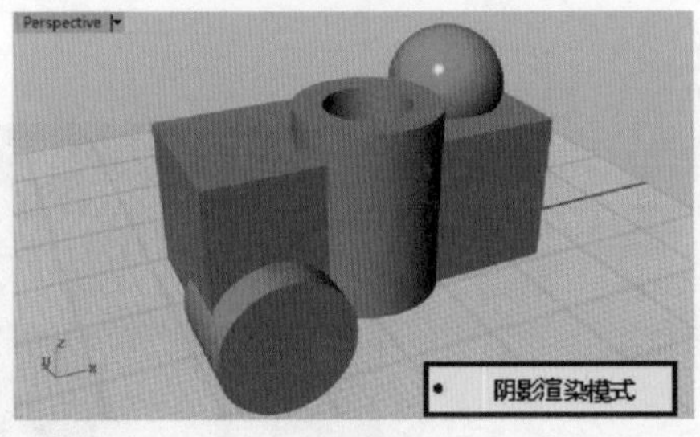

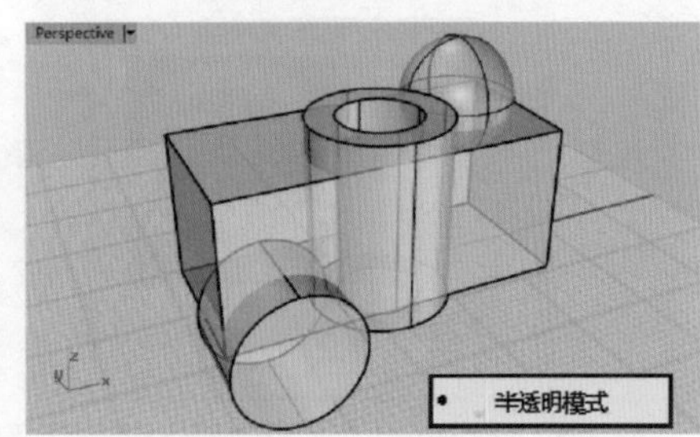

图 2-13　各种不同的显示模式

上面的这些显示模式，可能会与初涉 Rhino 用户看到的显示模式有所不同，因为这些是经过修改的显示模式。下面将以着色模式的选项修改来做一个简单的说明。

01 在【Rhino 选项】对话框处于打开状态下，在其左侧选项栏中展开【视图】选项，单击【显示模式】，可以在右侧区域中看到各种显示模式的列表，如图 2-14 所示。

技巧点拨

可以通过单击【新增】按钮，创建一个新的显示模式进行编辑。也可以通过单击【导入】按钮，将本地的显示模式配置文件导入 Rhino 中作为一个新的显示模式。

02 展开显示模式，单击【着色显示】选项。右侧设置区域将显示着色模式的名称、工作视窗设置等信息，如图 2-15 所示。

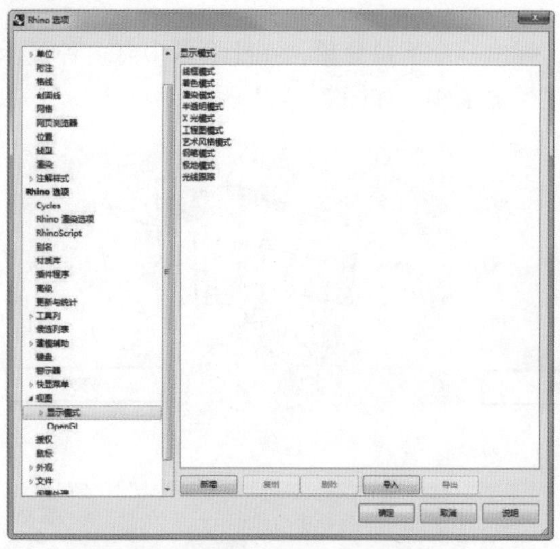

图 2-14　Rhino 显示模式选项列表

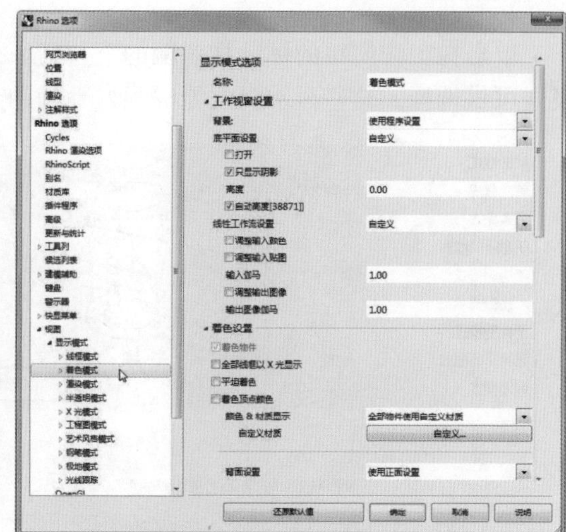

图 2-15　着色模式信息

03 在工作视窗设置区域中，将背景设置为【单一颜色】，然后在下面的背景颜色中选择一个合适的颜色，单击【确定】按钮，此时处于着色模式下的工作视窗将会发生同步的变化，如图 2-16 所示。

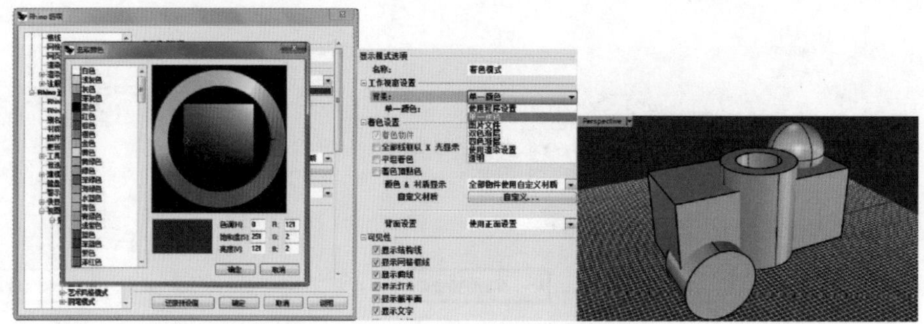

图 2-16　设置工作视窗背景颜色

04 在着色设置区域，将颜色 & 材质显示项目设置为【全部物件使用单一颜色】，将其下的【光泽度】设定为 100，并将【单一颜色】调整为合适的颜色，如图 2-17 所示。

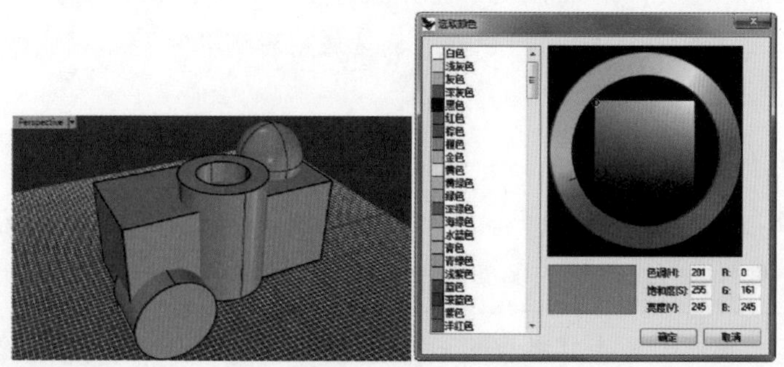

图 2-17　设置颜色 & 材质显示

05 在 Rhino 中，存在着曲面的正面背面之分。在一般情况下，需要通过分析工具来判定曲面的方向。在着色设置区域下的背面设置中，选择【全部背面使用单一颜色】并进行设置，可以很好地区分曲面的方向。当然，其他选项也可以达到同样的效果，不同的只是视觉的差别。默认情况下，采用的是【使用正面设置】选项，如图 2-18 所示。

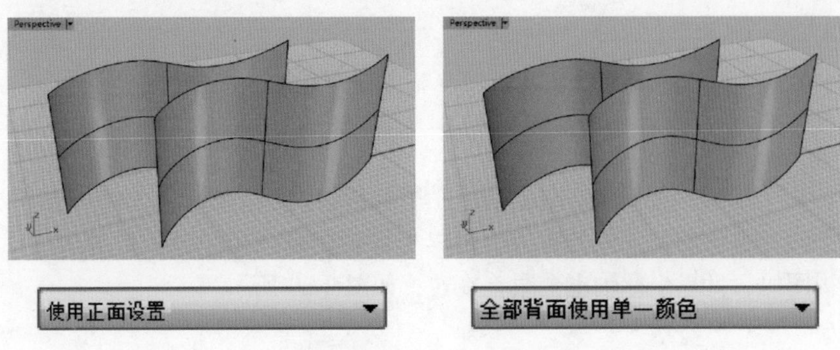

图 2-18　背面设置

在视图模式下的【OpenGL】选项设置中，将【反锯齿】选项设置为【4x】或【8x】，可以使模型的显示更为平滑，如图 2-19 所示。

图 2-19　设置【OpenGL】选项

在【Rhino 选项】对话框中包含了关于 Rhino 界面及参数设置的几乎所有内容，在这里不可能一一列明，上面讲到的这些内容，会为以后的建模工具带来很大的便捷，在后面遇到其他想要更改的设置时，还会提及。

2.2 Rhino 坐标系统

如果读者有研究或者使用过 AutoCAD 软件，就不难发现其实 Rhino 的坐标系统与 AutoCAD

的坐标系是相通的。

2.2.1 坐标系

Rhino 有两种坐标系统：工作平面坐标（相对坐标系）和世界坐标（绝对坐标系）。世界坐标在空间中固定不变，工作平面坐标可以在不同的作业视窗中分别设定。

 技巧点拨

默认情况下，工作平面坐标系与世界坐标系是重合的。

1. 世界坐标系

Rhino 有一个无法改变的世界坐标系统，当 Rhino 提示您输入一点时，您可以输入世界坐标。每一个作业视窗的左下角都有一个世界坐标轴图标，用于显示世界 X、Y、Z 轴的方向。当旋转视图时，世界坐标轴也会跟着旋转，如图 2-20 所示。

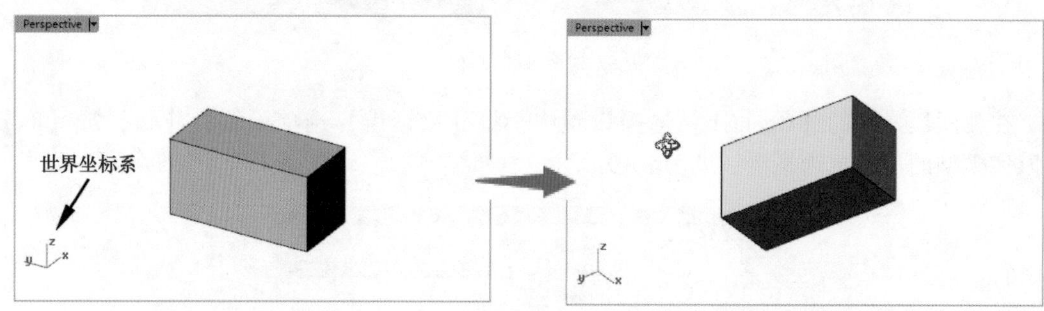

图 2-20 世界坐标系

2. 工作平面坐标系

每一个视图窗口（简称【视窗】）都有一个工作平面，除非使用坐标输入、垂直模式、物件锁点或其他限制方式，否则工作平面就像是让光标在其上移动的桌面。工作平面上有一个原点、X 轴、Y 轴及网格线，工作平面可以任意改变方向，而且每一个作业视窗的工作平面预设是各自独立的，如图 2-21 所示。

网格线位于工作平面上，暗红色的线代表工作平面 X 轴，暗绿色的线代表工作平面 Y 轴，两条轴线交会于工作平面原点。

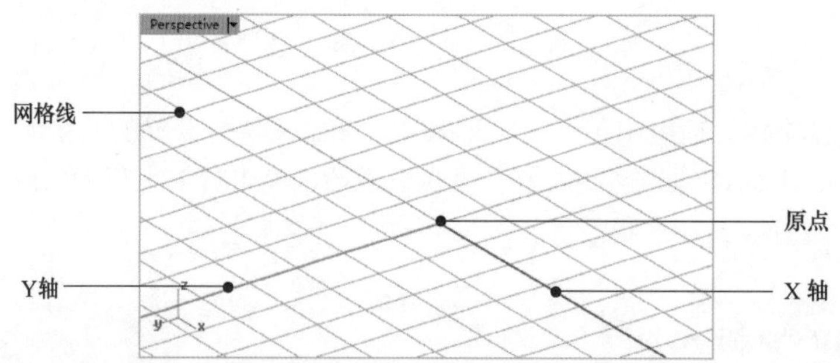

图 2-21 工作平面坐标系

工作平面是工作视窗中的坐标系统，这与世界坐标系统不同，可以移动、旋转及新建或编辑。

Rhino 的标准工作视窗各自有预设的工作平面，但【Perspective】视窗及【Top】视窗同样是以世界坐标的【Top】平面为预设的工作平面。

2.2.2　坐标输入方式

Rhino 软件中的坐标系与 AutoCAD 中的坐标系相同，其坐标输入方式也相同，即如果仅以（x，y）格式输入，则表示 2D 坐标，若以（x，y，z）格式输入就表示 3D 坐标。

2D 坐标输入和 3D 坐标输入统称为绝对坐标输入。当然，坐标输入方式还包括相对坐标输入。

1. 2D 坐标输入

在指令提示输入一点时，以（x，y）的格式输入数值，x 代表 X 坐标，y 代表 Y 坐标。例如绘制一条从坐标（1，1）至（4，2）的直线，如图 2-22 所示。

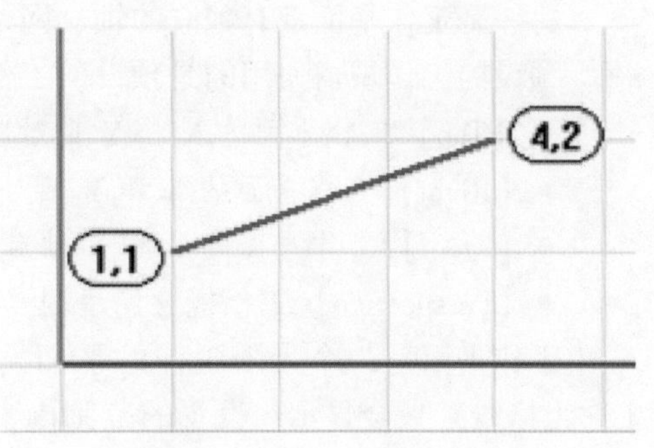

图 2-22　2D 输入绘制直线

2. 3D 坐标输入

在指令提示输入一点时，以（x，y，z）的格式输入数值，x 代表 X 坐标，y 代表 Y 坐标，z 代表 Z 坐标。

在每一个坐标数值之间并没有空格。

例如，需要在距离工作平面原点 X 方向 3 个单位、Y 方向 4 个单位及 Z 方向 10 个单位的位置放置一点时，则在指令提示下输入（3，4，10），如图 2-23 所示。

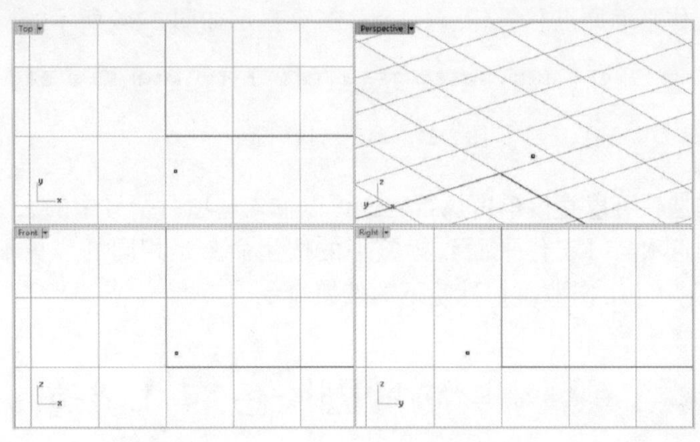

图 2-23　3D 坐标输入放置点

3. 相对坐标输入

Rhino 会记住最后一个指定的点，可以使用相对于该点的方式输入下一个点。若只知道一连串的点之间的相对位置，使用相对坐标输入会比绝对坐标更方便。相对坐标是以下一点与上一点之间的相对坐标关系定位下一点。

在指令提示输入一点时，以（rx，y）的格式输入数值，r 代表输入的是相对于上一点

的坐标。

> **技巧点拨**
>
> 在 AutoCAD 中，相对坐标输入是以（rx，y）格式进行的。

2.3 工作平面

工作平面是 Rhino 建立物件的基准平面，除非使用坐标输入、垂直模式、物件锁点，否则所指定的点总是会落在工作平面上。

每一个工作平面都有独立的轴、网格线与相对于世界坐标系统的定位。

预设的工作视窗使用的是预设的工作平面。

- 【Top】工作平面的 X 和 Y 轴对应于世界坐标的 X 轴和 Y 轴。
- 【Right】工作平面的 X 和 Y 轴对应于世界坐标的 Y 轴和 Z 轴。
- 【Front】工作平面的 X 和 Y 轴对应于世界坐标的 X 轴和 Z 轴。
- 【Perspective】工作视窗使用的是【Top】工作平面。

工作平面是一个无限延伸的平面，但在作业视窗里工作平面上相互交织的直线阵列（称为格线）只会显示在设置的范围内，可作为建模的参考，工作平面格线的范围、间隔、颜色都可以自定义。

2.3.1 设置工作平面原点

【设置工作平面原点】是通过定义原点的位置来建立新的工作平面。在【工作平面】标签下单击【设置工作平面原点】按钮，命令行会显示如图 2-24 所示的操作提示。

工作平面基点 <0.000,0.000,0.000>（全部(A)=否 曲线(C) 垂直高度(L) 下一个(N) 物件(O) 上一个(P) 旋转(R) 曲面(S) 通过(T) 视图(V) 世界(W) 三点(I)）:

图 2-24 命令行操作提示

操作提示中的选项可以直接单击执行，也可以输入选项后括号中的大写字母执行。

操作提示中的选项与【工作平面】标签下的按钮命令是相同的，只不过执行命令方式不同。图 2-25 所示为【工作平面】标签下的按钮命令。

工作平面

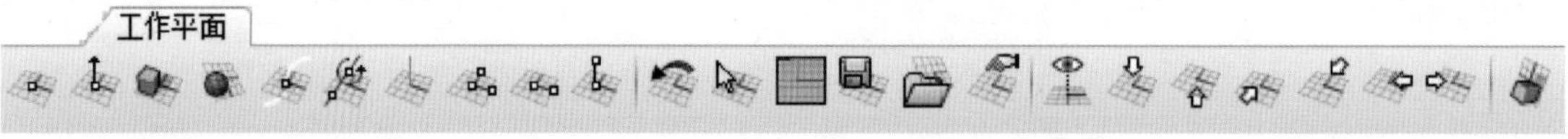

图 2-25 【工作平面】标签下的按钮命令

在设置工作平面原点时，命令行中的第一个选项【全部（A）＝否】，表示仅仅在某个视窗内将工作平面原点移动到指定位置，如图 2-26 所示。

当【全部（A）＝否】选项变为【全部（A）＝是】时，再执行该选项将会在所有视窗中移动原点到指定的位置，如图 2-27 所示。

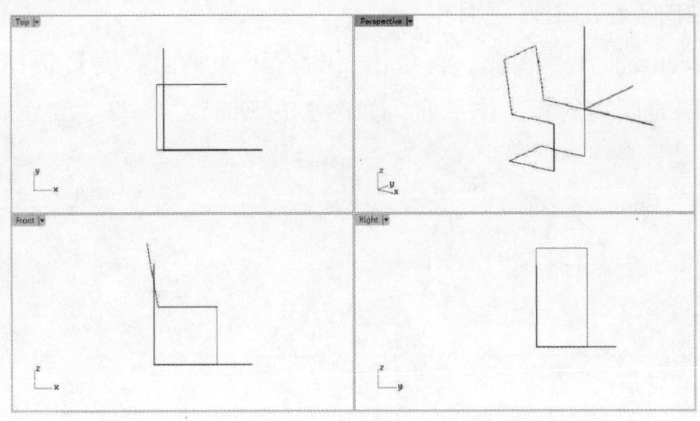

图 2-26　仅仅在【Perspective】工作视窗中移动

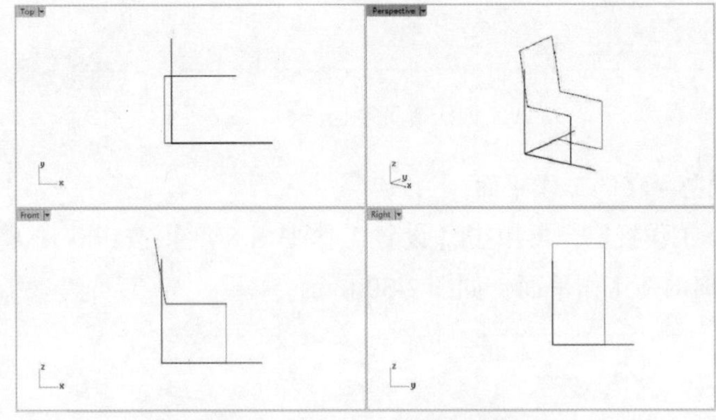

图 2-27　在所有工作视窗中移动

2.3.2　设置工作平面高度

【设置工作平面高度】是基于 X、Y、Z 轴进行平移而得到新的工作平面。选择不同的视窗再单击【设置工作平面高度】按钮，会得到不同平移方向的工作平面。

1. 创建在 X 轴向平移的工作平面

首先选中【Front】视窗或【Right】视窗，再单击【设置工作平面高度】按钮，将会在 X 轴正负方向创建偏移一定距离的新工作平面，如图 2-28 所示。

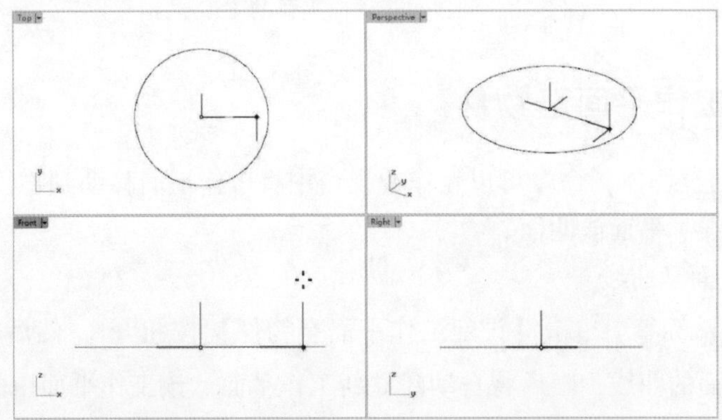

图 2-28　创建在 X 轴向平移的工作平面

2. 创建在 Y 轴向平移的工作平面

先选中【Perspective】工作视窗，再单击【设置工作平面高度】按钮，将会在 Y 轴正负方向创建偏移一定距离的新工作平面，如图 2-29 所示。

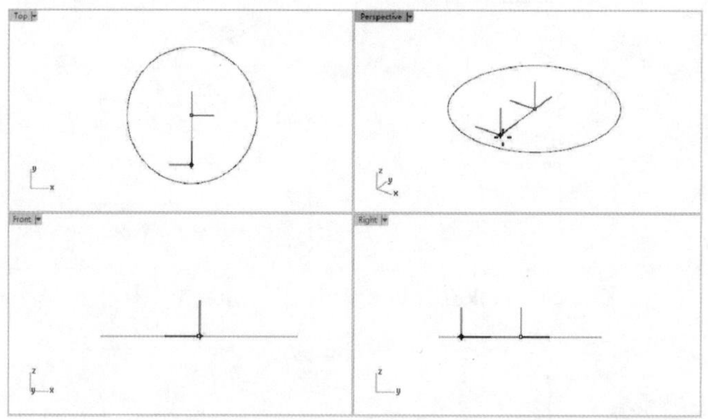

图 2-29 创建在 Y 轴向平移的工作平面

3. 创建在 Z 轴向平移的工作平面

先选中【Top】工作视窗，再单击【设置工作平面高度】按钮，将会在 Z 轴正负方向创建偏移一定距离的新工作平面，如图 2-30 所示。

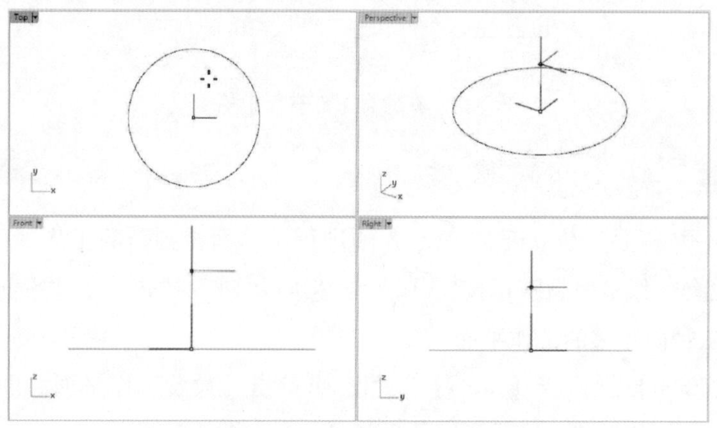

图 2-30 创建在 Z 轴向平移的工作平面

2.3.3 设定工作平面至物件

【设定工作平面至物件】命令可以在作业视窗中将工作平面移动到物件上。

物件可以是曲线、平面或曲面。

1. 设定工作平面至曲线

在【工作平面】标签下单击【设定工作平面至物件】按钮，然后在【Top】视窗中选中要定位工作平面的曲线，随后将自动建立新工作平面。该工作平面中的某轴将与曲线相切，如图 2-31 所示。

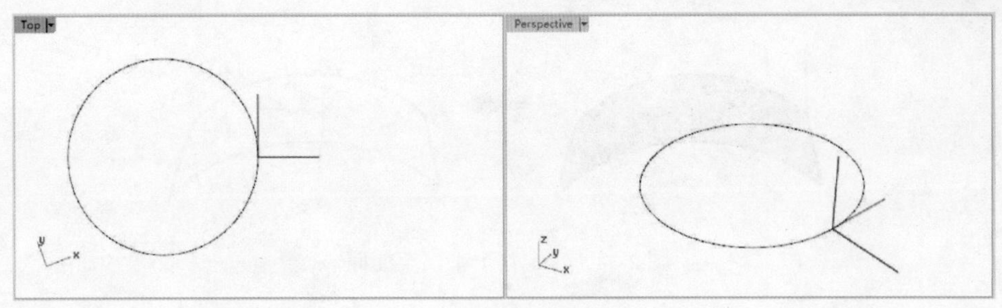

图 2-31 设定工作平面至曲线

2. 设定工作平面至平面

当用于定位的物件是平面时，该平面将成为新的工作平面，且该平面的中心点为工作坐标系的原点，如图 2-32 所示。

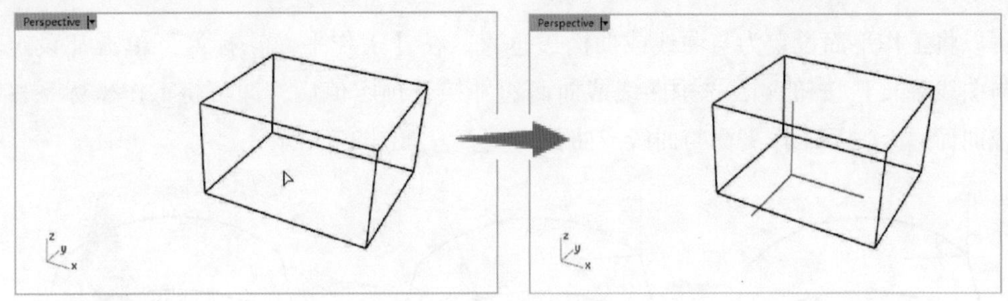

图 2-32 设定工作平面至平面

技巧点拨

如果选择面时无法选取，可以选择模型的棱线，然后通过弹出的【候选列表】对话框来选取要定位的平面，如图 2-33 所示。

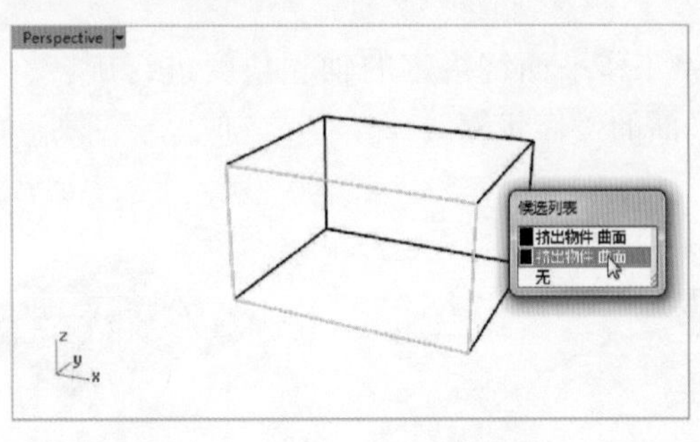

图 2-33 物件平面的选取方法

3. 设定工作平面至曲面

可以将工作坐标系移动到曲面上，如图 2-34 所示，在【工作平面】标签下单击【设定工作平面至曲面】按钮，选择要定位工作平面的曲面后，按下【Enter】键接受预设值，工作坐标系移动到曲面指定位置，至少有一个工作平面与曲面相切。

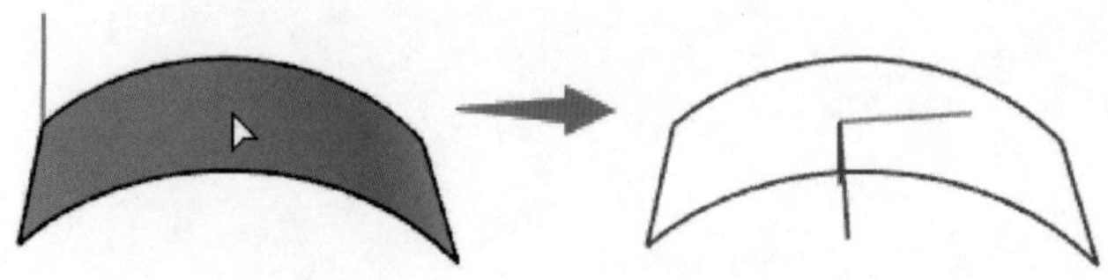

图 2-34　设定这个平面至曲面

技巧点拨

如果不接受预设值，可以通过指定工作坐标系的轴向设定工作平面。

2. 3. 4　设定工作平面与曲线垂直

可以将工作平面设定为与曲线或曲面边垂直。在【工作平面】标签下单击【设定工作平面与曲线垂直】按钮，选中曲线或曲面边并接受预定值后，即可将工作坐标系移动到曲线或曲面边上，且工作平面与曲线或曲面边垂直，如图 2-35 所示。

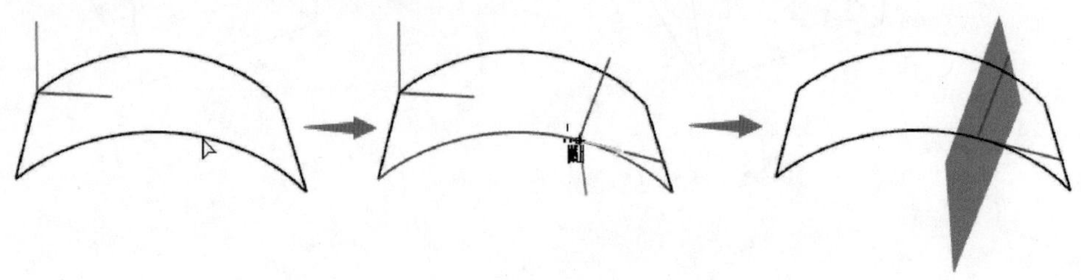

图 2-35　设定工作平面与曲线垂直

2. 3. 5　旋转工作平面

【旋转工作平面】是将工作平面绕指定的轴和角度进行旋转，从而得到新的工作平面。图 2-36 所示为旋转工作平面的操作步骤。

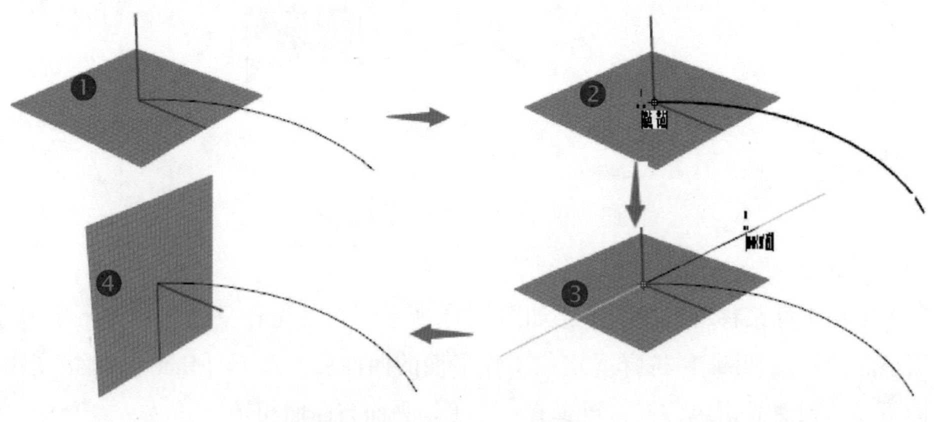

图 2-36　旋转工作平面

命令行提示如下：

```
指令:'_CPlane
工作平面基点<0.000,0.000,0.000>(全部(A) =否曲线(C)垂直高度(L)下一个(N)物件(O)上一个(P)旋转(R)曲面(S)通过(T)视图(V)世界(W)三点(I)):_Rotate/见图❷
旋转轴终点(X(A)Y(B)Z(C)):/见图❸
角度或第一参考点:90↙/见图❹
```

2.3.6　设定工作平面的其他方式

除了上述应用广泛的工作平面设置方法，还可采用以下设置工作平面的简便方法。

1. 设定工作平面：垂直

【设定工作平面：垂直】可设置与原始工作平面相互垂直的新工作平面，如图 2-37 所示。

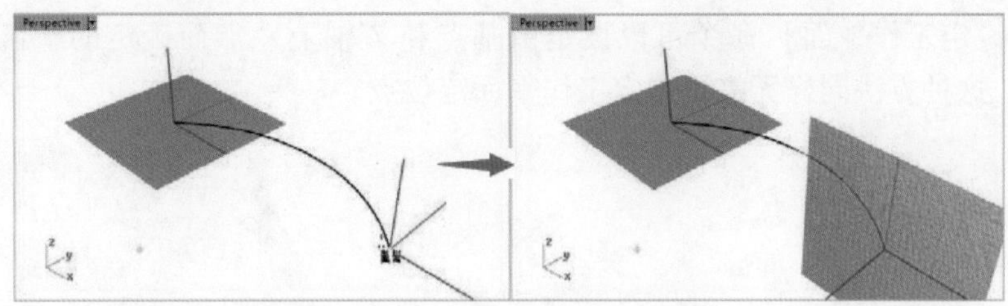

图 2-37　设定工作平面：垂直

2. 以 3 点设定工作平面

【以 3 点设定工作平面】是指定基点（圆心点）、X 轴延伸线上一点和工作平面定位点（XY 平面）的一种方法，如图 2-38 所示。

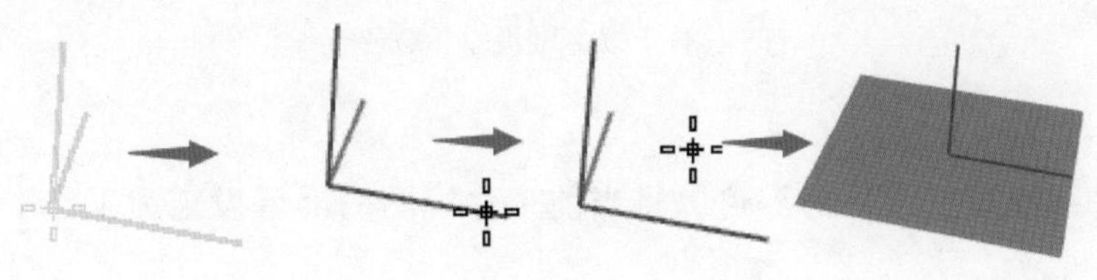

图 2-38　以 3 点设定工作平面

技巧点拨

此种方式所设定的工作平面仅仅是 XY 平面，但因指定的工作平面定位点的不同，可以更改 Y 轴的指向。图 2-39 所示为指定 Y 轴负方向一侧后设定的工作平面。

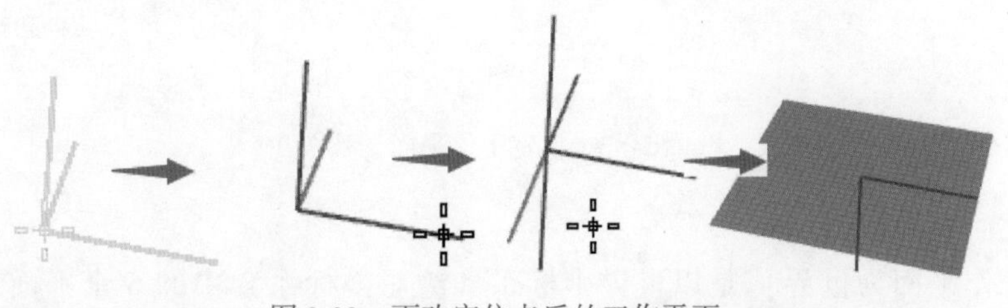

图 2-39　更改定位点后的工作平面

3. 以 X 轴设定工作平面

【以 X 轴设定工作平面】命令可以设定由基点和 X 轴上一点而确定的新工作平面，如图 2-40 所示。这种方法无需再指定工作平面定位点。

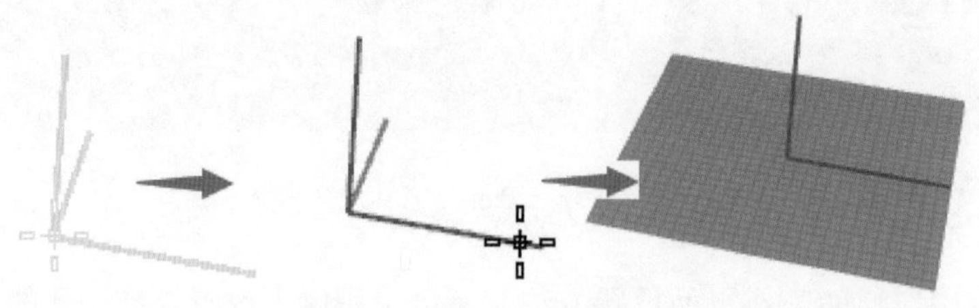

图 2-40　以 X 轴设定工作平面

4. 以 Z 轴设定工作平面

【以 Z 轴设定工作平面】命令可以设定由基点和 Z 轴上一点而确定的新工作平面，如图 2-41所示。这种方法同样无需再指定工作平面定位点。

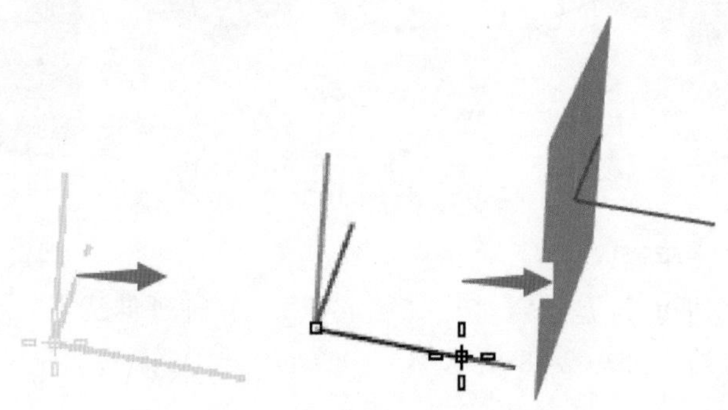

图 2-41　以 Z 轴设定工作平面

5. 设定工作平面至视图

【设定工作平面至视图】命令可以将当前工作视图的屏幕设定为工作平面，如图 2-42 所示。

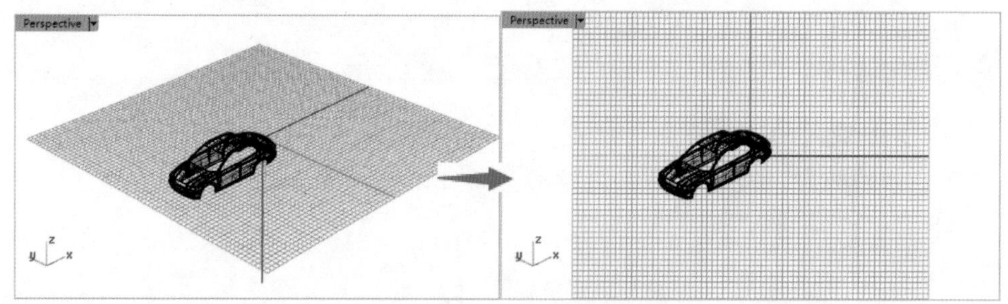

图 2-42　设定工作平面至视图

6. 设定工作平面为世界

【设定工作平面为世界】是以世界坐标系（绝对坐标系）中的 6 个平面（上 Top、下 Bottom、左 Left、右 Right、前 Front、后 Back）指定工作平面，如图 2-43 所示。

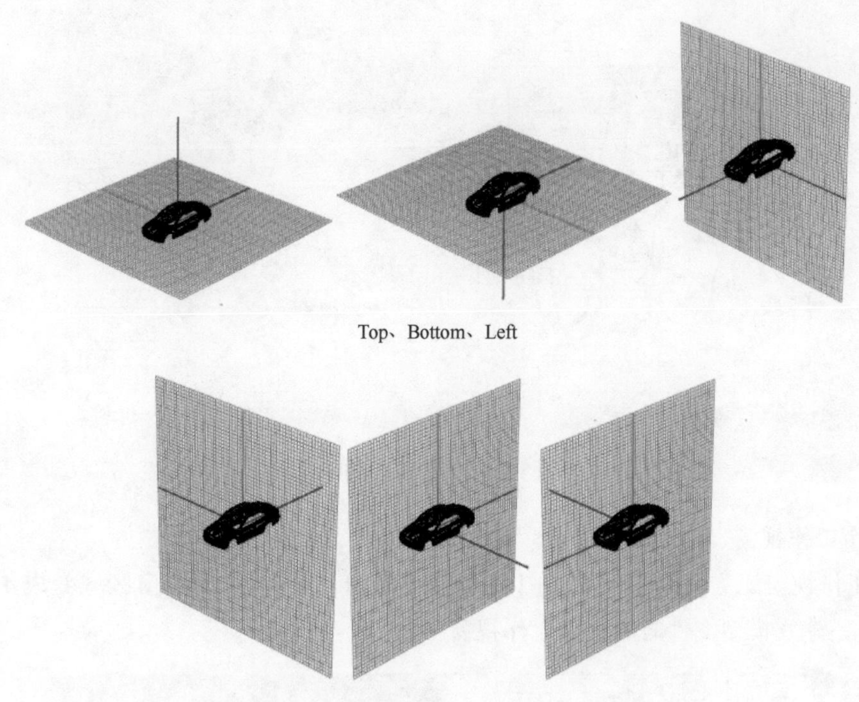

Top、Bottom、Left

Right、Front、Back

图 2-43　设定工作平面为世界

7. 上一个工作平面

在【工作平面】标签下单击【上一个工作平面下一个工作平面】按钮，可以返回到上一个工作平面状态，如果右击此按钮，将复原至下一个使用过的工作平面状态。

2.4 工作视窗配置

工作视窗是指软件中间由 4 个视图组成的视图窗口区域，各个视图窗口也可称为【Top】工作视窗（简称【Top】视窗）、【Front】工作视窗、【Right】工作视窗和【Perspective】工作视窗。

2.4.1　预设工作视窗

常见的工作视窗有 3 种：3 个工作视窗、4 个工作视窗和最大化工作视窗。还可以在原有工作视窗基础之上新增工作视窗，新增的工作视窗处于漂浮状态。还可以将工作视窗进行分割，由 1 变 2、由 2 变 4 等。

1. 三个工作视窗

在【工作视窗配置】标签下单击【三个工作视窗】，工作视窗区域变成 3 个视窗，包括【Top】视窗、【Front】视窗和【Perspective】视窗，如图 2-44 所示。

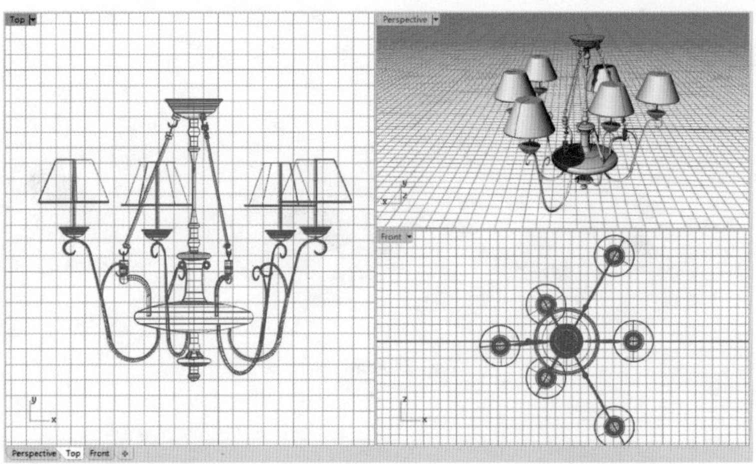

图 2-44　三个工作视窗

2. 四个工作视窗

在【工作视窗配置】标签下单击【四个工作视窗】，工作视窗区域变成 4 个视窗，4 个视窗也是建立模型文件时的默认工作视窗，如图 2-45 所示。

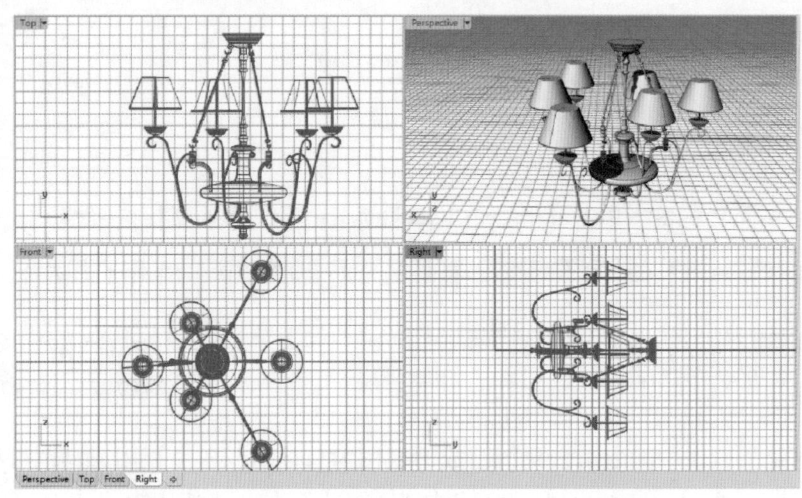

图 2-45　四个工作视窗

3. 最大化/还原工作视窗

在【工作视窗配置】标签下单击【最大化/还原工作视窗】，可以将多个视窗变成为一个视窗，如图 2-46 所示。

4. 新增工作视窗

在【工作视窗配置】标签下单击【新增工作视窗】按钮，可以新增加一个【Top】视窗，如图 2-47 所示。

如果要关闭新增的视窗，可以右击【新增工作视窗】按钮，或者右击工作视窗区域底部要关闭的视窗，再选择快捷菜单中的【删除】命令，如图 2-48 所示。

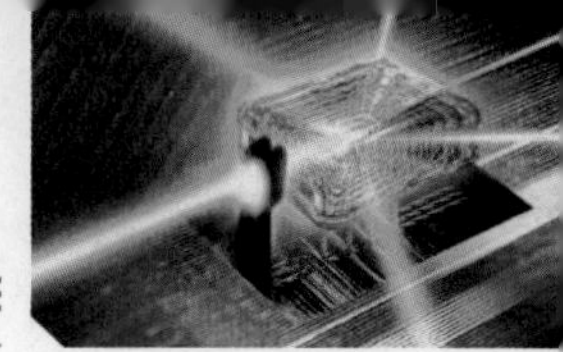

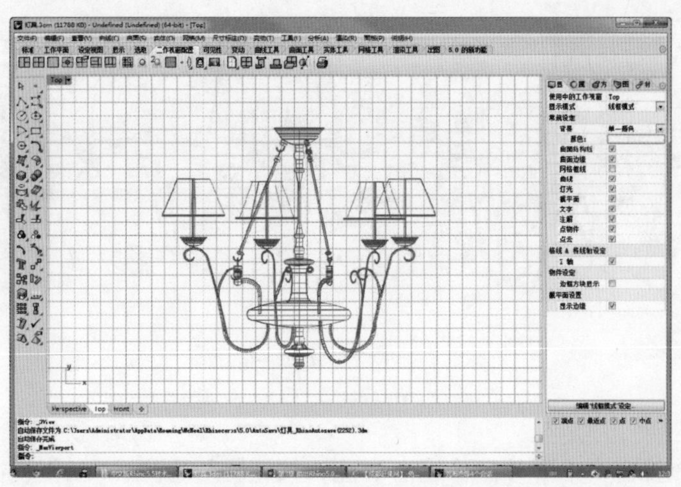

图 2-46　最大化/还原工作视窗

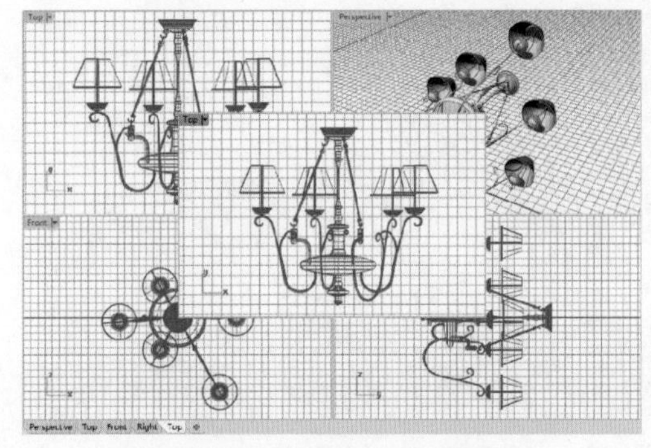

图 2-47　新增工作视窗

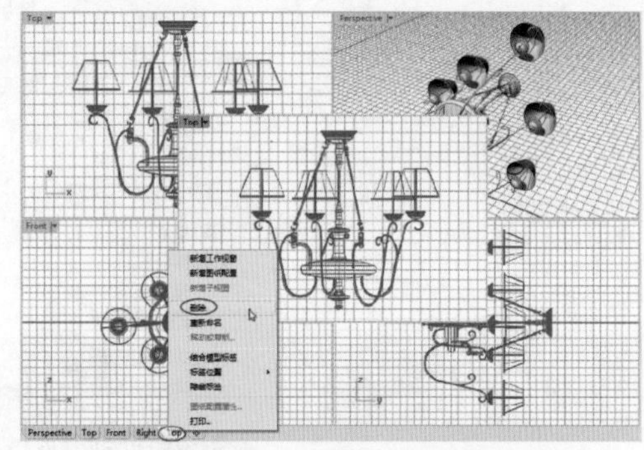

图 2-48　删除工作视窗

5. 水平分割工作视窗

选中一个视窗，单击【工作视窗配置】标签下的【水平分割工作视窗】按钮，可以将选中视窗一分为二，如图 2-49 所示。

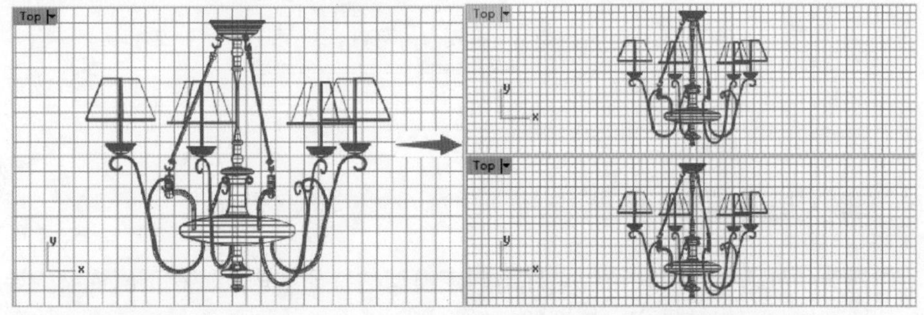

图 2-49　水平分割工作视窗

6. 垂直分割工作视窗

与水平分割工作视窗操作相同，可将选中的工作视窗垂直分割，如图 2-50 所示。

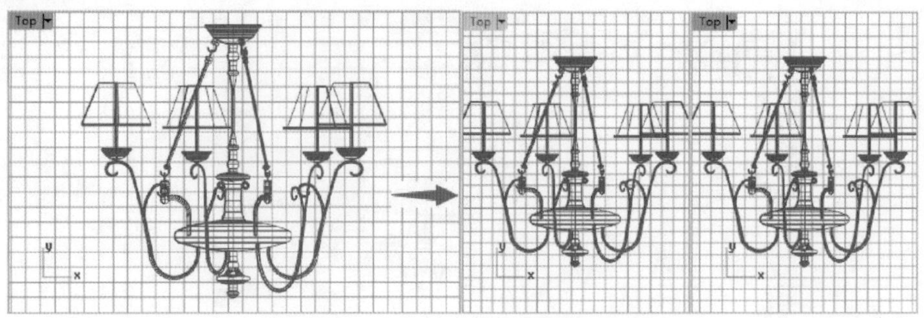

图 2-50　水垂直分割工作视窗

7. 工作视窗属性

选中某个工作视窗，单击【工作视窗属性】按钮，弹出【工作视窗属性】对话框。通过该对话框，可以设置所选工作视窗的基本属性，如视图名称、投影方式、摄影机镜头的位置与目标点的位置、底色图案配置与显示等，如图 2-51 所示。

图 2-51　【工作视窗属性】对话框

2.4.2　导入背景图片辅助建模

在工作视窗中导入背景图片可以更好地确定模型的特征结构线，在不同视窗中导入模型相应视角的透视图，可以辅助完成模型的三维建模。

执行菜单栏中【查看】|【背景图】命令，可以看到其子菜单中的各项命令。另外，还可以执行菜单栏中【工具】|【工具列配置】命令，在打开的配置工具列窗口中调出背景图工具列，如图 2-52 所示。

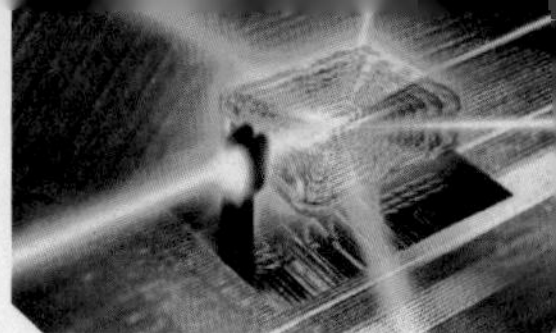

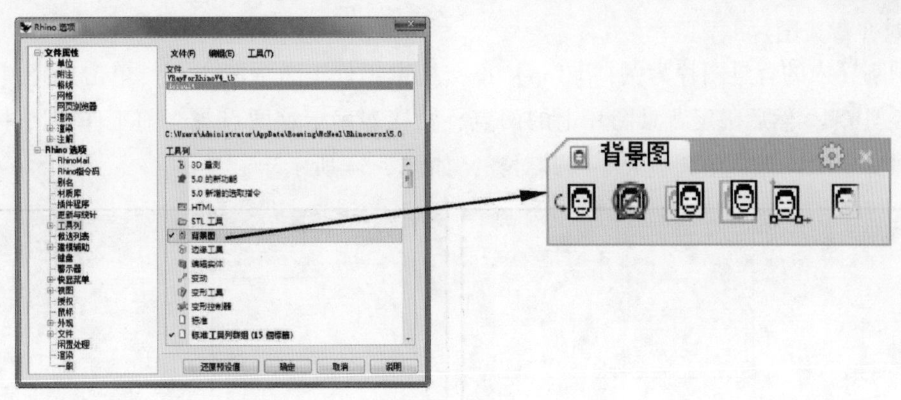

图 2-52 调出背景图工具列

工具列中的这几项工具功能如下。

- 放置背景图：用于导入背景图片。
- 移除背景图：用于删除背景图片。
- 移动背景图：用于移动背景图片。
- 缩放背景图：用于缩放背景图片。
- 对齐背景图：用于对齐背景图片。
- 显示/隐藏背景图片（左/右键）：用于显示或隐藏背景图片，避免工作视窗的紊乱。

1. 导入背景图片

对于不同视角的背景图片要放置到相应的视窗窗口中才恰当。向【Top】正交视窗中导入背景图片，需要首先使【Top】正交视窗处于激活状态（即当前工作窗口），单击【Top】正交视窗的标题栏，然后选择【放置背景图】工具，在弹出的文件浏览窗口中，选择需要导入的背景图片。然后在【Top】视图中确定两个对角点的位置，完成放置图片，如图 2-53 所示。

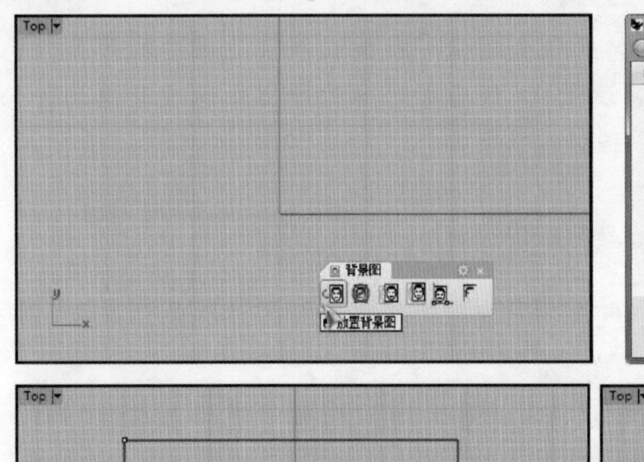

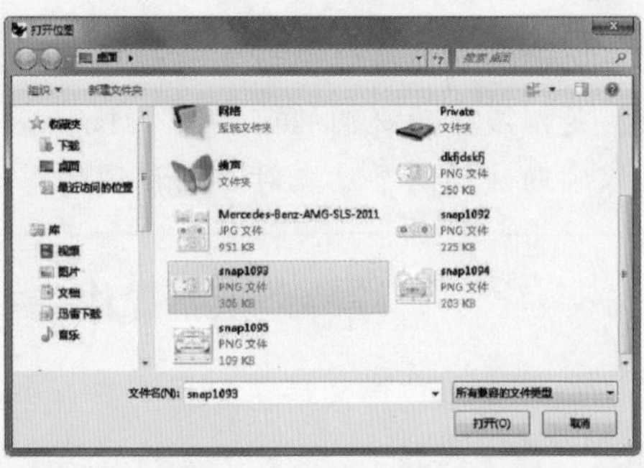

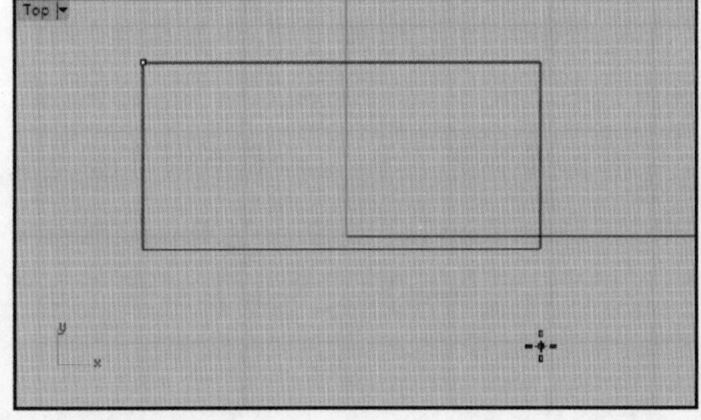

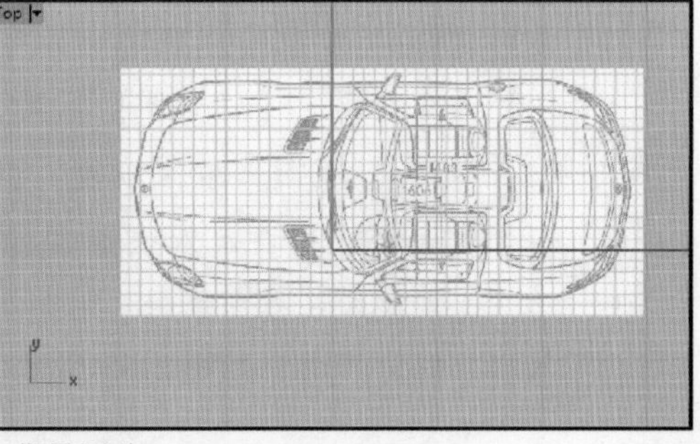

图 2-53 导入背景图片

2. 对齐背景图片

以刚刚导入的背景图片为例，【Top】正交视窗仍处于激活状态下，单击选择【对齐背景图】工具，然后确定背景图片上的两点，紧接着确定这两点与当前工作视图中要对齐的位置，背景图片将自动调整大小与其对齐，如图 2-54 所示。

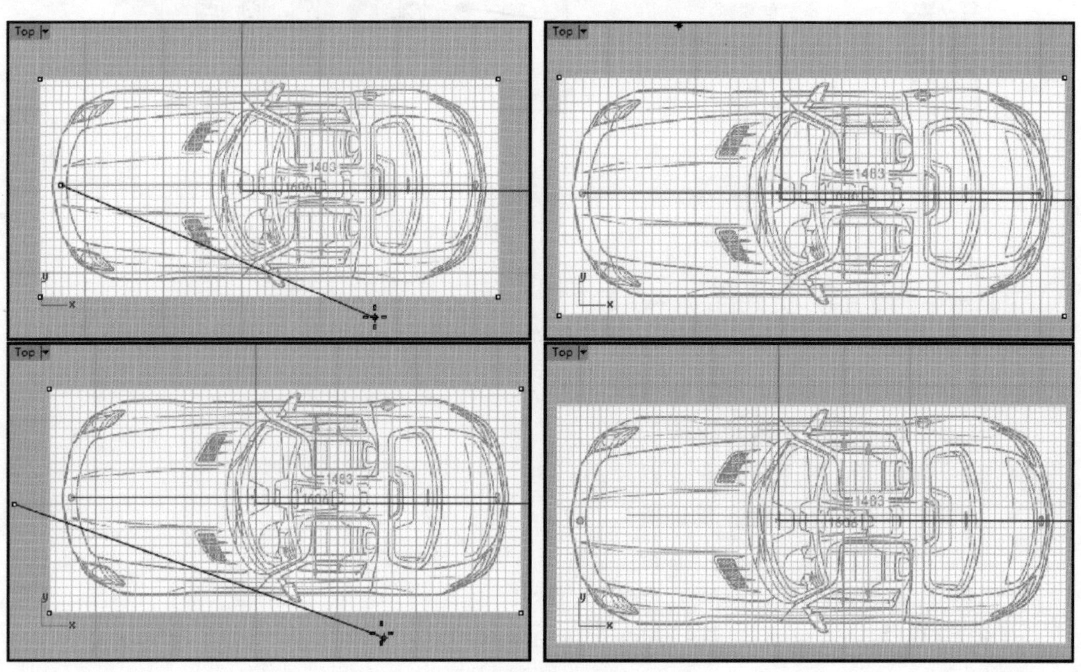

图 2-54　对齐背景图片

技巧点拨

在上面的对齐操作中，在背景图片的特殊位置创建一条辅助线（上图中的那条红色直线，是以汽车顶视图的前后两个 Logo 为端点），然后在对齐的过程中通过开启物件锁点，以辅助线的两个端点对齐顶视图的 Y 轴轴线。

上机操作——导入背景图片

下面以一个小范例来讲解怎样对齐一个汽车的三视图。背景图片的源文件可以在本书附赠的资源文件中找到。

01 运行 Rhino 6.0 软件。在功能区空白位置单击右键，选择【显示工具列】|【背景图】命令，调出【背景图】工具面板。

02 单击【Top】视图，激活该窗口，然后单击【背景图】工具面板中【放置背景图】按钮，选择本例资源文件夹中的【top. bmp】，然后在【Top】视图中拖动，即可放入一张背景图。用此方法，依次在【Front】、【Right】视图中分别放入相应的背景图，如图 2-55 所示。

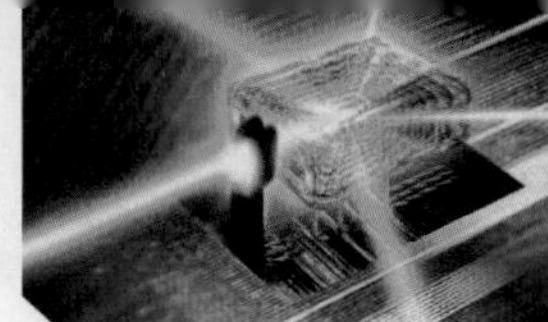

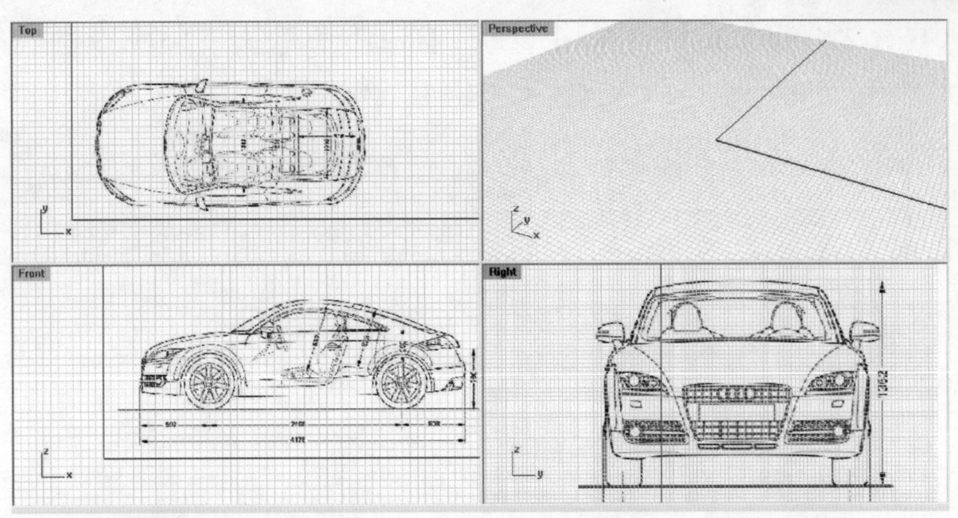

图 2-55 在三视图放入背景图

技巧点拨

最好提前在Photoshop或其他平面软件中将导入的背景图片轮廓线以外部分切除，这样方便设立对齐的参考点和控制缩放的显示框。

03 从图中可以发现，每个视图中的背景图并没有对齐，这是不符合要求的。下面需要将三个视图中的图片分别对齐，才能起到辅助建模的作用。首先打开网格，激活【Top】视图，单击【对齐背景图】按钮，在背景图上选择一点作为基准点，另外选择一点作为参考点。然后在工作平面上单击一点作为基准点到达的位置，再单击一点作为参考点到达的位置，即可完成【Top】背景图的对齐，如图2-56所示。当然，如果发现不够准确，可多次执行此命令。

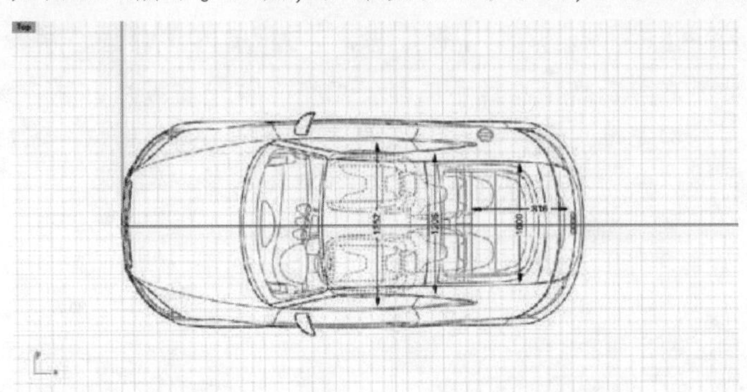

图 2-56 对齐【Top】背景图

技巧点拨

一般情况下，为了更准确地对齐，在选择参考点的时候往往按住【Shift】键，保证参考点与基准点在一条直线上。

04 按照同样的方法对齐【Front】视图和【Right】视图，如图 2-57 所示。

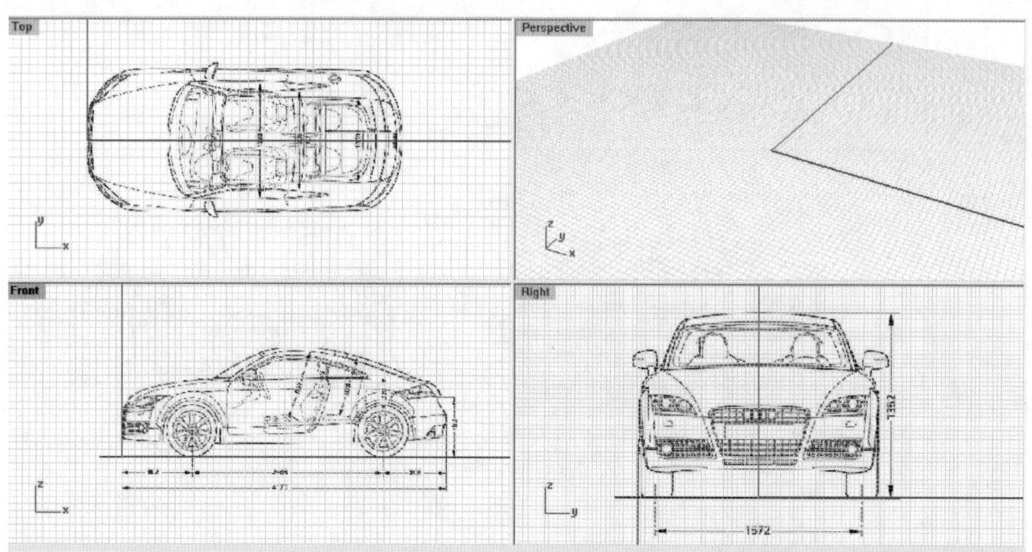

图 2-57　对齐三个视图

05 对齐各背景图后，新问题又出现了。从图中网格数量可以明显看出，三个视图中的车身长宽高的数值是不对等的。这时，需要调节图片比例。

06 首先，选定【Top】视图作为缩放尺寸基准。用【尺寸标注】命令量出车身长度为 39 个单位，一半宽度为 9.2 个单位。(这里由于选择的基准在轴线上，所以可以只测量一半的宽度)。然后在【Top】视图中，分别在车头、车尾及车身侧面基准点处，用【点】命令绘出三个点作为缩放参考点，如图 2-58 所示，红色圈内即为参考点的位置。

07 单击【Front】视图，打开【物件锁点】中的点捕捉，单击【缩放背景图】，点选坐标原点为基点，点选车尾部一点作为第一参考点，第二参考点即上一步中绘制的车尾部基准点。核对车身长度是否同为 39 个单位，缩放完毕，如图 2-59 所示。

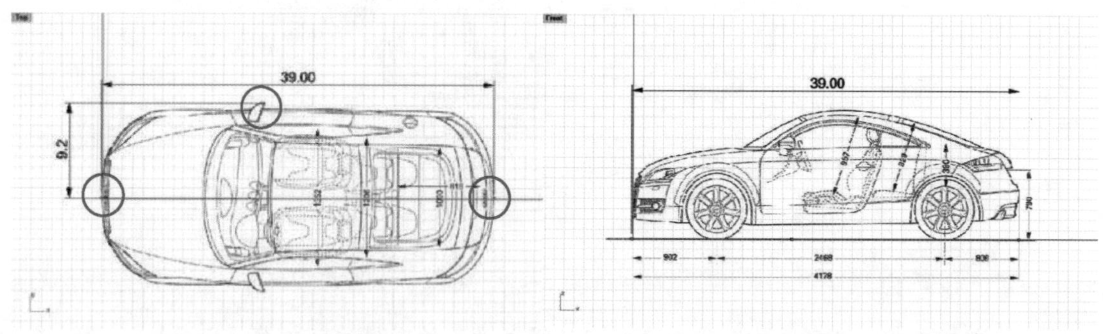

图 2-58　建立缩放基准点　　　　图 2-59　缩放【Front】背景图

08 在【Front】视图中，用【尺寸标注】命令量出车身高度为12.8个单位，并在最高点设定一个基准点。按照上面的方法，将【Right】视图中的背景图缩放到合适的位置，如图2-60所示。

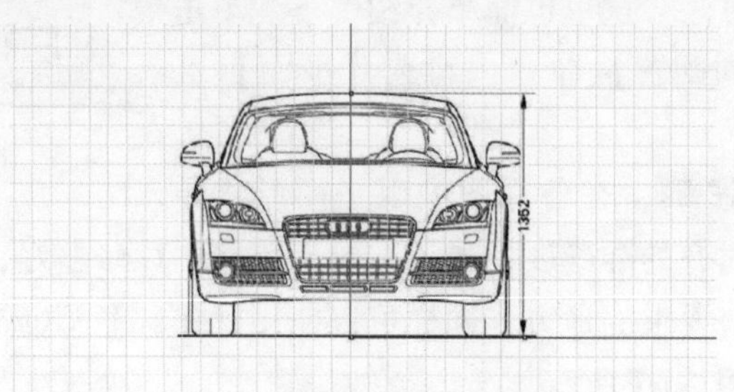

图2-60 缩放【Right】背景图

09 如缩放比例出错，可关闭【物件锁点】，或者按住【Shift】键将缩放轴锁定在坐标轴上拖移，让缩放框到达定位基准点的位置。释放鼠标。校对车身高度值，完成整个背景图的放置，如图2-61所示。要注意导入图片前需要在Photoshop或其他平面软件中将轮廓线以外部分切除。

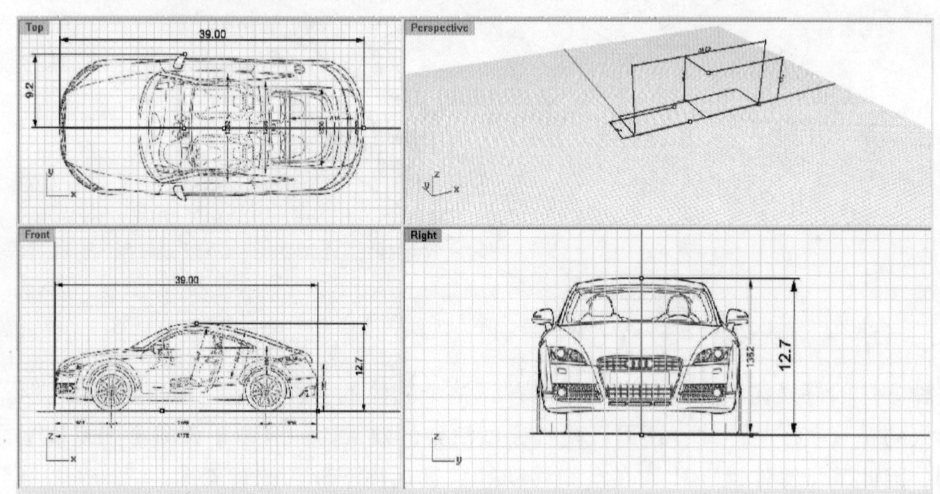

图2-61 完成背景图的放置

10 为了检验背景图放置的准确性，可以在任一视图的车身线条上绘制一些点，然后在其他视图中检验该点是否放置在车身线条正确的位置。

技巧点拨

在操作过程中，需要进行物件锁点捕捉时，可以按住键盘上的【Alt】键进行快捷调用，释放【Alt】键即可关闭捕捉。此外，在【背景图】的工具面板中还有【移除背景图】按钮和【隐藏背景图】按钮两个命令，操作比较简单就不做解释了。值得关注的是，单击按钮可隐藏背景图，右击该按钮可显示背景图，练习的时候注意区分。

2.4.3 导入平面图参考

除了上述常规的放置背景图的方法，Rhino 中还有一个引入参考图辅助建模的方法，这里也简单介绍一下。单击菜单栏中【工具】|【工具列配置】命令，勾选【平面】工具面板，如图 2-62 所示。

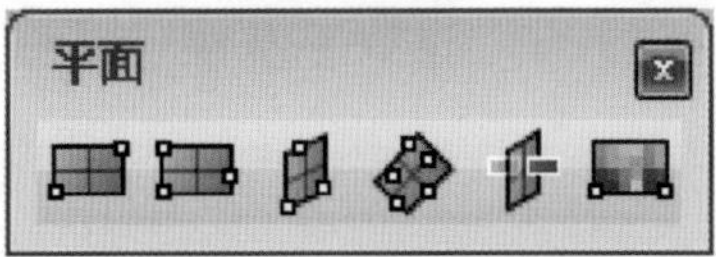

图 2-62 平面工具面板

单击【帧平面】按钮，在各视图中以平面形式导入参考图。为了提高图片对齐的准确度，建议在导入前将图片修整好，并且导入的基点选择为坐标原点。如发现不符合要求的地方，同样可以使用【平移】或【缩放】命令对导入的帧平面进行调整，如图 2-63 所示。

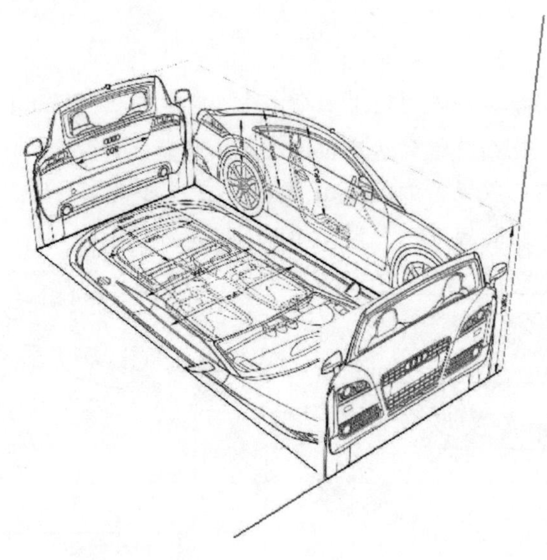

图 2-63 导入平面参考图

这种方法的好处在于能够直观立体地看到整个物体的各面细节，便于对模型进行调整，如果导入的是真实产品图片，还可以检查模型渲染的效果。而且由于该参考图是以平面形式出现的，因此其可操作性（比如在空间移动等）远远高于导入的背景图。

2.5 视图操作

三维建模设计类软件有很多相通的地方，但是一些操作习惯又有一定的区别，这节将着重讲解在 Rhino 中的一些基本操作习惯。

2.5.1 视图操控

利用键盘和鼠标的功能键熟练操作软件是进入软件学习阶段的最基础的操作。

1. 平移、缩放和旋转

在【标准】标签下包含操控物件（Rhino 中的物件就是指物体或对象）的平移、缩放和

旋转指令，如图 2-64 所示。

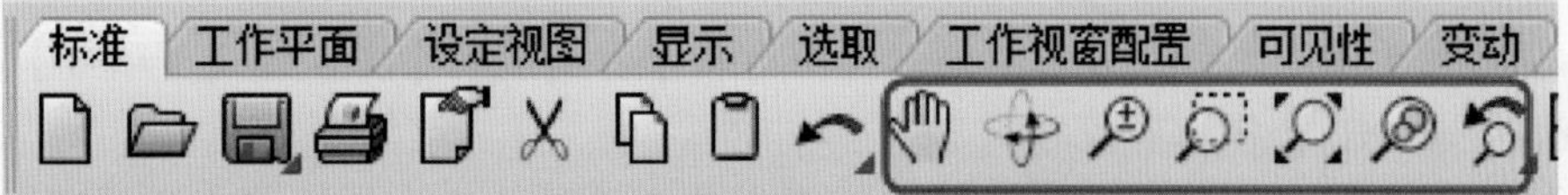

图 2-64　操控物件的功能指令

也可以在【设定视图】标签下选择视图操控命令来控制视图，如图 2-65 所示。

图 2-65　【设定视图】标签下的操控视图命令

2. 利用快捷键操控视图

对于软件使用者来说，快捷键是最常用的，初学者要熟练掌握。若有些操作频率很高，用户往往需要设置适合自己使用习惯的快捷键。

常用鼠标快捷键操作如下。

- 鼠标右键——2D 视窗中平移屏幕，透视图视窗中旋转观察。
- 鼠标滚轮——放大或缩小视窗。
- Ctrl + 鼠标右键——放大或缩小视窗。
- Shift + 鼠标右键——任意视窗中平移屏幕。
- Ctrl + Shift + 鼠标右键——任意视窗中旋转视图。
- Alt + 以鼠标左键拖拽——复制被拖曳的物件。

常用键盘快捷键见表 2-1。这些快捷键有许多是可以更改的，可以自行添加快捷键。

表 2-1　常用键盘快捷键

功能说明	快捷键
调整透视图摄影机的镜头焦距	Shift + PageUp
调整透视图摄影机的镜头焦距	Shift + PageDown
端点物件锁点	E
切换正交模式	O、F8、Shift
切换平面模式	P
切换格点锁定	F9
暂时启用/停用物件锁点	Alt
重做视图改变	End
切换到下一个作业视窗	Ctrl + Tab
放大视图	PageUp
缩小视图	PageDown

技巧点拨

如果视图无法恢复到最初的状态，可执行菜单栏【查看】|【工作视窗配置】|【四个作业视窗】命令，会回到默认的状态。

如果突然发现，使用鼠标键盘组合键无法对透视图进行旋转操作，这时可在 Rhino 工具列中选择旋转工具来对视图进行旋转。

2.5.2 设置视图

视图总是与工作平面关联，每个视图都可以作为工作平面。常见的视图包括 7 种：6 个基本视图 +1 个透视图。

可以在【设定视图】标签下单击视图按钮进行设置视图操作，如图 2-66 所示。

图 2-66　视图设置按钮

也可以从菜单栏中执行【查看】|【设置视图】命令，如图 2-67 所示。

还可以在各个视窗中左上角单击下三角箭头，展开菜单后选择【设置视图】命令，再选择视图选项，如图 2-68 所示。

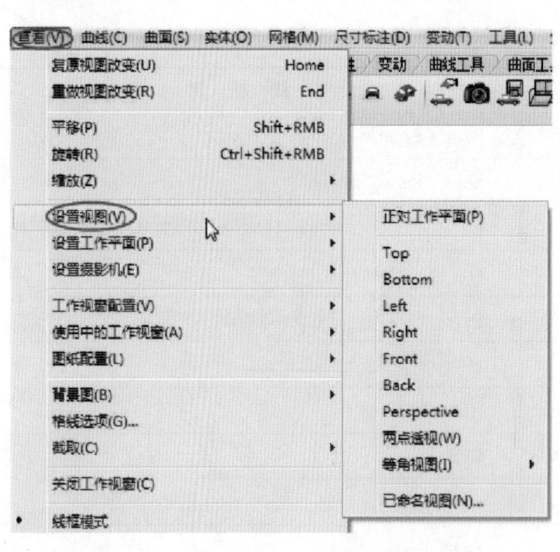

图 2-67　从菜单栏执行设置视图命令

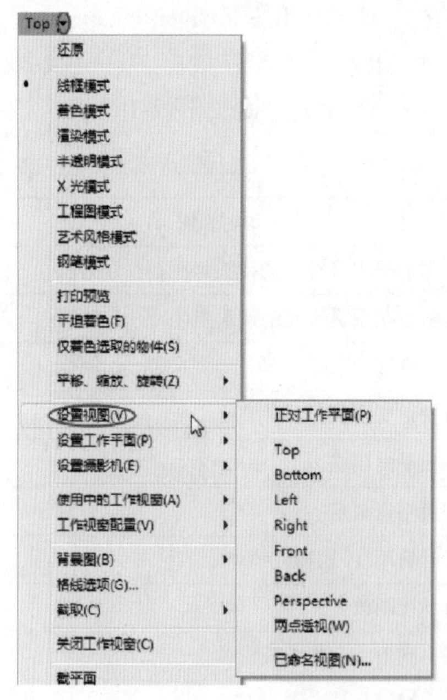

图 2-68　从视窗中执行设置视图命令

7 个视图状态如图 2-69 所示。

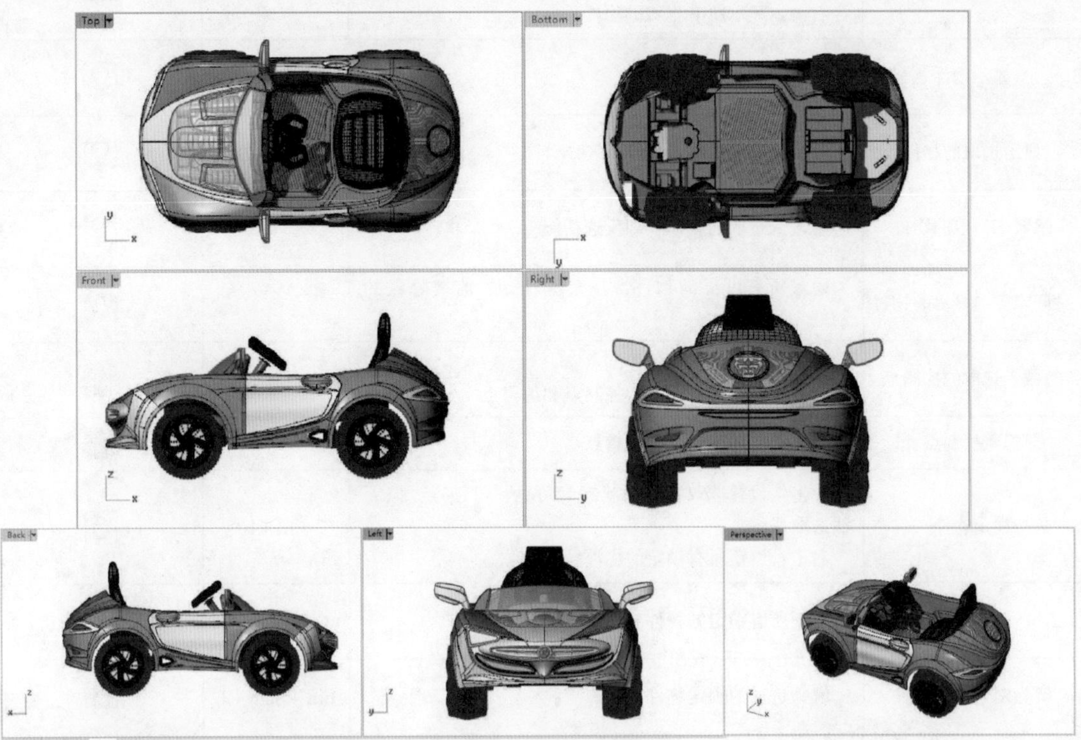

图 2-69 7 个基本视图

2.6 物件的可见性设置

当用户在复杂场景中需要编辑某个物体时，应用隐藏命令可以方便地把其他物体先隐藏起来，不在视觉上造成混乱，起到简化场景的作用。

此外，还有一种场景简化方法就是锁定某些特定物体，物体被锁定后将不能对其实施任何的操作，这样也能大大降低用户误操作的机率。

以上操作命令均集成于【可见性】工具面板中，单击标准工具栏中【隐藏物件】按钮或【锁定物件】按钮不放，均可弹出【可见性】工具面板，面板中各按钮具体功能见表 2-2。此类命令操作方法比较简单，选择物体后单击命令按钮即可，因此不再一一举例。

表 2-2 隐藏与锁定各按钮图标的功能

名 称	说 明	快 捷 键	图标
隐藏物件	单击：隐藏选取的物件，可以多次点选物体进行隐藏 右击：显示所有隐藏的物件	Ctrl + H	
显示物件	显示所有隐藏的物件	Ctrl + Alt + H	
显示选取的物件	显示选取的隐藏物件	Ctrl + Shift + H	
隐藏未选取的物件	隐藏未选取的物体，即反选功能		
对调隐藏与显示的物件	隐藏所有可见的物件，并显示所有之前被隐藏的物件		
隐藏未选取的控制点	单击：隐藏未选取的控制点 右击：显示所有隐藏的控制点和编辑点		
隐藏控制点	隐藏选取的控制点和编辑点		
锁定物件	单击：设置选取物件的状态为可见、可锁点，但无法选取或编辑 右击：解锁所有锁定的物件	Ctrl + L	
解锁物件	解锁所有锁定的物件	Ctrl + Alt + L	
解除锁定选取物件	解锁选取的锁定物件	Ctrl + Shift + L	
锁定未选取的物件	锁定未选取的物体，即反选功能		
对调锁定与未锁定的物件	解锁所有锁定的物件，并锁定未锁定的物件		

Chapter

第3章 对象变换与编辑

本章导读

所有与改变模型的位置及造型有关的操作都被称为物件的变换操作，主要包含以下主要内容，如物件在Rhino坐标系中的移动，物件的旋转、缩放、倾斜、镜像等。本章主要介绍Rhino中关于物件变换工具的使用方法及相关功能。

案例展现

案例图	描　述
	玩具车造型产品图片如左图所示，属于一款很时髦的儿童玩具车，后面的发条状物体具备发条功能，非常有趣

3.1 移动和复制工具

Rhino 中移动和复制操作是建模时经常用到的命令，下面介绍移动和复制命令的功能及使用方法。

3.1.1 【移动】命令

【移动】命令可以将物件移动某个距离或配合物件锁点准确地将物件移动至某一点。移动物件较快的方法是在物件上按住直接拖曳。

上机操作——移动操作

01 打开本例源文件【ex3-1.3dm】，如图 3-1 所示。

02 单击【变动】选项卡中的【移动】按钮，选取要移动的物件，右击或按下【Enter】键确认，在视图中任选一点作为移动的起点，如图 3-2 所示。

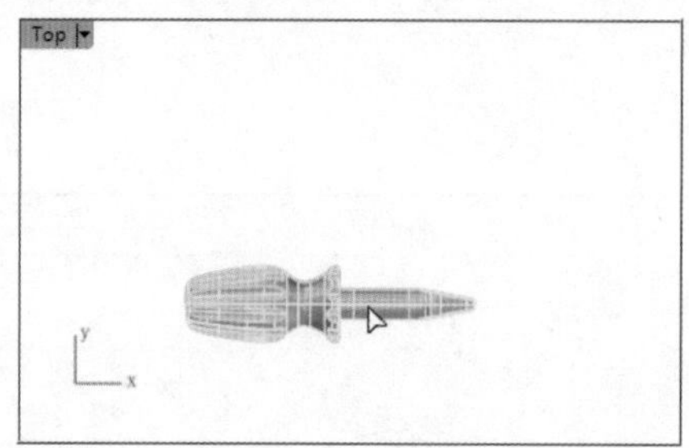

图 3-1 选取物件

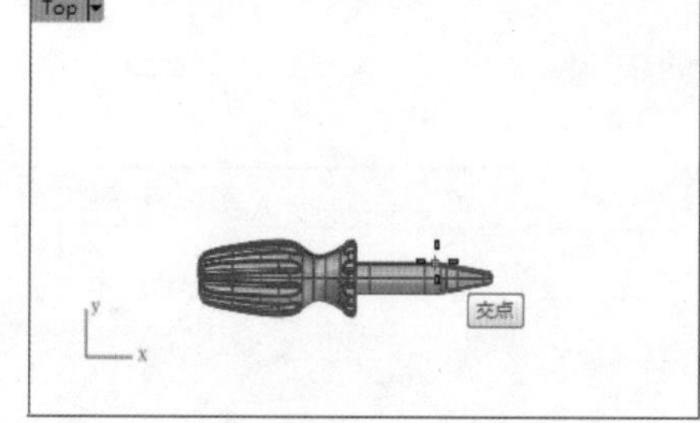

图 3-2 选取移动起点

03 这时物件会随着光标的移动而不断的变换位置，当被操作物件移动到所需要的位置时单击确认移动即可，如图 3-3 所示。

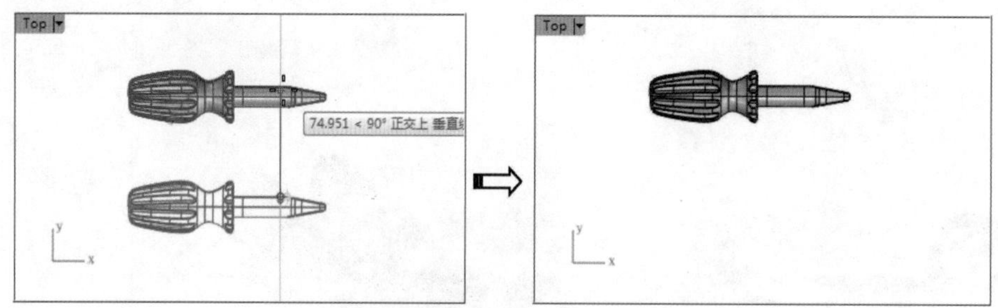

图 3-3 移动物件

技巧点拨

如需准确定位，可以在寻找移动起点和终点的时候，按住【Alt】键，打开【物件锁点】对话框并勾选所需捕捉的点。

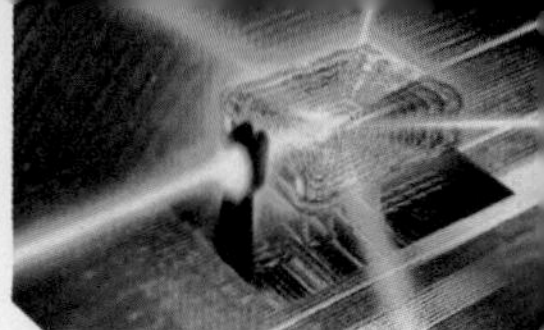

在 Rhino 软件中还有其他两种移动物件的方式。

01 在视图中用单击选中物件并拖动，将物件移动到一个新的位置后再释放，如图 3-4 所示。

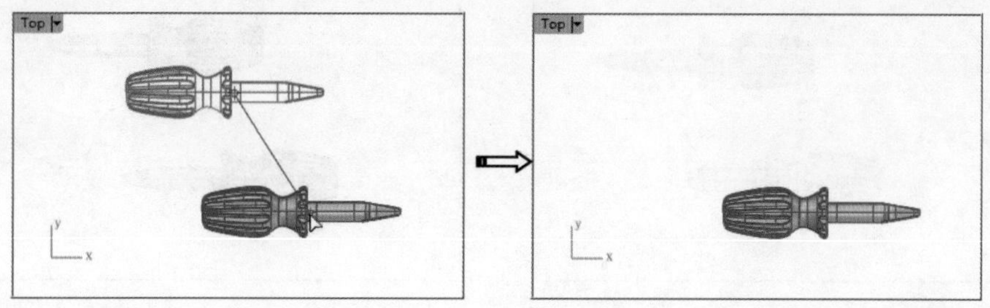

图 3-4 拖动物件移动

02 在【Top】视图中单击物件，然后按住【Ctrl】键和四个方向键，在该视图的 XY 坐标轴上移动，如图 3-5 所示。

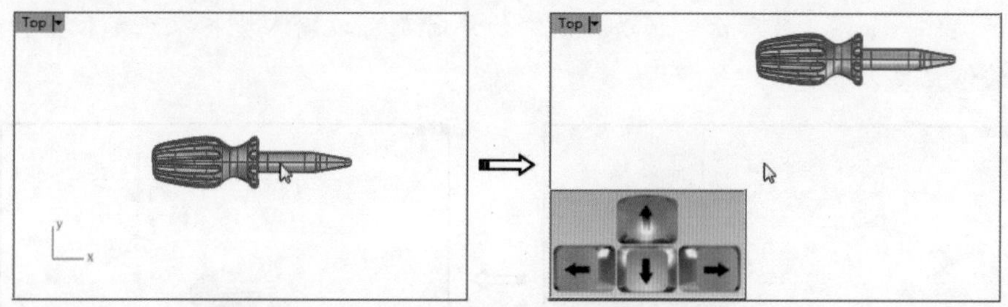

图 3-5 结合键盘组合键实现移动

3.1.2 【复制】命令

利用【复制】命令可以创建物件的副本。

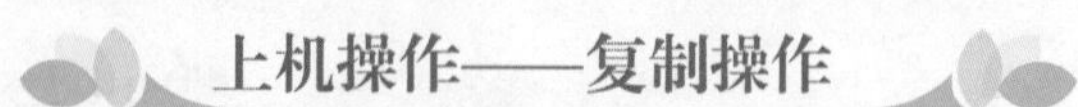

上机操作——复制操作

01 打开本例源文件【ex3-2. 3dm】。

02 单击【变动】选项卡中的【复制】按钮，然后选取要复制物件，按下【Enter】键或右击确认，并选择一个复制起点，如图 3-6 所示。

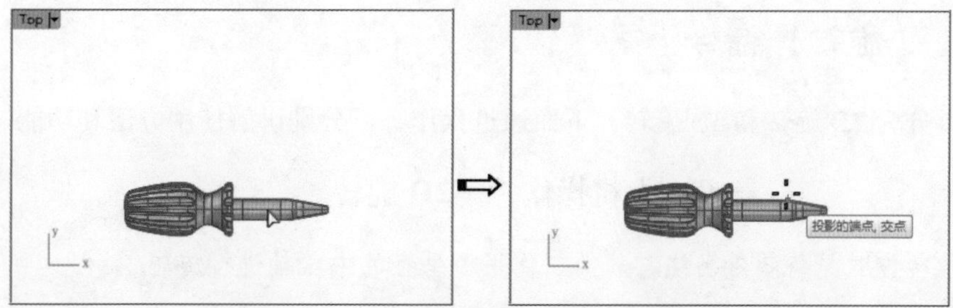

图 3-6 选取要复制的对象并确定复制起点

03 此时视图中出现一个随着光标移动的物件预览操作。移动到所需放置的位置然后按下【Enter】键确认，如图 3-7 所示。重复操作可进行多次复制。

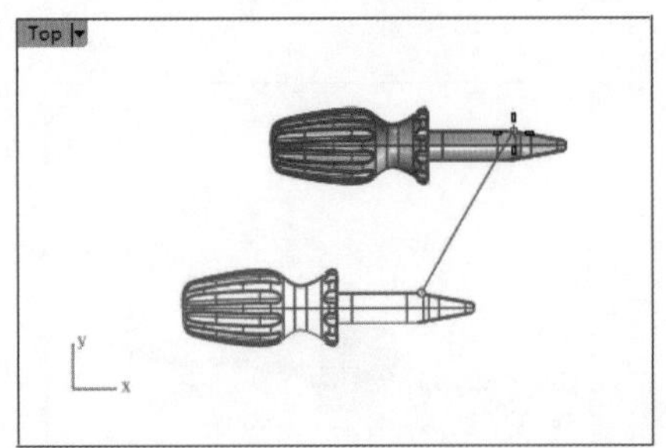

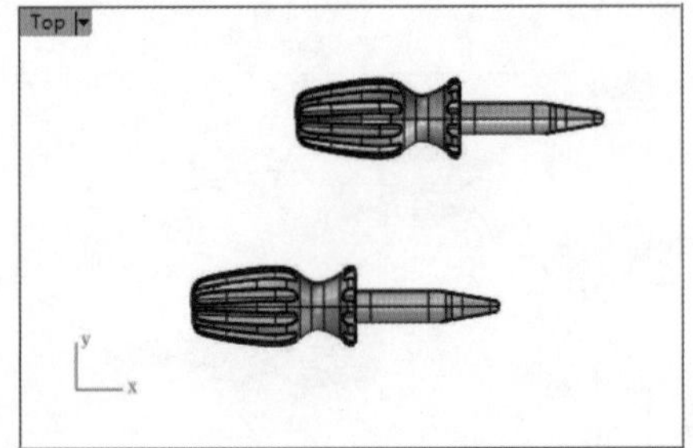

图 3-7 完成复制

技巧点拨

在执行移动操作时可配合物件锁点当中的捕捉命令，从而实现被复制物件的精确定位及复制操作，如图 3-8 所示。移动和复制物件时都可以输入坐标来确定位置，使移动和拷贝的位置更为准确。

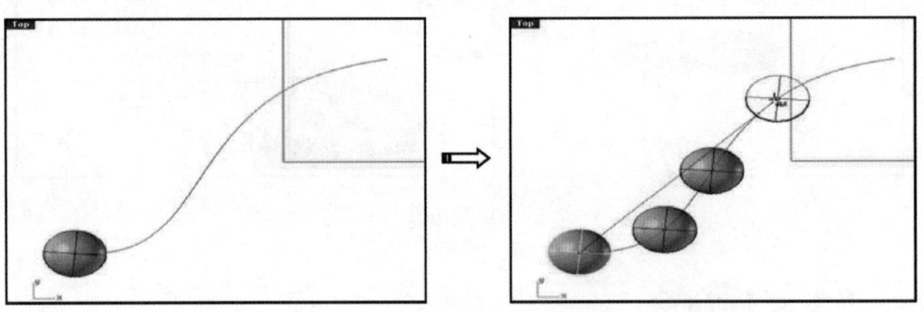

图 3-8 沿曲线精确定位而复制物件

3.2 旋转和缩放工具

在 Rhino 软件中，旋转和缩放是比较常用的变换工具，可根据需要对模型进行造型设计变换。

3.2.1 【旋转】命令

旋转可分为 2D 旋转和 3D 旋转，下面通过操作练习分别讲解使用方法和功能。

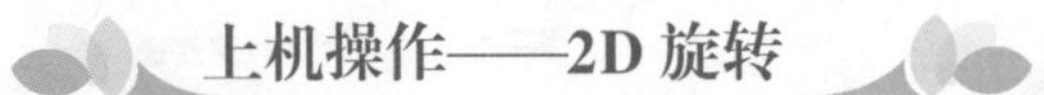

上机操作——2D 旋转

这种旋转方式是将物件围绕与软件工作平面垂直的中心轴进行旋转。

01 打开本例源文件【ex3-3. 3dm】，如图 3-9 所示。

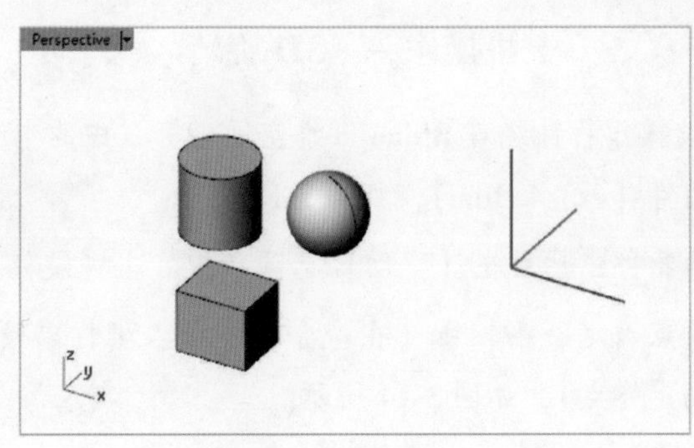

图 3-9 实体物件

02 框选 3 个物件，单击【旋转】按钮，而后在视窗中选择坐标系原点为旋转中心点，所产生的旋转效果将围绕这个点产生。

03 在视窗中选择第一参考点，所产生的旋转效果将在第一参考点与旋转中心点组成直线的所在平面内产生，如图 3-10 所示。

04 根据预览，将物件旋转到所需位置，单击确认或在命令行中输入旋转角度并按下【Enter】键确认，如图 3-11 所示。

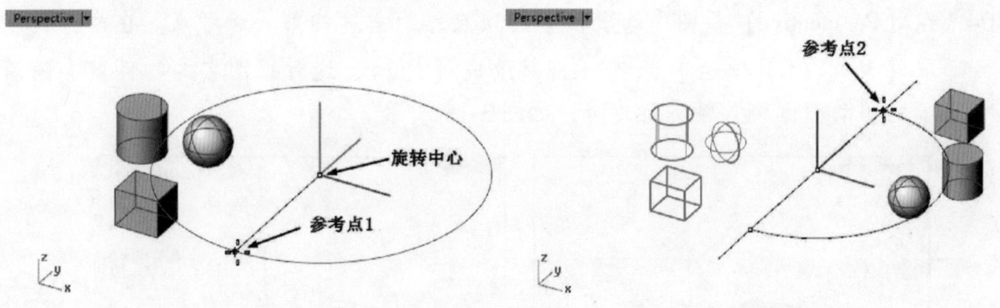

图 3-10 为旋转确定旋转中心点参考点 1　　图 3-11 确定参考点 2

05 如果在命令行中输入 C 后按下【Enter】键或单击【复制】，可以在平面内围绕旋转中心进行多次复制，如图 3-12 所示。

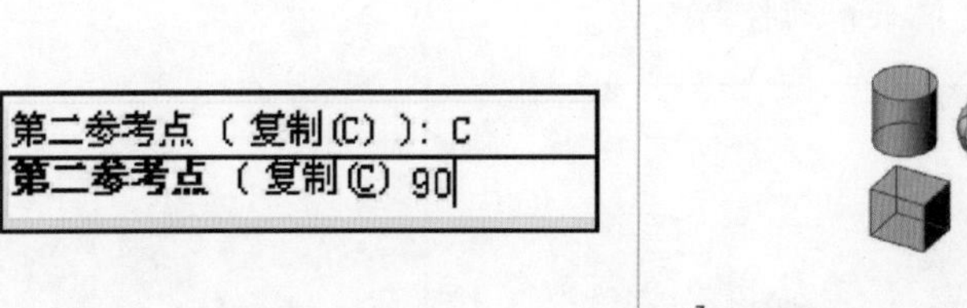

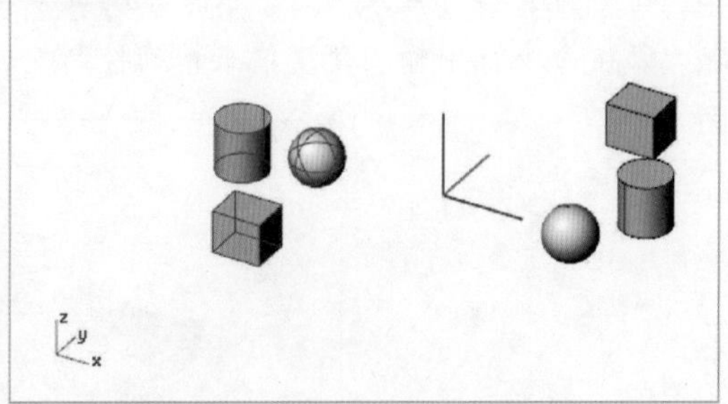

图 3-12 旋转复制

上机操作——3D 旋转

这种旋转方式是将被操作物件绕着 Rhino 三维空间坐标系中的中心轴进行旋转。

01 打开本例源文件【ex3-4. 3dm】，如图 3-13 所示。

02 选择要旋转的物件，然后在【变动】选项卡中右击【旋转】按钮。

03 在视图中用两点确定一条轴线（在命令行中输入坐标以确定起点，按住【Shift】键向上拖动确定终点），如图 3-14 所示。

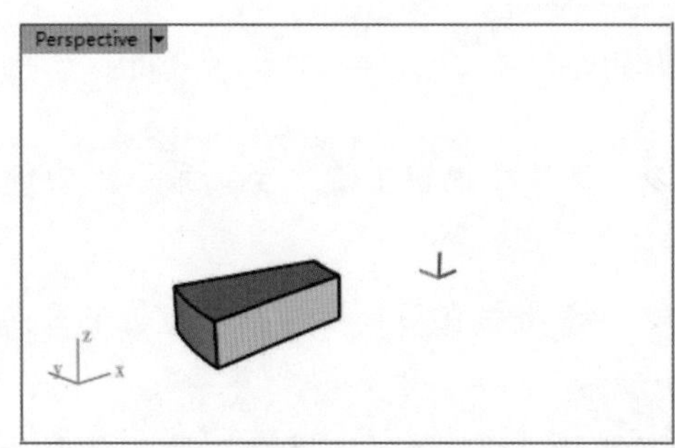

图 3-13 打开的模型

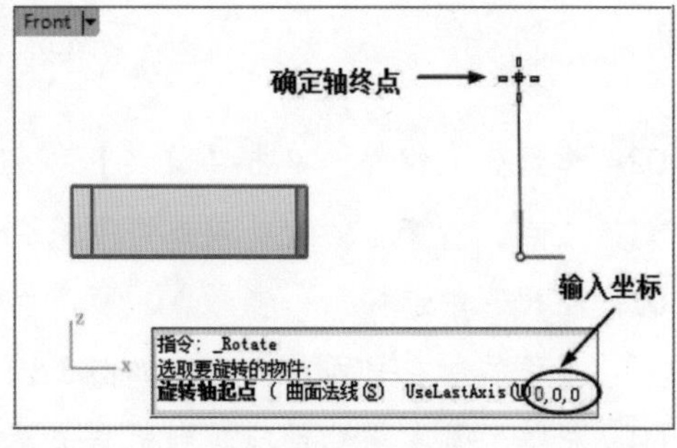

图 3-14 确定旋转轴

04 在【Perspective】视图中选取模型的顶点作为角度的第一参考点。在命令行中选取【复制（C）＝否】选项（将其改成【是】），这时视图中的物件就会随着光标的移动而围绕着轴进行旋转，如图 3-15 所示。

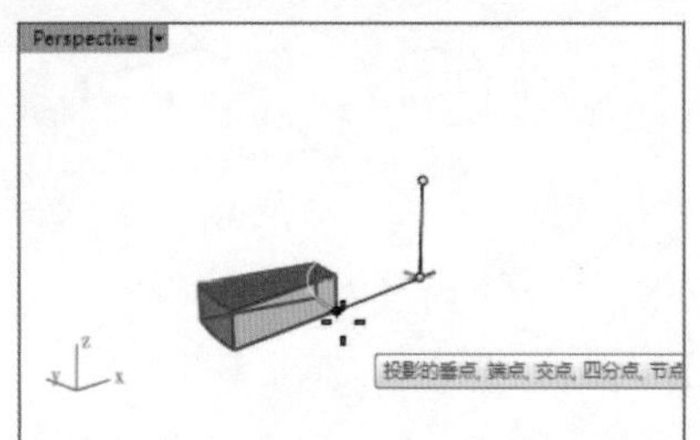

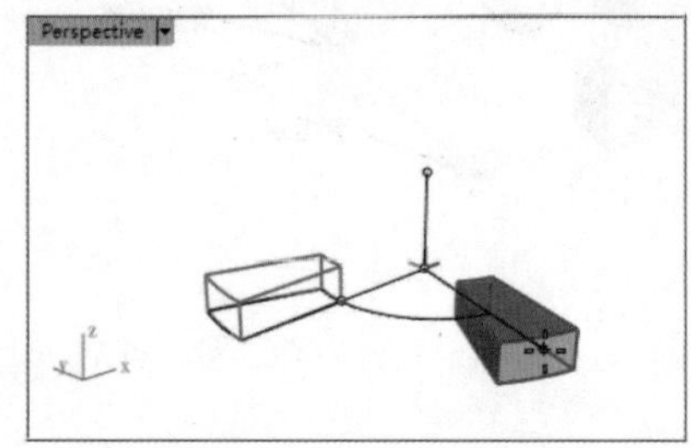

图 3-15 选取角度第一参考点

05 在所需要的位置处单击，确定角度的第二参考点并结束操作，如图 3-16 所示。可以在命令行中输入角度值来精确控制旋转。

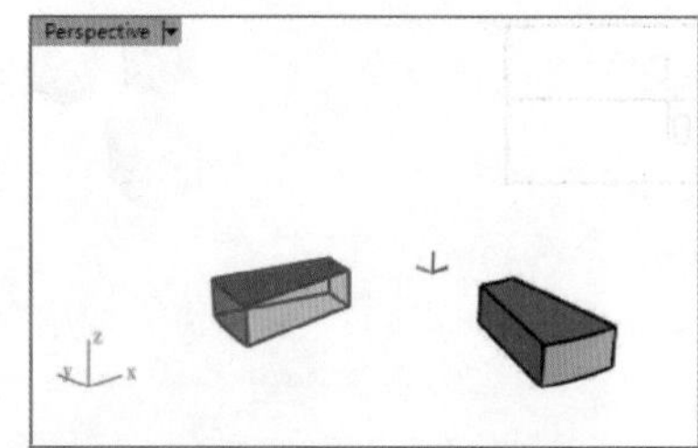

图 3-16 确定角度第二参考点完成 3D 旋转

3.2.2 【缩放】命令

缩放工具可以在一个轴向、两个轴向、三个轴向以同样的比例缩放物件，或以不等比例在三个轴向缩放物件，长按【三轴缩放】命令按钮，会弹出【缩放】工具面板，如图3-17所示。下面分别介绍各种缩放命令的功能。

图3-17 【缩放】工具面板

1. 三轴缩放

【三轴缩放】命令可在X、Y、Z三个轴向上以相同的比例缩放物件。

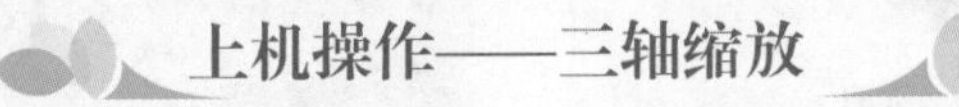

上机操作——三轴缩放

01 打开本例源文件【ex3-5.3dm】。

02 选定要缩放的物件，如图3-18所示。单击【三轴缩放】命令按钮，在视图中选择一个基准点，如图3-19所示。

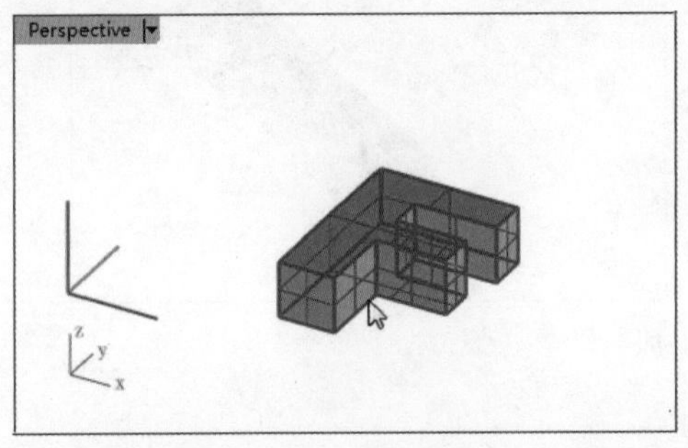

图3-18 选取物件

图3-19 确定基准点

03 在命令行中输入缩放比例值为2，选择【复制（C）=否】选项，按下【Enter】键确认，完成缩放操作，如图3-20所示。

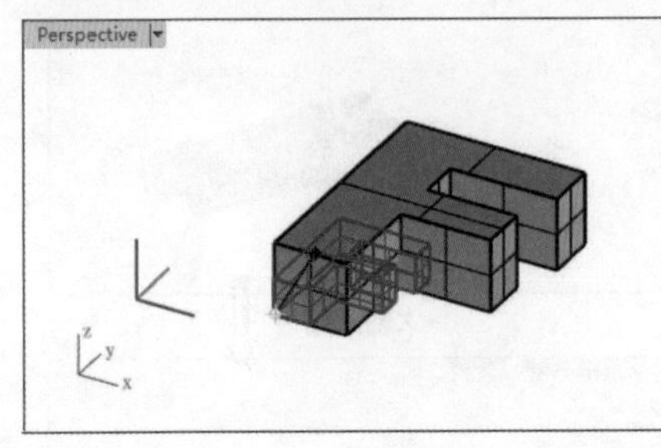

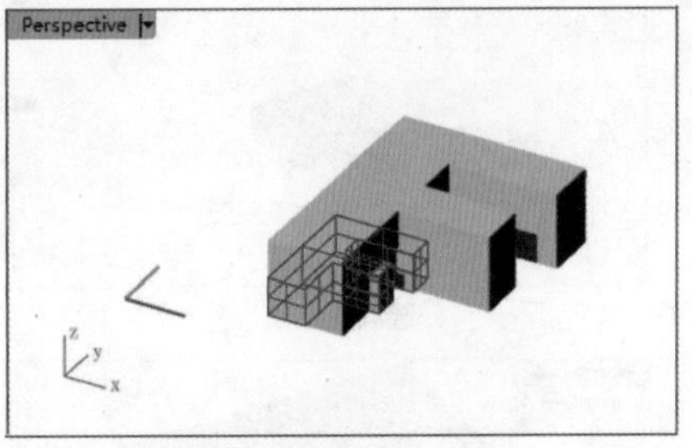

图3-20 三轴缩放完成效果

2. 二轴缩放

【二轴缩放】只在XY平面（X轴与Y轴）或XZ平面（X轴与Z轴）或YZ平面（Y轴与Z轴）上进行二轴等比例缩放。操作方式与【三轴缩放】相同。在实际操作过程中尽量配合物件锁点工具使用，从而实现精确二轴缩放。图3-21所示为物件同时在X轴和Y轴两个轴向进行缩放。

3. 单轴缩放

【单轴缩放】沿着 X 轴或 Y 轴或 Z 轴或其他方向轴进行单轴向缩放。单轴缩放并不是只能沿着坐标轴的方向缩放，而是可沿着任意基准点与第一参考点所在直线方向缩放，如图 3-22 所示。

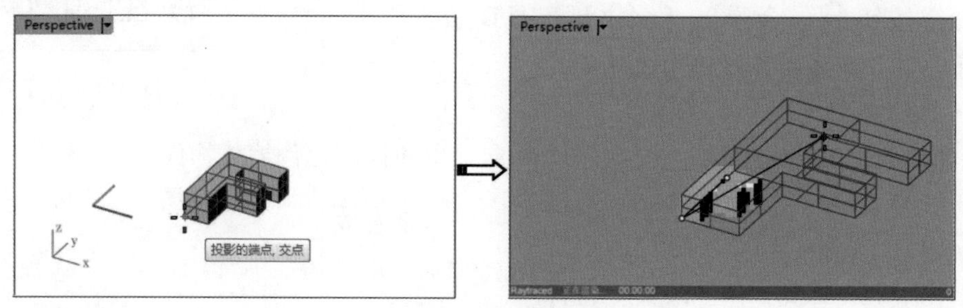

图 3-21　二轴缩放

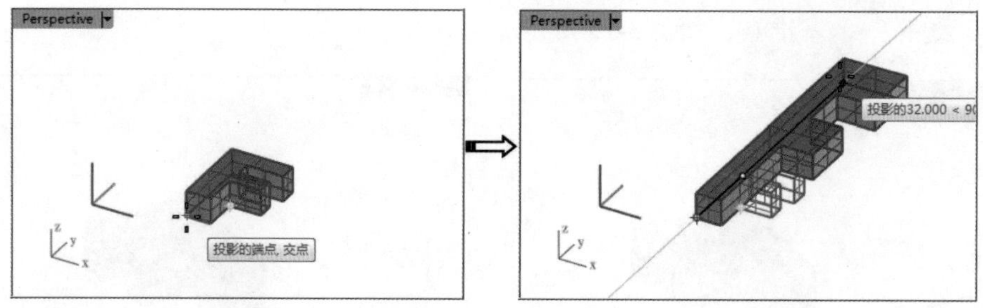

图 3-22　单轴缩放

4. 不等比缩放

不等比缩放操作时只有一个基准点，但需要分别设置 X、Y、Z 三个轴方向的缩放比例，操作方法相当于进行了 3 次单轴缩放，缩放仅限于 X、Y、Z 三个轴的方向，如图 3-23所示。

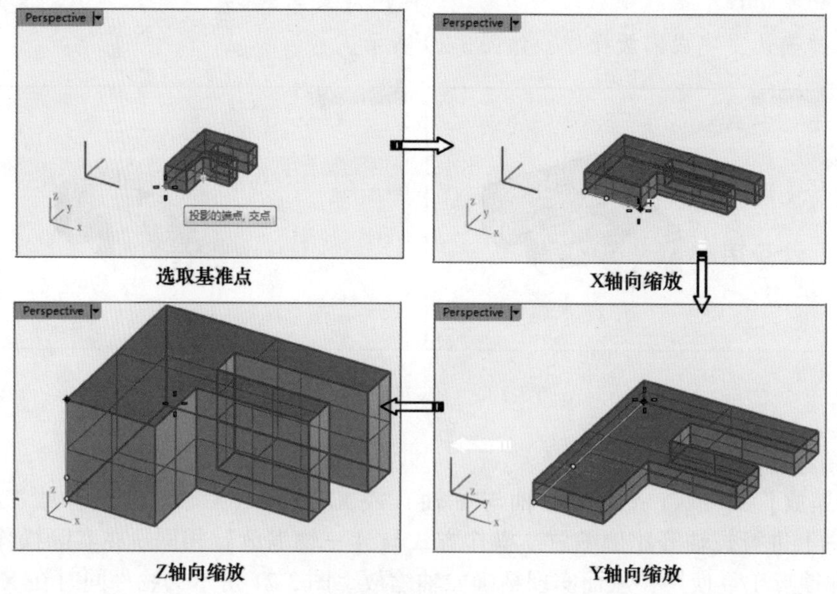

图 3-23　不等比缩放

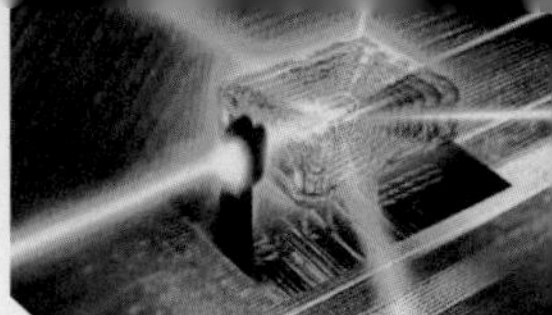

5. 在定义的平面上缩放

此缩放方式适合在空间任意平面上创建缩放对象，定义平面是以两个参考点的方式进行确定的。图 3-24 所示为在自定义的平面上创建缩放对象。为了清晰表达空间任意平面，在确定参考点时通过不同的视图来操作。

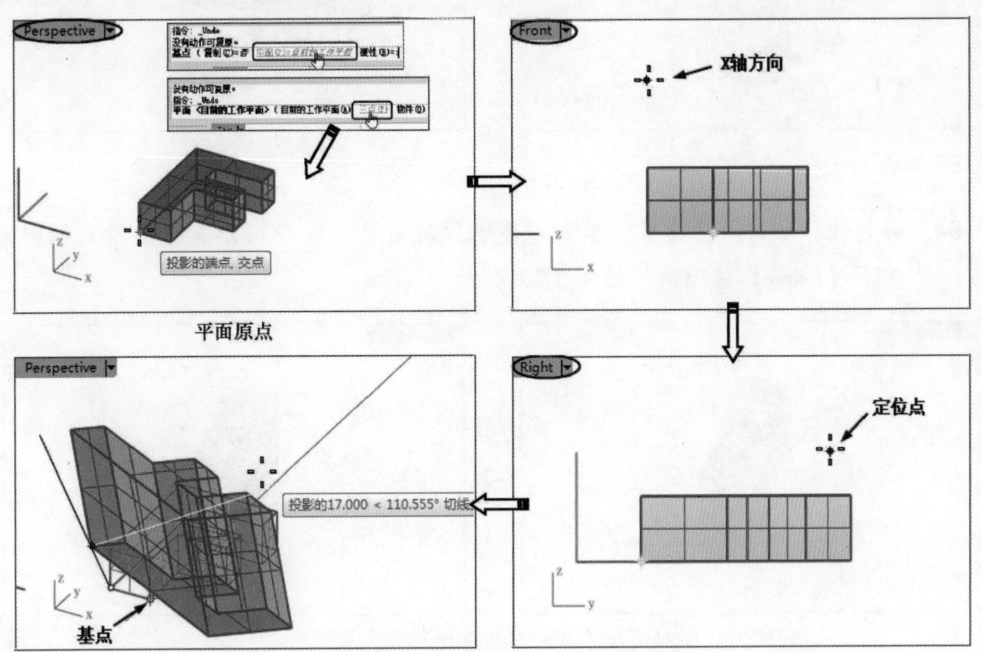

图 3-24　在自定义平面上缩放

3.3 倾斜和镜像工具

Rhino 软件中，倾斜和镜像是比较常用的变换工具，能够根据需要对模型进行造型设计变换。

3.3.1 【倾斜】命令

【倾斜】命令用于物件的倾斜变形操作，使物件在原有的基础上产生一定的倾斜变形。

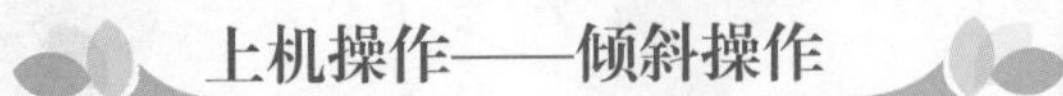

上机操作——倾斜操作

01 打开本例源文件【ex3-6. 3dm】。

02 选择物件，单击【变动】选项卡中【倾斜】按钮，在视图中选择一个基准点，如图 3-25 所示。

03 选择第一参考点，此时物件的倾斜角度会随着光标的移动而发生变化，如图 3-26 所示。

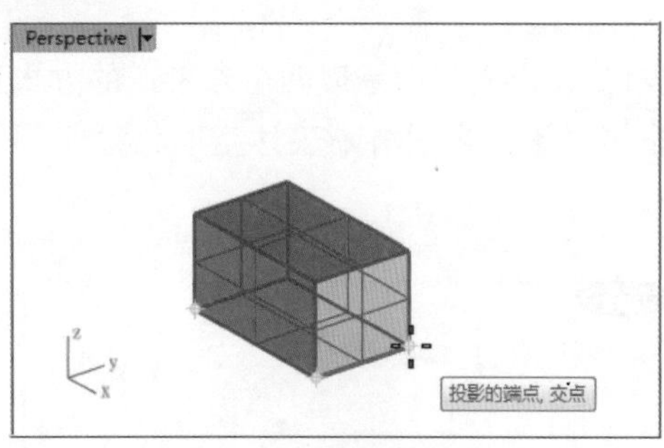

图 3-25　选取基准点

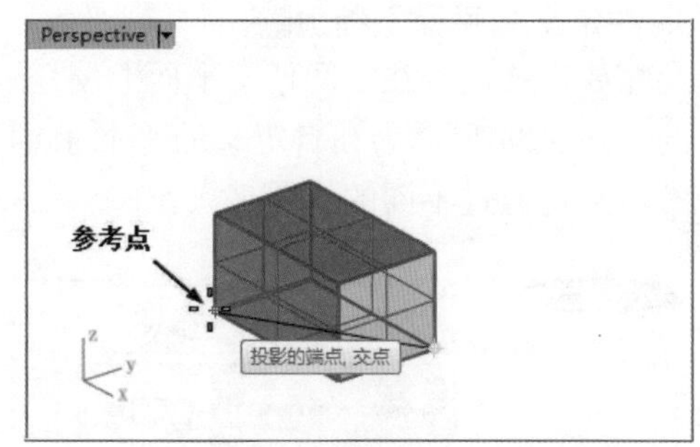

图 3-26　选取第一参考点

04 将物件移动到所需位置，单击可确定倾斜角度，或者在命令行中输入倾斜角度，按下【Enter】键确认，如图 3-27 所示。

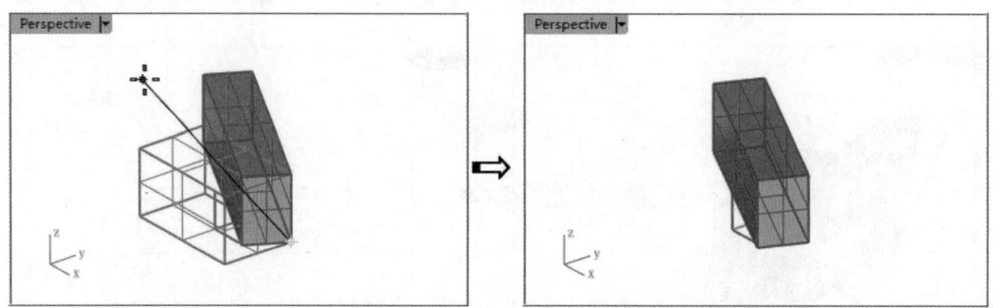

图 3-27　确定倾斜角度并完成倾斜操作

3.3.2　【镜像】命令

【镜像】命令功能主要是对物件进行镜像复制操作。

选择要镜像的物件，单击【变动】选项卡中【镜像】按钮，在视图中选择一个镜像平面起点，然后选择镜像平面终点，生成的物件与原物件关于起点与终点所在的直线对称，如图 3-28 所示。

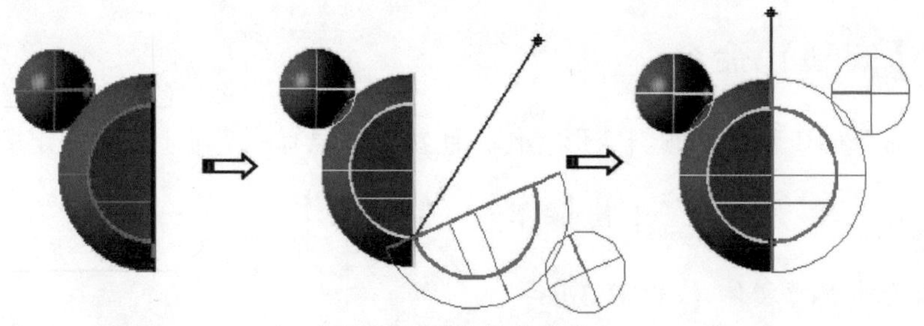

图 3-28　镜像物件操作

3.4 扭转与弯曲工具

在 Rhino 软件中，扭转和扭曲是比较常用的变换工具，能够根据需要对模型进行造型设

计变换。

3.4.1 【扭转】命令

【扭转】命令的功能是对物件进行扭曲变形。

上机操作——扭转

01 新建 Rhino 文件。

02 在菜单栏中执行【圆：中心点、半径】命令，在【Top】视窗中建立 3 个两两相切的圆，如图 3-29 所示。

03 接着在【Right】视窗中坐标系原点绘制 Z 轴方向直线，如图 3-30 所示。此直线将用作扭转轴参考。

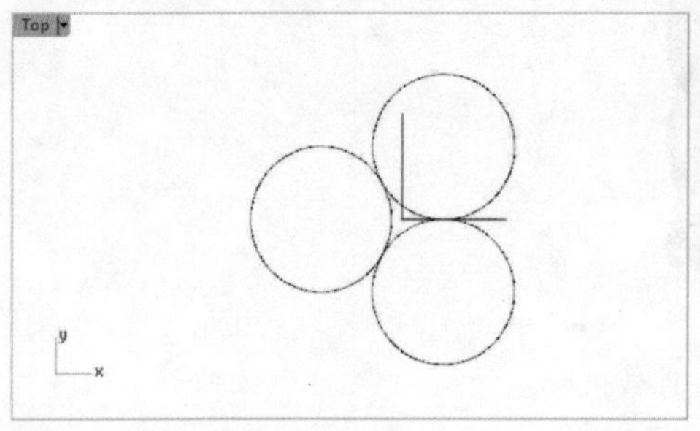

图 3-29　创建 3 个圆

图 3-30　绘制直线

04 在菜单栏中执行【实体】|【挤出平面曲线】|【直线】命令创建挤出实体，如图 3-31所示。

05 单击【变动】标签中【扭转】按钮，然后选中 3 个挤出曲面物件，按下【Enter】键确认。

06 选择直线的两个端点分别作为扭转轴的参考起点和终点，如图 3-32 所示。

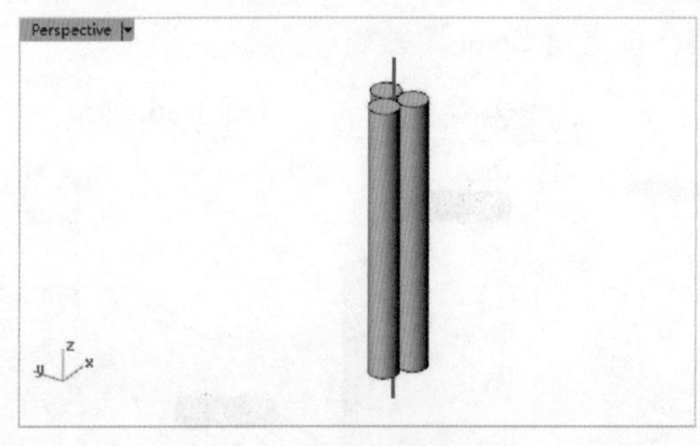

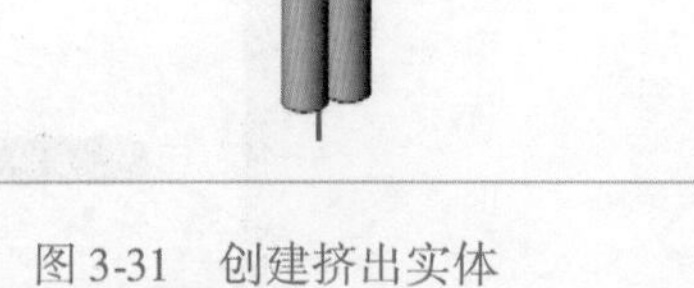

图 3-31　创建挤出实体

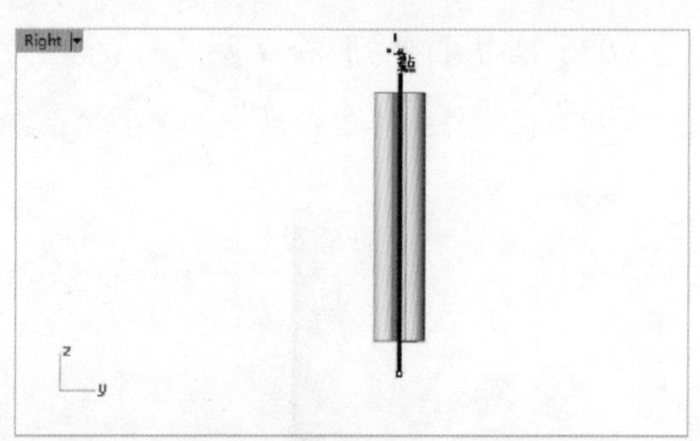

图 3-32　选择扭转轴起点和终点

07 然后指定扭转的第一参考点或第二参考点，如图 3-33 所示。

08 旋转结束后单击鼠标右键结束操作，扭曲效果如图 3-34 所示。

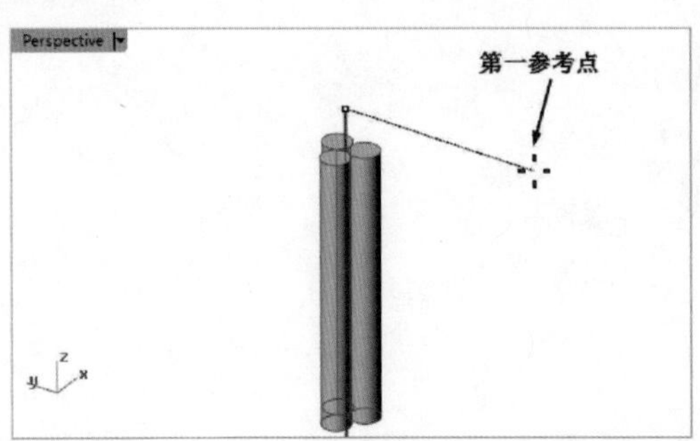

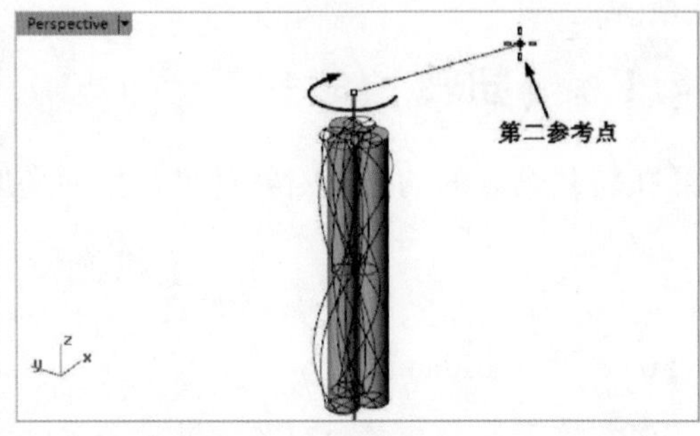

图 3-33　扭转第一参考点和扭转第二参考点

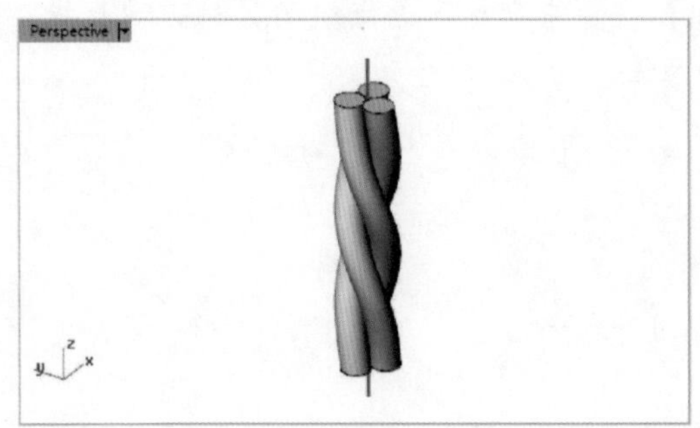

图 3-34　扭曲效果

3.4.2　【弯曲】命令

【弯曲】命令的功能是对物件进行弯曲变形。

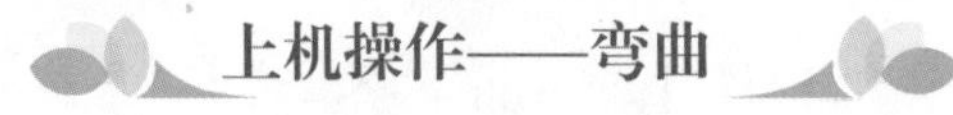

01 新建 Rhino 文件。

02 在视窗中建立一个圆柱体，如图 3-35 所示。

03 单击【弯曲】命令，然后选中物件，按下【Enter】键确认。

04 在物件上单击一点作为骨干起点，单击另一点作为骨干终点，如图 3-36 所示。

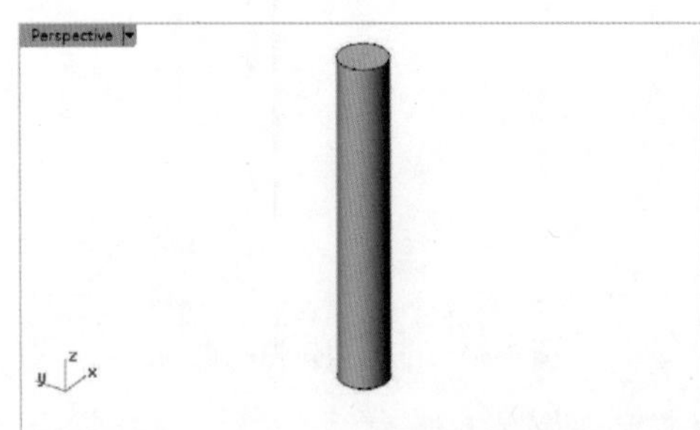

图 3-35　创建圆柱体

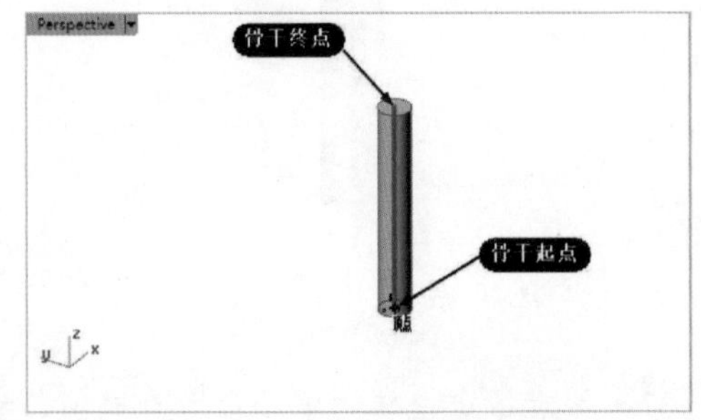

图 3-36　指定弯曲的骨干起点与终点

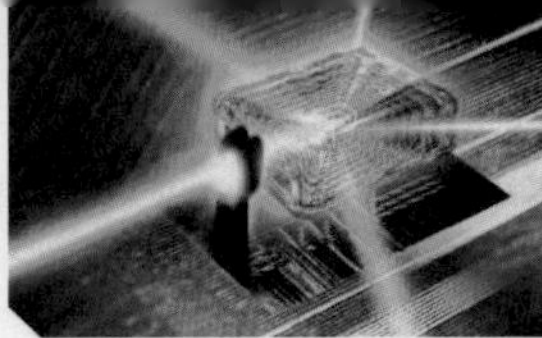

05 物件会随着光标的移动进行不同程度的弯曲，在所需要位置单击鼠标左键结束操作，如图 3-37 所示。

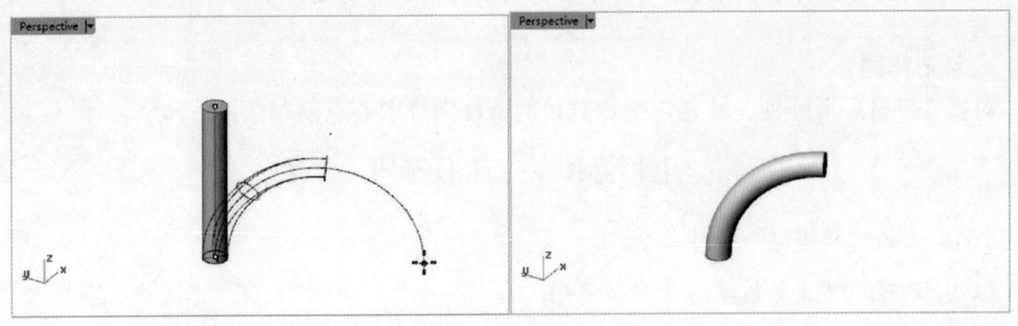

图 3-37　完成弯曲

3.5 阵列工具

阵列是 Rhino 建模中非常重要的工具之一，操作命令包括矩形阵列、环形阵列、沿曲线排列和在物件表面上排列。

长按【变动】选项卡中【阵列】命令按钮，弹出【阵列】工具面板，如图 3-38 所示。

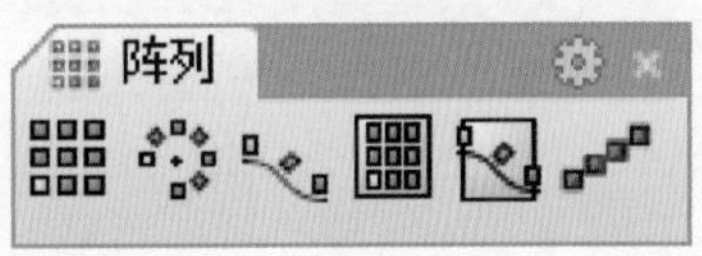

图 3-38　【阵列】工具面板

1. 矩形阵列

对一个物件进行矩形阵列，即以指定的列数和行数摆放物件副本。

01 创建一个球体。

02 单击【矩形阵列】按钮，在命令行中输入该物件在 X 轴、Y 轴和 Z 轴上的副本数。

03 指定一个矩形的两个对角，定义单位方块的大小或在命令行中输入 X 间距、Y 间距、Z 间距的距离值。

04 按下【Enter】键结束操作，如图 3-39 所示。

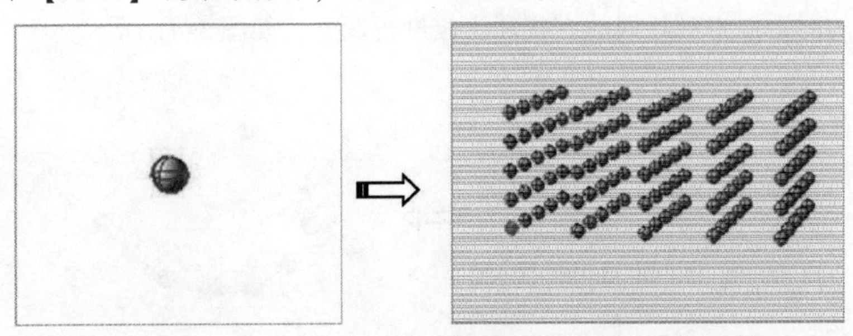

图 3-39　矩形阵列

需要进行 2D 阵列时，只要将其中任意轴上的副本数设置为 1 即可。

2. 环形阵列

对物件进行环形阵列，就是以指定数目的物件围绕中心点复制摆放。

01 在新文档中建一个球体。

02 选择球体，然后单击命令按钮。

03 确定环形阵列的中心点，并在命令行输入副本的个数，按下【Enter】键确定操作。

04 命令行中会显示如下提示。

项目数 <6>:
旋转角度总合或第一参考点 <-120> (步进角(S)): 120

05 选择第一参考点和第二参考点（两个参考点的距离就是两个副本的距离）。或者输入环形阵列的角度，按下【Enter】键结束操作，如图 3-40 所示。

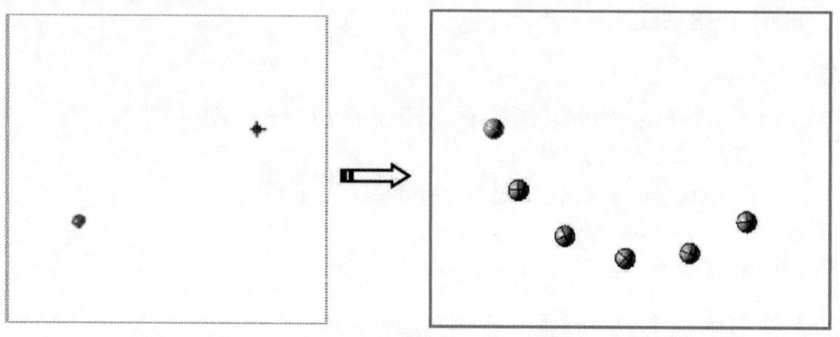

图 3-40　环形阵列

3. 沿曲线阵列

使物件沿曲线复制排列，同时会随着曲线扭转。

单击该命令按钮，选取要阵列的物件，右键单击确定操作。然后选取已知曲线作为阵列路径，在弹出的对话框中对阵列的方式和定位进行调整，如图 3-41 所示。

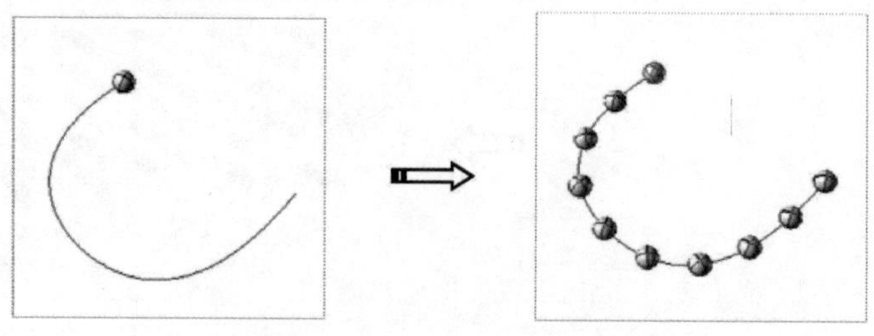

图 3-41　沿曲线阵列

将物件沿曲线阵列操作时，会弹出对话框，如图 3-42 所示。各选项功能如下。

【方式】

- 项目数：输入物件沿着曲线阵列的数目。
- 项目间的距离：输入阵列物件之间的距离，阵列物件的数量依曲线长度而定。

【定位】

- 不旋转：物件沿着曲线阵列时会维持与原来的物件一样的定位。
- 自由扭转：物件沿着曲线阵列时会在三维空间中旋转。
- 走向：物件沿着曲线阵列时会维持相对于工作平面朝上的方向，但会做水平旋转。

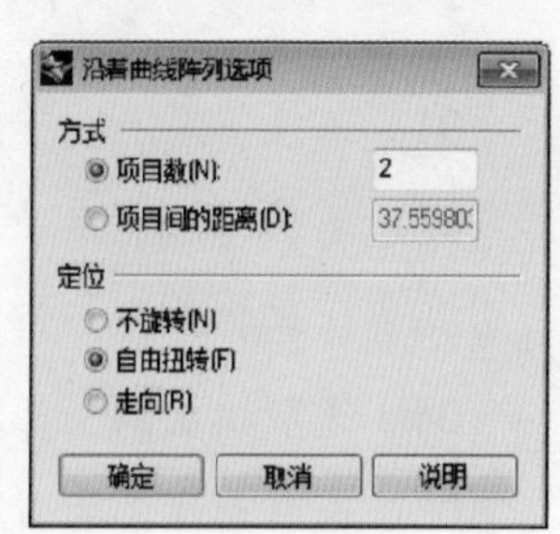

图 3-42　曲线阵列对话框

4. 在曲面上阵列

让物件在曲面上阵列，以指定的列数和栏数摆放物件副本，物件会以曲线的法线方向做定位进行复制操作。

上机操作——在曲面上阵列

01 在视图中建立一个曲面和一个圆锥体。

02 单击【在曲面上阵列】按钮。选取物件，指定一个相对于阵列物件的基准点以及法线。

03 选取目标平面。

04 输入 U 方向的数目值，输入 V 方向的数目值（即副本的个数）。

05 按下【Enter】键结束操作，如图 3-43 所示。

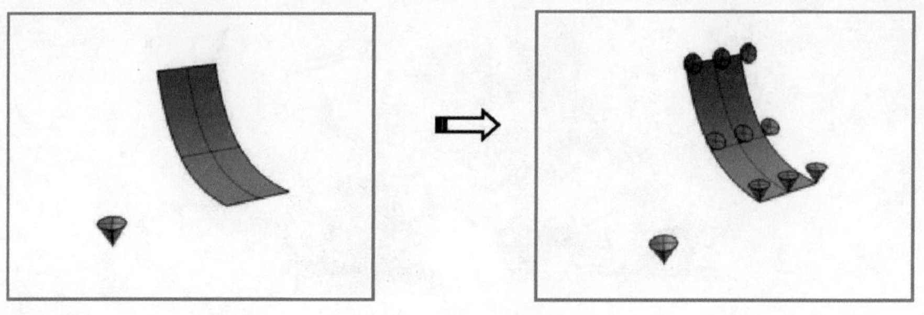

图 3-43　在曲面上阵列

技巧点拨

若阵列的物件不在曲线或曲面上时，物件沿着曲线或曲面阵列之前要先移动到曲线上，而基准点通常会放置于物件上。

5. 沿着曲面上的曲线阵列

沿着曲面上的曲线以等距离摆放物件副本，阵列物件会依据曲面的法线方向定位。

上机操作——沿着曲面上的曲线阵列

01 继续使用上一节操作的物件与曲面。

02 单击【控制点曲线】|【在网格上描绘】命令按钮，在曲面上绘制一条曲线。

03 选取物件，并指定一个基准点（基准点通常会放置于物件上）。

04 选取该曲线于靠近端点处，该端点会成为物件阵列的起点。

05 选取曲线下的曲面，此时曲线上就会出现一个随光标移动的物件。

06 在所需要的位置放置物件，单击右键结束操作，如图 3-44 所示。

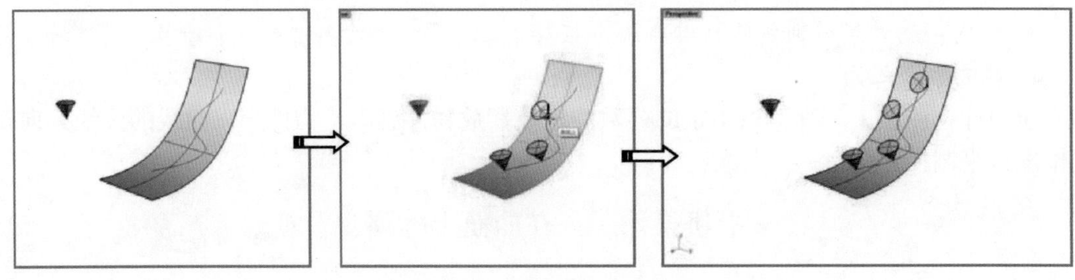

图 3-44　沿曲面上的曲线阵列

3.6 变换操作建模训练

本节以一个时髦的儿童玩具车造型设计作为本章基本操作的综合应用案例。

玩具车造型产品如图 3-45 所示，后面的发条状物体具备发条功能，非常有趣。

图 3-45　时髦的儿童玩具车

1. 导入背景图片

01 新建 Rhino 模型文件。

02 为了保证导入的背景图片的比例一致，需要先在 3 个基本视窗中绘制大小相等的矩形，用来限制图片的位置。执行菜单栏中【曲线】|【矩形】|【角对角】命令，或者在左侧工具列中单击【矩形：角对角】按钮，在 3 个视窗中绘制矩形曲线，如图 3-46 所示。

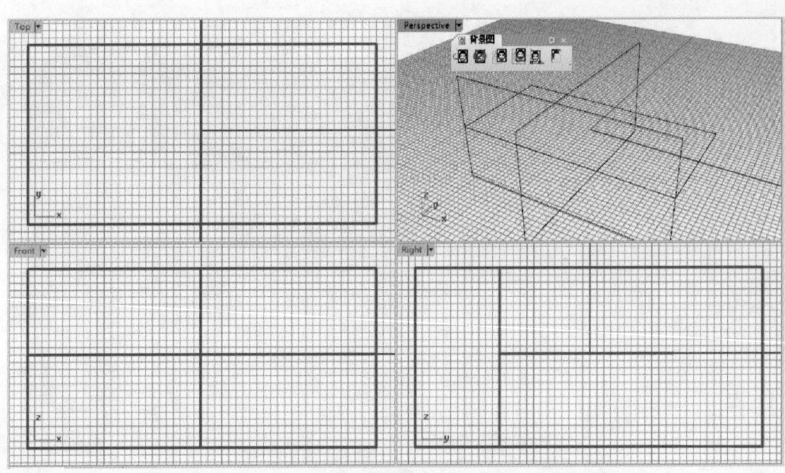

图 3-46　在 3 个视窗中绘制矩形

03 在【Right】视窗处于激活状态下，执行菜单栏中【查看】|【背景图】|【放置】命令，将与当前视图对应的剃须刀图片依据矩形曲线的两个对角，放置到视图中。采用同样的方法，在【Front】和【Top】视窗中，导入玩具车的背景图片，如图 3-47所示。

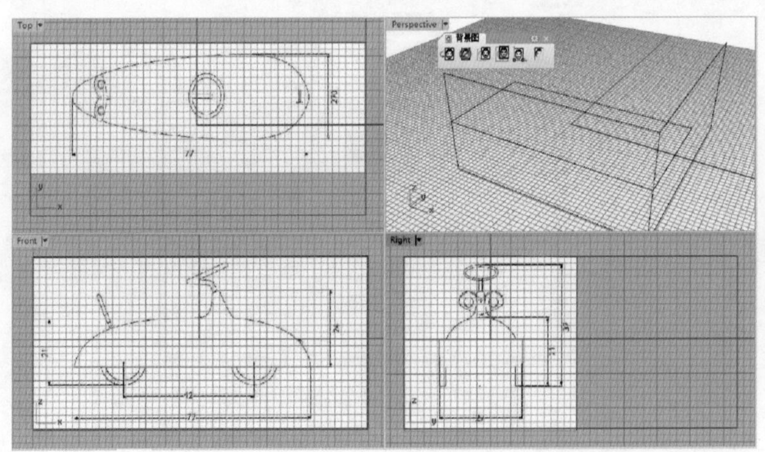

图 3-47　放置背景图

04 选中工作视窗中的【Top】视窗，然后在【工作平面】标签下单击【设定工作平面为世界 Top】按钮，设置工作平面。同样的，选择【Front】视窗，设定工作平面为【Front】，选择【Right】视窗设定为【Right】工作平面。

05 删除不再使用的矩形曲线。利用【工作视窗配置】标签下【移动背景图】命令，移动【Top】视窗和【Right】视窗中的背景图，在【Top】视窗中使玩具车图形的水平中心线与工作坐标系的 X 轴重合，在【Right】视窗中使玩具车图形的竖直中心线与工作坐标系的 Z 轴重合，如图 3-48 所示。

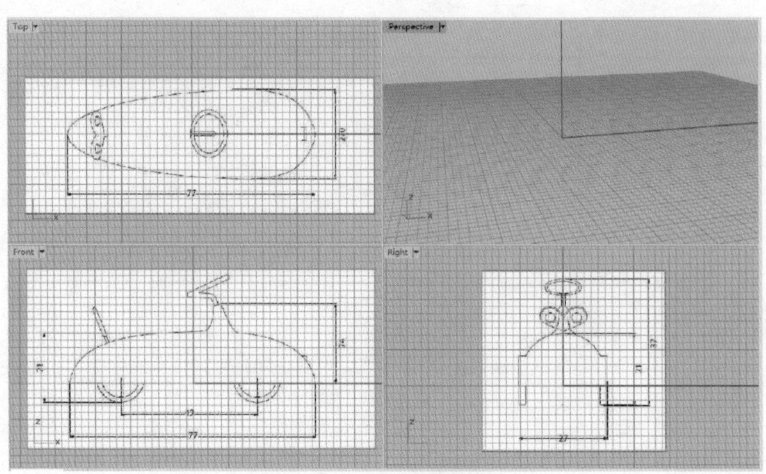

图 3-48　移动背景图片

技巧点拨

如果移动时格点的间距过大（默认为 1），可以通过设置【Rhino 选项】对话框中【格线】的【锁定间距】达到精确平移（或更小值），如图 3-49 所示。

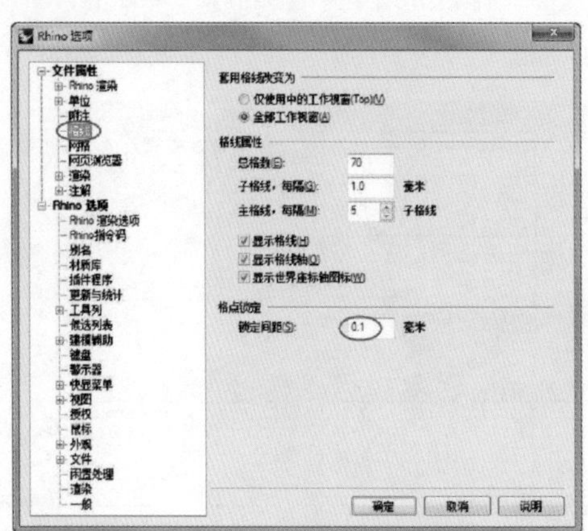

图 3-49　设置【锁定间距】

2. 制作玩具车壳体

依据参考图片创建出玩具车上身体曲面的轮廓线。使用【网线建立曲面】命令，构建出玩具车上身主题曲面。使用圆角工具对主体曲面进行编辑。制作完成的玩具车壳体如图 3-50 所示。

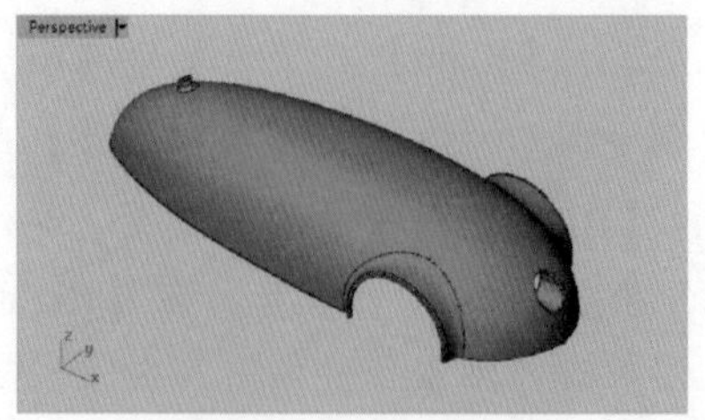

图 3-50　玩具车壳体

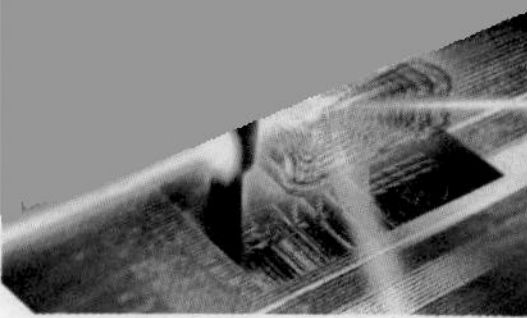

01 执行菜单栏中【曲线】|【自由造型】|【内插点】命令，在【Top】视窗中，依据其中的背景参考图片，绘制一条轮廓曲线 1，如图 3-51 所示。

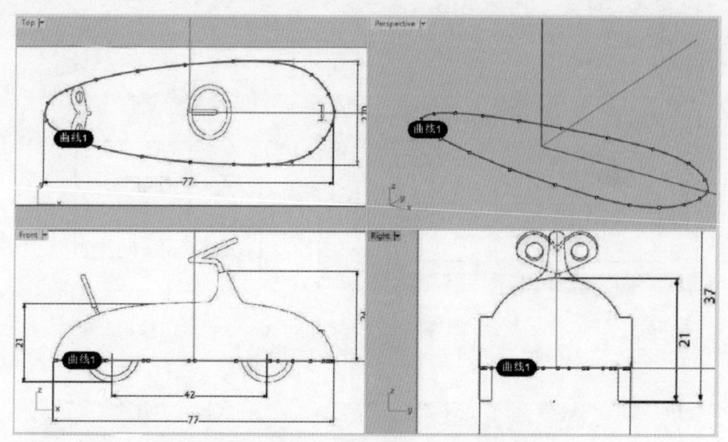

图 3-51　绘制自由造型曲线 1

02 然后执行【曲线】|【直线】|【单一直线】命令，在【Front】视窗中绘制直线 2，如图 3-52 所示。

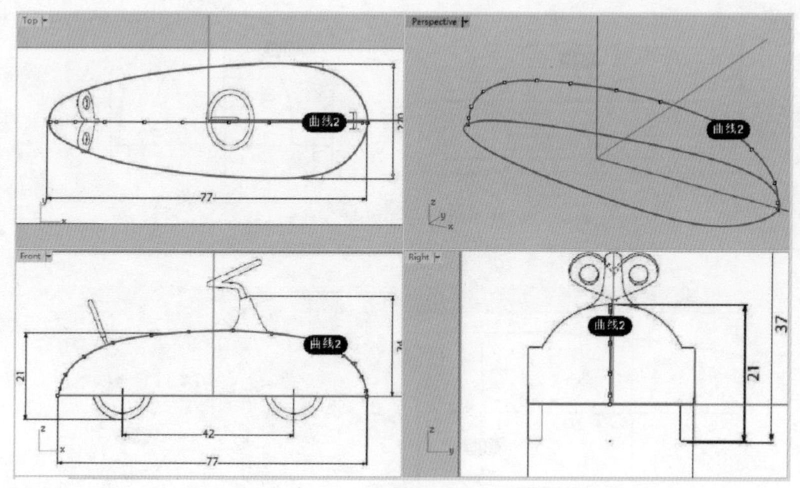

图 3-52　绘制直线 2

技巧点拨

需要注意的是，曲线 2 两端的编辑点必须与曲线 1 相交。

03 利用【内插点】命令，在【Top】视窗中绘制曲线 3，可以正交绘制，注意上下编辑点的数量一致。然后分别在【Front】视窗和【Right】视窗中调整编辑点的位置（尽量做到对称），结果如图 3-53 所示。

04 同样的，再绘制出曲线 4 和曲线 5，如图 3-54、图 3-55 所示。

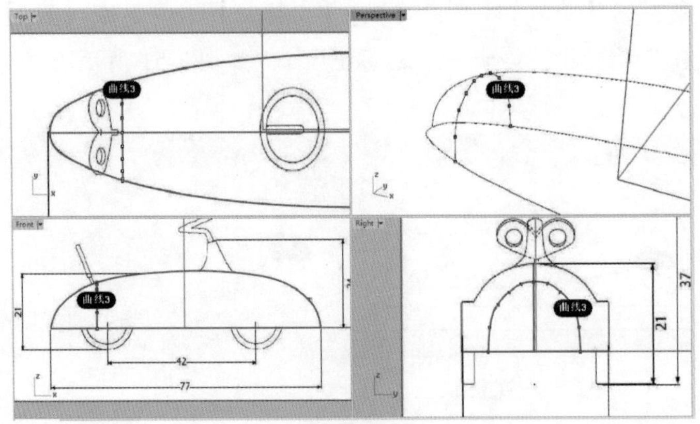

图 3-53　绘制曲线 3

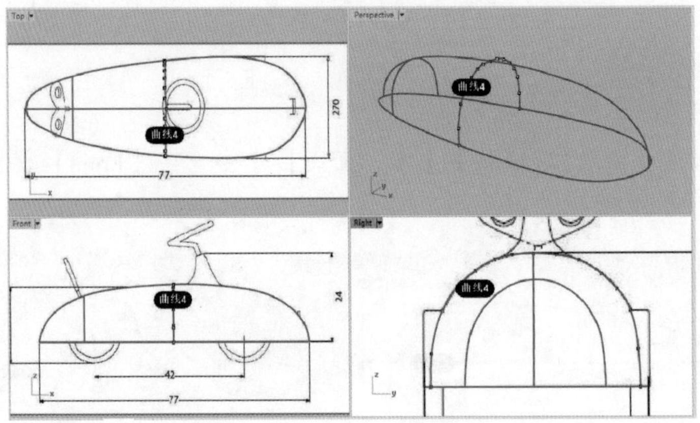

图 3-54　绘制曲线 4

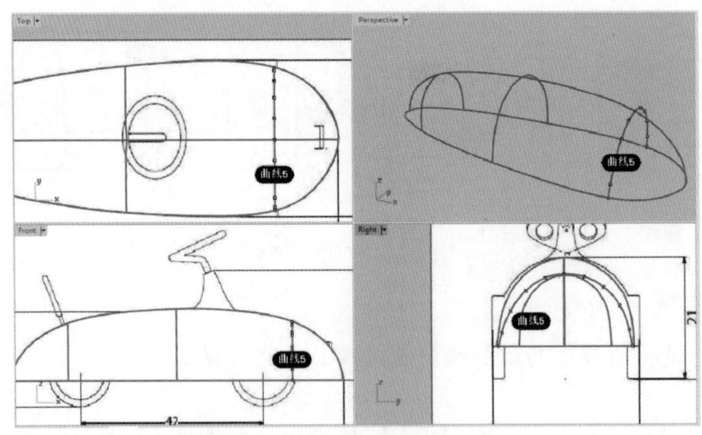

图 3-55　绘制曲线 5

05 在菜单栏中执行【编辑】|【分割】命令，选择曲线 1 进行分割（用曲线 2 进行分割），如图 3-56 所示。

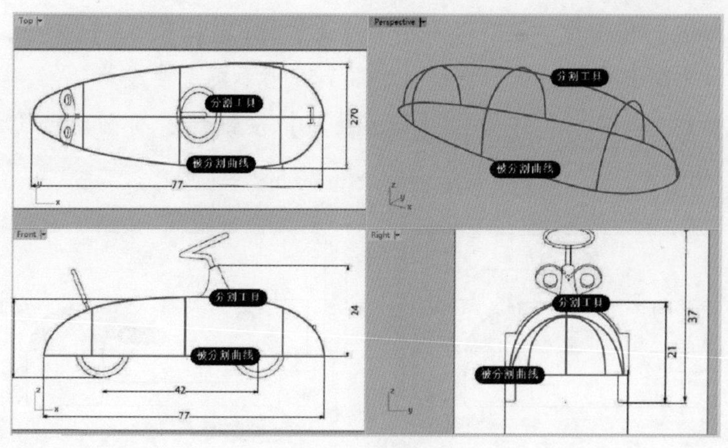

图 3-56 分割曲线 1

06 在【曲面工具】标签下的左侧边栏工具列中单击【从网线建立曲面】按钮，先选择任意两条曲线并按下【Enter】键确认，选取第一方向的曲线，单击右键后再依次选取第二方向的曲线，单击右键，弹出【以网线建立曲面】对话框，如图 3-57 所示。

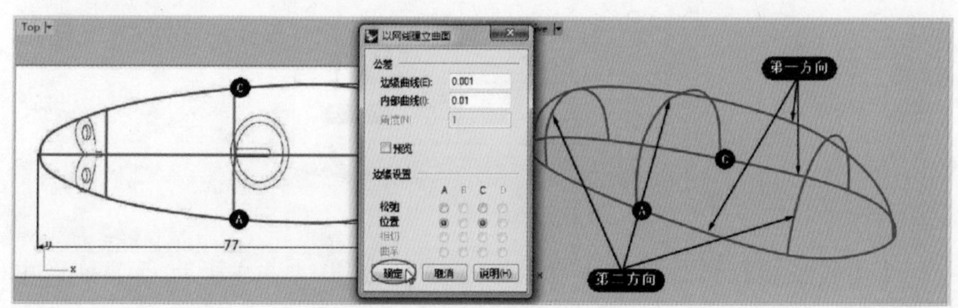

图 3-57 选择要建立曲面的网线

07 保留对话框中的默认设置，单击【确定】按钮，完成曲面 1 的创建，如图 3-58 所示。

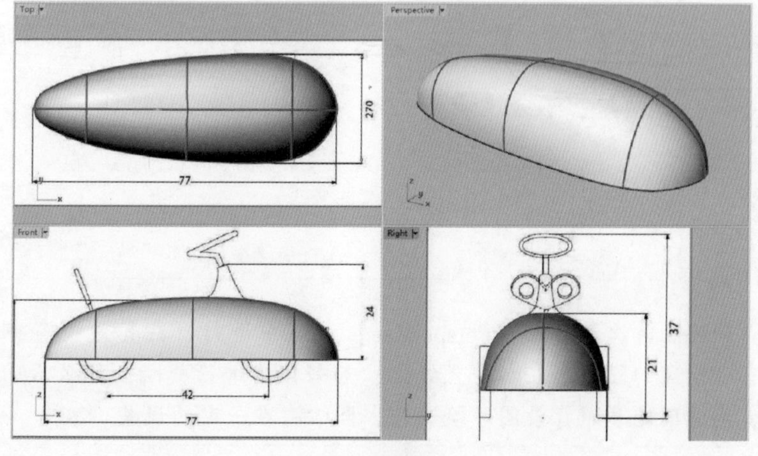

图 3-58 创建曲面 1

08 在【Front】视窗中，执行菜单栏中【曲线】|【圆】|【三点】命令，以背景图中轮胎外形轮廓来确定3点，绘制出如图3-59所示的圆曲线。

09 在【曲线工具】标签下单击【偏移曲线】按钮，将圆曲线向外偏移0.5，如图3-60所示。

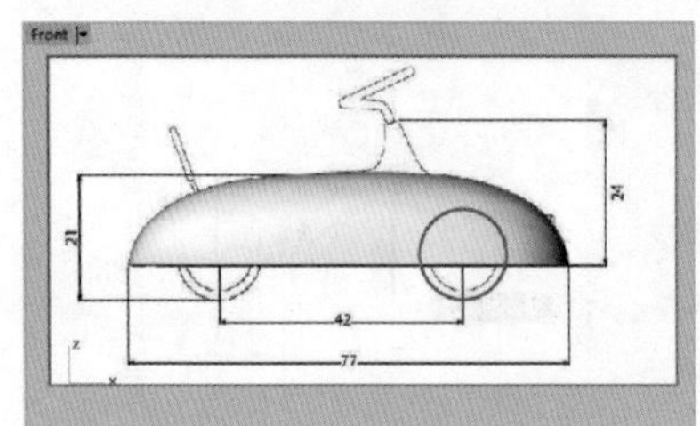

图3-59 绘制圆曲线

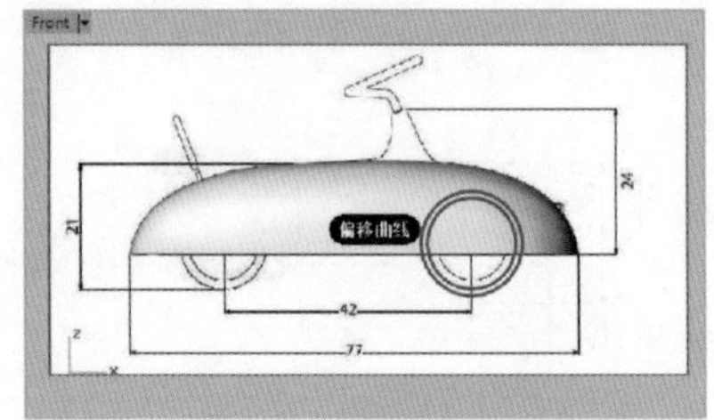

图3-60 绘制偏移曲线

10 利用【直线】命令，在【Front】视窗中以坐标（0，0，0）为起点绘制一条水平直线，如图3-61所示。此直线用于修剪上步骤绘制的偏移曲线。

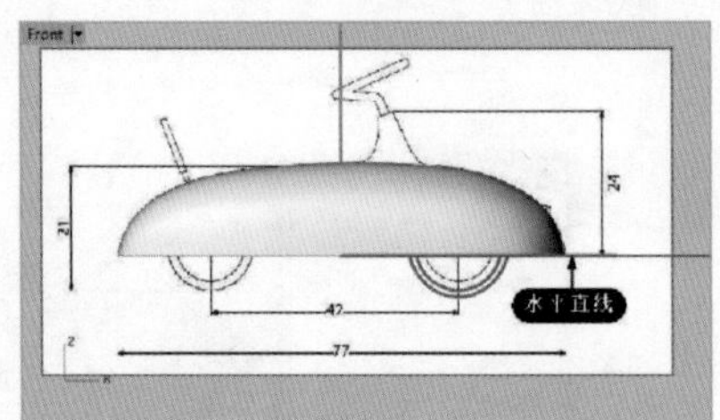

图3-61 绘制水平直线

11 在【曲线工具】标签下单击【截断曲线】按钮，或者执行菜单栏中【曲线】|【曲线编辑工具】|【截断曲线】命令，在【Front】视窗中用水平直线截断偏移曲线，如图3-62所示。

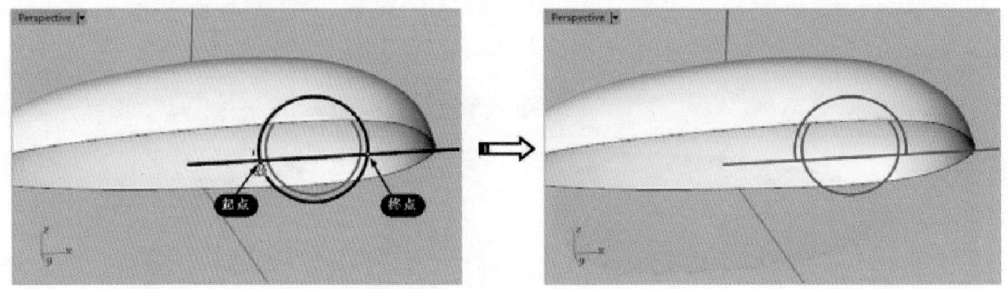

图3-62 截断曲线

技巧点拨

删除起点和终点时，最好在【Perspective】视窗中进行，在其他视窗中容易选中圆的象限点，有可能圆的圆心不在水平直线上，如若按此进行截断，那么后面的操作会变得非常麻烦。毕竟圆是参照背景图片绘制的，圆心存在一定的误差。

12 执行菜单栏中【曲面】|【挤出曲线】|【直线】命令，然后选择修剪后的偏移曲线向两侧拉出曲面，长度可以参考【Right】视窗和【Top】视窗中的背景图片，如图3-63所示。

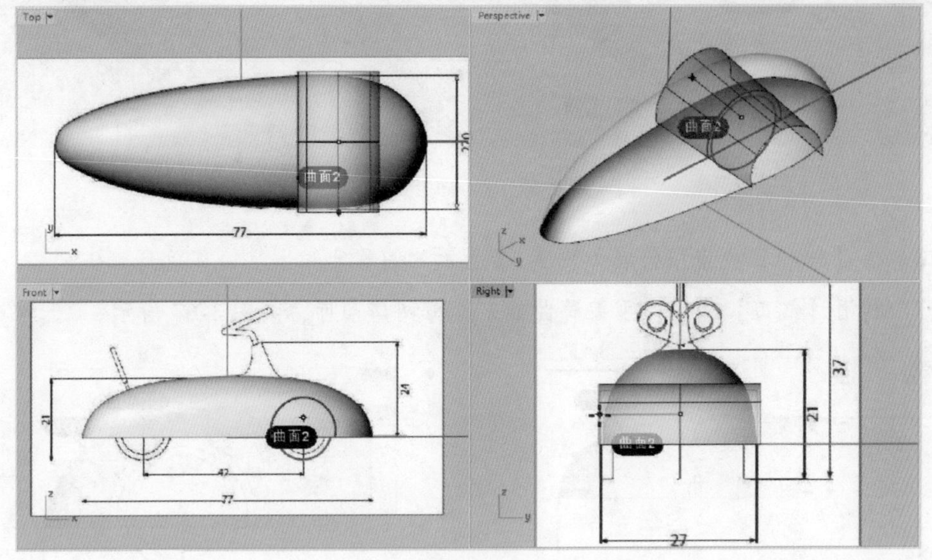

图3-63　创建挤出曲面2

13 执行菜单栏中【编辑】|【修剪】命令，先选择网格曲面作为切割用物件，单击右键后再选择网格曲面内的挤出曲面作为要修剪的物件，单击右键完成修剪，如图3-64所示。

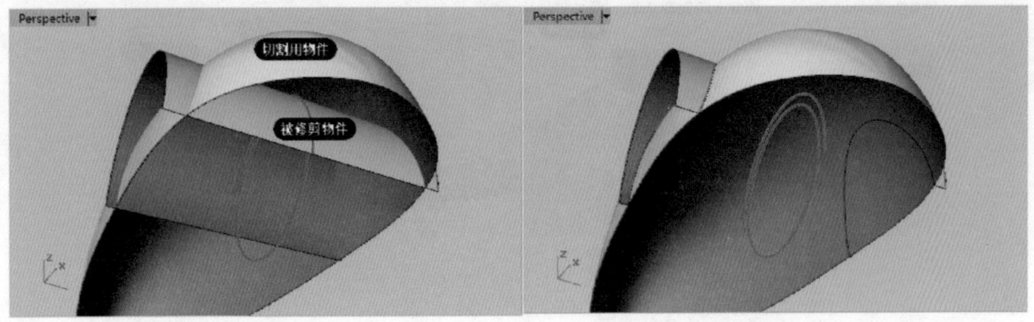

图3-64　修剪挤出曲面

技巧点拨

选取要修剪的物件时，需要注意的是，光标选取位置就是被修剪掉的部分。

14 同样的，执行【修剪】命令，反过来选取挤出曲面作为切割用物件，选取挤出曲面内的网格曲面作为要修剪的物件，修剪结果如图3-65所示。

15 采用相同操作，修剪另一侧的网格曲面。

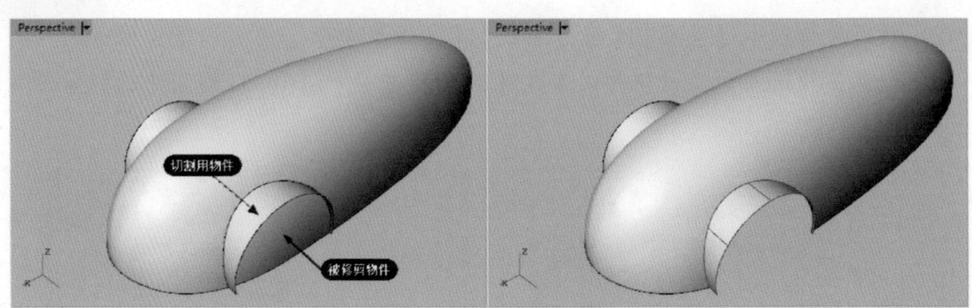

图 3-65 修剪网格曲面

16 在【Front】视窗中绘制如图 3-66 所示的偏移曲线，且偏移距离为 0.5。

17 利用【修剪】命令，用偏移曲线来修剪网格曲面，如图 3-67 所示。

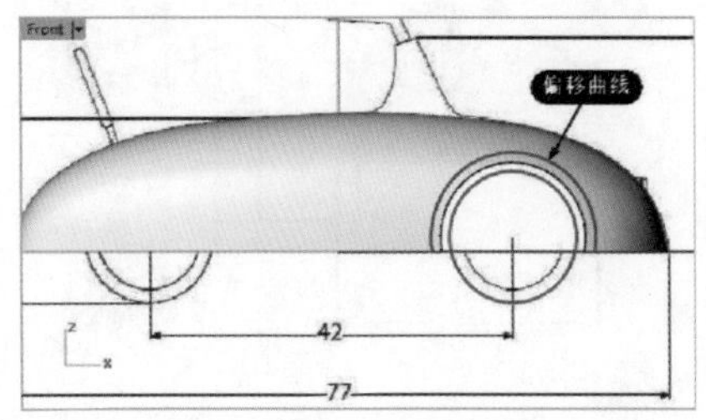

图 3-66 绘制偏移曲线

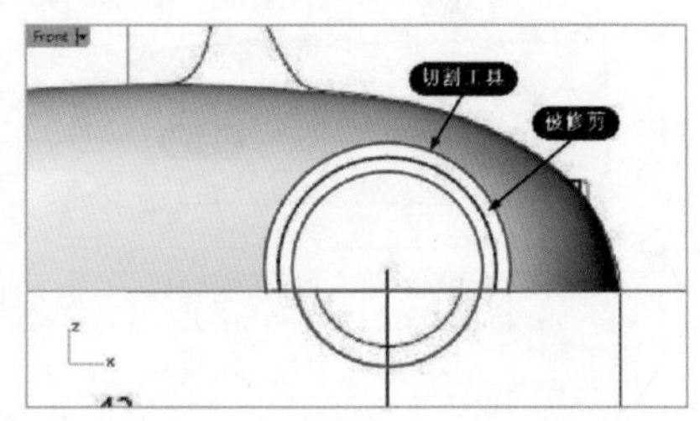

图 3-67 修剪网格曲面

18 在【Top】视窗中绘制如图 3-68 所示的水平直线，然后执行菜单栏中【变动】|【镜像】命令，将直线镜像至起点为（0，0，0）的水平镜像中心线的另一侧。

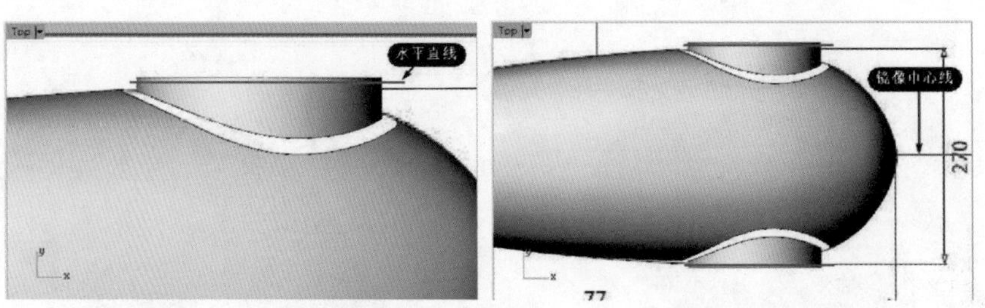

图 3-68 绘制水平直线并镜像至另一侧

19 利用【修剪】命令，用直线修剪网格曲面，如图 3-69 所示。

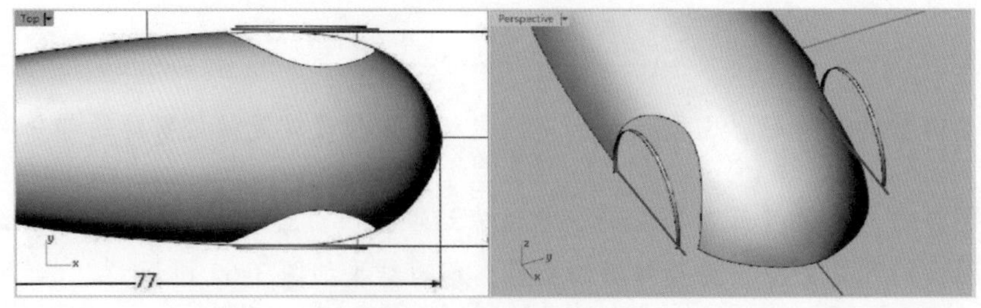

图 3-69 修剪网格曲面

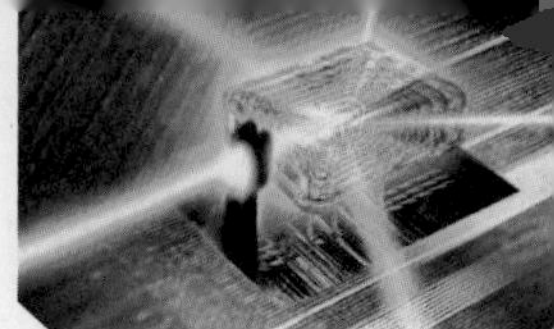

20 接下来需要在两个分离的曲面之间创建过渡曲面。执行菜单栏中【曲面】|【混接曲面】命令，创建如图3-70所示的混接曲面。

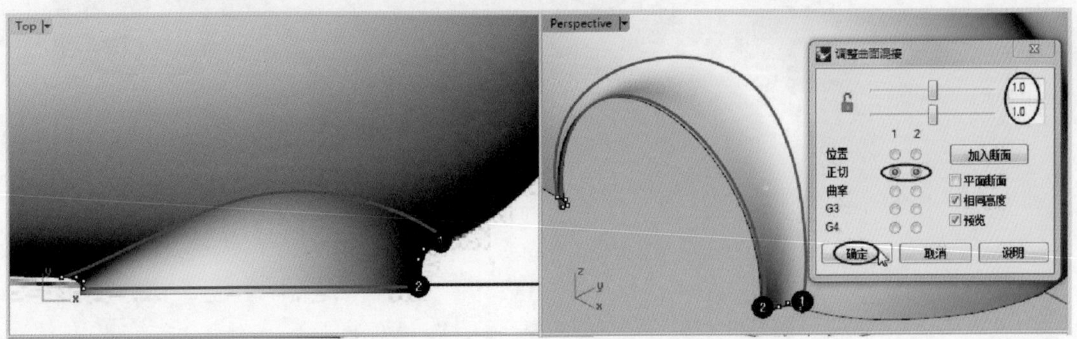

图3-70　创建混接曲面

技巧点拨

如果混接曲面中间部分的连续性不是很好，也可单击对话框中的【加入断面】按钮，在中间部分添加新的截面，并拖动编辑点改变曲率连续性，如图3-71所示。此外，曲面间至少是相切连续（Rhino中指【正切】），这样才能保证曲面的平滑度。

如果混接曲面底部边缘曲线与其他边缘曲线不在同一平面，可以延伸混接曲面，然后绘制一条水平直线进行修剪。

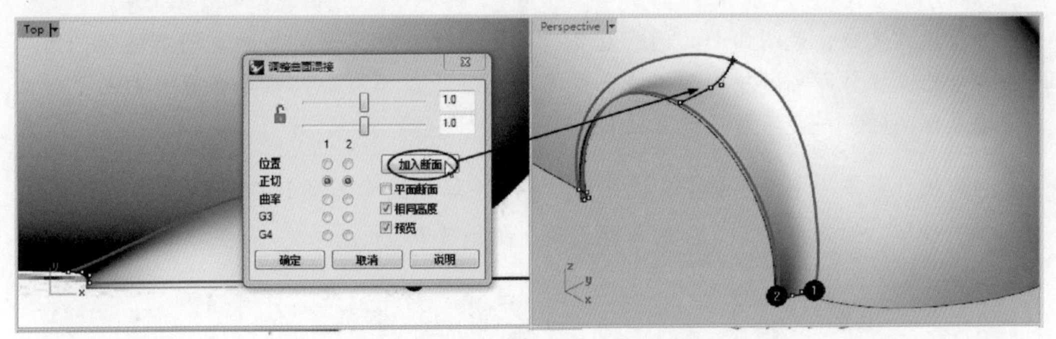

图3-71　添加新的截面便于调整曲率

21 同样的，在另一侧也创建混接曲面。

22 接下来执行菜单栏中【曲面】|【挤出曲线】|【彩带】命令，依次选择边缘曲线创建彩带曲面（距离为0.3），即为轮眉，如图3-72所示。

23 同样的，在另一侧也创建出轮眉曲面。执行菜单栏中【实体】|【并集】命令，将所有曲面求和。如果求和不了，可以执行【差集】命令解决。布尔运算结果如图3-73所示。

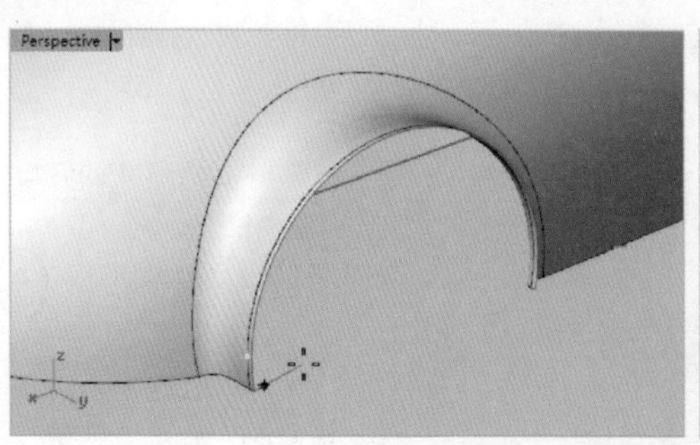
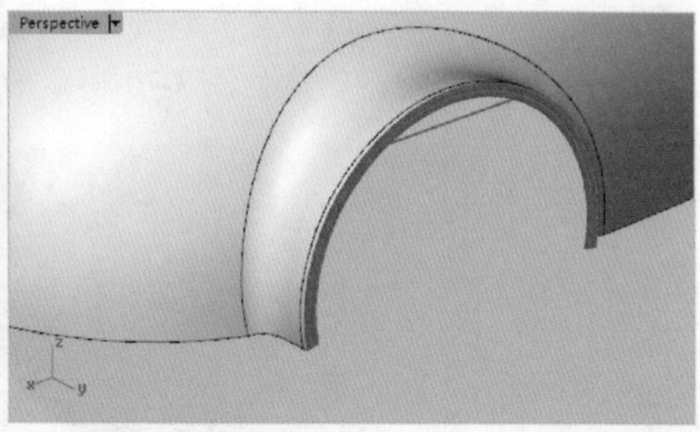

图 3-72　创建彩带曲面

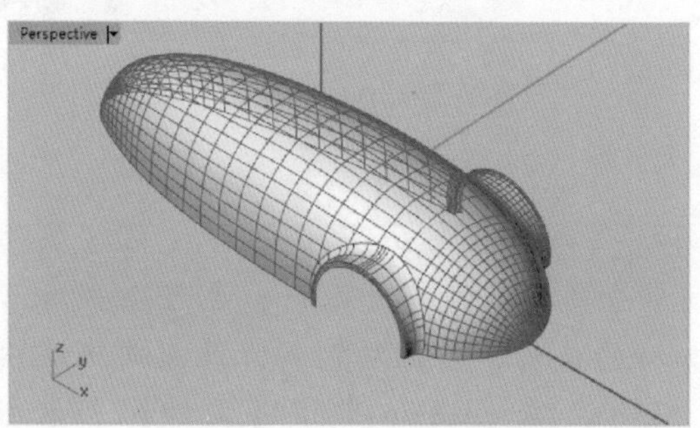

图 3-73　布尔操作所有曲面

技巧点拨

并集操作失败，说明曲面之间有重叠，差集操作失败，说明曲面之间有缝隙，因此两个命令轮流操作即可解决曲面不能合并问题。用【合并曲面】命令来合并曲面，对曲面要求是很高的，一般不赞同此方法操作。

24 执行菜单栏中【实体】|【边缘圆角】|【不等距边缘圆角】命令，选择轮眉曲面的边缘，创建半径为 0.1 的等距圆角，如图 3-74 所示。

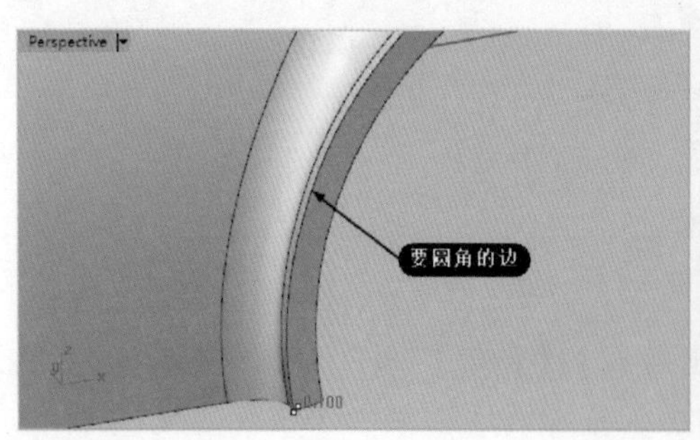

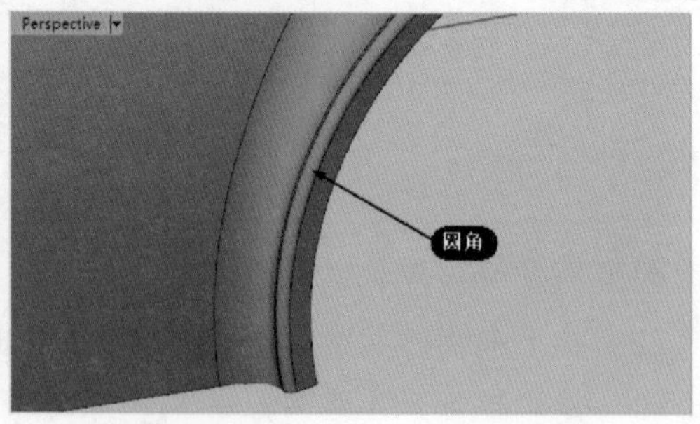

图 3-74　创建等距圆角

25 在【Front】视窗中绘制一条水平的辅助线，在【Right】视窗中辅助线端点绘制直径为 2 的圆，如图 3-75 所示。

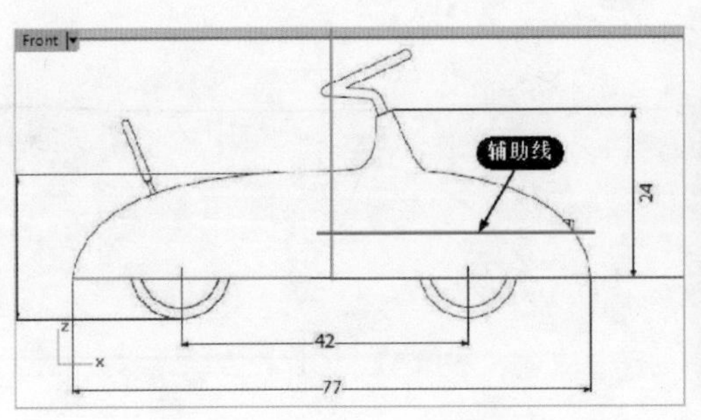

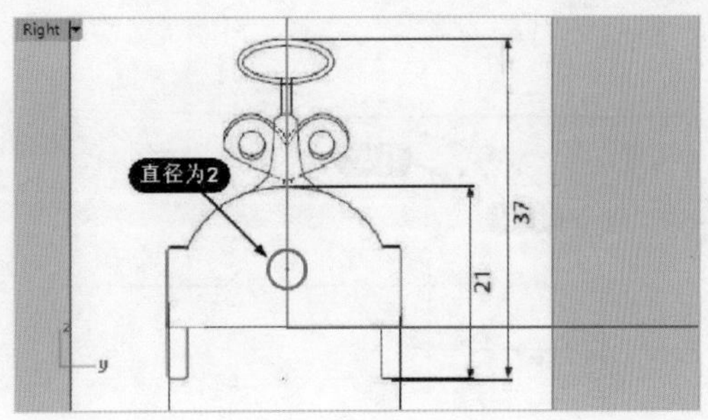

图3-75　绘制圆

26 利用【直线挤出】命令创建挤出曲面，如图3-76所示。

27 利用【修剪】命令，将直线挤出曲面和整个车身曲面两两相互修剪，结果如图3-77所示。

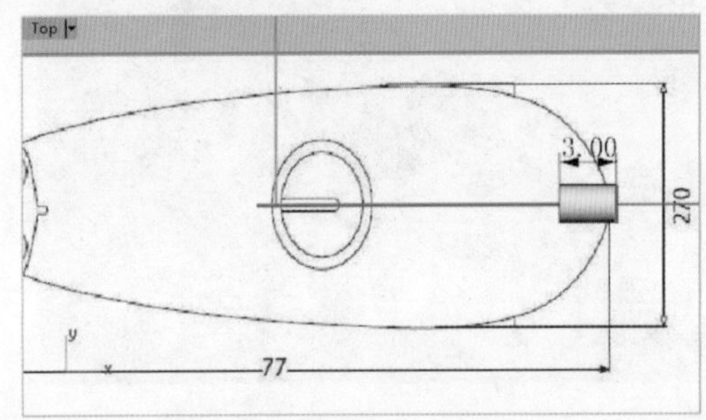

图3-76　创建直线挤出曲面

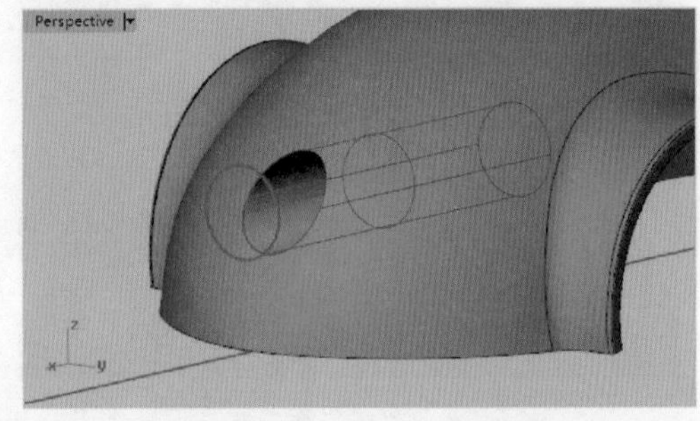

图3-77　修剪曲面操作

28 利用【差集】命令，对车身曲面和修剪后的挤出曲面进行求差，然后创建直径为0.3的等距圆角，如图3-78所示。

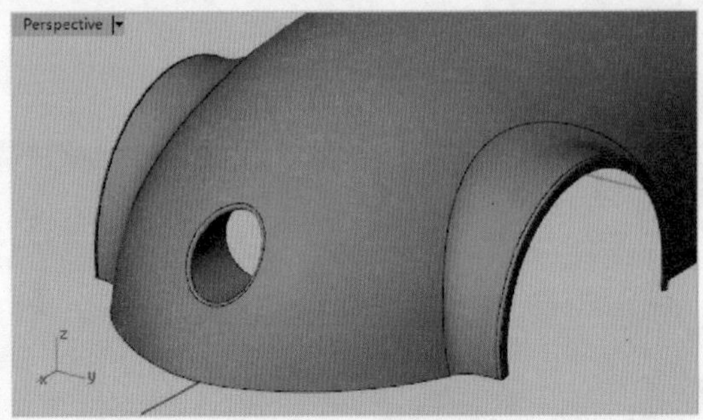

图3-78　创建圆角

29 在【Front】视窗中绘制两条斜线，如图3-79所示。

30 执行【曲面】|【旋转】命令，用短斜线绕长斜线旋转而创建旋转曲面，如图3-80所示。

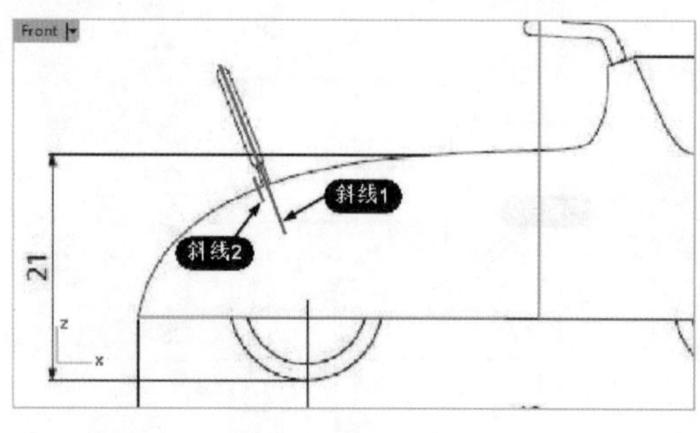

图 3-79　绘制斜线

图 3-80　创建旋转曲面

31 利用【修剪】命令，将旋转曲面和车身曲面相互修剪，得到如图 3-81 所示的结果。

32 利用【差集】命令，将车身曲面和修剪后的旋转曲面进行布尔求差操作。然后利用【不等距边缘圆角】命令，创建直径为 0.3 的等距圆角，如图 3-82 所示。

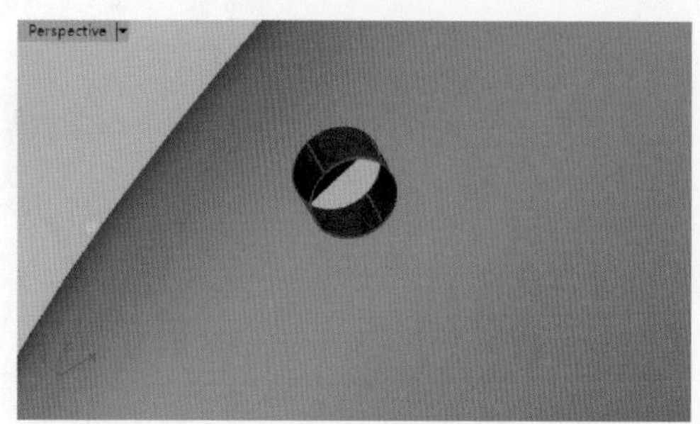

图 3-81　修剪曲面操作

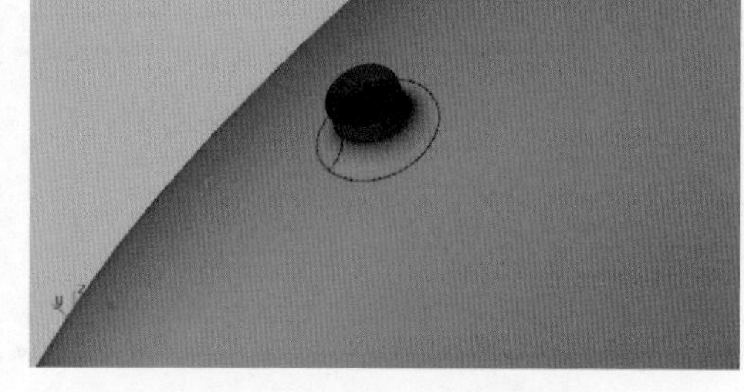

图 3-82　创建等距圆角

33 同样的，再制作如图 3-83 所示的方向盘位置的固定座。

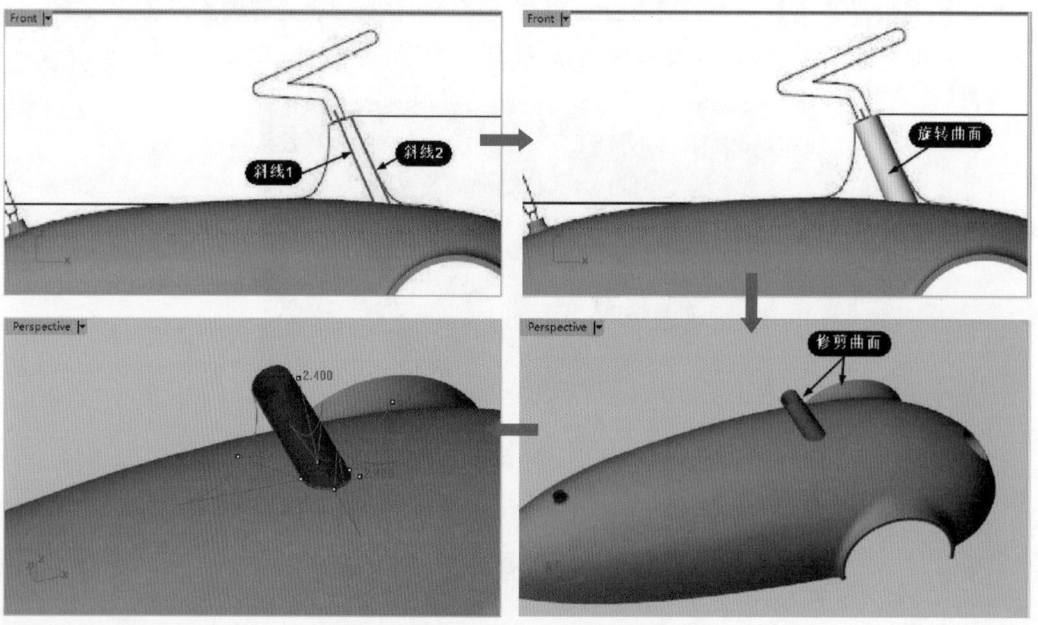

图 3-83　创建方向盘固定座

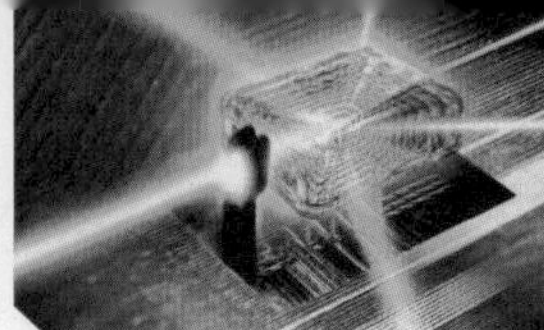

34 执行菜单栏中【实体】|【偏移】命令，选中布尔运算后的曲面创建偏移实体，且偏移距离为0.2，向内偏移，如图3-84所示。

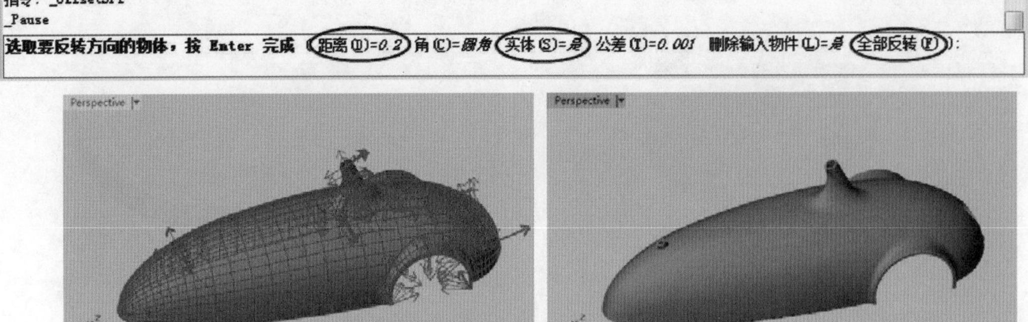

图3-84 创建偏移实体

3. 制作车轮

01 在【Top】视窗中参考先前绘制的轮子边缘曲线，绘制一条与其垂直的辅助线，然后继续绘制作为旋转截面曲线的封闭轮廓，如图3-85所示。

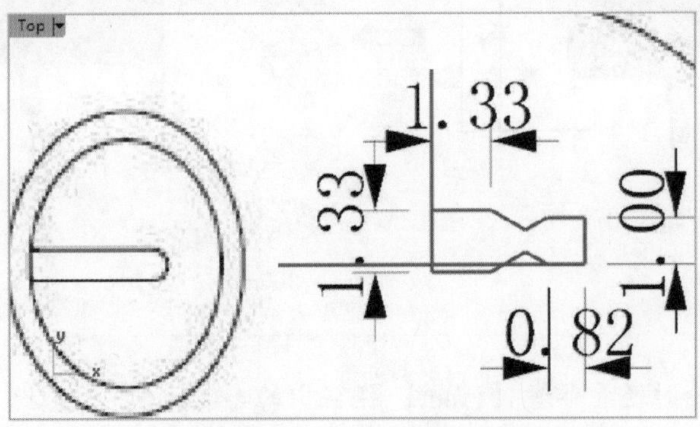

图3-85 绘制辅助曲线和旋转截面曲线

02 在菜单栏中执行【曲面】|【旋转】命令，创建如图3-86所示的旋转曲面。

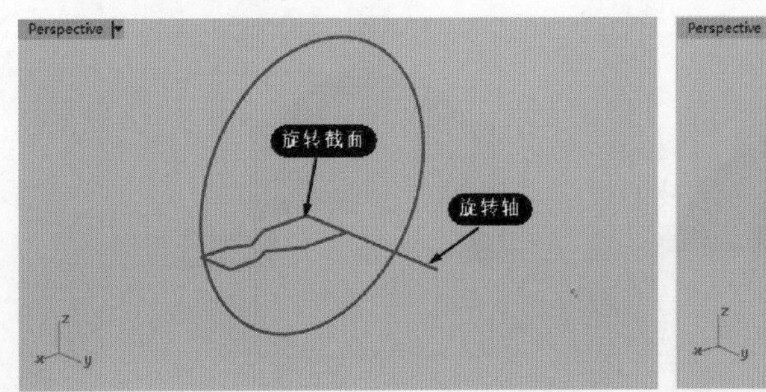

图3-86 创建旋转曲面

03 利用【不等距边缘圆角】命令，创建旋转曲面上的圆角（圆角半径 0.2），如图 3-87 所示。其余边缘创建圆角半径为 0.1 的圆角，如图 3-88 所示。

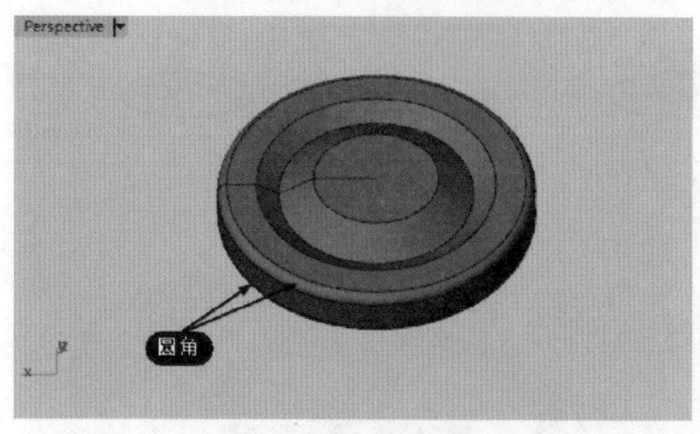

图 3-87 创建半径为 0.2 的圆角

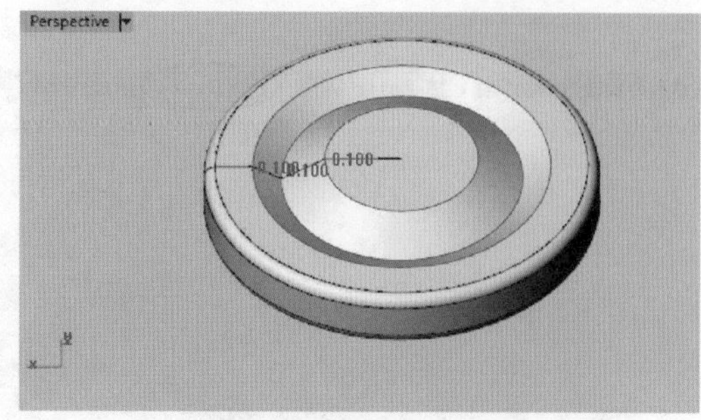

图 3-88 创建半径为 0.1 的圆角

04 执行菜单栏中【变动】|【复制】命令，在【Right】视窗中将车轮向右和向左复制至与背景图片重合位置，如图 3-89 所示。

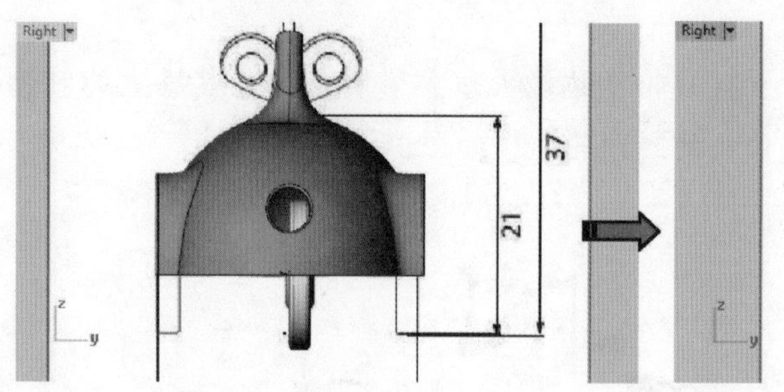

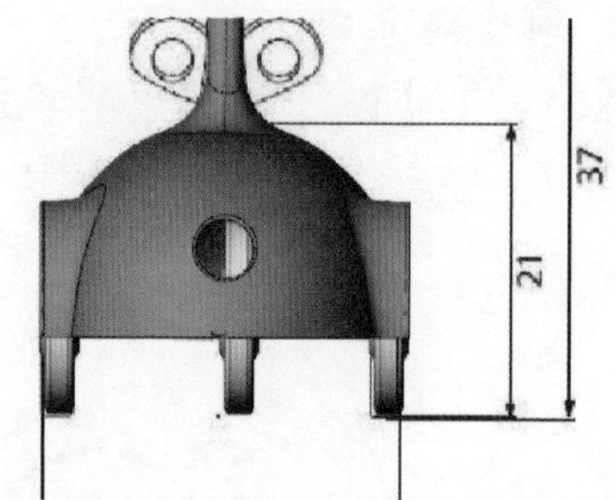

图 3-89 移动车轮

技巧点拨

移动、复制车轮时还要参考【Front】视窗中的车轮曲线。

05 在【Right】视窗中利用【变动】|【移动】命令将中间的车轮移动至坐标系中心，然后在【Front】视窗中移动中间车轮到后面，如图 3-90 所示。

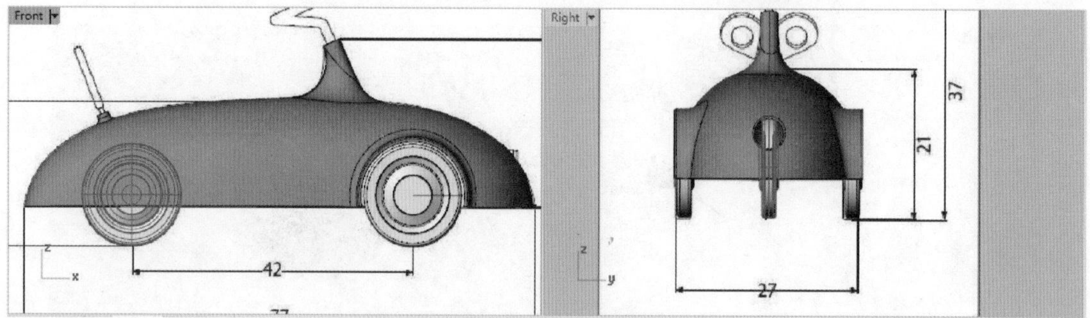

图 3-90 移动中间车轮

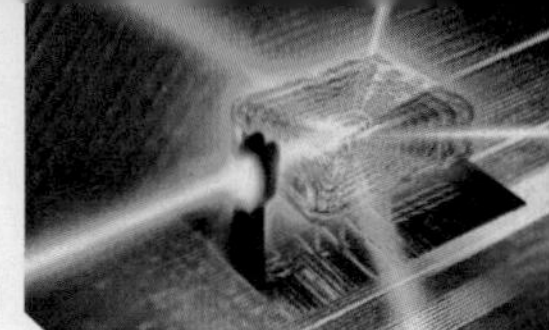

4. 制作其他器件

01 利用【多重直线】命令，在【Front】视窗中绘制如图 3-91 所示的多重曲线。

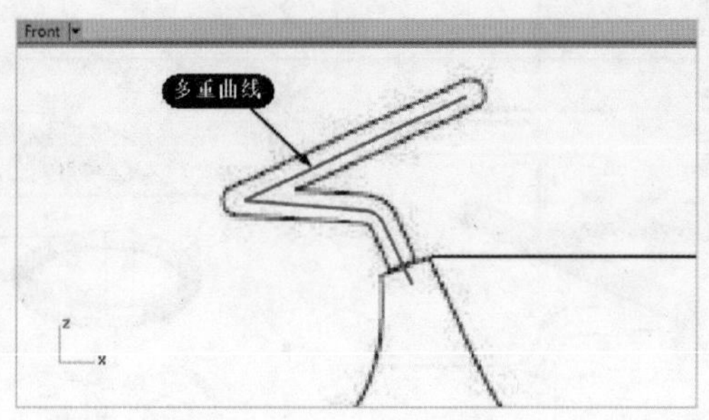

图 3-91 绘制多重直线

02 利用【圆：与工作平面垂直、直径】命令，在【Front】视窗中确定直径起点、直径终点，完成圆的创建，如图 3-92 所示。

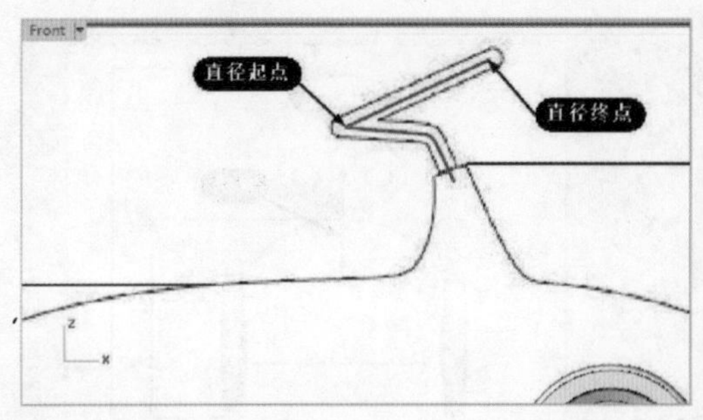

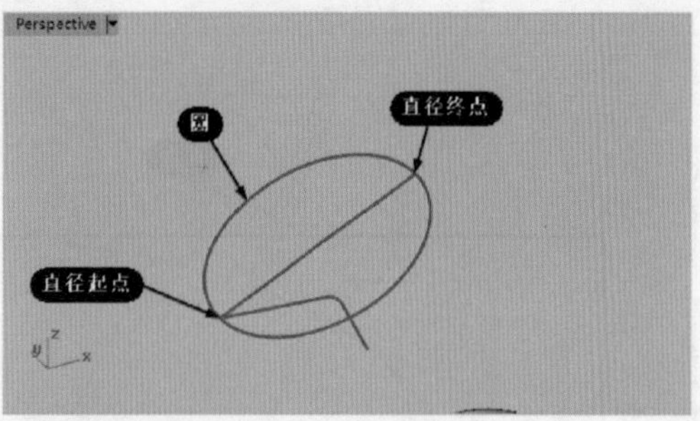

图 3-92 绘制椭圆

03 利用【圆：中心点、半径】命令，在【Front】视窗中确定圆心，然后绘制直径为 0.7 的圆，如图 3-93 所示。

04 同样的，执行【圆：环绕曲线】命令，在【Front】视窗中绘制如图 3-94 所示的直径为 0.7 的圆。

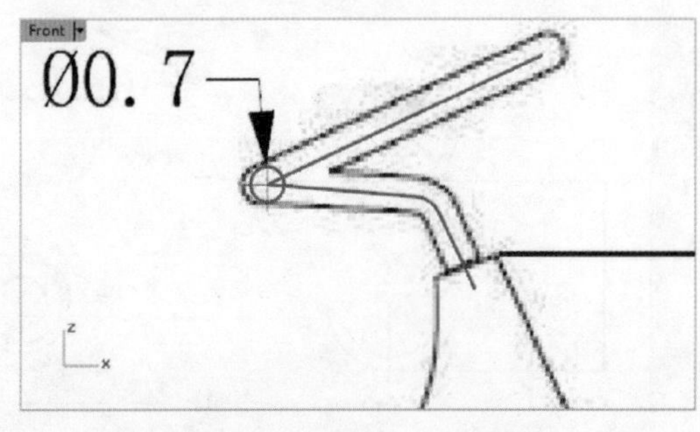

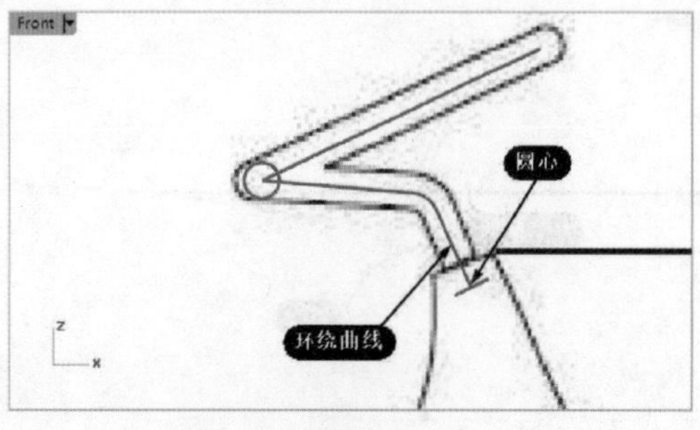

图 3-93 绘制圆心、半径圆

图 3-94 绘制环绕曲线圆

05 在菜单栏中执行【曲面】|【单轨扫掠】命令，创建扫掠曲面，如图 3-95 所示。

06 同样的，创建另一个单轨扫掠曲面。

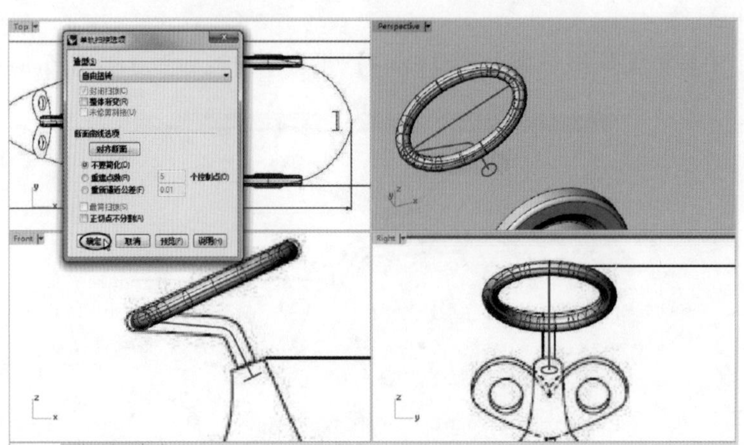

图 3-95 创建扫掠曲面

07 利用【直线】命令绘制如图 3-96 所示的直线。

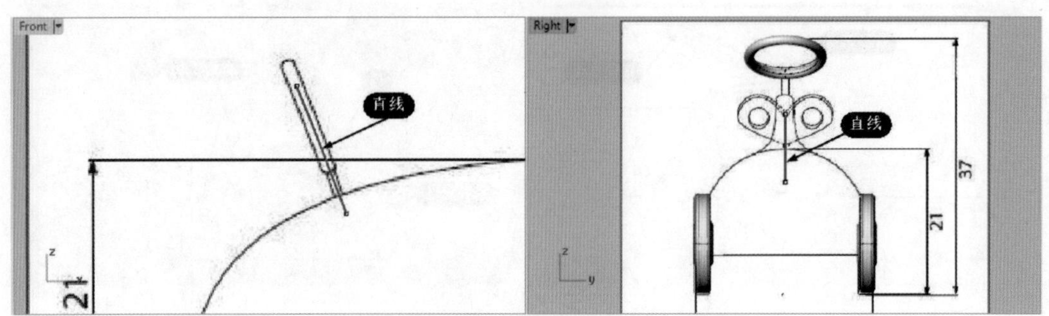

图 3-96 绘制直线

08 利用【圆：环绕曲线】命令，在【Front】视窗中绘制直径为 0.6 的圆，如图 3-97 所示。

09 利用【曲面】|【单轨扫掠】命令，创建扫掠曲面，如图 3-98 所示。

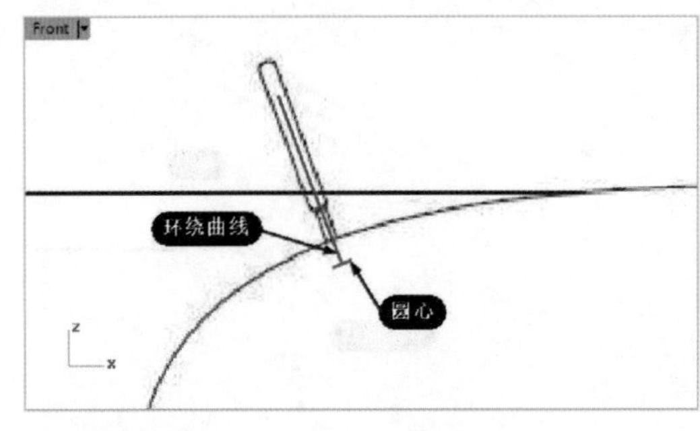

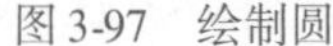

图 3-97 绘制圆

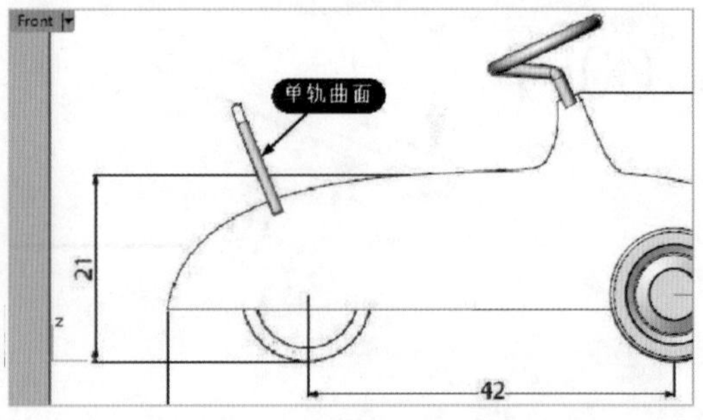

图 3-98 创建扫掠曲面

10 在菜单栏中执行【曲面】|【平面曲线】命令，在上步骤扫掠曲面两端创建封闭曲面，并进行【差集】操作，如图 3-99 所示。

11 利用【曲线工具】标签下的【直线】【圆弧：起点、终点、通过点】【圆：中心点、半径】【镜像】及【曲线圆角】等命令，在【Right】视窗中绘制如图3-100所示的曲线。

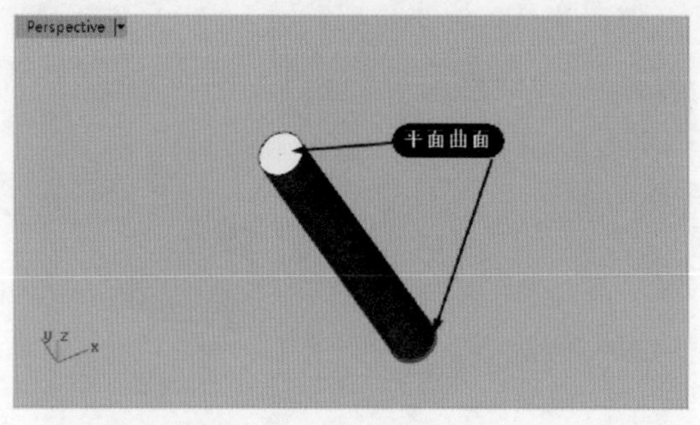

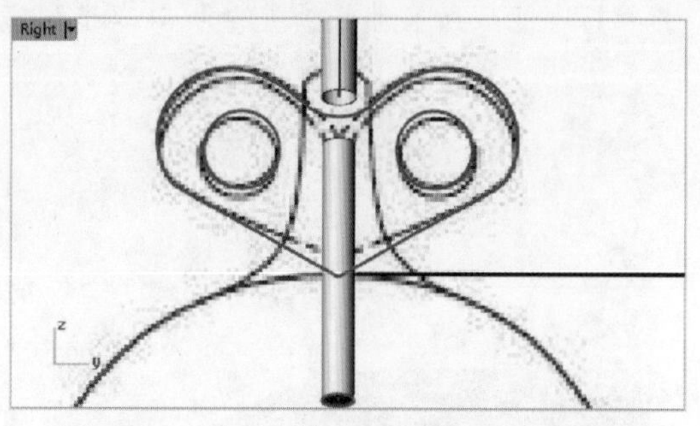

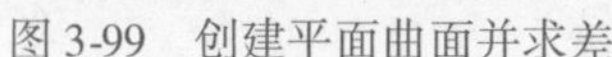
图3-99 创建平面曲面并求差

图3-100 绘制曲线

12 在菜单栏中执行【实体】|【挤出平面曲线】|【直线】命令，创建挤出单侧长度为0.4（两侧为0.2）的挤出实体，如图3-101所示。

13 执行菜单栏中【尺寸标注】|【角度尺寸标注】命令，在【Front】视窗中测量两直线之间的夹角，如图3-102所示。

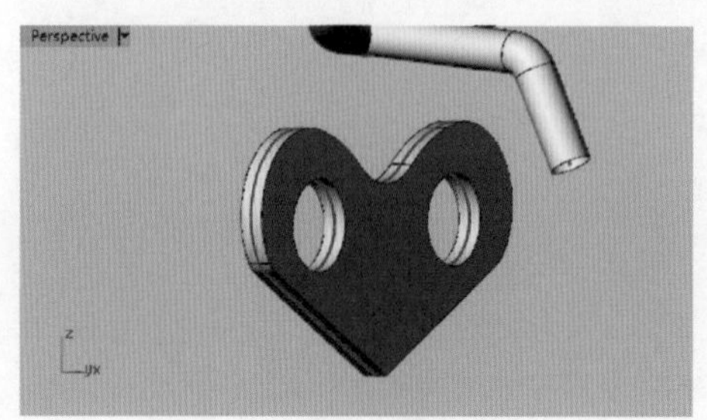

图3-101 创建挤出实体

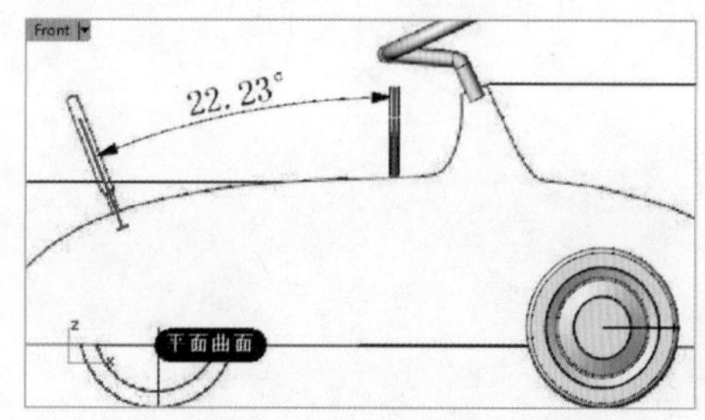

图3-102 测量两直线角度

14 根据测量的角度，执行【变动】|【旋转】命令，将挤出实体旋转，如图3-103所示。

15 利用【移动】命令，将挤出实体水平移动到参考曲线端点上，如图3-104所示。

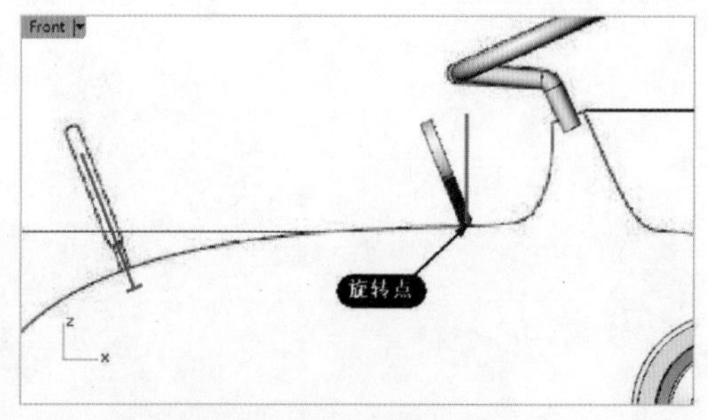

图3-103 旋转挤出实体

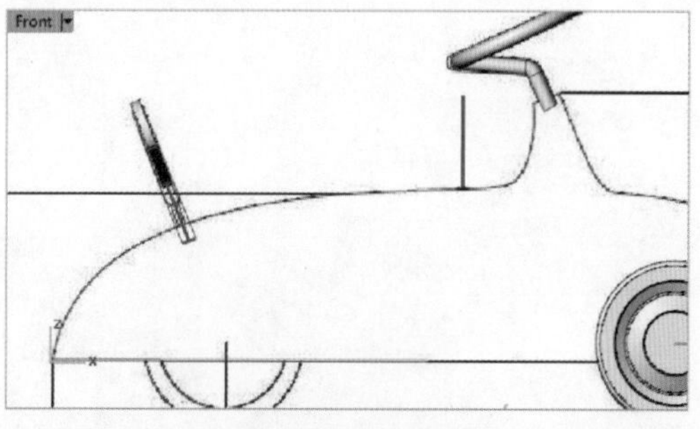

图3-104 平移挤出实体

16 利用【并集】命令，将挤出实体与前面（步骤10）创建的求差后的柱形实体求和，如图3-105所示。然后利用【不等距边缘圆角】命令创建半径为0.1的圆角。

17 隐藏所有曲线，儿童玩具车造型完成，如图3-106所示。

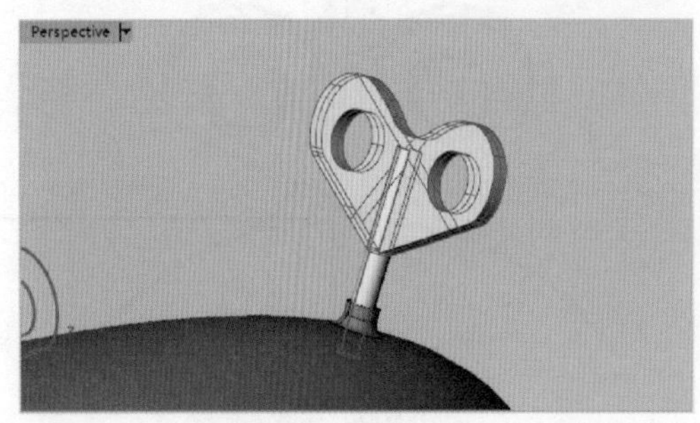

图3-105 并集操作

图3-106 设计完成的儿童玩具车

Chapter

第4章 产品曲线构建

本章导读

曲线在 Rhino 中的作用是相当大的，它既是实体建模的基础，同样也是曲面建模的基础。曲线既可作为挤出实体的截面，更是曲面建模时的空间骨架。所以要学好 Rhino 建模，必须熟练掌握曲线工具的应用技巧。

案例展现

案 例 图	描 述
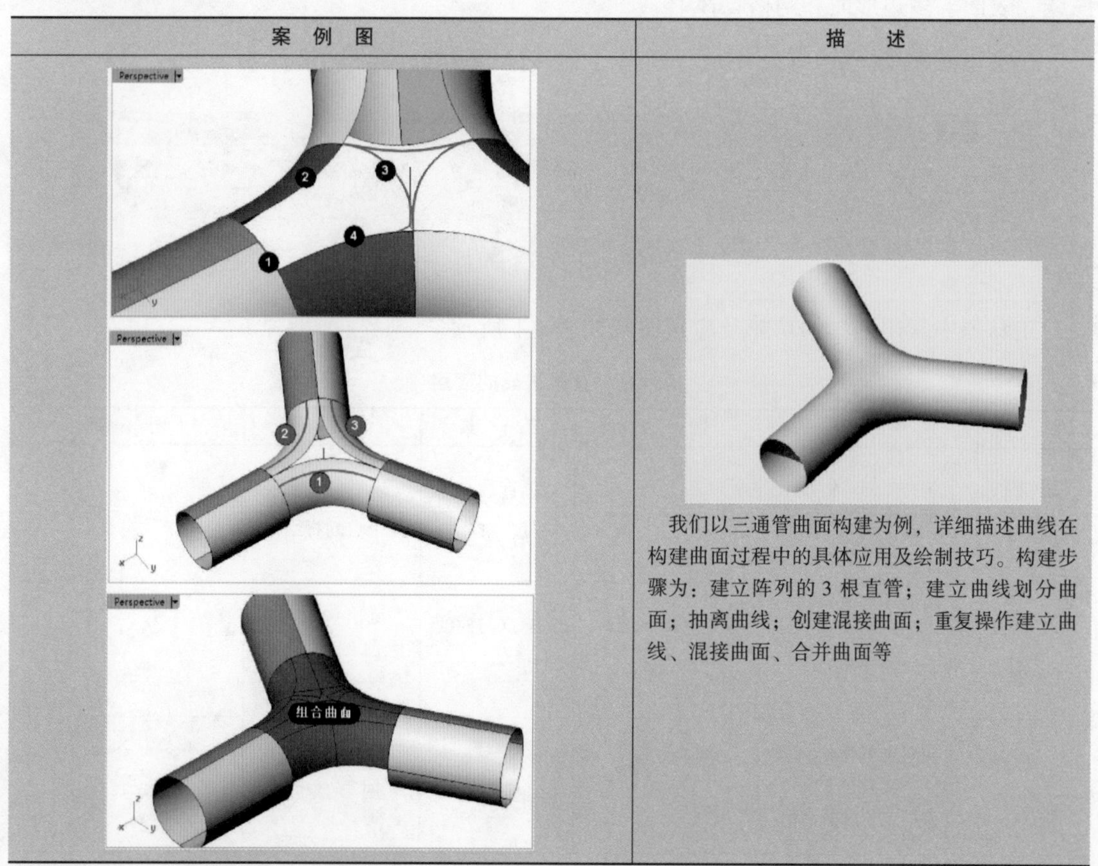	我们以三通管曲面构建为例，详细描述曲线在构建曲面过程中的具体应用及绘制技巧。构建步骤为：建立阵列的 3 根直管；建立曲线划分曲面；抽离曲线；创建混接曲面；重复操作建立曲线、混接曲面、合并曲面等

4.1 创建基本曲线

常见的各种基本曲线包括点物体、直线、多重直线、NURBS 曲线、圆，以及多边形和文字曲线等。曲线绘制指令主要布置在视窗左侧的边栏中，边栏也可以独立显示在窗口的任意位置，如图 4-1 所示。

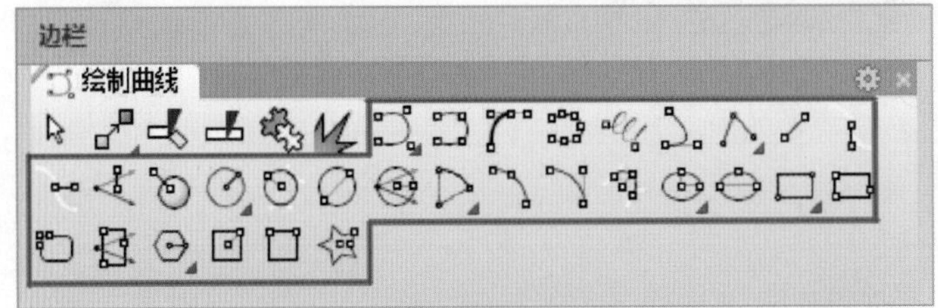

图 4-1　边栏中的曲线绘制指令

4.1.1　绘制直线

直线是比较特殊的曲线，我们可以从其他的物体上创造直线，也可以用它们获得其他的曲线、表面、多边形面和网格物体。

在左边栏中按住按钮不放，弹出【直线】工具列，如图 4-2 所示。

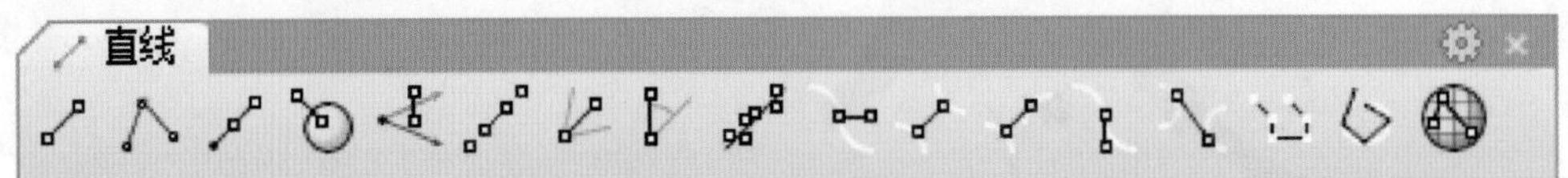

图 4-2　【直线】工具列

工具列中常用工具的功能及应用图解如表 4-1 所示。

表 4-1　直线工具的应用

工　具	说　明	图　解	工　具	说　明	图　解
直线	建立单一线段直线		逼近数个点的直线	建立一条逼近数个点的直线	
多重直线	画出一条由数条直线线段或圆弧线段组合而成的多重直线或多重曲线		起点与曲线垂直	画出一条与其他曲线垂直的直线	
从中点	在起点的两侧画出物件，建立的物件长度为指定长度的两倍		与两条曲线垂直	画出一条与两条曲线垂直的直线	

（续）

工　具	说　明	图　解	工　具	说　明	图　解
曲面法线	沿着曲面表面的法线方向绘制直线		起点正切、终点垂直	画出一条与其他曲线正切的直线	
垂直于工作平面	绘制垂直于当工作平面（XY 平面）的直线		起点与曲线正切	在起点位置画出一条与曲线正切的直线	
四点	通过四个点来绘制一条直线		与两条曲线正切	画出一条与两条曲线正切的直线	
角度等分线	以指定的角度画出一条角度等分线		通过数个点	画出通过数个点的样条曲线	
指定角度	画出一条与基准线呈指定角度的直线		多重直线：网格上	在网格上画出一条多重直线	
将曲线转换为多重直线	转换曲线为多重直线或圆弧多重曲线				

4.1.2　绘制圆锥剖面曲线

圆锥剖面曲线包括圆\圆弧、椭圆\椭圆弧等。

1. 圆

圆形是最基本的几何图形之一，也是特殊的封闭曲线。Rhino 中有多种绘制圆的命令，图 4-3 所示为【圆】工具列。

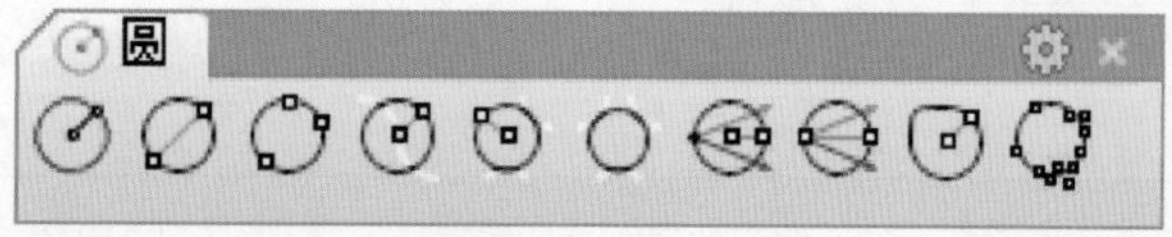

图 4-3　【圆】工具列

【圆】工具列中常用工具的功能及应用图解如表 4-2 所示。

表 4-2　圆曲线工具的应用

工　具	说　明	图　解	工　具	说　明	图　解
中心点、半径	根据中心点、半径绘制平行于工作平面的圆形		与数条曲线正切	画出与多条曲线正切的圆	
中心点、直径	根据中心点和直径绘制平行于工作平面的圆形		与工作平面垂直、中心点、半径	根据中心点、半径绘制垂直于工作平面的圆形	
三点	根据平面中的三点来绘制圆形		与工作平面垂直、直径	根据中心点、直径绘制垂直于工作平面的圆形	
环绕曲线	绘制垂直于被选择曲线的圆		可塑形的	以指定的阶数与控制点数建立形状近似的NURBS曲线	
正切、正切、半径	绘制相切于两条曲线（包括圆）的圆形		逼近数个点	在起点位置画出一条与曲线正切的直线	

2. 圆弧

在左边栏中按住圆弧按钮，弹出【圆弧】工具列，如图 4-4 所示。

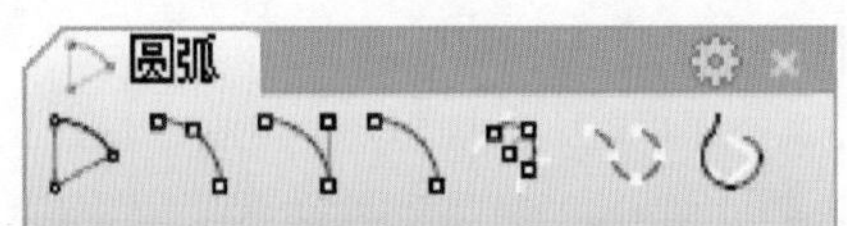

图 4-4　【圆弧】工具列

【圆弧】工具列中常用工具的功能及应用图解如表 4-3 所示。

表 4-3　圆弧曲线工具的应用

工　具	说　明	图　解	工　具	说　明	图　解
中心点、起点、角度	依序指定中心点、起点、终点或角度建立圆弧		起点、终点、半径	指定圆弧的起点、终点及半径来建立圆弧	
起点、终点、通过点	依序指定起点、终点、通过点建立圆弧		与数条曲线正切	与多条曲线相切依次确定起点、终点和半径来建立圆弧	

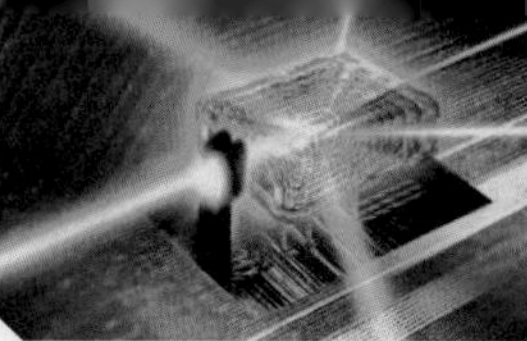

（续）

工　具	说　明	图　解	工　具	说　明	图　解
起点、终点、起点的方向	依序指定起点、终点及起点的切向建立圆弧		通过数个点的圆弧	依次指定多个点来绘制圆弧	
将曲线转换成圆弧	将样条曲线（NURBS 曲线）转化成圆弧曲线				

3. 椭圆及椭圆弧

椭圆与椭圆弧的画法与圆的画法类似。

4.1.3　绘制 NURBS 曲线

NURBS 是非均匀有理 B 样条曲线（Non-Uniform Rational B-Splines）的缩写，NURBS 曲线和 NURBS 曲面在传统的制图领域是不存在的，是专门为计算机 3D 建模而建立的。

NURBS 曲线也称为自由造型曲线，NURBS 曲线的曲率和形状是由 CV 点（控制点）和 EP 点（编辑点）共同控制的。绘制 NURBS 曲线的工具有很多，集成在【曲线】工具列中，如图 4-5 所示。

图 4-5　【曲线】工具列

【曲线】工具列中常用工具的功能及应用图解如表 4-4 所示。

表 4-4　圆弧曲线工具的应用

工　具	说　明	图　解	工　具	说　明	图　解
控制点曲线	以放置控制点的方式建立曲线		圆锥线	画出一条圆锥截面线	
内插点曲线	画出一条通过指定点的曲线		圆锥线：起点正切	绘制起点与某曲线正切的圆锥曲线	

（续）

工 具	说 明	图 解	工 具	说 明	图 解
曲面上的内插点曲线	画出一条通过曲面上指定点的曲线		从焦点建立抛物线	以焦点和顶点来建立抛物线	
控制杆曲线	画出 2D 绘图程序常见的贝兹曲线		双曲线	以中心点、焦点、终点画出一条双曲线	
描绘	在平面或曲面上拖曳鼠标光标描绘曲线		弹簧线	绘制圆柱螺旋线	
在网格上描绘	在网格上拖曳鼠标光标描绘曲线		螺旋线	绘制锥形螺旋线	
从多重直线建立控制点曲线	将多重直线转换成控制点曲线		在两条曲线之间建立均分曲线	在两条曲线之间以距离等分建立曲线	

4.1.4 绘制矩形和多边形

Rhino 软件中，矩形绘制和多边形绘制工具是分开的，但它们具有相似的绘制方法，而且可以把矩形看作是一种特殊的多边形，因此在这里作为同一部分内容讲解。

在左边栏中，长按带有三角的矩形按钮或者多边形按钮，弹出【矩形】工具列或【多边形】工具列，如图 4-6 所示。

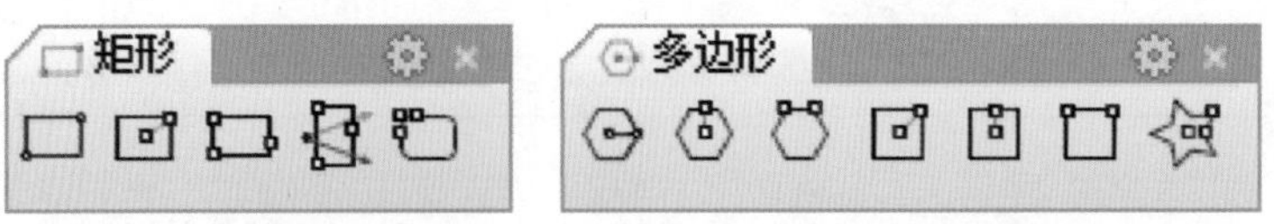

图 4-6 【矩形】工具列与【多边形】工具列

【多边形】工具列中左边三个按钮，在默认情况下都用于绘制五边形。但是在

实际绘制中，可以随意调他们的角度和边数。

- 【中心点、半径】按钮：根据中心点到顶点的距离绘制多边形。
- 【外切多边形】按钮：根据中心点到边的距离绘制多边形。
- 【边】按钮：以多边形一条边的长度作为基准绘制多边形。

第四到第六个按钮与的使用方法相同，只不过这三个按钮在默认情况下绘制出的是正方形。如果想改变边数，在命令行中输入所需的边数即可。

- 【星形】按钮：通过3点来确定多边形的形状。在使用该命令时，需要输入两个半径值，输入第一个半径时如图4-7左边所示，输入第二个半径时会根据该半径的大小与第一个半径值的差，出现如图4-7右边所示两种情况。

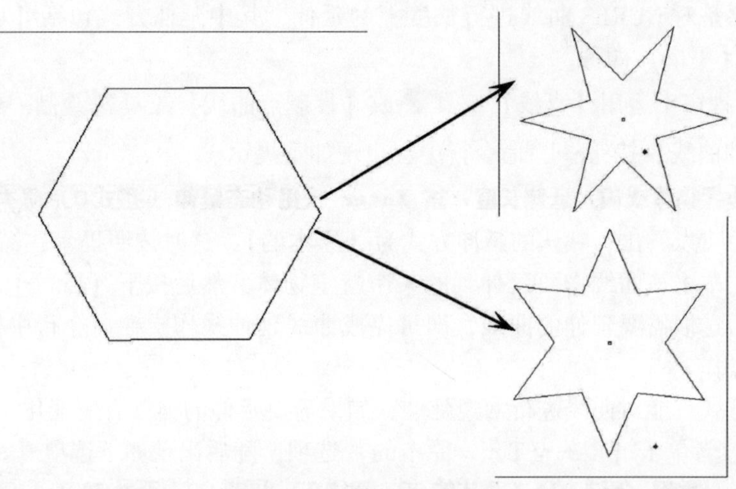

图4-7 星形图案的演变

4.2 曲线操作

Rhino 6.0提供了非常强大的曲线操作工具，能完成所有形式的简单或复杂的、平面或空间的曲线绘制。

曲线操作工具包括曲线延伸工具、曲线偏移工具、混接曲线工具和从物件建立曲线工具。

4.2.1 曲线延伸工具

曲线延伸工具可以根据需要让曲线无限延伸下去，并且所延伸出来的曲线更具有多样性，包括直线、曲线、圆弧等各种形式，操作选择非常多。

在【曲线工具】标签下长按按钮，弹出【延伸曲线】工具列，如图4-8所示。下面分别介绍该工具列中各命令的功能。

在【延伸曲线】面板中，第一个命令【延伸曲线】其实已经包含了后面7种延伸类型的部分功能。也就是遇见后面7种的曲线类型，都可以用这个命令进行延伸，但与各延伸类

型之间还是有区别。

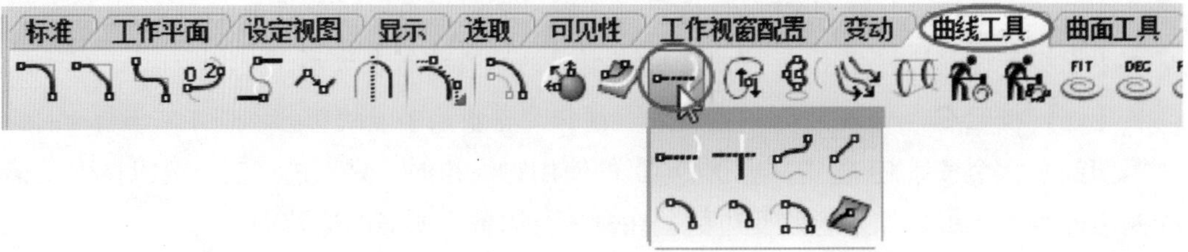

图 4-8　【延伸曲线】工具列

1. 延伸曲线

该命令主要是对 NURBS 曲线进行长度上的延伸，其中延伸方式包括【原本的】、【直线】、【圆弧】、【平滑】四种。

在【Top】视窗中运用【直线】工具或【控制点曲线】工具绘制一条直线或曲线。

单击【延伸曲线】按钮，命令行中会出现如下提示。

选取边界物体或输入延伸长度，按 Enter 使用动态延伸（型式(T)=原本的）:

从命令行中可以看出，默认的延伸方式为【原本的】，这时按照提示在命令行中输入长度值或在视窗中单击该曲线需要延伸到的某个特定物体，然后按下【Enter】键或单击右键确认操作。最后选取需要延伸的曲线，即可完成曲线延伸操作。在命令行中输入【U】，则可取消刚刚的操作。

默认延伸方式只能对曲线进行常规延伸，如果需要延伸的类型有所变化，则需在命令行里输入【T】，或者单击【型式（T）=原本的】选项，随后出现如下选项。

类型 <原本的>（原本的(N)　直线(L)　圆弧(A)　平滑(S)）:

在 4 个选项中可以选择需要的类型，其中平滑延伸、原本延伸和圆弧延伸在此例中效果几乎相同，所以在这里不作对比展示。与直线延伸的效果对比如图 4-9 所示。

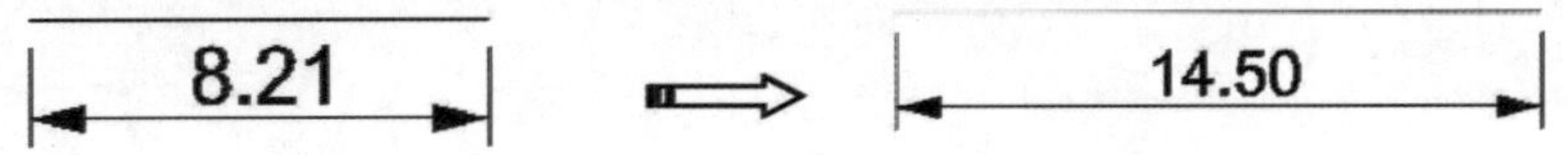

图 4-9　延伸长度为 5 的曲线延伸类型对比

> **技巧点拨**
>
> 先选择的是曲线要延伸到的目标，可以是表面或实体等几何类型，但这几种类型只能让曲线延伸到它们的边。如果没有延伸目标，可以输入延伸长度，手动选择方向和类型。

2. 曲线连接

运用该工具可将两条不相交的曲线以直线的方式连接。

01 在【Top】视窗中运用【直线】工具绘制两条不相交直线，如图 4-10 所示。

02 然后单击【连接】按钮，依次选取要延伸交集的两条曲线，两条不相交的曲线即自动连接，如图 4-11 所示。

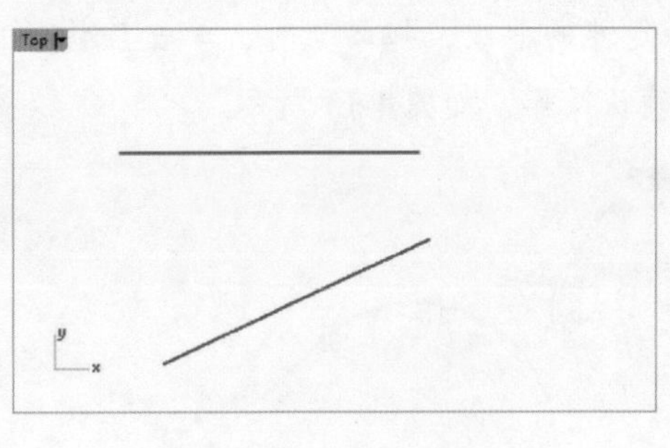

图 4-10 绘制两直线

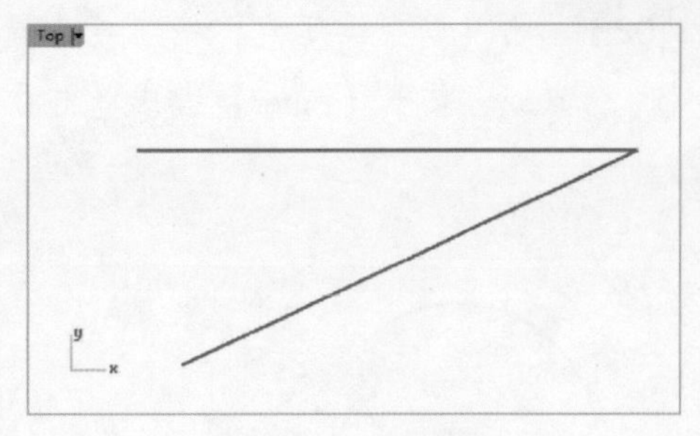

图 4-11 连接两直线

技巧点拨

两条弯曲的曲线同样能够相互连接，但要注意的是，两条曲线之间的连接部分是直线，不能够形成弯曲有弧度的曲线。

3. 延伸曲线（平滑）

【延伸曲线（平滑）】命令的操作方法与【延伸曲线】命令相同，其延伸类型同样包括【直线】【原本的】【圆弧】【平滑】，功能也类似。不同的是，在进行直线延伸的时候，该命令能够随着拖动光标，延伸出平滑的曲线，而【延伸曲线】命令只能延伸出直线。

01 在【Top】视窗中运用【直线】工具绘制直线，如图 4-12 所示。

02 单击【延伸曲线（平滑）】按钮，选取该直线拖动光标，单击确认延伸终点或在命令行中输入延伸长度，按下【Enter】键或单击右键，完成延伸，如图 4-13 所示。

图 4-12 绘制直线

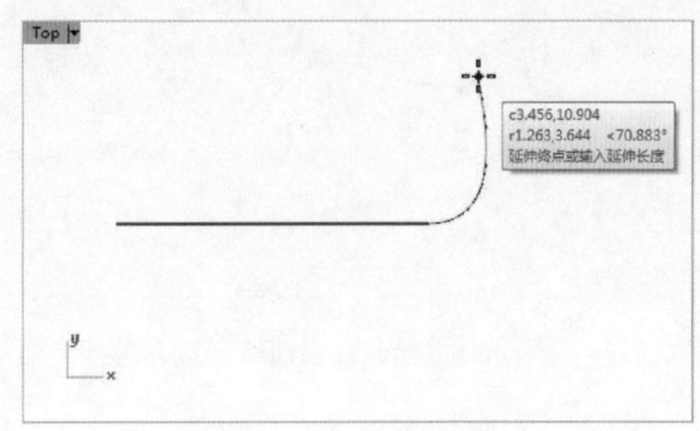

图 4-13 平滑延伸直线

技巧点拨

在使用平滑延伸曲线工具时，无法对直线进行圆弧延伸。

4. 以直线延伸

使用该命令只能延伸出直线，无法延伸出曲线。【以直线延伸】命令的操作方法与【延伸曲线】命令相同，其延伸类型同样包括【直线】【原本的】【圆弧】【平滑】，功能也类似。

01 在【Top】视窗中运用【圆弧：起点、终点、通过点】工具绘制圆弧，如图 4-14 所示。

02 单击【以直线延伸】按钮，选取要延伸的曲线，拖动光标，单击确认延伸终点或，按下【Enter】键或单击右键，确认操作，如图 4-15 所示。

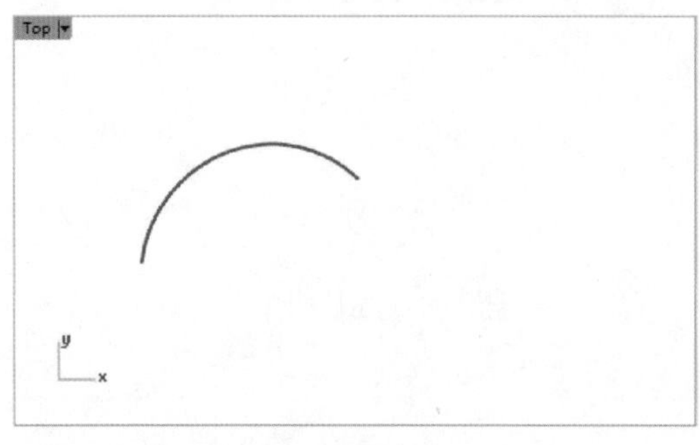

图 4-14　绘制圆弧

图 4-15　以直线延伸

5. 以圆弧延伸至指定点

该圆弧延伸命令，能够使曲线延伸到指定点的位置。下面用实例来说明操作方法。

01 在【Top】视窗中运用【控制点曲线】工具和【点】工具绘制 B 样条曲线和点，如图 4-16 所示。

02 单击【以圆弧延伸至指定点】按钮，依次选取要延伸的曲线、延伸的终点，即可完成操作，如图 4-17 所示。

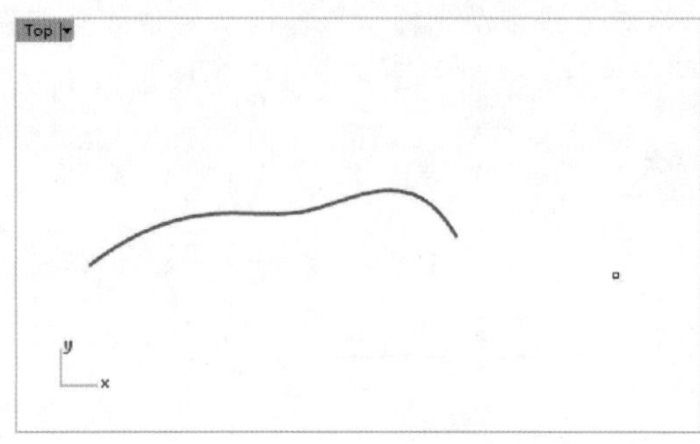

图 4-16　绘制样条曲线和点

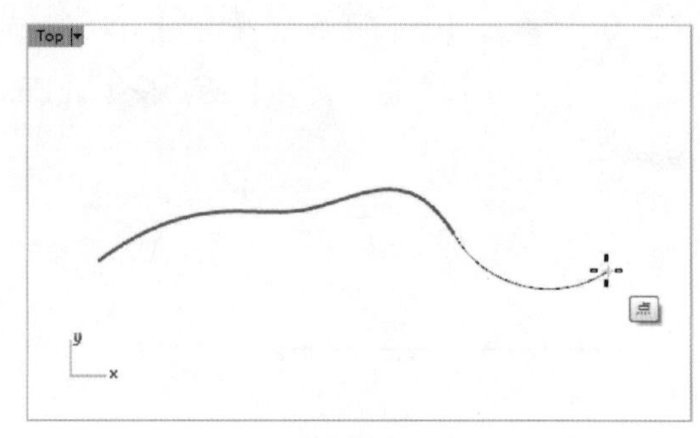

图 4-17　圆弧延伸至指定点

技巧点拨

这里要注意的是，在选择延伸端时，会选择更靠近鼠标单击位置的端点。

如果未指定固定点，也可设置曲率半径，作为曲线延伸依据。

单击【以弧形延伸之指定点】按钮，选取要延伸的曲线，拖动光标，会在端点处出现不同曲率的圆弧。在所需位置按下【Enter】键或单击右键，命令行中会出现如下提示。

延伸终点或输入延伸长度 <21.601>（中心点(C)　至点(T)）:

此时，输入长度值或者在拉出的直线上单击即可。单击右键，可再次调用该命令，反复使用可以在原曲线端点处，延伸出不同形状大小的圆弧，如图 4-18 所示。

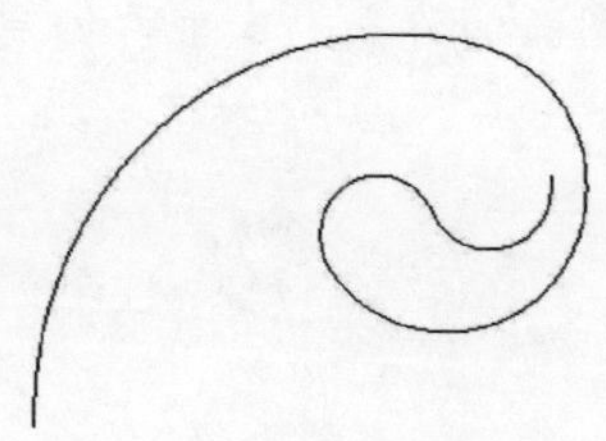

图 4-18　圆弧延伸

6. 以圆弧延伸（保留半径）

该命令自动依照端点位置的曲线半径进行延伸，也就是说延伸出来曲线与延伸端点处曲线半径相同，只需输入延伸长度或到指定延伸终点即可。

01 在【Top】视窗中运用【圆弧：起点、终点、半径】工具绘制圆弧曲线，如图 4-19 所示。

02 单击【以圆弧延伸（保留半径）】按钮，选取圆弧为要延伸的曲线，然后拖动光标确定延伸终点，单击右键完成圆弧曲线的延伸，如图 4-20 所示。

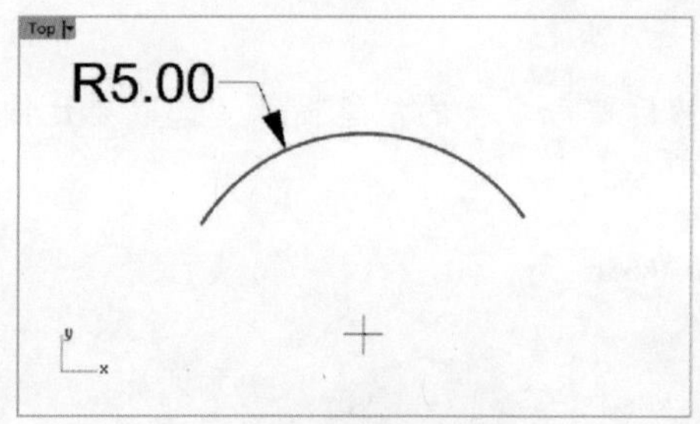

图 4-19　绘制圆弧

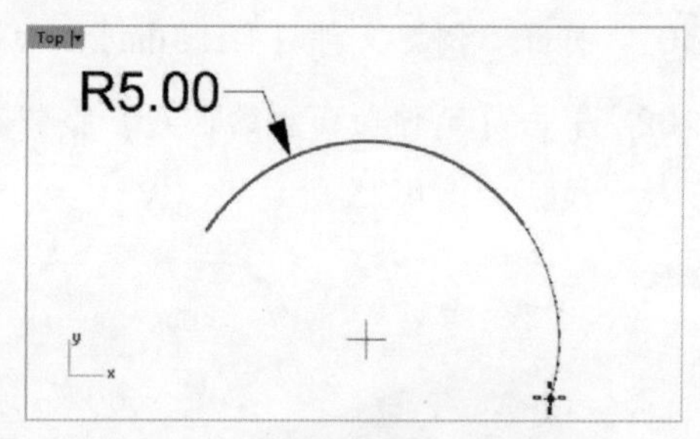

图 4-20　以圆弧延伸（保留半径）

7. 以圆弧延伸（指定中心点）

该命令可指定曲线延伸出部分的圆弧的中心点进行圆弧延伸，操作方法与前面的命令类似，只是在选定待延伸曲线后，拖动光标，在拉出来的直线上单击，确定圆弧圆心位置。

01 在【Top】视窗中运用【控制点曲线】工具绘制 B 样条曲线，如图 4-21 所示。

02 单击【以圆弧延伸（指定中心点）】按钮，选取圆弧为要延伸的曲线，然后拖动光标确定圆弧延伸的圆心点，如图 4-22 所示。

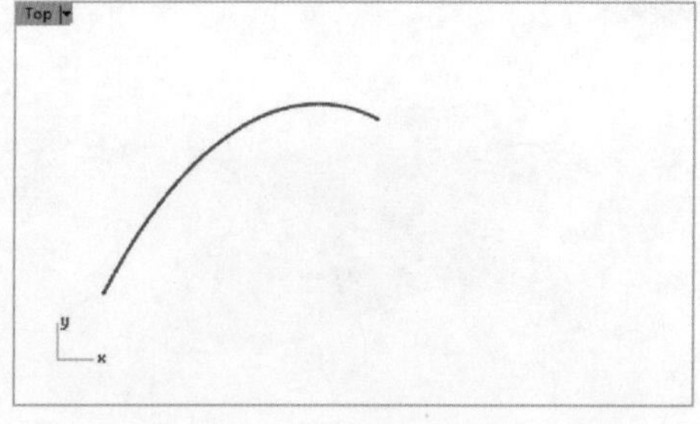

图 4-21　绘制样条曲线

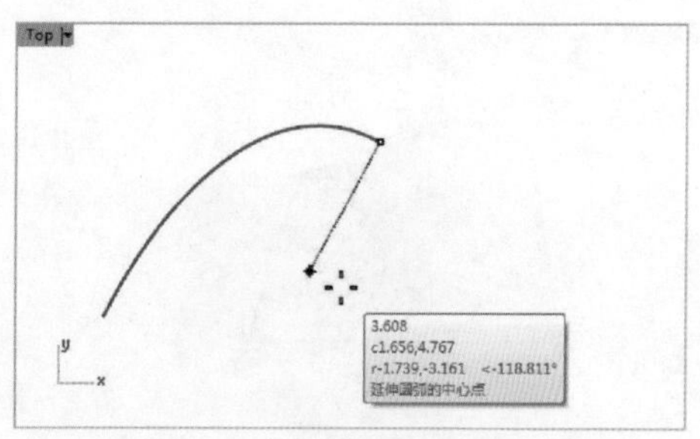

图 4-22　确定圆弧延伸的圆心

03 然后再拖动光标确定圆弧的终点，单击右键完成圆弧曲线的延伸，如图 4-23 所示。

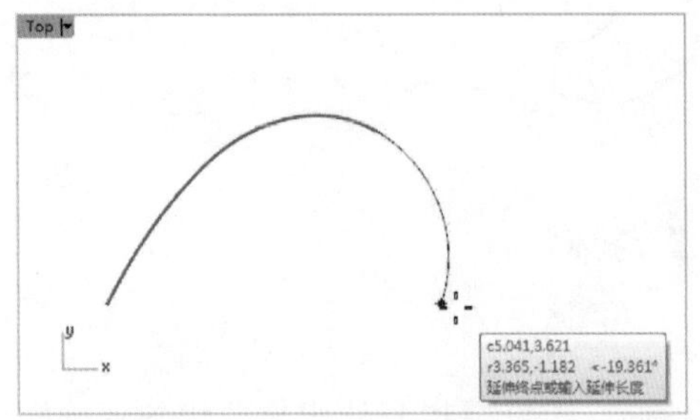

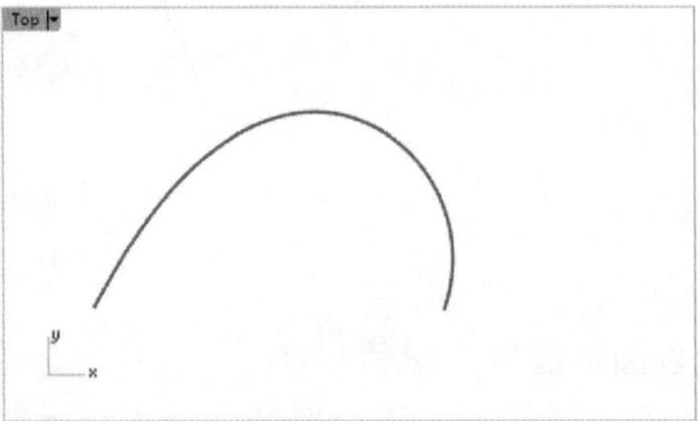

图 4-23　完成延伸

8. 延伸曲面上的曲线

该命令可以将在曲面上的曲线延伸至曲面的边缘。

上机操作——延伸曲面上的曲线

01 打开本例源文件【4-1. 3dm】，如图 4-24 所示。

02 单击【延伸曲面上的曲线】按钮，然后按命令行的信息提示，选取要延伸的曲线，如图 4-25 所示。

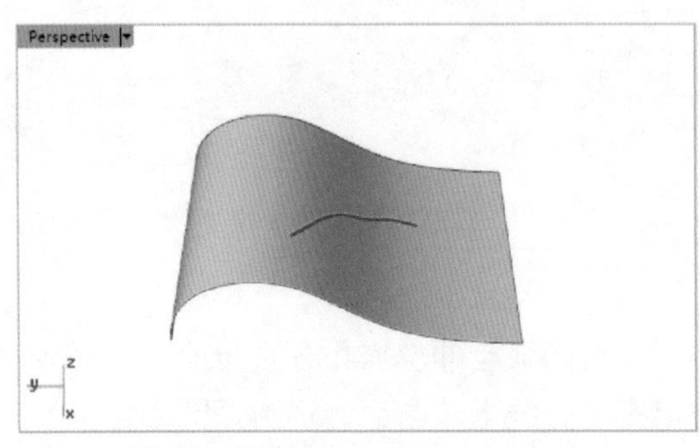

图 4-24　打开的曲面与曲线

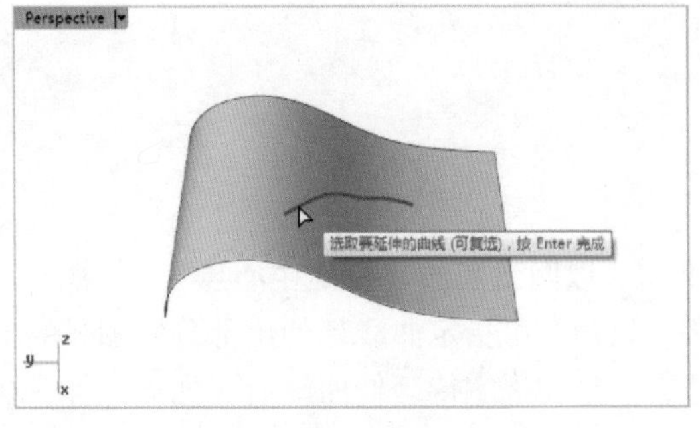

图 4-25　选取要延伸的曲线

03 选取曲线所在的曲面，按下【Enter】键或单击右键结束操作，曲线将延伸至曲面的边缘，如图 4-26 所示。

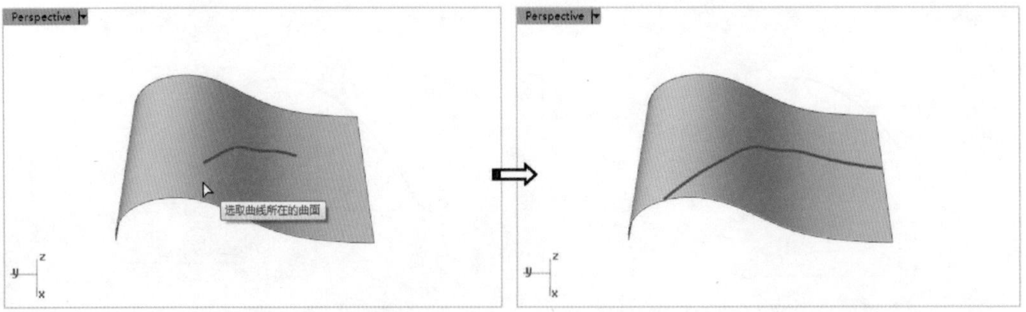

图 4-26　延伸曲面上的曲线

技巧点拨

虽然各个曲线延伸命令类似，但每个延伸命令都有各自的特点，使用时要根据具体情况选择最适合的，避免出错。

4.2.2　曲线偏移工具

曲线偏移命令是Rhino中最常用的编辑命令之一，功能是在一条曲线的一侧产生一条新曲线，这条线在每个位置都和原来的线保持相同的距离。偏移曲线命令位于【曲线工具】标签中。

1. 偏移曲线

偏移命令可将曲线偏移到指定的距离位置，并保留原曲线。

在【Top】视窗中绘制一条曲线，单击【偏移曲线】按钮，选取要偏移复制的曲线，确认偏移距离和方向后单击鼠标左键即可。

有两种方法可以确定偏移距离。

- 在命令行中输入偏移距离的数值。
- 输入【T】，这时能立刻看到偏移后的线，拖动光标，偏移线也会发生变化，在所需地方单击鼠标确认偏移距离即可。

技巧点拨

偏移复制命令具有记忆功能，下一次执行该命令时，如果不进行偏移距离设置，系统会自动采用最近一次的偏移操作所使用的距离，用这个方法可以快速绘制出无数条等距离的偏移线，如图4-27所示。

图4-27　绘制等距离偏移线

2. 往曲面法线方形偏移曲线

该命令主要用于对曲面上的曲线进行偏移。曲线偏移方向为曲面的法线方向，并且可以通过多个点控制偏移曲线的形状。下面通过一个操作练习进行讲解。

01 在【Top】视窗中用【内插点曲线】命令绘制一条曲线，如图4-28所示。转入【Front】视窗，利用【偏移曲线】命令将这条曲线偏移复制一次（偏移距离为15），如图4-29所示。

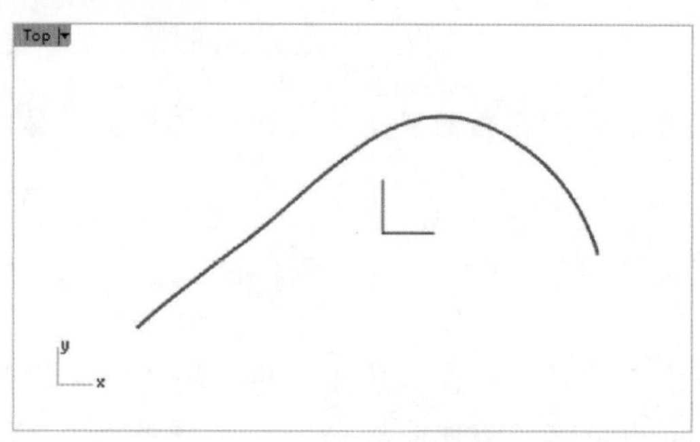

图 4-28 绘制内插点曲线

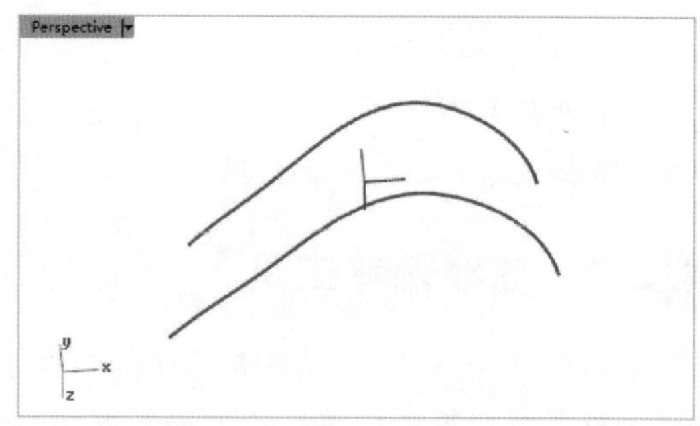

图 4-29 创建偏移曲线

02 转换到【Perspective】视窗，在【曲面工具】标签下的左边栏中单击【放样】按钮，依次选取这两条曲线，放样出一个曲面（曲面内容后面会详细介绍，这里只需按照提示进行操作），如图 4-30 所示。

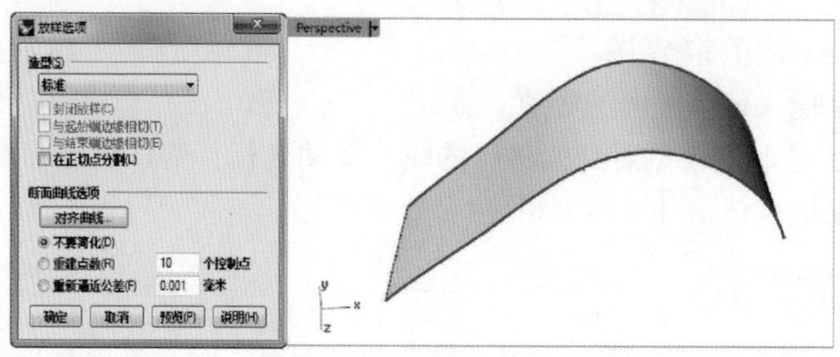

图 4-30 创建放样曲面

03 在菜单栏中执行【曲线】|【自由造型】|【在曲面上描绘】命令，在曲面上绘制一条曲线，如图 4-31 所示。

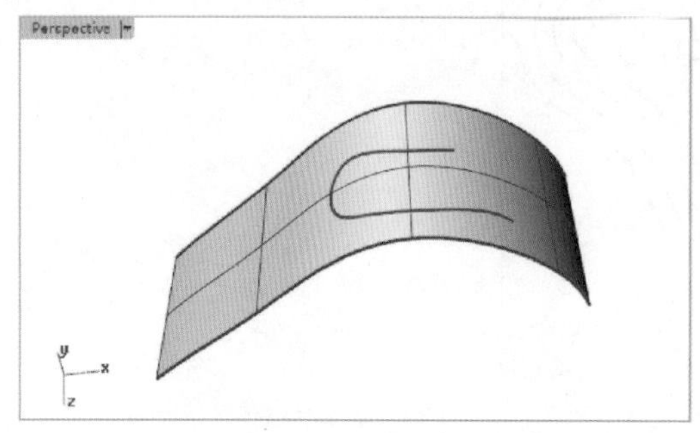

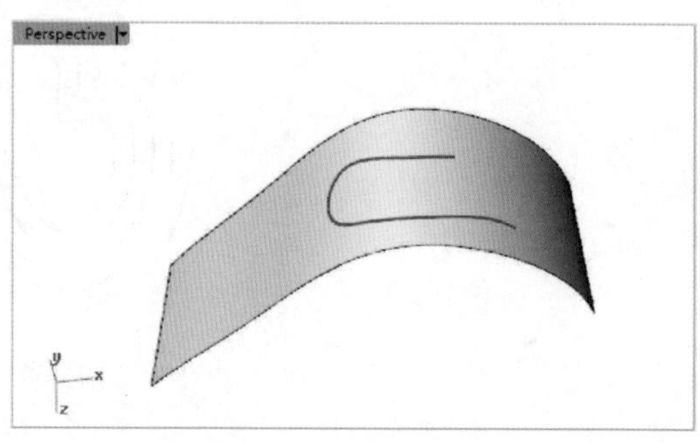

图 4-31 在曲面上绘制曲线

04 在【曲线工具】标签下单击【往曲面法线方形偏移曲线】按钮，依次选取曲面上的曲线和基底曲面，根据命令行提示，在曲线上选择一个基准点，拖动光标，将会拉出一条直线，该直线为曲面在基准点处的法线，然后在所需高度位置单击左键。

05 此时如果不希望改变曲线形状，则可按下【Enter】键或单击右键，完成偏移操

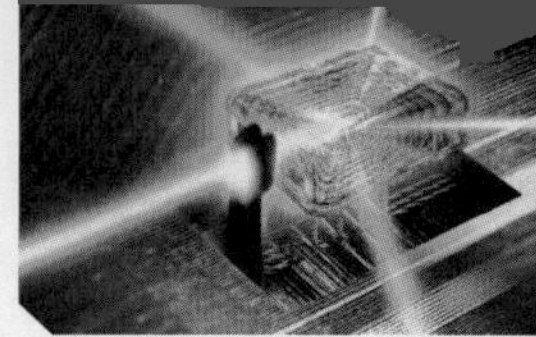

作，如图 4-32 所示。

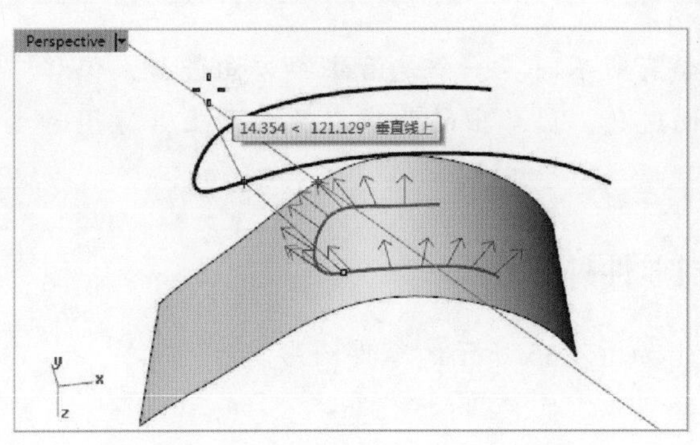

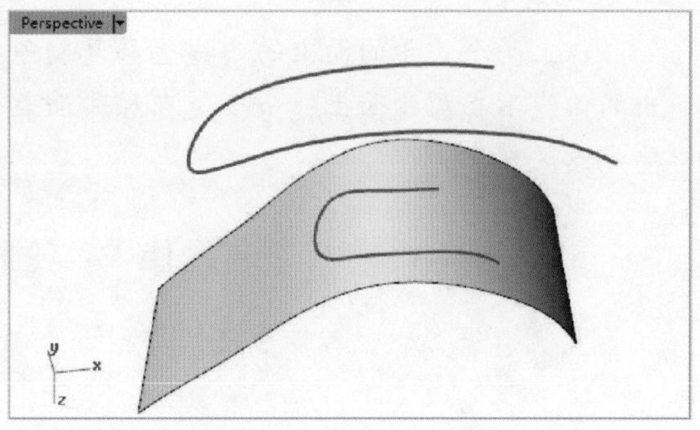

图 4-32 偏移曲线

技巧点拨

如果希望改变曲线形状，则可在原曲线上继续选择点，确定高度，重复多次，最后按下【Enter】键或单击右键，完成偏移操作，如图 4-33 所示。

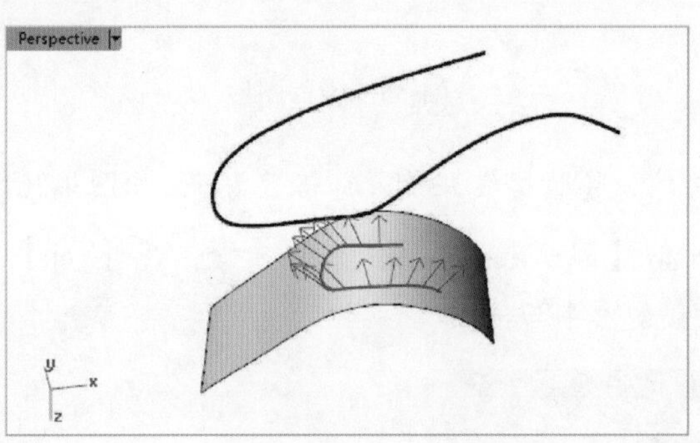

图 4-33 改变曲线形状偏移效果

3. 偏移曲面上的曲线

使用此命令，能够在曲面上进行曲线偏移。

绘制一个曲面和一条曲面上的线，方法和上例相同。单击【偏移曲面上的曲线】按钮，依次选取曲面上的曲线和基底曲面，在命令行中输入偏移距离并选择偏移方向。然后按下【Enter】键或单击右键，完成偏移操作，如图 4-34 所示。

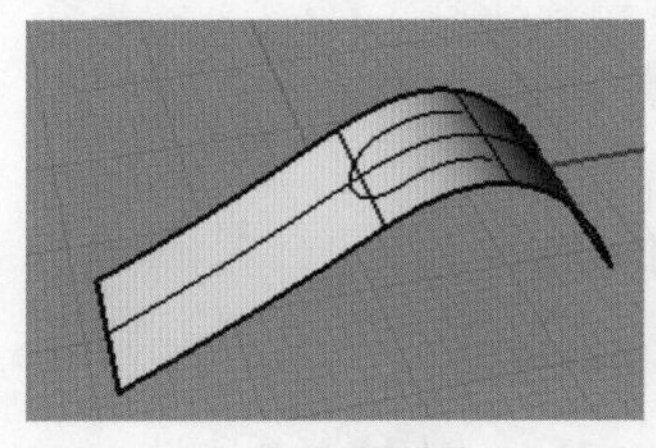

曲面上的曲线

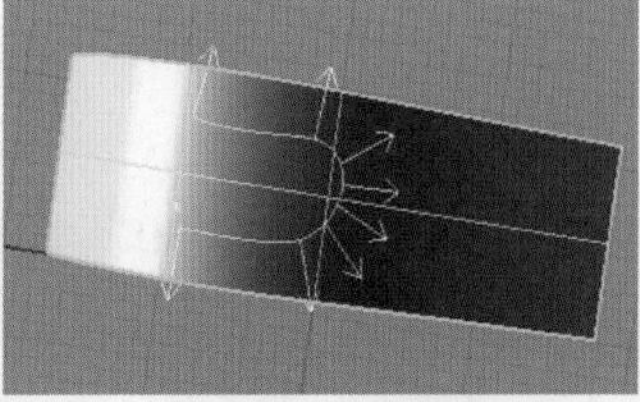

指定偏移方向和距离

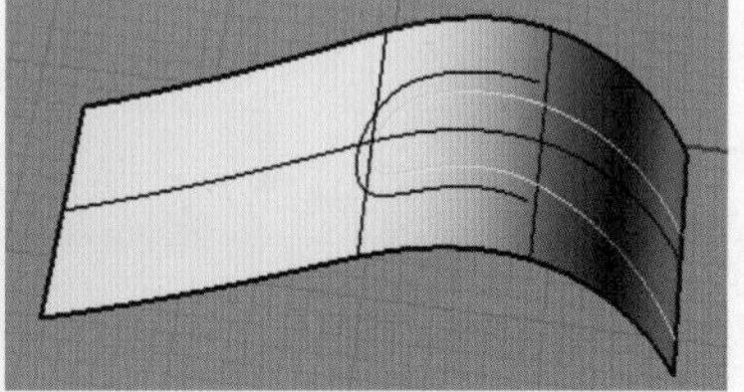

完成偏移

图 4-34 偏移曲面上的曲线

技巧点拨

以上两个关于曲面上的曲线偏移复制命令有所不同：一个是沿法线方向进行，偏移出的曲线不在原曲面上；一个是在原曲面表面进行，偏移出的曲线在原曲面上，运用时要注意区别。

上机操作——绘制零件外形轮廓

利用圆、圆弧、偏移曲线及修剪指令绘制出如图 4-35 所示的零件图形。

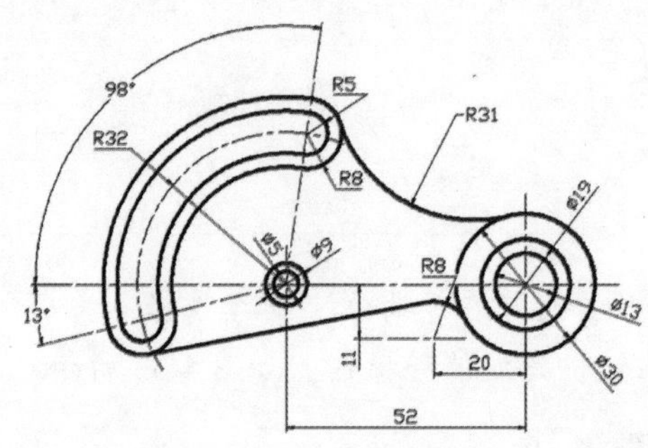

图 4-35　零件图形

01 新建 Rhino 文件。隐藏格线并设置总格数为 5，如图 4-36 所示。

02 利用左边栏中的【圆：中心点、半径】命令，在【Top】视窗坐标轴中心绘制直径为 13 的圆，如图 4-37 所示。

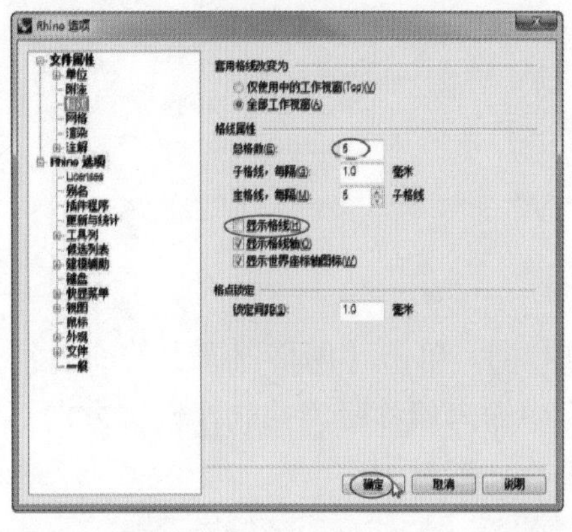

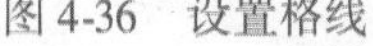

图 4-36　设置格线

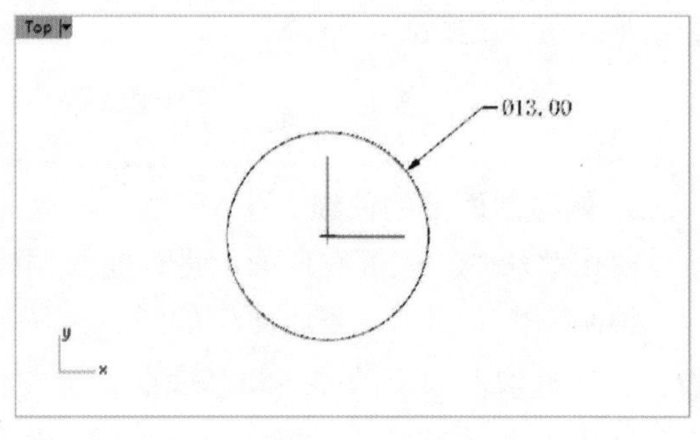

图 4-37　绘制圆

03 同样的，再创建同心圆，直径分别为 19 和 30，如图 4-38 所示。

04 利用【直线】命令，在同心圆位置绘制基准线，如图 4-39 所示。

05 选中基准线，然后在【出图】标签下单击【设置线型】按钮，修改直线线型为点划线线型，如图 4-40 所示。

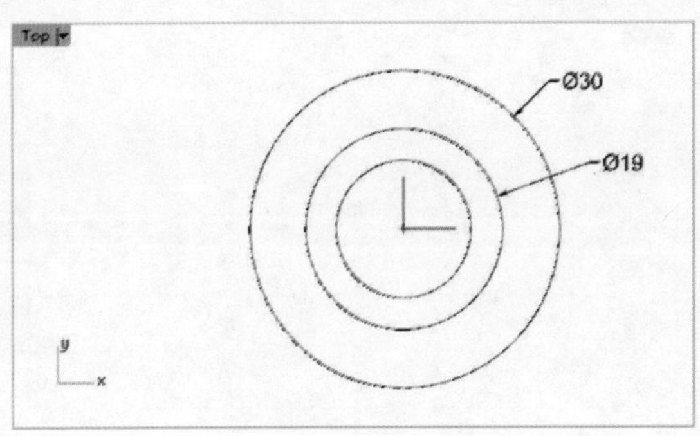

图 4-38　绘制同心圆

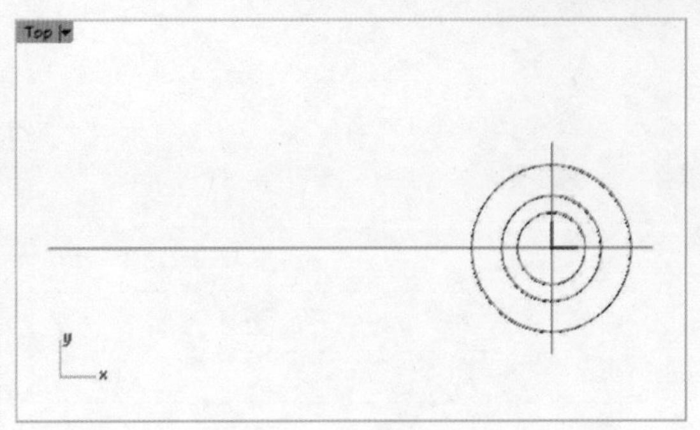

图 4-39　绘制基准线

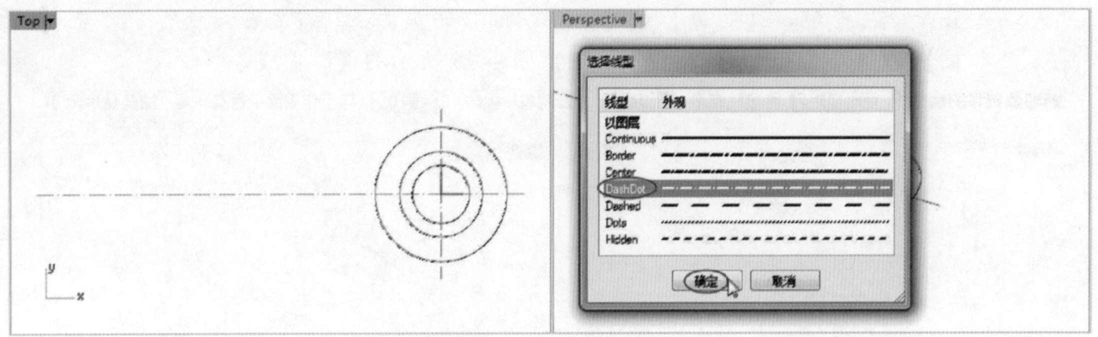

图 4-40　设置基准线线型

06 执行【圆：中心点、半径】命令，在命令行中输入圆心的坐标（－52，0，0），单击右键确认后再输入直径为 5，单击右键完成绘制圆，如图 4-41 所示。

07 执行圆命令，绘制同心圆，且圆直径为 9，如图 4-42 所示。

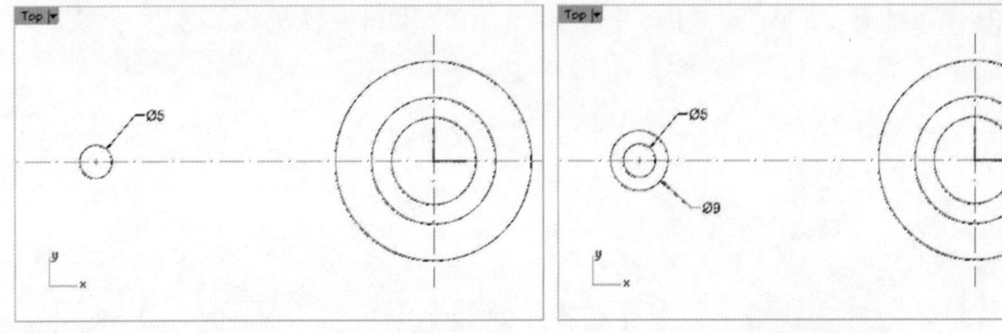

图 4-41　绘制圆

图 4-42　绘制同心圆

08 利用【直线：指定角度】命令，绘制两条如图 4-43 所示的基准线。

09 利用【圆：中心点、半径】命令，绘制直径为 64 的圆。然后利用左边栏的【修剪】命令修剪圆，得到圆弧如图 4-44 所示。

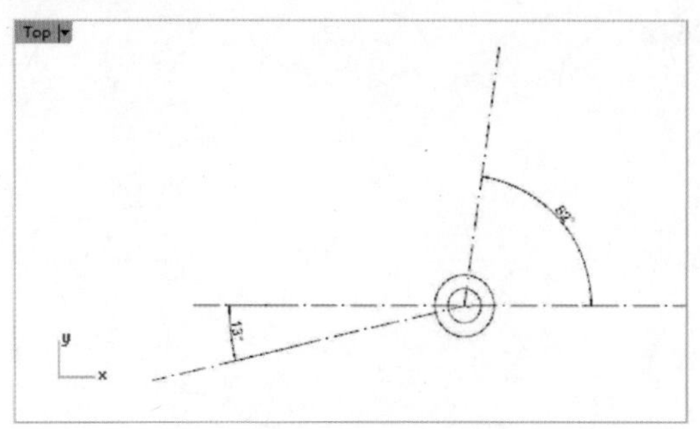

图 4-43　绘制基准直线　　　　图 4-44　绘制基准圆弧

10 单击【偏移曲线】按钮，选取要偏移的曲线（圆弧基准线），单击右键确认后在命令行中单击【距离】选项，修改偏移距离为 5，然后在命令行中单击【两侧】选项，在【Top】视窗中绘制如图 4-45 所示的偏移曲线。

选取要偏移的曲线（距离(D)=5 角(C)=锐角 通过点(T) 公差(O)=0.001 两侧(B) 与工作平面平行(I)=是 加盖(A)=无）:

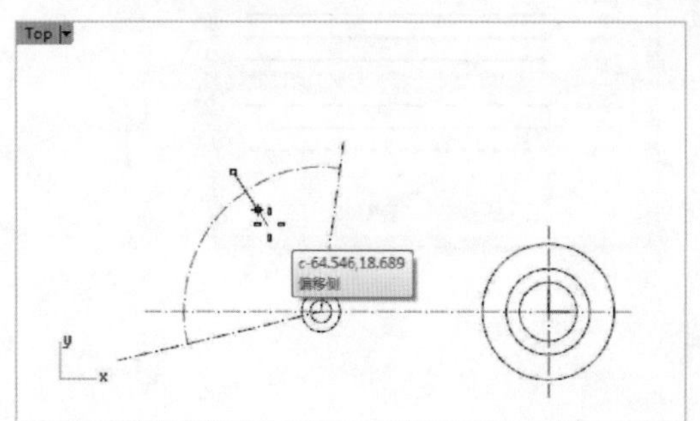

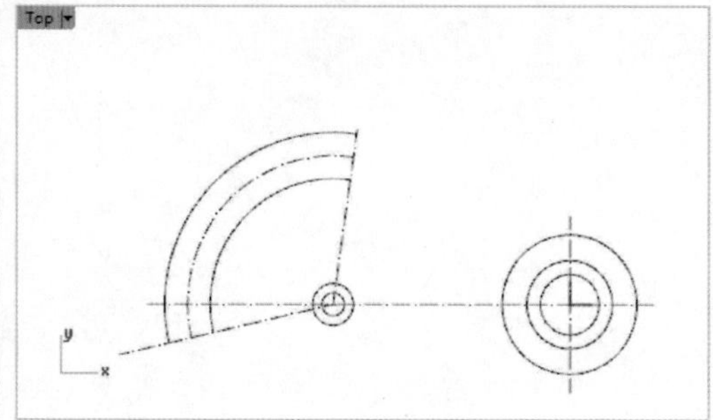

图 4-45　绘制偏移直线

11 同样的，再绘制偏移距离为 8 的偏移曲线，如图 4-46 所示。

12 利用【圆：直径、起点】命令，绘制 4 个圆，如图 4-47 所示。

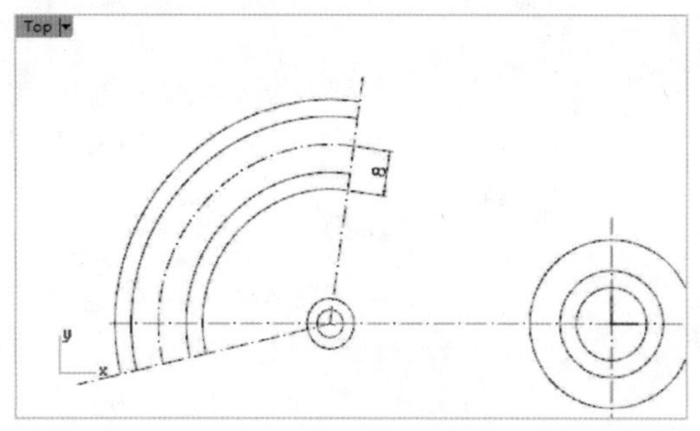

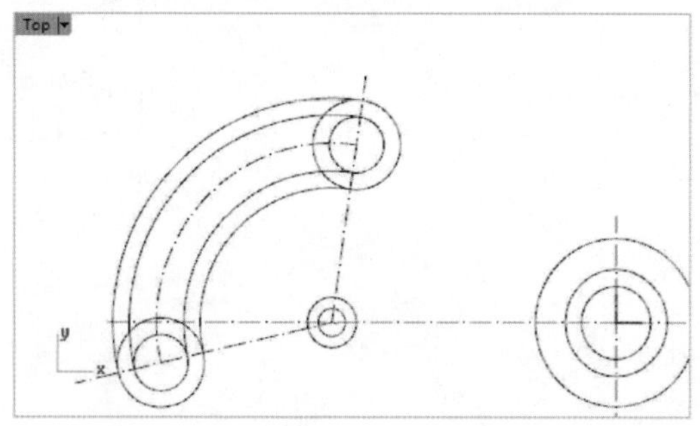

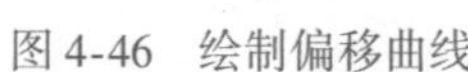

图 4-46　绘制偏移曲线　　　　图 4-47　绘制 4 个圆

13 利用【圆弧：正切、正切、半径】命令，绘制如图 4-48 所示的相切圆弧。

14 利用【圆：中心点、半径】命令，绘制圆心坐标为（-20，-11，0）且与大圆

相切的圆，如图4-49所示。

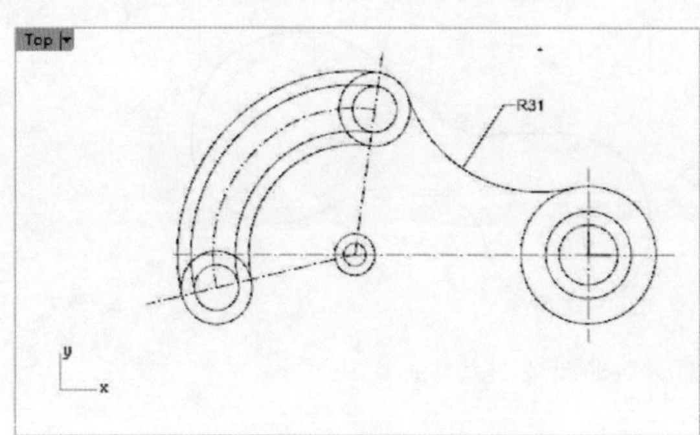

图4-48 绘制相切圆弧

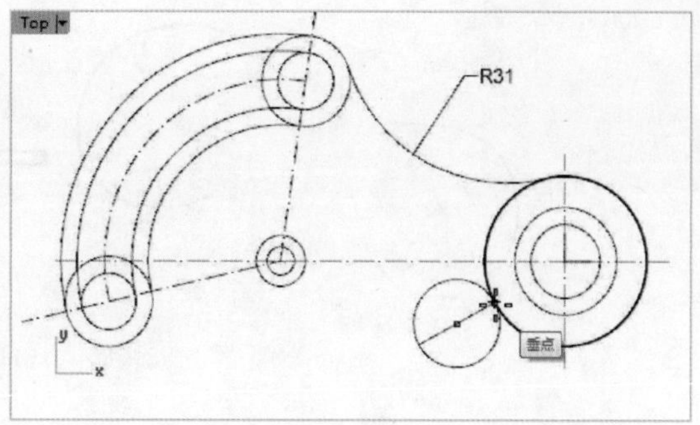

图4-49 绘制相切圆

15 利用【直线：与两条曲线正切】命令，绘制如图4-50所示的相切直线。

16 最后利用【修剪】命令，修剪轮廓曲线，得到最终的零件外形轮廓，如图4-51所示。

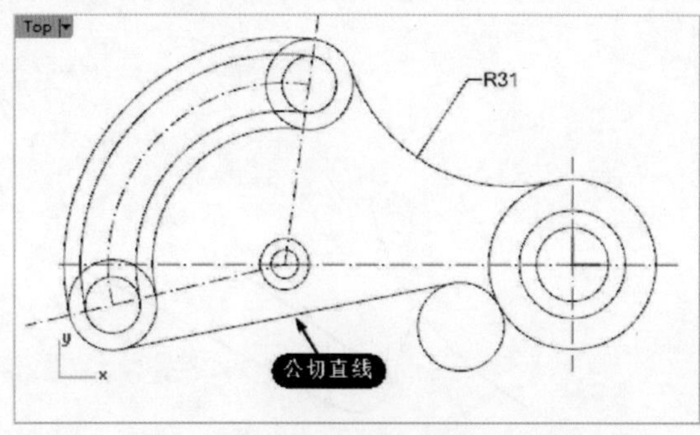

图4-50 绘制公切线

图4-51 修剪图形后的最终轮廓

4.2.3 混接曲线工具

混接曲线命令可在两条曲线之间建立平滑过渡的曲线。该曲线与混接前的两条曲线相互独立，如需结合成一条曲线，则需使用【组合】按钮。混接曲线位于【曲线工具】标签中。

1. 简易混接曲线

该命令是一个非常有用的工具，能够在两条曲线之间产生一条保持G2连续的曲线。

在【Top】视窗中绘制两条曲线。在菜单栏中执行【曲线】|【混接曲线】|【简单混接曲线】命令，或者右键单击【曲线工具】标签下的按钮，选取两条曲线的末端，即可在所选择的末端产生一条过渡曲线，如图4-52所示。

技巧点拨

该命令产生的是具有G2连续的过渡曲线，因此要保持曲线的两端曲率不变，最少需要6个控制点。

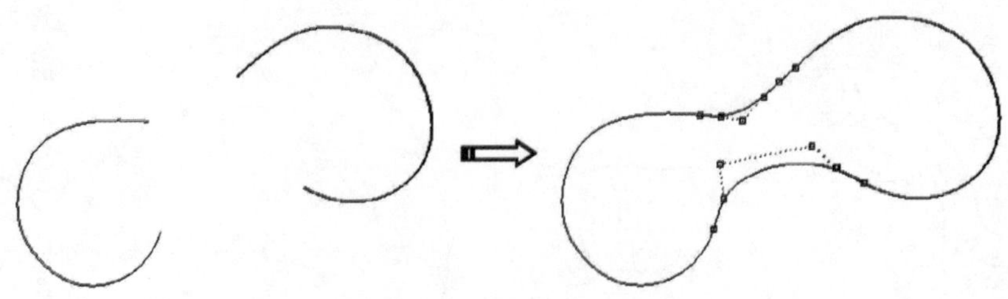

图 4-52　混接曲线（注意过渡曲线控制点数）

在单击【混接曲线】按钮后，命令行里会出现如下提示。

选取要混接的第一条曲线 - 点选要混接的端点处（垂直(P)　以角度(A)　连续性(C)=曲率）:

各选项功能如下。

- 垂直：输入【P】。当连续性 = 相切或曲率时，可以使用此命令设定建立的混接曲线的任意一端垂直于曲线或者曲面边缘。这里有如下两种操作方法。

① 输入【P】激活该选项，先选取曲线 1，然后在曲线 1 上选择垂直点，然后选取曲线 2 的混接端点，混接完成，如图 4-53 所示。

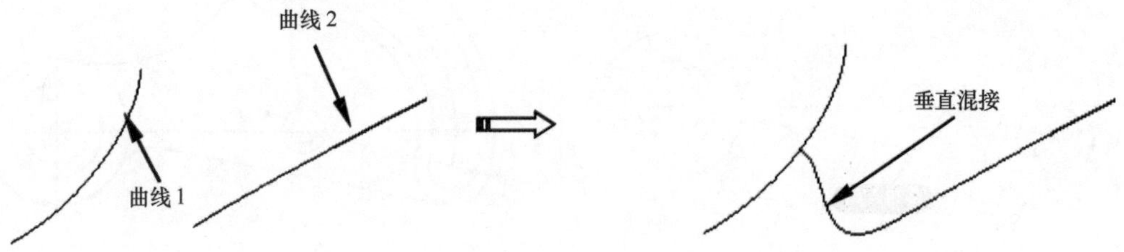

图 4-53　曲线垂直混接

② 先选取曲线 2，再输入【P】激活该选项，选取曲线 1，并选择垂直点，则产生的混接曲线会曲线 2 保持 G2 连续，与曲线 1 垂直，结果与图 4-53 相同。

- 以角度：输入【A】。当连续性 = 相切或曲率时，可以使用与曲面边缘垂直以外的角度建立混接曲线。因为这个选项无法使用输入的方式设置角度，所以通常需要有其他物体作为决定角度大小的参考。按住【Shift】键可以限制混接曲线与曲面边缘相切或垂直。
- 连续性：输入【C】。选择过渡曲线的连续性，有【位置】、【相切】、【曲率】三种类型可选。

上机操作——创建简单混接曲线

01 打开本例源文件【4-2. 3dm】，如图 4-54 所示。

02 在两个曲面上分别选取一条边缘作为要混接的第一曲线和第二曲线，如图 4-55、图 4-56 所示。

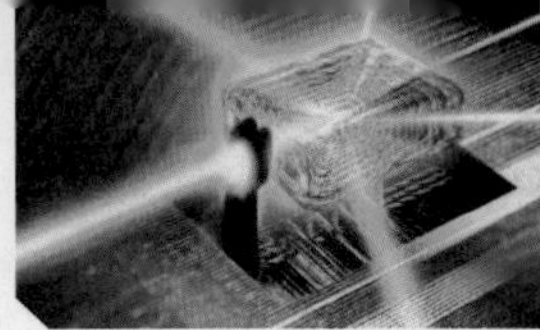

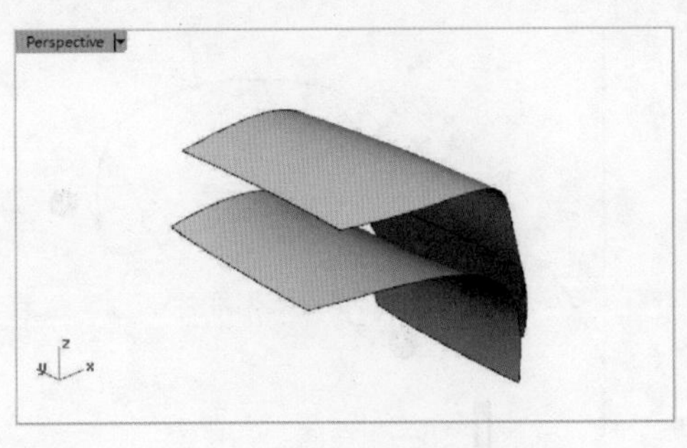

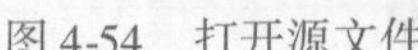

图 4-54　打开源文件

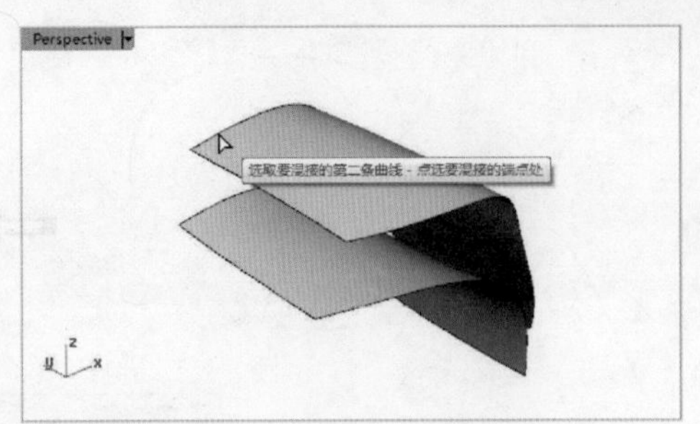

图 4-55　选取要混接的第一曲线

03 随后自动创建连接第一曲线和第二曲线的简易混接曲线，如图 4-57 所示。

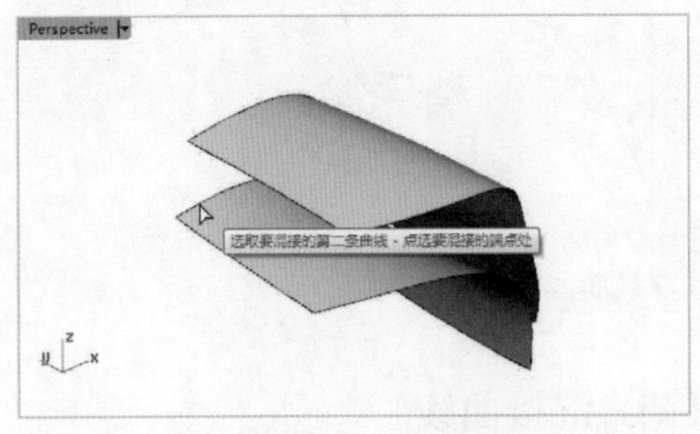

图 4-56　选取第二曲线

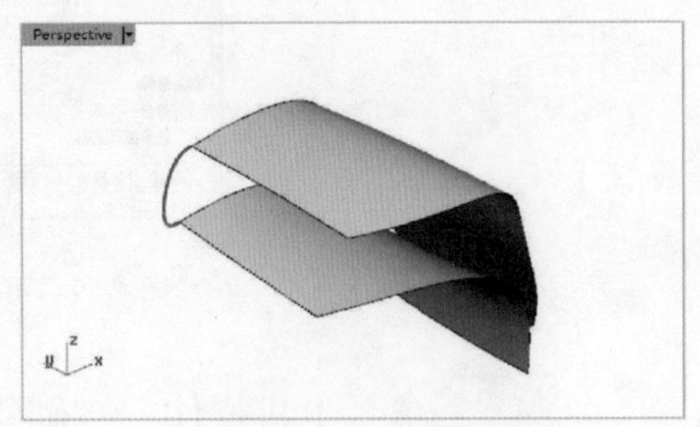

图 4-57　创建简易混接曲线

04 同样的，依次创建出其余的简易混接曲线，如图 4-58 所示。

图 4-58　创建其余混接曲线

2. 可调式混接曲线

应用此命令，在两条曲线或曲面边缘建立可以动态调整的混接曲线。

在【Top】视窗中绘制两条曲线。在【曲线工具】标签下单击【可调式混接曲线】按钮，依次选取要混接曲线的混接端点，会弹出【调整曲线混接】对话框，可以预览并调整混接曲线。调整完毕后，单击对话框中【确定】按钮完成操作，如图 4-59 所示。

在单击【可调式混接曲线】按钮后，命令行中会出现如下提示。

选取要混接的曲线（边缘(E)　点(P)）：

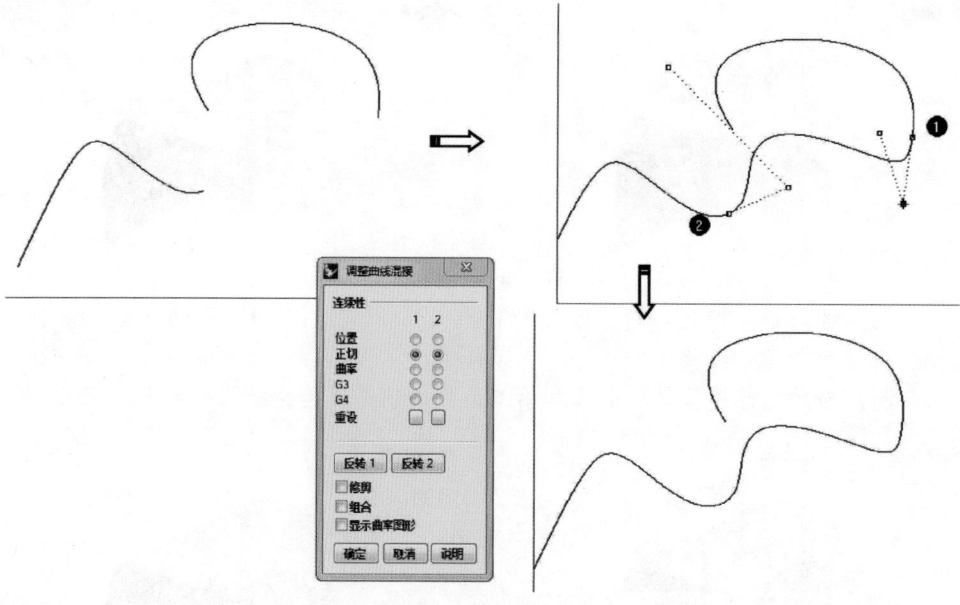

图 4-59　可调式混接曲线

上机操作——创建可调式混接曲线

01 打开本例源文件【4-3.3dm】，如图 4-60 所示。

02 单击【可调式混接曲线】按钮，然后选择如图 4-61 所示曲面边缘作为要混接的边缘，在【调整曲线混接】对话框中设置连续性均为【正切】。

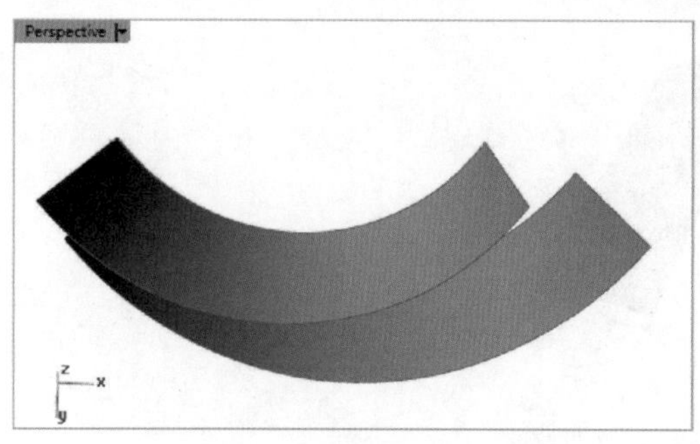

图 4-60　打开源文件

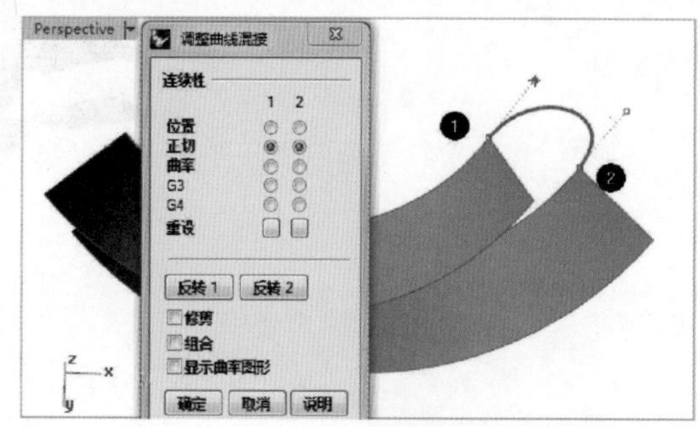

图 4-61　选择要混接的边并设置连续性

03 在【Perspective】视窗中选取控制点，然后拖动改变混接曲线的延伸长度，如图 4-62所示。

04 单击【调整曲线混接】对话框中【确定】按钮，完成混接曲线的创建。同样的，在另一侧也创建混接曲线，如图 4-63 所示。

05 执行【可调式混接曲线】命令，在命令提示行中单击【边缘】选项，然后在视窗中选取曲面边缘，如图 4-64 所示。

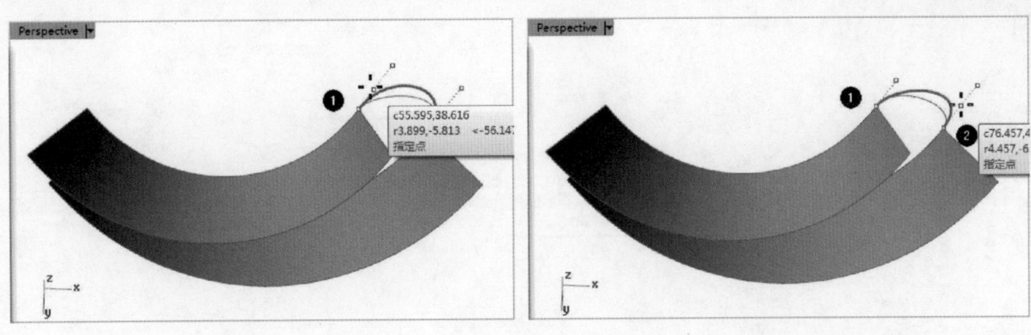

图 4-62 调整混接曲线延伸长度

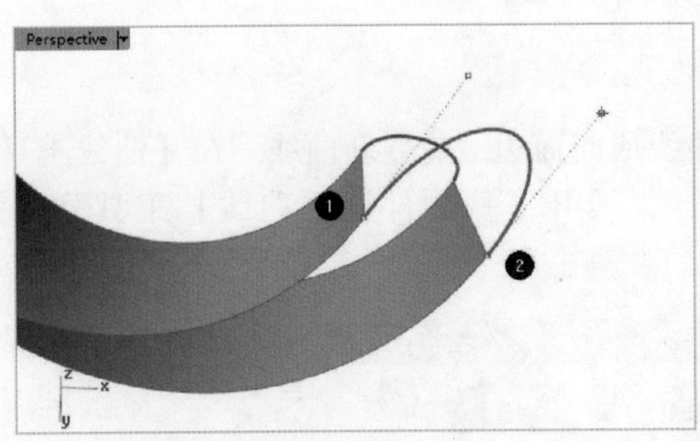

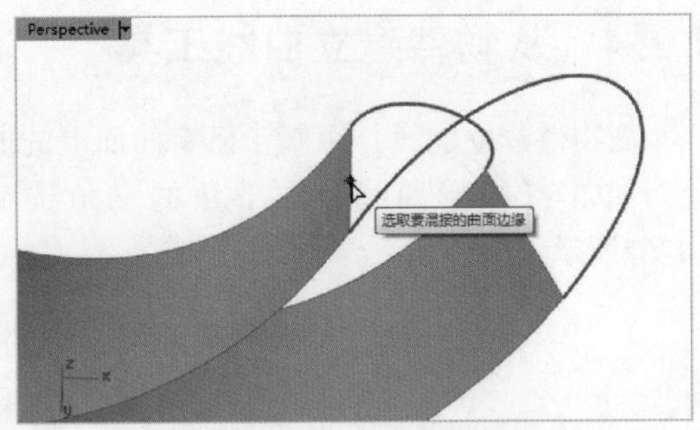

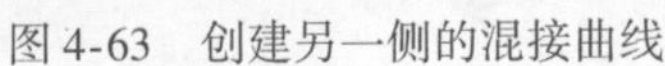

图 4-63 创建另一侧的混接曲线　　　图 4-64 选取曲面边缘

06 再选取另一曲面上的曲面边缘，弹出【调整曲线混接】对话框，并显示预览，如图 4-65 所示。设置连续性为【曲率】连续，单击【确定】按钮，完成混接曲线的创建。

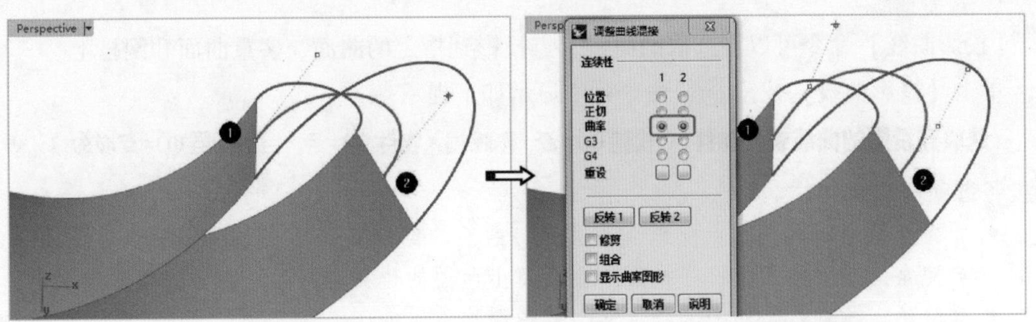

图 4-65 调整连续性完成混接曲线的创建

3. 弧形混接曲线

【弧形混接曲线】命令可以创建由两个相切连续的圆弧组成的混接曲线。

在【曲线工具】标签下单击【弧形混接】按钮，在视窗中选取第一条曲线的端点和第二条曲线端点，命令行中显示如下提示。

选取要调整的弧形混接点，按 Enter 完成（半径差异值(R) 修剪(T)=否）:

同时生成弧形混接曲线预览，如图 4-66 所示（两参考曲线为异向相对）。

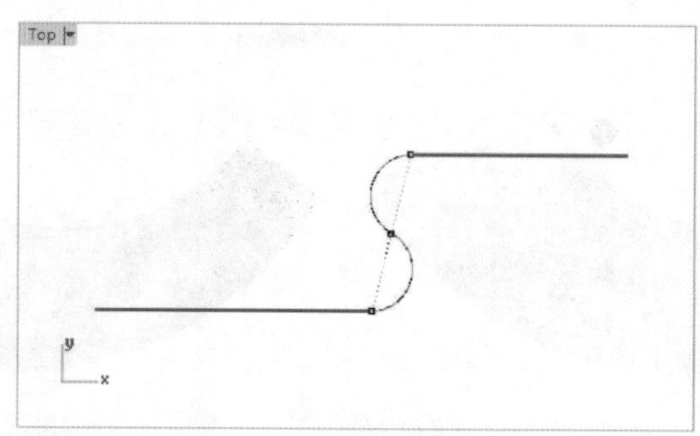

图 4-66　弧形混接曲线预览

4.2.4　从物件建立曲线工具

【从物件建立曲线】可基于已有曲面上的曲线或曲面边缘建立新曲线。在【曲线工具】标签下单击【投影曲线】右下角的三角按钮，展开【从物件建立曲线】工具列，如图 4-67所示。

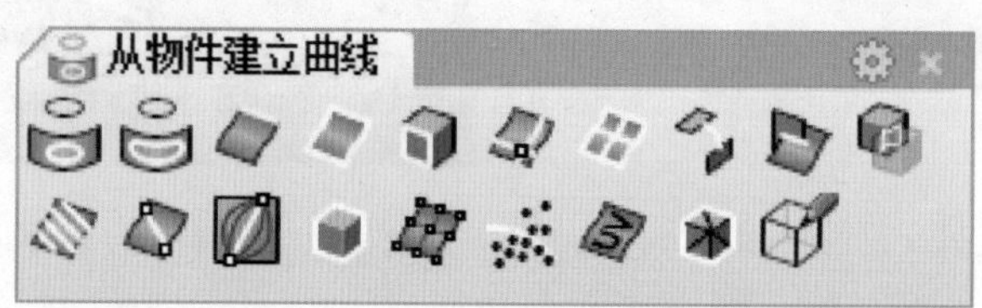

图 4-67　【从物件建立曲线】工具列

下面详解工具列中各工具的含义及应用。

1. 投影曲线

【投影曲线】命令可以将选取的曲线、点投影到指定的曲面、多重曲面和网格上。

单击【投影曲线】按钮，命令行中显示如下提示。

选取要投影的曲线或点物件 (松弛 (L)=否　删除输入物件 (D)=否　目的图层 (O)=目前的):

各选项含义如下。

- 松弛：将曲线的编辑点投影至曲面上，曲线的结构完全不会改变，所以曲线可能不会完全贴附于曲面上，当投影的曲线超出曲面的边界时，无法以松弛模式投影。
- 删除输入物件：将原来的物件从文件中删除。
- 目的图层：指定建立物件的图层。

上机操作——创建投影曲线

01 打开源文件【4-4.3dm】，如图 4-68 所示。

02 单击【投影曲线】按钮，然后选取要投影的曲线（Rhino 文字），可以框选。如图 4-69 所示。选取后单击右键确认。

图 4-68　打开源文件

图 4-69　框选要投影的曲线

03 然后按信息提示选取投影至其上的曲面，最后单击右键完成曲线的投影，如图 4-70 所示。

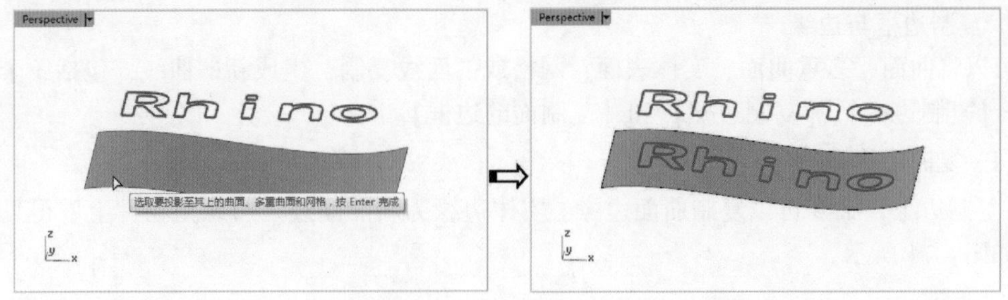

图 4-70　选取曲面并确认

2. 拉回曲线

【拉回曲线】命令可以创建曲面法向的曲线投影。这与前面所讲的【投影曲线】有相似之处，也有不同之处。相同的是都是投影曲线，不同的是，【拉回曲线】是曲面法向投影，而【投影曲线】是以工作平面方向进行原始投影。

上机操作——创建拉回曲线

01 打开本例源文件【4-5. 3dm】，如图 4-71 所示。

02 单击【投影曲线】按钮，然后选取要拉回的曲线（Rhino 文字），可以框选。如图 4-72 所示。选取后单击右键确认。

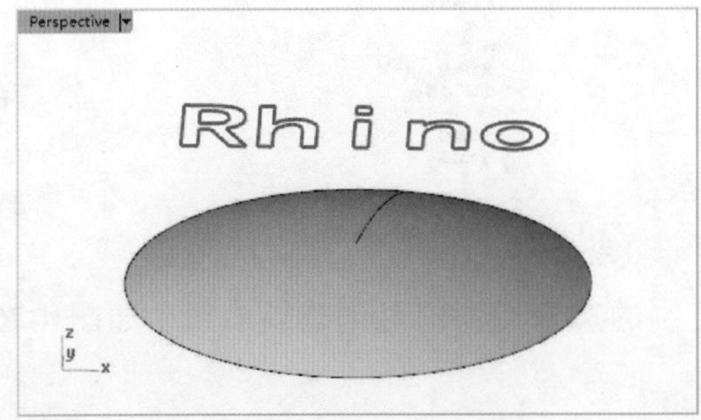

图 4-71　打开源文件

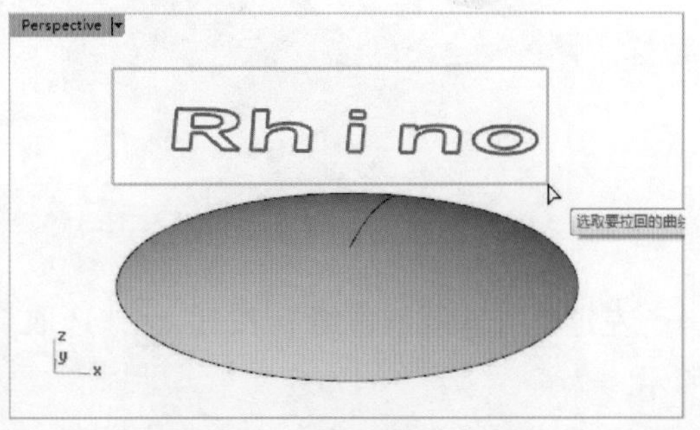

图 4-72　框选要拉回的曲线

03 然后按信息提示选取拉至其上的曲面，最后单击右键完成曲线的投影，如图 4-73 所示。

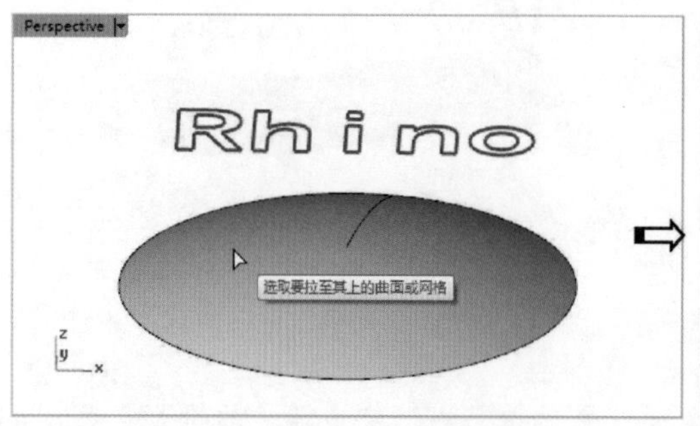

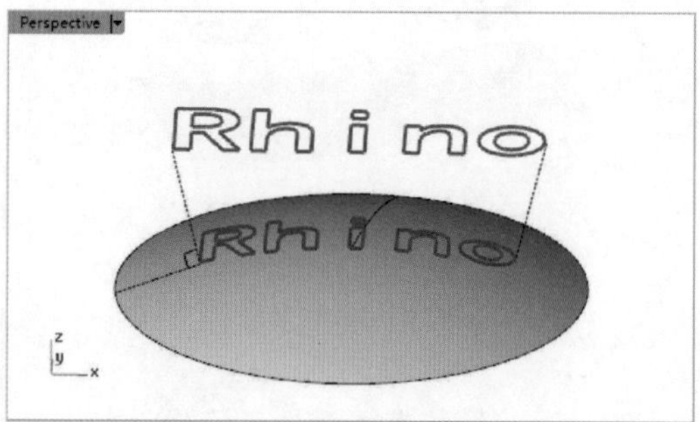

图 4-73 选取曲面并确认

3. 复制边框与边缘

可以将曲面、多重曲面、实体表面、网格或剖面线复制，生成新的曲线，包括 3 个功能命令：【复制边缘】、【复制边框】和【复制面的边框】。

(1) 复制边缘

【复制边缘】命令可以复制曲面边缘、实体边缘为新的曲线。边缘是物件上看得见的边线，如图 4-74 所示。

技巧点拨

可以在视窗右侧的【显示】选项面板中勾选或取消勾选【曲面边缘】选项来控制曲面边缘的显示，如图 4-75 所示。

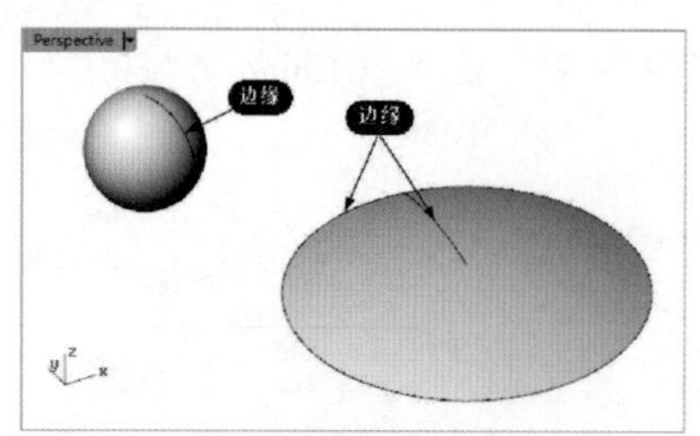

图 4-74 物件的边缘

图 4-75 曲面边缘的显示控制

左键单击【复制边缘】按钮，选取要复制的边缘后，即可创建新曲线，如图 4-76 所示。

右键单击【复制边缘】按钮，可以复制网格的边缘得到曲线，如图 4-77 所示。

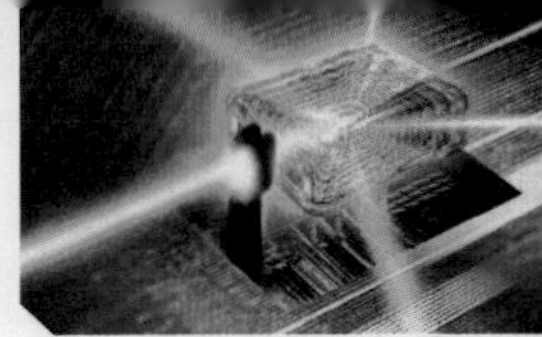

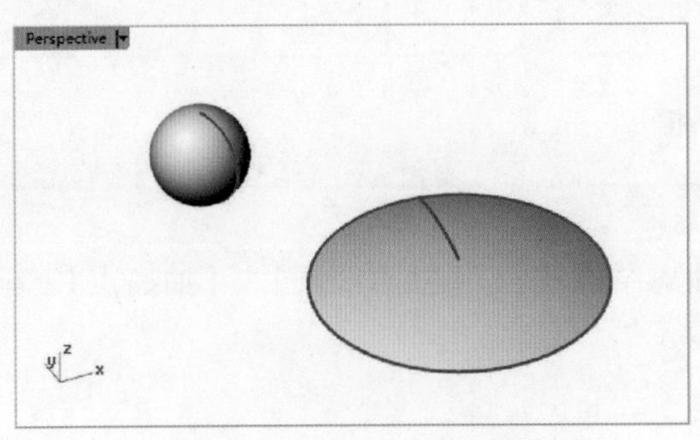

图 4-76　复制边缘得到新曲线

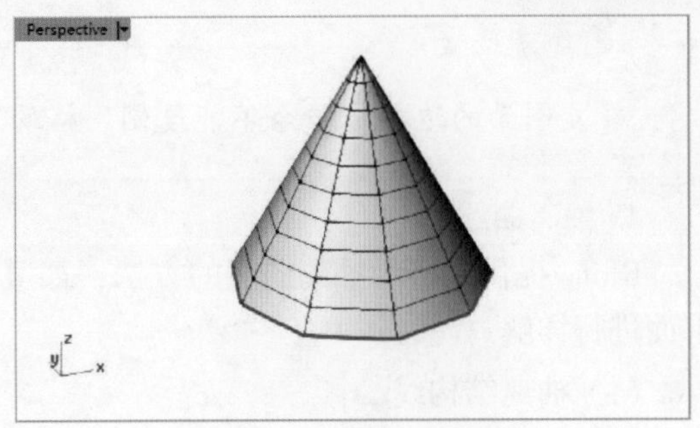

图 4-77　复制网格边缘

(2) 复制边框

边框仅指曲面或者网格的边界线，且曲面或网格的边界是开放的。

单击【复制边框】按钮，选取曲面，随后建立曲线，如图 4-78 所示。

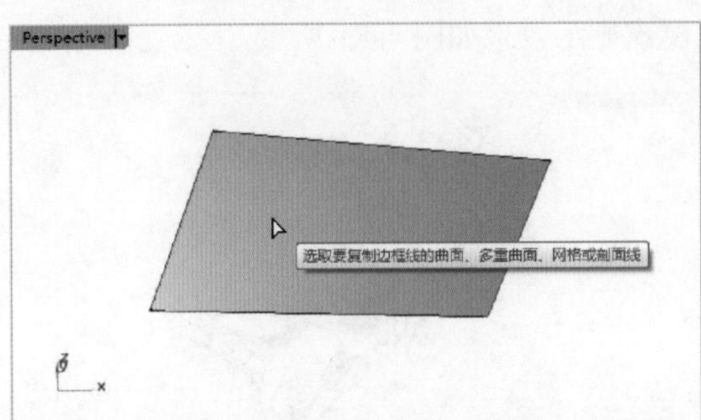

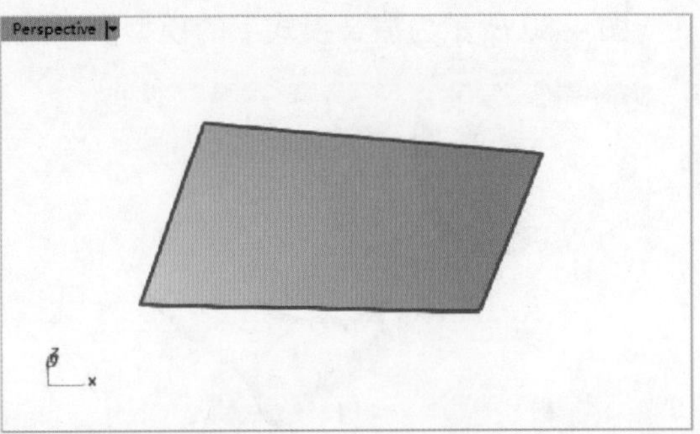

图 4-78　复制曲面边框建立曲线

(3) 复制面的边框

【复制面的边框】与【复制边框】类似，可以复制开放曲面、网格边界建立新曲线。不同的是，【复制面的边框】可以复制实体边界，而【复制边框】命令不能复制实体面。

单击【复制面的边框】按钮，选取实体面或曲面，随后建立新曲线，如图 4-79 所示。

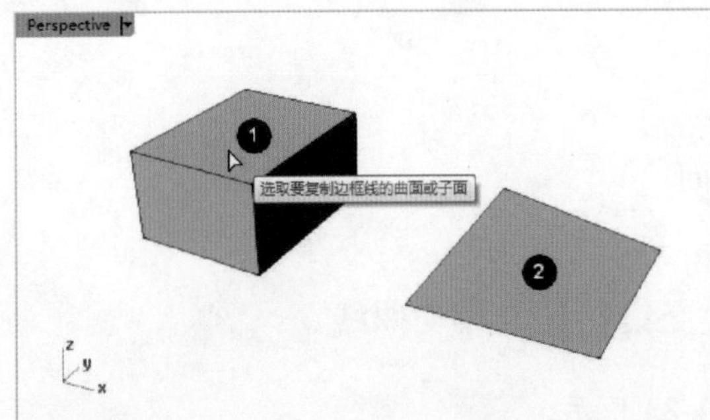

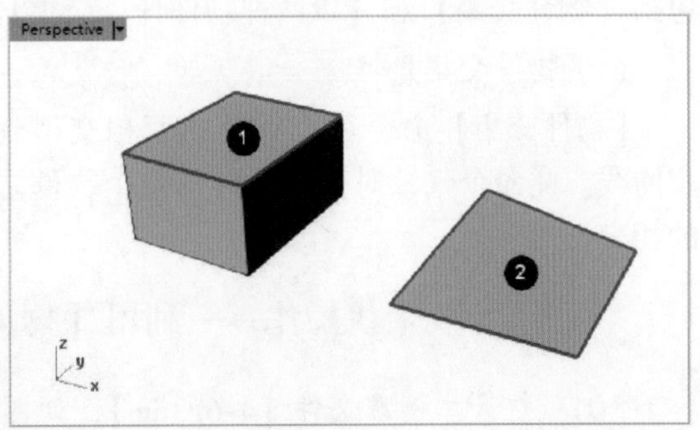

图 4-79　复制面的边框

技巧点拨

【复制面的边框】命令不能复制网格的边框。

4. 抽离曲线

Rhino 提供了多种抽离曲线的方法，如【抽离结构线】、【抽离线框】、【抽离点】等，下面进行详解。

(1) 抽离结构线

【抽离结构线】主要用于建立混接曲线或混接曲面时，在参考曲面上抽取参考曲线，例如设计三通管、多通管曲面。

(2) 抽离线框

执行【抽离线框】命令，可以抽离出物件的线框作为新曲线。当物件以线框模式显示时，所能显示的线框都将被抽离出来。

图 4-80 所示为渲染模式下的模型。以线框模式显示效果如图 4-81 所示。

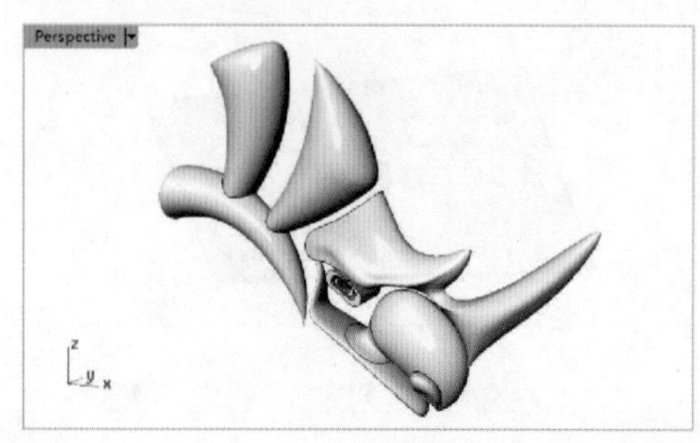

图 4-80　渲染模式显示

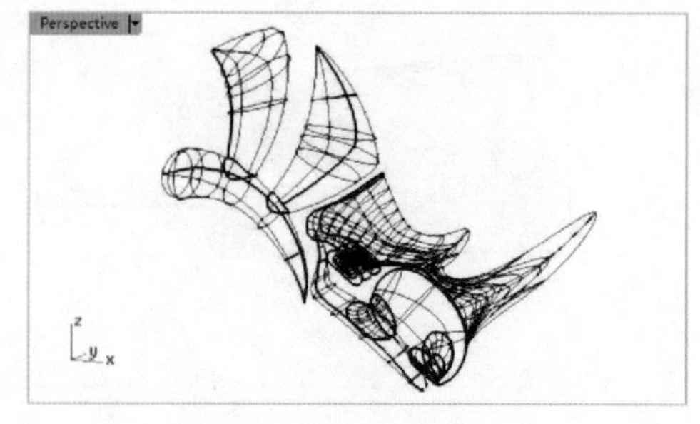

图 4-81　线框模式显示

单击【抽离线框】按钮，选取要抽离的模型后，单击右键抽离出线框，如图 4-82 所示。

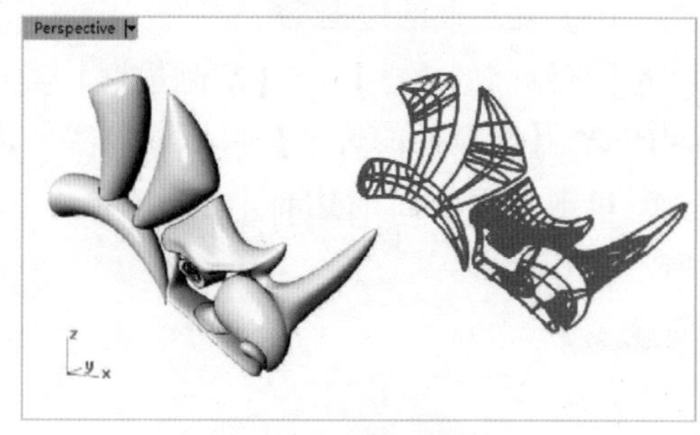

图 4-82　抽离线框

5. 相交曲线

利用两曲面相交、曲面与实体相交或者两实体相交，可以获得其交线作为新曲线。此类命令包括【物件交集】和【以两种物件计算交集】。

(1) 物件交集

【物件交集】命令可以计算曲面相交得到相交曲线。此命令仅针对单个物件与单个物件之间的相交。

上机操作——利用【物件交集】建立相交曲线

01 打开本例源文件【4-6.3dm】，如图 4-83 所示。

02 单击【物件交集】按钮，然后选择视窗中实体与实体相交的一组物件，单击右键确认后建立相交曲线，如图 4-84 所示。

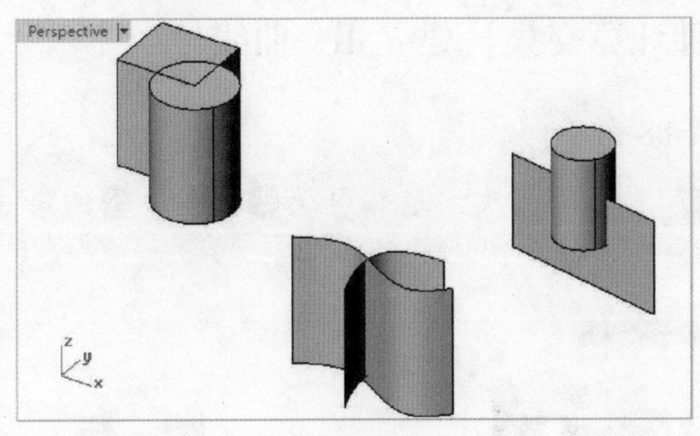

图4-83　打开模型文件

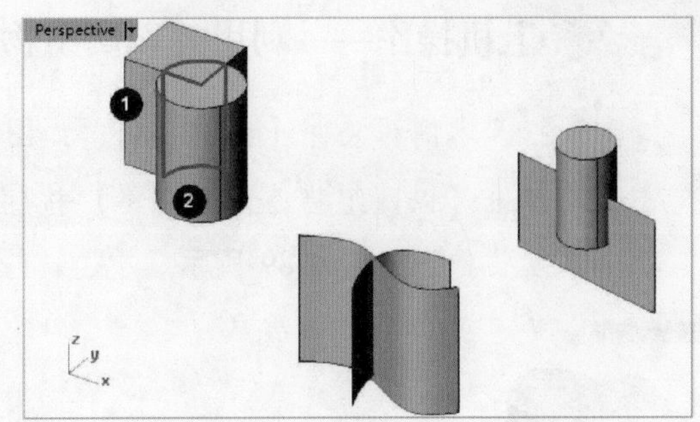

图4-84　选取实体相交建立曲线

03 执行【物件交集】命令，选择实体与曲面相交的一组物件，建立如图4-85所示的相交曲线。

04 执行【物件交集】命令，选择曲面与曲面相交的一组物件，建立如图4-86所示的相交曲线。

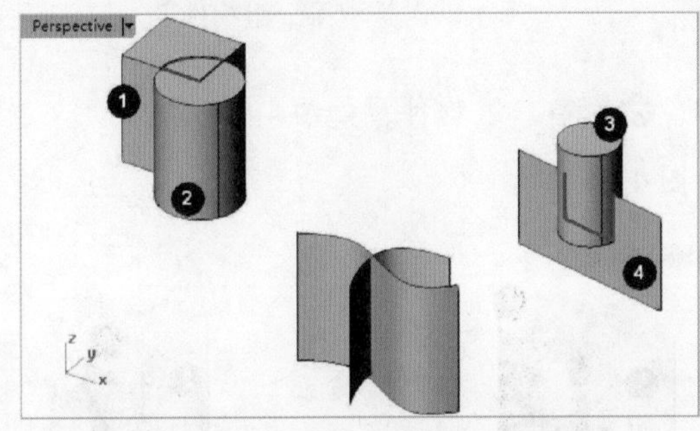

图4-85　选取实体与曲面相交建立曲线

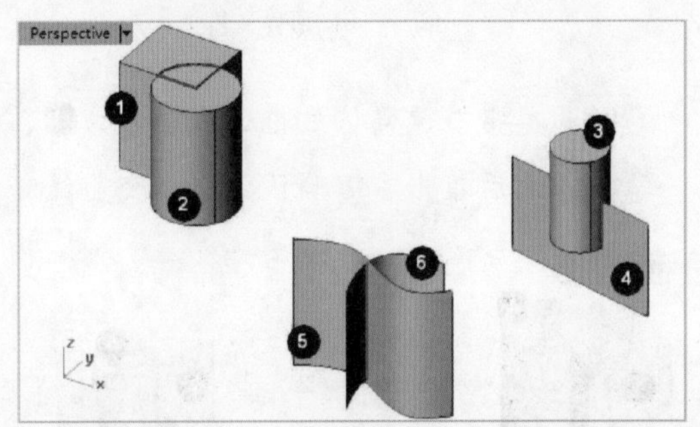

图4-86　选取曲面与曲面相交建立曲线

技巧点拨

曲线与曲面或实体交集也可以建立曲线，如图4-87所示。

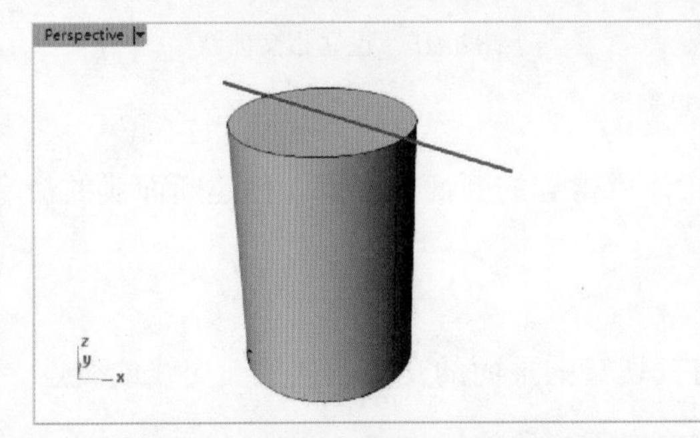

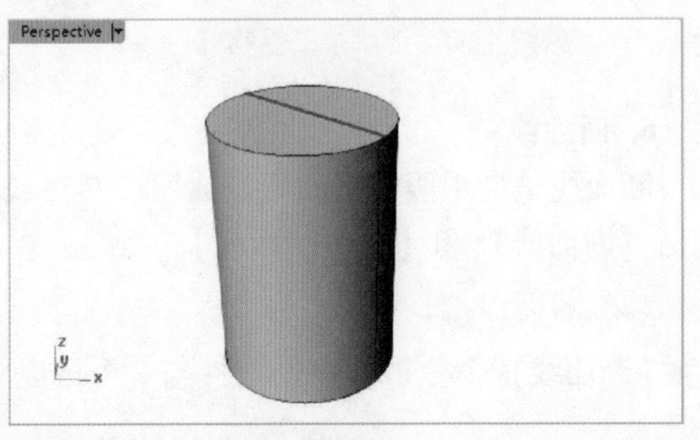

图4-87　曲线与曲面、实体交集也可以建立曲线

（2）以两组物件计算交集

在前面操作中，通过使用【物件交集】命令，分3次创建了3组相交曲线。如果利用【以两组物件计算交集】命令，可以一次性建立3组相交曲线。下面以案例演示。

上机操作——利用【以两组物件计算交集】建立相交曲线

01 打开本例源文件【4-7.3dm】，如图 4-88 所示。

02 单击【以两组物件计算交集】按钮，然后依次选取编号为❶、❷、❸的第一组物件，如图 4-89 所示。

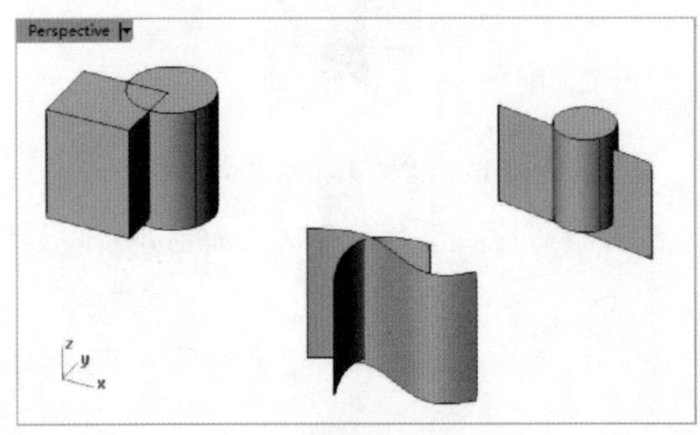

图 4-88 打开模型文件

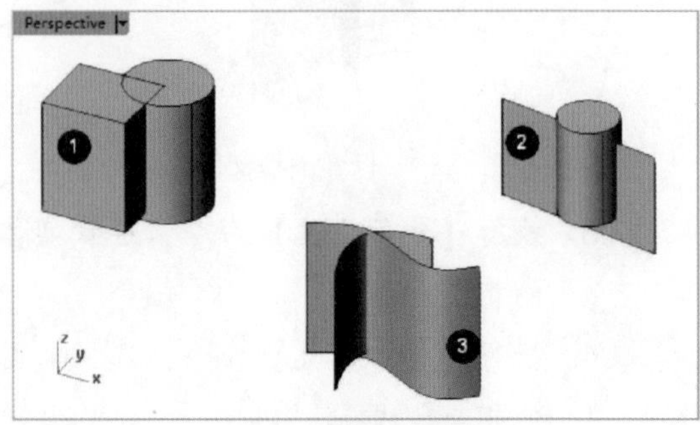

图 4-89 选取第一组物件

03 单击右键确认后再选取编号为❹、❺、❻的第二组物件，如图 4-90 所示。

04 最后单击右键确认建立相交曲线，如图 4-91 所示。

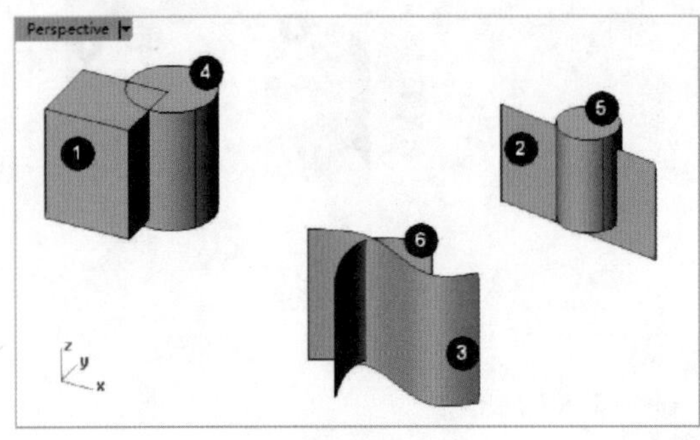

图 4-90 选取第二组物件

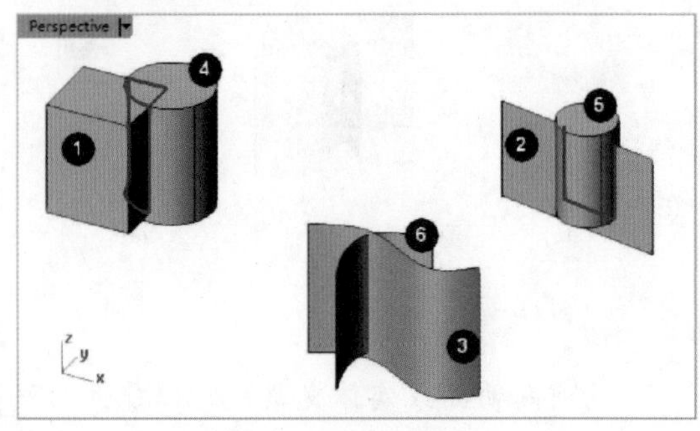

图 4-91 建立相交曲线

6. 断面线

断面线是指用假定平面切割曲面、网格或实体后得到的断面轮廓线。创建断面线的命令包括【断面线】和【等距断面线】。

(1) 断面线

【断面线】命令以选取的物件与一个可以将其切穿的平面的交集建立平面交线或交点。

上机操作——创建断面线

01 打开本例源文件【4-8.3dm】。

02 单击【断面线】按钮，选取要建立断面线的物件，如图 4-92 所示。

03 在【Top】视窗中，指定断面线起点和终点，画出断面，如图 4-93 所示。

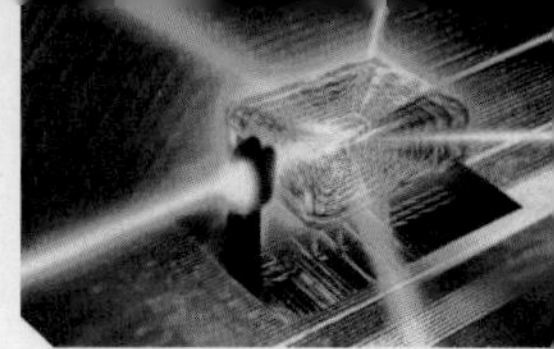

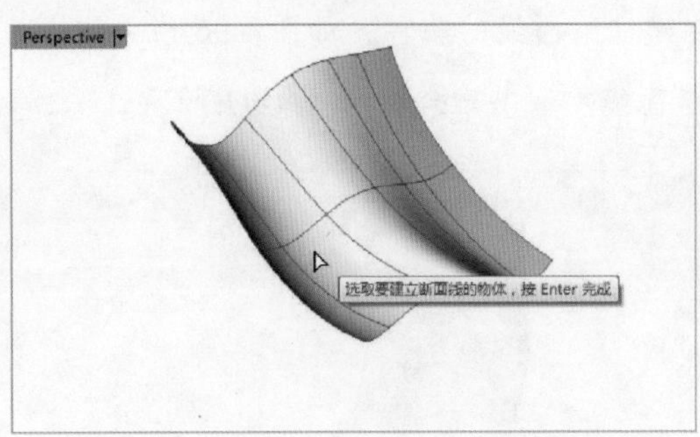

图 4-92　选取物件

图 4-93　画出断面

04 即建立断面线，如图 4-94 所示。

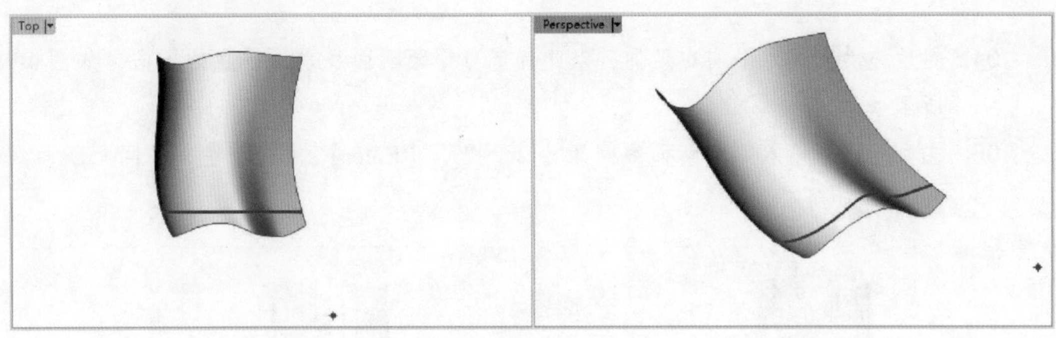

图 4-94　建立断面线

05 还可以继续画出断面来建立断面线，如图 4-95 所示。

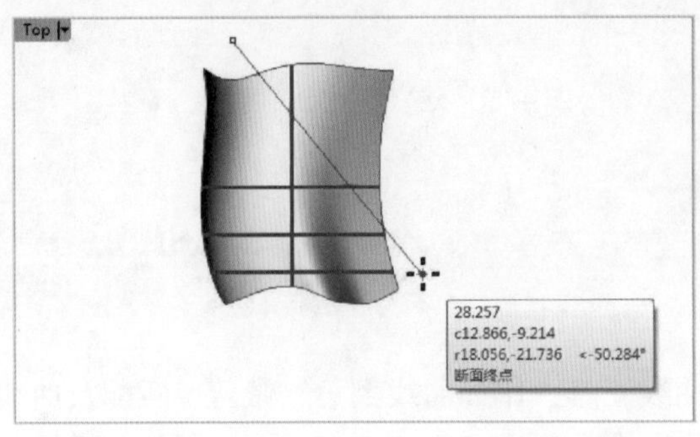

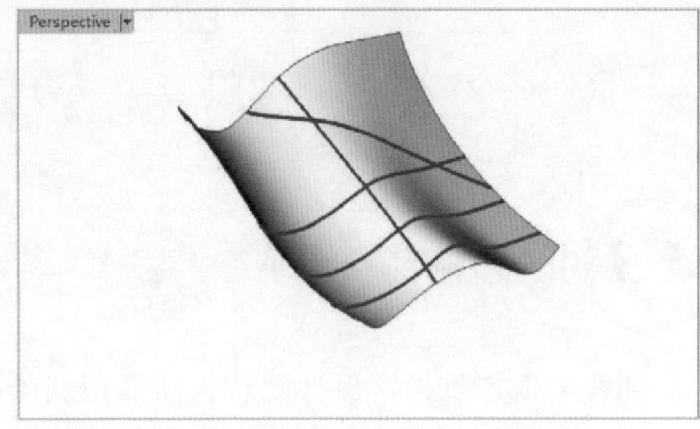

图 4-95　画出其他断面建立断面线

（2）等距断面线

【等距断面线】命令可以在物件上建立多条等距排列的断面线。下面以案例操作来说明其用法。

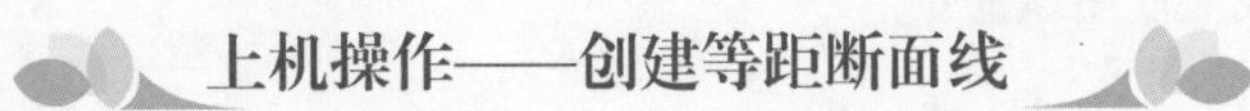

上机操作——创建等距断面线

01 打开本例源文件【4-9. 3dm】。

02 单击【等距断面线】按钮，选取要建立断面线的物件，如图 4-96 所示。

03 在【Top】视窗中确定一点作为等距断面线平面基准点，如图 4-97 所示。

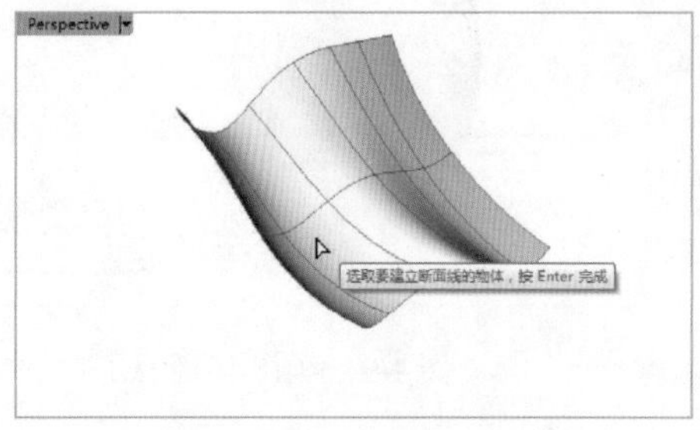

图 4-96　选取物件

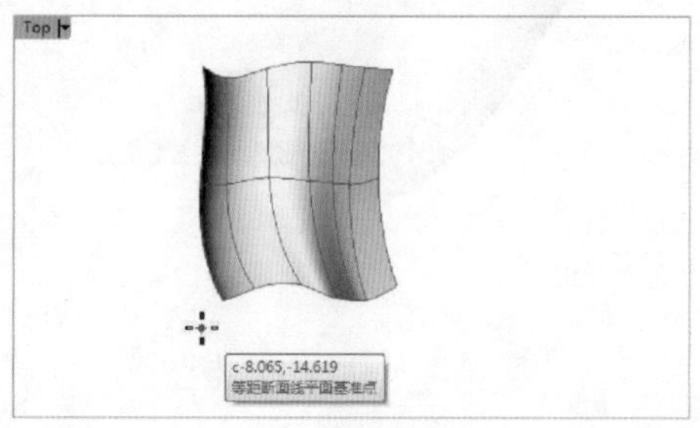

图 4-97　确定平面基准点

04 然后拖动光标水平向右延伸，以此确定与等距断面线平面垂直的方向，如图 4-98 所示。

05 在命令行中输入等距断面线间距为 2，按下【Enter】键自动建立等间距断面线，如图 4-99 所示。

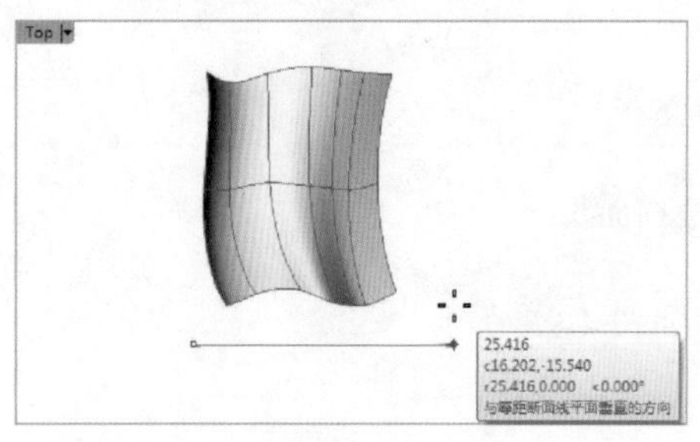

图 4-98　设置与等距断面线平面垂直的方向

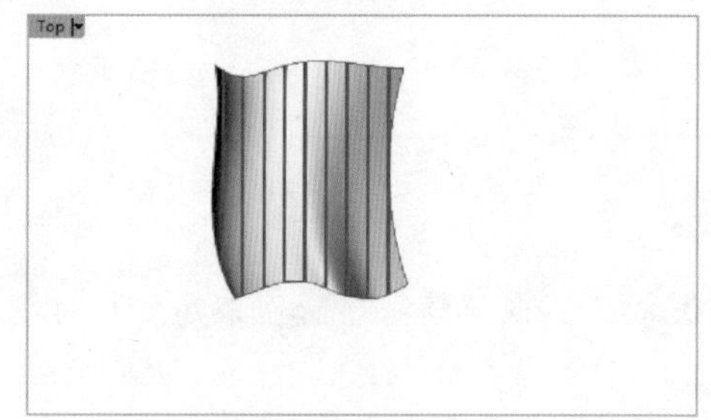

图 4-99　建立等间距断面线

4.3 曲线编辑

曲线编辑工具是帮设计师获得所需形状的曲线工具，比如曲线倒角、修剪、匹配及曲线对称等。

4.3.1　曲线倒角

对于两条端点处相交的曲线，通过曲线倒角工具可以在交汇处进行倒角。曲线倒角工具有两种方式选择：曲线圆角、曲线斜角。不过曲线倒角命令只能针对两条曲线之间进行编辑，不能在一条曲线上使用该命令。

1. 曲线圆角

【曲线圆角】命令可在两条曲线之间产生和两条线都相切的一段圆弧。倒圆角也可以在一条线当中进行，条件是这条线必须存在 G0 连续——位置连续，如图 4-100 所示。

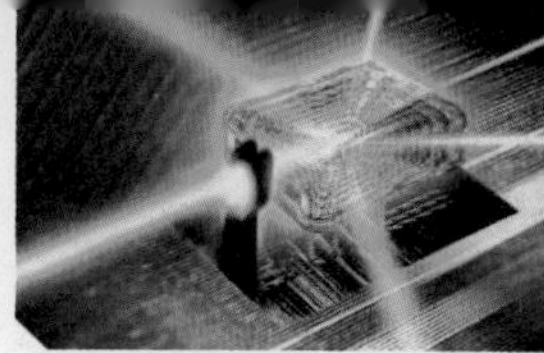

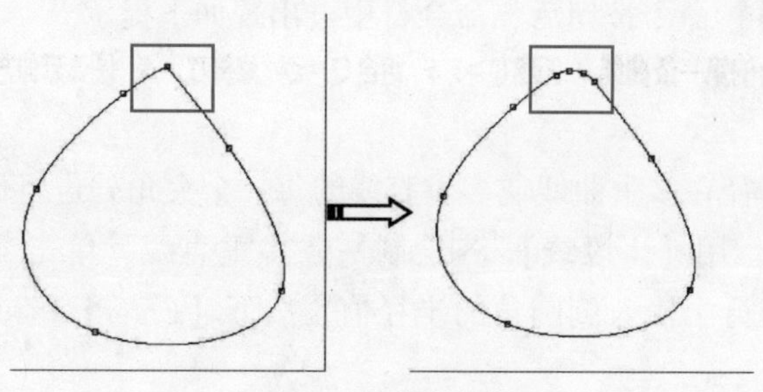

图 4-100 单条曲线倒角

在【Top】视窗中绘制两条端点处对齐的直线，单击【曲线工具】标签中的【曲线圆角】按钮，在命令行中输入需要倒角的半径值（如此处未输入，默认为 1），依次选择要倒圆角的两条曲线，按下【Enter】键或单击鼠标右键，完成操作，如图 4-101 所示。

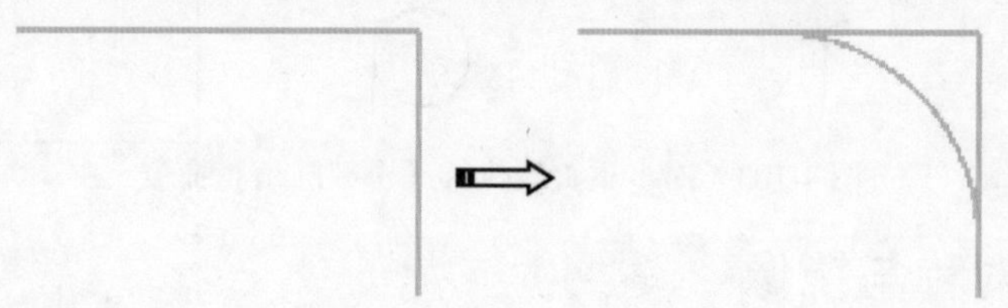

图 4-101 曲线倒圆角

这里需要注意的是，在单击【曲线圆角】命令按钮后，命令行里会出现如下提示。

选取要建立圆角的第一条曲线（半径(R)=10 组合(J)=是 修剪(T)=是 圆弧延伸方式(E)=圆弧）:

技巧点拨

倒圆角产生的圆弧和两侧的线是相切状态，因此，对于不在同一平面的两条曲线，一般来说无法倒角。

2. 曲线斜角

【曲线斜角】与【曲线圆角】不同，【曲线圆角】倒出的角是圆滑的曲线，而【曲线斜角】倒出的角是直线。在【Top】视窗中绘制两条端点处对齐的直线，单击【曲线工具】标签中的【曲线斜角】按钮，在命令行中先后输入斜角距离（如此处未输入，默认为 1），依次选择要倒斜角的两条曲线，按下【Enter】键或单击鼠标右键，完成操作，如图 4-102 所示。

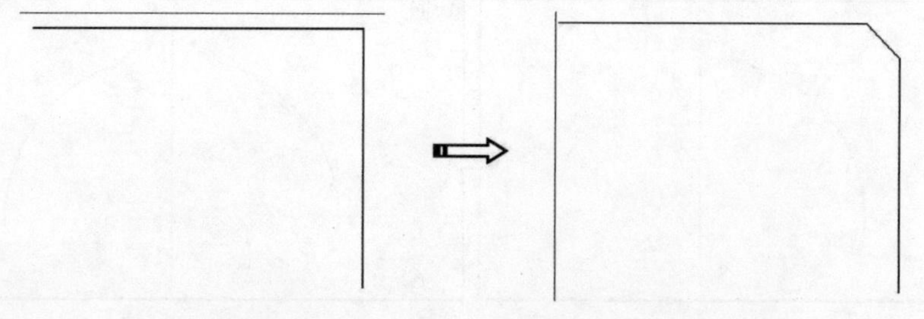

图 4-102 曲线倒斜角

在单击【曲线斜角】命令按钮后，命令行中会出现如下提示。

选取要建立斜角的第一条曲线（距离(D)=5,5 组合(J)=否 修剪(T)=是 圆弧延伸方式(E)=圆弧）:

3. 全部圆角

该命令可以单一半径在多重曲线或多重直线的每一个夹角处进行倒圆角。

在【Top】视窗中，用【多段线】绘制一条多重直线。单击【全部圆角】按钮，选择多重直线。在命令行中输入倒圆角的半径值，按下【Enter】键或单击鼠标右键完成操作，如图 4-103 所示。

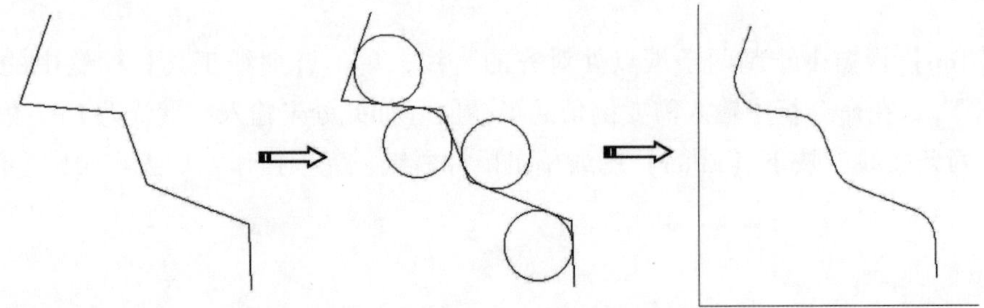

图 4-103　对多重直线执行【全部圆角】命令

4.3.2　曲线对称与镜像

曲线对称与【变动】标签下的【镜像】工具相似，都可以建立具有对称性质的曲线或者曲面，但【镜像】还可以针对任何 3D 物件，【对称】命令仅仅针对曲线及曲面。

【对称】命令将曲线或曲面镜像后，无论对称前是否相连，镜像物件后绝对是相连的，如图 4-104 所示。

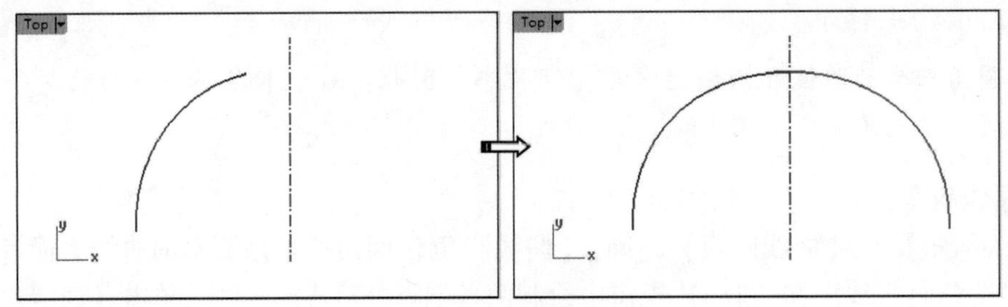

图 4-104　曲线对称

如果利用【镜像】命令，则镜像后不会改变原物件，如图 4-105 所示。

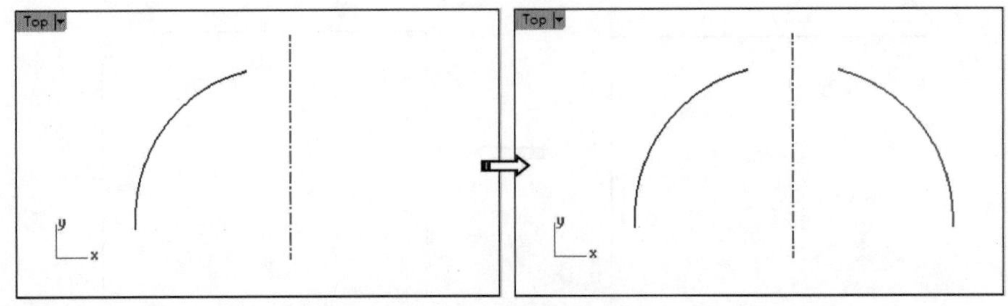

图 4-105　镜像曲线

4.3.3 曲线匹配

曲线匹配是非常重要的一项功能，在 NURBS 建模过程中起着举足轻重的作用。它的作用是改变一条曲线或者同时改变两条曲线末端的控制点的位置，以使这两条曲线保持 G0、G1、G2 的连续性。

【曲线工具】标签中的【衔接曲线】按钮，即为曲线匹配命令按钮。下面通过一个操作练习，来进行详细讲解。

01 在平面视窗中绘制两条曲线，如图 4-106 所示。

02 在【曲线工具】标签中单击【衔接曲线】按钮，依次选择要衔接的两条曲线，如图 4-107 所示。

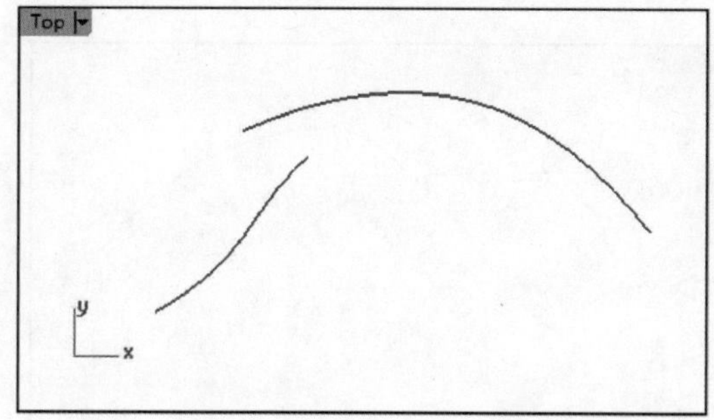

图 4-106　绘制两条曲线

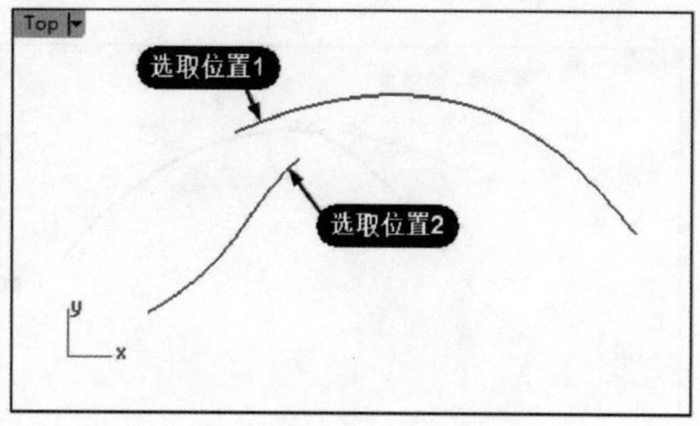

图 4-107　选取要衔接的曲线

03 弹出【衔接曲线】对话框，如图 4-108 所示。

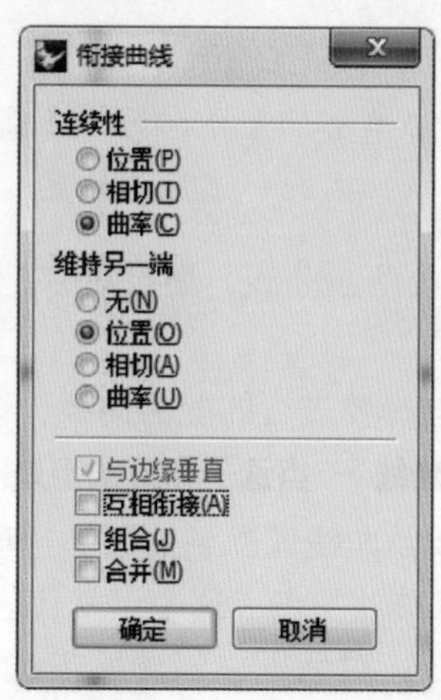

图 4-108　【衔接曲线】对话框

在对话框中选择曲线的连续性和匹配方式。各选项功能如下。

- 【连续性】选项区：①位置——G0 连续，即曲线保持原有形状和位置；②相切——G1 连续，即两条曲线的连接处呈相切状态，从而产生平滑的过渡；③曲率——G2 连续，即让曲线更加平滑地连接起来，对曲线形状影响最大。

- 【维持另一端】选项区：如果改变的曲线少于6个控制点，衔接后该曲线另一端的位置/切线方向/曲率可能会改变，勾选该选项可以避免曲线另一端因为衔接而被改变。
- 与边缘垂直：使曲线衔接后与曲面边缘垂直。
- 互相衔接：衔接的两条曲线都会被调整。
- 组合：衔接完成后组合曲线。
- 合并：合并选项只有在使用【曲率】选项衔接时才可用，两条曲线在衔接后会合并成单一曲线。如果移动合并后的曲线的控制点，原来的两条曲线衔接处可以平滑地变形，而且这条曲线无法再炸开成为两条曲线。

04 在【连续性】选项区设置【曲率】连续，在【维持另一端】选项区设置【曲率】连续，最后单击【确定】按钮，完成曲线匹配，如图 4-109 所示。

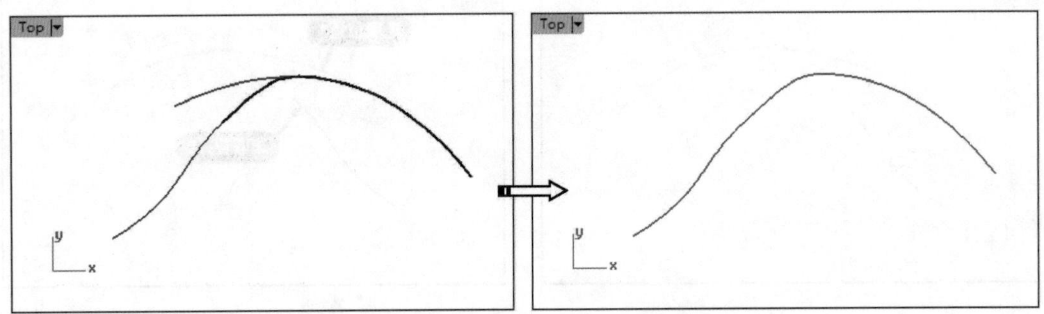

图 4-109　匹配曲线（注意鼠标单击位置）

技巧点拨

在点选曲线端点时，注意鼠标单击位置分别为两条曲线的起点。该命令会认为是第一条曲线终点连接第二条曲线起点，因此一定注意位置。

【衔接曲线】命令不但可以匹配两条曲线，而且可以把曲线匹配到曲面上，使曲线和曲面保持 G1 或 G2 连续性。

单击【衔接曲线】按钮，选择要进行匹配的曲线，命令行中出现如下提示。

选取要衔接的开放曲线 - 点选于靠近端点处（曲面边缘(S)）:

括号中的【曲面边缘】选项就是曲线匹配到曲面的选项。输入【S】激活该选项，选择曲面边界线，这时会出现一个可以移动的点，这个点就代表曲线衔接到曲面边缘的位置。鼠标单击确定位置后弹出【曲线衔接】对话框，勾选所需选项，曲线即可按照设置的连续性匹配到曲面上。

4.4 曲线构建综合案例

本节我们以三通管曲面构建为例，详细描述曲线在构建曲面过程中的具体应用及绘制技巧。要构建的三通管曲面如图 4-110 所示。

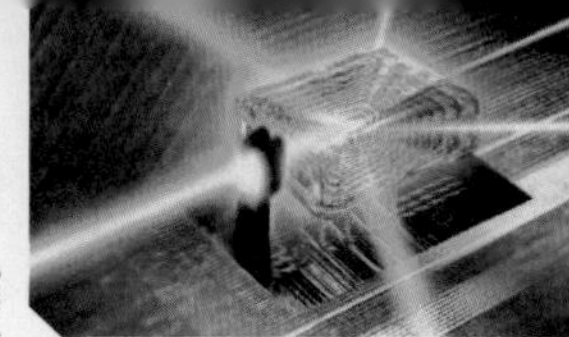

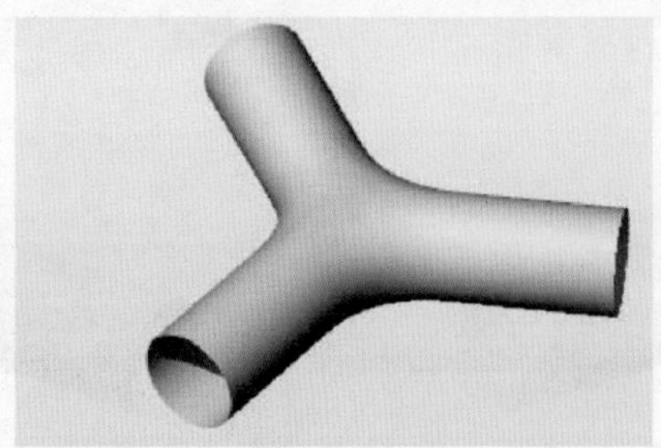

图 4-110　三通管曲面

01 在【Top】视窗中利用【直线】命令绘制两条直线，如图 4-111 所示。

02 在菜单栏中执行【曲面】|【旋转】命令，选取短直线，绕长直线旋转 360°创建曲面，如图 4-112 所示。

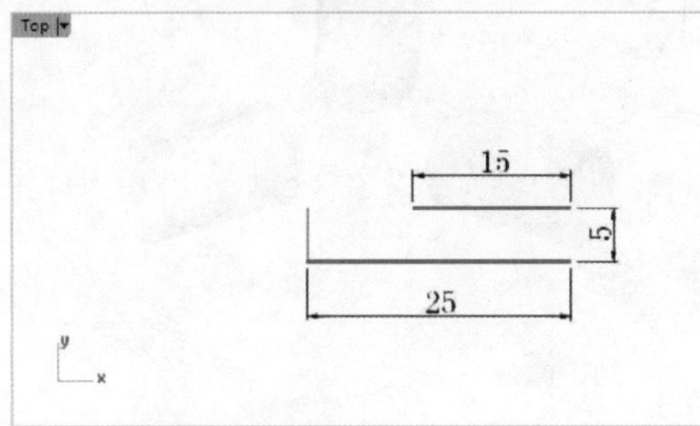

图 4-111　绘制两条水平直线

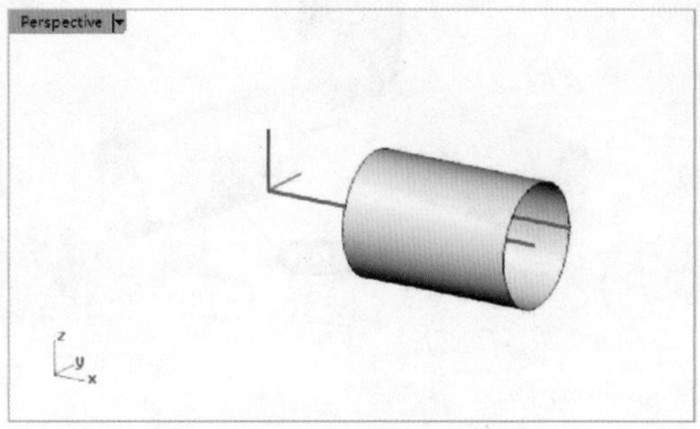

图 4-112　创建旋转曲面

03 在菜单栏中执行【变动】|【阵列】|【环形】命令，选取旋转曲面，绕坐标系原点进行环形阵列，阵列个数为 3，阵列角度为 360，结果如图 4-113 所示。

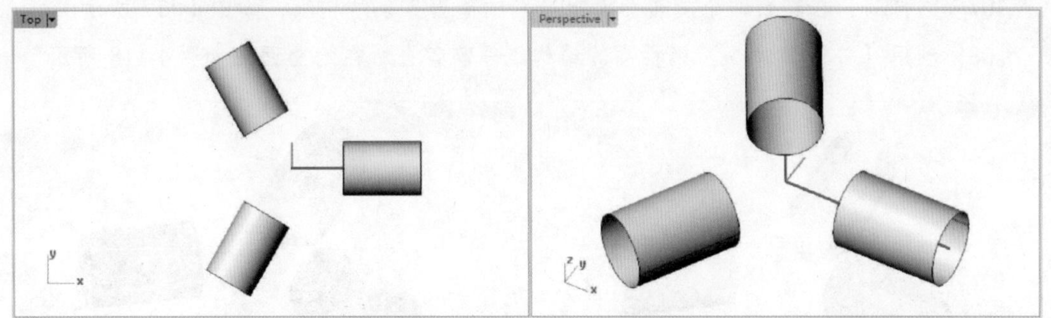

图 4-113　环形阵列旋转曲面

04 单击【抽离结构线】按钮，选取要抽离结构线的曲面——3 个曲面之一，如图 4-114 所示。

05 在命令行中单击【方向（D）】选项，将方向改为 V 向，然后将光标移动到曲面边缘的四分点上单击，即可抽离一条结构线，如图 4-115 所示。

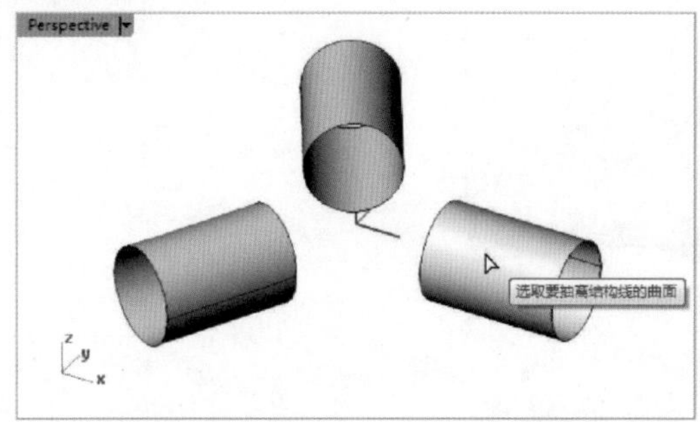

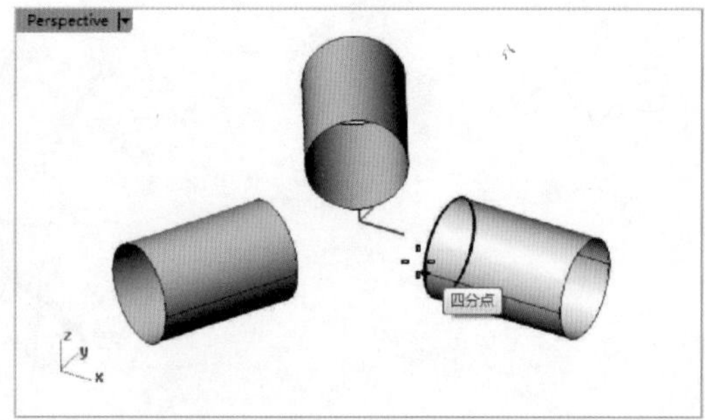

图 4-114　选取要抽离结构线的曲面　　　　图 4-115　选取要抽离的结构线

06 随后继续抽离该旋转曲面上其余两条结构线，如图 4-116 所示。

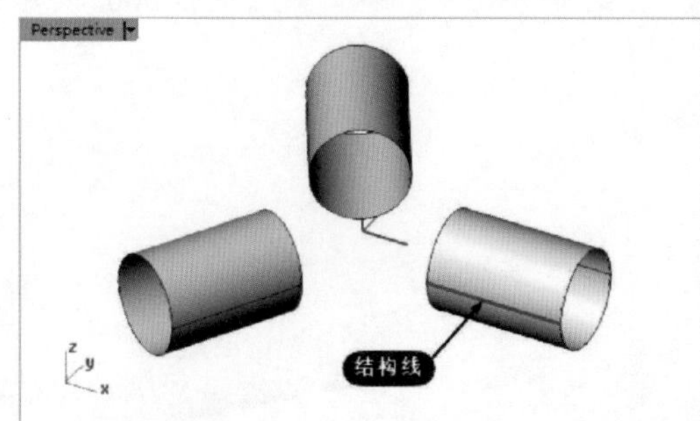

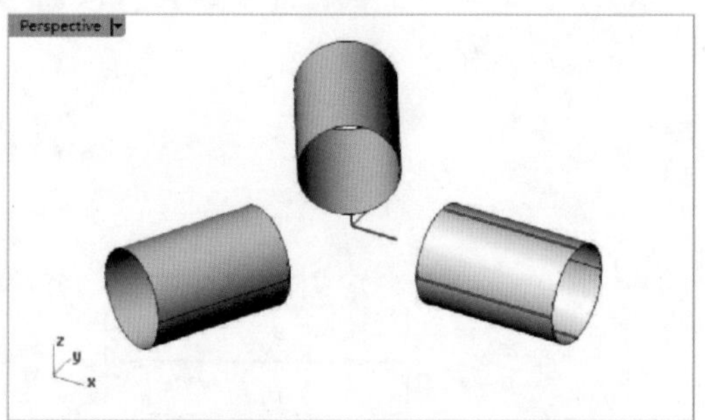

图 4-116　抽离其他结构线

技巧点拨

建立旋转曲面时中间存在一条曲面边缘，稍后可以用作混接曲面的参考曲线。

07 同样的，在其余两个旋转曲面上分别抽离出 3 条结构线，如图 4-117 所示。

08 利用【分割】命令，用抽离的结构线分割各自所在的曲面，如图 4-118 所示。

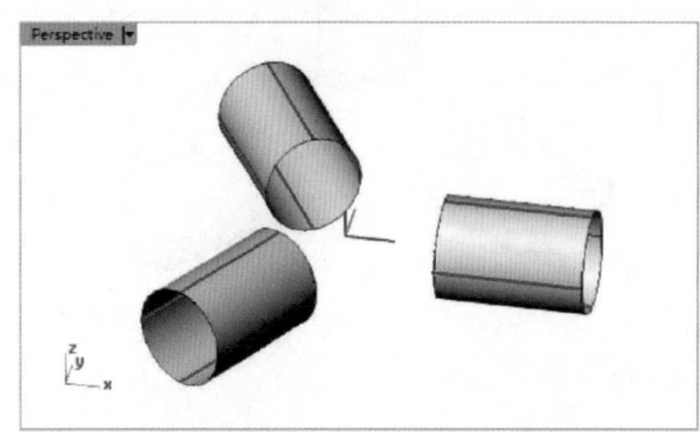

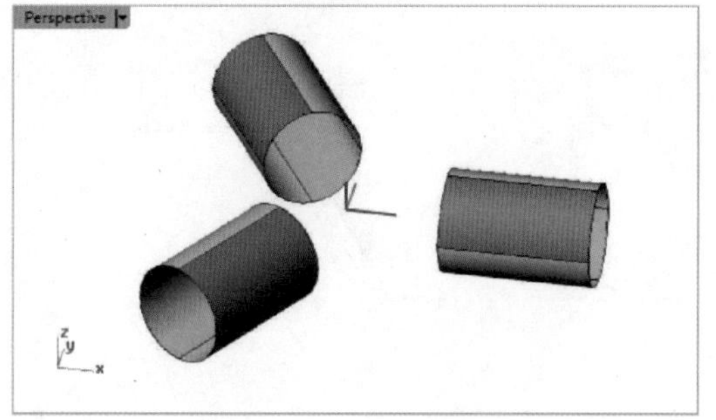

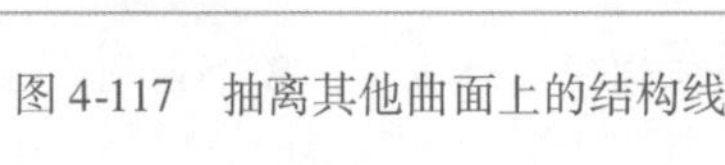
图 4-117　抽离其他曲面上的结构线　　　　图 4-118　分割 3 个旋转曲面

技巧点拨

可以同时选取几个要分割的曲面和多条分割用的结构线。

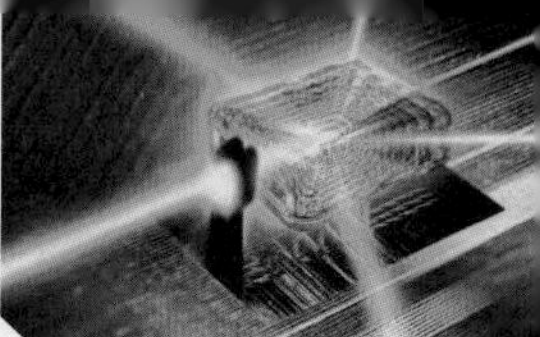

09 隐藏结构线。在菜单栏中执行【曲面】|【混接曲面】命令，选取第一边缘的第一段和第二边缘的第一段，创建如图4-119所示的混接曲面。

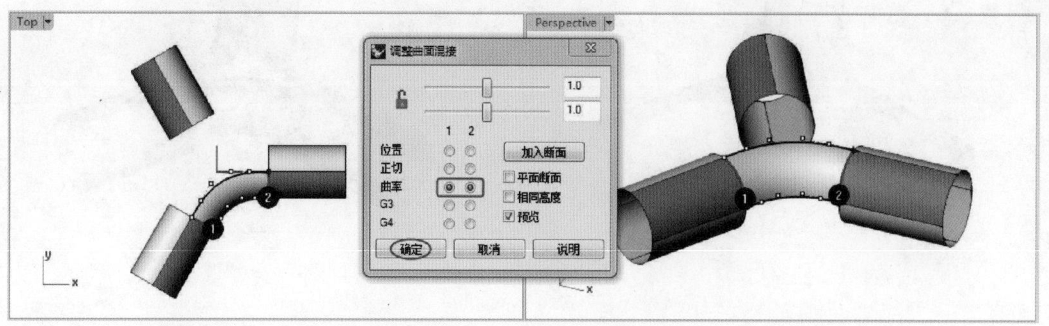

图4-119　创建混接曲面

10 同样的，创建另外两个混接曲面，如图4-120所示。

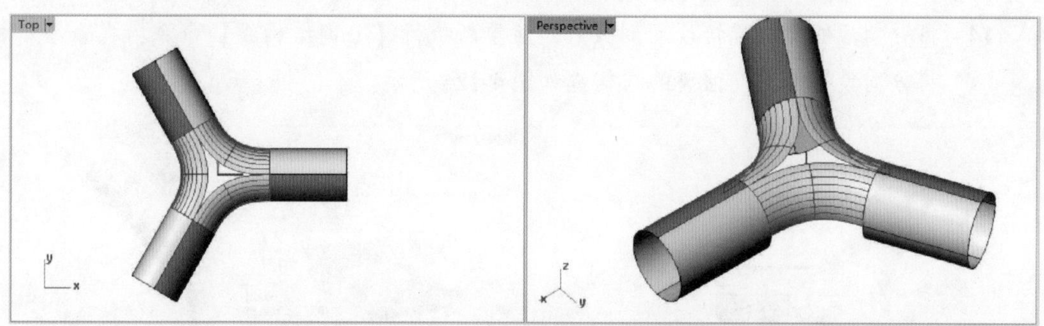

图4-120　创建另外两个混接曲面

11 单击【抽离结构线】按钮，选取编号为❶的混接曲面作为抽离曲面，在命令行中设定方向为V，然后单击确定结构线位置，如图4-121所示。

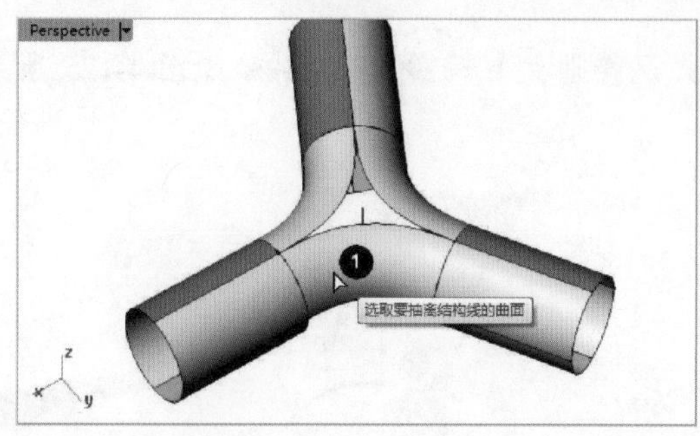

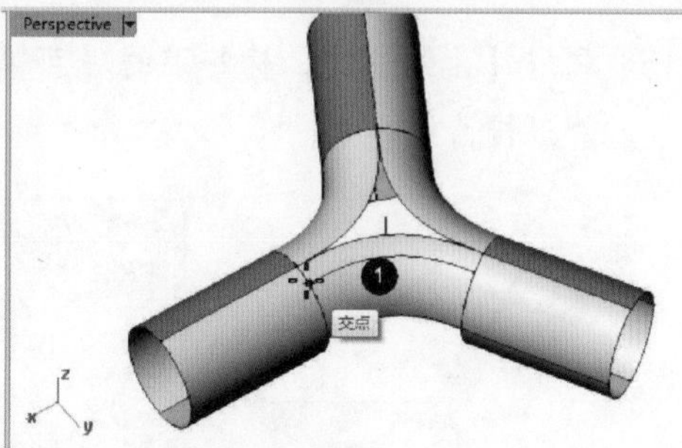

图4-121　抽离结构线

12 同样的，在编号❷、❸混接曲面上抽离出相同位置的结构线，如图4-122所示。

13 利用【分割】命令，用抽离的结构线分别分割各自所在的曲面，结果如图4-123所示。

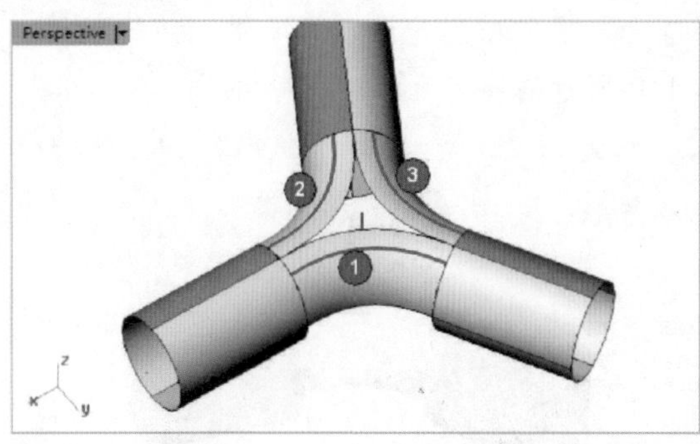

图 4-122　抽离出结构线

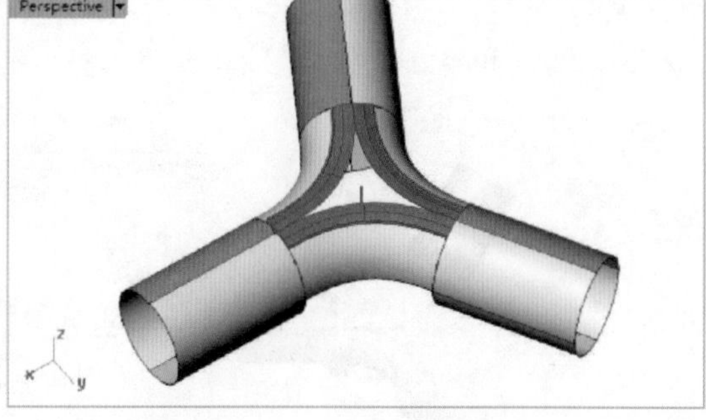

图 4-123　分割混接曲面

技巧点拨

也可以利用【修剪】命令直接将多余曲面修剪掉。

14 将分割后的部分混接曲面删除。然后重新执行【分离结构线】命令，在命令行中将方向设定为 U，抽离的结构线如图 4-124 所示。

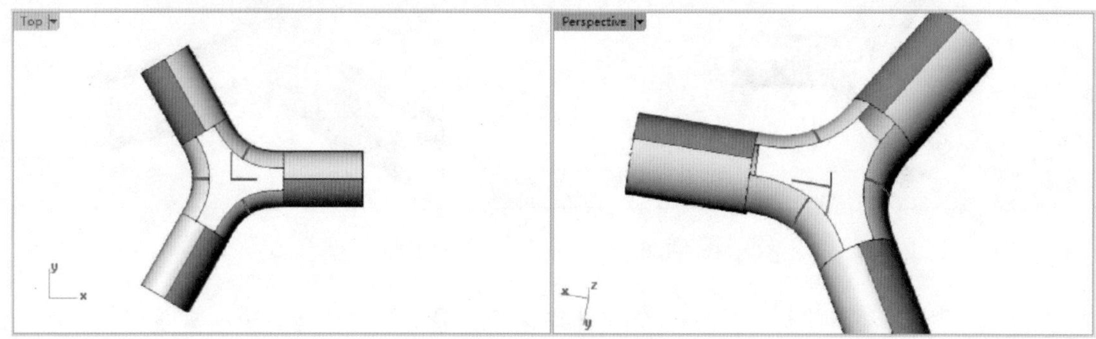

图 4-124　抽离结构线

15 利用【曲线工具】标签下的【可调式混接曲线】命令，创建如图 4-125 所示的混接曲线。

图 4-125　创建混接曲线

技巧点拨

也可以利用【混接曲线】命令来创建混接曲线。

16 同样的，再创建两条可调式混接曲线，如图 4-126 所示。

17 利用【分割】命令，用 U 向的结构线分割各自所在的曲面，如图 4-127 所示。

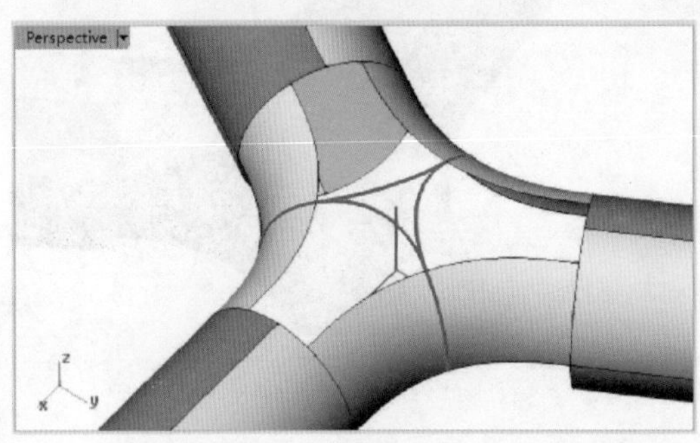

图 4-126 创建其余混接曲线

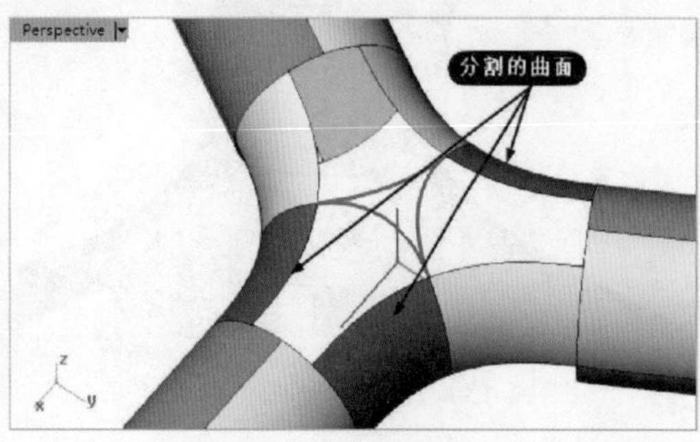

图 4-127 分割曲面

18 在【从物件建立曲线】工具列中单击【复制边缘】按钮，选取如图 4-128 所示的曲面边缘进行复制。

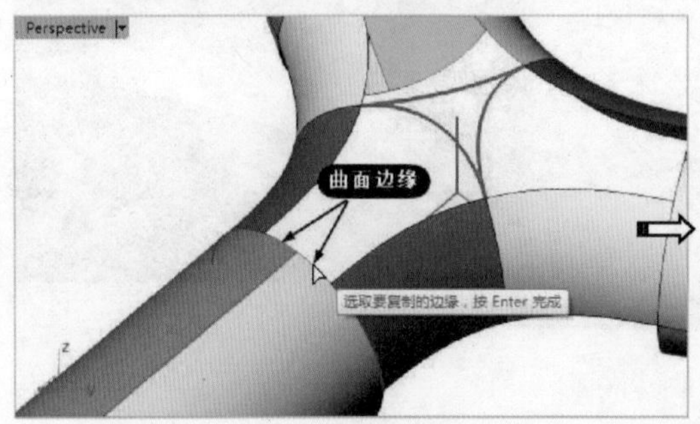

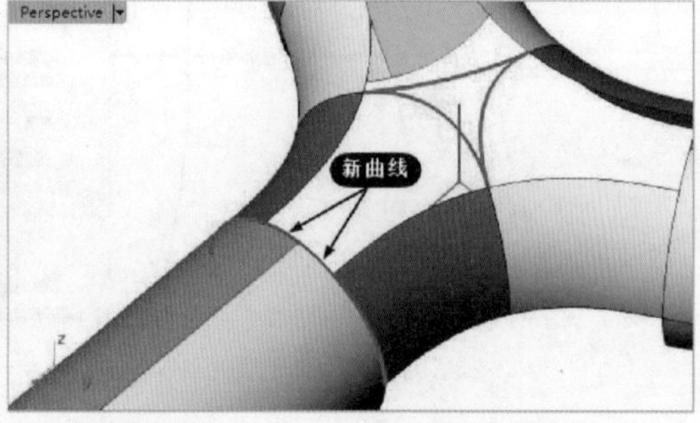

图 4-128 复制曲面边缘

19 在菜单栏中执行【编辑】|【组合】命令，将复制的两条曲线组合成 1 条。

20 在【曲面工具】标签下左边栏中单击【以二、三或四个边缘曲线建立曲面】按钮，然后选取如图 4-129 所示的曲线与曲面边缘来创建曲面。

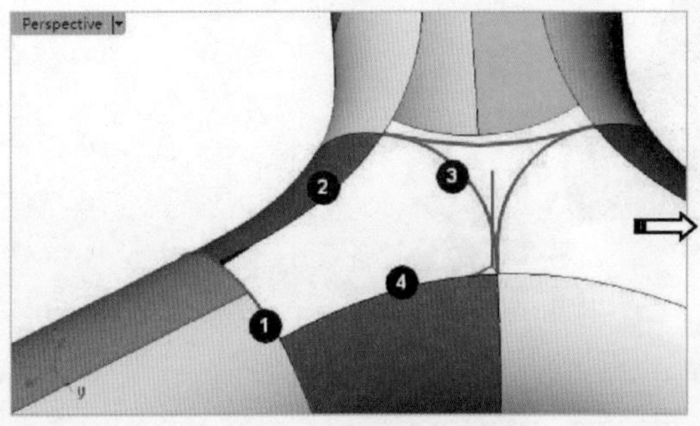

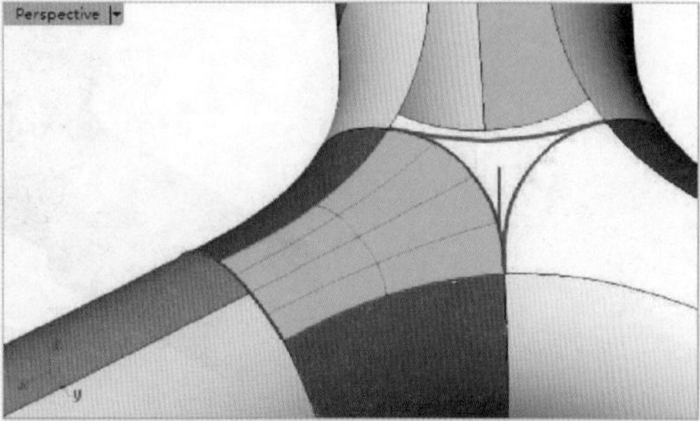

图 4-129 创建曲面

21 同样的，用此命令再创建两个曲面，如图 4-130 所示。

22 按前面从步骤 11 ~ 步骤 21 的操作方法，继续抽离结构线、分割曲面、创建混接曲线、复制曲面边缘、组合、创建曲面等操作，创建如图 4-131 所示的 3 小个曲面。

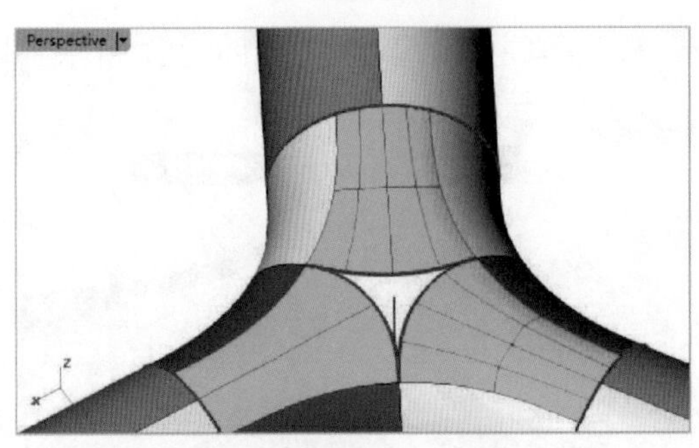

图 4-130 创建另外两个曲面

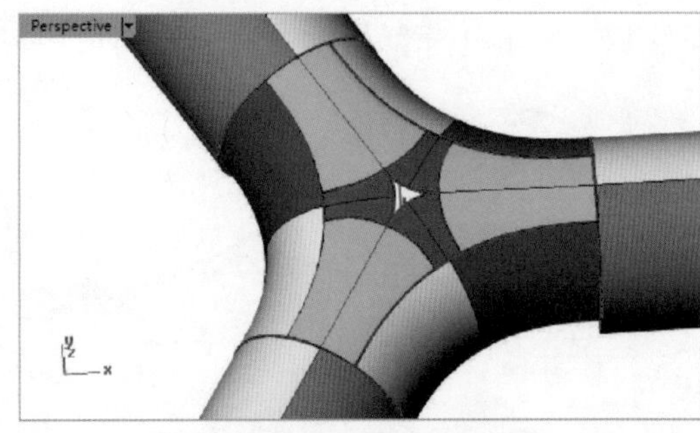

图 4-131 创建 3 个曲面

23 利用菜单栏中的【曲面】|【嵌面】命令，选取边创建曲面，如图 4-132 所示。

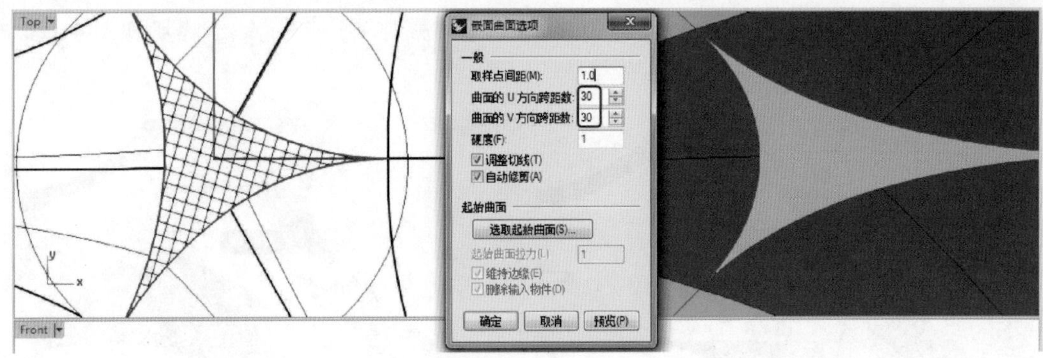

图 4-132 创建嵌面

24 在菜单栏中执行【编辑】|【组合】命令，将除 3 个旋转曲面之外的其他曲面进行组合，如图 4-133 所示。

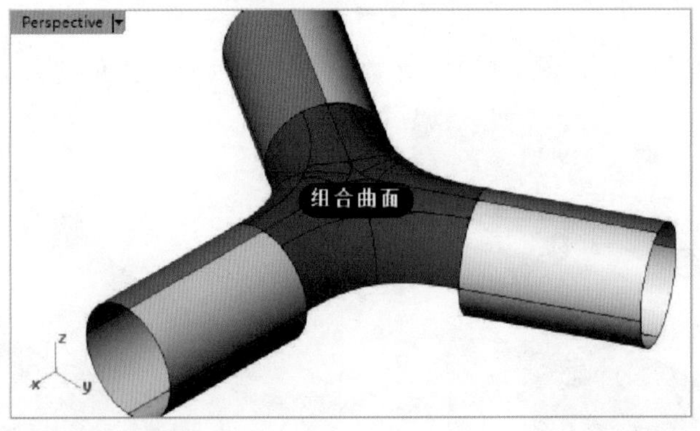

图 4-133 组合曲面

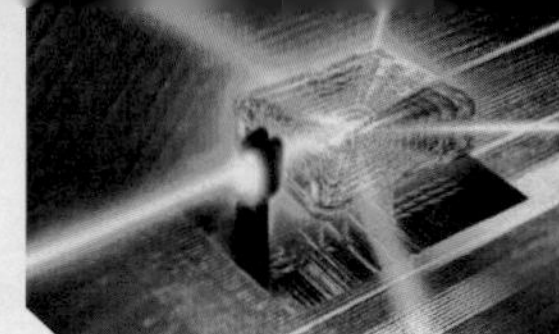

25 在【变动】标签下右键单击【三点镜像】按钮，选取组合曲面作为要镜像的曲面，然后确定3个点作为镜像平面参考，最后单击右键完成镜像，如图4-134所示。

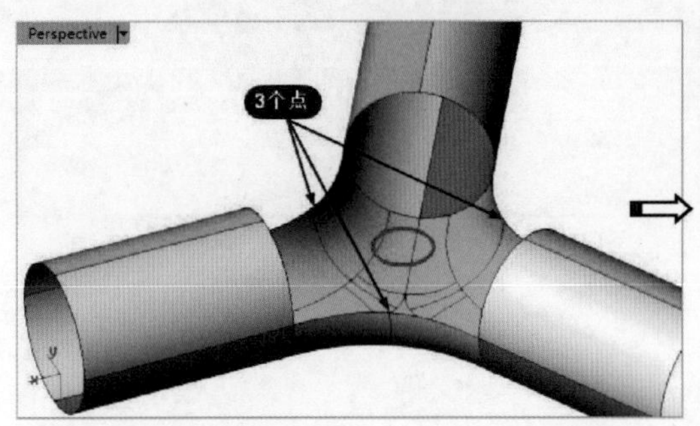

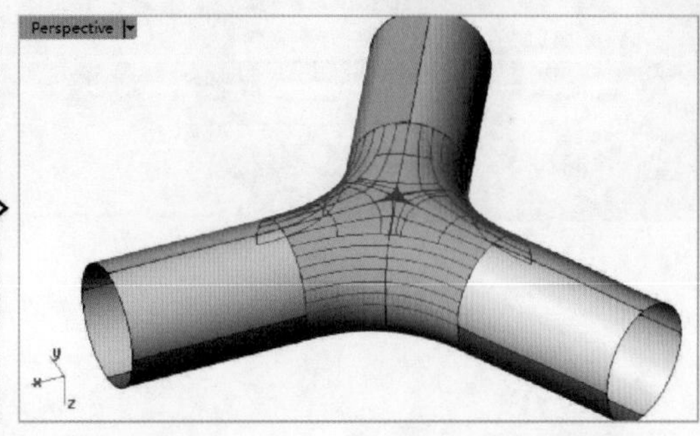

图4-134　镜像曲面

26 利用【组合】命令，将所有曲面组合成整体。设计完成的三通管曲面如图4-135所示。

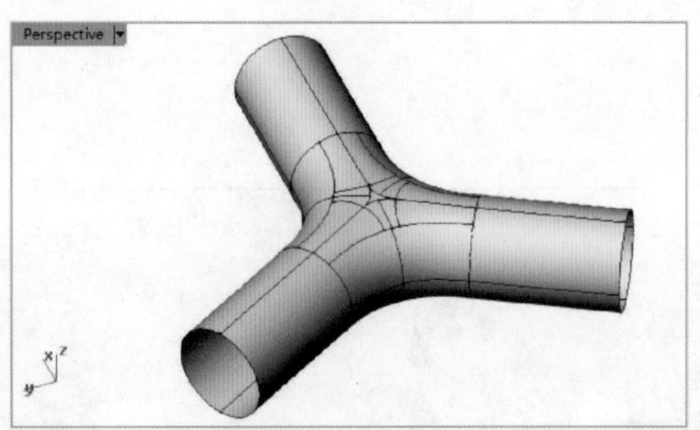

图4-135　三通管曲面

Chapter

第5章 产品实体建模

本章导读

通常，设计师根据产品外形的复杂程度，需要使用不同的建模工具。对于产品外形比较简单的机械产品，使用 Rhino 的实体建模工具完全可以把模型构建出来，对于外形复杂，特别是曲面阶次很高的外形，实体工具就不能胜任了，要用到曲面建模工具。在本章中将学习使用实体建模工具进行产品建模的基本知识。

案例展现

案　例　图

创建零件上的孔　建立洞/放置洞　旋转成洞

环形阵列洞　形阵列　曲面薄壳　小黄鸭造型

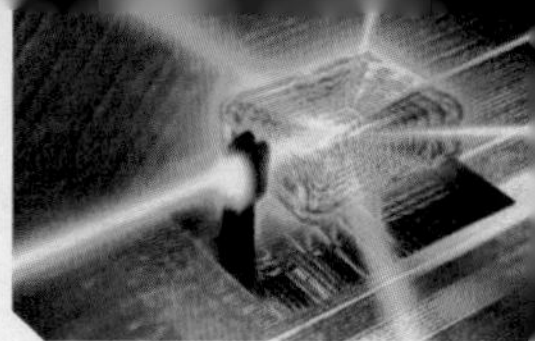

5.1 布尔运算工具

在 Rhino 中，使用布尔运算工具，可以用两个或两个以上实体对象创建联集对象、差集对象、交集对象和分割对象。

1. 布尔运算联集

联集运算通过加法操作来合并选定的曲面或曲面组合。Rhino 软件是基于曲面核心计算的软件，所以 Rhino 中的实体其实就是一个封闭的曲面组合，里面是没有质量的，不要误解为有质量的实体。

> **技巧点拨**
>
> 在【曲面工具】标签下所指的曲面就是单个曲面或多个独立曲面。可以利用【炸开】命令拆解实体成独立的曲面，而封闭曲面（每个曲面是独立的）则可通过【组合】命令组合成实体。

联集运算操作很简单，单击【布尔运算联集】按钮，选取要求和的多个曲面（实体），单击右键或按下【Enter】键后即可自动完成组合，如图 5-1 所示。

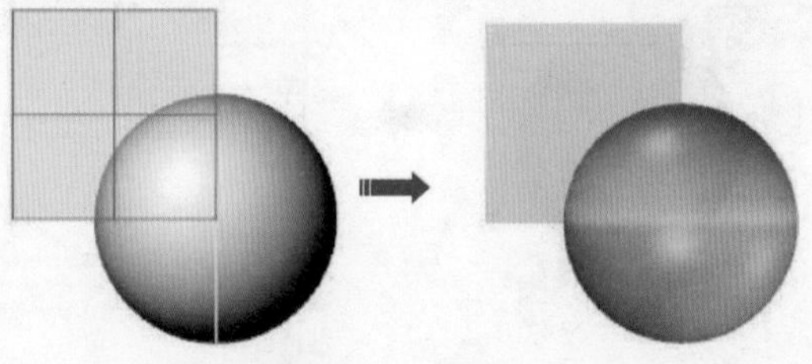

图 5-1　联集运算

2. 布尔运算差集

差集运算是通过减法操作来合并选定的曲面或曲面组合。单击【布尔运算差集】按钮，先选取要被减去的对象，单击右键后再选取要减去的其他东西，单击右键后完成布尔差集运算，如图 5-2 所示。

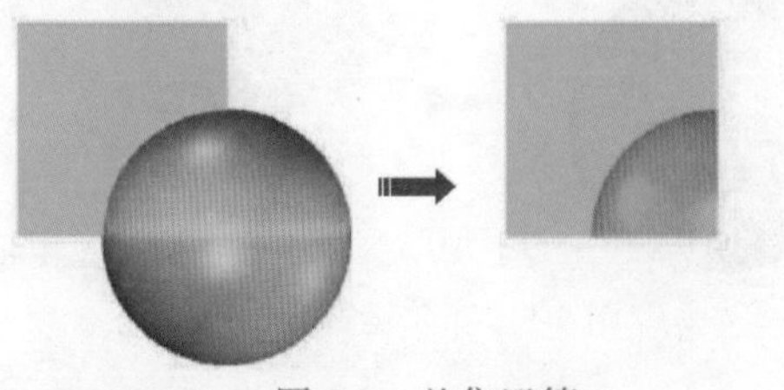

图 5-2　差集运算

> **技巧点拨**
>
> 在创建差集对象时，必须先选择要保留的对象。

例如，从第一个选择集中的对象减去第二个选择集中的对象，然后创建一个新的实体或曲面，如图 5-3 所示。

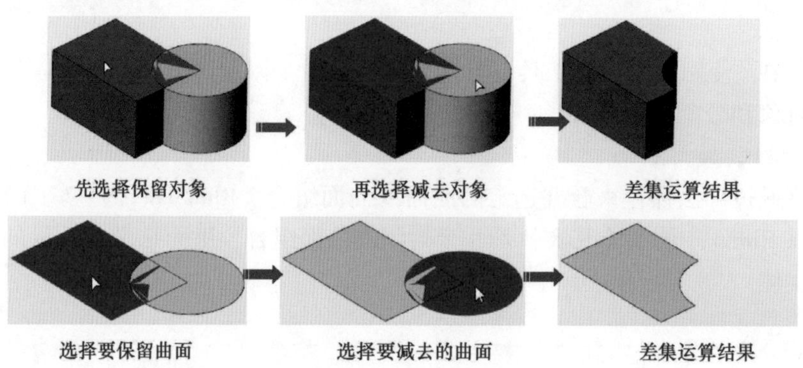

图 5-3　求差的实体和曲面

3. 布尔运算交集

交集运算从重叠部分或区域创建体或曲面。单击【布尔运算交集】按钮，先选取第一个对象，单击右键后再选取第二个对象，最后单击右键完成交集运算，如图 5-4 所示。

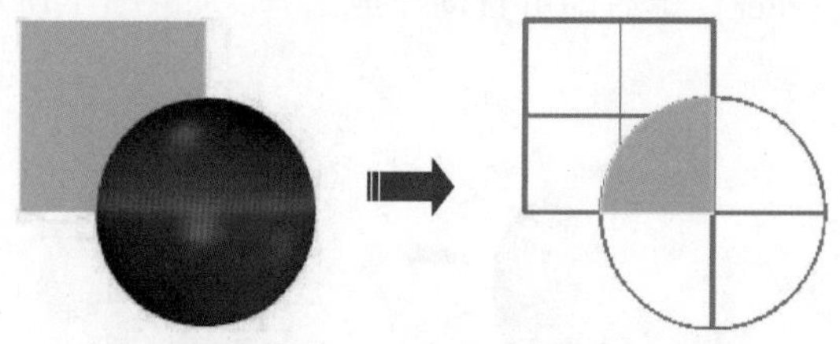

图 5-4　交集运算

4. 布尔运算分割

布尔运算分割是求差运算与求交运算的综合结果，即保存差集结果，也保存交集的部分。

单击【布尔运算分割】按钮，选取要分割的对象，单击右键后再选取切割用的对象，再次单击右键完成分割运算，如图 5-5 所示。

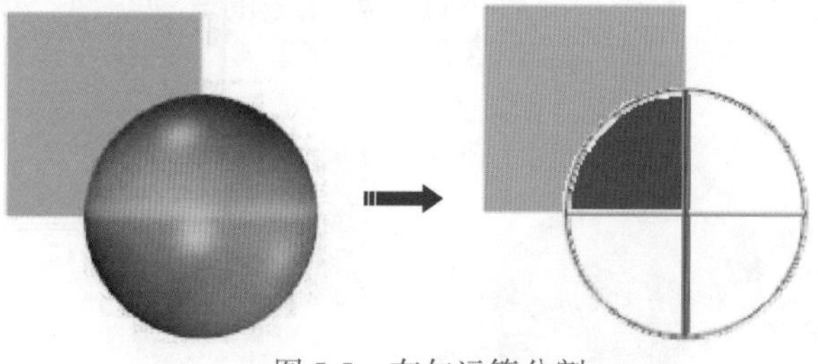

图 5-5　布尔运算分割

5.2 体素实体

体素是实体中最基本的实体单元，体素实体包括常见的立方体、球体、锥形体、柱形

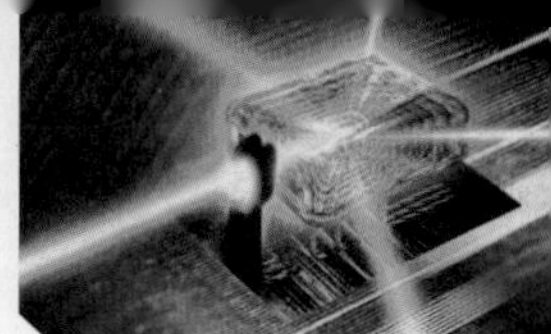

体、环形体等。体素实体工具在左边栏（实体边栏）中，如图 5-6 所示。

图 5-6 实体边栏

5.2.1 立方体

在实体边栏中长按带有三角的【立方体】按钮，弹出【立方体】工具列，如图 5-7 所示。

图 5-7 【立方体】工具列

立方体的创建类型有四种。

- 三点和高度：该方式需要指定底面 3 个点和立方体高度参数来创建，如图 5-8 所示。
- 角对角、高度：该方式需要指定底面上矩形的对角点和立方体高度来创建，如图 5-9 所示。
- 对角线：该方式只需要定义立方体的两对角点（生成对角线）即可，如图 5-10 所示。

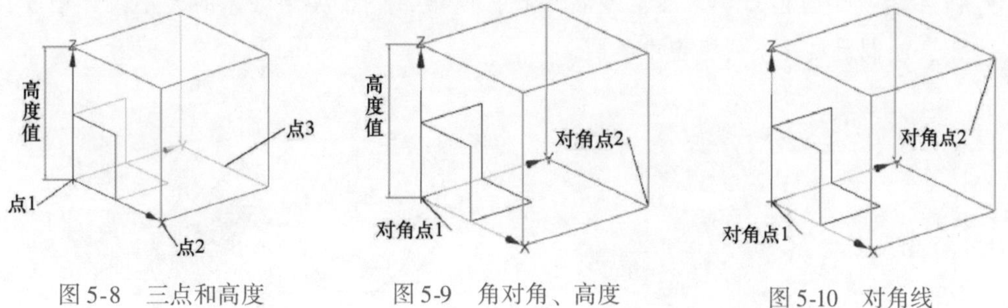

图 5-8 三点和高度　　图 5-9 角对角、高度　　图 5-10 对角线

- 边框方框：此方式是参考已有的实体，创建完全包容该实体的边框方形体，如图 5-11 所示。

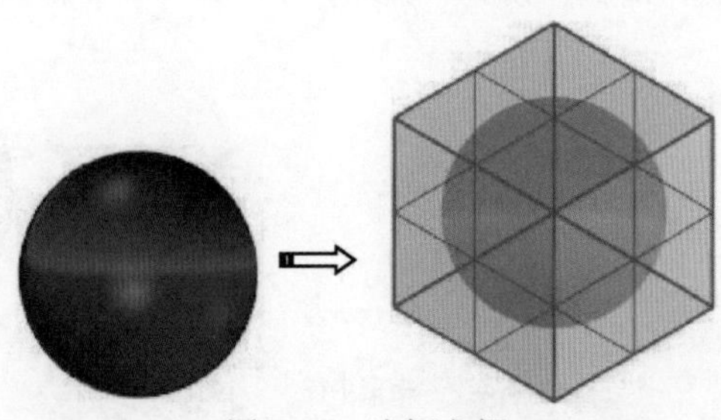

图 5-11 边框方框

5.2.2 球体

在实体边栏中长按带有三角的【球体】按钮，弹出【球体】工具列，如图 5-12 所示。

图 5-12 【球体】工具列

创建球体的命令有如下 7 种。

- 中心点、半径：根据设定球体的球心和半径建立球体，如图 5-13 所示。
- 直径：根据设定两点确定球体的直径建立球体，如图 5-14 所示。

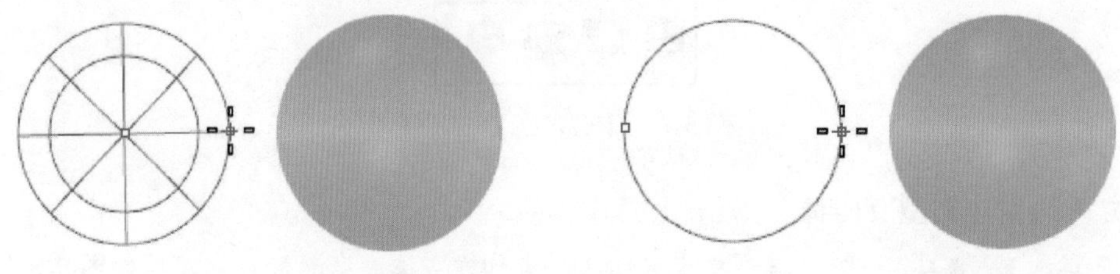

图 5-13 中心点、半径　　图 5-14 直径

- 三点：根据依次确定基圆上三个点的位置建立球体，基圆形决定球体的位置及大小，如图 5-15 所示。
- 四点：通过前三个点确定基圆形状，以第四个点决定球体的大小，如图 5-16 所示，绘制时要在不同视窗中绘制。

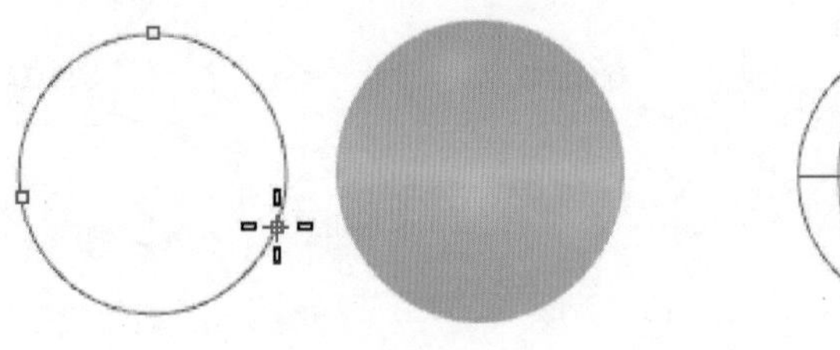

图 5-15 三点

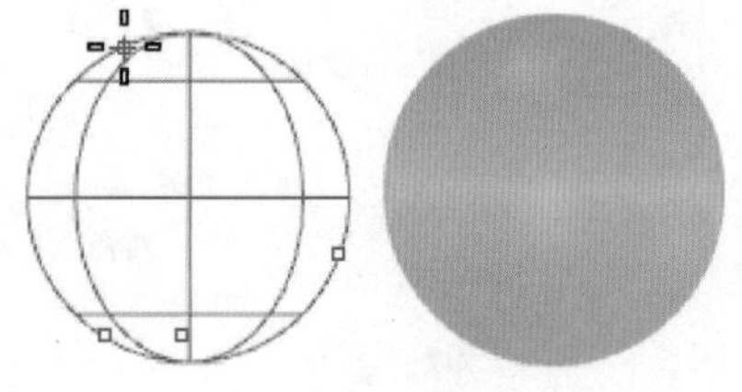

图 5-16 四点

- 环绕曲线：选取曲线上的点，以这点为球体中心建立包裹曲线的球体，如图 5-17 所示。

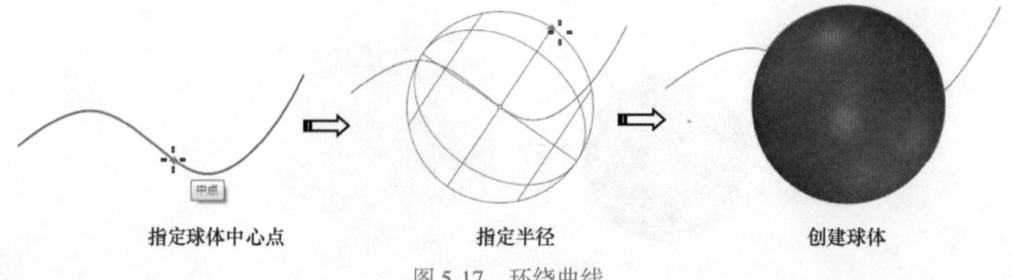

图 5-17 环绕曲线

- 从与曲线正切的圆：根据三个与原曲线相切的切点建立球体，如图5-18所示。

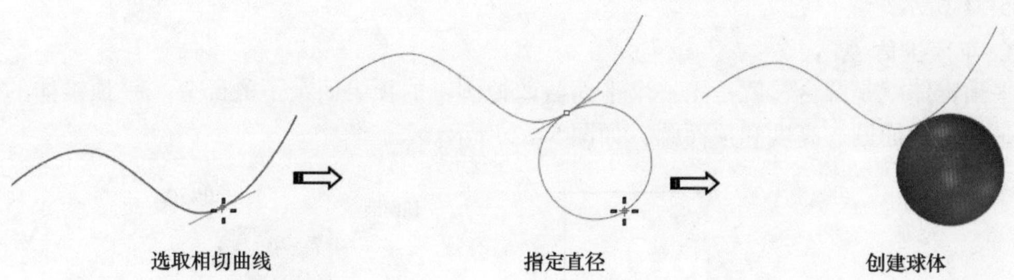

图5-18 从与曲线正切的圆

- 逼近数个点：根据多个点绘制球体，使该球体最大限度地配合已知点，如图5-19所示。

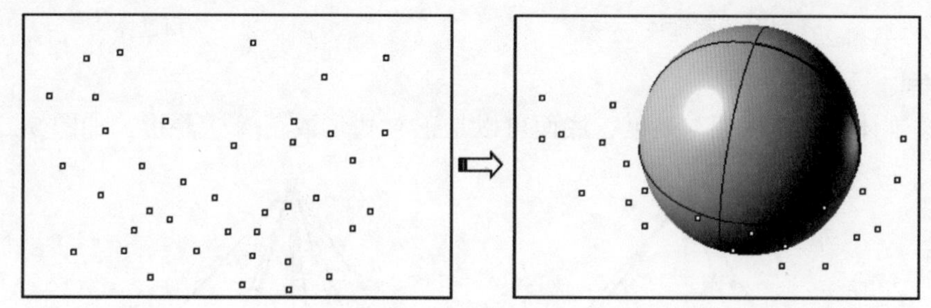

图5-19 逼近数个点

5.2.3 锥形体

锥形体分为抛物面锥体、圆锥体和棱锥体几种。其中，圆锥体又分圆锥和圆台，棱锥体分为棱锥（金字塔）和棱台。

1. 抛物面锥形体

抛物面锥体是以抛物线作为锥体的剖截面，通过确定焦点、方向与终点（底端面圆的半径）完成锥体创建，如图5-20所示。

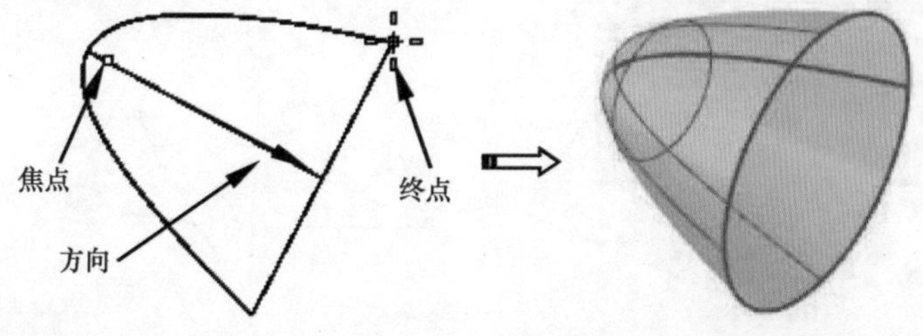

图5-20 抛物面锥体

2. 圆锥

创建圆锥主要是确定底面圆和高度，底面圆的确定可根据前面一章中曲线圆的创建方法

进行确定。创建圆锥最常见的方式为：中心点、半径（中心点与半径确定底面圆）与高度，如图 5-21 所示。

3. 平顶锥体

平顶锥体就是圆台，就是用一个平面截取掉圆锥的顶尖而余下的部分。平顶锥体的创建方法是确定底面圆、高度和顶面圆，如图 5-22 所示。

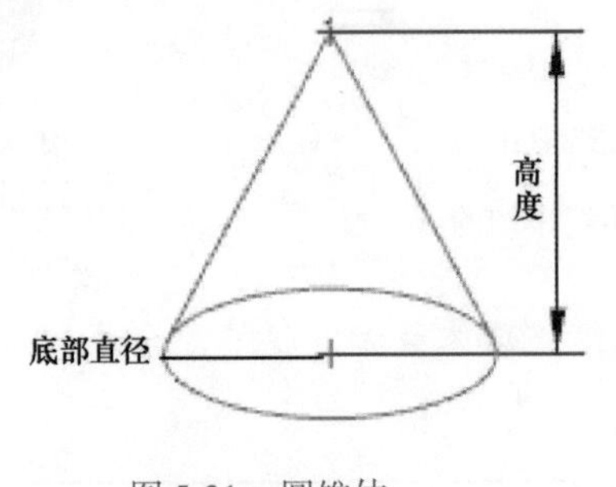

图 5-21　圆锥体

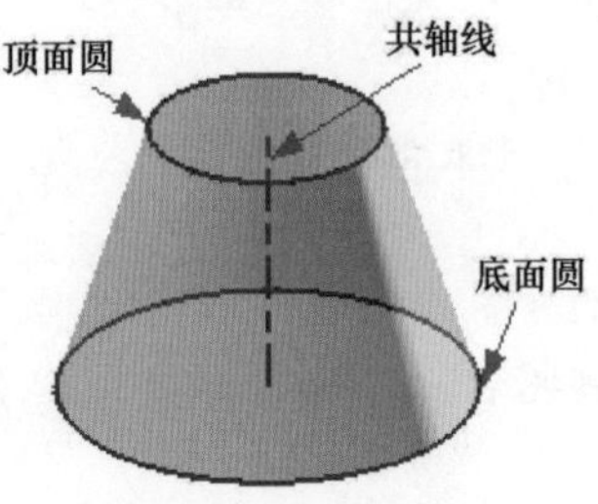

图 5-22　平顶锥体

4. 棱锥

创建棱锥体要确定底面与高度，底面可以是正 N 边形或正 N 边星形，如图 5-23 所示。

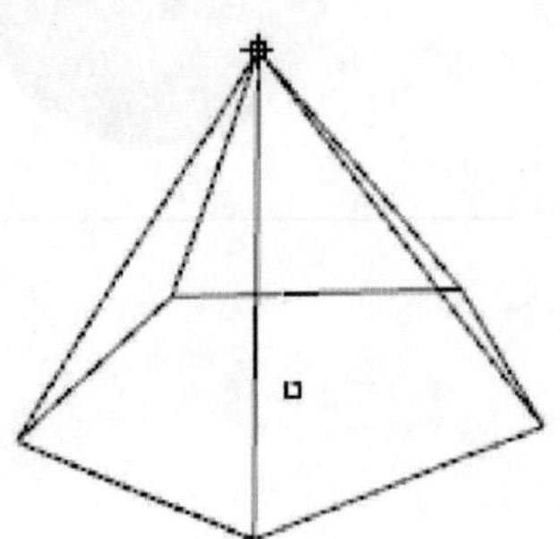

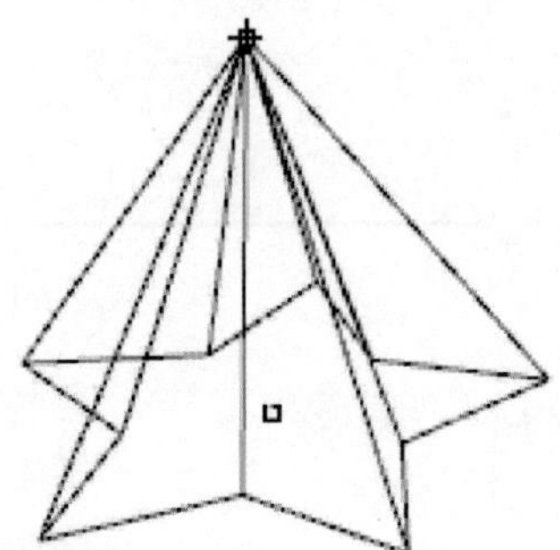

图 5-23　正 N 边形棱锥与正 N 边星形棱锥

5. 平顶棱锥

平顶棱锥也是通过一平面将棱锥截取顶尖所得到的实体，也叫锥台，如图 5-24 所示。

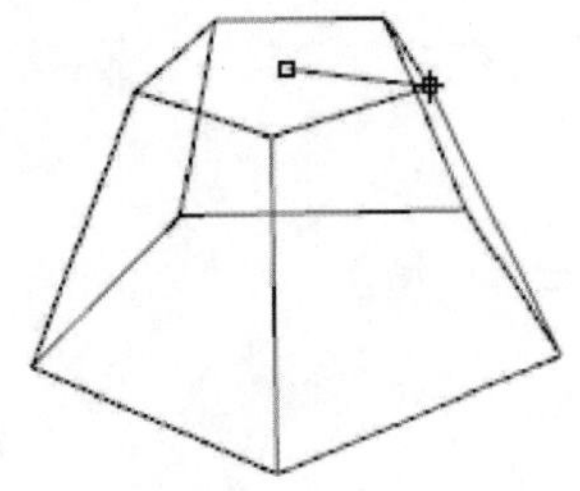

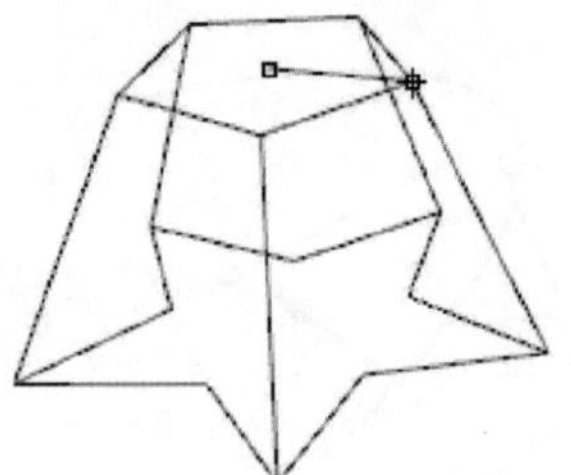

图 5-24　平顶锥体

5.2.4　圆柱体

Rhino 中圆柱体的表现形式为圆柱和圆柱管。圆柱为实心，圆柱管为中空的薄壁管道。

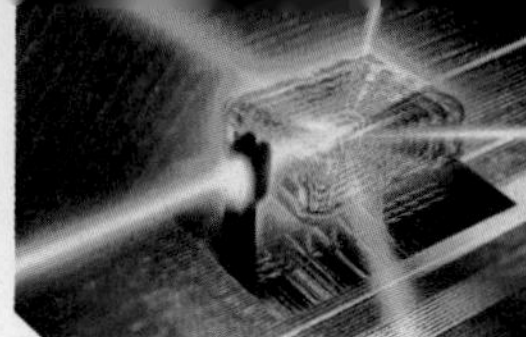

1. 圆柱

圆柱的创建方法是先确定底面圆大小再确定圆柱高度，底面圆的确定方法包括【中心点、半径】【两点】【三点】【正切】等。图5-25所示为由中心点、半径与高度创建的圆柱体。

2. 圆柱管

圆柱管的创建方法是先确定底面圆及管壁厚度，再确定管高度，如图5-26所示。

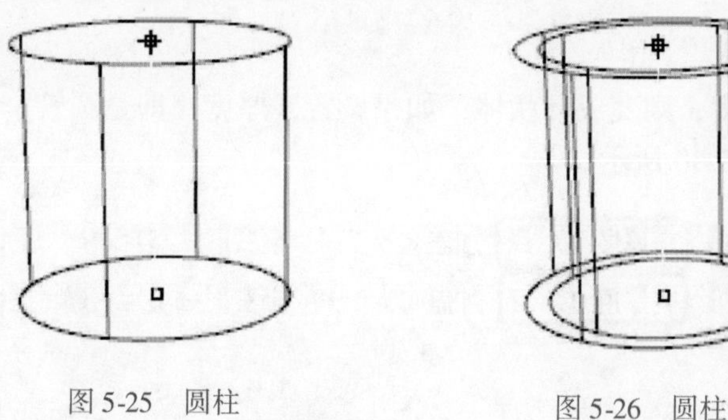

图5-25　圆柱　　图5-26　圆柱管

5.2.5　圆环体

圆环体包括三种结构形式：【环状体】【圆管（平头盖）】和【圆管（圆头盖）】。

1. 环状体

环状体就是由圆形截面绕中心轴旋转1~360°所产生的旋转体。创建过程是先确定环状体的中心点与直径（或半径），再确定环状体截面直径（或半径），如图5-27所示。

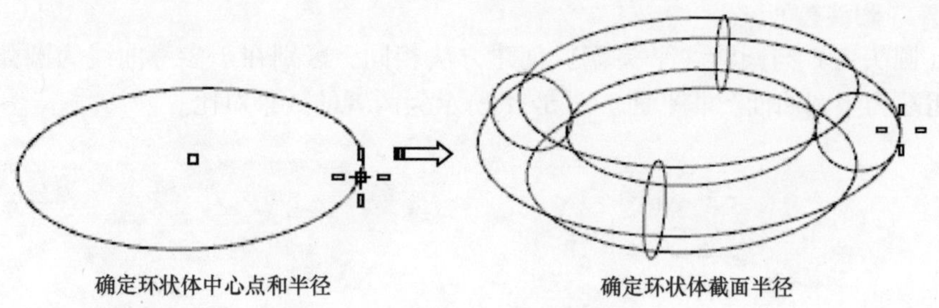

图5-27　环状体

2. 圆管（平头盖）

圆管与圆柱管的组成结构类似，均属于薄壁管道。与环状体的创建方法不同，创建圆管前要先绘制圆管的参考圆曲线，可以是整圆，也可以是圆弧，圆/圆弧决定了圆管的大小，如图5-28所示。当参考曲线为圆弧时，所创建的圆管的端面由平面封闭，如图5-29所示。

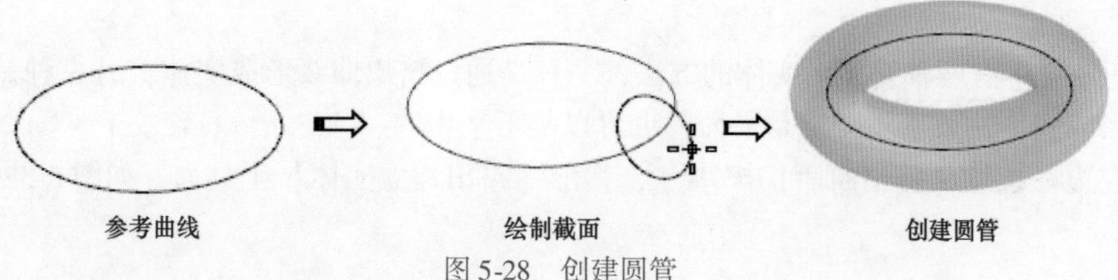

图5-28　创建圆管

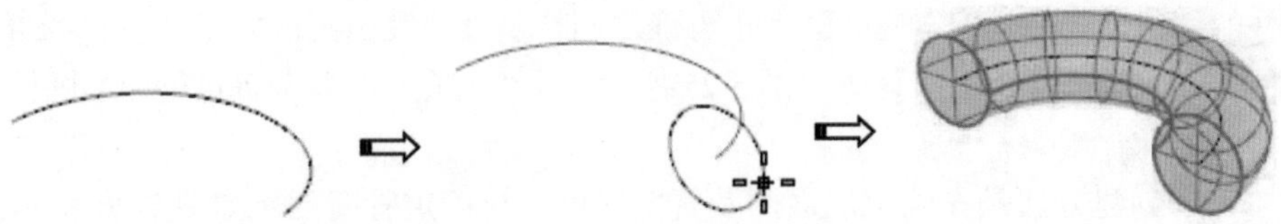

图 5-29　创建平面封闭的圆管

如果不设置圆管厚度，则变成环状体，如果设置了厚度，即是圆管。在命令行中可以设置圆管管壁厚度，如图 5-30 所示。

起点半径 <8.51> (直径(D) 有厚度(T)=否 加盖(C)=平头 渐变形式(S)=局部 正切点不分割(P)=否):

起点半径 <8.51> (直径(D) 有厚度(T)=是 加盖(C)=平头 渐变形式(S)=局部 正切点不分割(P)=否):

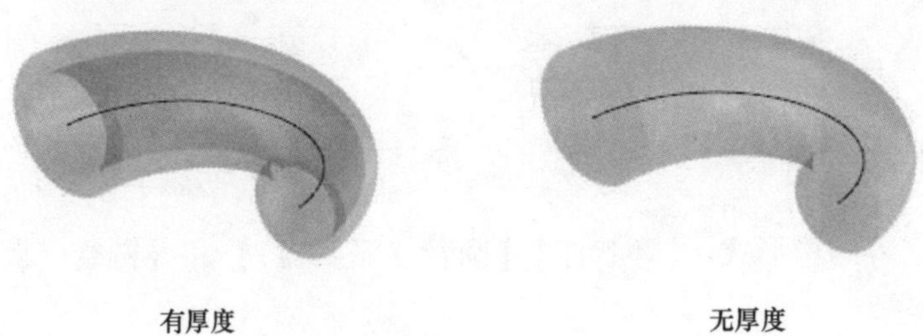

图 5-30　圆管的管壁厚度设置

3. 圆管（圆头盖）

圆管（圆头盖）与圆管（平头盖）创建方法相同，区别在于参考曲线为圆弧时，创建的圆管封闭端为半圆曲面，非平面。图 5-31 所示为两者的效果对比。

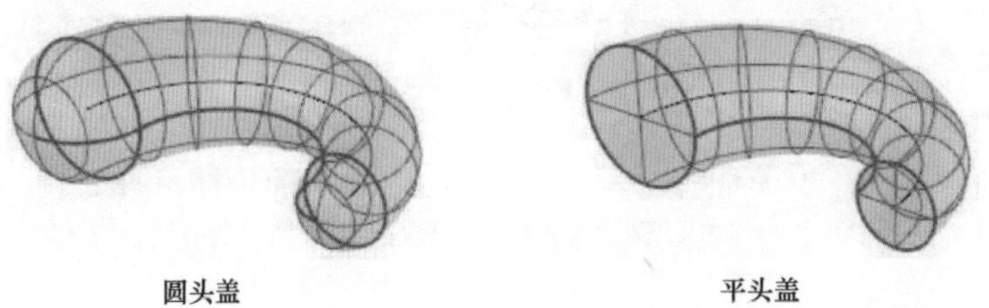

图 5-31　圆头盖与平头盖的圆管对比

5.3 基于曲线及曲面的挤出实体

在 Rhino 中有两种挤压出实体的方法，一种是通过挤出曲线形成实体，另一种是通过挤出表面形成实体，表面不一定是平面，也可以是不平坦的。

在左边栏长按【挤出曲面】按钮，弹出【挤出建立实体】工具列，如图 5-32 所示。

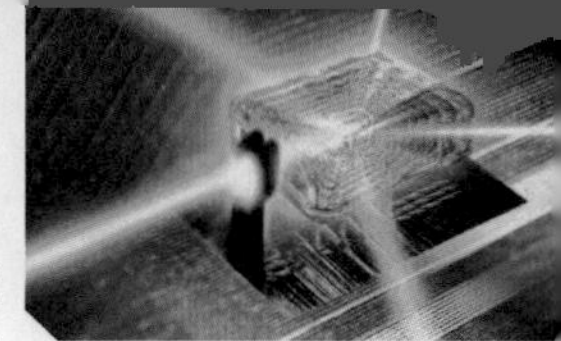

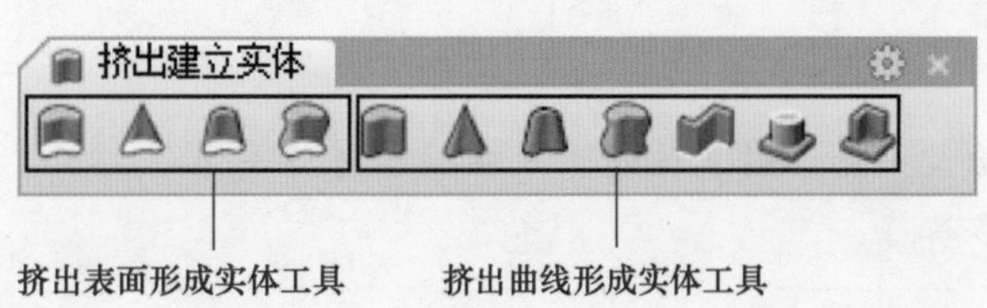

图 5-32 【挤出建立实体】工具列

5.3.1 挤出表面形成实体

此类工具主要是通过平面或曲面的投影面沿默认方向进行拉伸，得到挤出实体。

1. 挤出曲面

【挤出曲面】是将曲面笔直地挤出实体。

绘制方法是单击【挤出曲面】按钮，选取曲面，单击右键或按下【Enter】键，单击右键确定实体的大小，如图 5-33 所示。

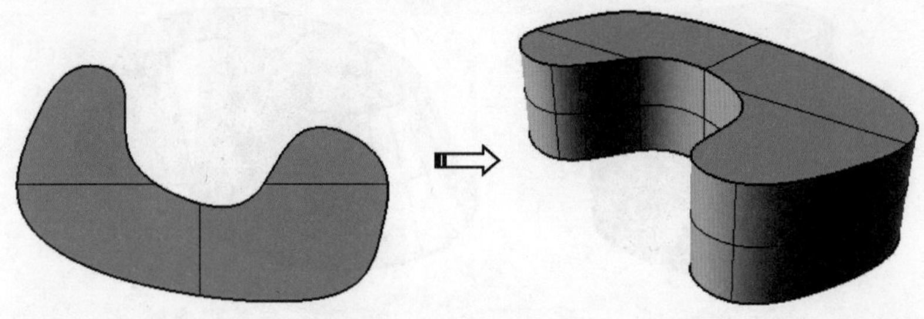

图 5-33 【挤出曲面】形成的实体

技巧点拨

在这里挤出的曲面不只是平面，也可以是不平整的曲面。

2. 挤出曲面至点

【挤出曲面至点】可挤出曲面至一点形成实体。

绘制方法是单击【挤出曲面至点】按钮，选取曲面，单击右键或按下【Enter】键，单击一点作为实体的高度，确定实体的大小，如图 5-34 所示。

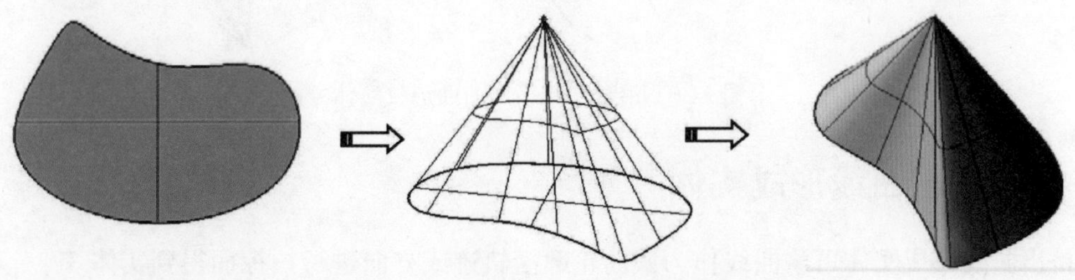

图 5-34 挤出曲面至一点形成的实体

技巧点拨

同样，挤出曲面至一点形成实体的输入曲面也可以是不平整的，操作方式同前面一样，在这里不做过多解释。

3. 挤出曲面呈锥状

【挤出曲面呈锥状】可挤出曲面建立锥状的多重曲面。

命令行中出现【拔模角度】选项，当曲面与工作平面垂直时，拔模角度为 0 度，曲面与工作平面平行时，拔模角度为 90，改变它可以调节锥体的坡度大小。

【角】有三个选项：【锐角】、【圆角】、【平滑】。

以一条矩形多重直线往外侧偏移为例，选择【锐角】时，将偏移线段直线延伸至和其他偏移线段交集；选择【圆角】时，在相邻的偏移线段之间建立半径为偏移距离的圆角；选择【平滑】时，在相邻的偏移线段之间建立连续性为 G1 的混接曲线。这些将影响实体表面的平滑度。形成的效果如图 5-35 所示。

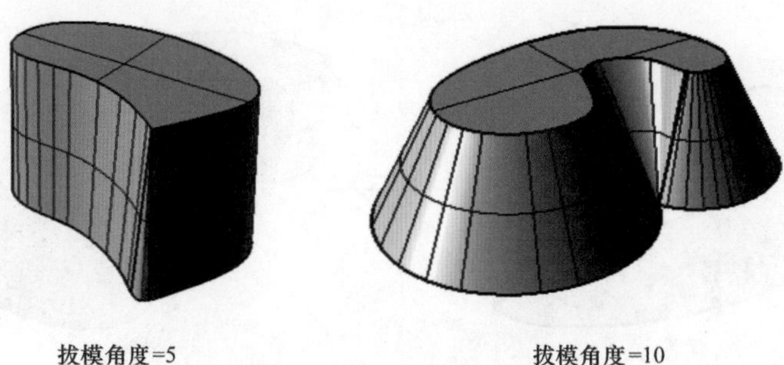

图 5-35　挤出曲面成椎体的实体

4. 沿着曲线挤出曲面

【沿着曲线挤出曲面】可将曲面按照路径曲线挤出建立实体，也称为【扫描】，如图 5-36所示。

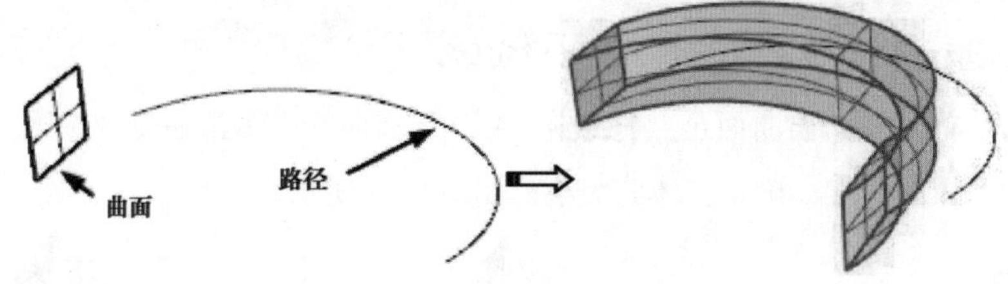

图 5-36　沿着曲线挤出曲面形成实体

5.3.2　挤出曲线形成实体

挤出曲线形成实体可将曲线作为截面轮廓沿轨迹或方向进行扫掠而得到实体。

- 挤出封闭的平面曲线：拉伸封闭的或开放的平面曲线创建挤出实体或曲面，如

图5-37 所示。

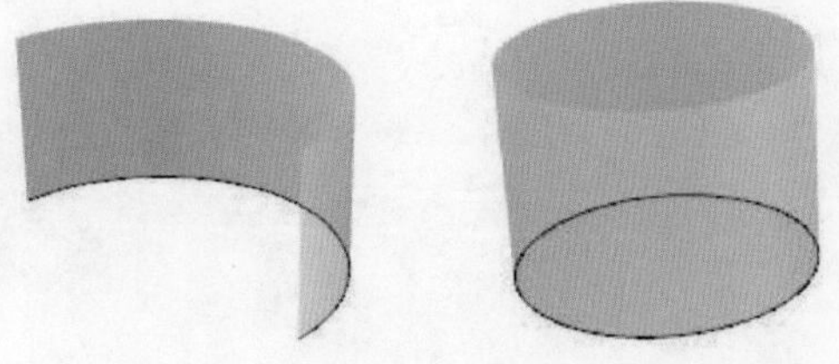

图5-37 挤出封闭的平面曲线

- 挤出曲线至点：将封闭或开放的曲线拉伸至一点，形成锥形曲面或斜锥体，如图5-38所示。

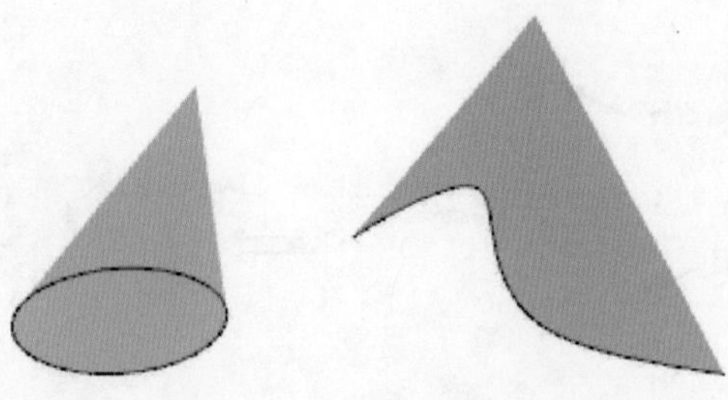

图5-38 挤出曲线至点

- 挤出曲线成锥状：将封闭或开放的曲线进行拉伸，形成一定锥度（拔模斜度）的实体或曲面，如图5-39 所示。

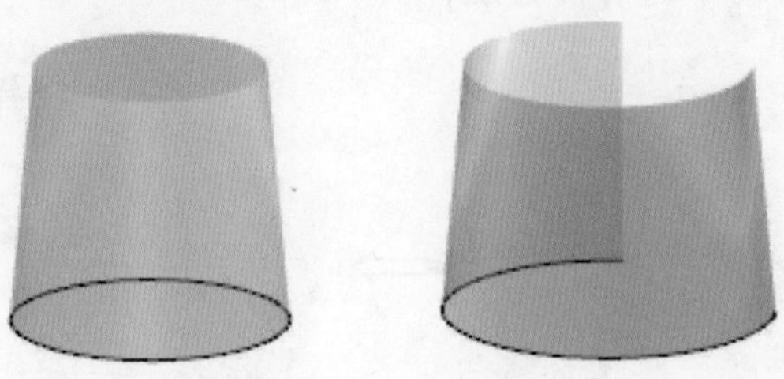

图5-39 挤出曲线成锥状

- 沿着曲线挤出曲线：将封闭或开放的曲线沿轨迹进行扫描而得到实体或曲面，如图5-40 所示。

图5-40 沿着曲线挤出曲线

- 以多重直线挤出成厚片：以开放的多重曲线作为截面进行拉伸得到薄壁实体，如图 5-41 所示。

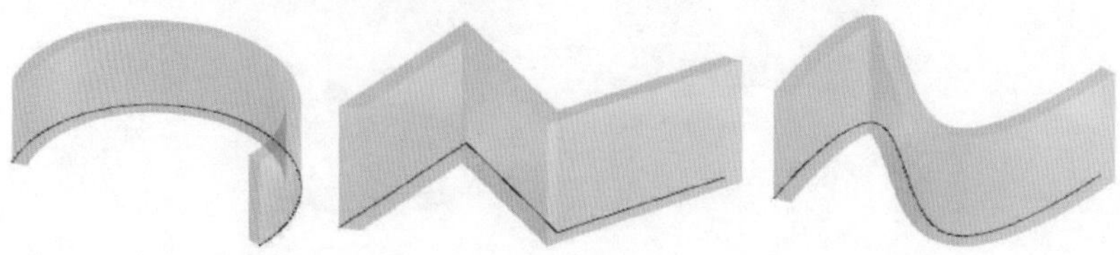

图 5-41　以多重直线挤出成厚片

- 凸毂：将封闭的平面曲线沿法向方向挤出至边界曲面，并与边界曲面组合成多重曲面，如图 5-42 所示。

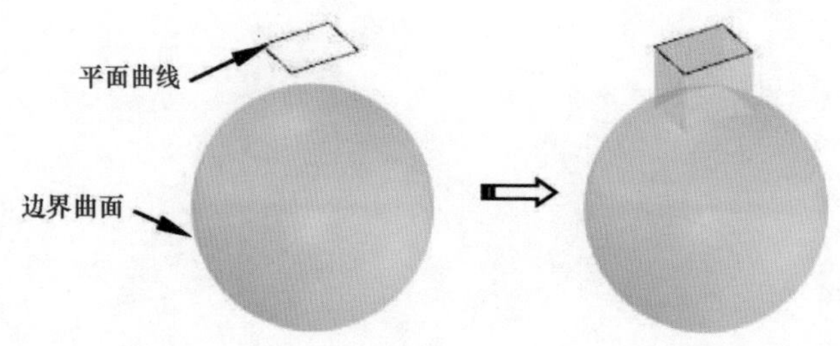

图 5-42　凸毂

- 肋：将曲线挤出成曲面，再往边界物件挤出，并与边界物件结合，如图 5-43 所示。肋就是机械零件中的【加强筋】。

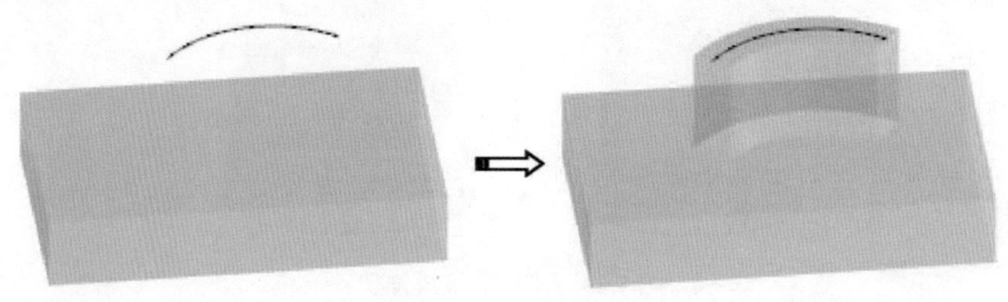

图 5-43　创建肋

5.4 创建工程实体

工程实体其实指的就是在前面体素实体和基于曲线曲面挤出实体挤出之上，创建的附加实体，机械设计中称之为工程特征或构造特征，如常见的孔（洞）、倒角、抽壳等。

5.4.1　孔工具（洞）

Rhino 中的【洞】就是机械工程中常见的孔。孔工具位于【实体工具】标签中，如

图 5-44所示。

图 5-44　孔工具

1. 建立圆洞

利用【建立圆洞】命令可以建立自定义的孔。

上机操作——创建零件上的孔

01 新建 Rhino 文件。

02 使用【直线】【圆弧】【修剪】【圆】【曲线圆角】等命令，绘制出如图 5-45 所示的图形。

03 利用【挤出封闭的平面曲线】命令选取图形中所有实线轮廓，创建厚度为 50 的挤出实体，如图 5-46 所示。

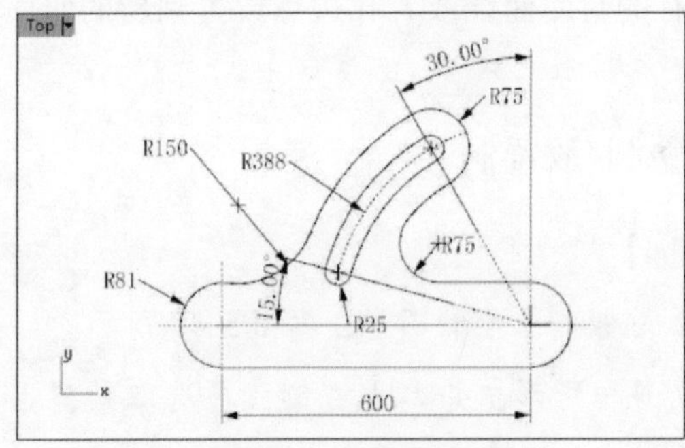

图 5-45　绘制轮廓

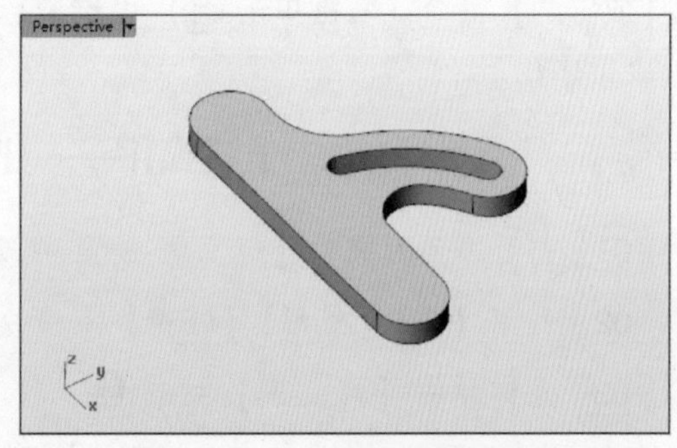

图 5-46　创建挤出实体

04 单击【建立圆洞】按钮，选取要放置孔的目标曲面（上表面），利用【物件锁点】功能选取圆弧中心点作为孔中心点，如图 5-47 所示。

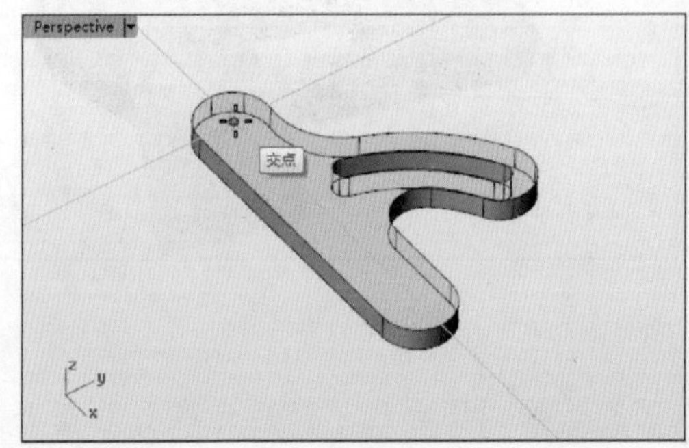

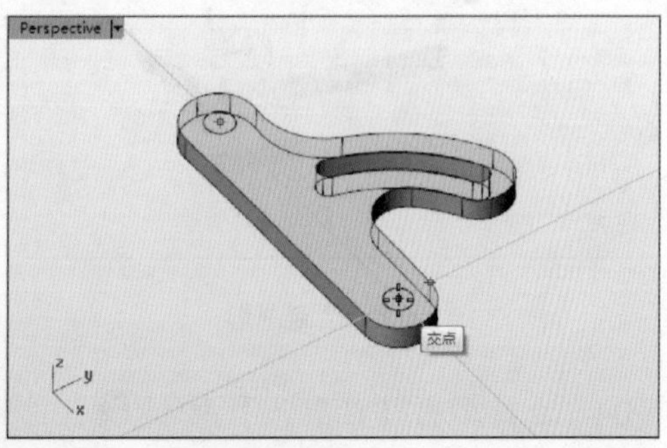

图 5-47　选取圆弧中心点

05 在命令行中设置直径为 63，设置贯穿为【是】，其余选项保持默认设置，单击右

键完成孔的创建，如图 5-48 所示。

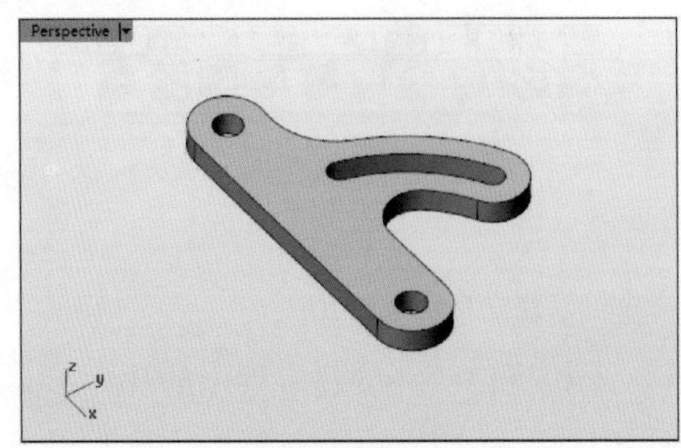

图 5-48 创建孔

2. 建立洞/放置洞

【建立洞】命令（左键单击）可将封闭曲线以平面曲线挤出，在实体或多重曲面上挖出一个洞（孔）。

【放置洞】命令（右键单击）可选取已有的封闭曲线或者孔边缘放置到新的曲面位置上来重建孔。

上机操作——建立洞/放置洞

01 打开本例源文件【建立洞-放置洞.3dm】。

02 利用【圆】【矩形】【修剪】等命令，在模型上绘制图形，如图 5-49 所示。

03 左键单击【建立洞】按钮，选取圆和矩形，并单击右键，再选取放置曲面（上表面），然后单击右键完成圆孔的创建，如图 5-50 所示。

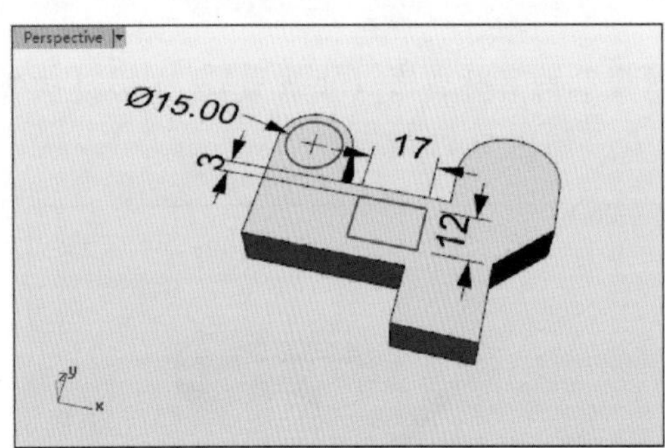

图 5-49 绘制图形

图 5-50 建立孔

04 右键单击【放置洞】按钮，选取圆孔边缘或圆曲线，然后选取孔的基准点，如图 5-51 所示。

05 单击右键保留默认的孔朝上的方向，然后选择目标曲面（放置曲面），如图 5-52 所示。

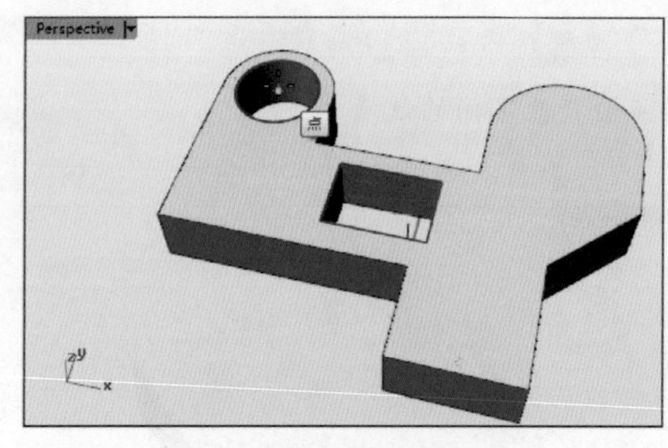

图 5-51　选取封闭曲线和洞基准点

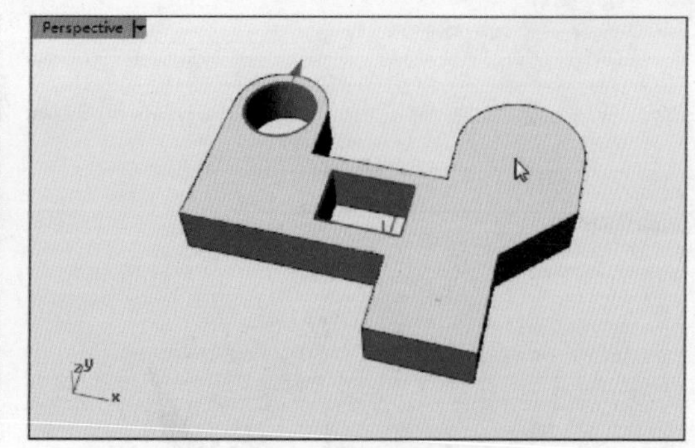

图 5-52　确定孔朝上方向并选择放置面

06 将光标移动到模型圆弧处，会自动拾取其圆心，选取此圆心作为放置面上的点，如图 5-53 所示。

07 输入深度值或者拖动光标确定深度，或者设置贯穿，单击右键后完成孔的放置，如图 5-54 所示。

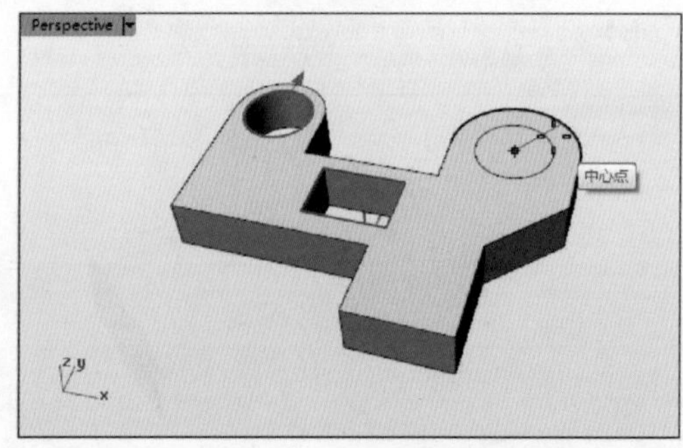

图 5-53　选取孔放置点

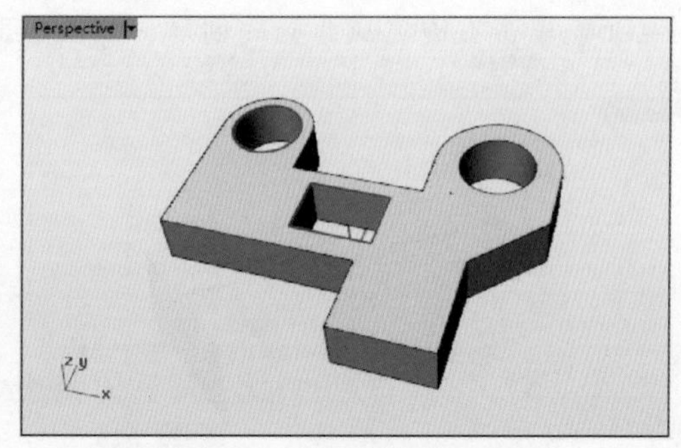

图 5-54　设定深度并放置孔

3. 旋转成洞

【旋转成洞】命令可用于异性孔的创建，也可以理解为对对象进行旋转切除操作，旋转截面曲线为开放的曲线或者封闭的曲线。

上机操作——旋转成洞

01 打开本例源文件【旋转成洞 .3dm】。

02 单击【旋转成洞】按钮，选取轮廓曲线 1 作为要旋转成孔的轮廓曲线，如图 5-55 所示。

技巧点拨

轮廓曲线必须是多重曲线，也就是单一曲线或者多条曲线的组合。

03 然后选取轮廓曲线的一个端点作为曲线基准点，如图 5-56 所示。

技巧点拨

曲线基准点确定了孔的形状，不同的基准点会产生不同的效果。

图 5-55　选取轮廓曲线

图 5-56　选取曲线基准点

04 随后按提示选取目标面（模型上表面），并指定孔的中心点，如图 5-57 所示。

05 单击右键完成此孔的创建，如图 5-58 所示。

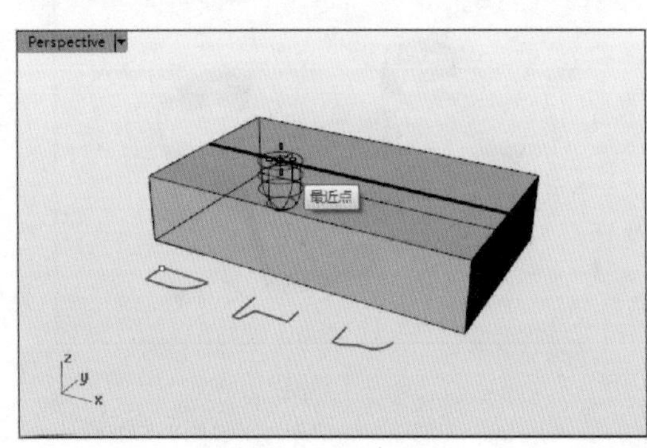

图 5-57　指定孔的中心点

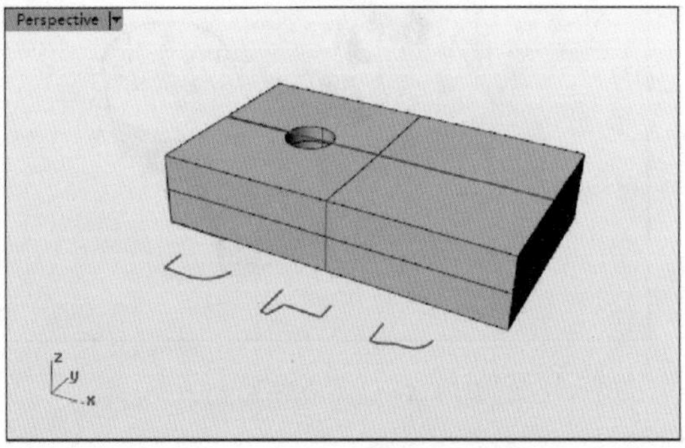

图 5-58　创建孔

06 同样的，再创建其余两个旋转成形孔，如图 5-59 所示。剖开的示意图如图 5-60 所示。

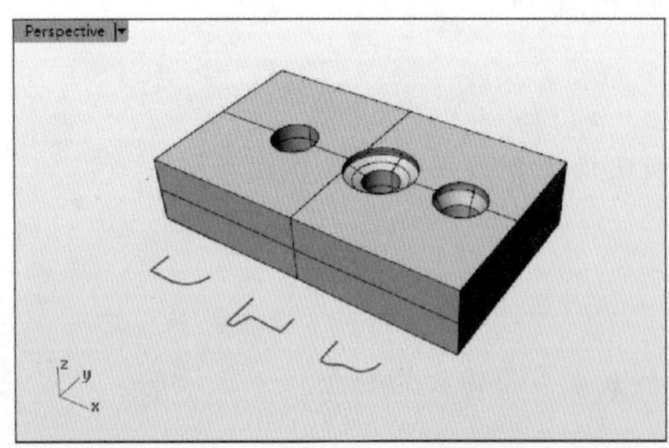

图 5-59　创建其余两个孔

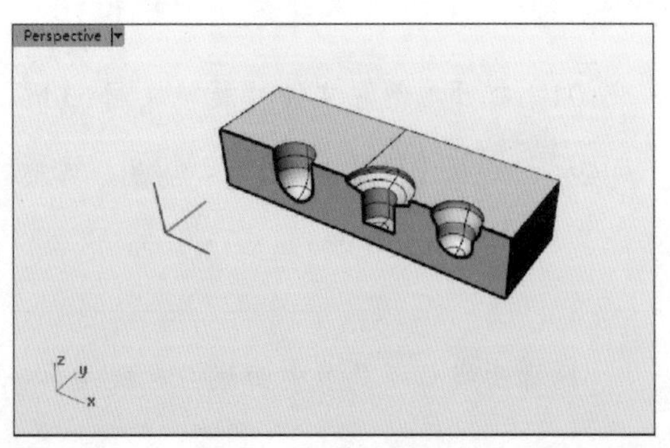

图 5-60　剖开示意图

4. 将洞移动/将洞复制

使用【将洞移动】命令可以将创建的孔移动到曲面上的新位置上，如图 5-61 所示。

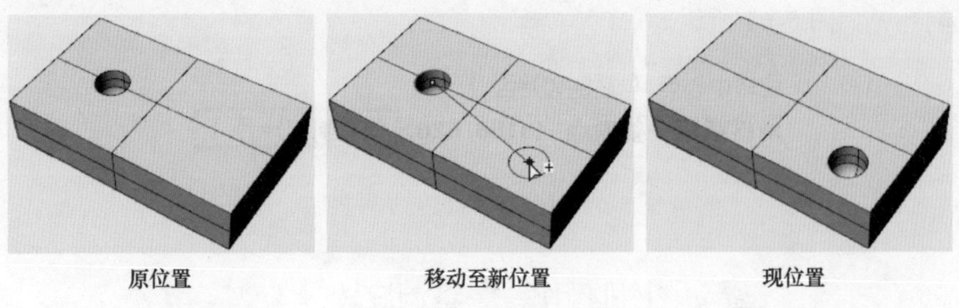

图 5-61　移动孔

技巧点拨

此命令适用于利用孔工具建立的孔及利用布尔运算差集后的孔，从图形创建挤出实体中的孔不能使用此命令，如图 5-62 所示。

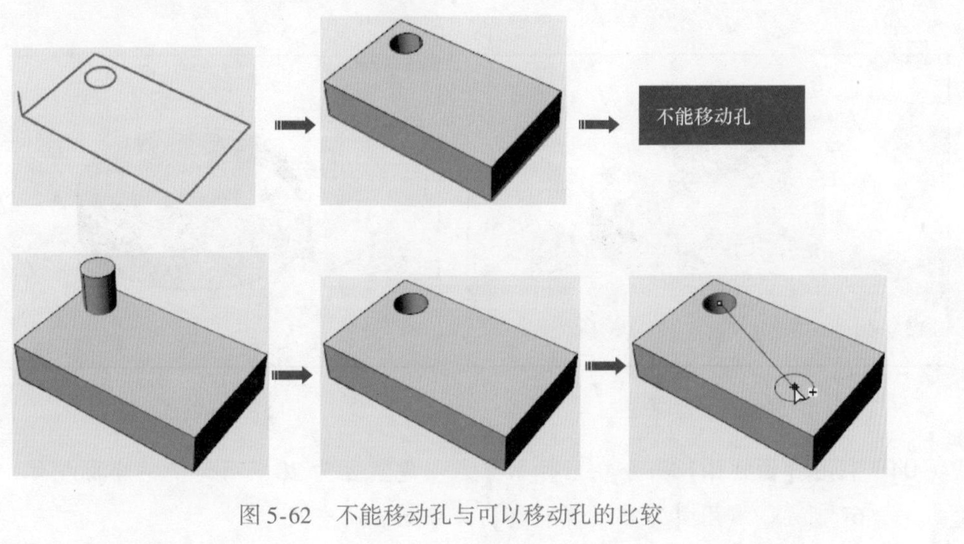

图 5-62　不能移动孔与可以移动孔的比较

右键单击【将洞复制】命令可以复制孔，如图 5-63 所示。

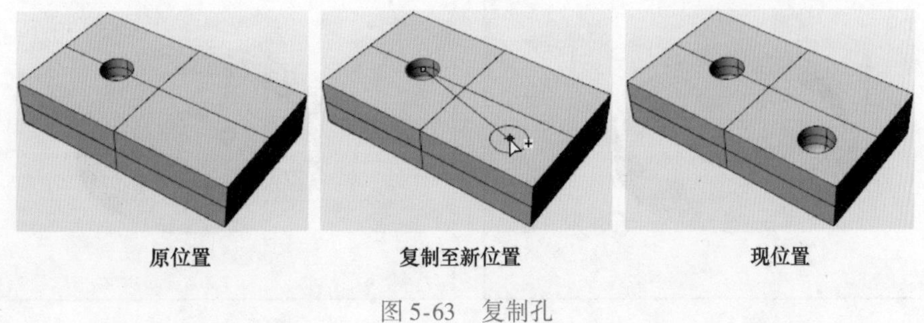

图 5-63　复制孔

5. 将洞旋转

单击【将洞旋转】按钮，可以将平面上的洞绕着指定的中心点旋转。旋转时可以设置是否复制孔，如图 5-64 所示。

旋转中心点 (复制(C)=否):
角度或第一参考点 <5156.620> (复制(C)=否):

图 5-64　旋转洞时设置是否复制

上机操作——将洞旋转

01 新建 Rhino 文件。

02 利用【圆柱体】命令在坐标系原点位置创建直径为 50，高为 10 的圆柱体，如图 5-65 所示。

03 利用【建立圆洞】命令，在圆柱体上创建直径为 40，深度为 5 的大圆孔，如图 5-66 所示。

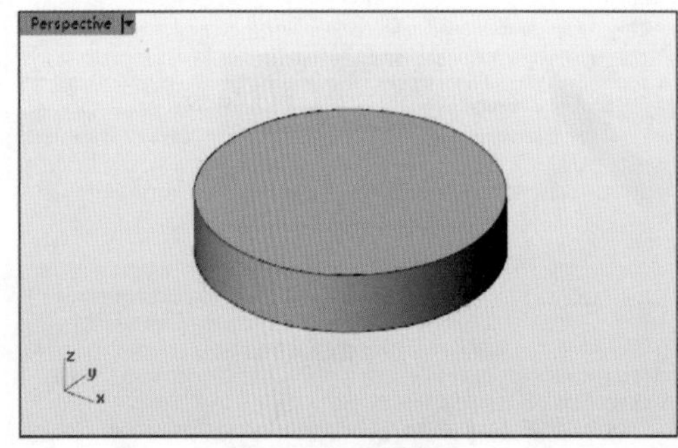

图 5-65　创建圆柱体

图 5-66　创建大圆孔

04 利用【圆柱体】命令在坐标系原点创建直径为 20，高为 7 的小圆柱体，如图 5-67 所示。利用【布尔运算联集】命令组合所有实体。

05 利用【建立圆洞】命令，在小圆柱体上创建直径为 15 的贯穿孔，如图 5-68 所示。

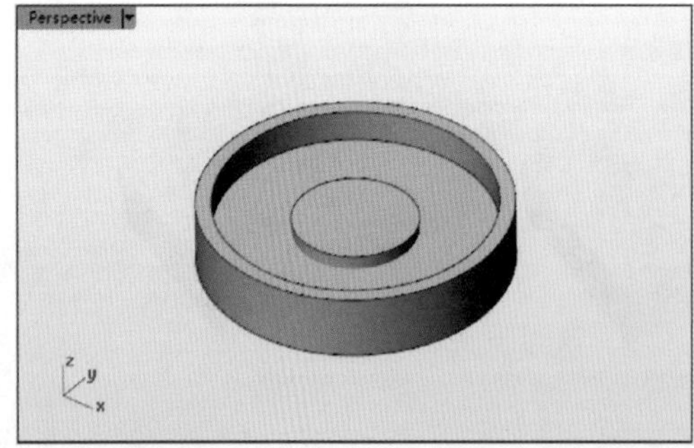

图 5-67　创建小圆柱体

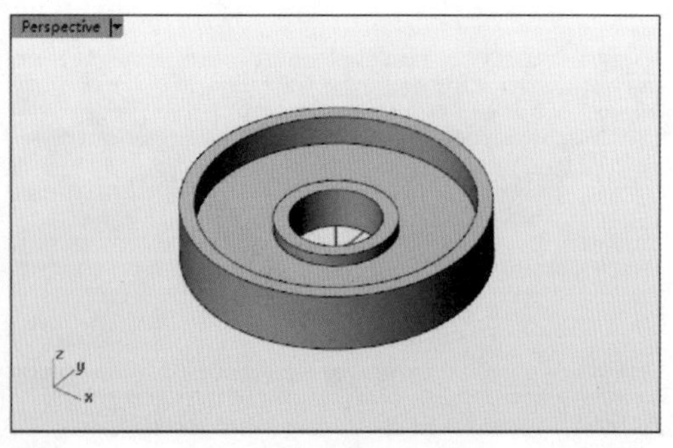

图 5-68　创建贯穿孔

06 利用【建立圆洞】命令，创建直径为7.5的贯穿孔，如图5-69所示。

07 单击【将洞旋转】按钮，选取要旋转的孔（直径为7.5的贯穿孔），然后选取旋转中心点，如图5-70所示。

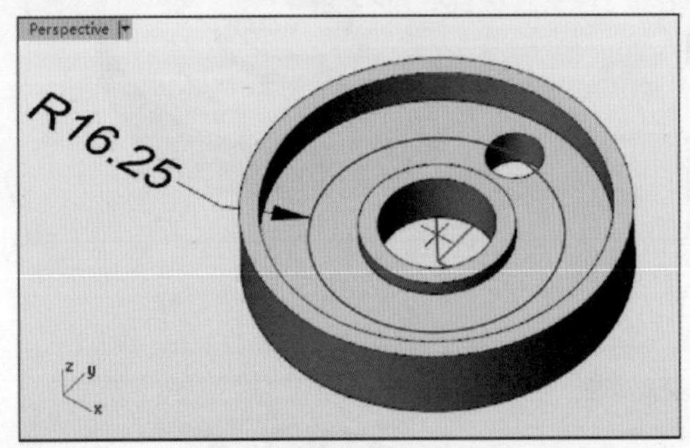

图5-69　建立贯穿孔

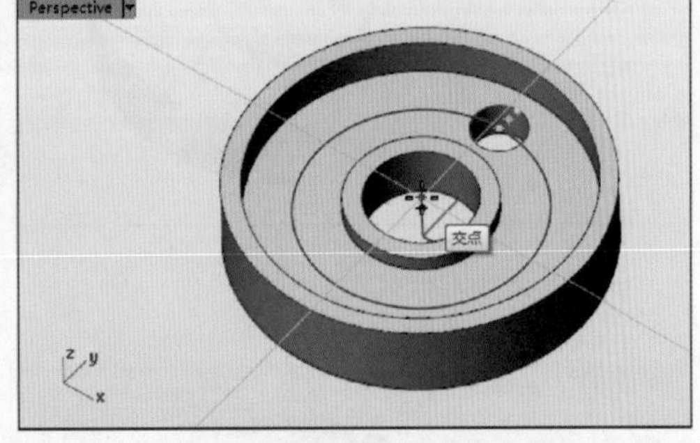

图5-70　选取旋转中心点

08 在命令行中输入旋转角度为-90，并设置【复制】选项为【是】，单击右键后完成孔的旋转复制，如图5-71所示。

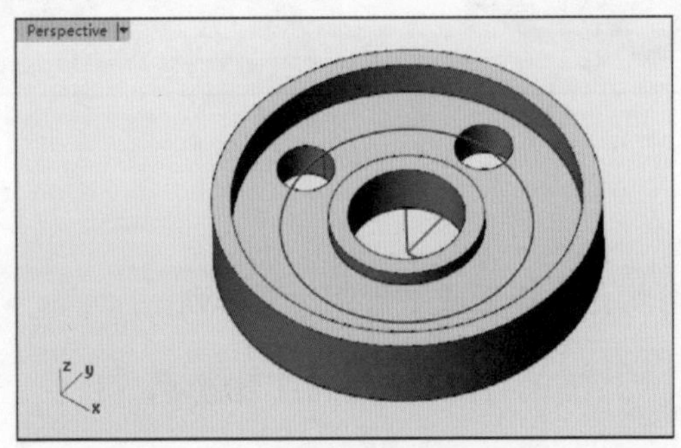

图5-71　旋转复制孔

6. 以洞作环形阵列

使用【以洞作环形阵列】命令可以绕阵列中心点进行旋转复制，生成多个副本。【将洞旋转】命令旋转复制的副本数仅仅是1个。

上机操作——以洞作环形阵列

01 打开本例源文件【以洞作环形阵列.3dm】。

02 单击【以洞作环形阵列】按钮，选取平面上要做阵列的孔，如图5-72所示。

03 指定整个圆形模型的中心点（或者坐标系原点）作为环形阵列的中心点，如图5-73所示。

04 在命令行中输入阵列的数目为4，单击右键后输入旋转角度总和为360，再单击右键完成孔的环形阵列，结果如图5-74所示。

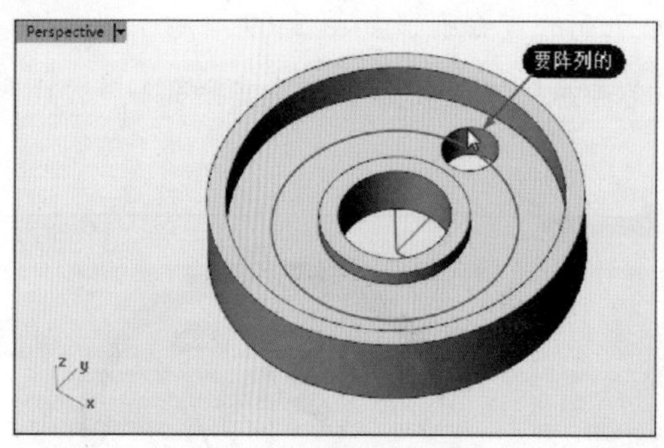

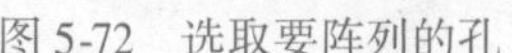

图 5-72　选取要阵列的孔

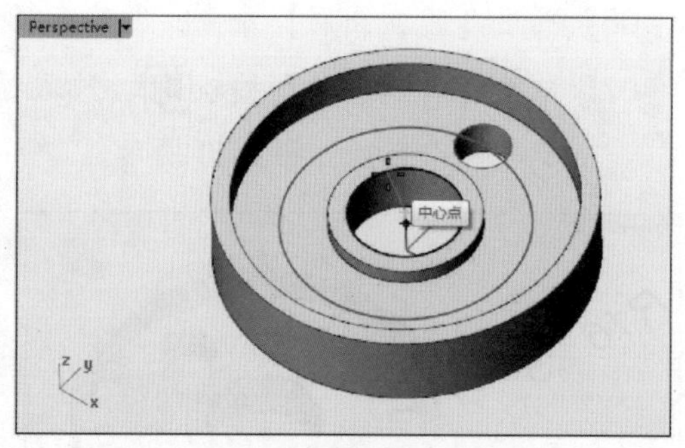

图 5-73　指定环形阵列中心点

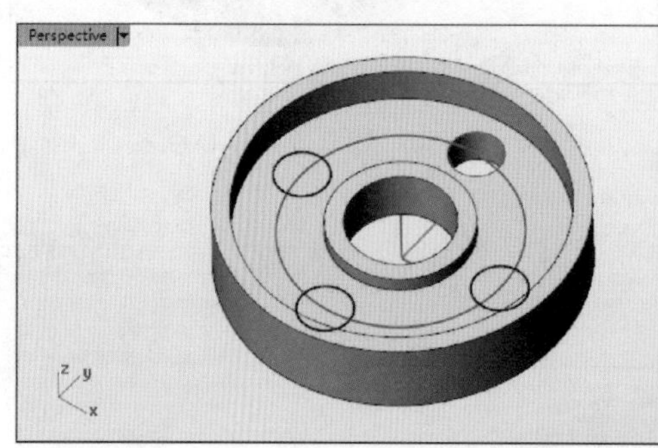

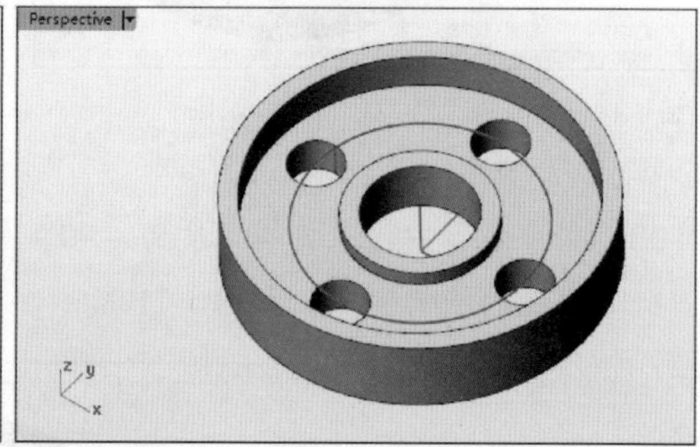

图 5-74　完成环形阵列

7. 以洞作阵列

【以洞作阵列】命令可将孔作矩形或平行四边形阵列。

上机操作——以洞作矩形阵列

01 打开本例源文件【以洞作阵列 .3dm】。

02 单击【以洞作阵列】按钮，选取平面上要做阵列的孔，如图 5-75 所示。

03 然后在命令行输入 A 方向数目为 3，单击右键，输入 B 方向数目为 3，选取阵列基点，如图 5-76 所示。

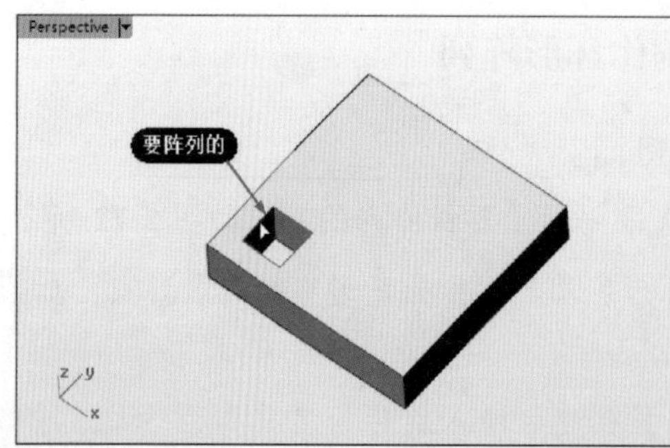

图 5-75　选取要阵列的孔

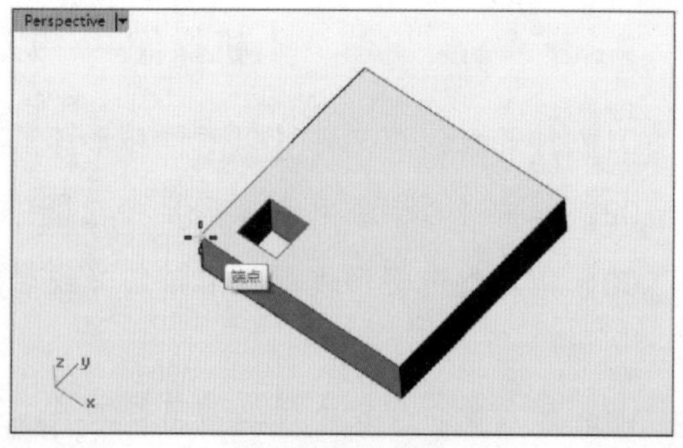

图 5-76　指定阵列基点

04 指定 A 方向上的参考点和 B 方向上的参考点，如图 5-77 所示。

05 在命令行中设置 A 间距值为 15，设置 B 间距值为 15，单击右键完成孔的矩形阵列，如图 5-78 所示。

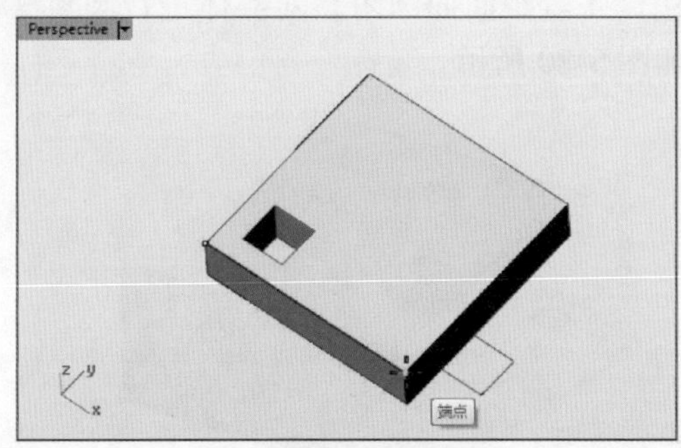

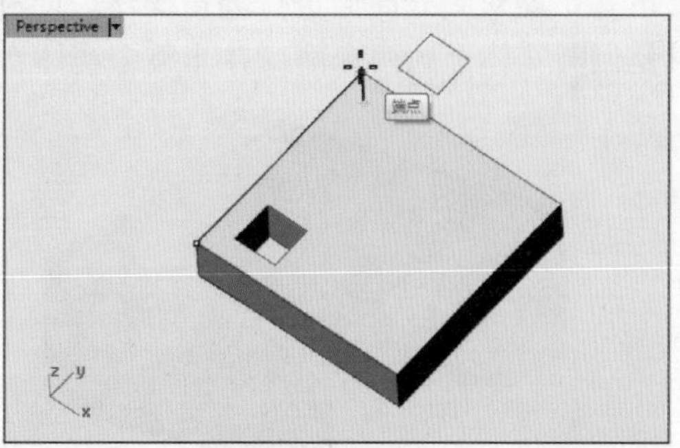

图 5-77　指定 A、B 方向上的基点

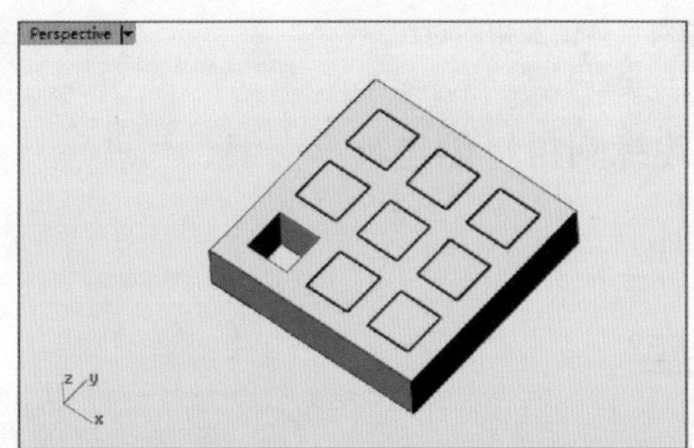

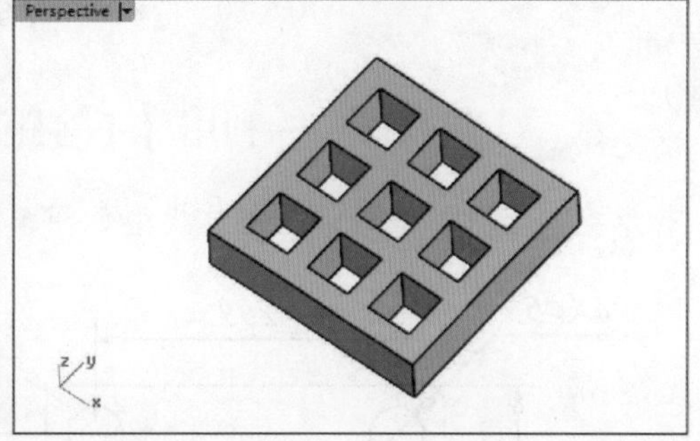

图 5-78　创建矩形阵列

8. 将洞删除

【将洞删除】命令用来删除不需要的孔，如图 5-79 所示。

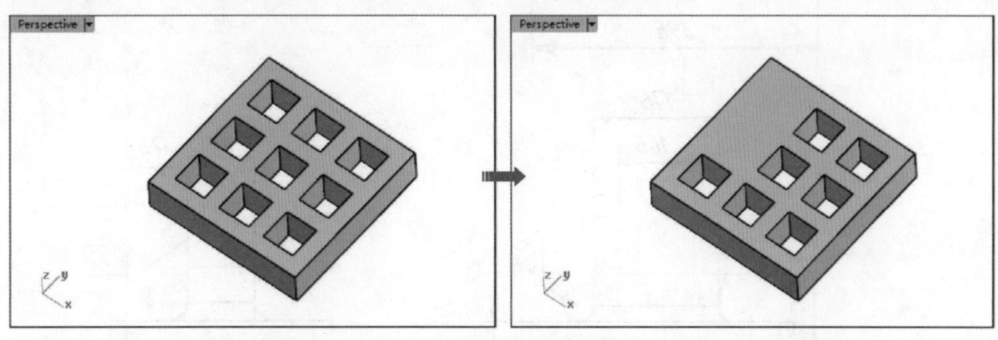

图 5-79　删除孔

5.4.2　不等距边缘圆角

【不等距边缘圆角】命令可以在多重曲面或实体边缘上创建不等距的圆角曲面，修

剪原来的曲面并与圆角曲面组合在一起。

【不等距边缘圆角】命令与【曲面工具】标签下的【不等距曲面圆角】命令有共同点也有不同点。共同点就是都能对多重曲面和实体进行圆角处理。不同的是，【不等距边缘圆角】不能对独立曲面进行圆角操作。而利用【不等距曲面圆角】对实体进行圆角操作，仅仅是倒圆实体上的两个面，并非整个实体，如图 5-80 所示。

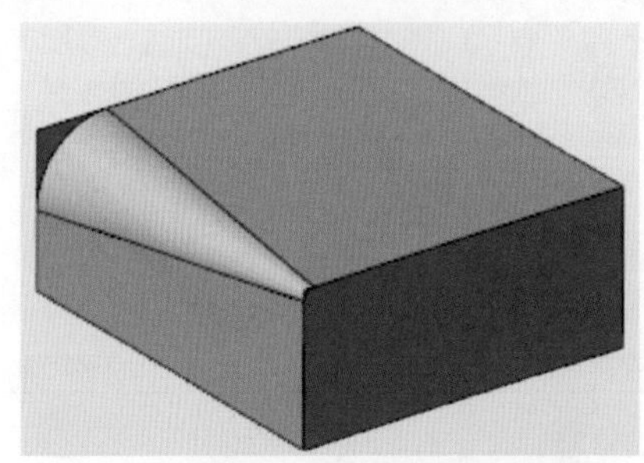

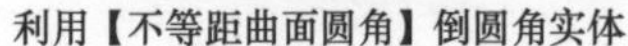
利用【不等距曲面圆角】倒圆角实体

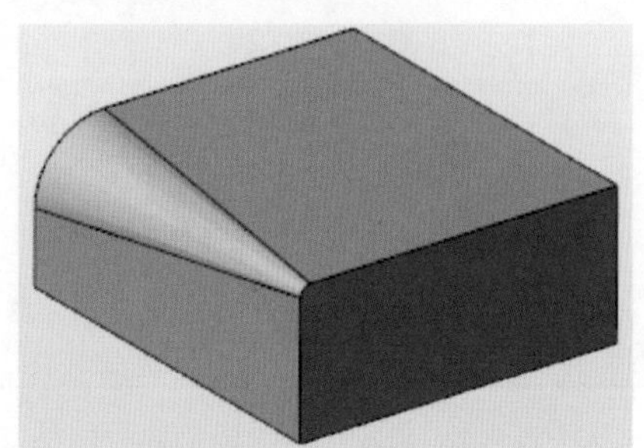

利用【不等距边缘圆角】倒圆角实体

图 5-80　两种圆角命令对实体倒圆角的对比

上机操作——利用【不等距边缘圆角】创建轴承支架

轴承支架零件二维图形及实体模型如图 5-81 所示。

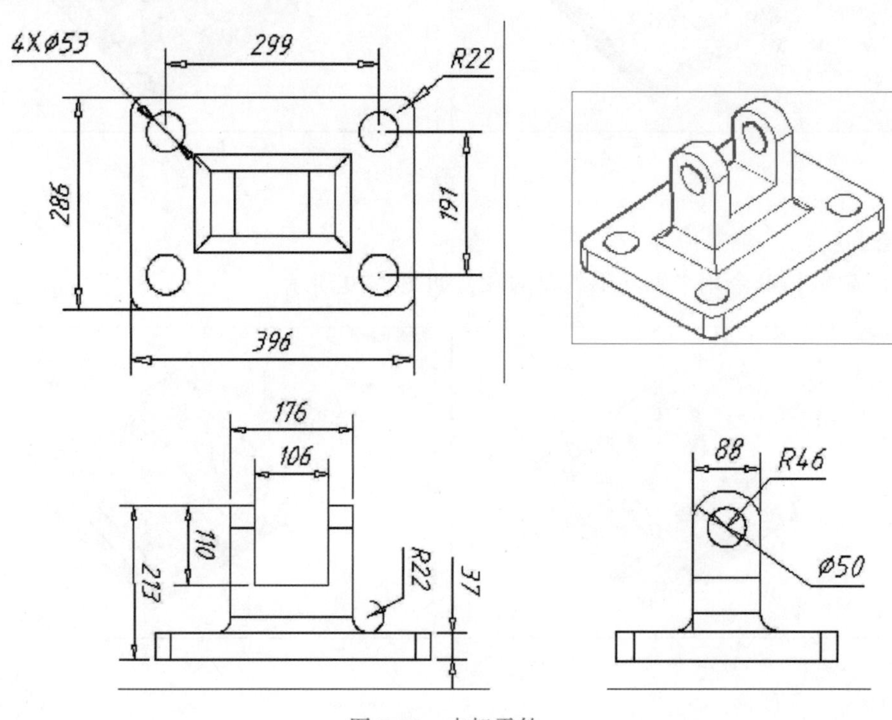

图 5-81　支架零件

01 新建 Rhino 文件。

02 利用【直线】命令，在【Top】视窗中绘制两条相互垂直的直线，并利用【出图】标签下的【设定线型】命令将其转换成虚线，如图 5-82 所示。

03 执行菜单栏中【实体】|【立方体】|【底面中心点、角、高度】命令，创建长、宽、高分别为 396、286、237 的长方体，如图 5-83 所示。

```
指令: _Box
底面的第一角 ( 对角线(D)  三点(P)  垂直(V)  中心点(C) ): _Center
底面中心点:
底面的另一角或长度 ( 三点(P) ): 198,143,0
高度,按 Enter 套用宽度: 37
正在建立网格... 按 Esc 取消
```

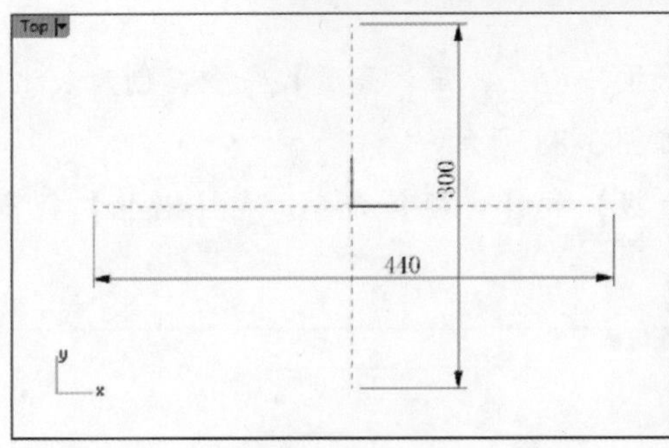

图 5-82 绘制直线

图 5-83 创建长方体

04 利用【圆柱体】命令，创建直径为 53 的圆柱体，如图 5-84 所示。

```
指令: _Cylinder
圆柱体底面 ( 方向限制(D)=垂直  实体(S)=是  两点(P)  三点(O)  正切(T)  逼近数个点(F) ): 149.5,95.5,0
半径 <18.446> ( 直径(D)  周长(C)  面积(A) ): 直径
直径 <36.891> ( 半径(R)  周长(C)  面积(A) ): 53
圆柱体端点 <12.586> ( 方向限制(D)=垂直  两侧(A)=否 ): 40
```

05 利用【镜像】命令，将圆柱体镜像，得到如图 5-85 所示的结果。

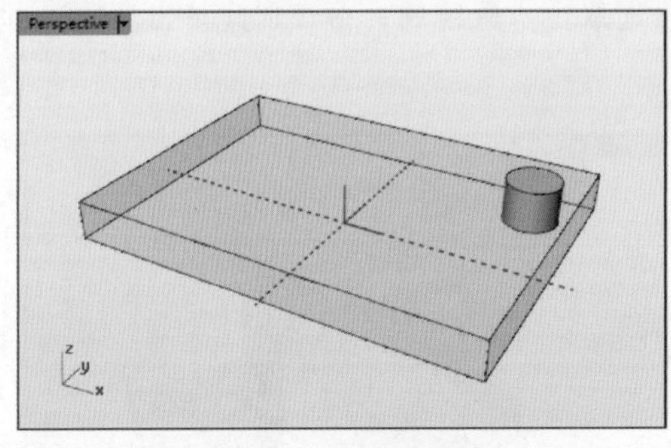

图 5-84 创建圆柱体

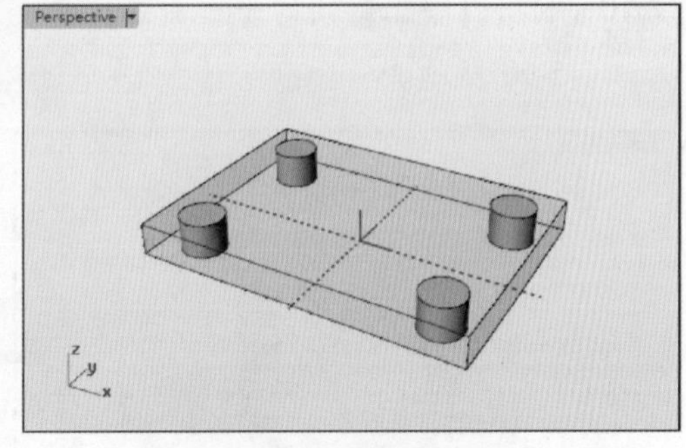

图 5-85 镜像圆柱体

06 利用【布尔运算差集】命令，从长方体中减去 4 个圆柱体，如图 5-86 所示。

07 单击【不等距边缘圆角】按钮，选取长方体的 4 条竖直棱边进行圆角处理，且半径为 22，建立的圆角如图 5-87 所示。

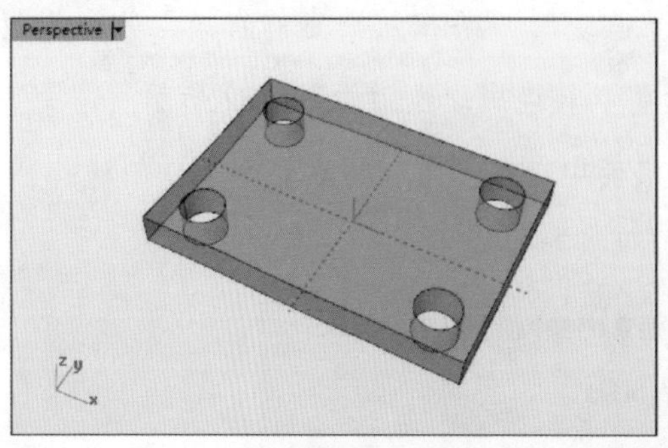

图 5-86　差集运算

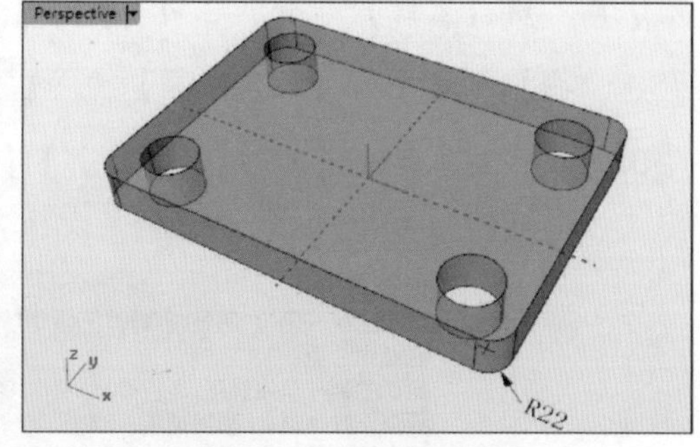

图 5-87　创建边缘圆角

08 执行菜单栏中【实体】|【立方体】|【底面中心点、角、高度】命令，创建长、宽、高分别为 176、88、213 的长方体，如图 5-88 所示。

09 利用【圆：中心点、半径】、【多重直线】和【修剪】命令，在【Right】视窗中绘制如图 5-89 所示的曲线。

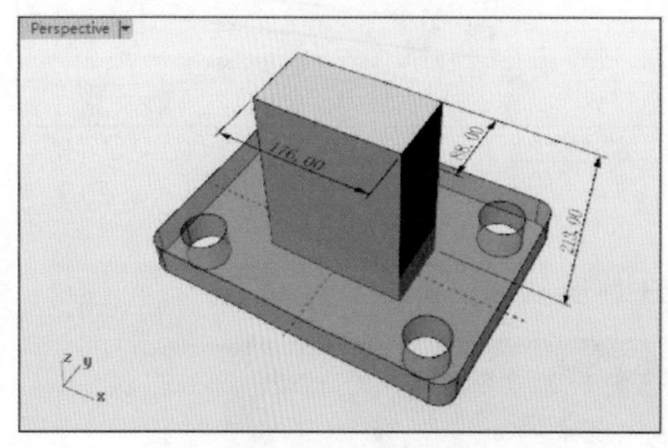

图 5-88　创建长方体

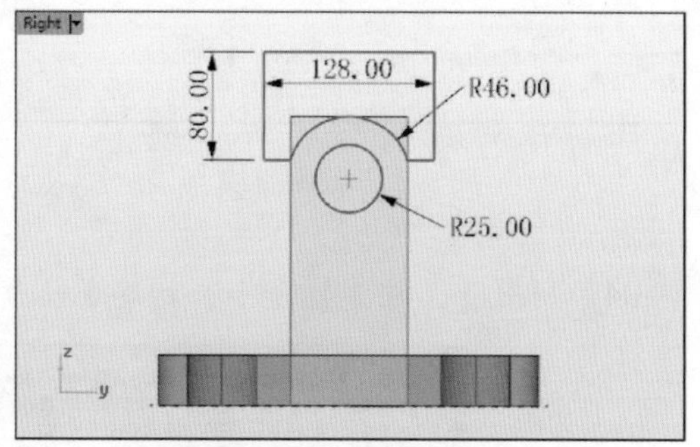

图 5-89　绘制曲线

10 利用【挤出封闭的平面曲线】命令，选取上步骤绘制的曲线创建挤出实体，如图 5-90 所示。

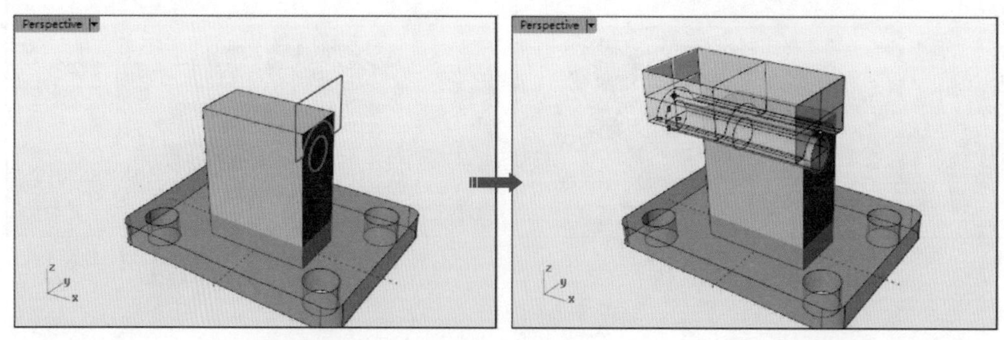

图 5-90　创建挤出实体

11 利用【布尔运算差集】命令，进行差集运算，得到如图 5-91 所示的结果。

12 利用【布尔运算联集】命令，将两个实体求和，得到如图 5-92 所示的结果。

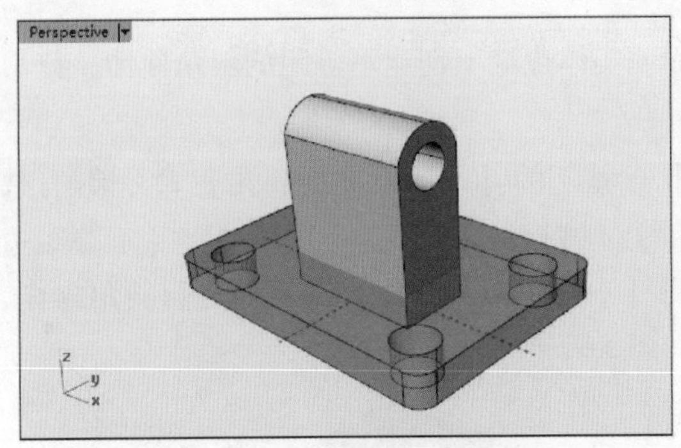

图 5-91　差集运算

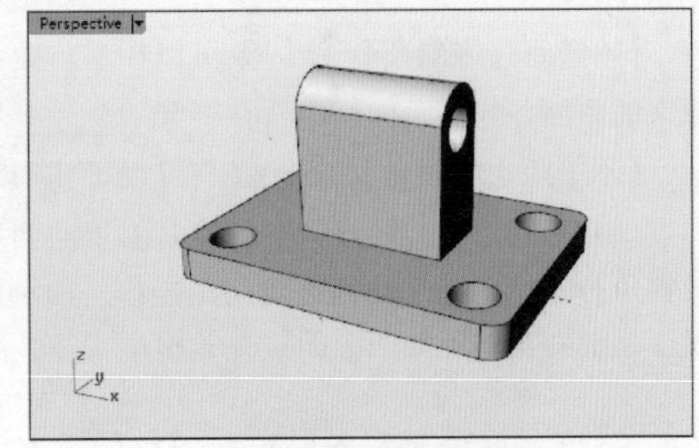

图 5-92　联集运算

13 利用【多重直线】命令，在【Front】视窗中绘制如图 5-93 所示的曲线。

14 利用【挤出封闭的平面曲线】命令，选取上步骤绘制的曲线创建挤出实体，如图 5-94 所示。

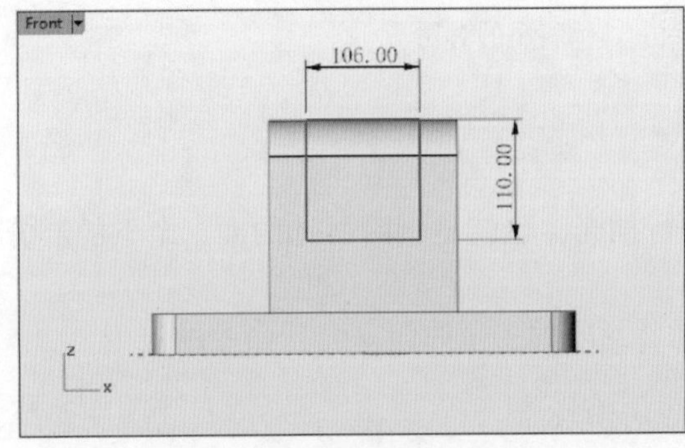

图 5-93　绘制曲线

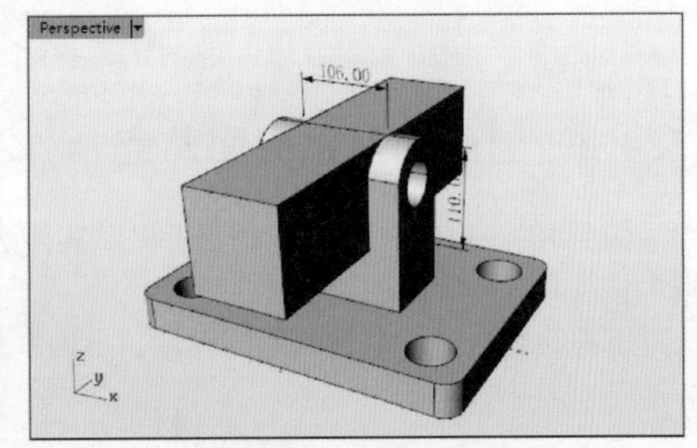

图 5-94　创建挤出实体

15 利用【布尔运算差集】命令，进行差集运算，得到如图 5-95 所示的结果。

16 利用【不等距边缘圆角】命令，创建如图 5-96 所示的半径为 22 的圆角。

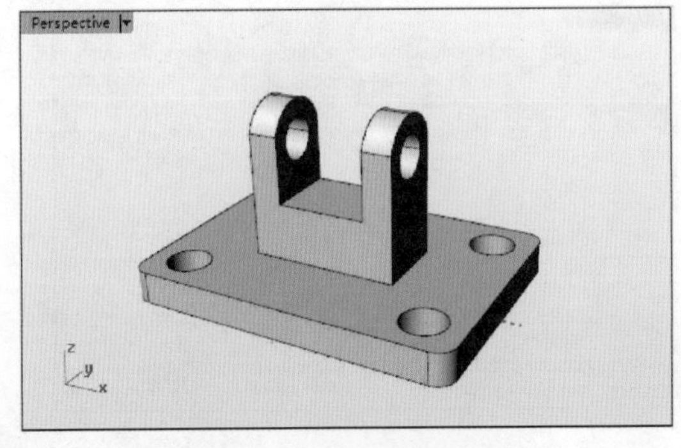

图 5-95　差集运算

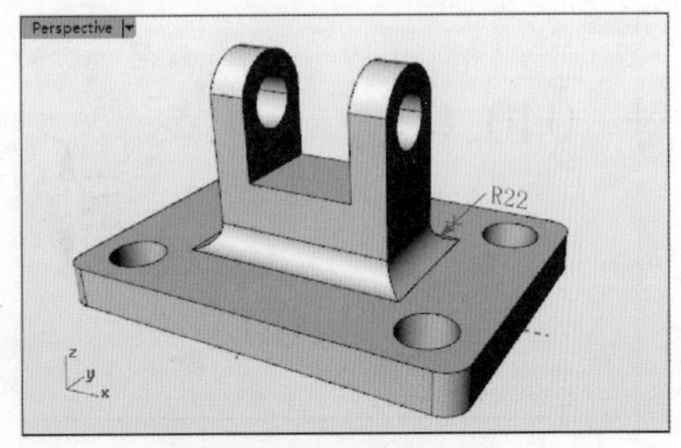

图 5-96　创建不等距边缘圆角

17 最后将结果保存。

5.4.3 不等距边缘斜角

【不等距边缘斜角】命令可以在多重曲面或实体边缘上创建不等距的斜角曲面，修剪原来的曲面并与斜角曲面组合在一起。

【不等距边缘斜角】命令与【曲面工具】标签下的【不等距曲面斜角】命令有共同点也有不同点。共同点就是都能对多重曲面和实体进行斜角处理。不同的是，【不等距边缘斜角】不能对独立曲面进行斜角操作。而利用【不等距曲面斜角】对实体进行斜角操作，仅仅是倒斜实体上的两个面，并非整个实体，如图 5-97 所示。

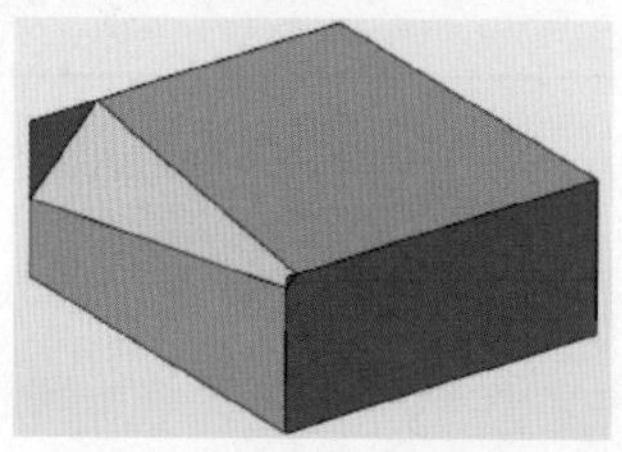

利用【不等距曲面斜角】倒斜实体

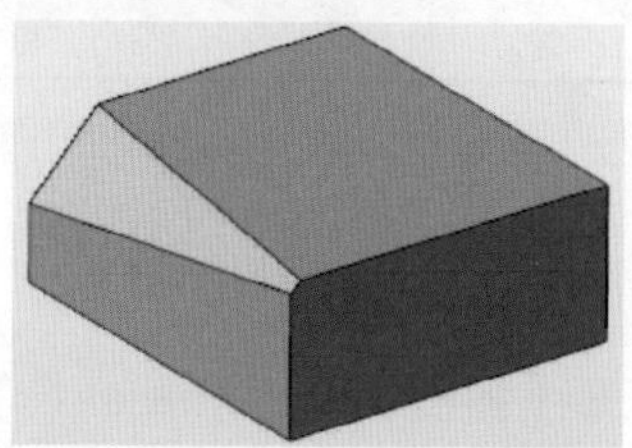

利用【不等距边缘斜角】倒斜实体

图 5-97 两种斜角命令对实体倒斜角的对比

5.4.4 封闭的多重曲面薄壳

【封闭的多重曲面薄壳】命令可以对实体进行抽壳，也就是删除所选的面，余下的部分则偏移建立有一定厚度的壳体。

下面我们通过一个挤压瓶的设计，全面掌握【封闭的多重曲面薄壳】命令的应用。

上机操作——建立挤压瓶

01 新建 Rhino 文件。

02 在【Top】视窗中绘制一个椭圆和圆，如图 5-98 所示。

03 利用【移动】命令将圆向 Z 轴正方向移动 200，如图 5-99 所示。

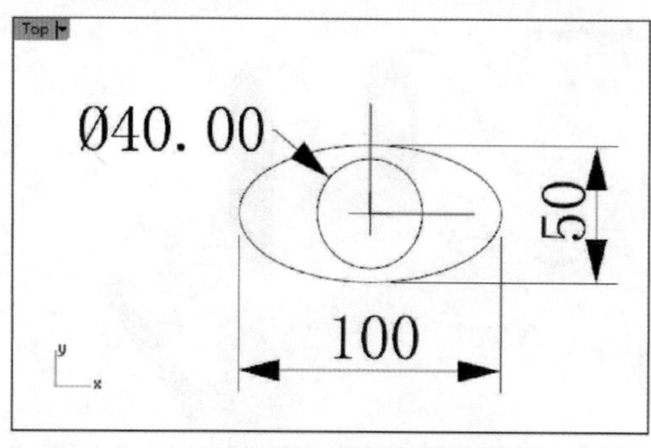

图 5-98 绘制椭圆和圆

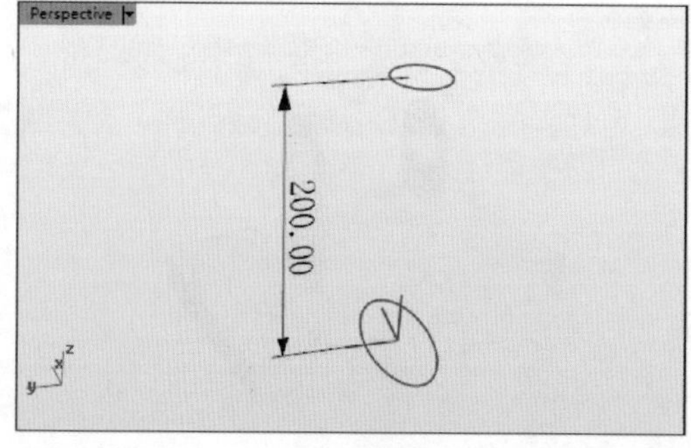

图 5-99 移动圆

04 利用【内插点曲线】命令在【Front】视窗中绘制样条曲线，如图 5-100 所示。

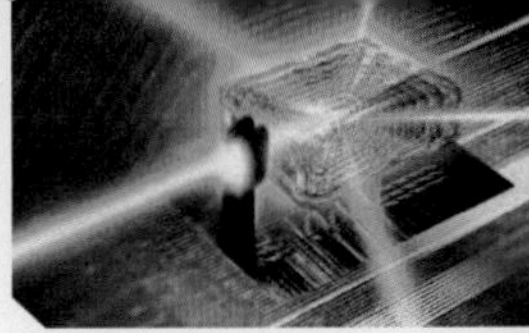

05 利用【双轨扫掠】命令，选取椭圆和圆作为路径，以样条曲线为截面曲线，创建如图5-101所示的曲面。

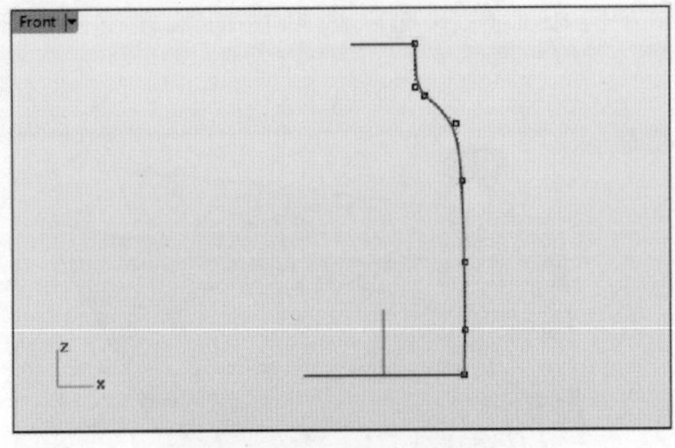

图5-100　绘制样条曲线

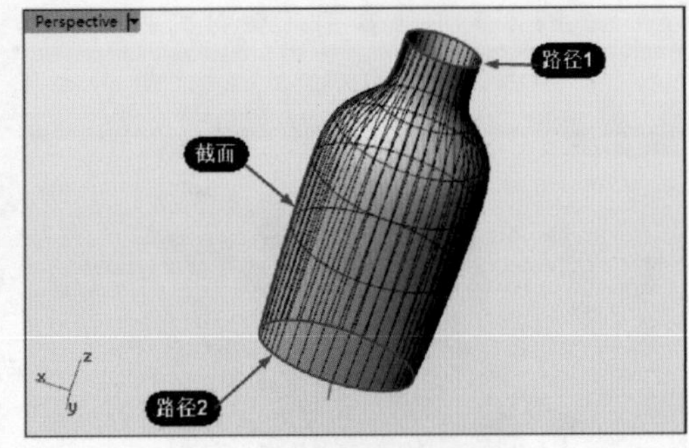

图5-101　创建扫掠曲面

06 单击【实体工具】标签中的【将平面洞加盖】按钮，选取瓶身创建瓶口和瓶底的曲面。加盖后的封闭曲面自动生成实体，如图5-102所示。

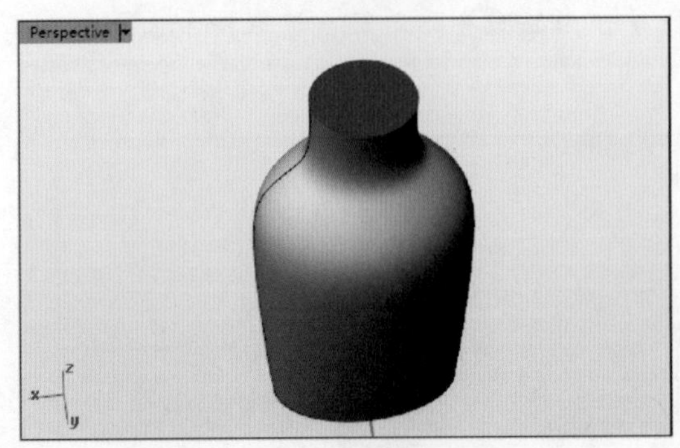

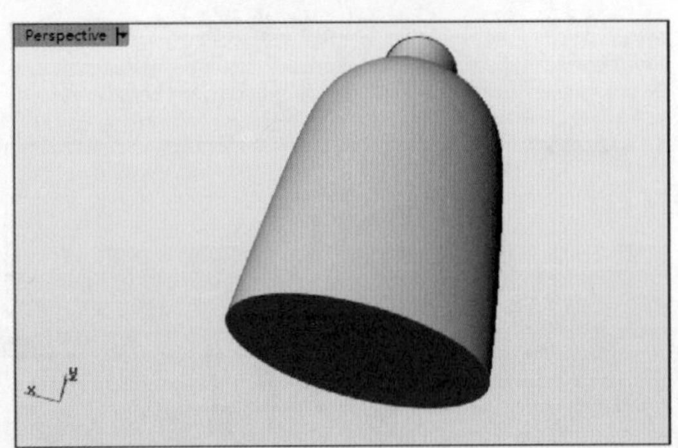

图5-102　加盖并生成实体

07 在【Right】视窗中利用【圆弧：起点、终点、通过点】命令，绘制圆弧，如图5-103所示。

08 将此曲线镜像至对称的另一侧，如图5-104所示。

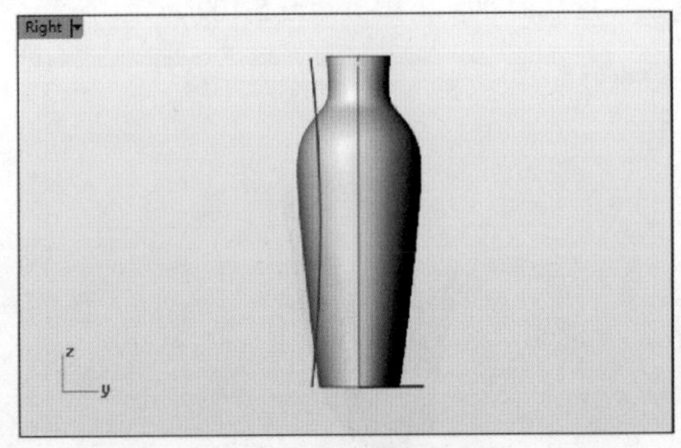

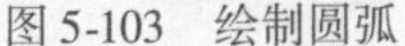

图5-103　绘制圆弧

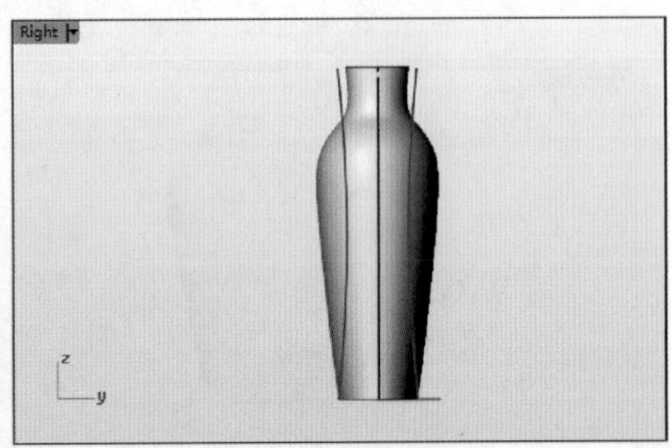

图5-104　镜像曲线

09 利用【直线挤出】命令，创建如图5-105所示的与瓶身产生交集的挤出曲面。

10 在菜单栏中执行【分析】|【方向】命令，选取两个曲面检查其方向，必须使紫色的方向箭头都指向相对的内侧，如果方向不正确，可以选取曲面来改变其方向，如图5-106所示。

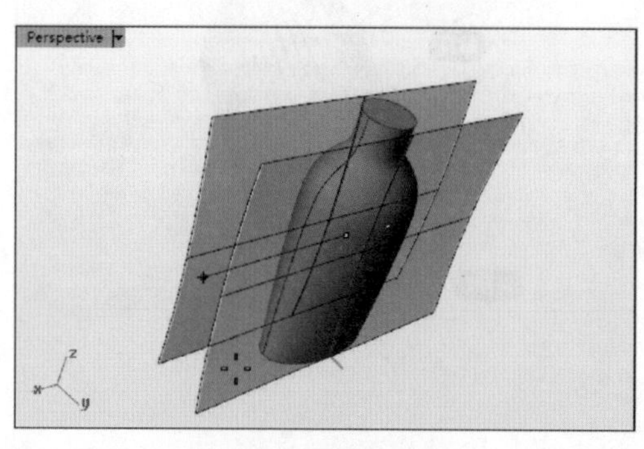

图5-105 创建挤出曲面

图5-106 检测方向

11 利用【布尔运算差集】命令，选取瓶身作为要减去的对象，选取两个曲面作为减除的对象，结果如图5-107所示。

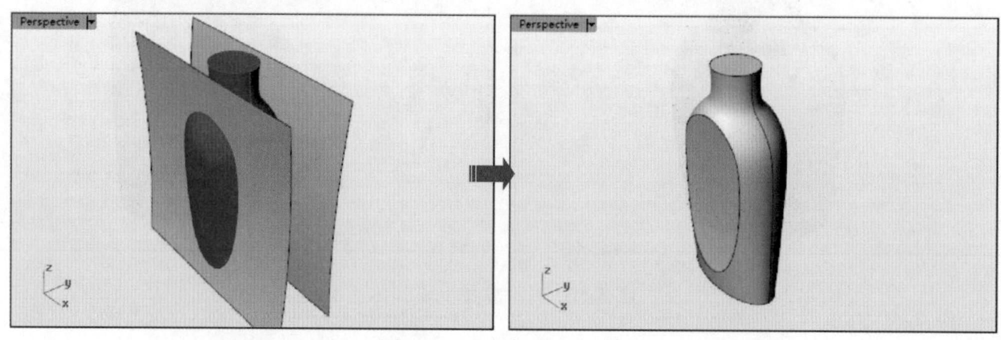

图5-107 布尔求差运算

12 利用【不等距边缘圆角】命令，创建圆角，如图5-108所示。

13 最后单击【封闭的多重曲面薄壳】按钮，选取瓶口曲面作为要移除的面，设定厚度为2.5，单击右键完成抽壳操作，完成挤压瓶的建模操作，如图5-109所示。

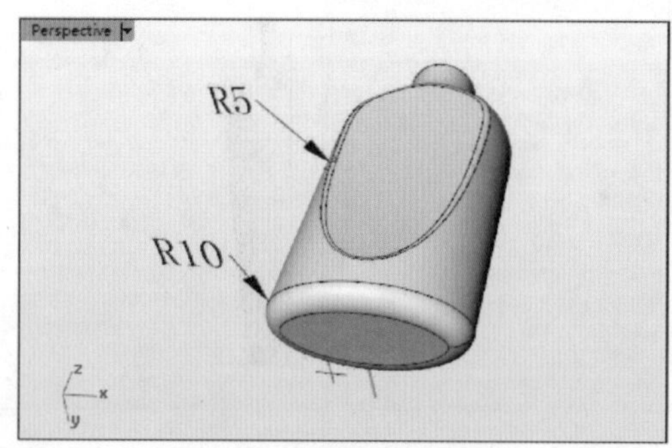

图5-108 创建边缘圆角

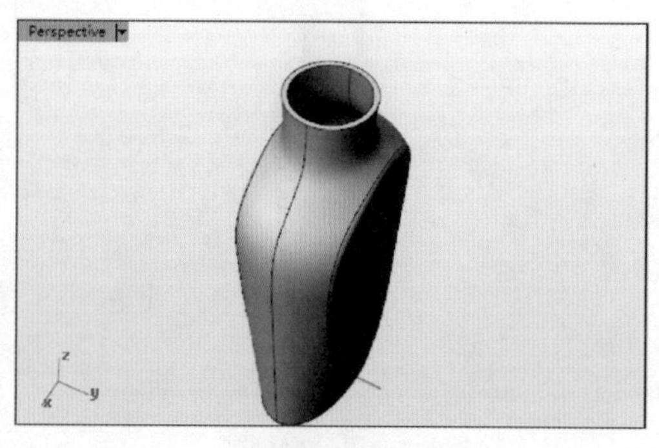

图5-109 抽壳

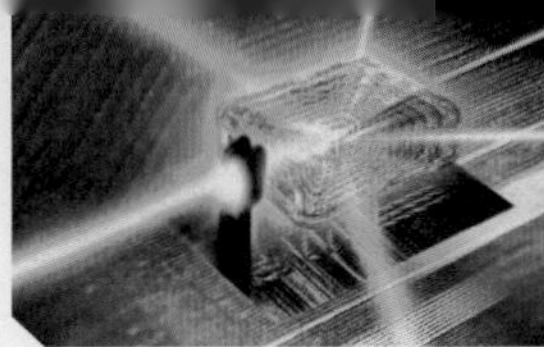

5.5 实体操作与修改

建模时，我们会偶尔遇到需要通过挤出实体或工程实体的工具创建模型的情况，往往需要耗费大量的时间做一些比较简单的结构。为了避免这种低效的设计工作，Rhino提供了实体操作和修改工具，可以帮助设计师完成很多细节工作。

5.5.1 线切割

使用开放或封闭的曲线切割实体。

上机操作——线切割

01 打开本例源文件【线切割.3dm】。

02 单击【线切割】按钮，选取切割用的曲线和要切割的实体对象，如图5-110所示。

03 单击右键后输入切割深度或者指定第一切割点，如图5-111所示。

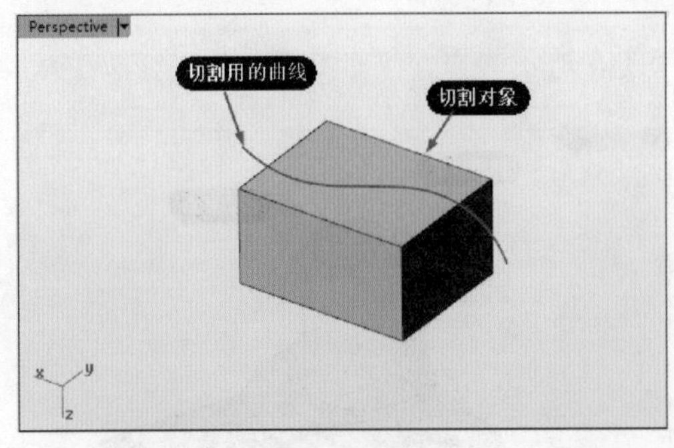

图5-110 选取切割用的曲线和要切割的对象

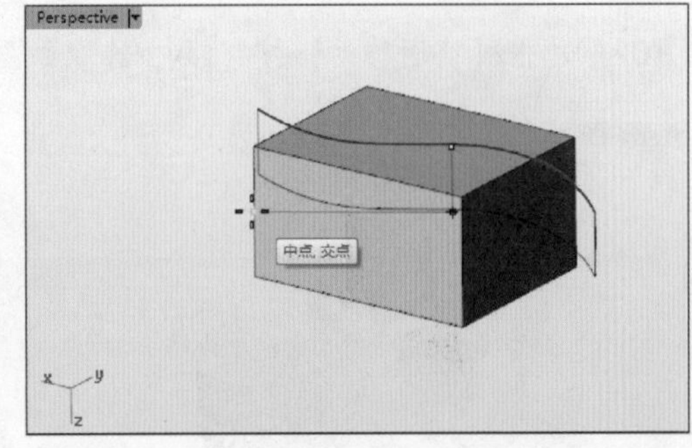

图5-111 指定第一切割点

04 指定第二切割点或者输入切割深度，或者直接单击右键切穿对象，将第二切割点拖动到模型外并单击放置，如图5-112所示。

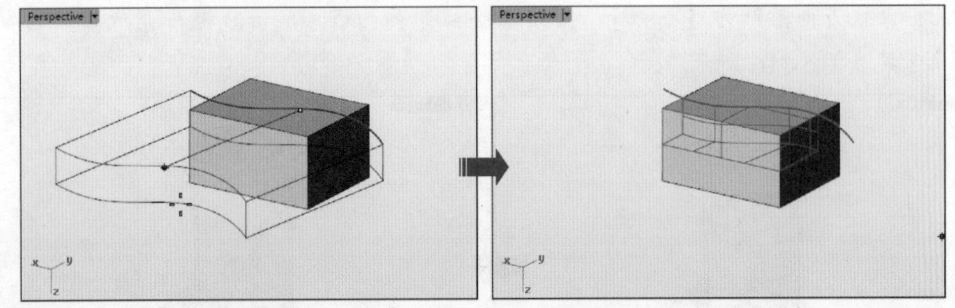

图5-112 指定第二切割点

05 最后单击右键即可完成切割，如图5-113所示。

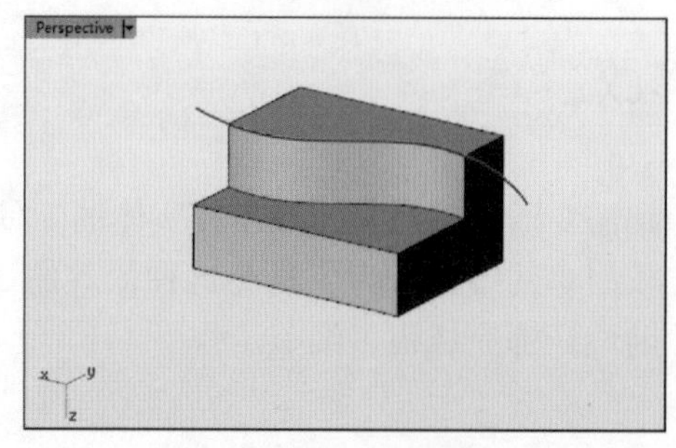

图 5-113　创建矩形阵列

5.5.2　将面移动

【将面移动】命令可通过移动面来修改实体或曲面。如果是曲面，仅仅移动曲面，不会生成实体。

上机操作——将面移动

01 打开本例源文件【线切割.3dm】，如图 5-114 所示。

02 单击【将面移动】按钮，选取如图 5-115 所示的面，单击右键后指定移动起点。

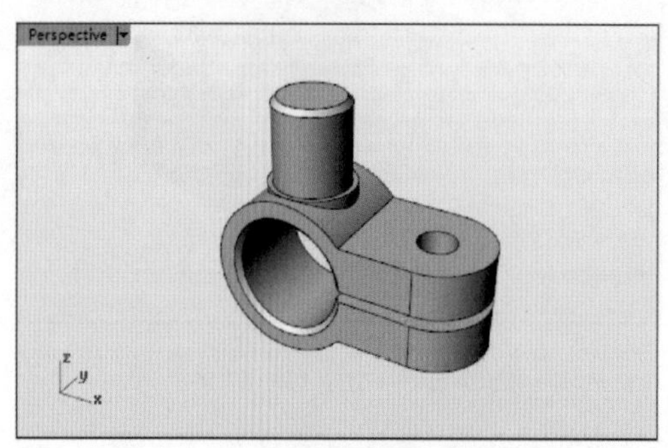

图 5-114　打开的模型

图 5-115　指定移动起点

03 设置方向限制为【法线】，再输入移动距离为 5，单击右键后完成面的移动，结果如图 5-116 所示。

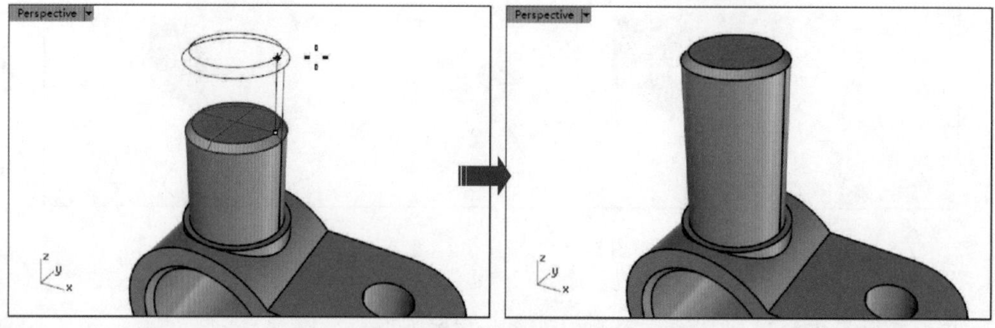

图 5-116　指定移动方向并输入移动距离

04 再次执行此命令，选取如图 5-117 所示的面进行移动操作。

05 设置方向限制为【法向】，输入终点距离为 2，单击右键后完成面的移动，如图 5-118 所示。

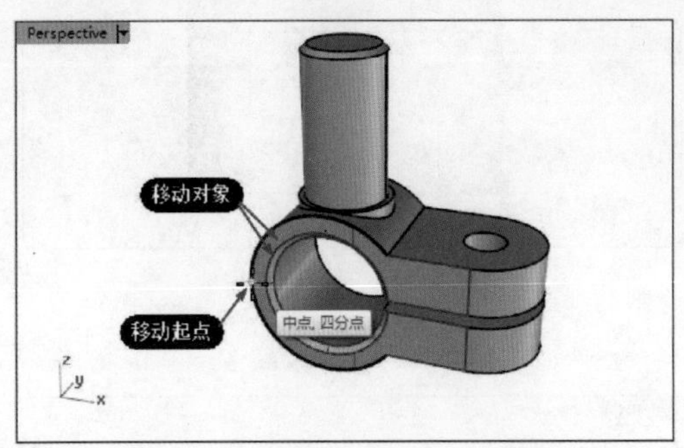

图 5-117　选取移动对象和移动起点

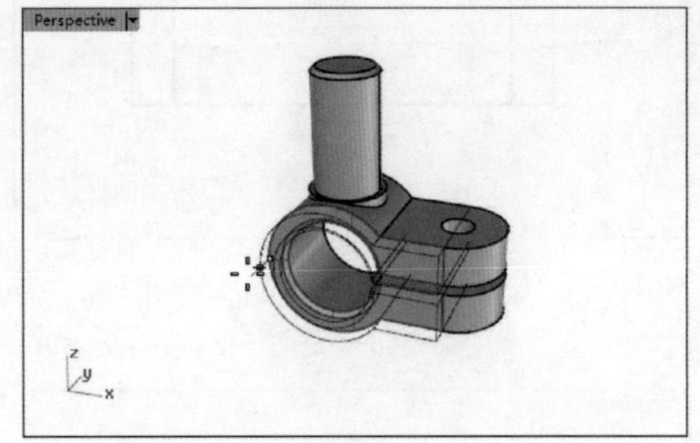

图 5-118　设置移动终点并完成移动操作

06 同样的，在相反的另一侧也作相同参数的移动面操作。

5.5.3　自动建立实体

【自动建立实体】命令以选取的曲面或多重曲面所包围的封闭空间建立实体。

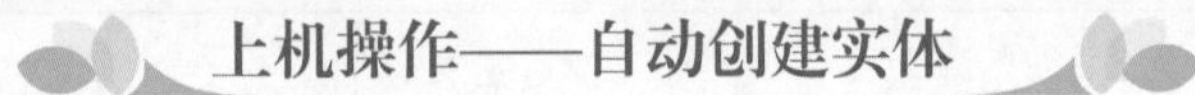

上机操作——自动创建实体

01 新建 Rhino 文件。

02 利用【矩形】【炸开】【曲线圆角】【直线挤出】等命令，建立如图 5-119 所示的曲面。

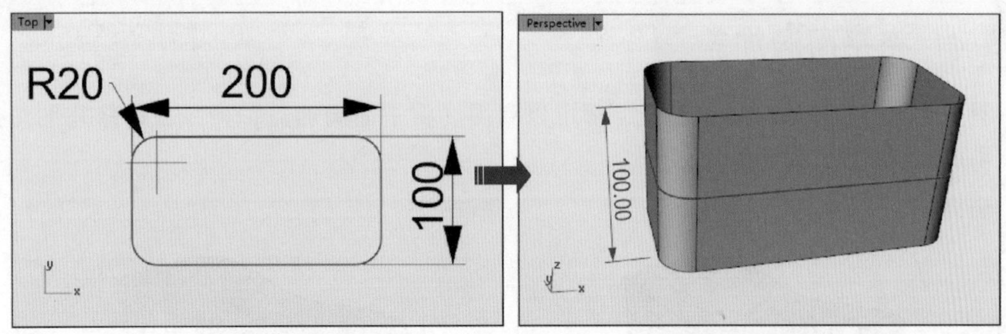

图 5-119　建立挤出曲面

03 利用【圆弧】命令，在【Front】视窗和【Right】视窗中绘制曲线，如图 5-120 所示。

04 利用【直线挤出】命令建立挤出曲面，如图 5-121 所示。

05 单击【自动建立实体】按钮，框选所有曲面，单击右键后自动相互修剪并建立实体，如图 5-122 所示。

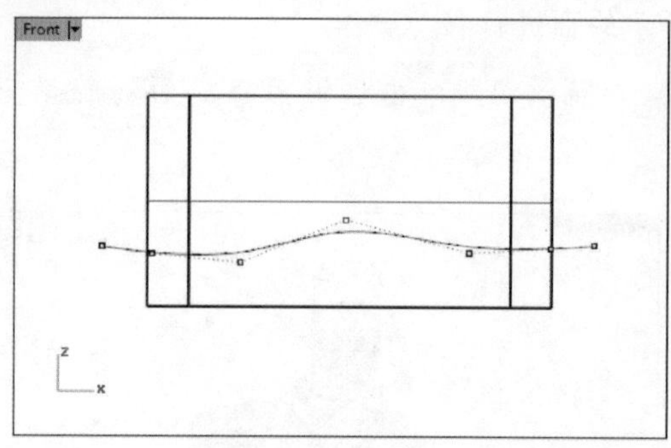

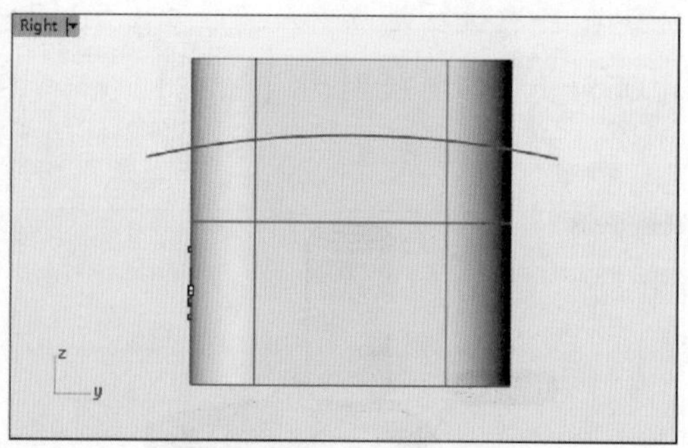

图 5-120　绘制曲线

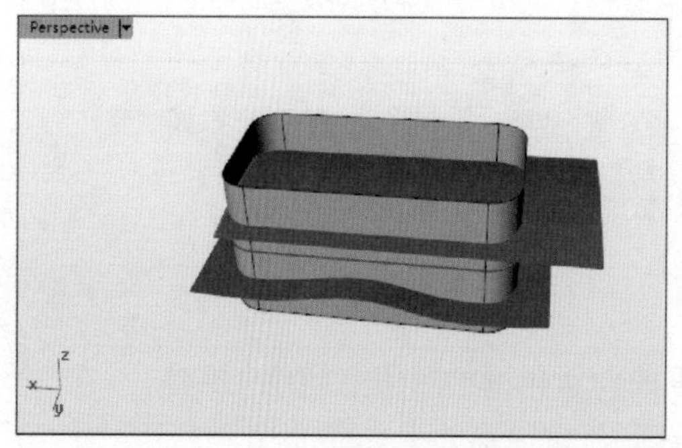

图 5-121　建立挤出曲面

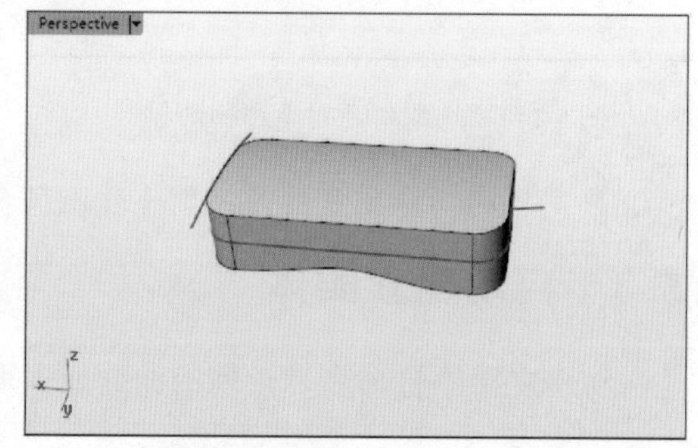

图 5-122　自动建立实体

技巧点拨

两两相互修剪的曲面必须完全相交，否则将不能建立实体。

5.5.4　将平面洞加盖

只要曲面上的孔边缘在平面上，都可以利用【将平面洞加盖】命令自动修补平面孔，并自动组合成实体，如图 5-123 所示。

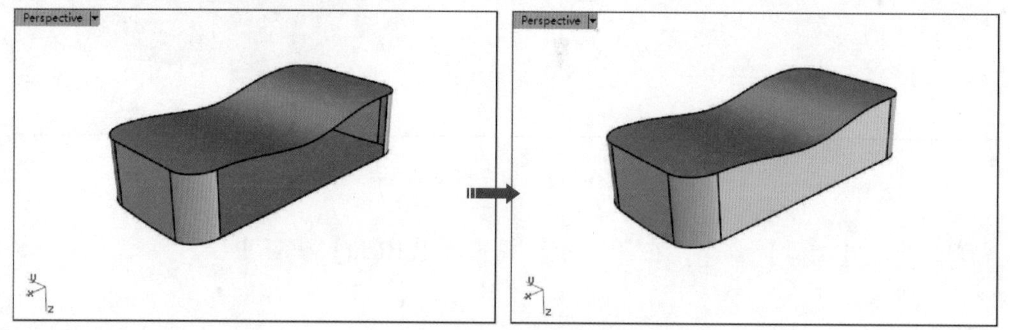

图 5-123　将平面洞加盖

如果不是平面上的洞，将不能加盖，在命令行中出现失败提示，如图 5-124 所示。

无法替 1 个物件加盖，边缘没有封闭或不是平面的缺口无法加盖。

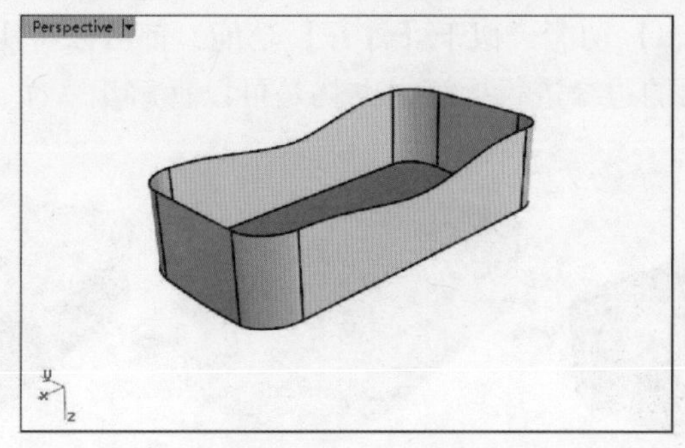

图 5-124　不是平面的洞不能加盖

5.5.5　抽离曲面

【抽离曲面】可将实体中选中的面剥离开，实体则转变为曲面。抽离的曲面可以删除，也可以进行复制。

单击【抽离曲面】按钮，选取实体中要抽离的曲面，单击右键即可完成抽离，如图 5-125 所示。

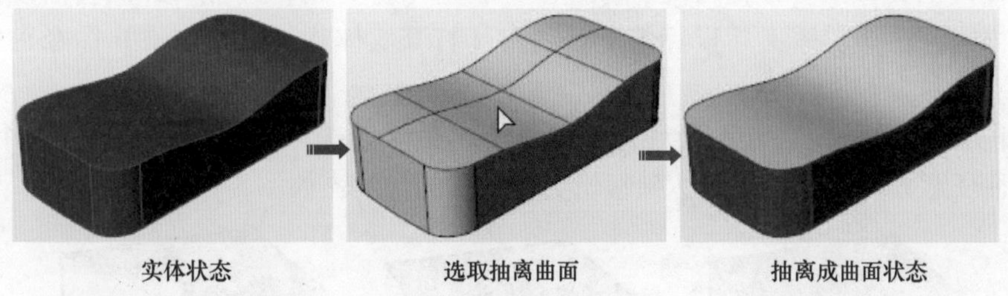

图 5-125　抽离曲面

5.5.6　合并两个共曲面的面

【合并两个共曲面的面】命令将一个多重曲面上相邻的两个共平面的平面合并为单一平面，如图 5-126 所示。

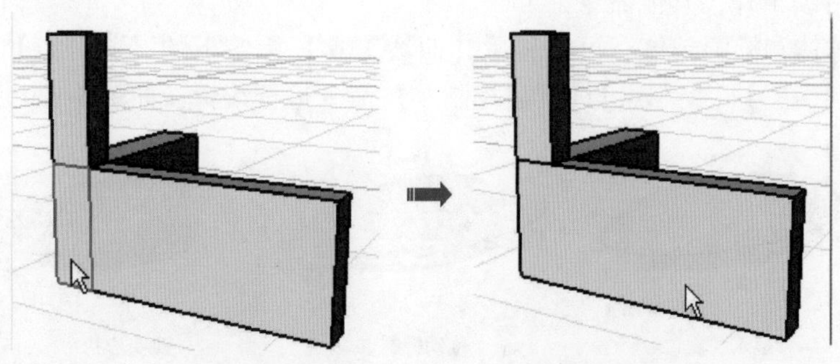

图 5-126　合并两个共曲面的面

5.5.7 取消边缘的组合状态

【取消边缘的组合状态】功能近似于【炸开】功能，都可以将实体拆解成曲面。不同的是，前者可以选取单个面的边缘进行拆解，也就是可以拆解出一个或多个曲面，如图 5-127 所示。

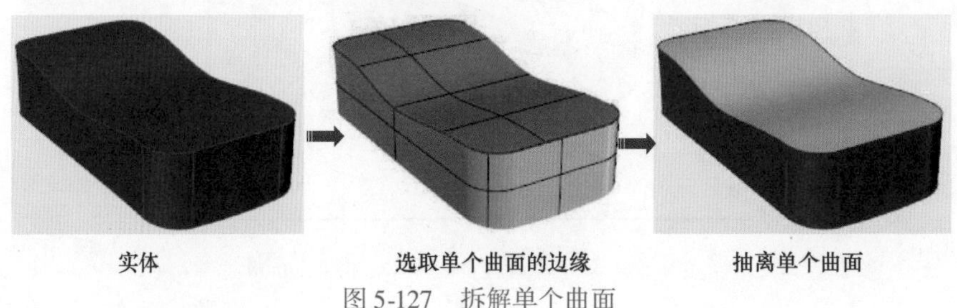

图 5-127 拆解单个曲面

技巧点拨

如果选取实体中所有边缘，将拆解所有曲面。

5.5.8 打开实体物件的控制点

在【曲线工具】或【曲面工具】标签中，利用【打开点】功能可以编辑曲线或曲面的形状。同样的，在【实体工具】标签下，利用【打开实体物件的控制点】命令可以编辑实体的形状。

【打开实体物件的控制点】命令打开的是实体边缘的端点，每个点都具有 6 个自由度，表示可以往任意方向变动位置，达到编辑实体形状的目的，如图 5-128 所示。

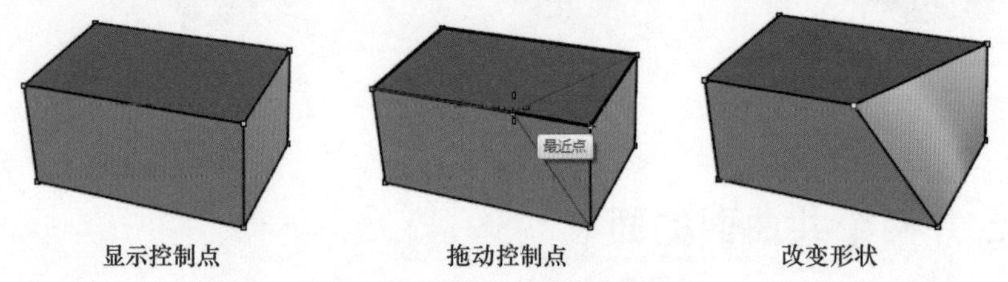

图 5-128 打开实体物件的控制点

在前面一章所介绍的基本实体中，除了球体和椭圆球体不能使用【打开实体物件的控制点】命令进行编辑外，其他命令都可以。

要想编辑球体和椭圆球体，可以利用【曲线工具】标签下的【打开点】命令，或者在菜单栏中执行【编辑】|【控制点】|【开启控制点】命令进行编辑，如图 5-129 所示。

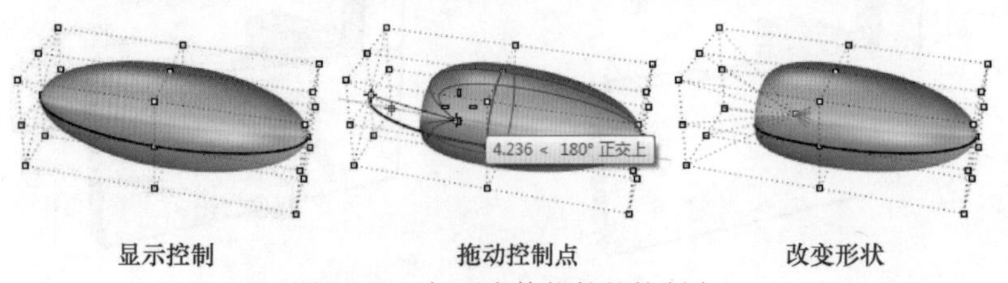

图 5-129 打开实体物件的控制点

5.5.9　移动边缘

【移动边缘】可通过移动实体的边缘来编辑形状。选取要移动的边缘，边缘所在的曲面将随之改变，如图 5-130 所示。

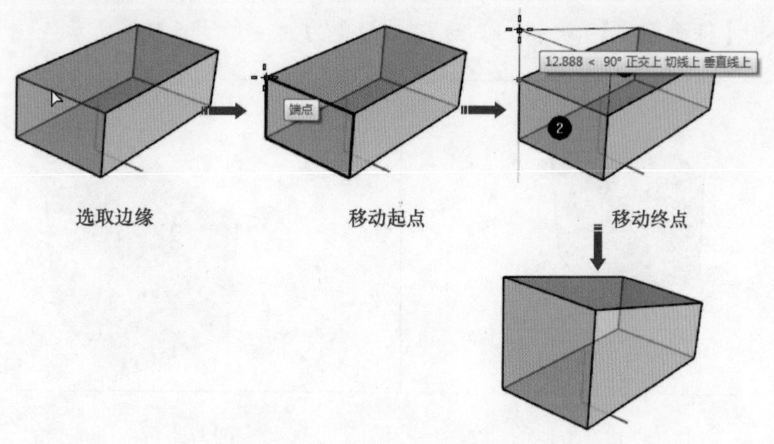

图 5-130　移动边缘编辑实体

5.5.10　将面分割

【将面分割】命令用于分割实体上平直的面或者平面，如图 5-131 所示。

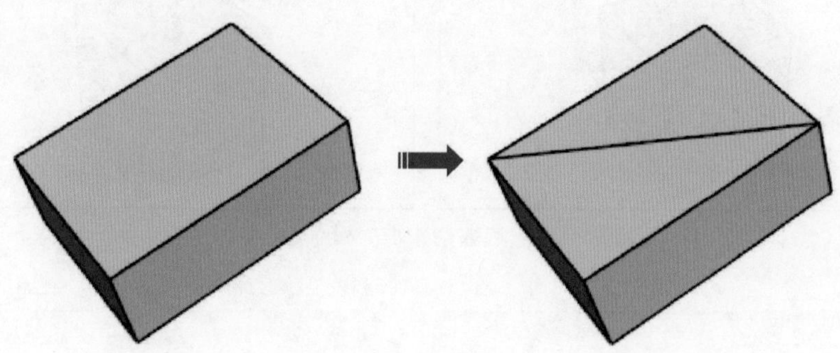

图 5-131　将面分割

技巧点拨

实体的面被分割后，其实体性质并没有改变。曲面是不能使用此命令进行分割的，曲面可使用左边栏的【分割】命令进行分割。

如果需要合并平面上的多个面，则可利用【合并两个共曲面的面】命令进行合并。

5.5.11　将面摺叠

【将面摺叠】命令可将多重曲面中的面沿着指定的轴切割并旋转。

上机操作——将面摺叠

01 新建 Rhino 文件。

02 使用【立方体：角对角、高度】命令创建一个立方体，如图 5-132 所示。

03 单击【将面摺叠】命令，选取要摺叠的面，如图 5-133 所示。

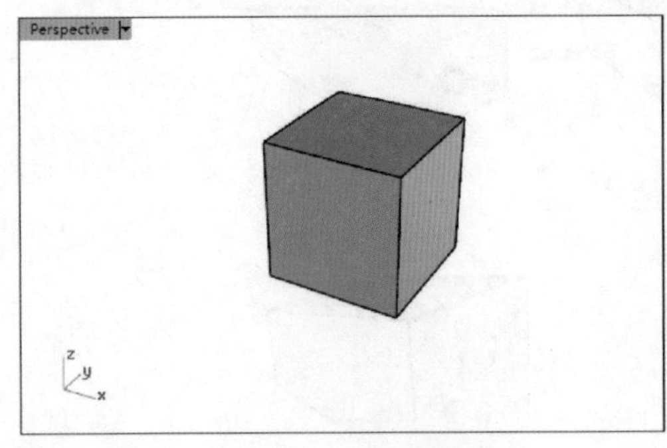

图 5-132　创建立方体

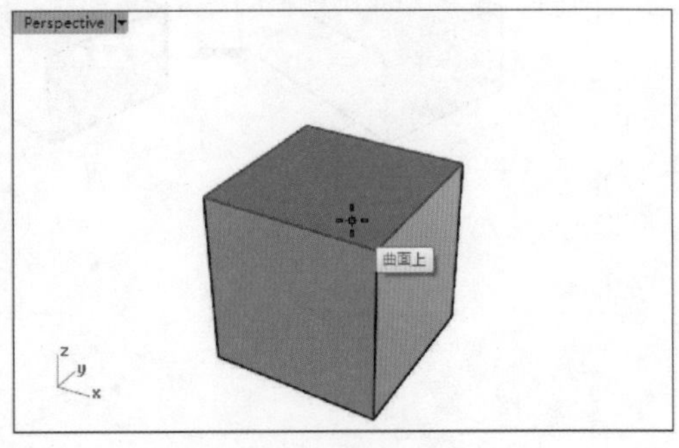

图 5-133　选取要摺叠的面

04 选取摺叠轴的起点和终点，如图 5-134 所示。

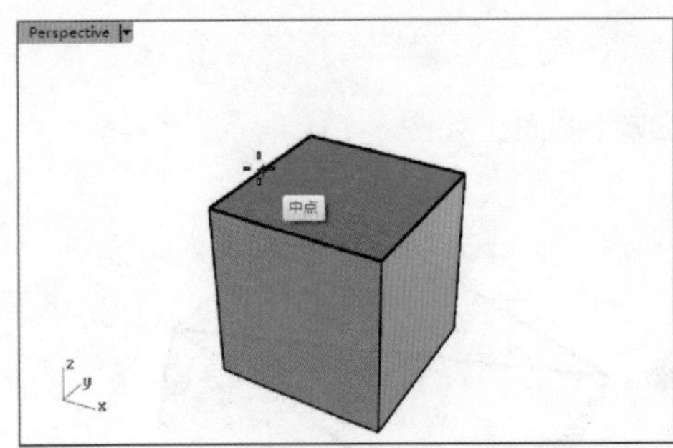

图 5-134　选取摺叠轴的起点与终点

技巧点拨

确定摺叠轴后，整个面被摺叠轴一分为二。接下来可以摺叠单面，也可以摺叠双面。

05 接着指定摺叠的第一参考点和第二参考点，如图 5-135 所示。

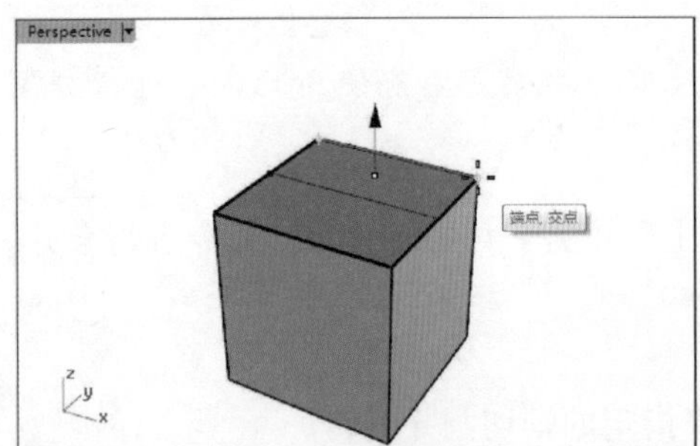

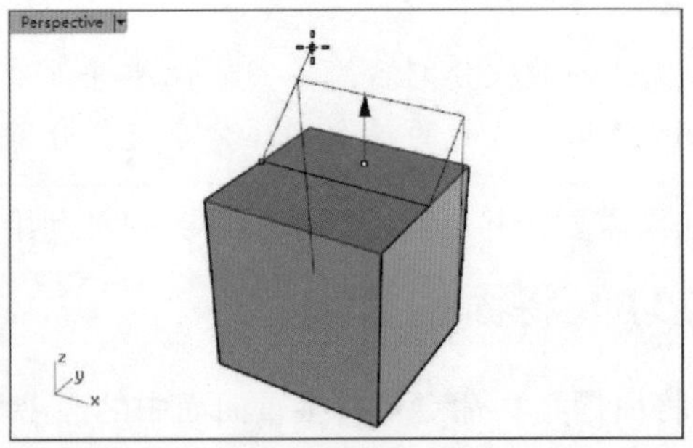

图 5-135　指定摺叠的两个参考点

06 单击右键完成摺叠，如图5-136所示。

技巧点拨

默认情况下，只设置单个面的摺叠，将生成对称的摺叠。如果不需要对称，可以继续指定另一面的摺叠。

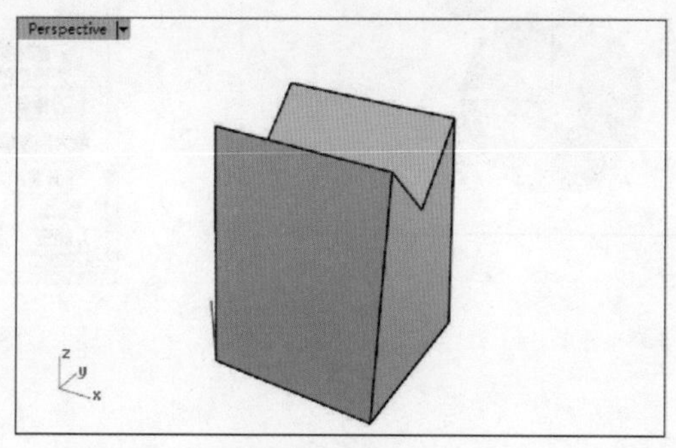

图5-136 完成摺叠

5.6 实体建模训练案例——小黄鸭造型

本例通过一个小黄鸭的造型来温习前面所学的实体创建、操作与编辑工具。小黄鸭造型如图5-137所示。

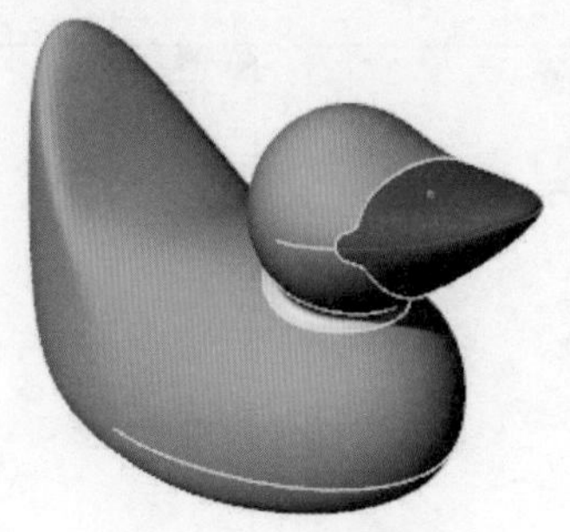

图5-137 小黄鸭造型

01 新建Rhino文件。

02 利用【球体：中心点、半径】命令，创建半径为30和半径为18的两个球体，如图5-138所示。

03 为了使球体拥有更多的控制点，需要对球体进行重建。选中两个球体，然后执行菜单栏中【编辑】|【重建】命令，打开【重建曲面】对话框。在对话框中设置【U】【V】点数为8，阶数都为3，勾选【删除输入物件】复选框和【重新修剪】复选框，单击【确定】按钮完成重建操作，如图5-139所示。

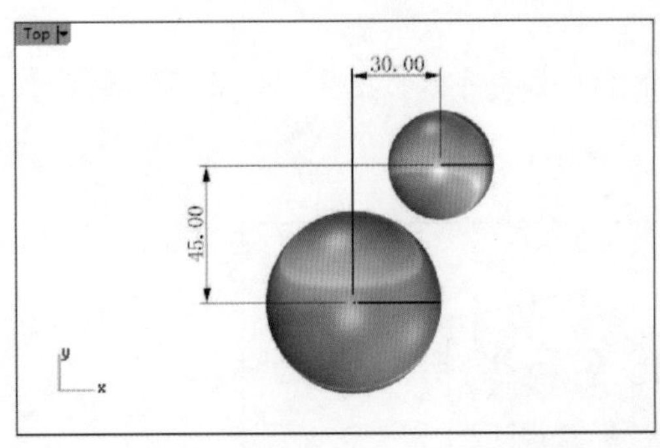

图 5-138 创建两个球体

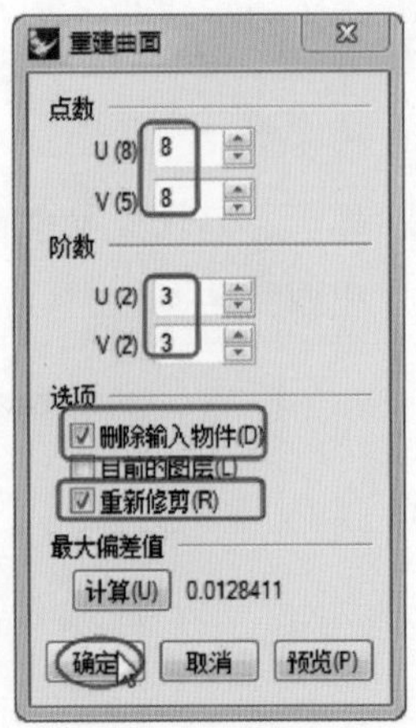

图 5-139 重建球体

技巧点拨

两个球体现在已经重建成可塑形的球体了，更多的控制点表示对球体的形状有更大的控制能力，3 阶曲面比原来的球体更能平滑地变形。

04 选中直径较大的球体，然后利用【打开点】命令，显示球体的控制点，如图 5-140 所示。

05 框选下部分控制点，然后执行菜单栏中【变动】|【设置 XYZ 坐标】命令，如图 5-141 所示。

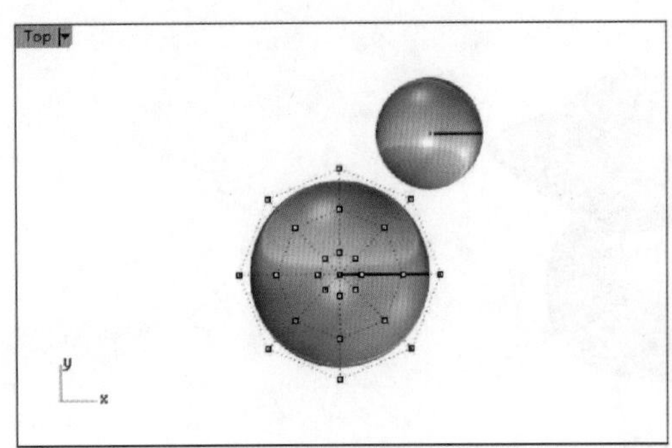

图 5-140 显示控制点

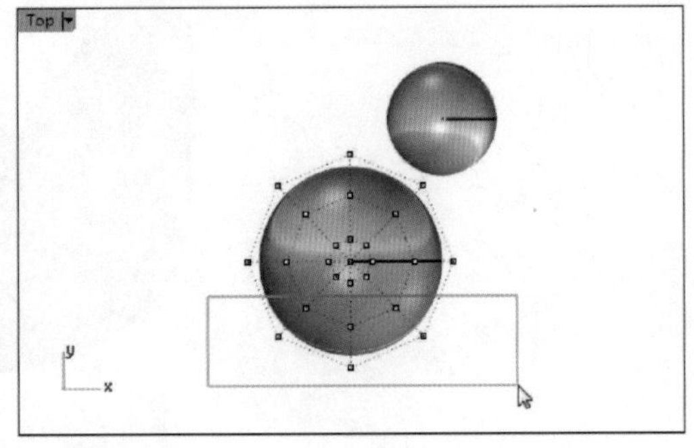

图 5-141 框选部分控制点

06 随后打开【设置点】对话框。在对话框中仅仅勾选【设置 Y】复选框，单击【确定】按钮完成设置，如图 5-142 所示。

07 将选取的控制点往上拖曳。所有选取的控制点会在世界坐标 Y 轴上对齐（【Top】工作视窗垂直的方向），使球体底部平面化，如图 5-143 所示。

08 关闭控制点。选中身体部分球体，执行菜单栏中【变动】|【缩放】|【单轴缩放】命令，同时打开底部状态栏中的【正交】模式。选择原球体中心点为基点，再指定第一参考点和第二参考点，如图 5-144 所示。

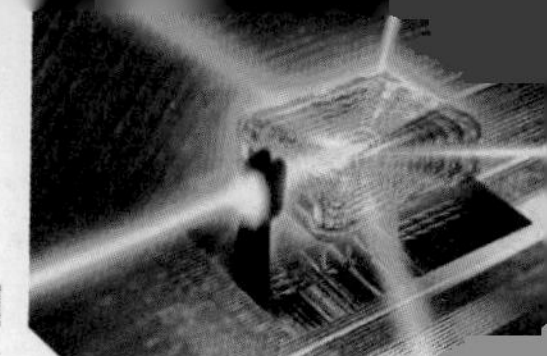

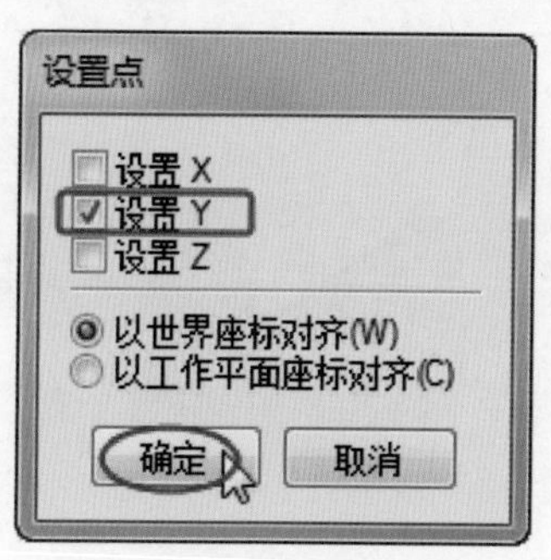

图 5-142　设置点的坐标

图 5-143　拖动控制点

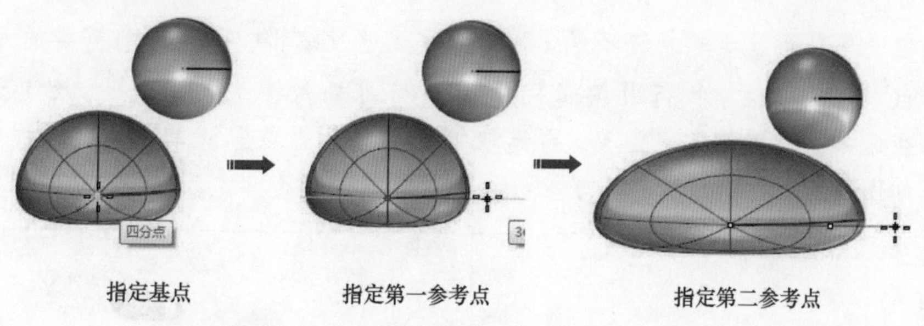

图 5-144　单轴缩放身体

09 确定第二参考点后单击鼠标即可完成变动操作。在身体部分处于激活状态下（被选中），打开其控制点。然后选中右上方的两个控制点，向右拖动，使身体部分隆起，随后单击鼠标完成变形操作，如图 5-145 所示。

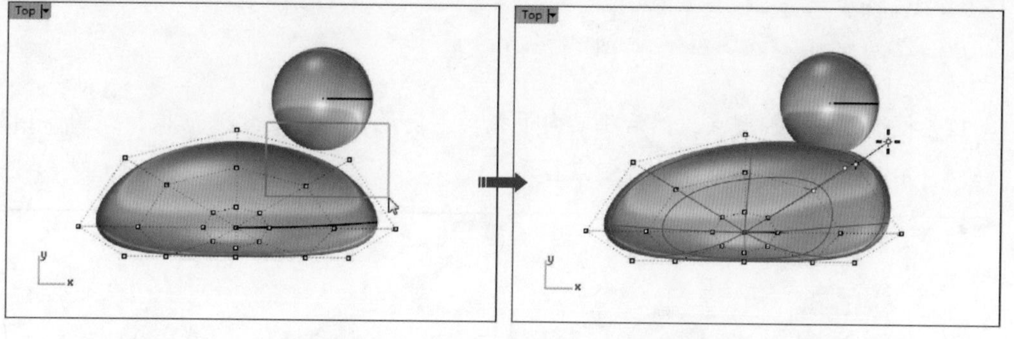

图 5-145　拖动右上方控制点改变胸部形状

10 框选左上方的一个控制点，然后向上拖动，拉出尾部形状，如图 5-146 所示。

技巧点拨

虽然在【Top】工作视窗中看起来只有一个控制点被选取，但是在【Front】工作视窗中可以看到共有两个控制点被选取，这是因为第二个控制点在【Top】工作视窗中位于所看到的控制点的正后方。

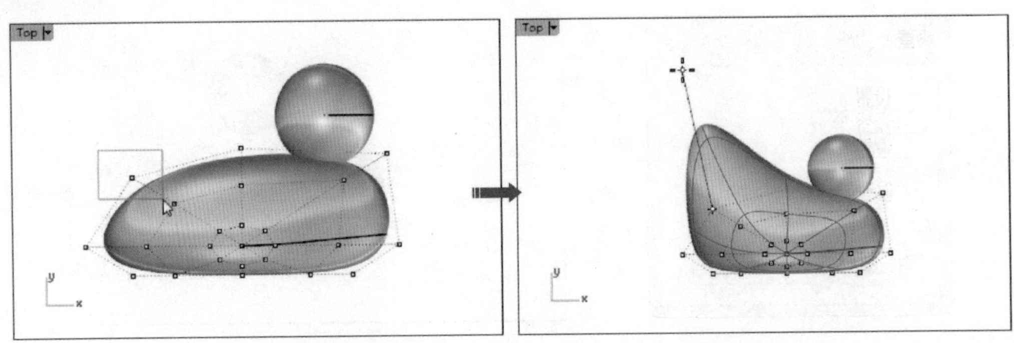

图 5-146　拖动左上方控制点改变尾部形状

11 但是尾部形状看起来还不是很满意，需要继续编辑。编辑之前需要插入一排控制点。在菜单栏中执行【编辑】|【控制点】|【插入控制点】命令，然后选取身体，在命令行中更改方向为 V，再选取控制点的放置位置，单击右键完成插入操作，如图 5-147 所示。

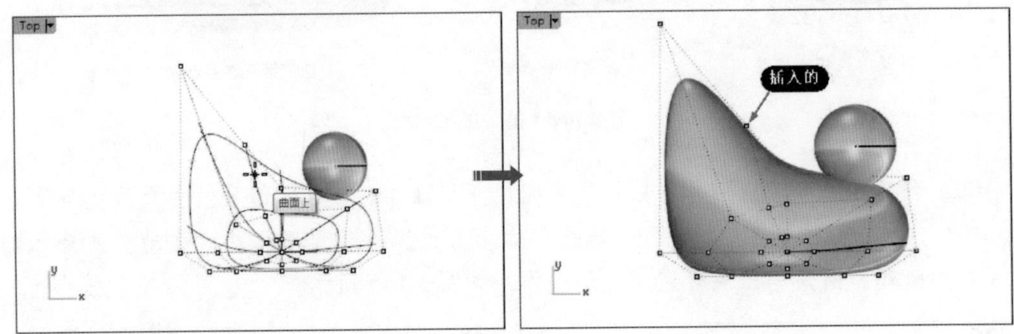

图 5-147　插入控制点

12 框选插入的控制点，然后将其向下拖动，使尾部形状看起来更像，如图 5-148 所示。完成后关闭身体的控制点显示。

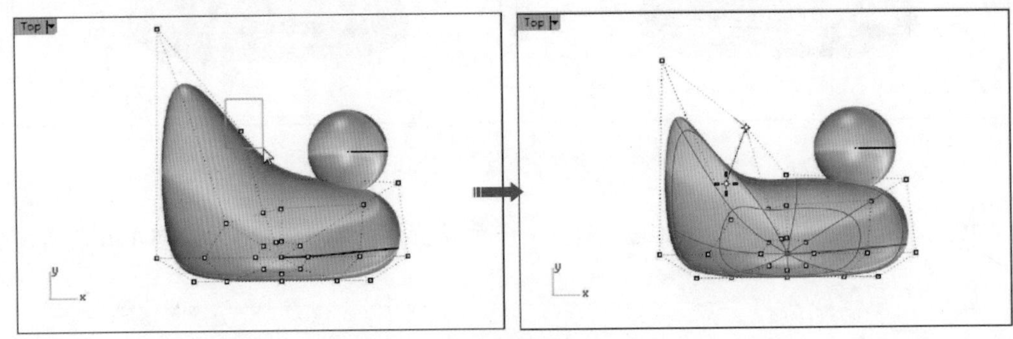

图 5-148　拖动控制点改变身体

13 选取较小的球体，并显示其控制点。框选右侧的控制点，然后设置点的坐标方式

为【设置 X】【设置 Y】，并进行拖动，拉出嘴部的形状，如图 5-149 所示。

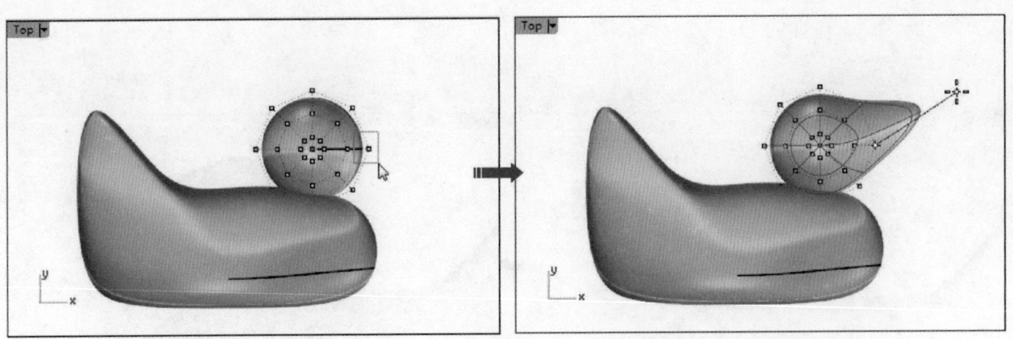

图 5-149　拉出嘴部形状

14 框选如图 5-150 所示的控制点，然后在【Front】视窗中向右拖动，完善嘴部的形状。

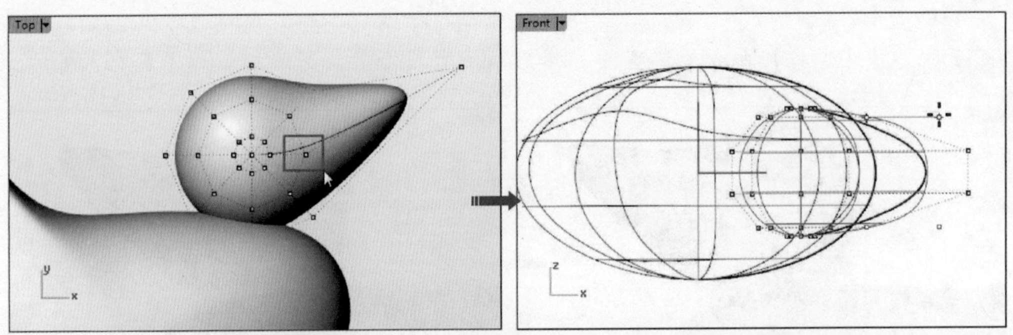

图 5-150　调整嘴部形状

15 框选顶部的控制点，向下拖动少许微调头部形状，如图 5-151 所示。

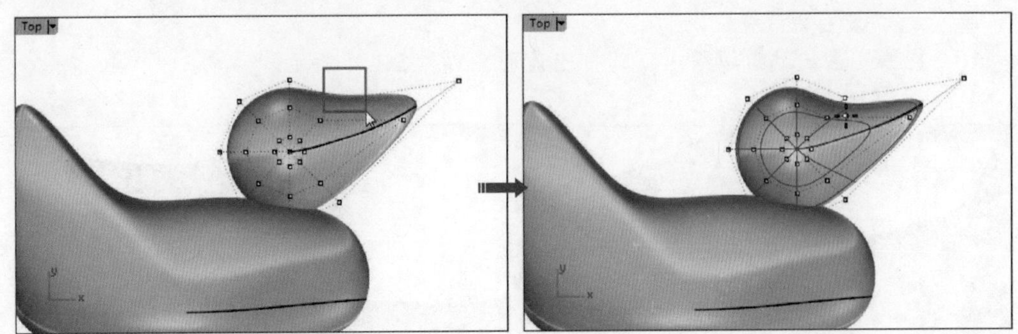

图 5-151　微调头部形状

技巧点拨

在微调过程中，要注意观察其他几个视窗中的变形情况，如果发现控制点在其他方向一致运动，必要时再设置下点的 XYZ 坐标，从而单方向拖动变形。

16 按下【Esc】键关闭控制点。利用【内插点曲线】命令绘制一条样条曲线，用来分割出嘴部与头部，分割后可以对嘴部进行颜色渲染，以示区别，如图 5-152 所示。

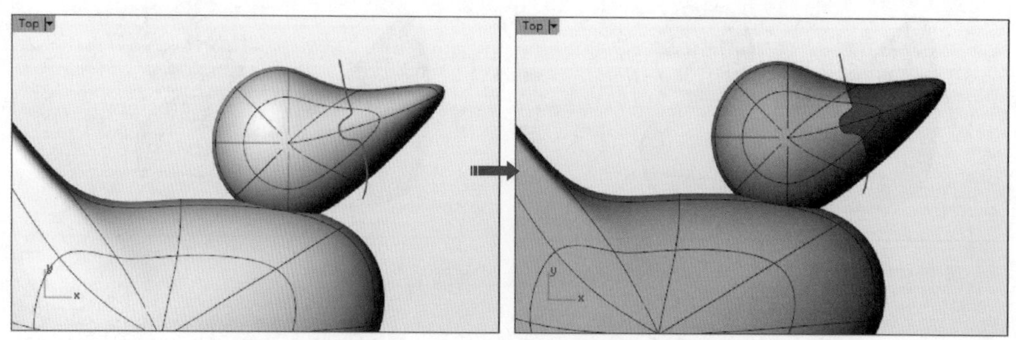

图 5-152 绘制曲线并分割头部

17 利用【直线】命令绘制直线，然后利用直线修剪头部底端，如图 5-153 所示。

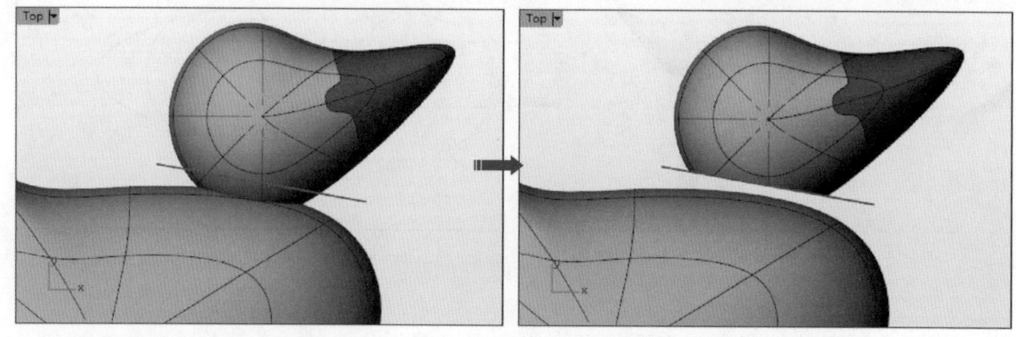

图 5-153 绘制直线再修剪头部

18 在修剪后的缺口边缘上创建挤出曲面，如图 5-154 所示。

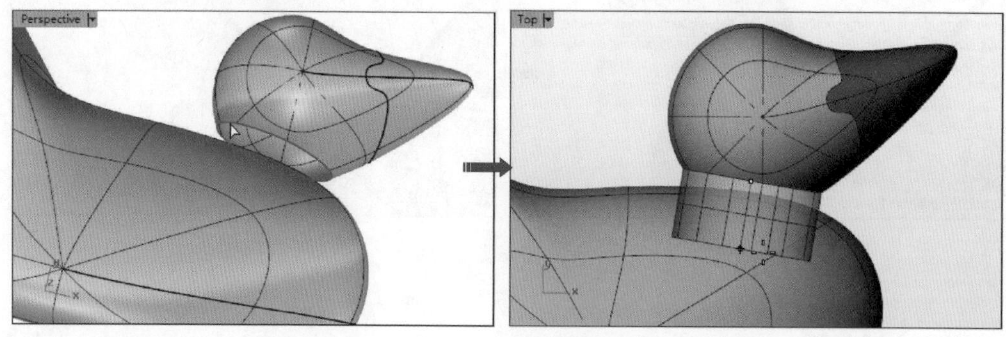

图 5-154 创建挤出曲面

19 利用【修剪】命令，用挤出曲面去修剪身体，得到与头部切口与之对应的身体缺口，如图 5-155 所示。

技巧点拨

选取要修剪的物件时，要选取挤出曲面范围以内的身体。

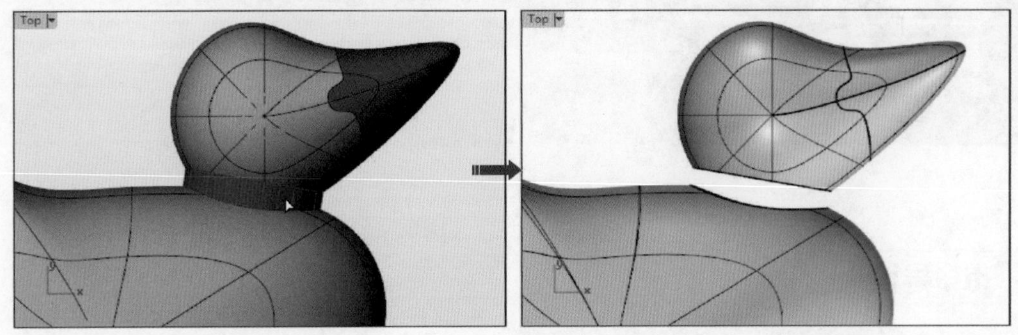

图 5-155　修剪身体

20 利用【混接曲面】命令选取头部缺口边缘和身体缺口边缘，创建出如图 5-156 所示的混接曲面。

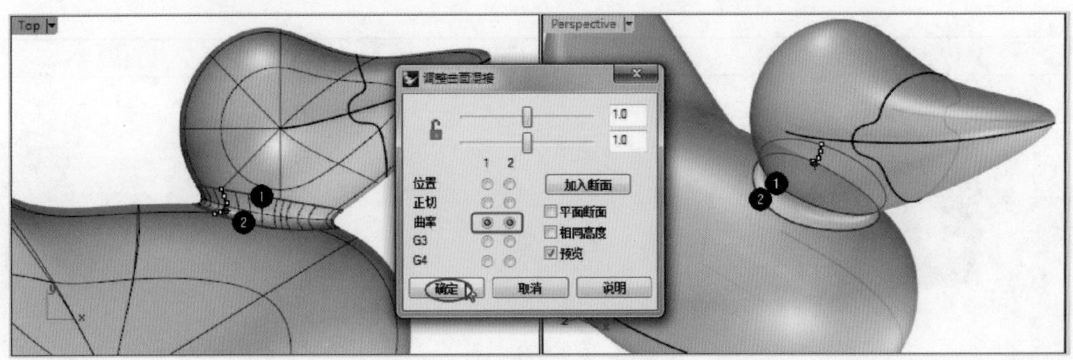

图 5-156　创建混接曲面

21 至此，完成了小鸭的造型操作案例。

Chapter 第6章 产品曲面建模

本章导读

曲面就像是一张有弹性的矩形薄橡皮，NURBS 曲面可以呈现简单的造型（平面及圆柱体），也可以呈现自由造型或雕塑曲面。本章将介绍 Rhino 6.0 的曲面设计功能。

案例展现

案 例 图

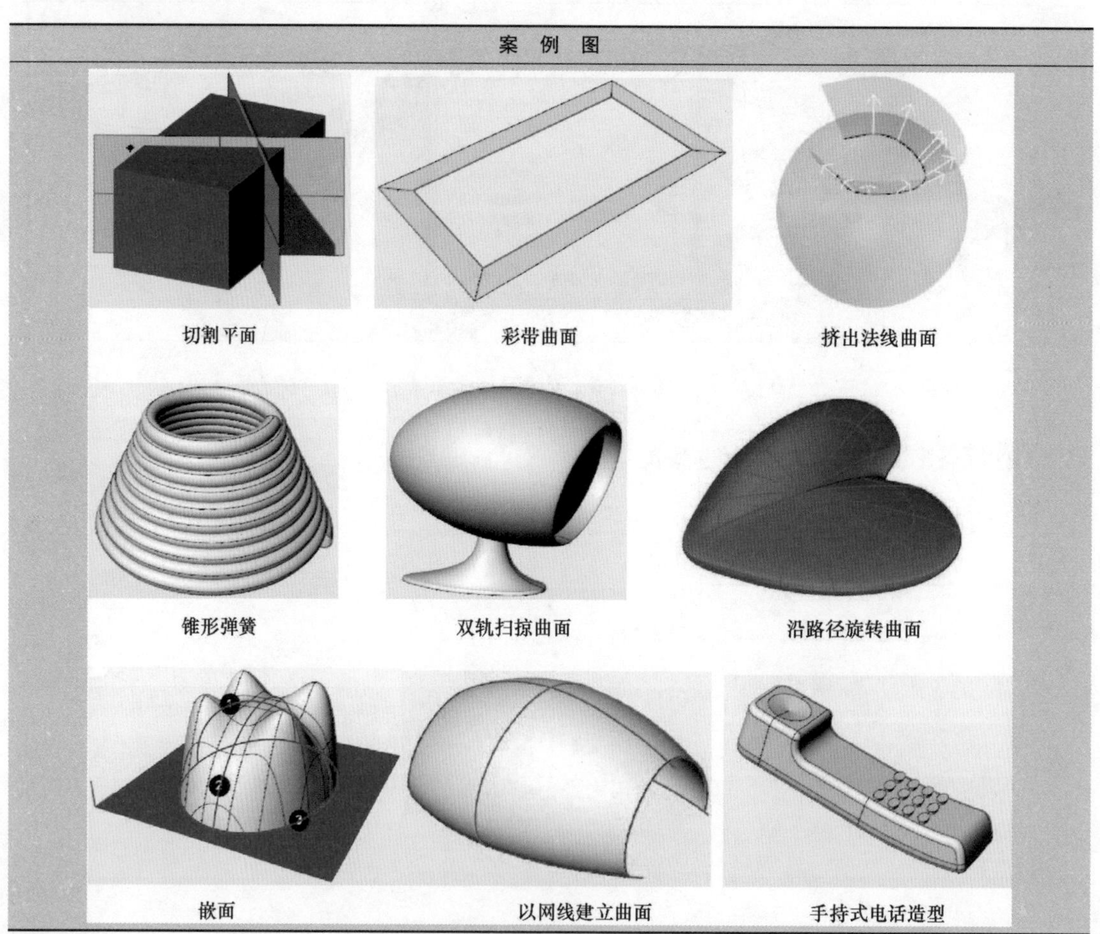

切割平面　彩带曲面　挤出法线曲面

锥形弹簧　双轨扫掠曲面　沿路径旋转曲面

嵌面　以网线建立曲面　手持式电话造型

6.1 平面曲面

Rhino 中曲面的绘制工具主要集中在【曲面工具】标签和左边栏【曲面边栏】工具列中，如图 6-1 所示。

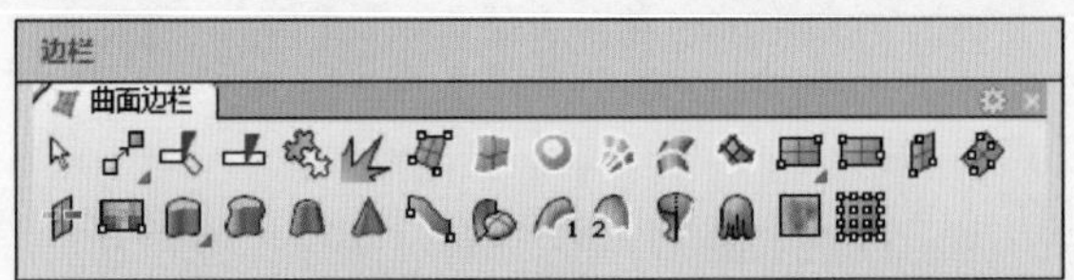

图 6-1　曲面工具

在 Rhino 中绘制平面的工具主要包含【指定三或四个角建立曲面】工具和【矩形平面】工具。

6.1.1　指定三或四个角建立曲面

【指定三或四个角建立曲面】工具通过在平面上指定三个或四个点来创建平面曲面，可以创建三角形和四边形，如图 6-2 所示。

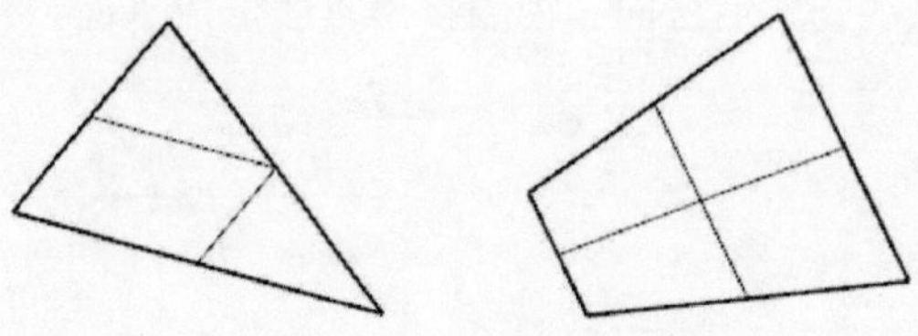

图 6-2　指定三或四个角建立曲面

6.1.2　矩形平面

矩形平面命令主要是在二维空间里用各种方法绘制平面矩形，在【曲面工具】标签下左边栏中长按【矩形平面：角对角】命令按钮，弹出【平面】工具列，如图 6-3 所示。

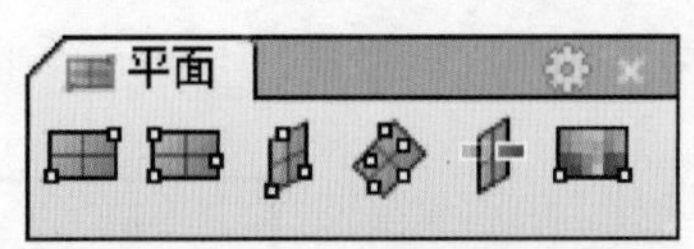

图 6-3　【平面】工具列

1.【矩形平面：角对角】

以空间上的两点连线形成闭合区域。

激活【Top】视窗，单击【矩形平面：角对角】按钮，然后确定对焦点位置，或者

在命令行中键入具体数据，如 10 和 18，按下【Enter】键或单击鼠标右键结束操作，如图 6-4 所示。

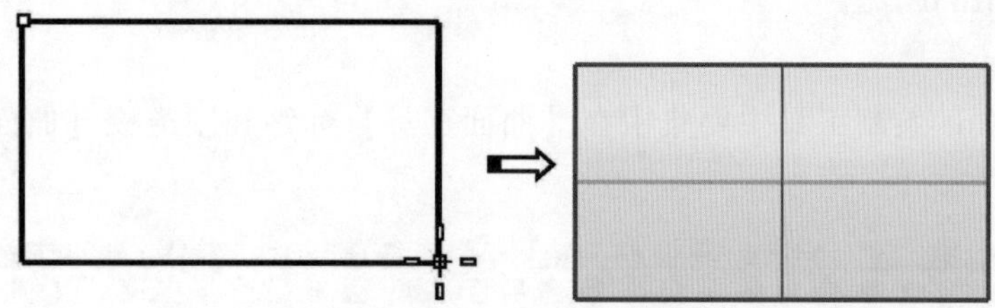

图 6-4　角对角建立矩形平面

2. 【矩形平面：三点】

先以两点确立一处边缘，再以一点确定另三边，此命令主要作用是延伸物体的边缘，如图 6-5 所示。

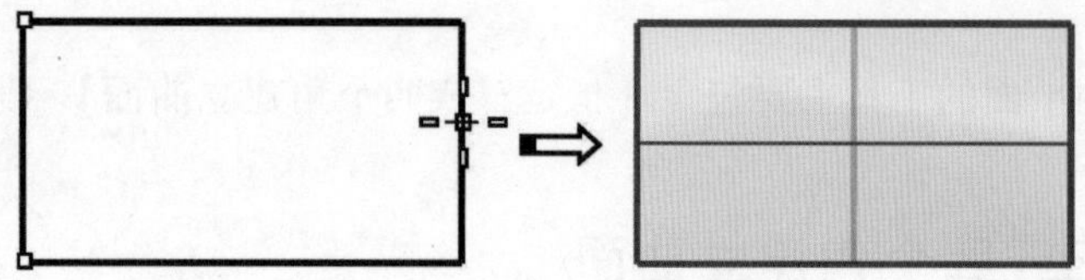

图 6-5　三点建立矩形平面

3. 【垂直平面】

在任意视窗中绘制直线，然后法向于视图挤出直线形成平面。

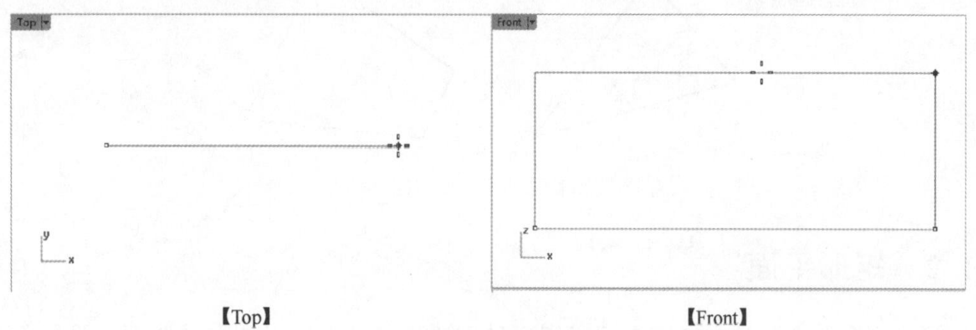

图 6-6　垂直平面

4. 逼近数个点的平面

通过逼近选取的点来确定平面范围，如图 6-7 所示。

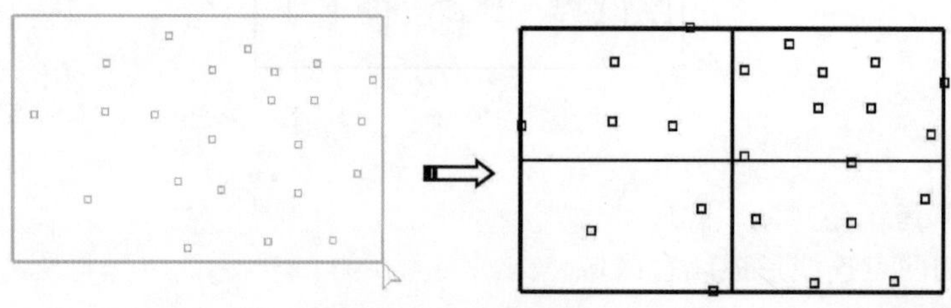

图 6-7　逼近数个点的平面

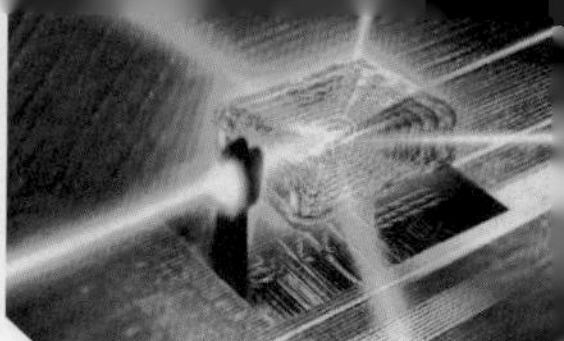

5. 切割用平面

【切割用平面】工具通过绘制曲线创建垂直于被切割物体表面的平面。下面以案例描述切割用平面的创建过程。

动手操作——建立切割用平面

01 新建 Rhino 文件。利用【立方体】命令，在视窗中绘制如图 6-8 所示的长方体。

02 单击【切割用平面】按钮，然后选取要做切割的物件（即长方体），按下【Enter】键确认后，在【Top】视窗中绘制穿过物件的直线，此直线确定了切割平面的位置，如图 6-9 所示。

图 6-8　绘制多点

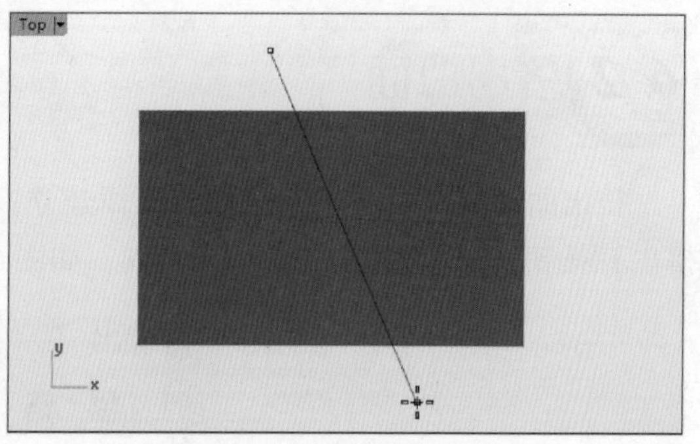

图 6-9　框选所有点

03 随后自动建立切割用平面，如图 6-10 所示。

04 还可以继续建立其他切割平面，如图 6-11 所示。

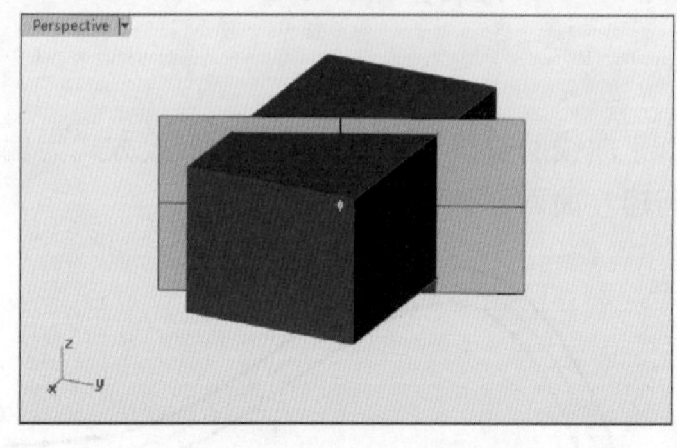

图 6-10　建立切割用平面

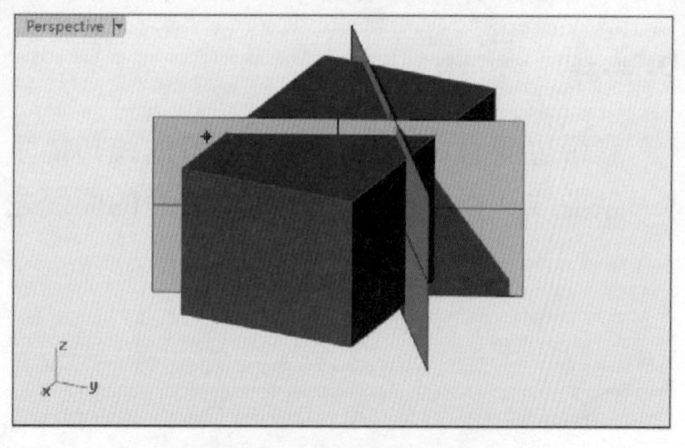

图 6-11　继续建立切割平面

6. 帧平面

该命令主要用于建立一个附有该图片文件的矩形平面。单击该命令按钮，在浏览器中选择需要插入作为参考的图片路径，找到该图片，然后在视窗窗口中根据需要放置该位图，如图 6-12 所示。这种放置图片文件的方式灵活性更强，而且可以根据需要随时改变图片的大小和比例，十分方便。

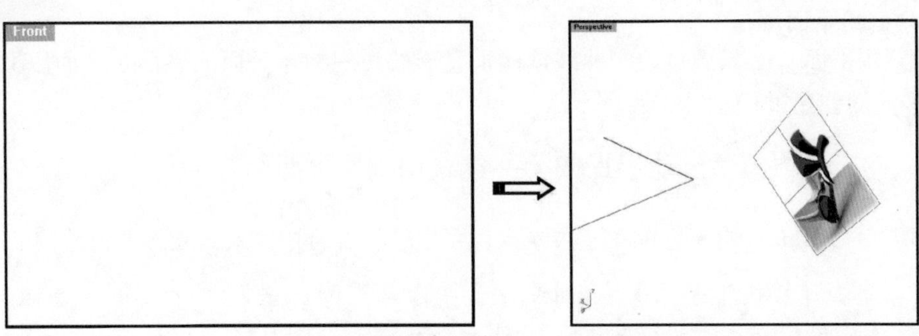

图 6-12　帧平面效果

6.2 挤出曲面

挤出曲面属于沿着轨迹扫掠截面而建立曲面的最为简单的工具。在左边栏长按【直线挤出】按钮，弹出【挤出】工具列，如图 6-13 所示。

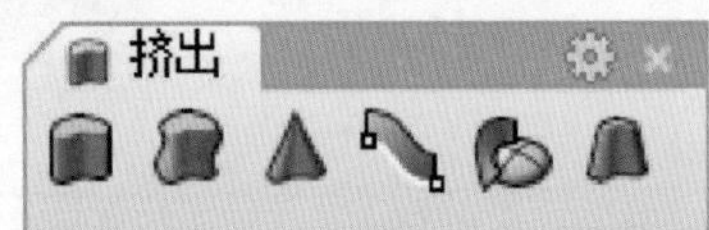

图 6-13　【挤出】工具列

【挤出】工具列中的【直线挤出】、【沿着曲线挤出】、【挤出至点】和【挤出曲线成锥状】等工具与前面实体建模一章的基于曲线挤出的建模工具用法是相同的，这里不做重复介绍。下面仅介绍【彩带】工具和【往曲面法线方向挤出曲面】工具的基本用法。

6.2.1　彩带

彩带也叫直纹曲面，意为沿着曲线扫描垂直于曲线的直线所形成的曲面。形成方式为偏移一条曲线，在原来的曲线和偏移后的曲线之间建立曲面，如图 6-14 所示。

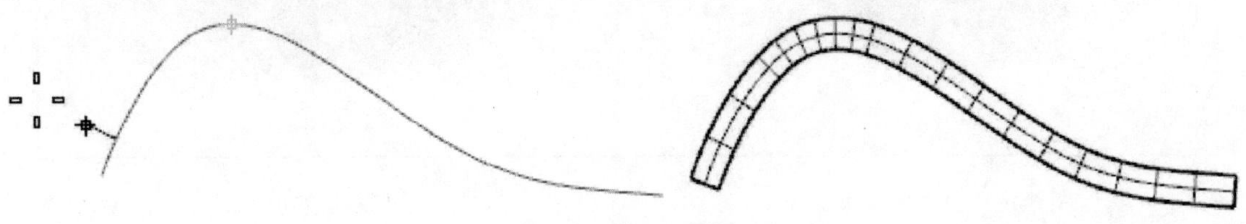

图 6-14　创建彩带

上机操作——应用【彩带】命令建立锥形曲面

01 新建 Rhino 文件。

02 利用【矩形】命令绘制一个矩形，如图 6-15 所示。

03 单击【彩带】按钮，选取要建立彩带的曲线后，在命令行中设定【距离】为30，其余选项不变，然后在矩形外侧单击以此确定偏移侧，如图 6-16 所示。

04 随后自动建立彩带曲面，如图 6-17 所示。

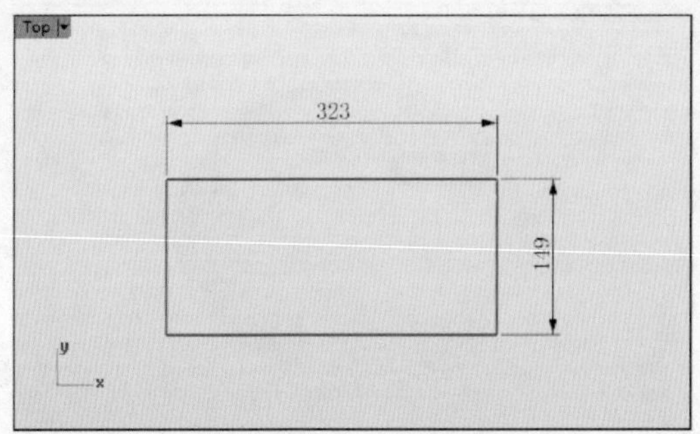

图 6-15　绘制矩形

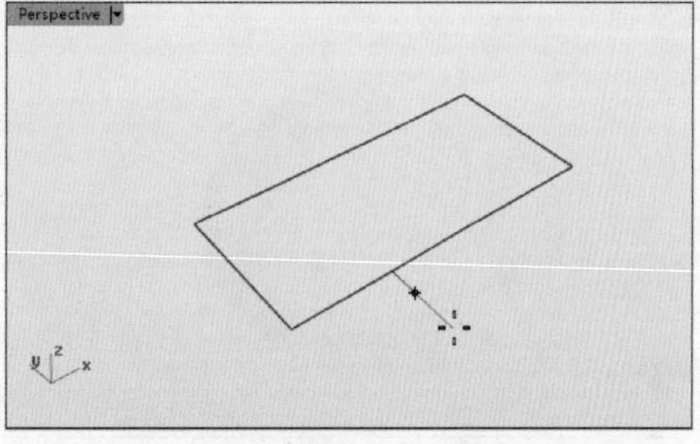

图 6-16　指定偏移侧

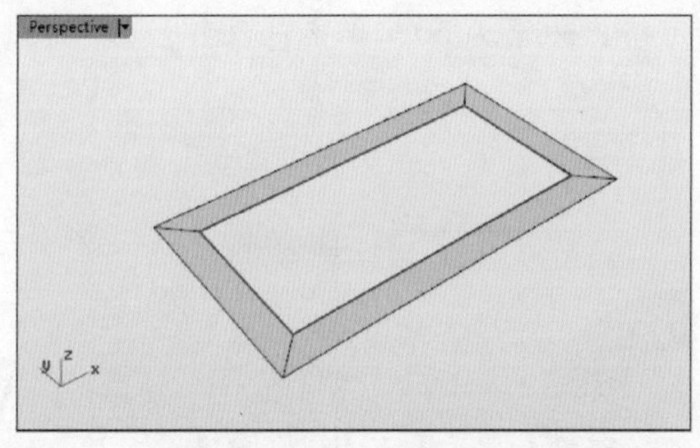

图 6-17　建立彩带曲面

6.2.2　往曲面法线方向挤出曲面

这种曲面建模方法在曲面上绘制曲线，选取曲线和曲面，挤出一条曲面上的曲线建立曲面，挤出的方向为曲面的法线方向，如图 6-18 所示。

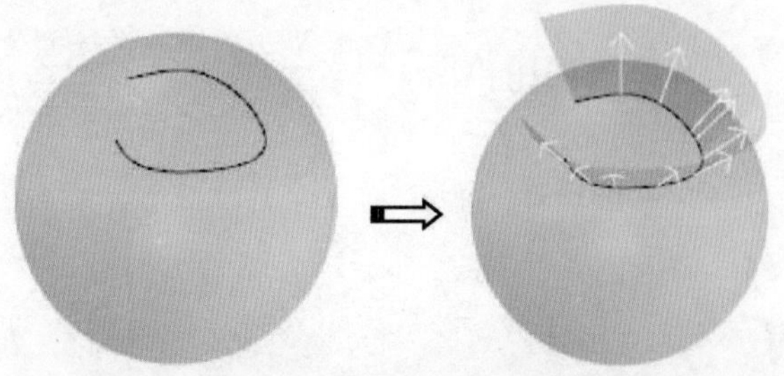

图 6-18　往曲面法线方向挤出曲面

上机操作——采用【往曲面法线方向挤出曲面】建立曲面

01 新建 Rhino 文件。打开如图 6-19 所示的源文件【6-1. 3dm】。打开的文件包含一个

旋转曲面和曲面上的样条曲线（内插点曲线）。

02 单击【往曲面法线方向挤出曲面】按钮，选取曲面上的曲线及基底曲面，如图 6-20 所示。

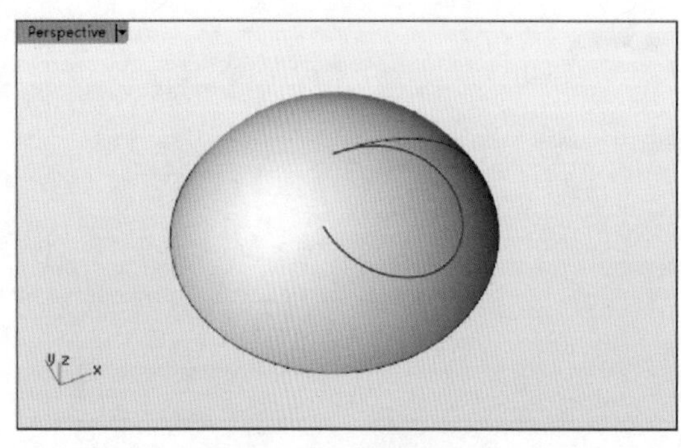

图 6-19 打开的源文件

基底曲面

曲线

图 6-20 选取曲线与基底曲面

03 在命令行中设定挤出距离为 50，单击【反转】选项使挤出方向指向曲面外侧，如图 6-21 所示。

04 按下【Enter】键或单击右键完成曲面的建立，如图 6-22 所示。

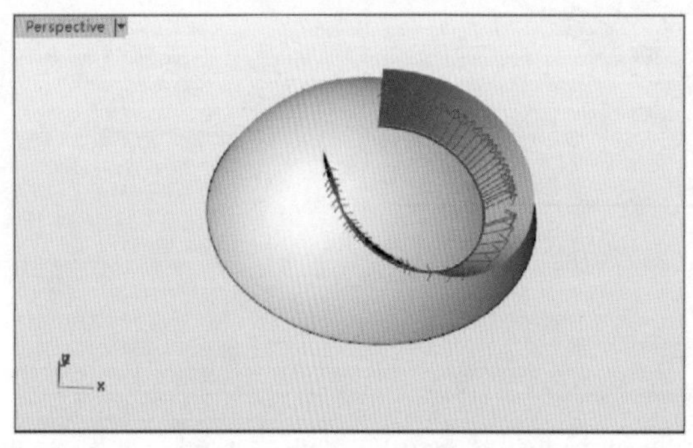

图 6-21 更改挤出方向

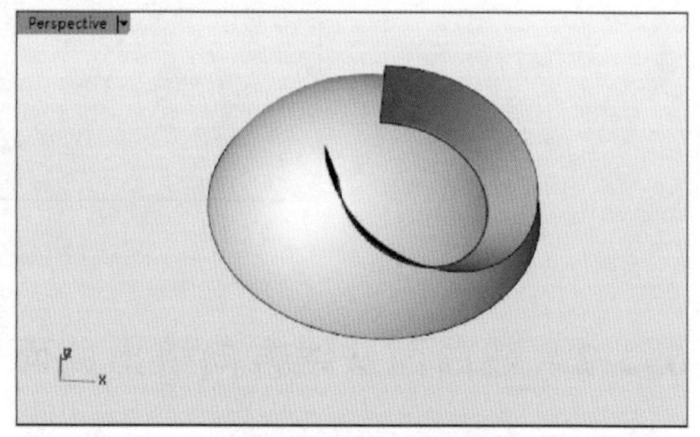

图 6-22 建立挤出曲面

6.3 扫掠、旋转与放样曲面

扫掠曲面分为单轨扫掠和双轨扫掠，旋转曲面分为绕轴旋转和绕路径旋转。放样曲面是在平行曲线之间创建的扫掠型曲面。

6.3.1 扫掠曲面

扫掠曲面是将截面曲线沿轨迹曲线进行扫掠而得到的曲面类型。

1. 单轨扫掠

该方法的形成方式为一系列的截面曲线沿着路径曲线扫略而成，截面曲线和路径曲线在空间位置上交错，截面曲线之间不能交错。

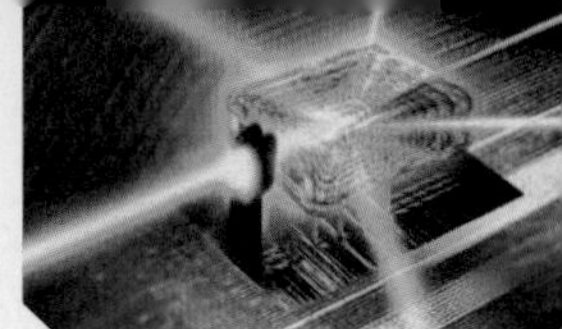

技巧点拨

截面曲线的数量没有限制，路径曲线数量只有一条。

单击左边栏的【单轨扫掠】按钮，弹出【单轨扫掠选项】对话框，如图6-23所示。

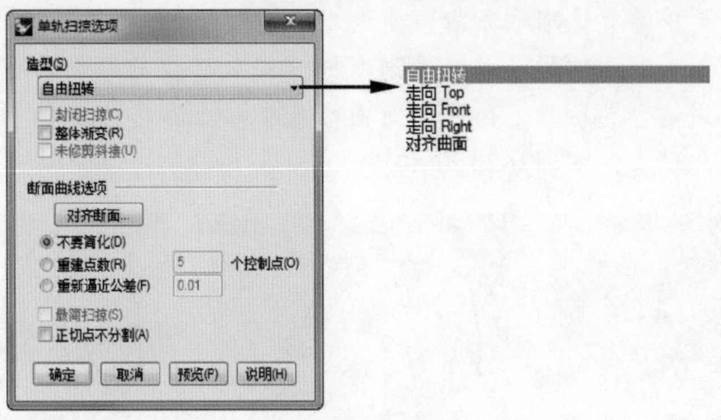

图6-23 【单轨扫掠选项】对话框

对话框中【造型】选项区中各选项含义如下。

- 【自由扭转】：扫掠建立的曲面会随着路径曲线扭转，如图6-24所示。

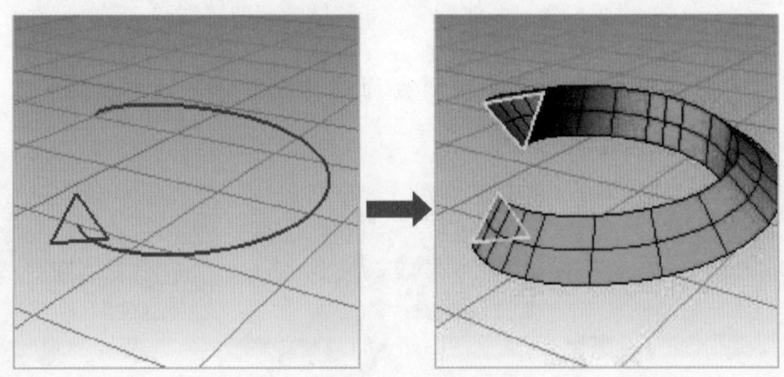

图6-24 自由扭转

- 走向Top：断面曲线在扫掠时与【Top】视窗工作平面的角度维持不变，如图6-25所示。

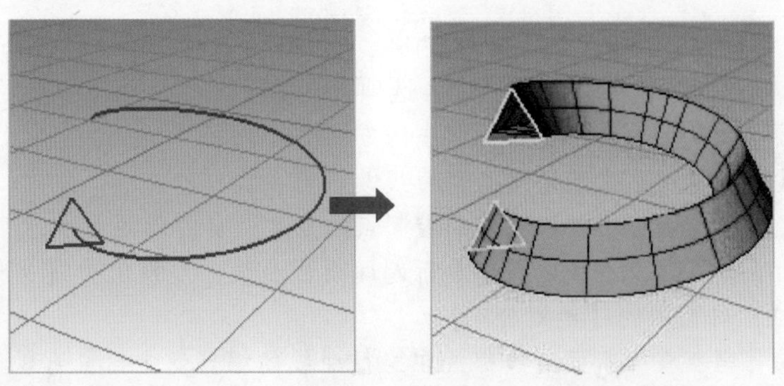

图6-25 走向Top

- 走向 Right：断面曲线在扫掠时与【Right】视窗工作平面的角度维持不变。
- 走向 Front：断面曲线在扫掠时与【Front】视窗工作平面的角度维持不变。
- 对齐曲面：若路径曲线为曲面边缘，断面曲线扫掠时相对于曲面的角度维持不变。如果断面曲线与边缘路径的曲面正切，建立的扫掠曲面也会与该曲面正切。
- 封闭扫掠：当路径为封闭曲线时，曲面扫掠过最后一条断面曲线后会再回到第一条断面曲线，至少需要选取两条断面曲线才能使用这个选项。
- 整体渐变：曲面断面的形状以线性渐变的方式从起点的断面曲线扫掠至终点的断面曲线。未使用这个选项时，曲面的断面形状在起点和终点处的形状变化较小，在路径中段的变化较大，如图 6-26 所示。

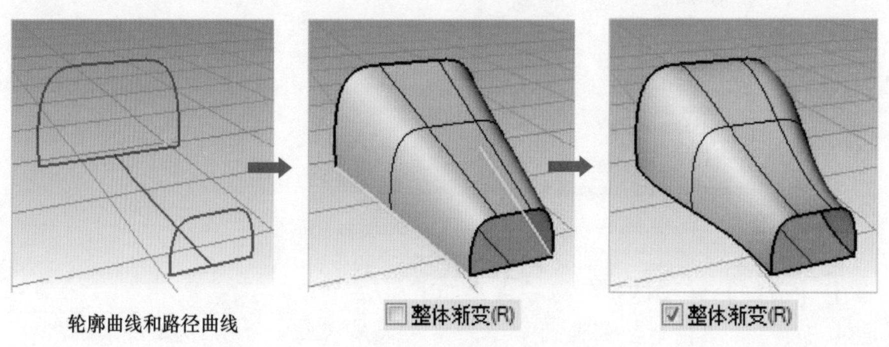

图 6-26　整体渐变与非整体渐变的区别

- 未修剪斜接：如果建立的曲面是多重曲面（路径是多重曲线），多重曲面中的个别曲面都是未修剪的曲面，如图 6-27 所示。

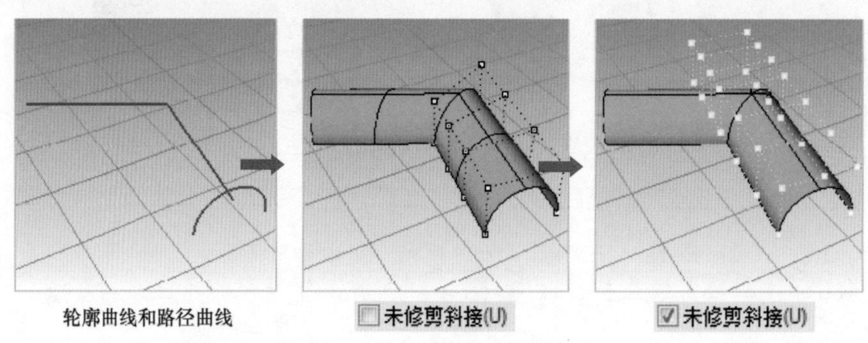

图 6-27　修剪斜接与未修剪斜接

对话框中【断面曲线选项】选项区中各选项含义如下。

- 对齐断面：反转曲面扫掠过断面曲线的方向。
- 不要简化：建立曲面之前不对断面曲线做简化。
- 重建点数：建立曲面之前以指定的控制点数重建所有的断面曲线。
- 重新逼近公差：建立曲面之前先重新逼近断面曲线，预设值为【文件属性】对话框的【单位】页面中的【绝对公差】。
- 最简扫掠：当所有的断面曲线都放在路径曲线的编辑点上时，可以使用这个选项建立结构最简单的曲面，曲面在路径方向的结构会与路径曲线完全一致。

- 正切点不分割：将路径曲线重新逼近。
- 预览：在指令结束前预览曲面的形状。

上机操作——利用【单轨扫掠】创建锥形弹簧

01 新建 Rhino 文件。

02 在菜单栏中执行【曲线】|【螺旋线】命令，在命令行中输入轴的起点（0，0，0）和轴的终点（0，0，50），单击右键后输入第一半径为50，指定起点在X轴上，如图6-28所示。

03 输入第二半径为25，再设置圈数为10，其他选项保持默认设置，单击右键或按下【Enter】键完成锥形螺旋线的创建，如图6-29所示。

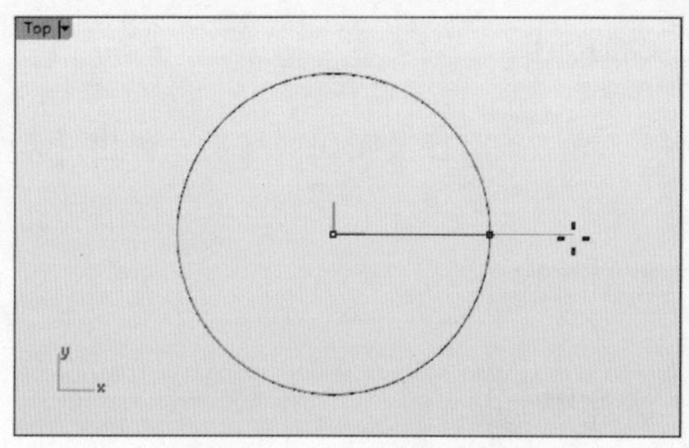

图6-28　指定螺旋起点

图6-29　建立锥形螺旋线

04 利用【圆：中心点、半径】命令，在【Front】视窗中螺旋线起点位置绘制半径为3.5的圆，如图6-30所示。

05 单击【单轨扫掠】按钮，选取螺旋线为路径，选取圆为断面曲线，如图6-31所示。

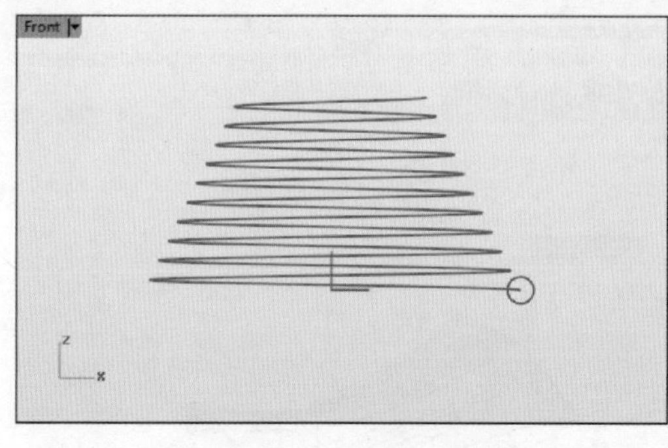

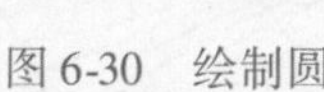

图6-30　绘制圆

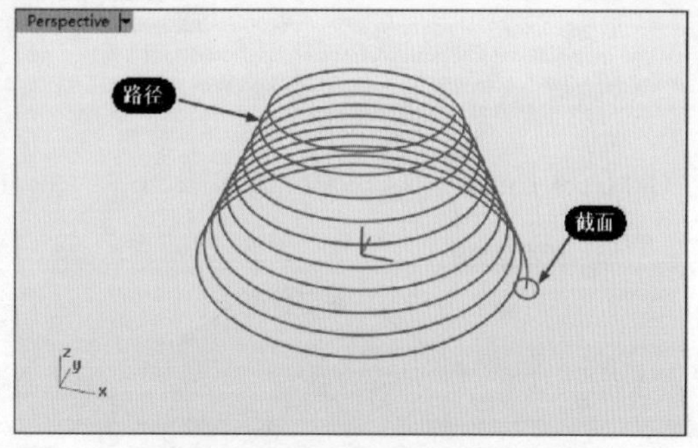

图6-31　选取路径和断面曲线

06 单击右键后弹出【单轨扫掠选项】对话框，保留对话框中各选项的默认设置，单击【确定】按钮完成弹簧的创建，如图6-32所示。

2. 双轨扫掠

形成方式为沿着两条路径扫掠通过数条定义曲面形状的断面曲线建立曲面。

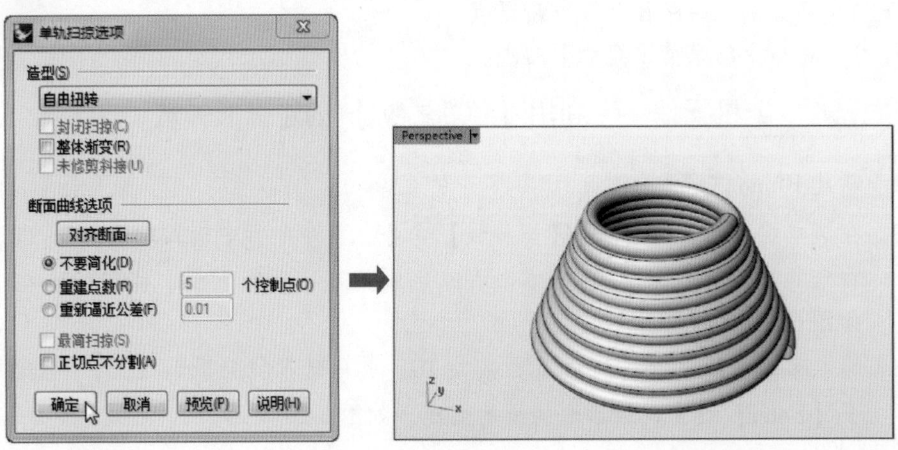

图 6-32　完成弹簧的创建

单击【双轨扫掠】按钮，选取第一条路径、第二条路径及断面曲线后，弹出【双轨扫掠选项】对话框，如图 6-33 所示。

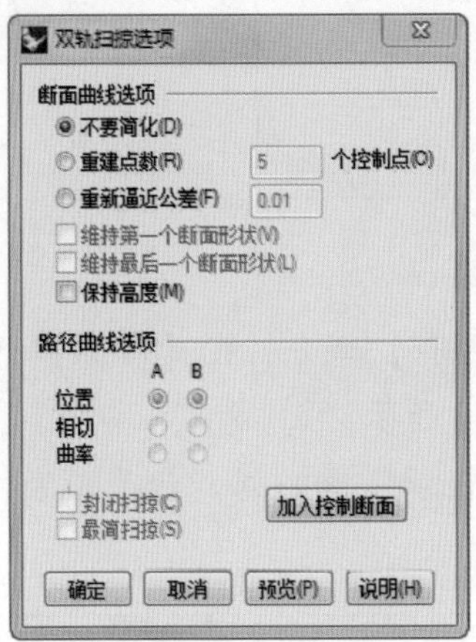

图 6-33　【双轨扫掠选项】对话框

图 6-34 所示为双轨扫掠的示意图。

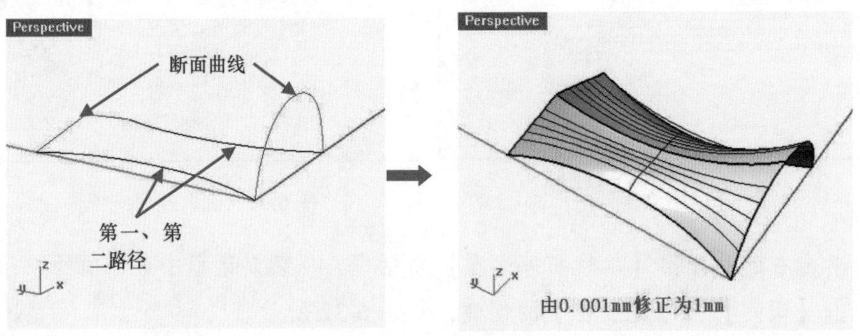

图 6-34　双轨扫掠示意图

上机操作——利用【双轨扫掠】建立曲面

01 打开本例素材源文件【6-2. 3dm】。

02 单击【双轨扫掠】按钮，选取第一、第二路径和断面曲线，如图 6-35 所示。

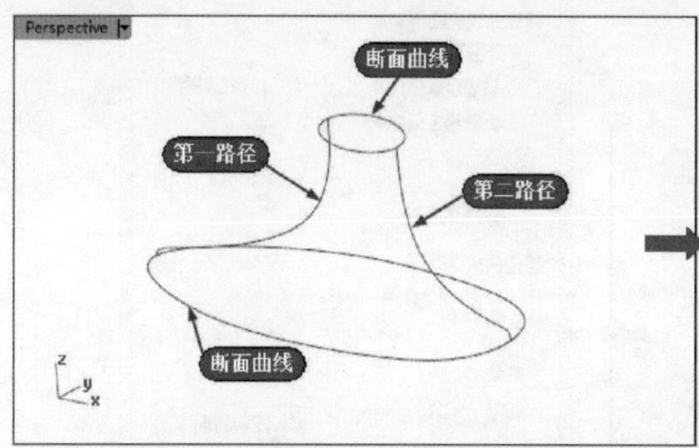

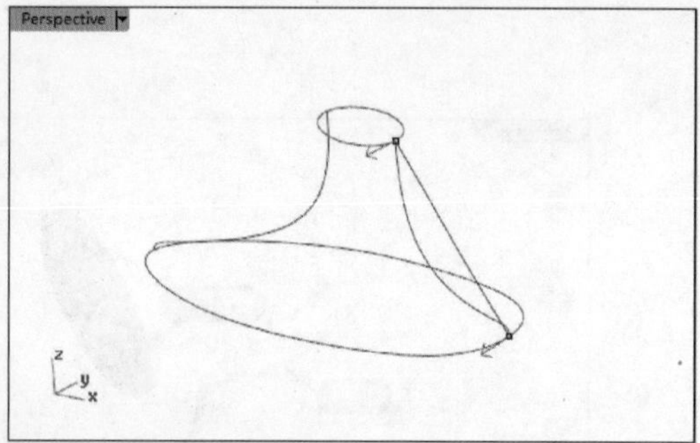

图 6-35 选取路径和断面曲线

03 单击右键后弹出【双轨扫掠选项】对话框，保留对话框中的默认设置，单击【确定】按钮，完成扫掠曲面的建立，如图 6-36 所示。

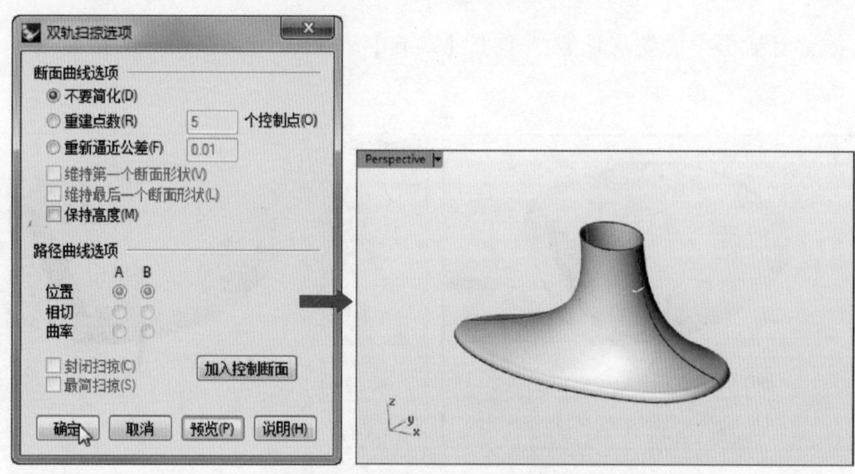

图 6-36 建立扫掠到点的曲面

04 打开【Housing Surface】【Housing Curves】与【Mirror】图层，如图 6-37 所示。

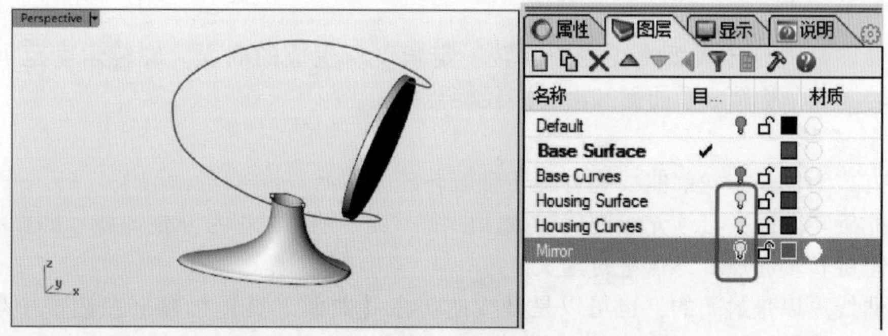

图 6-37 显示其他图层中的对象

05 将【Housing Surface】图层设为当前的图层。然后单击【双轨扫掠】按钮，选取第一、第二路径和断面曲线，单击右键后弹出【双轨扫掠选项】对话框，如图 6-38 所示。

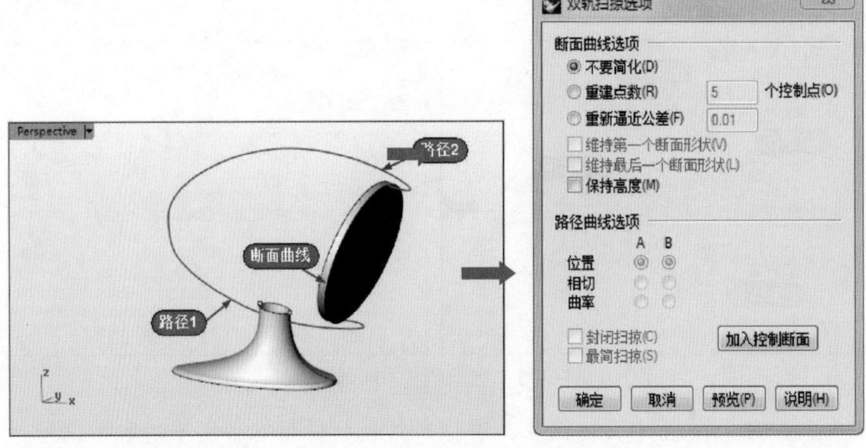

图 6-38　选取路径和断面曲线

06 保留对话框中的默认设置，单击【确定】按钮，完成扫掠曲面的建立，如图 6-39 所示。

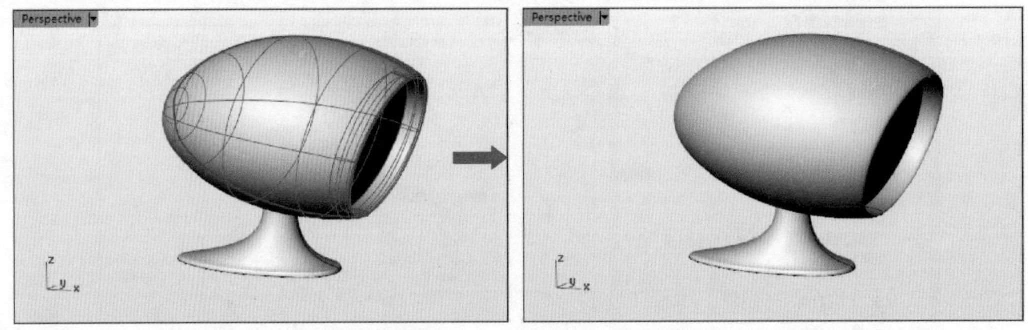

图 6-39　建立扫掠曲面

6.3.2 旋转曲面

旋转曲面是将旋转截面曲线绕轴旋转一定角度所生成的曲面。旋转角度范围为 0° ~ 360°。旋转曲面分旋转成形曲面和沿着路径旋转曲面。

1. 旋转成形

形成方式为以一条轮廓曲线绕着旋转轴旋转建立曲面。

要建立旋转曲面，必须先绘制旋转截面曲线。旋转轴可以参考其他曲线、曲面/实体边，也可以指定旋转轴起点和终点进行定义。

截面曲线可以是封闭的，也可以是开放的。在【曲面工具】标签下左边栏中单击【旋转成形】按钮，选取要旋转的曲线（截面曲线），再根据提示指定或确定旋转轴以后，

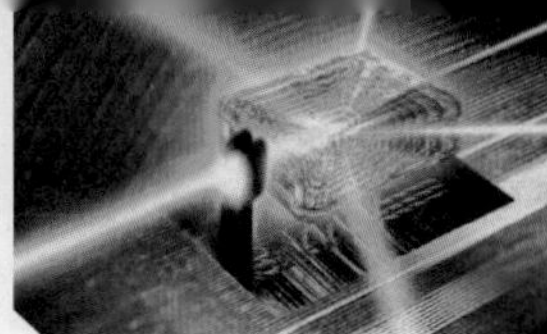

按下【Enter】键完成旋转曲面的创建，如图6-40所示。

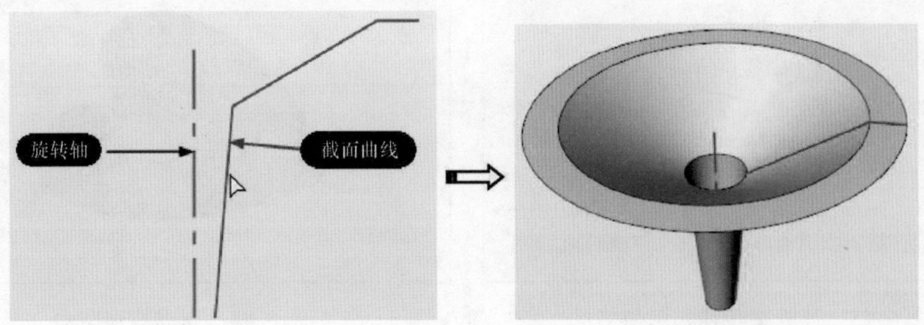

图6-40 创建旋转曲面

技巧点拨

【旋转成形】与【沿着路径旋转】的按钮是同一个。由于Rhino 5.0有许多相似功能的按钮是相同的，仅仅以单击左键或右键进行区分。因此要提醒一下：本章中仅仅提及单击某按钮，意为鼠标左键单击，反之，在【单击】前面添加【右键】二字，或者“右击”，表示鼠标右键单击。

2. 沿着路径旋转

形成方式为以一条轮廓曲线沿着一条路径曲线，同时绕着中心轴旋转建立曲面。下面以案例来说明此命令的执行过程。

上机操作——建立心形曲面

01 打开如图6-41所示的源文件【6-3. 3dm】。

02 右键单击【沿着路径旋转】按钮，然后根据命令行提示依次选取轮廓曲线和路径曲线，如图6-42所示。

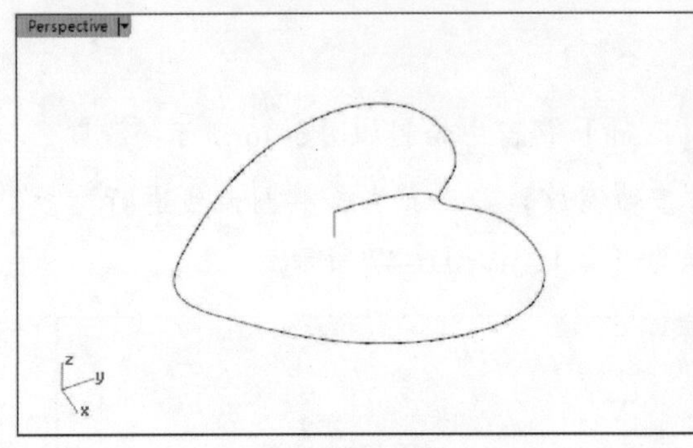

图6-41 打开源文件

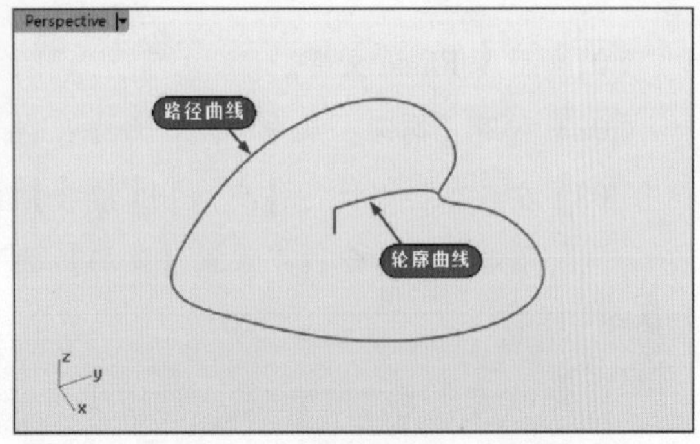

图6-42 选取曲线与基底曲面

03 继续按提示选取路径旋转轴起点和终点，如图6-43所示。

04 随后自动建立旋转曲面，如图6-44所示。

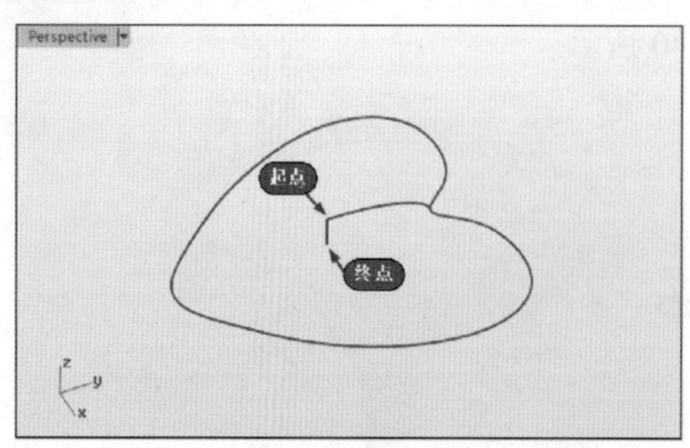

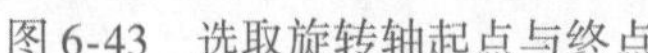

图 6-43　选取旋转轴起点与终点

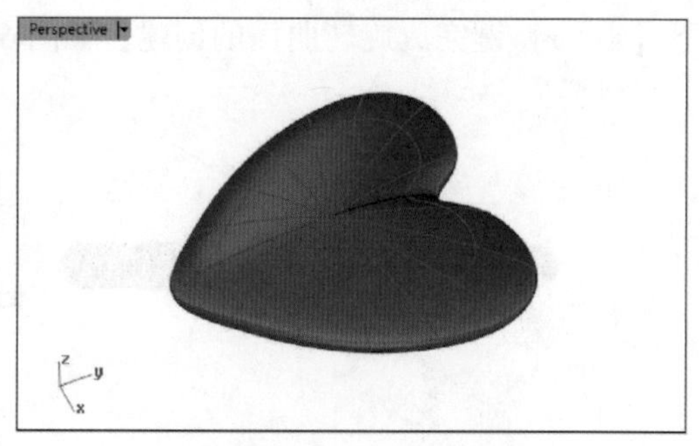

图 6-44　建立旋转曲面

6.3.3　放样曲面

【放样曲面】命令从空间上、同一走向上的一系列曲线建立曲面，如图 6-45 所示。

技巧点拨

这些曲线必须同为开放曲线或闭合曲线，曲线位置最好不要交错。

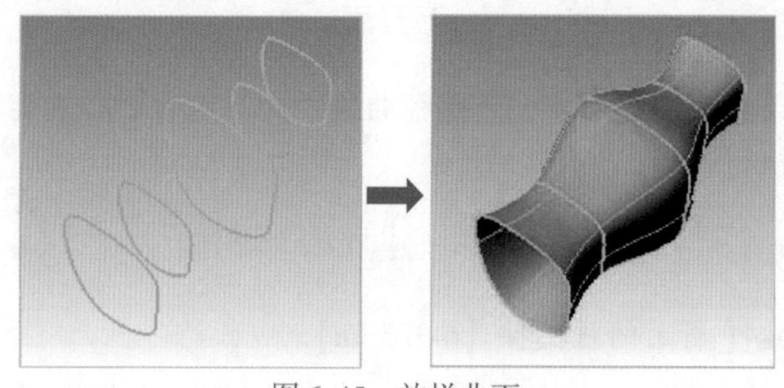

图 6-45　放样曲面

上机操作——创建放样曲面

01 新建 Rhino 文件。

02 利用【椭圆：从中心点】命令，在【Front】视窗中绘制如图 6-46 所示的椭圆。

03 在菜单栏中执行【变动】|【缩放】|【二轴缩放】命令，选择椭圆曲线进行缩放，缩放时在命令行中设置【复制】选项为【是】，如图 6-47 所示。

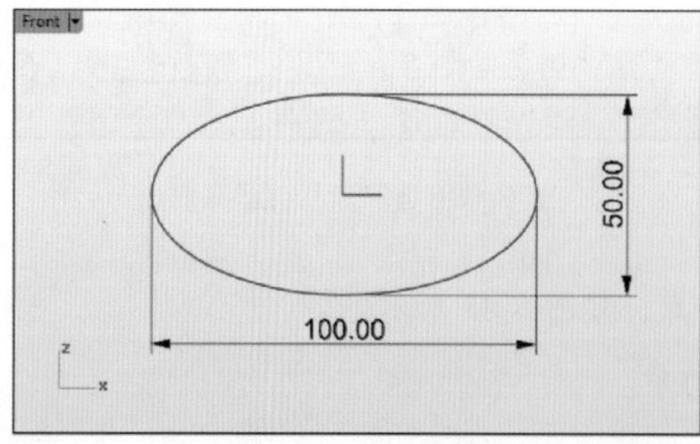

图 6-46　绘制椭圆

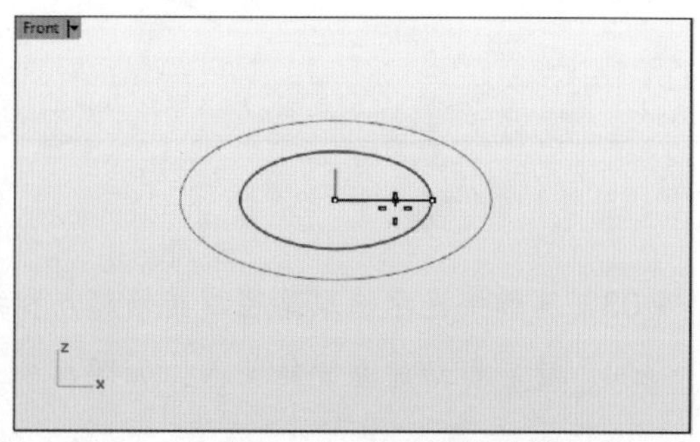

图 6-47　缩放并复制椭圆

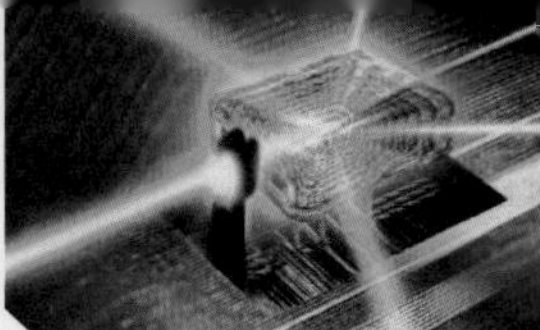

04 利用【复制】命令，将大椭圆在【Top】视窗中进行复制，复制起点为世界坐标系原点，第一次复制终点距离为100，第二次复制终点距离为200，如图6-48所示。

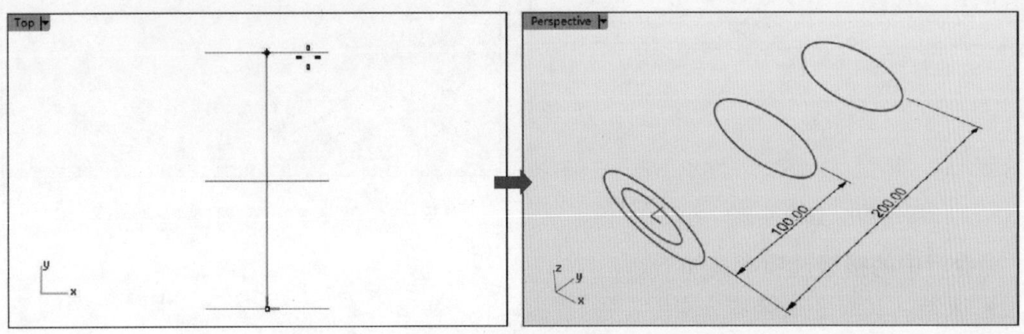

图6-48 复制椭圆

05 同样的，复制小椭圆，且第一次复制终点距离为50，第二次复制终点距离为150，如图6-49所示。完成后删除原先作为复制参考的小椭圆，保留大椭圆。

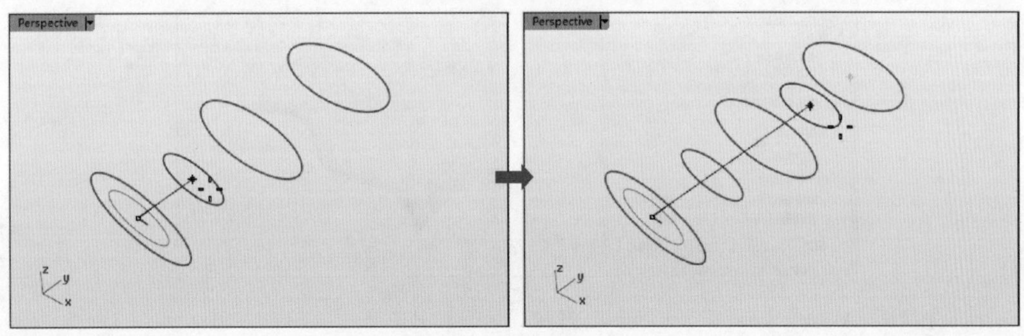

图6-49 复制小椭圆

06 在菜单栏中执行【曲面】|【放样】命令，或者在【曲面工具】标签下左边栏中单击【放样】按钮，命令行中提示如下。

指令: _Loft
选取要放样的曲线（点(P)）:

技巧点拨

数条开放的断面曲线需要点选于同一侧，数条封闭的断面曲线可以调整曲线接缝。

07 依次选取要放样的曲线，然后单击右键，命令行显示如下提示，并且所选的曲线上均显示了曲线接缝点与方向，如图6-50所示。

移动曲线接缝点，按 Enter 完成（反转(F) 自动(A) 原本的(N)）:

08 移动接缝点，使各曲线的接缝点在椭圆象限点上，如图6-51所示。

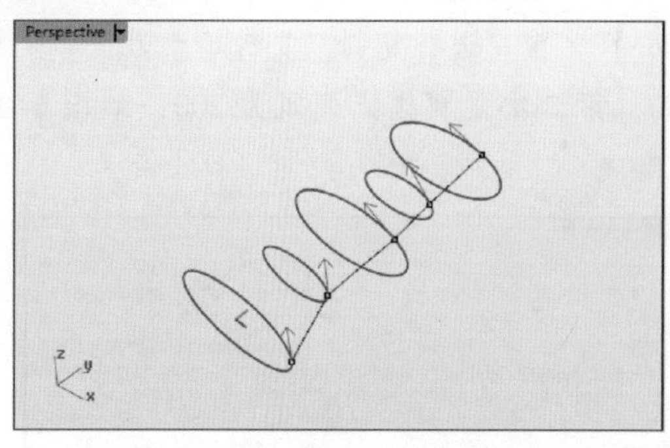

图 6-50　选取要放样的曲线

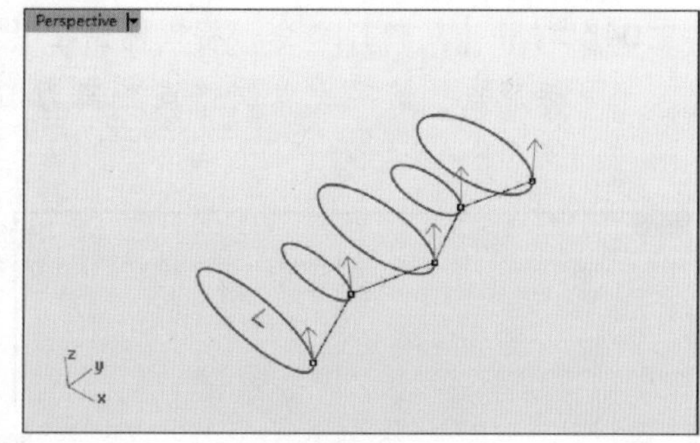

图 6-51　移动接缝点

命令行中的接缝选项含义如下。

- 反转：反转曲线接缝方向。
- 自动：自动调整曲线接缝的位置及曲线的方向。
- 原本的：以原来的曲线接缝位置及曲线方向运行。

09 单击右键后弹出【放样选项】对话框，视窗中显示放样曲面预览，如图 6-52 所示。

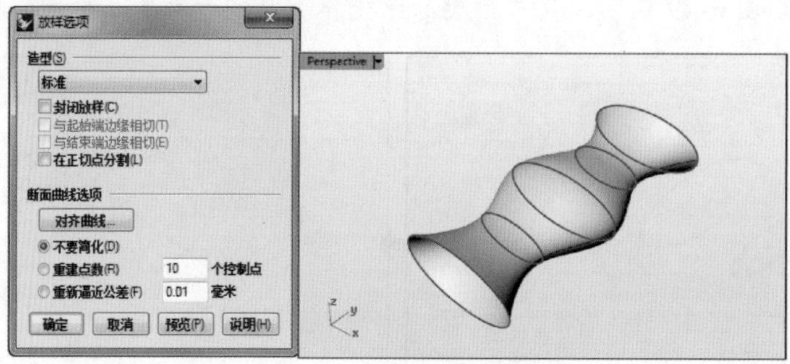

图 6-52　【放样选项】对话框

【造型】选项区用于设置放样曲面的节点及控制点的形状与结构。包含如下 6 种造型。

- 标准：断面曲线之间的曲面以【标准】量延展，若想建立的曲面是比较平缓或断面曲线之间距离比较大，则可以使用这个选项，如图 6-53 所示。
- 松弛：放样曲面的控制点会放置于断面曲线的控制点上，这个选项可以建立比较平滑的放样曲面，但放样曲面并不会通过所有的断面曲线，如图 6-54 所示。

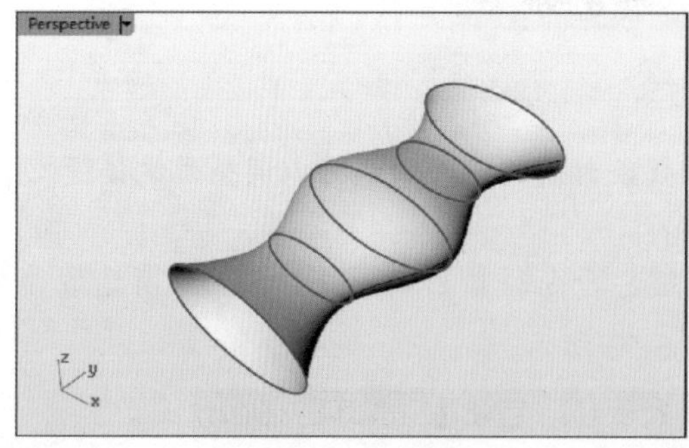

图 6-53　标准造型

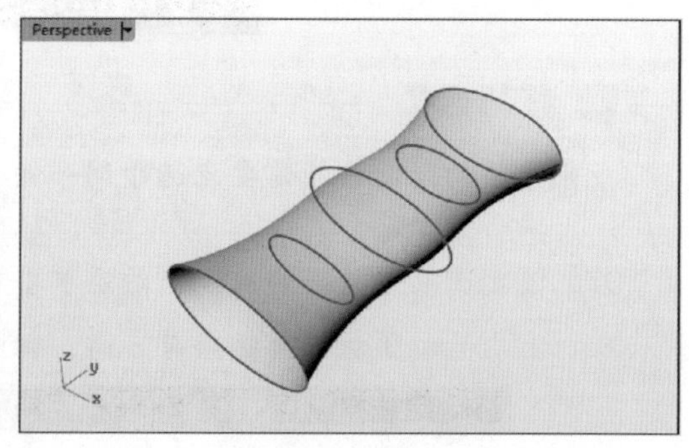

图 6-54　松弛造型

- 紧绷：放样曲面更紧绷地通过断面曲线，适用于建立转角处的曲面，如图6-55 所示。
- 平直区段：放样曲面在断面曲线之间是平直的曲面，如图6-56 所示。

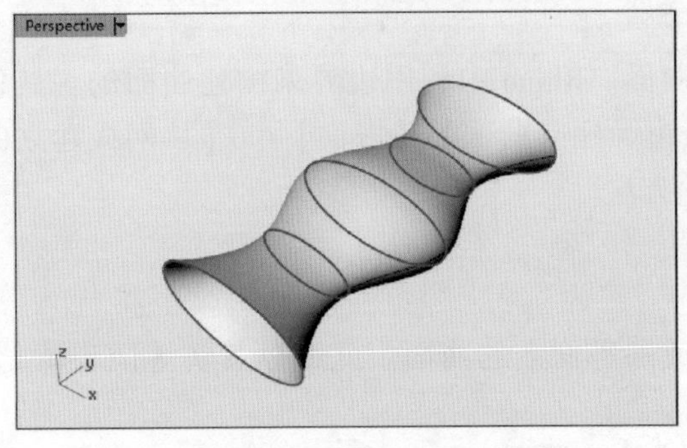

图6-55　紧绷造型

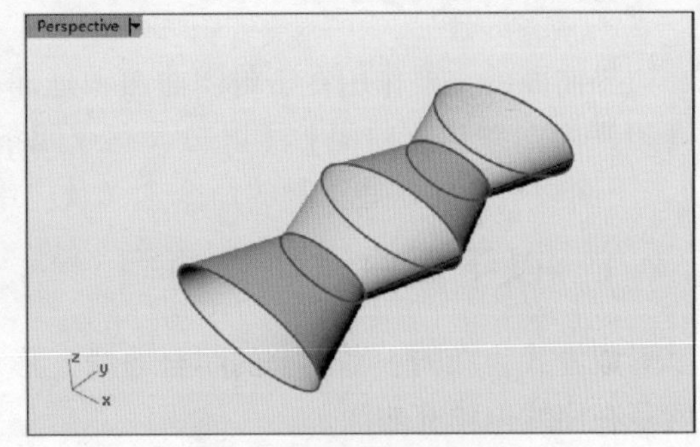

图6-56　平直区段造型

- 可展开的：从每一对断面曲线建立个别的可展开的曲面或多重曲面，如图 6-57 所示。
- 均匀：建立的曲面的控制点对曲面都有相同的影响力，【均匀】选项可以用来建立数个结构相同的曲面，建立对变动画，如图6-58 所示。

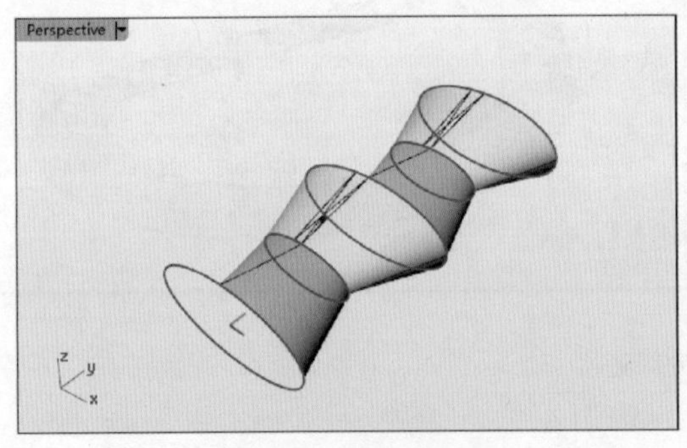

图6-57　可展开的

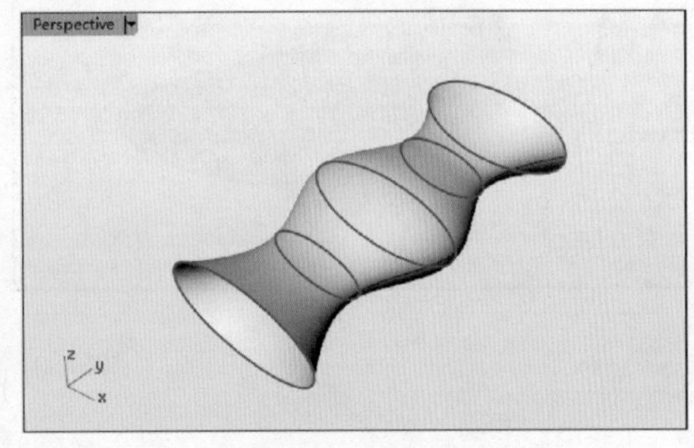

图6-58　均匀造型

10 保留对话框中各选项的默认设置，单击【确定】按钮，完成放样曲面的创建，如图6-59 所示。

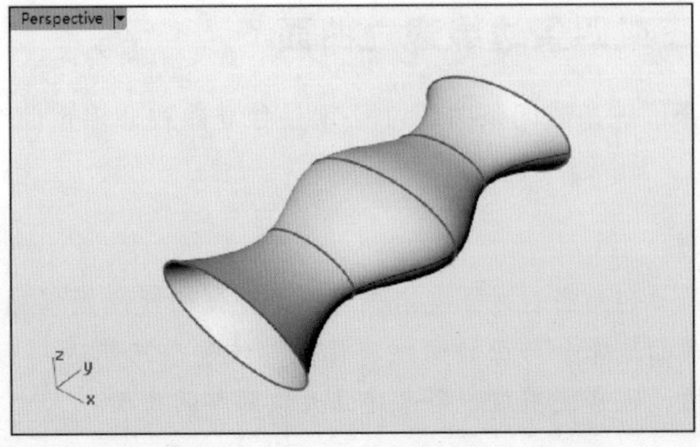

图6-59　放样曲面

6.4 边界曲面

边界曲面的主要作用在于封闭曲面和延伸曲面。Rhino 中利用边界来构建曲面的工具包括【以平面曲线建立曲面】【以二、三或四条边缘建立曲面】【嵌面】和【从网线建立曲面】。下面逐一介绍这些工具的命令含义及应用方法。

6.4.1 以平面曲线建立曲面

形成方式为在同一平面上的闭合曲线，形成一平面上的曲面。此命令其实等同于填充，也就是在曲线内填充曲面。

如果某条曲线完全包含在另一条曲线之中，这条曲线将会被视为一个洞的边界，如图 6-60 所示。

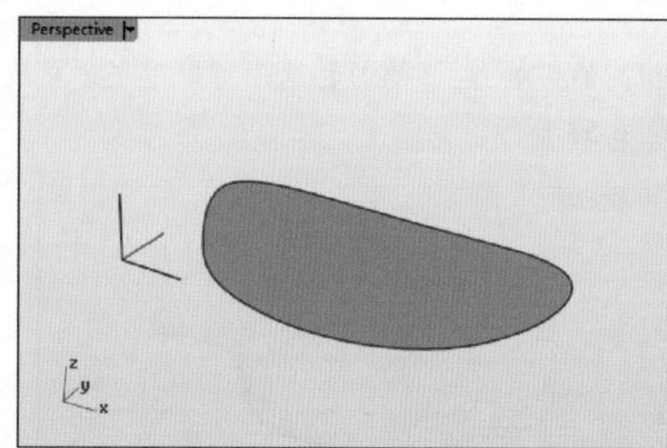

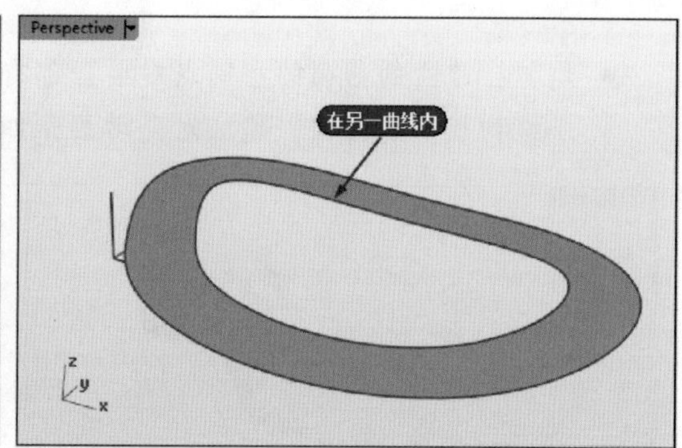

图 6-60 曲线边界

技巧点拨

需要注意的是，使用该命令的前提是曲线是闭合的并且是同一平面内的曲线，当选取开放或空间曲线执行此命令时，命令行会提示创建曲面出错的原因。

6.4.2 以二、三或四条边缘建立曲面

形成方式为以两条、三条或四条曲线（必须是独立曲线非多重曲线）建立曲面。选取的曲线不需要封闭。

技巧点拨

常用于大块而简单的曲面创建，也用于补面。即使曲线端点不相接，也可以形成曲面，但这时生成的曲面边缘会与原始曲线有偏差。该命令只能达到 G0 连续，形成的曲面优点是结构线简洁，通常使用该命令来建立大块简单的曲面。

以二、三条边缘线为边界而建立曲面的示例如图 6-61 所示。

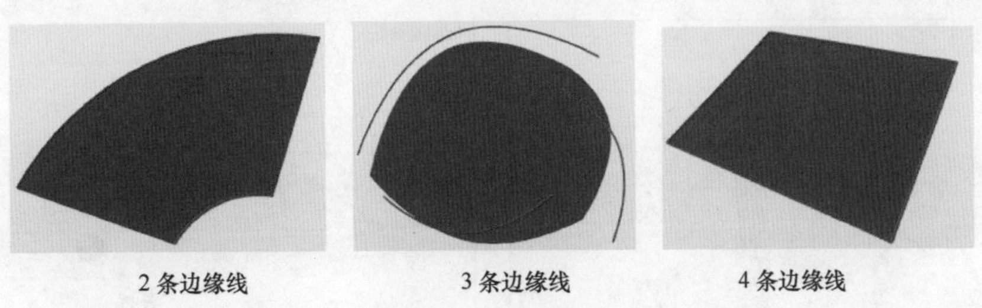

图 6-61　以二、三或四条边缘曲线建立曲面

6.4.3　嵌面

形成方式为建立逼近选取的选线和点物件的曲面。主要作用是修复有破孔的空间曲面，当然也可以用来创建逼近曲线、点云及网格的曲面。【嵌面】命令可以修补平面的孔，更可以修补复杂曲面上的孔，而前面介绍的【以平面曲线建立曲面】命令只能修补平面上的孔。

单击【嵌面】按钮，在选取要逼近的曲线、点、点云或网格后会弹出【嵌面曲面选项】对话框，如图 6-62 所示。

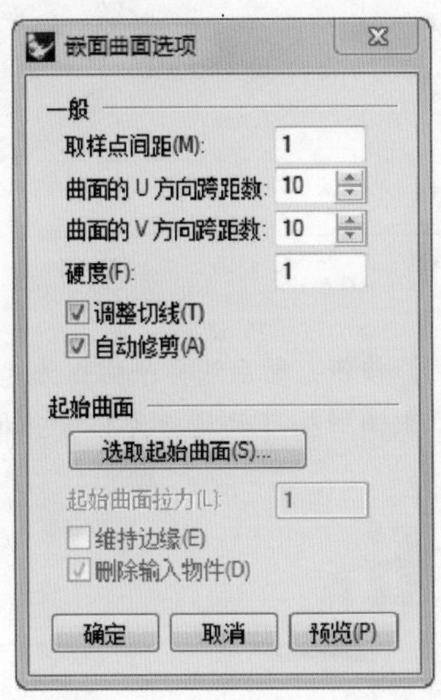

图 6-62　【嵌面曲面选项】对话框

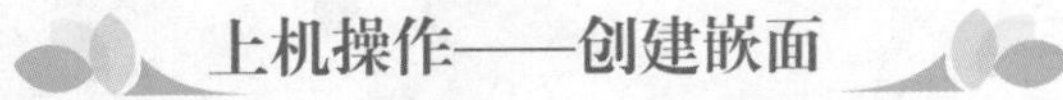

上机操作——创建嵌面

01 打开本例素材源文件【6-4.3dm】，如图 6-63 所示。

02 单击【嵌面】按钮，选取视窗中 3 条曲线，然后单击右键确认，如图 6-64 所示。

03 随后弹出【嵌面曲面选项】对话框并显示预览，如图 6-65 所示。

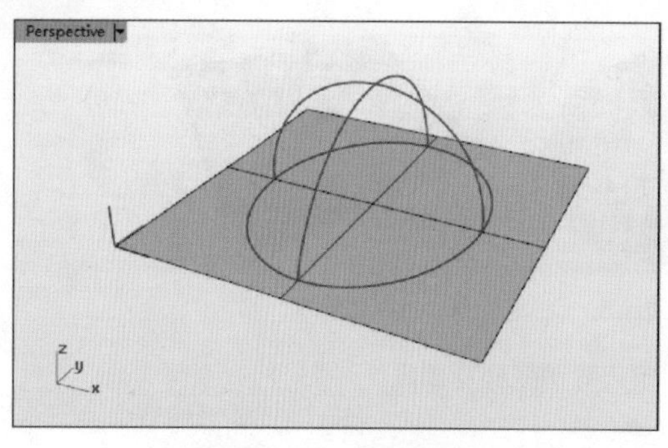

图 6-63　打开源文件

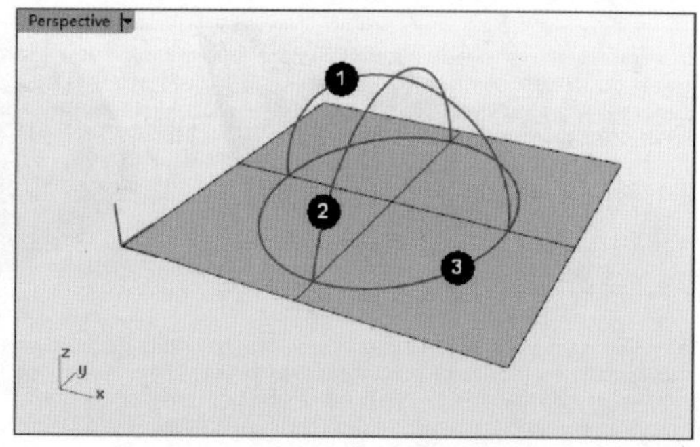

图 6-64　选取要逼近的曲线

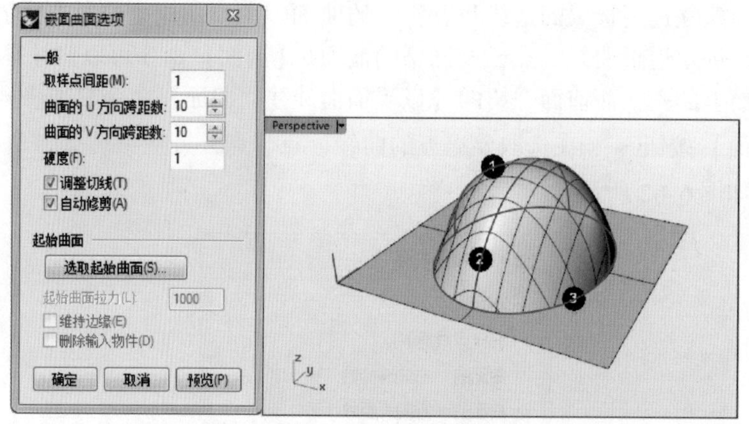

图 6-65　显示嵌面预览

04 单击【选取起始曲面】按钮，然后选择平面作为起始曲面，设置硬度为 0.1，起始曲面拉力为 1000，取消勾选【维持边缘】复选框，查看预览效果，如图 6-66 所示。

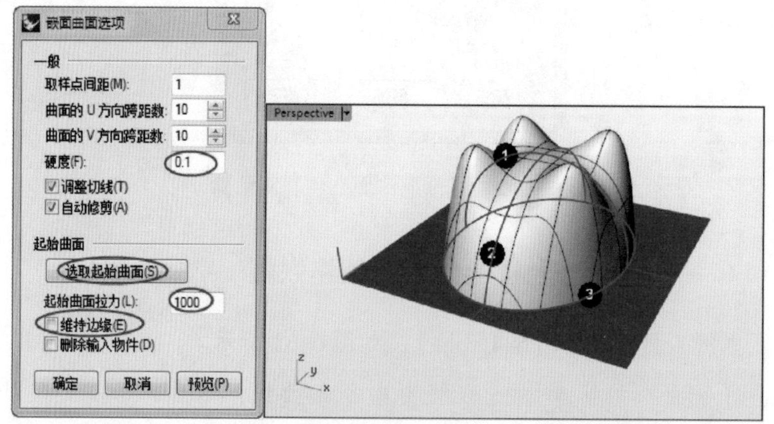

图 6-66　查看设置嵌面选项后的预览效果

05 单击【确定】按钮完成曲面的建立。

6.4.4　从网线建立曲面

形成方式为从网线建立曲面，所有在同一方向的曲线必须和另一方向上所有的曲线交错，不能和同一方向的曲线交错，如图 6-67 所示。

选取网线中的曲线后，单击右键会弹出【以网线建立曲面】对话框，如图 6-68 所示。

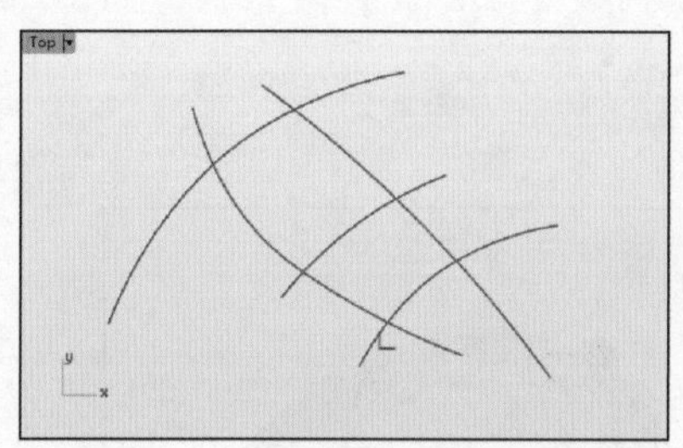

图 6-67　网线示意图

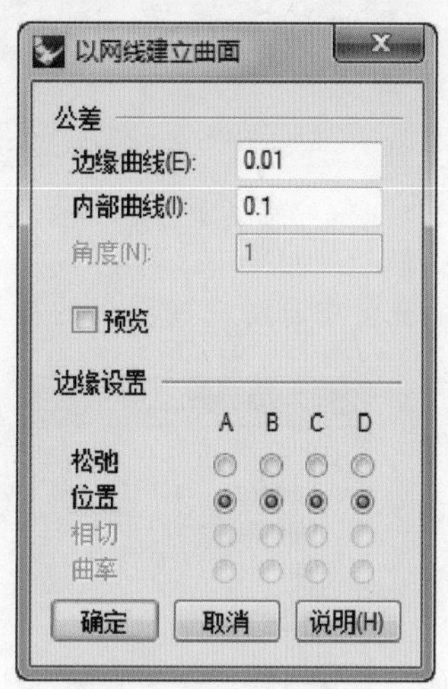

图 6-68　【以网线建立曲面】对话框

技巧点拨

一个方向的曲线必须跨越另一个方向的曲线，而且同方向的曲线不可以相互跨越。图 6-69 所示为从网线建立曲面的示例。

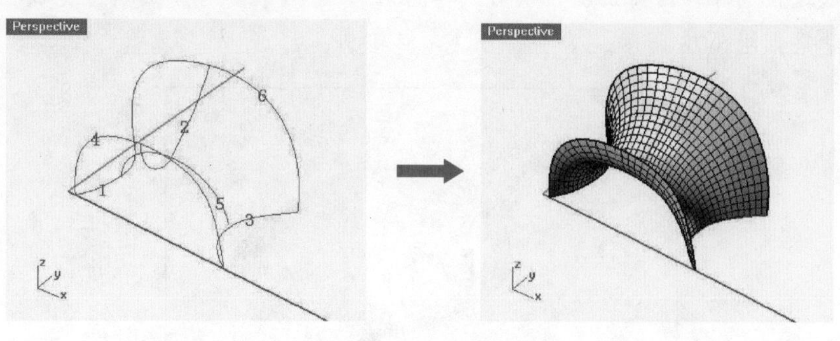

图 6-69　从网线建立曲面范例

上机操作——以网线建立曲面

01 打开本例素材源文件【网线 . 3dm】文件，如图 6-70 所示。

02 单击【从网线建立曲面】按钮，然后框选所有曲线，并单击右键确认，如图 6-71所示。

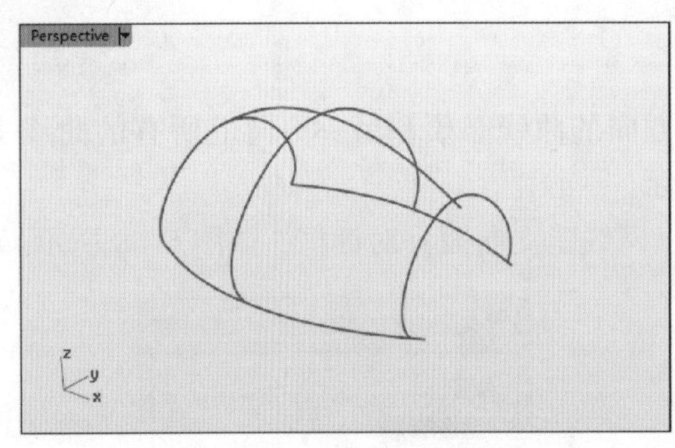

图 6-70　打开素材文件

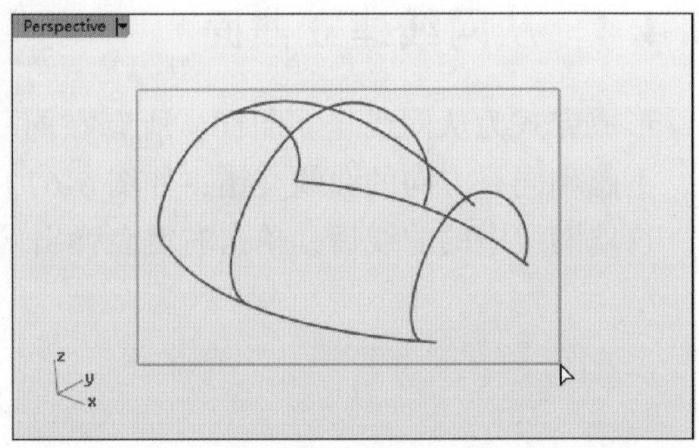

图 6-71　选取网线中的曲线

03 视窗中自动完成网线的排序并弹出【以网线建立曲面】对话框，如图 6-72 所示。

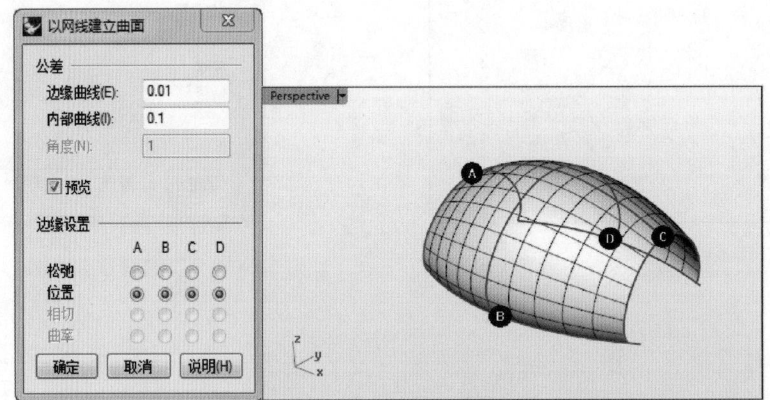

图 6-72　完成排序并打开【以网线建立曲面】对话框

04 通过预览确认曲面正确无误后，单击对话框中【确定】按钮，完成曲面的建立，结果如图 6-73 所示。

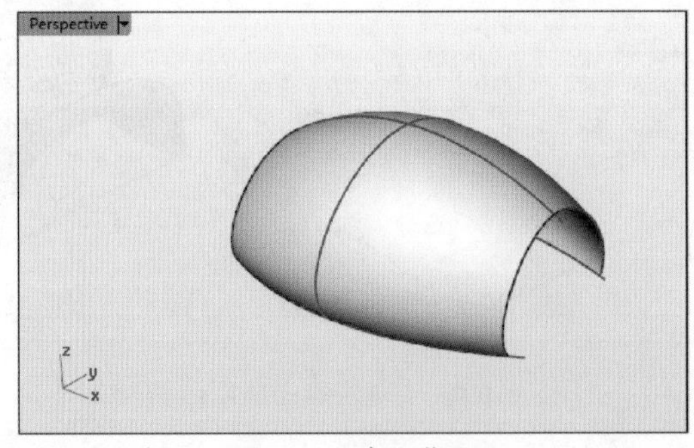

图 6-73　建立曲面

6.5 曲面倒角

在工程中，为了便于加工制造，零件或产品中的尖锐边需要进行倒角处理，包括倒圆角和倒斜角。

在 Rhino 中，曲面间倒角作用于两个曲面之间，而实体倒角作用于两物体本身。

6.5.1　曲面圆角

曲面圆角可将两个曲面边缘相接之处或是相交之处倒角成一个圆角。

上机操作——曲面圆角

01 新建 Rhino 文件。

02 利用【矩形平面：角对角】命令，分别在【Top】视窗和【Front】视窗中绘制两个矩形平面，如图 6-74 所示。

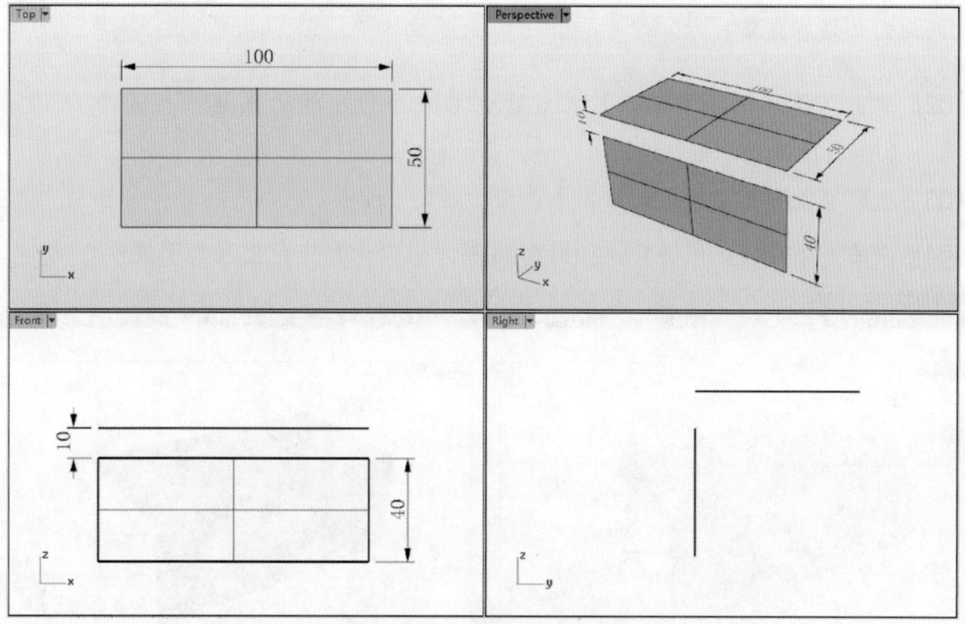

图 6-74　绘制矩形平面

03 单击【曲面圆角】按钮，在命令行中设定圆角半径值为 15。

04 选取要建立圆角的第一个曲面和第二个曲面，如图 6-75 所示。

05 随后自动完成曲面圆角倒角操作，如图 6-76 所示。

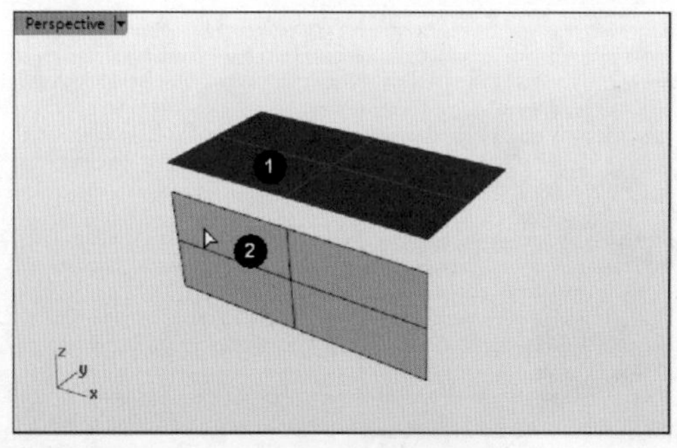

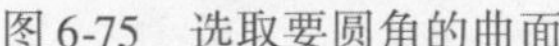

图 6-75　选取要圆角的曲面

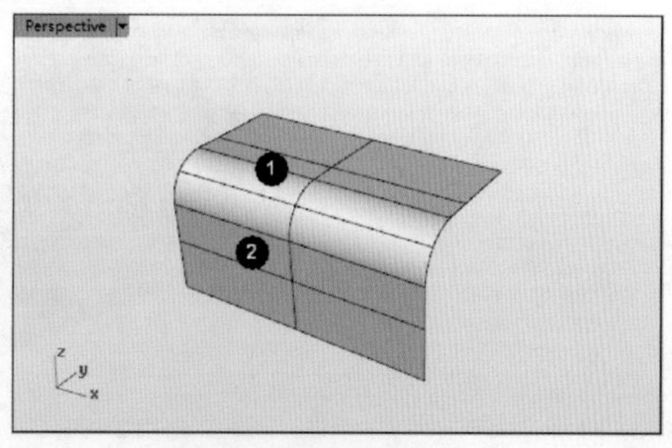

图 6-76　完成曲面圆角

6.5.2　不等距曲面圆角

不等距曲面圆角与曲面圆角工具都是进行曲面间的圆角倒角，通过控制点，可以改变圆角的大小，倒出不等距的圆角。

上机操作——不等距曲面圆角

01 新建 Rhino 文件。利用【矩形平面：角对角】命令，在【Top】视窗和【Front】视窗中绘制两个边缘相接或是内部相交的曲面，如图 6-77 所示。

技巧点拨

两曲面必须有交集。

02 单击【不等距曲面圆角】按钮，在命令行中输入圆角半径大小为 10，按下【Enter】键或单击右键。

03 选取要做不等距圆角的第一个曲面和第二个曲面。

04 两曲面之间出现控制杆，如图 6-78 所示。命令行中会出现如下提示。

选取要做不等距圆角的第二个曲面（半径(R)=10）:
选取要编辑的圆角控制杆，按 Enter 完成（新增控制杆(A)　复制控制杆(C)　设置全部(S)　连结控制杆(L)=否　路径造型(R)=滚球　修剪并组合(T)=否　预览(P)=否）:

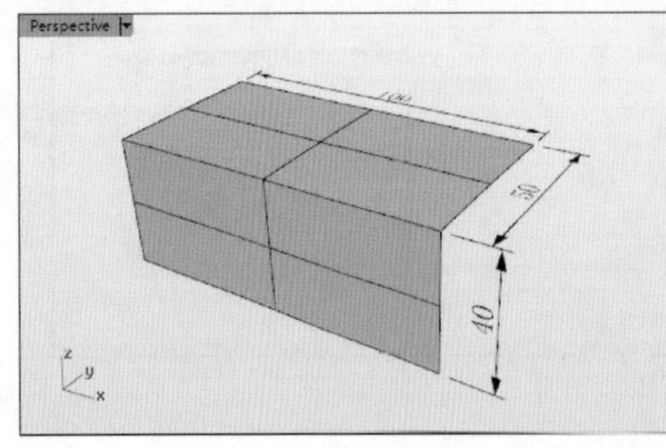

图 6-77　绘制相交曲面

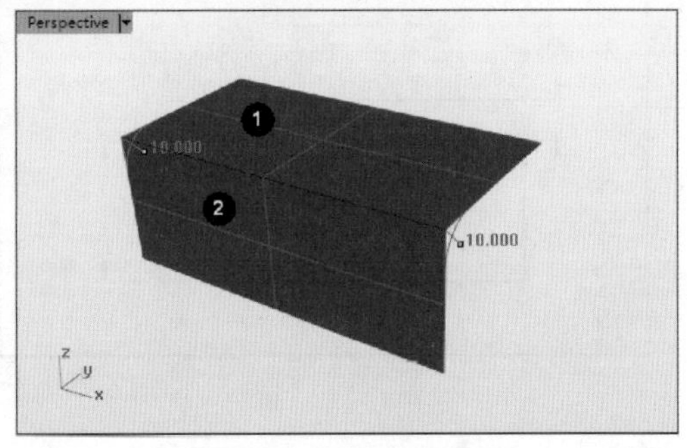

图 6-78　选取曲面后显示圆角半径及控制杆

各选项功能说明如下。

- 新增控制杆：沿着边缘新增控制杆，如图 6-79 所示。

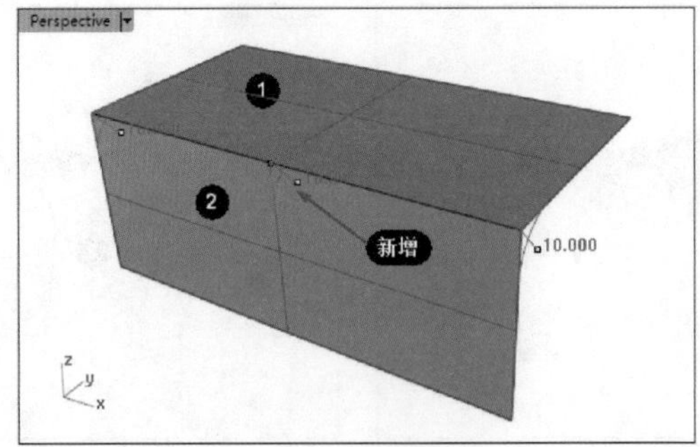

图 6-79　新增控制杆

- 复制控制杆：以选取的控制杆的半径建立另一个控制杆。
- 移除控制杆：这个选项只有在新增控制杆以后才会出现。
- 设置全部：设置全部控制杆的半径。
- 连接控制杆：调整控制杆时，其他控制杆会以同样的比例调整。
- 路径造型：有三种不同的路径造型可以选择，如图 6-80 所示。

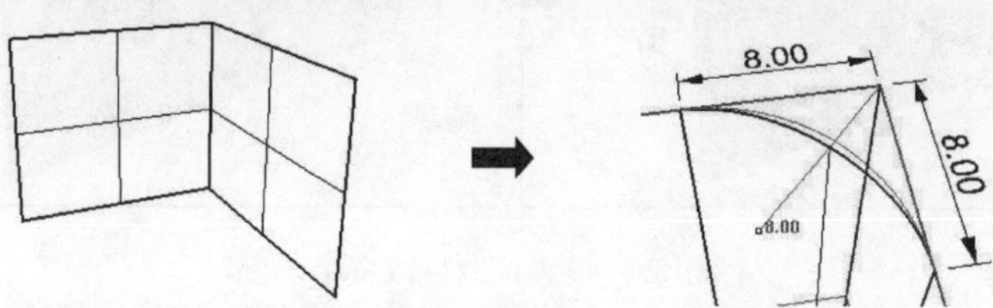

①与边缘距离：以建立圆角的边缘至圆角曲面边缘的距离决定曲面修剪路径。

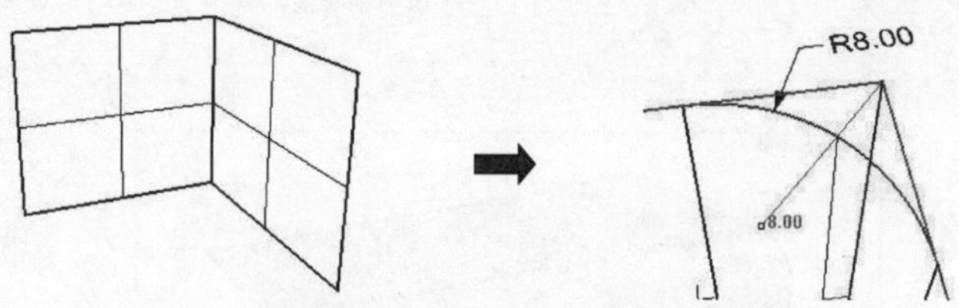

②滚球：以滚球的半径决定曲面修剪路径。

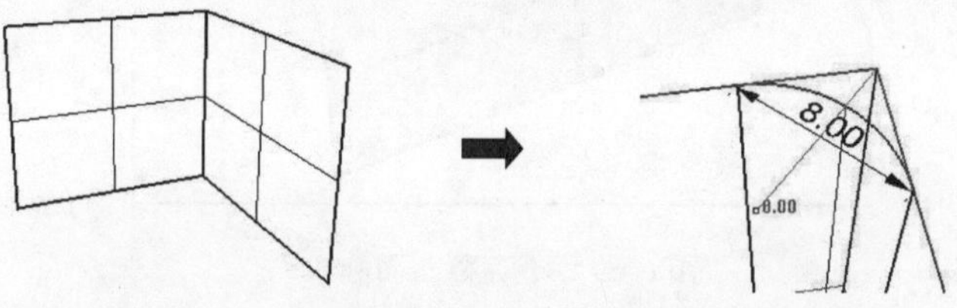

③路径间距：以圆角曲面两侧边缘的间距决定曲面修剪路径。

图 6-80　不同路径造型效果

- 修建并组合：选择是否修建倒角后的多余部分，如图 6-81 所示。

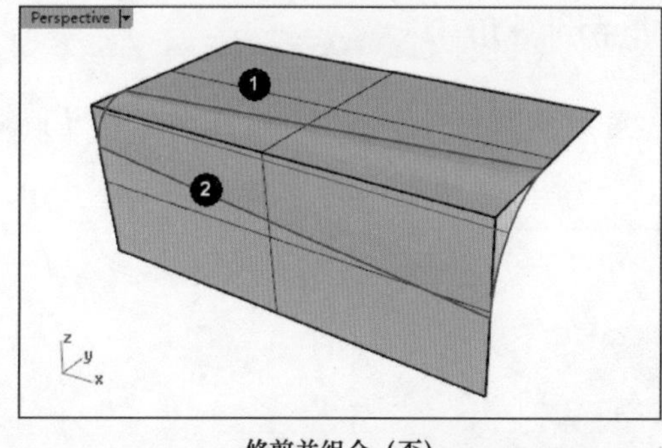

修剪并组合（否）

修剪并组合（是）

图 6-81　是否修剪与组合

- 预览：可以预览最终的倒角效果。

05 单击右侧控制杆的控制点，然后拖动控制杆或者在命令行输入新的半径值为 20，

确认后按下【Enter】键或单击右键确认，如图 6-82 所示。

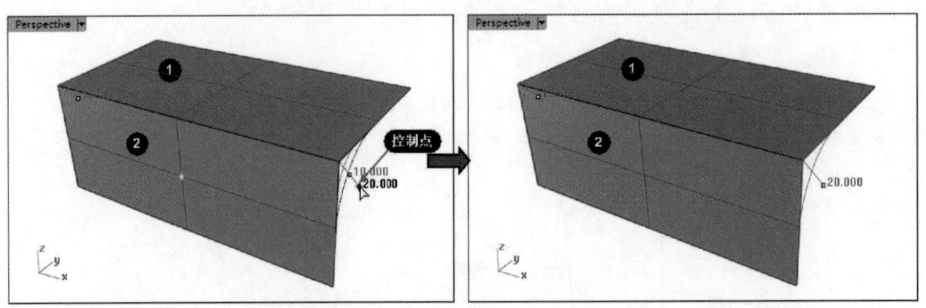

图 6-82 设置控制杆改变半径

06 设置【修剪并组合】选项为【是】，单击右键完成不等距曲面圆角的操作，结果如图 6-83 所示。

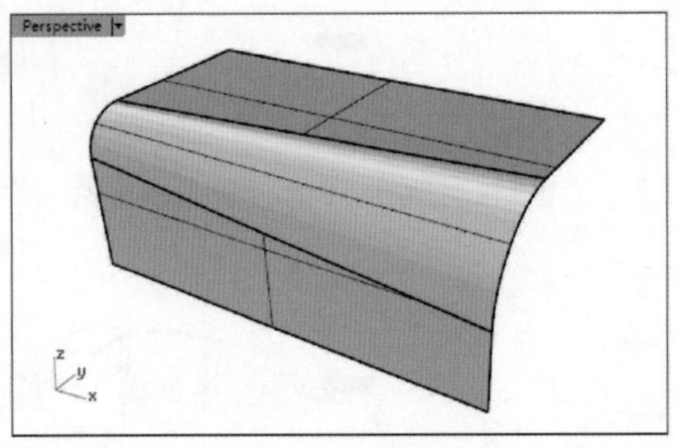

图 6-83 不等距曲面圆角

6.5.3 曲面斜角

曲面斜角同曲面圆角作用、性质一样，只是曲面斜角所倒出的角是平面切角，而非圆角。

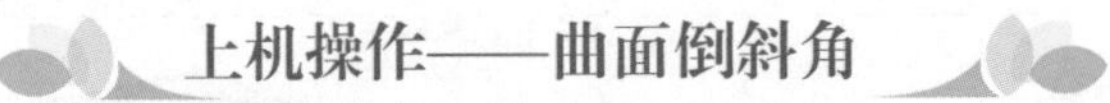

上机操作——曲面倒斜角

01 新建 Rhino 文件。利用【矩形平面：角对角】命令，在【Top】视窗和【Front】视窗中绘制两个边缘相接或是内部相交的曲面，如图 6-84 所示。

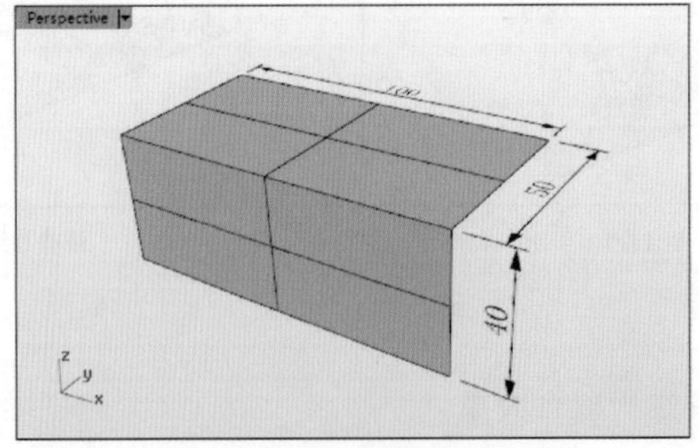

图 6-84 绘制两个平面

02 单击【曲面斜角】按钮，在命令行中设置两个倒斜角距离值为（10，10），并按下【Enter】键或单击右键确认，如图6-85所示。

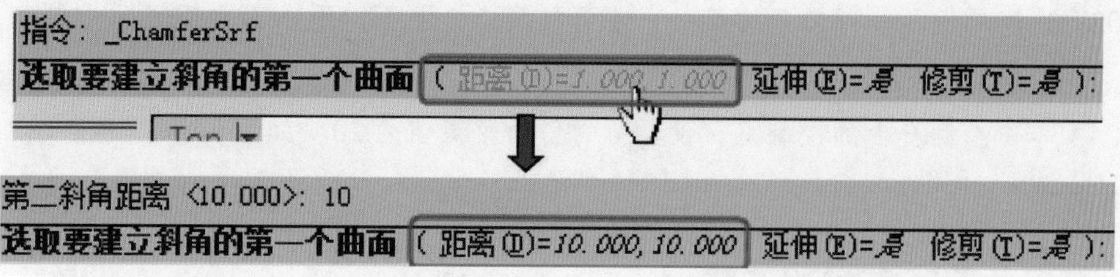

图6-85　设置斜角距离

03 选取要建立斜角的第一个曲面和第二个曲面，随后自动完成倒斜角操作，结果如图6-86所示。

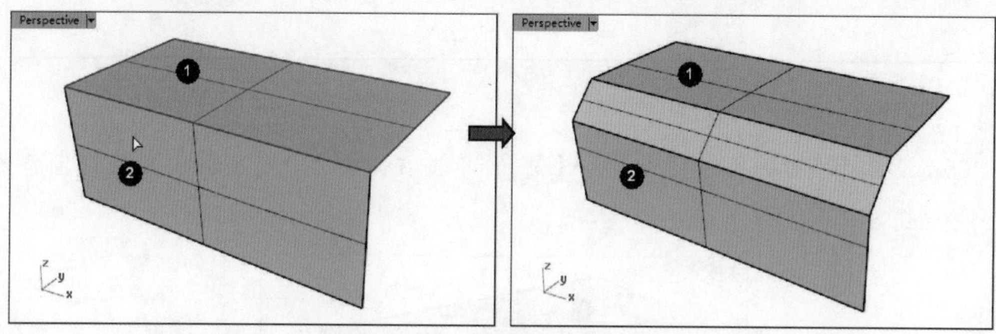

图6-86　完成曲面斜角

6.5.4　不等距曲面斜角

在Rhino中，不等距曲面斜角与曲面斜角工具都可进行曲面间的斜角倒角，通过控制点，可以改变斜角的大小，倒出不等距的斜角。

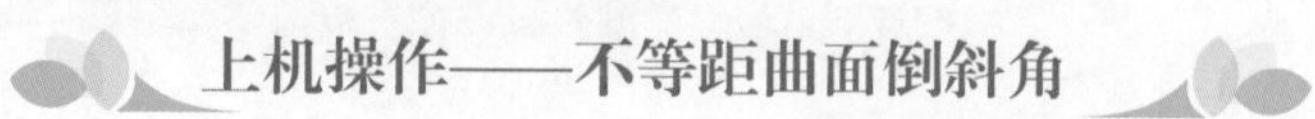

上机操作——不等距曲面倒斜角

01 新建Rhino文件。利用【矩形平面：角对角】命令，在【Top】视窗和【Front】视窗中绘制两个边缘相接或是内部相交的曲面，如图6-87所示。

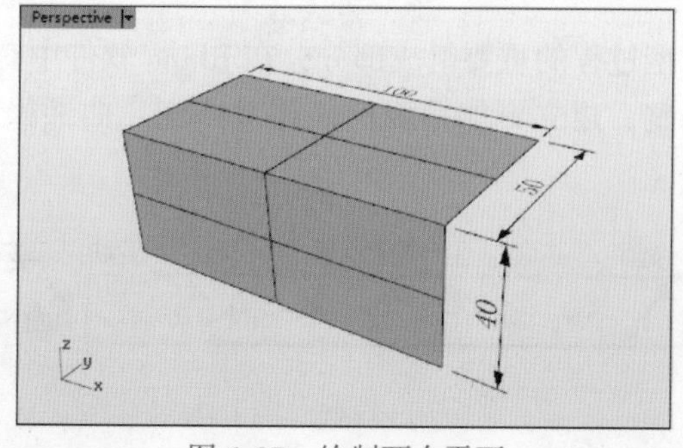

图6-87　绘制两个平面

02 单击【不等距曲面斜角】按钮，在命令行中设置斜角距离为 10，按下【Enter】键或单击右键确认。

03 选取要做不等距斜角的第一个曲面与第二个曲面。两曲面之间显示控制杆，如图 6-88 所示。

04 单击控制杆上的控制点，设置新的斜角距离值为 20，如图 6-89 所示。

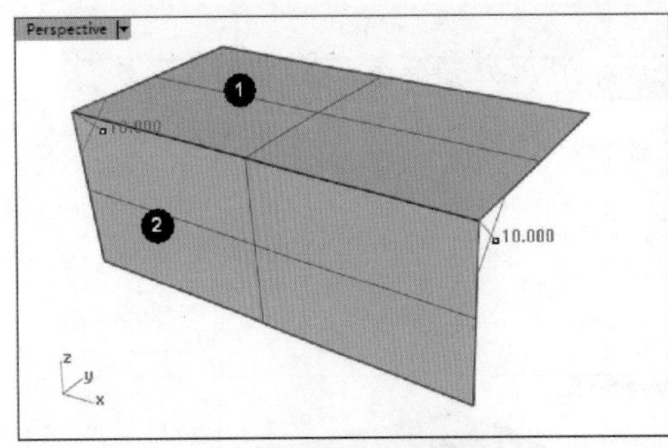

图 6-88　选取要建立斜角的曲面

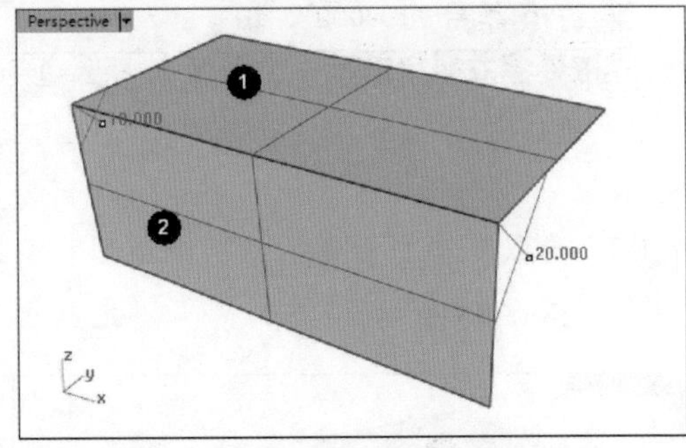

图 6-89　修改斜角距离值

05 设置【修剪并组合】选项为【是】，单击右键或按下【Enter】键完成倒斜角操作，如图 6-90 所示。

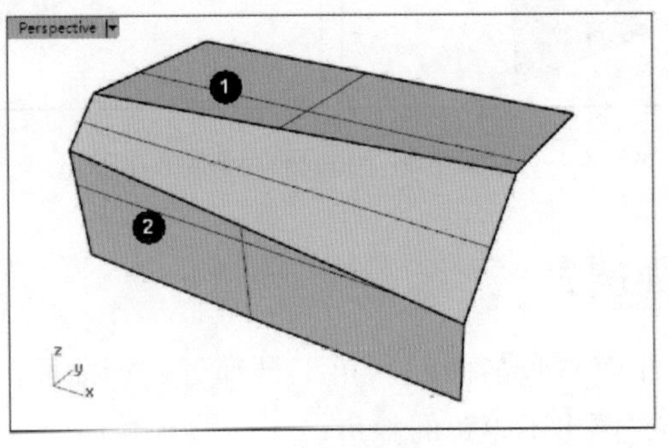

图 6-90　完成倒斜角操作

6.6 曲面操作

曲面操作也是构建模型过程的重要组成部分，在 Rhino 软件中有多种曲面操作与编辑工具，可以根据需要进行调整，建立更加精确的高质量曲面。曲面操作位于【曲面工具】标签下，如图 6-91 所示。

标准　工作平面　设定视图　显示　选取　工作视窗配置　可见性　变动　曲线工具　曲面工具　实体工具

FIT　DEG

图 6-91　曲面操作工具

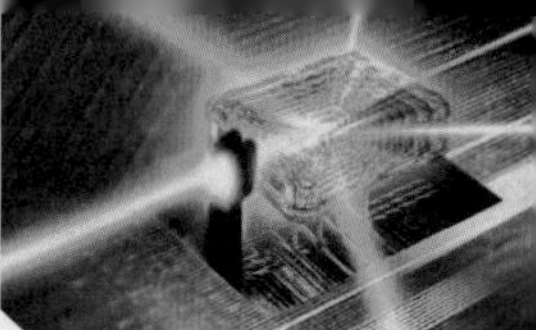

6.6.1 延伸曲面

在 Rhino 中，曲面并不是固定不变的，也可以像曲线一样进行延伸。曲面的延伸方式有两种：【直线】和【平滑】，如图 6-92 所示。

- 直线：延伸时呈直线延伸，与原曲面之间位置连续。
- 平滑：延伸后与原曲面之间呈曲率连续。

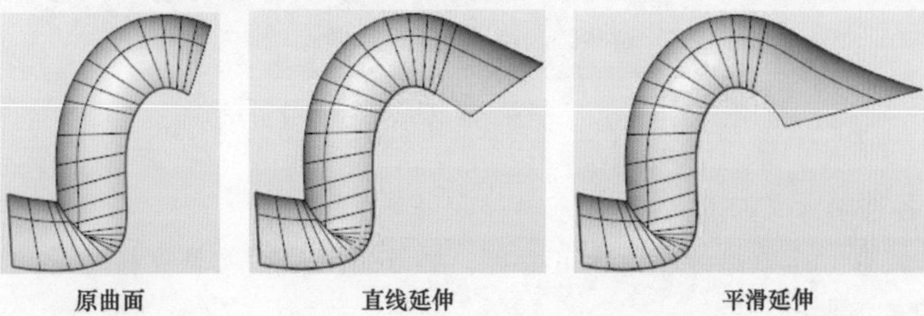

图 6-92 延伸形式

6.6.2 连接曲面

在 Rhino 中，连接曲面是曲面间连接方式的一种，但是值得注意的是，【连接曲面】工具连接两曲面间的部分是以直线延伸，不是有弧度的曲面，如图 6-93 所示。

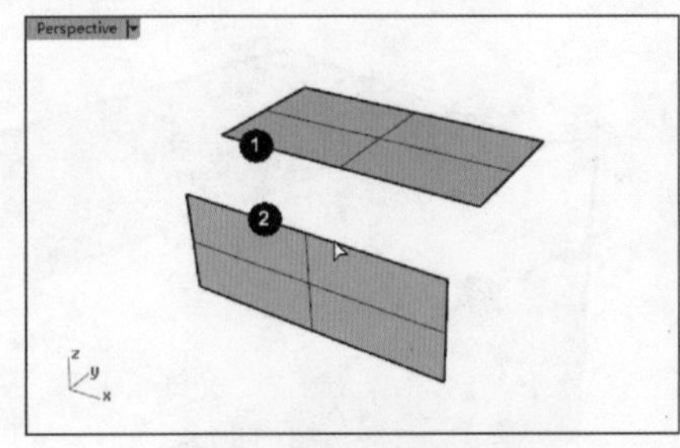

选取要连接的曲面边缘

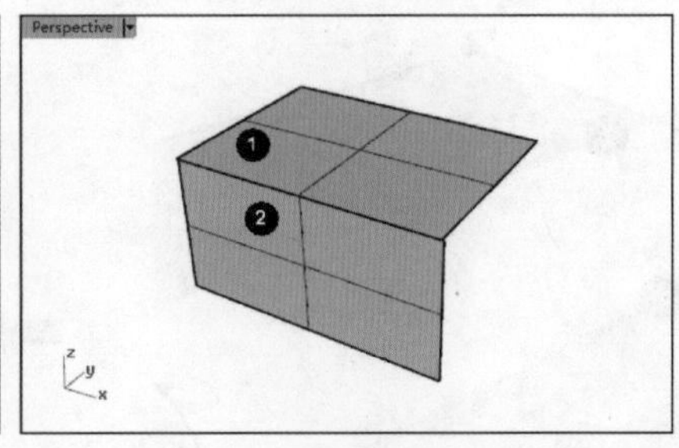

连接曲面

图 6-93 连接曲面

6.6.3 混接曲面

在 Rhino 中，若想使两个曲面之间的连接更加符合要求，可通过混接曲面工具来进行两个曲面之间的混接，使两个曲面之间建立平滑的混接曲面。

单击【混接曲面】按钮，命令行显示如下提示。

```
指令: _BlendSrf
选取第一个边缘的第一段 ( 自动连锁(A)=否  连锁连续性(C)=相切  方向(D)=两方向  接缝公差(G)=0.001  角度公差(N)=1 ):
```

如果第一个边缘由多段边组合，则继续选取，如果仅有一段，则按下【Enter】键确认，再选取第二个边缘。选取两个要混接的边缘后，弹出如图 6-94 所示的【调整曲面混接】对话框。

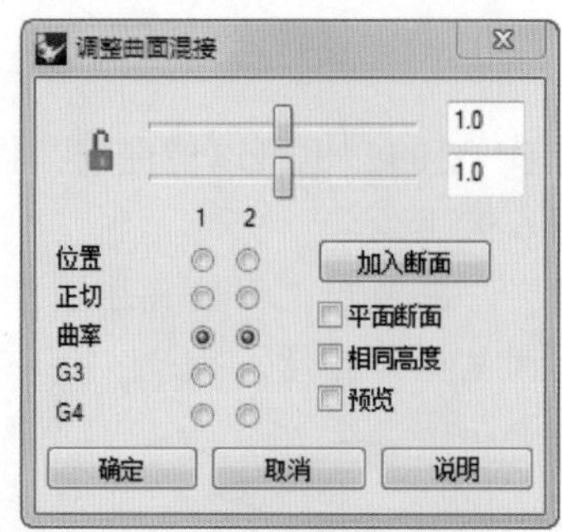

图 6-94 【调整曲面混接】对话框

对话框中各选项含义如下。

- 解开锁定：此图标为解开锁定标志，解开锁定后可以单独拖动滑块杆来调节单侧曲面的转折大小。
- 锁定：单击图标，将其改为。此图标为锁定标志，锁定后拖动滑杆将同时更改两侧曲面的转折大小。
- ：用来改变曲面转折大小，如图 6-95 所示。

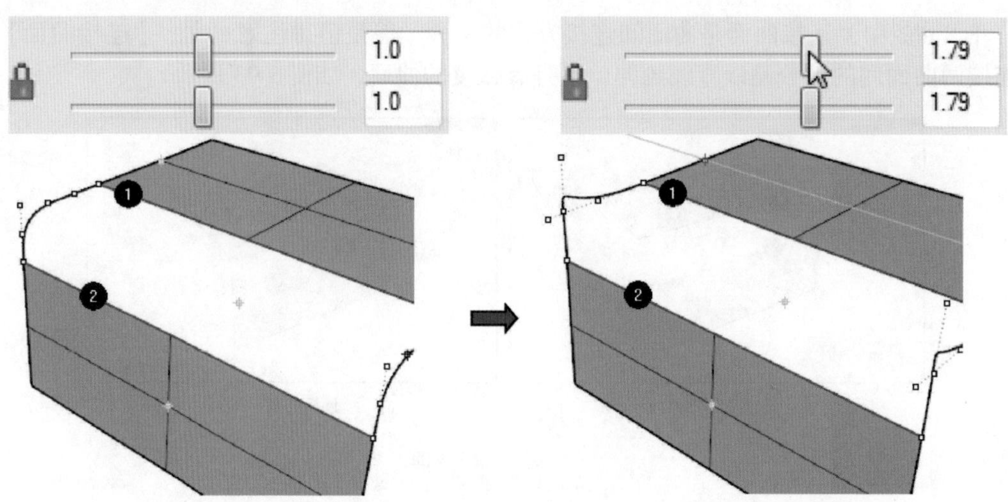

图 6-95 拖动滑杆改变转折大小

- 【位置】【正切】【曲率】【G3】【G4】连续性：可以单独选择单侧的连续性选项，也可以同时选择两侧的连续性。
- 加入断面：加入额外的断面，控制混接曲面的形状。当混接曲面过于扭曲时，可以使用这个功能控制混接曲面更多位置的形状。例如，在混接曲面的两侧边缘上各指定一个点加入控制断面，如图 6-96 所示。
- 平面断面：强迫混接曲面的所有断面为平面，并与指定的方向平行，如图 6-97 所示。
- 相同高度：做混接的两个曲面边缘之间的距离有变化时，这个选项可以让混接曲面的高度维持不变，如图 6-98 所示。

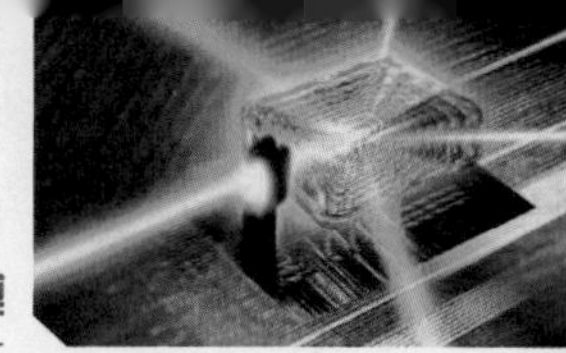

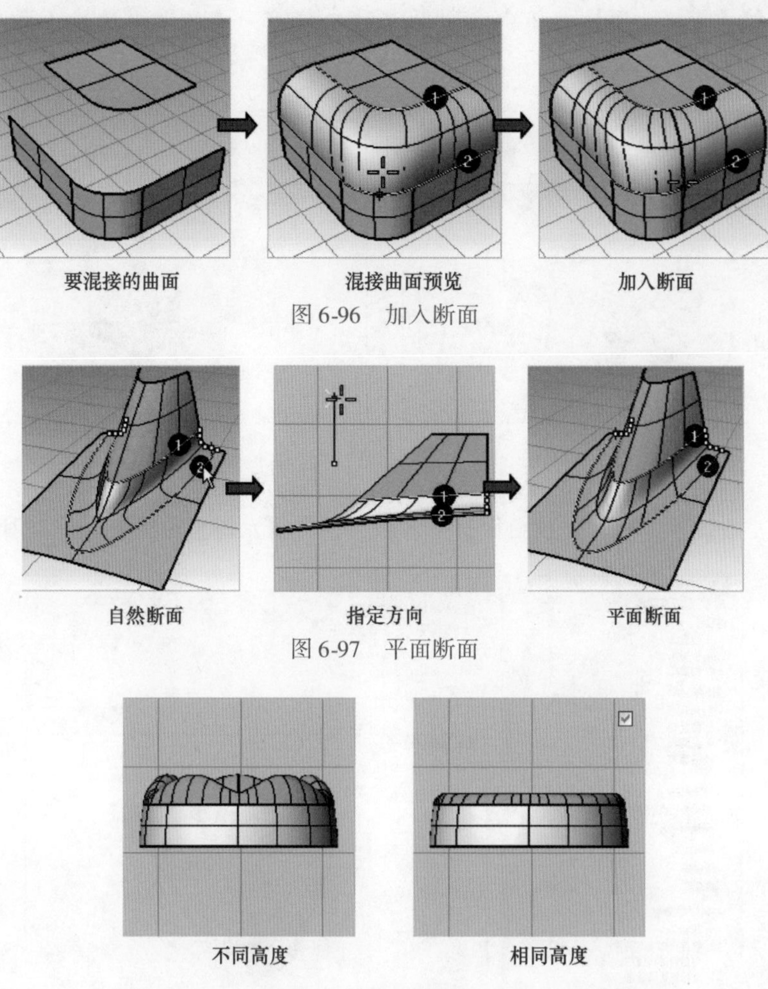

图 6-96　加入断面

图 6-97　平面断面

图 6-98　混接曲面的高度

6.6.4　不等距曲面混接

【不等距曲面混接】命令可在两个曲面之间建立不等距的混接曲面，修剪原来的曲面，并将曲面组合在一起。【不等距曲面混接】命令按钮与【不等距曲面圆角】命令按钮是同一个，两个命令产生的结果是一样的。只是【不等距曲面混接】命令可建立混接曲面并修剪原来曲面，组合曲面，而【不等距曲面圆角】可建立不等距的圆角曲面。

6.6.5　衔接曲面

【衔接曲面】命令可用来调整曲面的边缘与其他曲面形成位置、正切或曲率连续。【衔接曲面】并非在两曲面之间对接，这也是与【混接曲面】和【连接曲面】的不同之处。

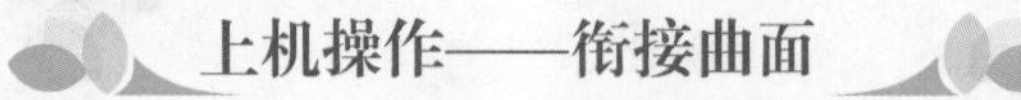

上机操作——衔接曲面

01 打开本例素材源文件【6－5.3dm】，如图 6-99 所示。

02 单击【衔接曲面】按钮，然后选取未修剪一端的曲面边缘①和要衔接的曲面边缘②，如图 6-100 所示。

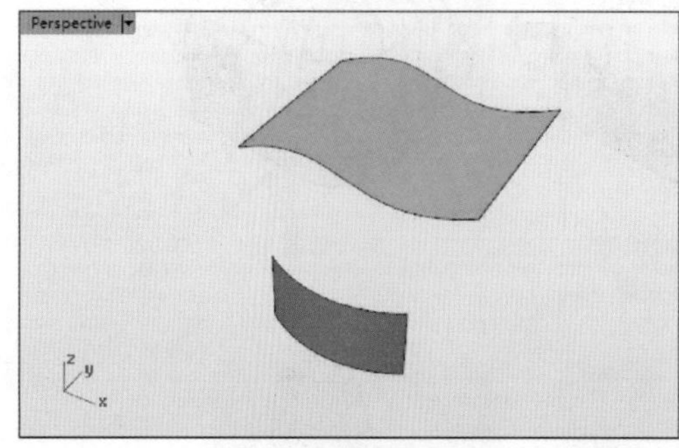

图 6-99 打开的文件

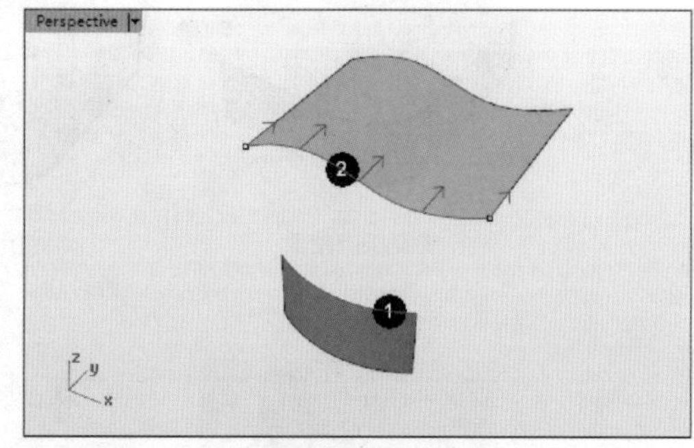

图 6-100 选取要进行衔接的边缘

03 单击右键后弹出【衔接曲面】对话框，同时显示衔接曲面预览，如图 6-101 所示。

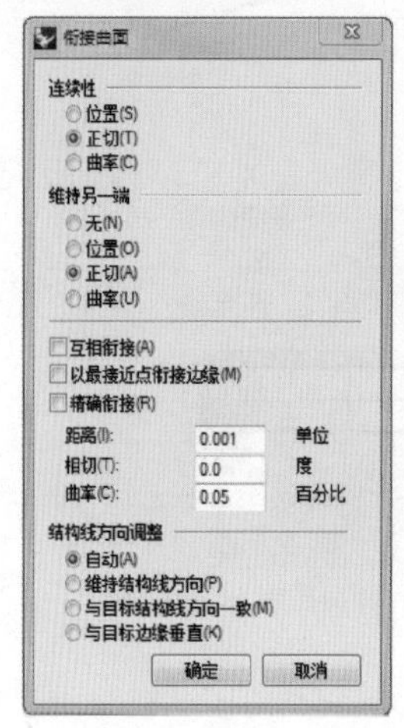

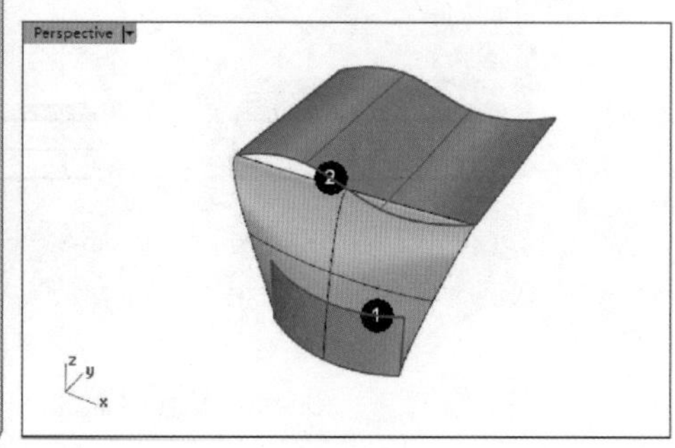

图 6-101 显示衔接曲面预览

04 从预览中可以看出，默认生成的衔接曲面无法同时满足两侧曲面的连接条件。此时需要在对话框中设置【精确衔接】选项。勾选此复选框，并设置【距离】【相切】和【曲率】后，得到如图 6-102 所示的预览效果。

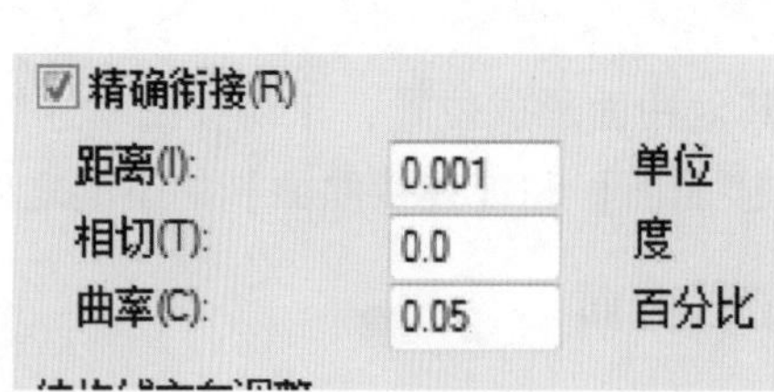

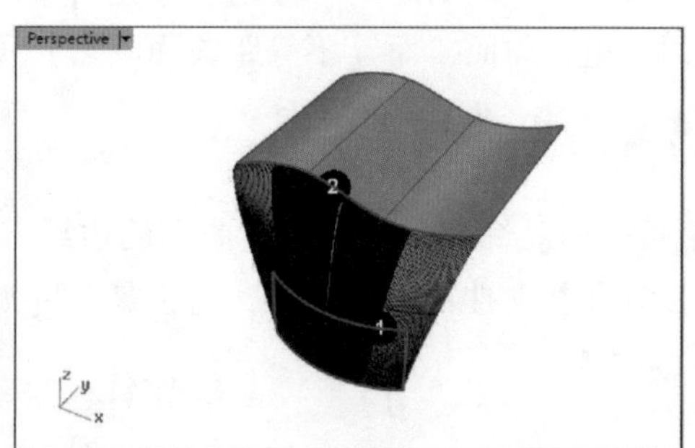

图 6-102 设置精确衔接

05 单击【确定】按钮完成衔接曲面的建立，如图6-103所示。

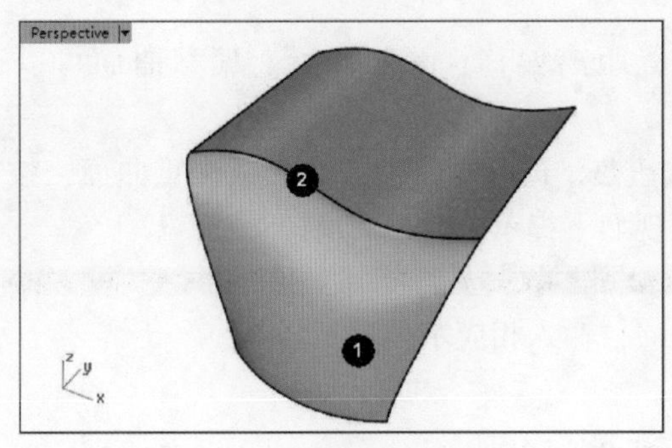

图6-103　建立衔接曲面

6.6.6　合并曲面

在Rhino中，使用合并曲面工具可以将两个或两个以上的边缘相接的曲面合并成一个完整的曲面。但必须注意的是，要进行合并的曲面相接的边缘必须是未经修剪的边缘。

单击【合并曲面】按钮，命令行显示如下提示。

选取一对要合并的曲面（平滑(S)=是　公差(T)=0.001　圆度(R)=1）：

- 平滑：平滑地合并两个曲面，合并以后的曲面比较适合以控制点调整，但曲面会有较大的变形。
- 公差：合并的公差，适当调整公差可以合并看起来有缝隙的曲面。比如，两曲面间有0.1的缝隙距离，如果按默认的公差进行合并，命令行会提示【边缘距离太远无法合并】，如图6-104所示。如果将公差设置为0.1，那么即可成功合并，如图6-105所示。

公差(T)=0.001　　　　公差(T)=0.1

图6-104　公差小不能合并有缝隙的曲面

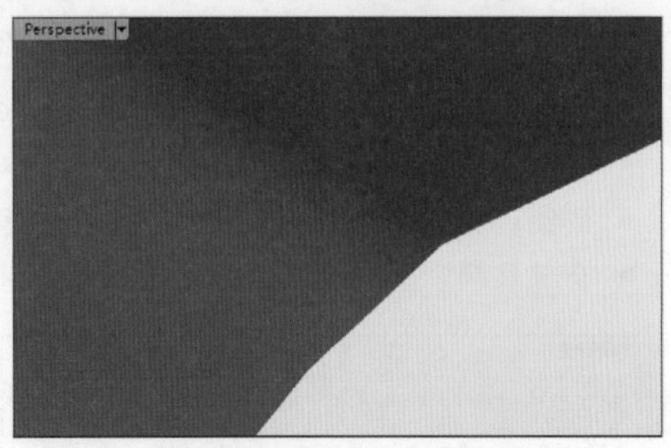

图6-105　调整公差后合并有缝隙的曲面

- 圆度：合并后会自动在曲面间圆弧过渡，圆度越大越光顺，圆度值范围为0.1~1.0。

技巧点拨

进行合并的两个曲面不仅要曲面相接，并且边缘必须对齐。

6.6.7 偏移曲面

【偏移曲面】命令可等距离偏移、复制曲面。偏移曲面可以得到曲面，还可以得到实体。

单击【偏移曲面】按钮，选取要偏移的曲面或多重曲面，按下【Enter】键或单击右键确认。此时命令行会出现如下提示。

选取要反转方向的物体，按 Enter 完成 (距离(D)=5 角(C)=圆角 实体(S)=是 松弛(L)=否 公差(T)=0.001 两侧(B)=否 删除输入物件(I)=否 全部反转(F)):

用户可以选择所需选项，输入相应字母进行设置。

各选项功能说明如下。

- 距离：设置偏移的距离。

技巧点拨

正数的偏移距离，将往箭头的方向偏移，设置负数偏移距离，将往箭头的反方向偏移。平面、环状体、球体、开放的圆柱曲面或开放的圆锥曲面偏移的结果不会有误差，自由造型曲面偏移后的误差会小于公差选项的设置值。

- 角：进行角度偏移时，偏移产生的缝隙是【圆角】还是【锐角】。
- 实体：以原来的曲面和偏移后的曲面边缘放样并组合成封闭的实体，如图 6-106 所示。

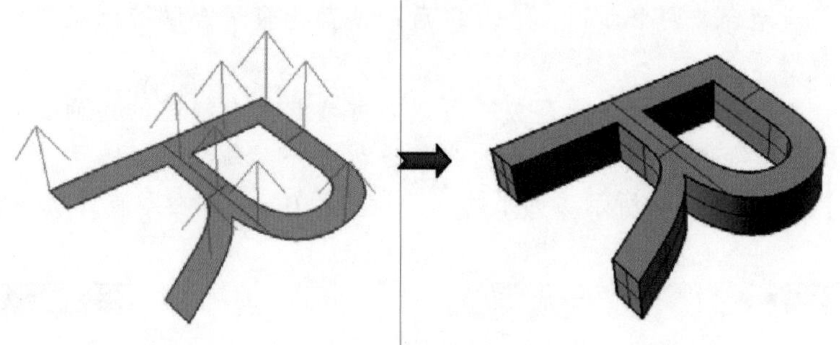

图 6-106 实体偏移曲面

- 松弛：偏移后的曲面的结构和原来的曲面相同。
- 公差：设置偏移曲面的公差，若输入 0 则使用预设公差。
- 两侧：曲面向两侧同时偏移复制，视窗中将出现三个曲面。
- 全部反转：反转所有选取的曲面的偏移方向，如图 6-107 所示。

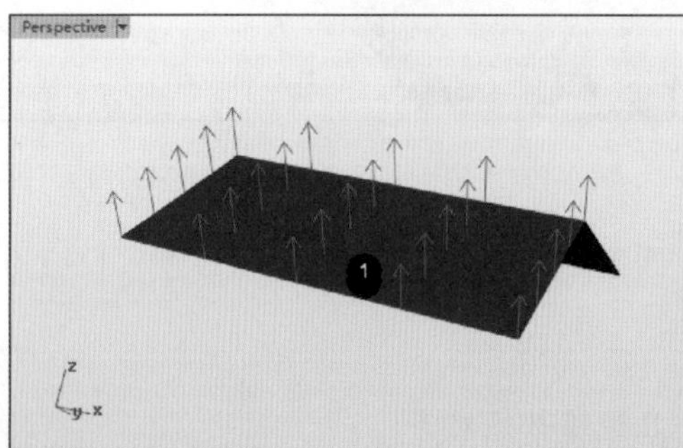

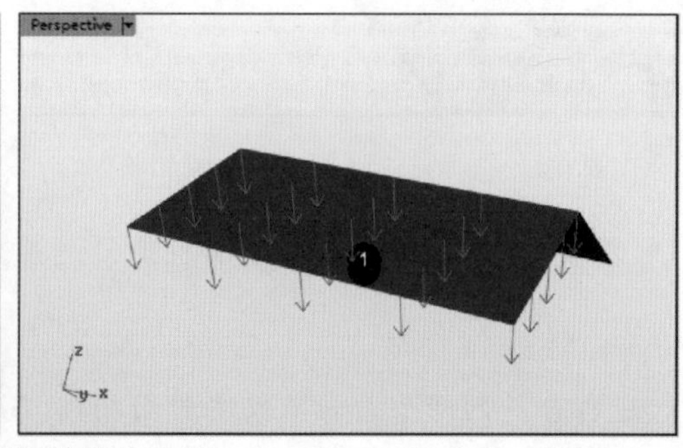

图 6-107 全部反转偏移方向

6.6.8　不等距偏移曲面

该命令以不等的距离偏移复制一个曲面，与等距偏移的区别在于该命令能够通过控制杆调节两曲面间距离。

单击【不等距偏移】按钮，选取要偏移的曲面，命令行中会出现如下提示。

选取要做不等距偏移的曲面 (公差(T)=0.1):

选取要移动的点，按 Enter 完成 (公差(T)=0.1 反转(F) 设置全部(S)=1 连结控制杆(L) 新增控制杆(A) 边相切(I)):

各选项功能说明如下。

- 公差：设置这个命令采用的公差。
- 反转：反转曲面的偏移方向，使曲面往反方向偏移。
- 设置全部：设置全部控制杆为相同距离，效果等同于等距离曲面偏移，如图 6-108 所示。

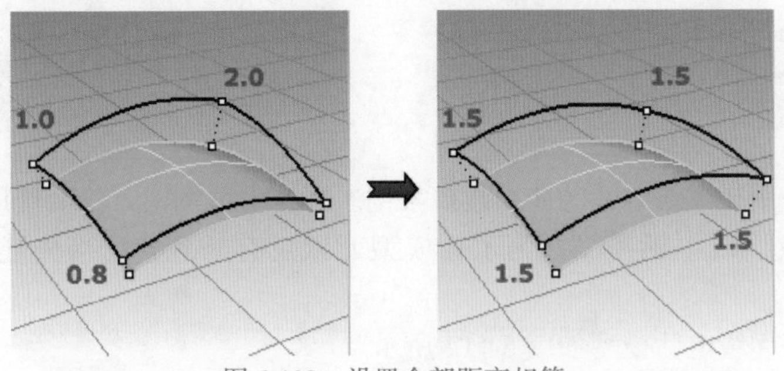

图 6-108　设置全部距离相等

- 连接控制杆：以同样的比例调整所有控制杆的距离，如图 6-109 所示。

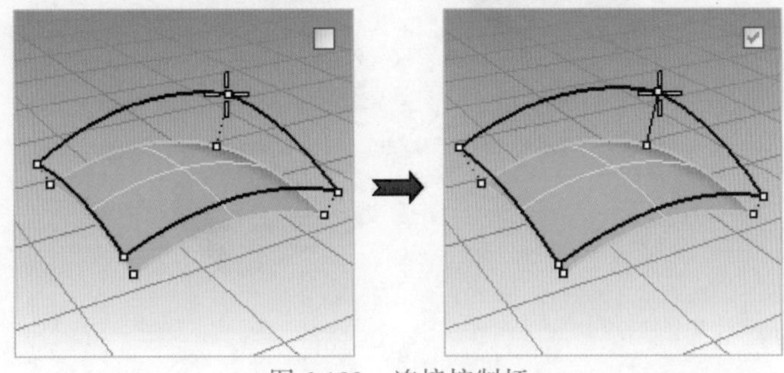

图 6-109　连接控制杆

- 新增控制杆：加入一个调整偏移距离的控制杆，如图 6-110 所示。

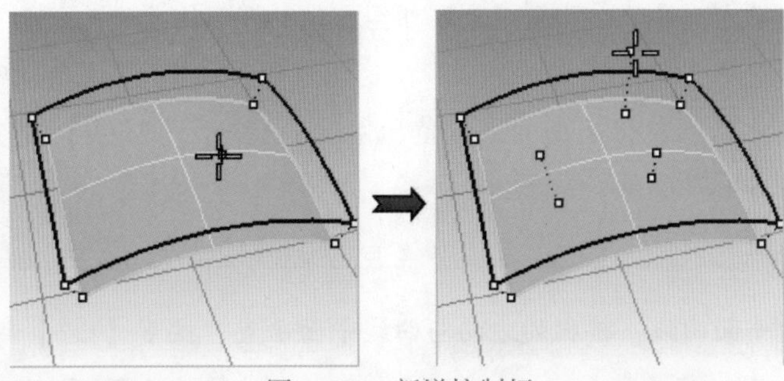

图 6-110　新增控制杆

- 边相切：维持偏移曲面边缘的相切方向和原来的曲面一致，如图 6-111 所示。

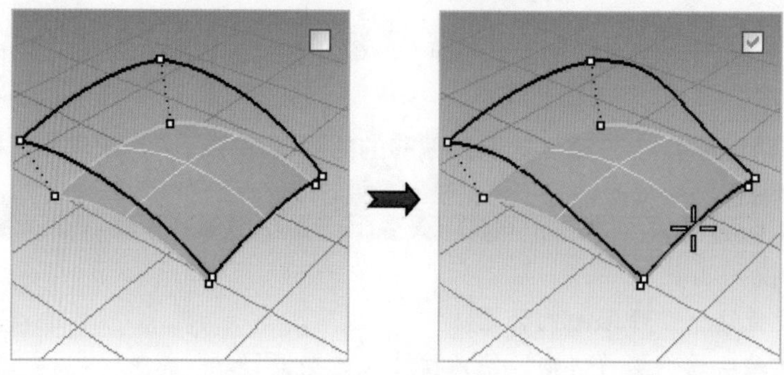

图 6-111　边相切

6.7 曲面建模训练综合案例——无线电话

下面介绍一个手持无线电话的曲面建模案例。在这个案例中，将会使用曲面工具、曲面编辑工具建立一支无线电话模型。为了让模型元素更有条理，已事先建立了曲面和曲线图层。

要建立的手持无线电话模型如图 6-112 所示。

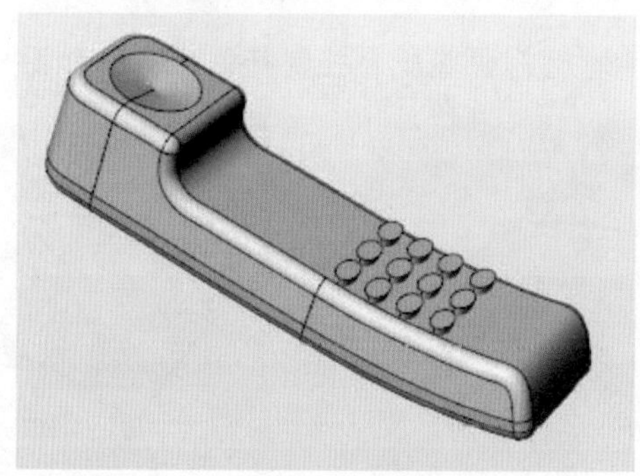

图 6-112　手持无线电话模型

01 打开本例源文件【phone.3dm】。

02 单击【直线挤出】按钮，选取如图 6-113 所示的曲线 1 作为要挤出的曲线（截面曲线）。

03 在命令行中输入挤出长度的终点值为 -3.5，按下【Enter】键完成挤出曲面的建立，如图 6-114 所示。

技巧点拨

如果挤出的是平面曲线，挤出的方向与曲线平面垂直，按下【Esc】键取消选取曲线。

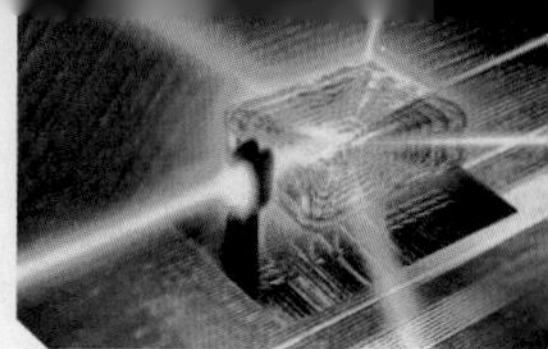

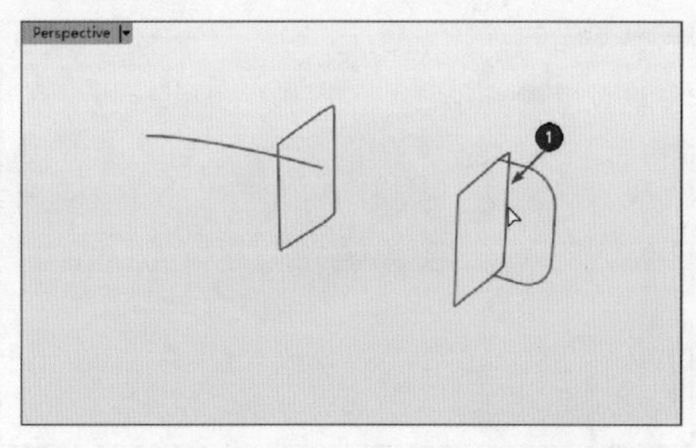

图6-113　选取要挤出的曲线

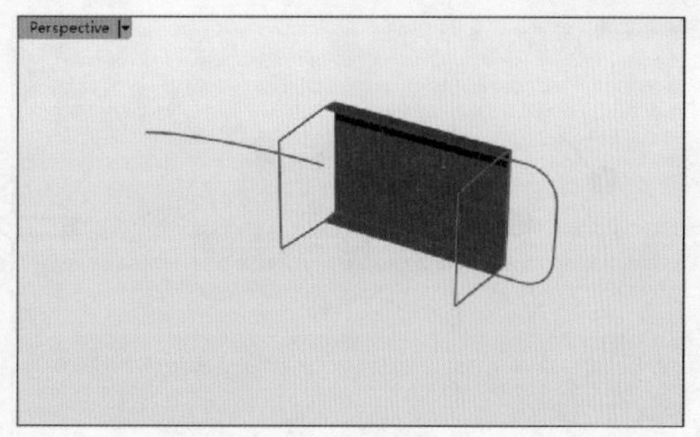

图6-114　建立挤出曲面

04 在右侧【图层】面板中勾选【Bottom Surface】图层，将其设为当前工作图层，如图6-115所示。

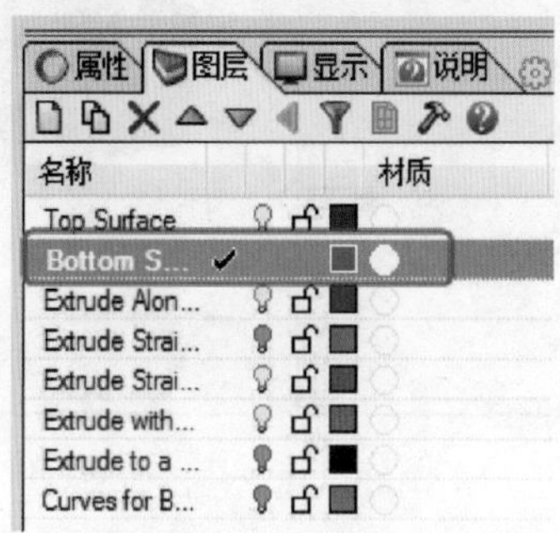

图6-115　设置工作图层

05 同样的，建立如图6-116所示的挤出曲面。

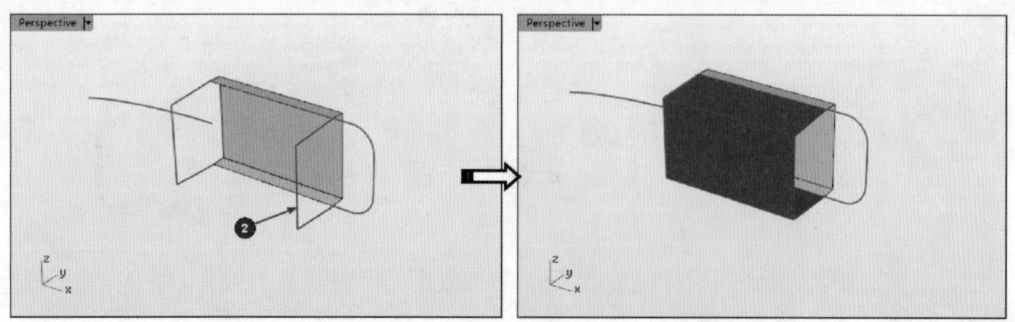

图6-116　建立挤出曲面

06 将【Top Surface】图层设为当前层。利用【沿着曲线挤出】命令选取曲线3作为截面，选取曲线4作为路径，建立如图6-117所示的挤出曲面。

07 将【Bottom Surface】图层设为当前的图层。应用【沿着曲线挤出】命令选取曲线5作为截面，选取曲线4作为路径，建立如图6-118所示的挤出曲面。

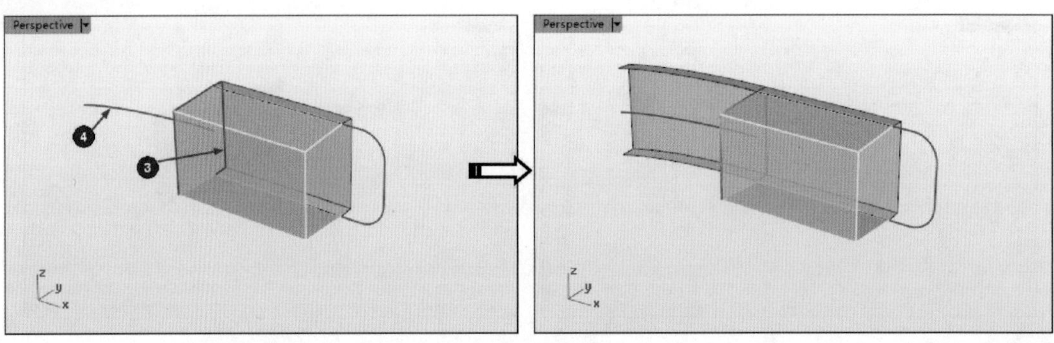

图 6-117　建立沿着路径挤出曲面

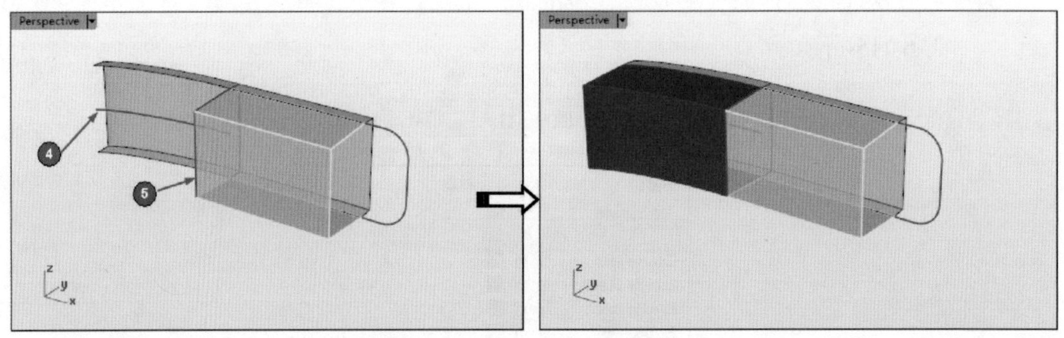

图 6-118　建立挤出曲面

08 将【Top Surface】图层设为当前的图层。利用【挤出曲线成锥状】命令，选取右边的曲线 6 作为要挤出的曲线，在命令行中设置拔模角度为 -3，输入挤出长度为 0.375，单击右键完成挤出曲面的建立，如图 6-119 所示。

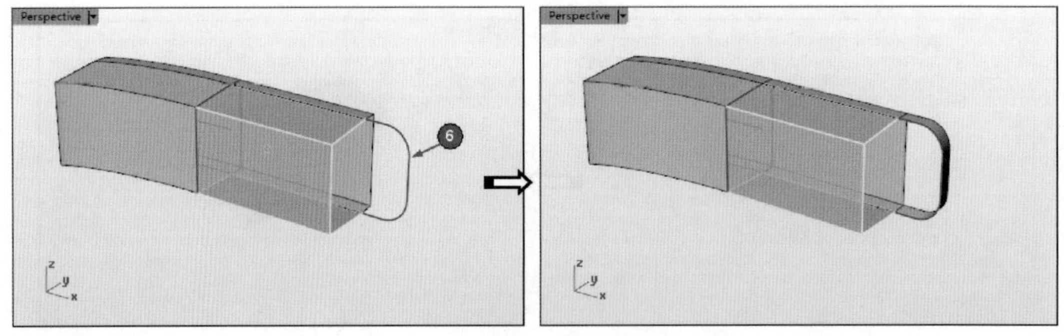

图 6-119　建立挤出曲面

09 将【Bottom Surface】图层设为当前的图层。利用【挤出曲线成锥状】命令，选取曲线 6 作为要挤出的曲线，设置拔模角度为 -3，挤出长度为 -1.375，单击右键完成挤出曲面的建立，如图 6-120 所示。

10 利用【以平面曲线建立曲面】命令修补余下的两个缺口，如图 6-121 所示。

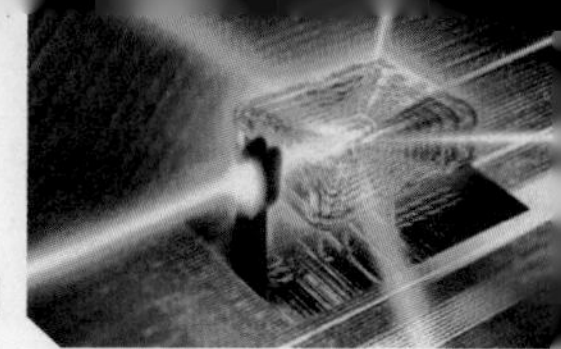

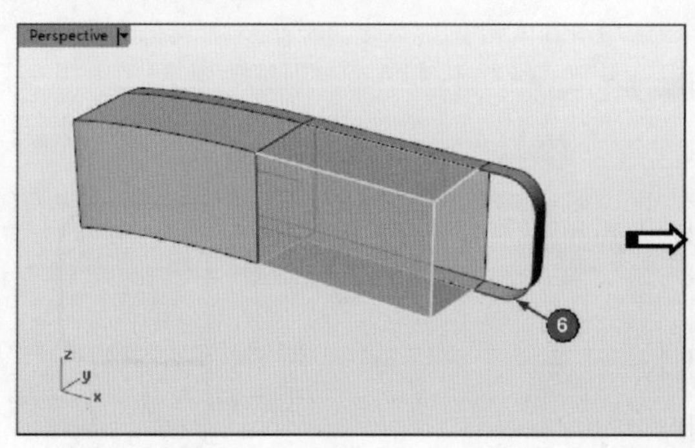

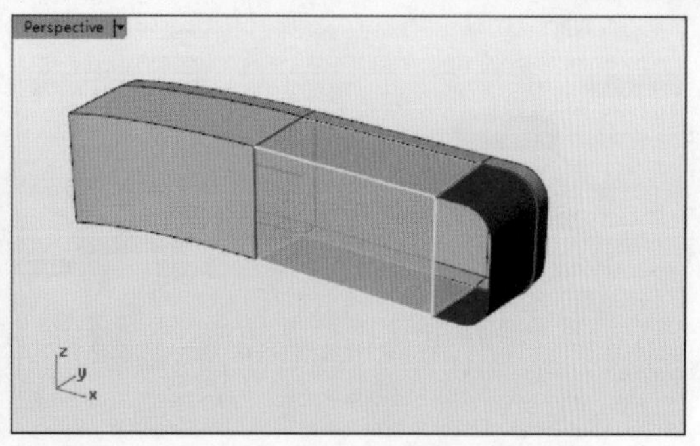

图6-120　建立挤出曲面

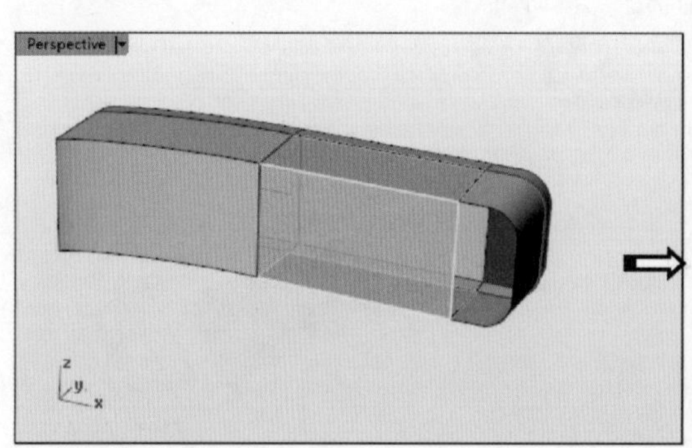

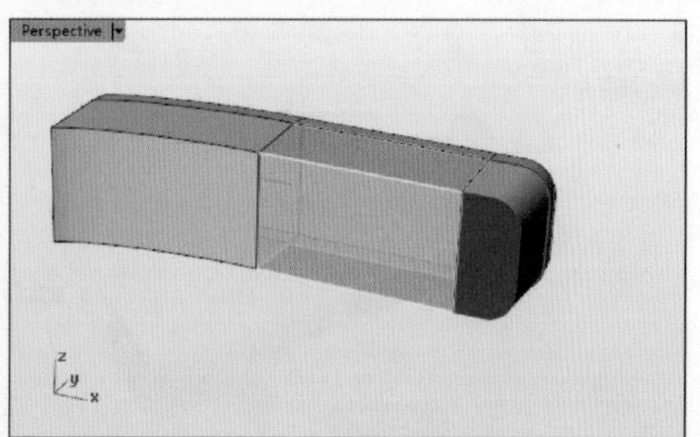

图6-121　修补缺口

11 利用【组合】命令，分别将上下两部分的曲面组合，如图6-122所示。

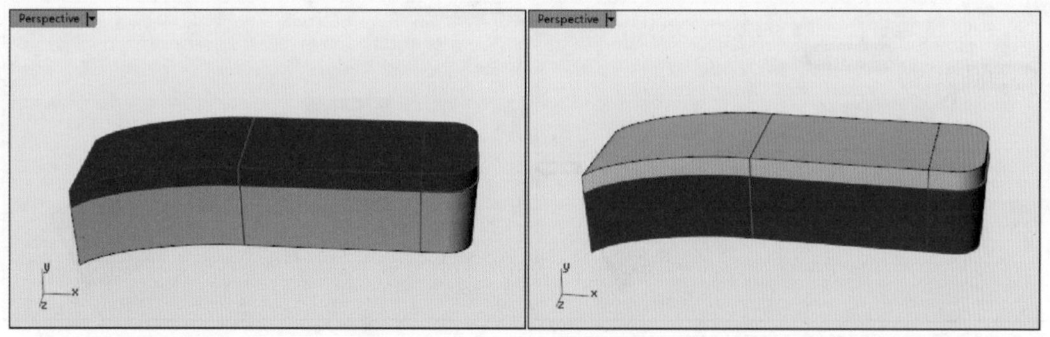

图6-122　组合上下部分的曲面

12 打开【Extrude Straight – bothsides】图层。利用【直线挤出】命令将打开的曲线向两侧挤出，得到如图6-123所示的挤出曲面。

13 利用【修剪】命令，用组合的上下部分曲面修剪两侧挤出曲面，如图6-124所示。

14 利用【修剪】命令，用上步骤修剪过的挤出曲面修剪上、下部分曲面，得到如图6-125所示的结果。

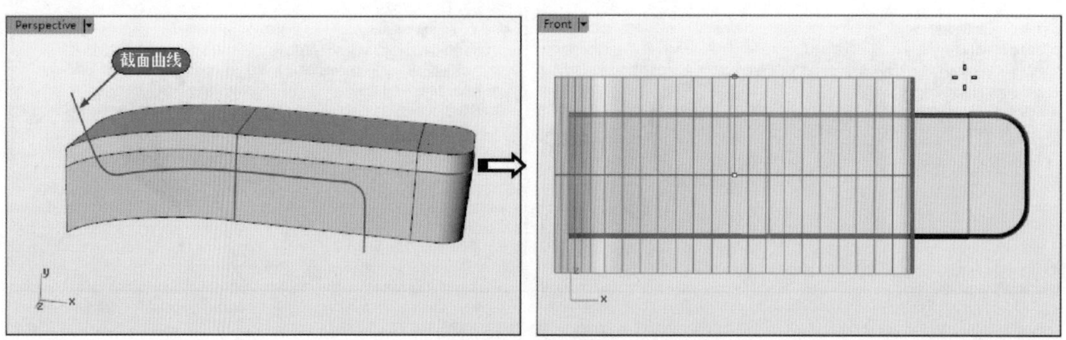

图 6-123　建立对称挤出的曲面

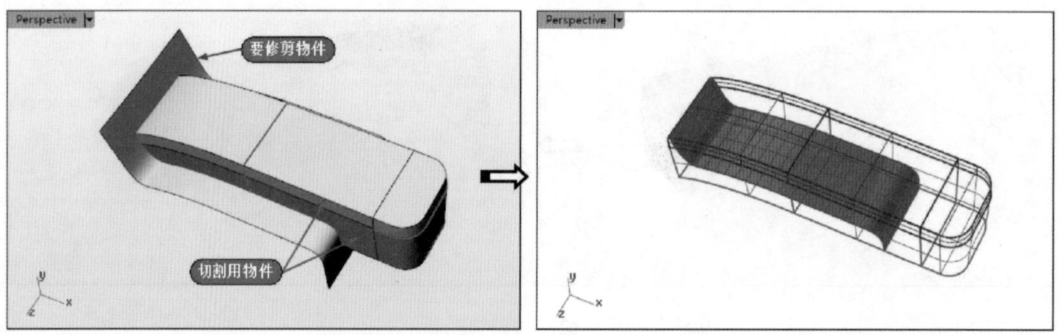

图 6-124　用组合曲面修剪两侧挤出曲面

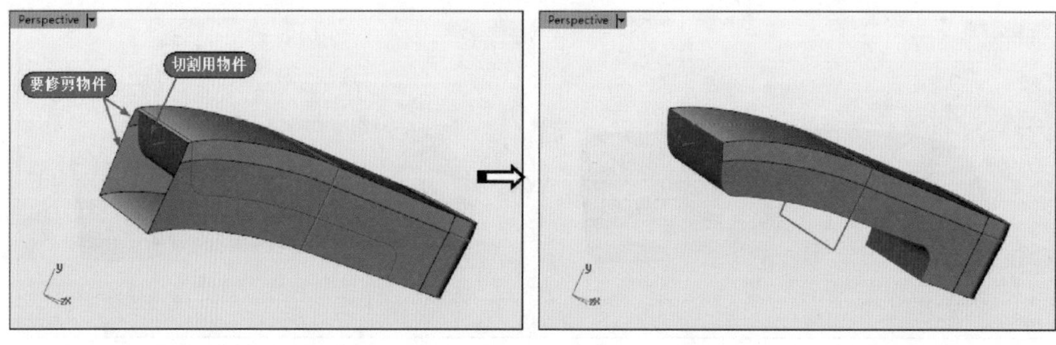

图 6-125　再次修剪

15 在【曲面工具】标签的左边栏中右键单击【以结构线分割曲面】按钮（也是【分割】按钮），选取如图 6-126 所示的曲面进行分割，在命令行设置【方向】为【V】，选取分割点后单击右键完成分割。

16 选取上部分分割出来的曲面，然后执行【编辑】|【图层】|【改变物件图层】命令，将其移动到【Top Surface】图层中，如图 6-127 所示。

17 将分割后的两个曲面分别与各自的图层中的曲面组合，如图 6-128 所示。

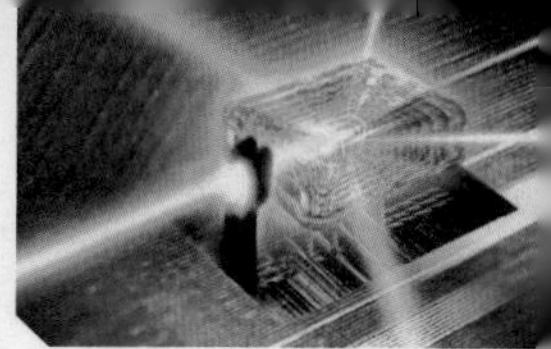

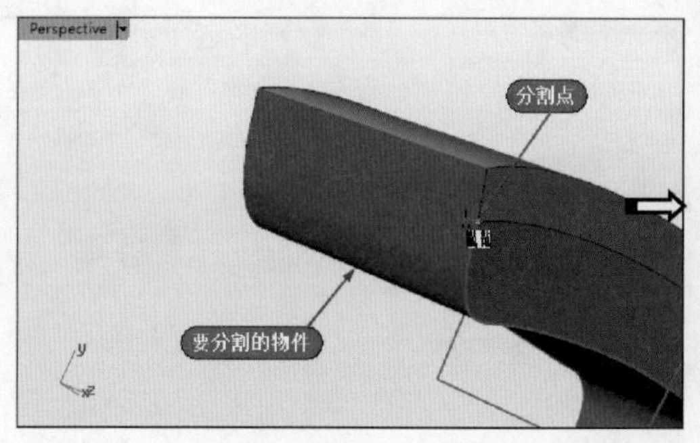

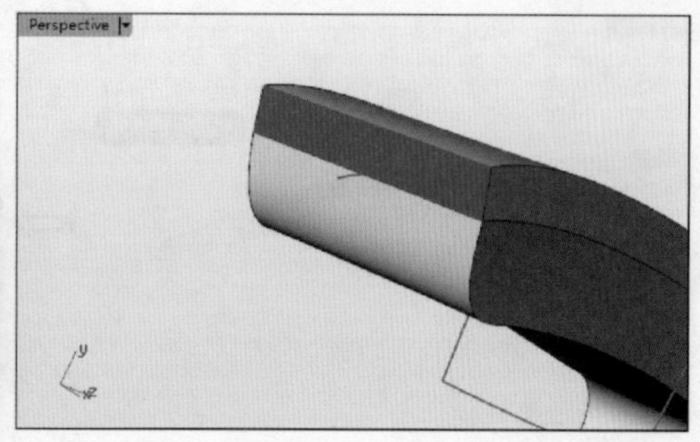

图 6-126　分割曲面

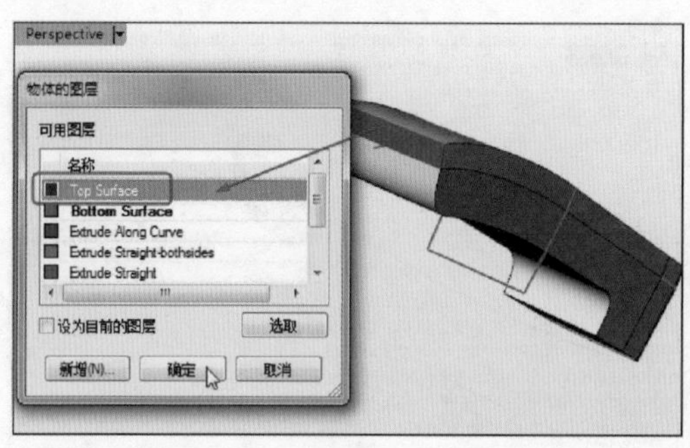

图 6-127　移动物件到图层

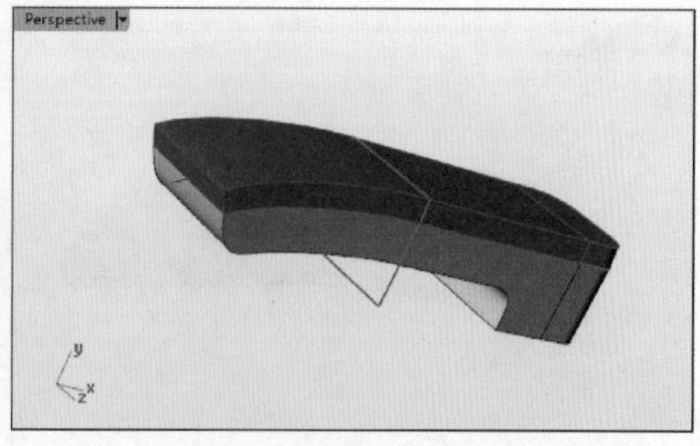

图 6-128　组合曲面

18 在【实体工具】标签下单击【不等距边缘圆角】按钮，选取所有边缘，建立半径为 0.2 的圆角，如图 6-129 所示（建立圆角前先设置各自图层为当前图层）。

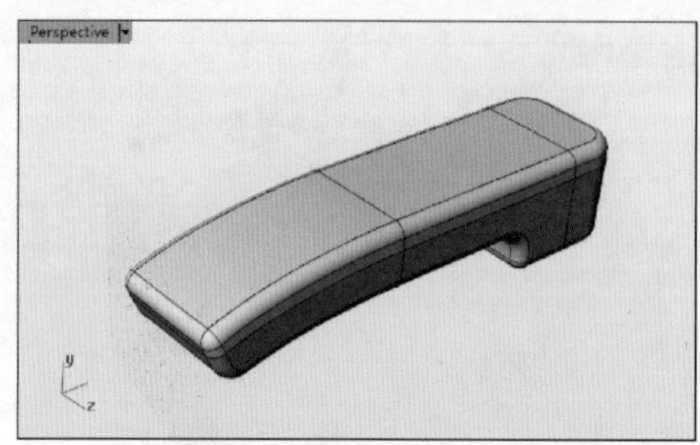

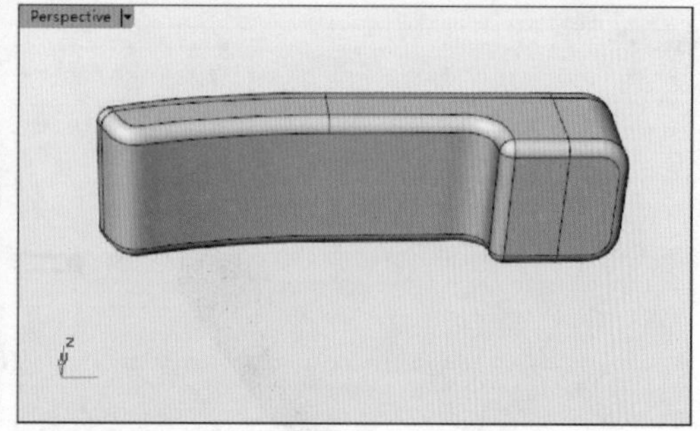

图 6-129　建立圆角

19 关闭下半部分曲面图层，显示【Extrude to a Point】图层。利用【挤出至点】工具，选取要挤出的曲线和挤出目标点，建立如图 6-130 所示的挤出曲面。

20 利用【修剪】命令，将挤出曲面与上半部分曲面相互进行修剪，结果如图 6-131 所示。然后利用【组合】命令将修剪后的结果组合。

21 将上半部分曲面的图层关闭，设置下半部分曲面为当前图层，并显示图层中的曲面。然后应用同样方法建立挤出至点曲面，如图 6-132 所示。

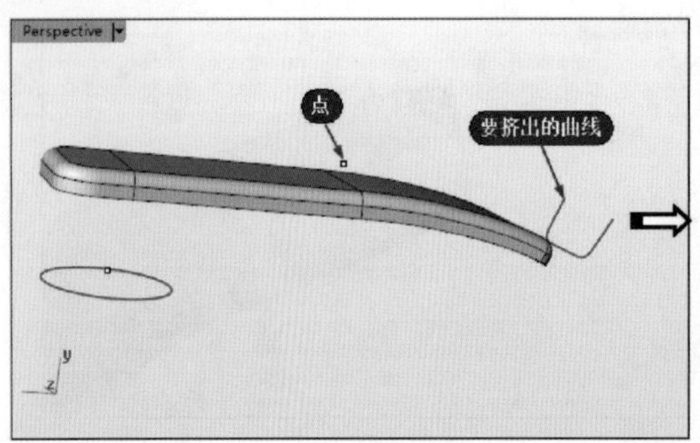

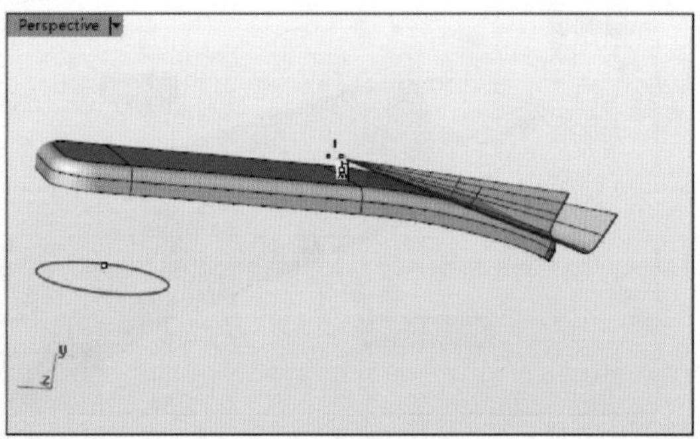

图 6-130　建立挤出曲面

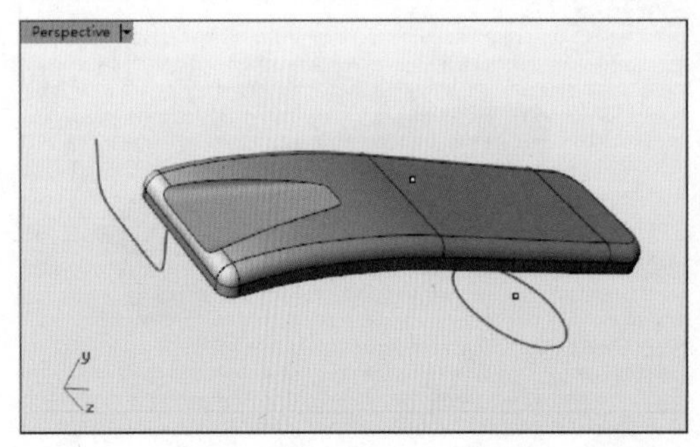

图 6-131　修剪曲面并组合

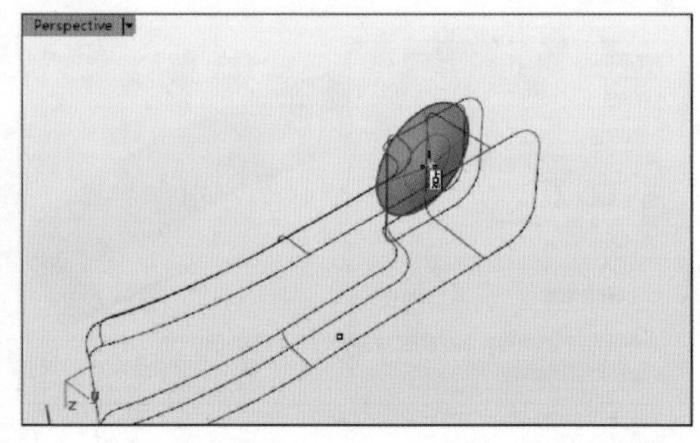

图 6-132　建立挤出至点曲面

22 利用【修剪】命令，将挤出曲面和下半部分曲面进行相互修剪，得到如图 6-133 所示的结果，然后再进行组合。

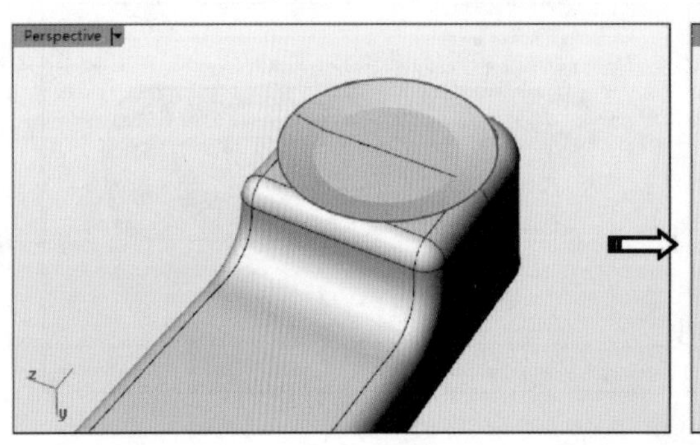

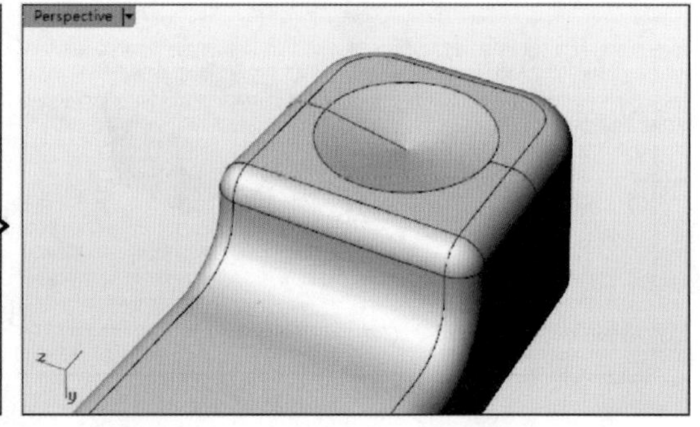

图 6-133　修剪并组合曲面

23 打开【Curves for Buttons】图层的对象曲线。框选第一竖排的曲线，然后执行【直线挤出】命令，设置挤出类型为实体，输入挤出长度为 -0.2，单击右键完成曲面的建立，如图 6-134 所示。

24 同样的，完成其他竖排的曲线挤出，如图 6-135 所示。至此，即完成无线电话的建模过程，最后将结果保存。

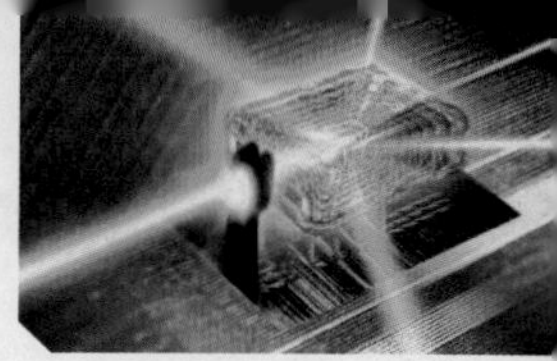

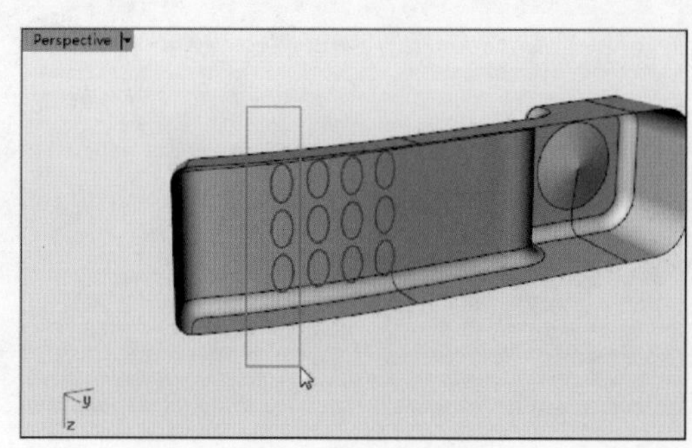

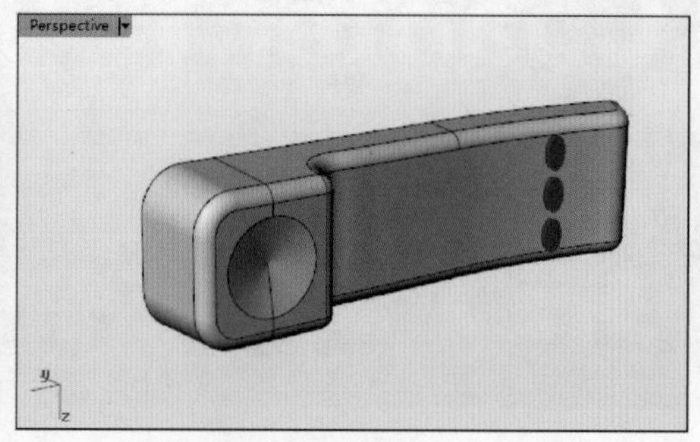

图 6-134　建立挤出曲面

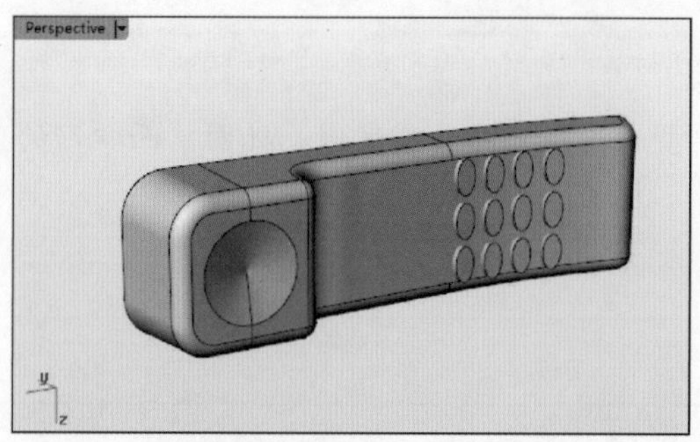

图 6-135　手持无线电话

Chapter

第7章 工业产品设计综合案例

本章导读

本章主要介绍几个典型的工业产品造型案例，巩固前面学习的变换、曲线、实体和曲面相关功能与用法。

案例展现

案　例　图	描　　述
	台式转页风扇由扇叶、网罩、前盖、后盖、底座等组成。转页风扇的主体曲面为立方体，较为简单，重点在于前盖与后盖，以及扇叶的制作，涉及到很多变动工具以及一些编辑工具的灵活使用
	刨皮刀模型曲面的变化比较丰富，需要首先分析面片的划分方式以及曲面建模流程，对于圆角处理也需要分步完成
	随身听造型的创建工作中最为重要的是随身听主体模型的创建，在主体模型创建完成后，在这个基础上创建刻画模型的细节，然后创建耳机部分，丰富整个产品模型，并最终将它们组合放置在一起

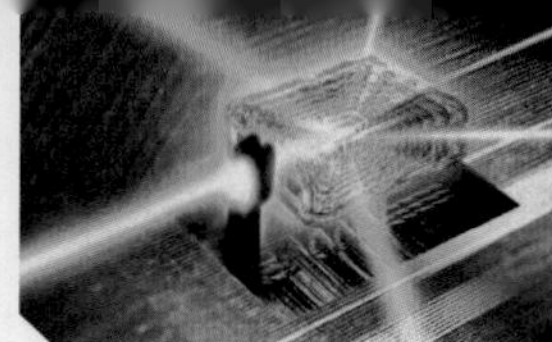

7.1 台式转页风扇

台式转页风扇由扇叶、网罩、前盖、后盖、底座等组成，如图 7-1 所示。在本节中，我们将依据风扇的构成依次进行造型设计。

图 7-1 台式转页风扇的构成

转页风扇的主体曲面为立方体，较为简单，重点在于前盖与后盖，以及扇叶的制作，涉及到很多变动工具以及一些编辑工具的灵活使用。

转页扇的建模过程可采用以下基本流程。

- 创建转页扇主体部分曲面。
- 创建转页扇前盖部分曲面。
- 创建扇叶部分曲面。
- 组合转页扇的各部分结构。
- 在转页扇主体曲面前侧添加按钮。
- 为转页扇添加底座，完成整个模型的创建。

1. 创建转页扇主体部分

01 执行菜单栏中【曲线】|【矩形】|【中心点、角】命令，在【Front】正交视图中创建一条矩形曲线，如图 7-2 所示。

02 执行菜单栏中【曲线】|【圆】|【中心点、半径】命令，在【Front】正交视图中的矩形曲线中间创建一条圆形曲线，如图 7-3 所示。

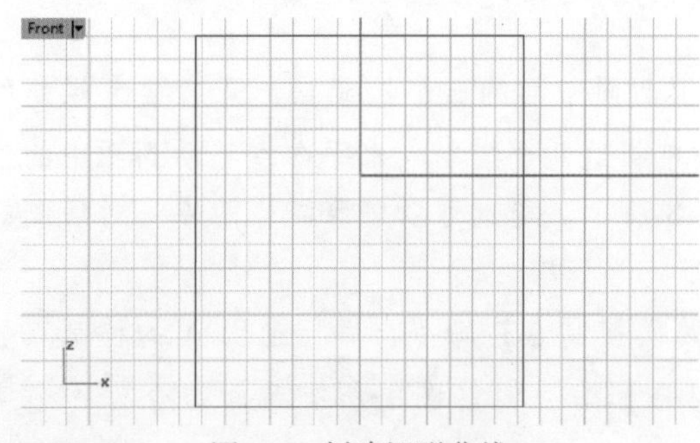

图 7-2 创建矩形曲线

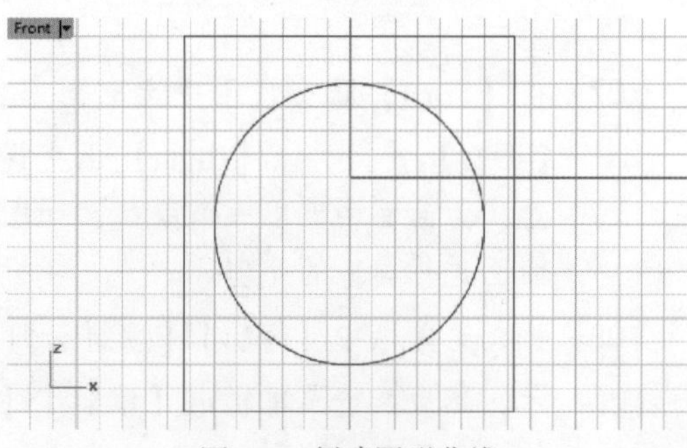

图 7-3 创建圆形曲线

03 执行菜单栏中【实体】|【挤出平面曲线】|【直线】命令，选取矩形曲线，右键单击，开启提示行中的【两侧（B）=是】选项，在【Right】正交视图中调整挤出长度，单击以确定，如图 7-4 所示。

04 执行菜单栏中【编辑】|【炸开】命令，在透视图中选取新创建的立方体，右键单击以确定，这块多重曲面被炸开为几块单一曲面，如图 7-5 所示。

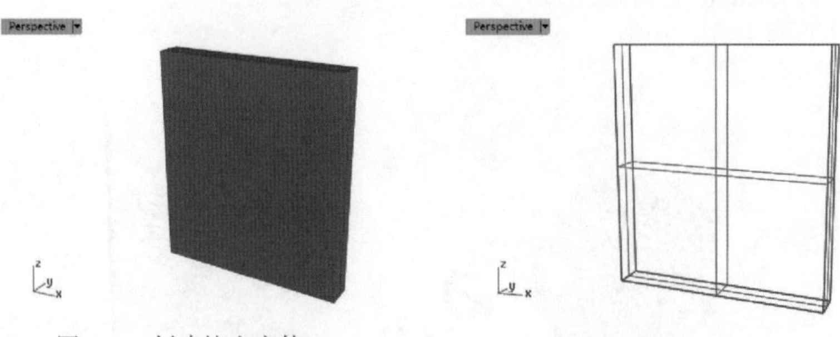

图 7-4　创建挤出实体　　图 7-5　炸开多重曲面

05 选取图中曲面 A，执行菜单栏中【编辑】|【控制点】|【开启控制点】命令，打开曲面 A 的控制点，可以看到曲面 A 的控制点过少，这对调整曲面的形状不利，如图 7-6 所示。

06 执行菜单栏中【编辑】|【重建】命令，选取曲面 A，右键单击以确定，在弹出的对话框中调整要重建的控制点数量，单击【确定】按钮，完成曲面的重建，如图 7-7 所示。

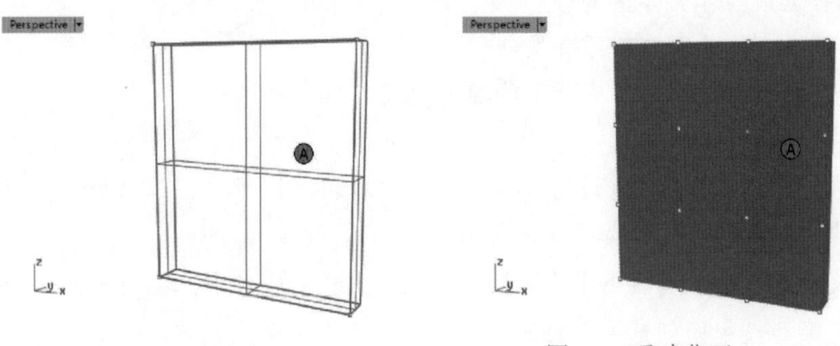

图 7-6　开启控制点　　图 7-7　重建曲面 A

07 在【Front】正交视图中选取图中位于曲面中间的四个控制点，开启状态栏处的【正交】捕捉，在【Right】正交视图中将这几个控制点水平向左移动到图中的位置，为曲面调整出一个隆起，如图 7-8 所示。您也可以按照同样的方法对后侧的曲面进行类似的处理。

08 执行菜单栏中【编辑】|【控制点】|【关闭控制点】命令，关闭曲面 A 的控制点显示，然后执行菜单栏中【编辑】|【组合】命令，将图中所有曲面组合为一个实体，如图 7-9 所示。

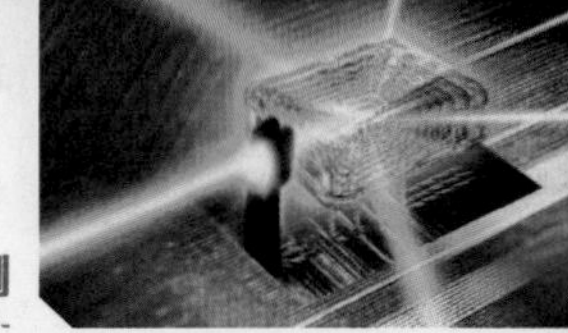

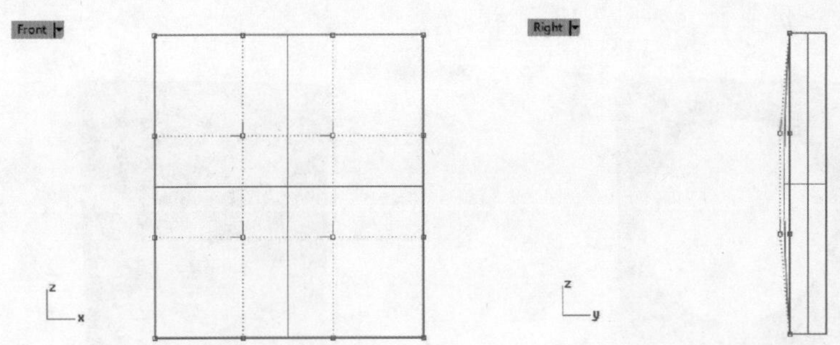

图 7-8　调整控制点

09 执行菜单栏中【曲面】|【挤出曲线】|【直线】命令，在【Front】正交视图中选取圆形曲线，右键单击以确定，在提示行中开启【两侧（B）＝是】选项，在【Right】正交视图中确定挤出的距离，最终创建一块挤出曲面，如图 7-10 所示。

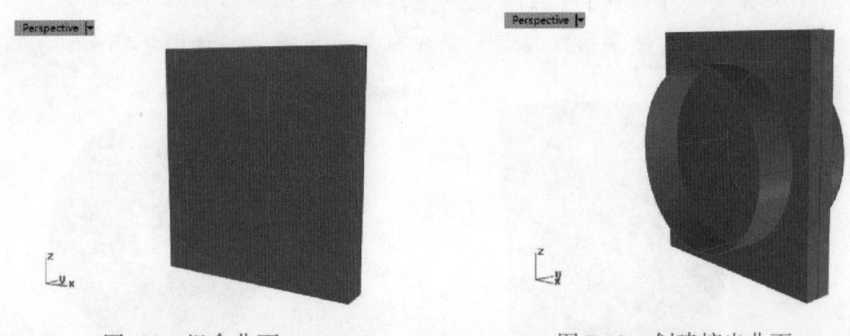

图 7-9　组合曲面　　　　图 7-10　创建挤出曲面

10 在 Rhino 右侧的图层管理栏中创建一个新的图层，重命名为【曲线】，然后将图中的两条曲线分配到该图层中并隐藏。选取图中的两块曲面，复制一份，执行菜单栏中【编辑】|【可见性】|【隐藏】命令，将其隐藏，如图 7-11 所示。

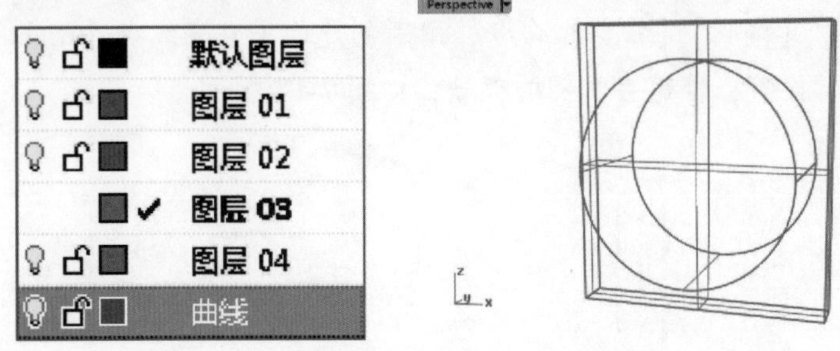

图 7-11　隐藏图层并复制曲面

11 执行菜单栏中【实体】|【差集】命令，选取多重曲面，右键单击以确定，然后选取挤出曲面，右键单击以确定，执行完成布尔运算差集，如图 7-12 所示。

12 执行菜单栏中【编辑】|【可见性】|【对调隐藏与显示】命令，透视图中将单独显

示刚刚复制的一份曲面，如图 7-13 所示。

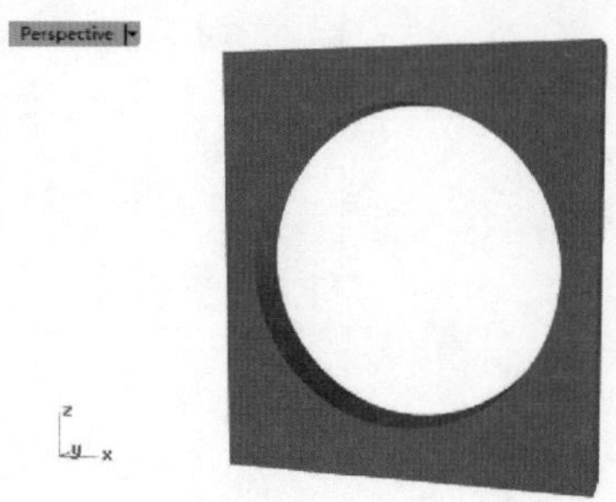

图 7-12　布尔运算差集

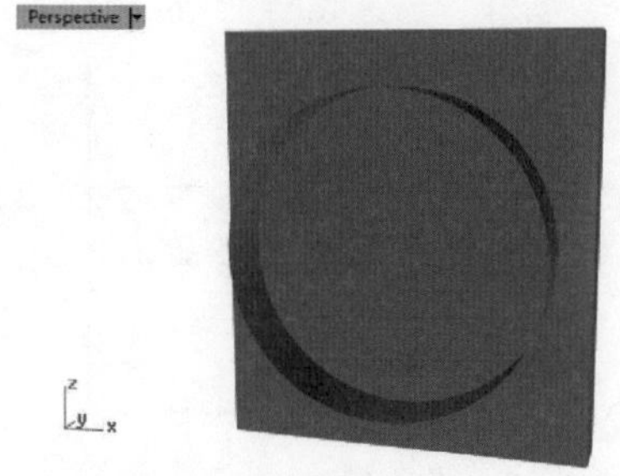

图 7-13　对调隐藏与显示

13 执行菜单栏中【分析】|【方向】命令，选取挤出曲面，右键单击以确定，然后调整曲面方向为向内，如图 7-14 所示。

14 执行菜单栏中【实体】|【差集】命令，选取多重曲面，右键单击以确定，然后选取挤出曲面，右键单击以确定，完成布尔运算差集，如图 7-15 所示。

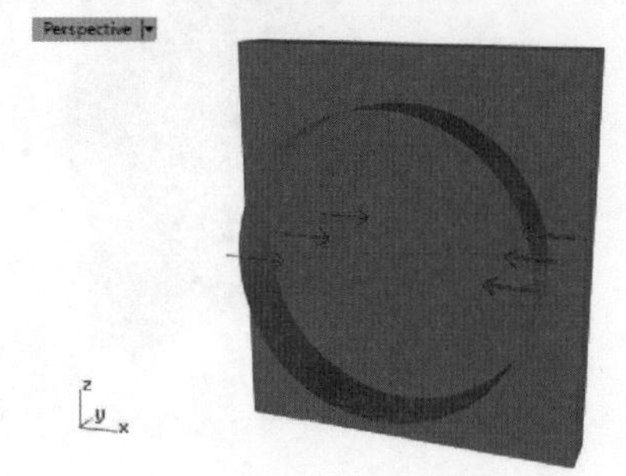

图 7-14　调整曲面方向

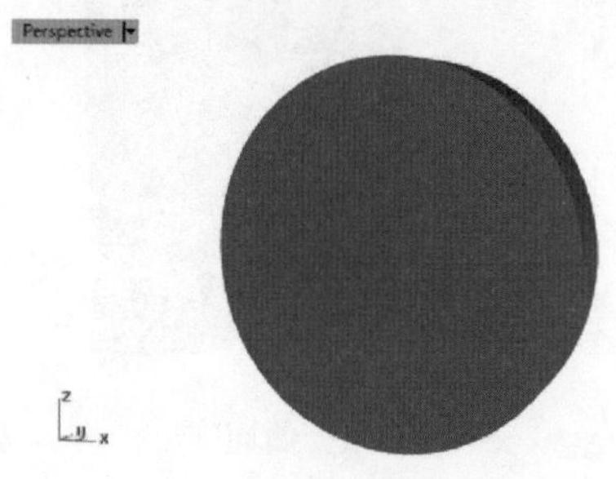

图 7-15　布尔运算差集

15 执行菜单栏中【曲线】|【直线】|【单一直线】命令，在【Right】正交视图中创建一条垂直直线，如图 7-16 所示。

16 执行菜单栏中【编辑】|【修剪】命令，用新创建的垂直直线在【Right】正交视图中对曲面进行修剪，修剪去右侧的部分，如图 7-17 所示。

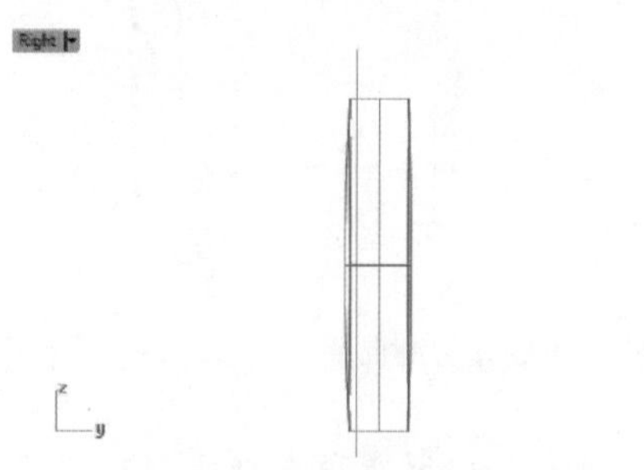

图 7-16　创建一条垂直直线

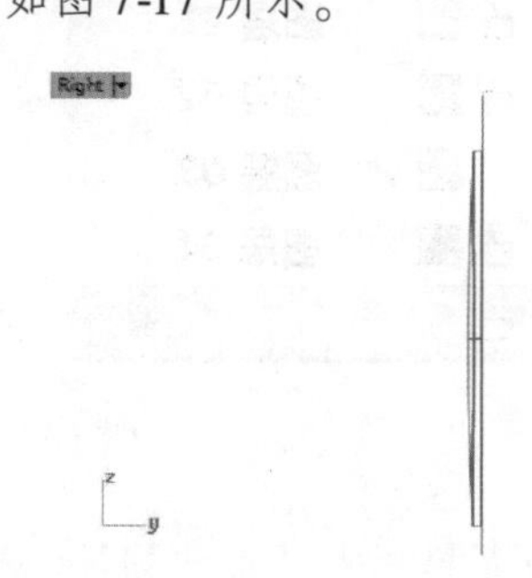

图 7-17　修剪曲面

17 执行菜单栏中【实体】|【将平面洞加盖】命令，选取图中的多重曲面，右键单击

以确定，创建一块封闭的多重曲，如图7-18所示。

18 执行菜单栏中【曲线】|【圆】|【中心点、半径】命令，在【Front】正交视图中创建三条同心圆曲线，如图7-19所示。

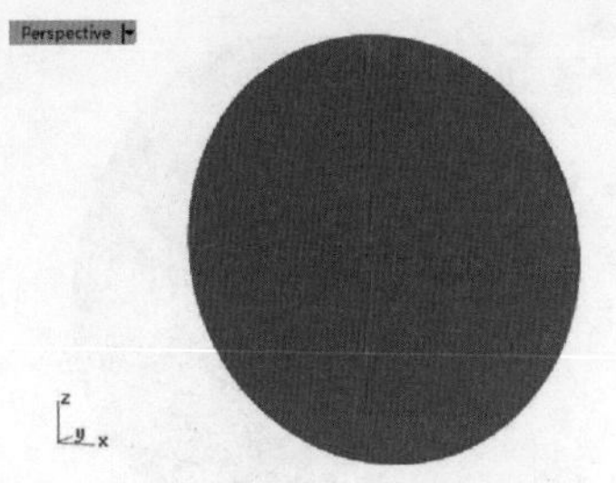

图7-18　将平面洞加盖

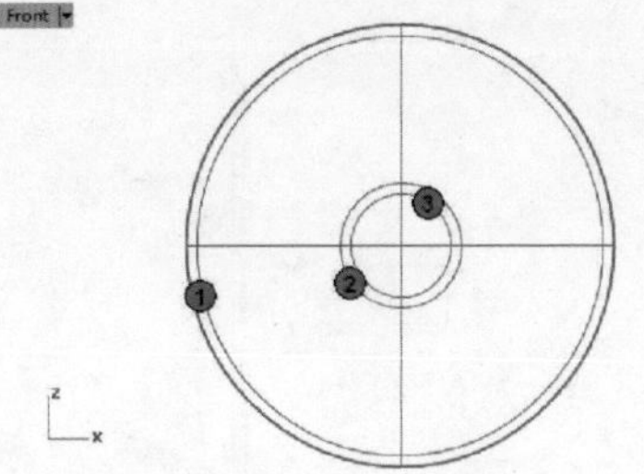

图7-19　创建圆形曲线

19 执行菜单栏中【实体】|【挤出平面曲线】|【直线】命令，选取曲线3，右键单击以确定，创建一块挤出实体，在【Right】正交视图中水平移动其位置，如图7-20所示。

20 执行菜单栏中【实体】|【差集】命令，选取大块多重曲面，右键单击以确定，然后选取新创建的多重曲面，右键单击完成布尔运算，结果如图7-21所示。

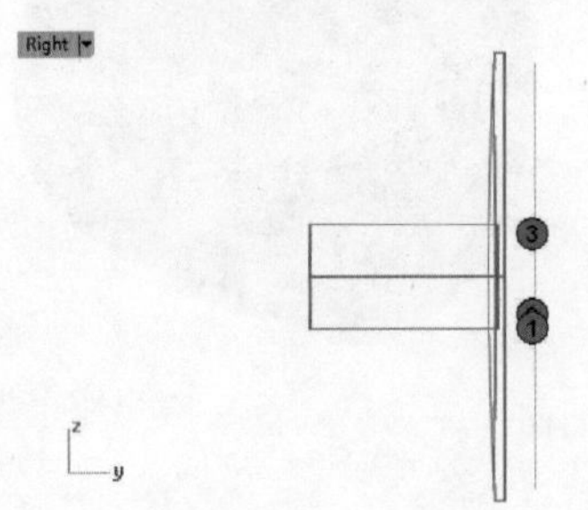

图7-20　创建挤出实体

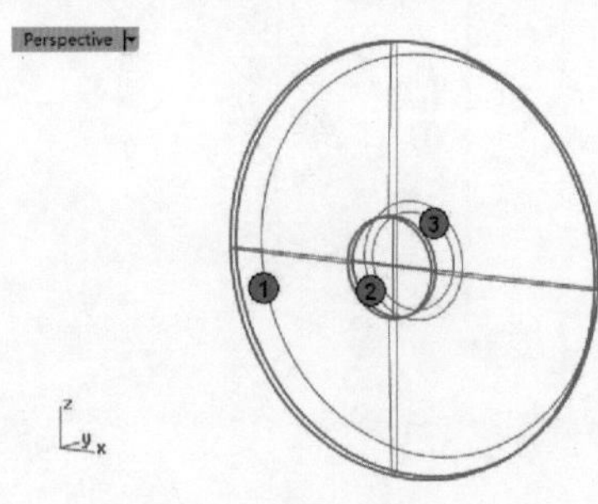

图7-21　布尔运算差集

21 执行菜单栏中【曲线】|【偏移】|【偏移曲线】命令，在【Front】正交视图中，以曲线3为原始曲线，创建一条偏移曲线4，如图7-22所示。

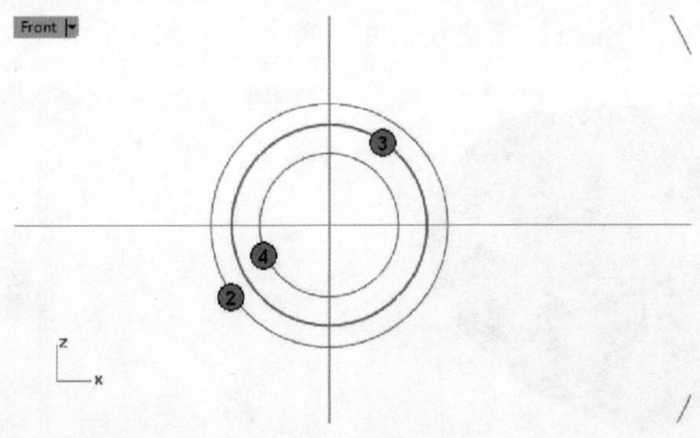

图7-22　偏移曲线

22 执行菜单栏中【曲面】|【挤出曲线】|【直线】命令，以曲线 4 创建一块挤出曲面，然后执行菜单栏中【实体】|【差集】命令，选取大块多重曲面，右键单击以确定，然后选取挤出曲面，右键单击完成操作，如图 7-23 所示。

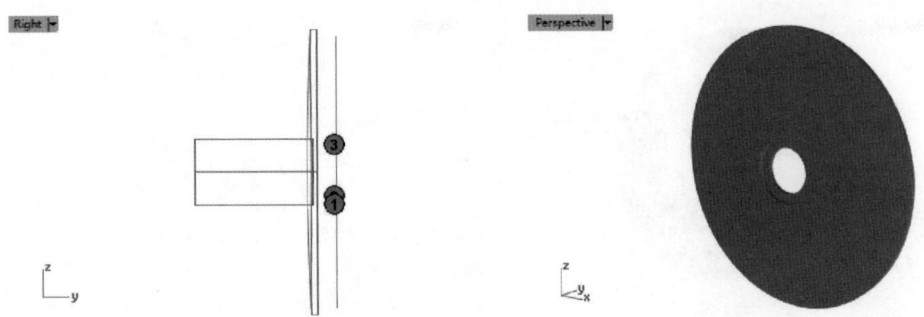

图 7-23　为多重曲面开孔

23 在【Front】正交视图中，选取曲线 1、曲线 2，执行菜单栏中【曲面】|【挤出曲线】|【直线】命令，在【Right】正交视图中创建两块挤出曲面，如图 7-24 所示。

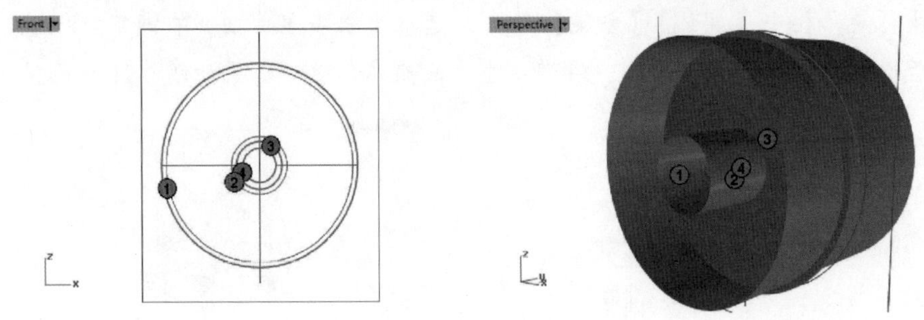

图 7-24　创建挤出曲面

24 执行菜单栏中【曲面】|【混接曲面】命令，在透视图中选取位于同一侧的两块挤出曲面的边缘，右键单击以确定，在弹出的对话框中调整两边缘处的连续类型为【位置】，单击【确定】按钮，为挤出曲面的两端封口，如图 7-25 所示。

25 执行菜单栏中【编辑】|【组合】命令，将混接曲面与创建的两块挤出曲面组合到一起，然后在【Right】正交视图中，将其向右水平移动到如图 7-26 所示的位置。

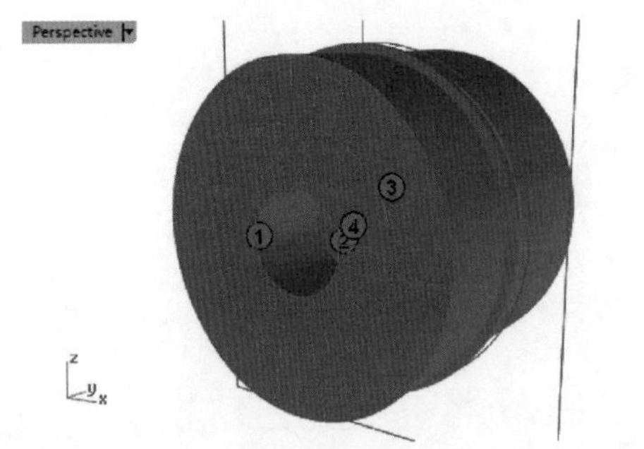

图 7-25　创建混接曲面

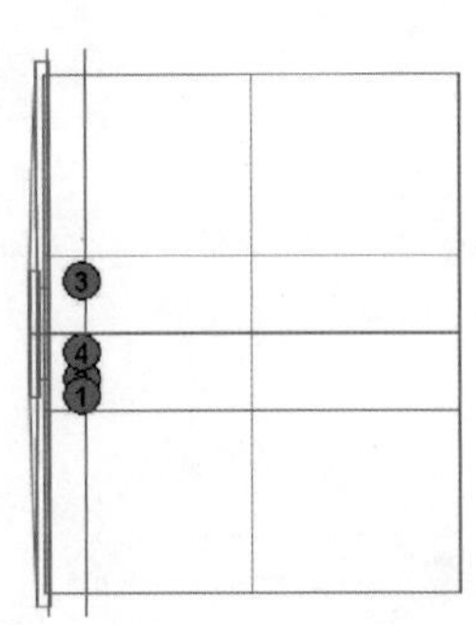

图 7-26　组合并移动曲面

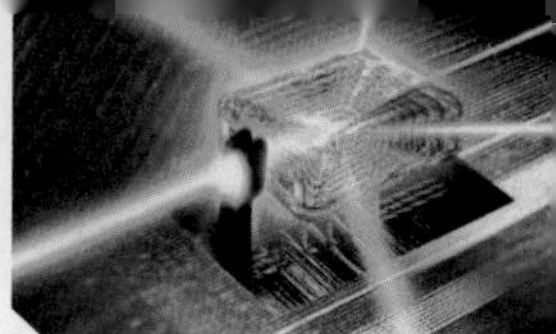

26 执行菜单栏中【实体】|【差集】命令，选取图中的主体曲面，右键单击以确定，然后选取新组合的多重曲面，右键单击完成布尔运算，如图7-27所示。

27 执行菜单栏中【曲线】|【直线】|【单一直线】命令，在【Front】正交视图中创建两条水平直线，如图7-28所示。

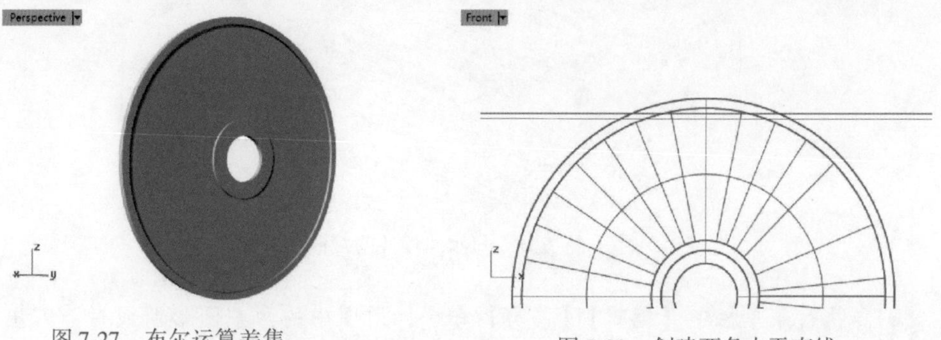

图7-27 布尔运算差集

图7-28 创建两条水平直线

28 执行菜单栏中【变动】|【阵列】|【直线】命令，选取新创建的两条曲线，右键单击以确定，在提示行中输入阵列数，然后以垂直方向确定两个参考点，为这两条曲线创建直线型阵列，如图7-29所示。

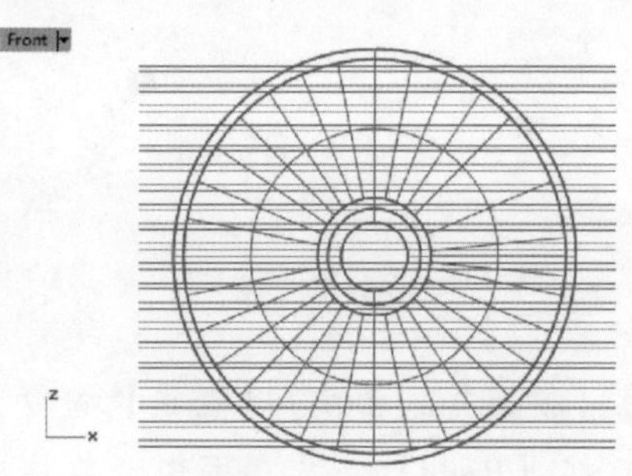

图7-29 创建阵列

29 选取图中的所有直线，执行菜单栏中【变动】|【旋转】命令，开启状态栏处的【物件锁点（中心点）】捕捉，以圆形曲面的中心点为旋转中心点，在【Front】正交视图中，将这组直线旋转一定的角度，如图7-30所示。

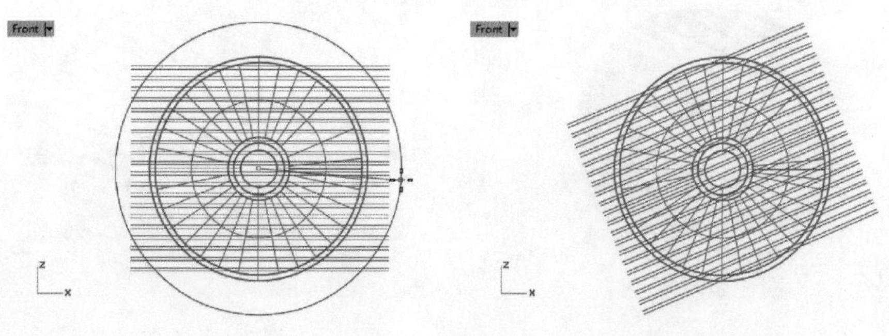

图7-30 旋转直线

30 执行菜单栏中【编辑】|【可见性】|【隐藏】命令，隐藏环状曲面，随后显示前面创建的曲线1、曲线2，如图7-31所示。

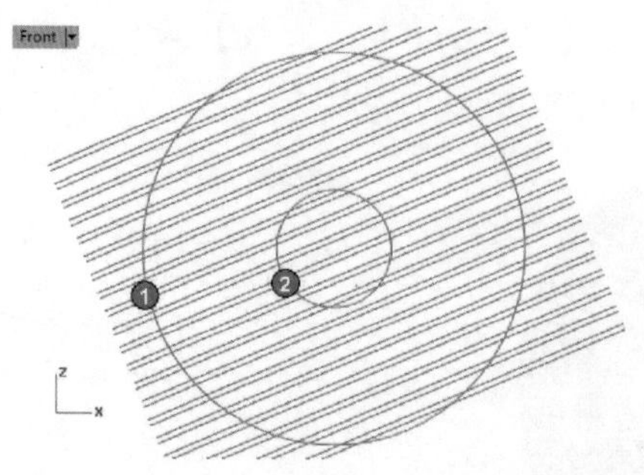

图7-31 显示曲线并隐藏曲面

31 执行菜单栏中【编辑】|【修剪】命令，用图中的两条圆形曲线对阵列出的平行直线进行剪切。随后使用这组直线对圆形曲线进行反向剪切，如图7-32所示。

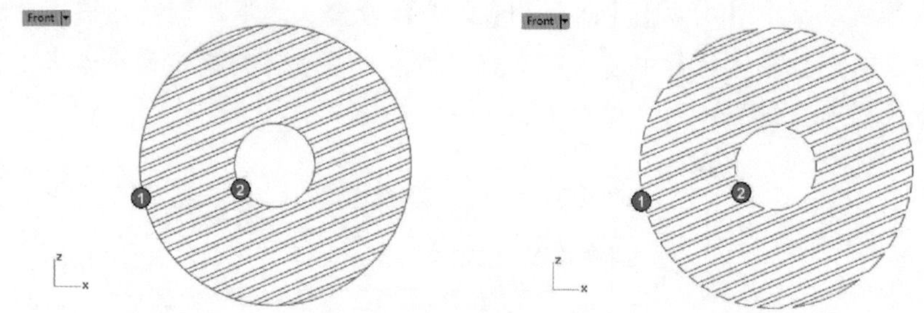

图7-32 剪切曲线

32 执行菜单栏中【实体】|【挤出平面曲线】|【直线】命令，选取此时图中的所有曲线，右键单击以确定，在【Right】正交视图中调整挤出长度的大小，创建一组挤出曲面，如图7-33所示。

33 显示环状曲面，将其复制一份并隐藏。执行菜单栏中【实体】|【差集】命令，选取图中的环状曲面，右键单击以确定，然后圈选新创建的挤出曲面，右键单击以确定，如图7-34所示。

图7-33 创建挤出曲面

图7-34 布尔运算差

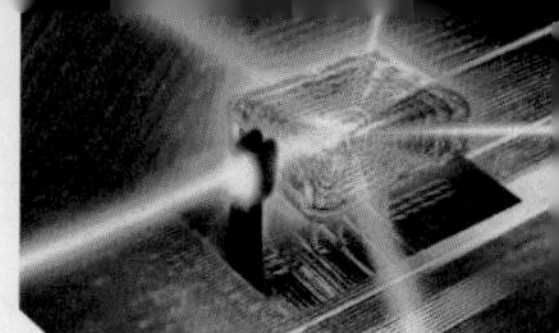

34 隐藏图中的曲线与曲面，单独显示刚才复制的那块环状曲面。执行菜单栏中【曲线】|【自由造型】|【控制点】命令，在【Front】正交视图中创建一条曲线，如图 7-35 所示。

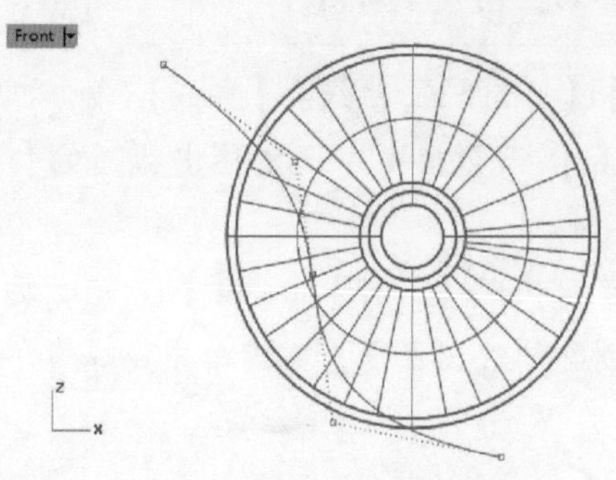

图 7-35 创建控制点曲线

35 将新创建的曲线复制多条，并将其移动到图中的不同位置（为了保证两曲线间的平行，这里可以采用【偏移曲线】工具），如图 7-36 所示。

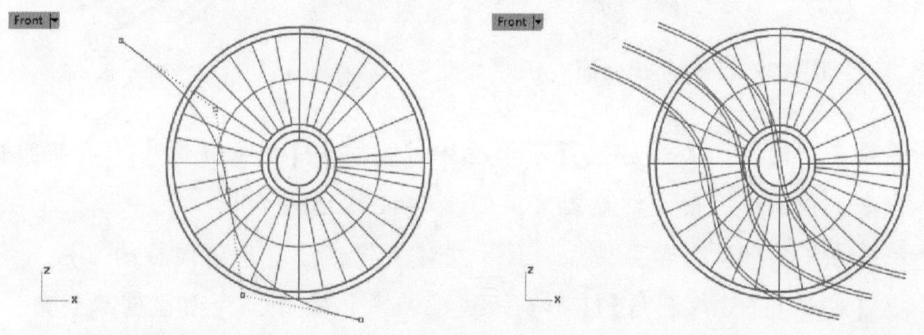

图 7-36 复制、移动曲线

36 执行菜单栏中【曲线】|【从物件建立曲线】|【复制边缘】命令，选取圆环曲面的两条边缘，右键单击以确定，创建两条曲线，如图 7-37 所示。

37 暂时隐藏圆环曲面，执行菜单栏中【编辑】|【修剪】命令，在【Front】正交视图中对图中的曲线进行相互剪切，如图 7-38 所示。

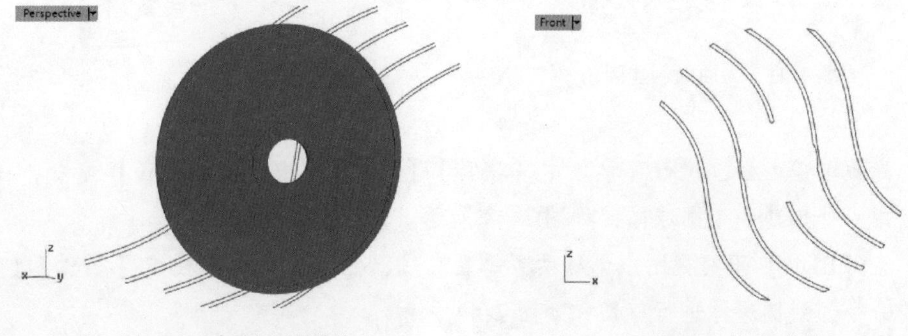

图 7-37 复制边缘曲线

图 7-38 剪切曲线

技巧点拨

如果两条圆形曲线与创建的控制点曲线不在同一平面内，会对后面的操作造成影响，所以剪切之前需要将它们移动至同一平面内。

38 执行菜单栏中【实体】|【挤出平面曲线】|【直线】命令，选取图中的曲线，右键单击以确定，在【Right】正交视图中调整挤出曲面的长度，创建挤出曲面，如图 7-39 所示。

39 显示环状曲面，执行菜单栏中【实体】|【交集】命令，选取环状曲面，右键单击以确定，然后选取新创建的挤出曲面，右键单击完成布尔运算，如图 7-40 所示。

图 7-39　创建挤出曲面

图 7-40　布尔运算交集

40 显示多余的曲面，然后执行菜单栏中【实体】|【边缘圆角】|【不等距边缘圆角】命令，为图中的曲面创建圆角，如图 7-41 所示。

41 隐藏图中的转页扇前盖曲面，显示主体支撑部分。采用同样的方法，执行菜单栏中【实体】|【边缘圆角】|【不等距边缘圆角】命令，为曲面创建圆角，如图 7-42 所示。

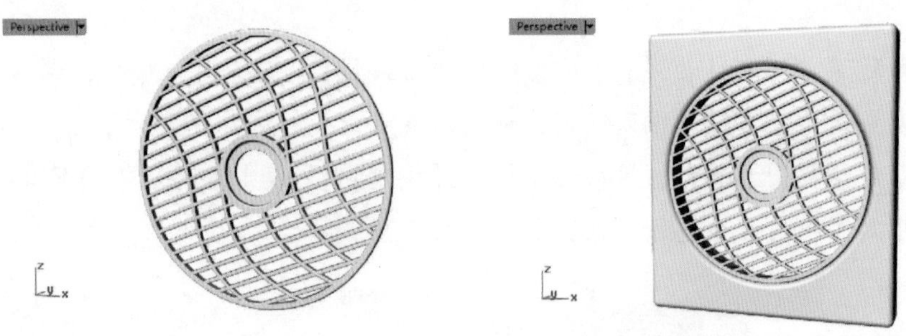

图 7-41　为曲面创建圆角

图 7-42　创建边缘圆角

42 隐藏前盖曲面，执行菜单栏中【实体】|【球体】|【中心点、半径】命令，在曲面中心处创建一个圆球体，如图 7-43 所示。

43 在【Right】正交视图中创建两条垂直直线，然后执行菜单栏中【编辑】|【修剪】命令，对圆球体进行剪切，如图 7-44 所示。

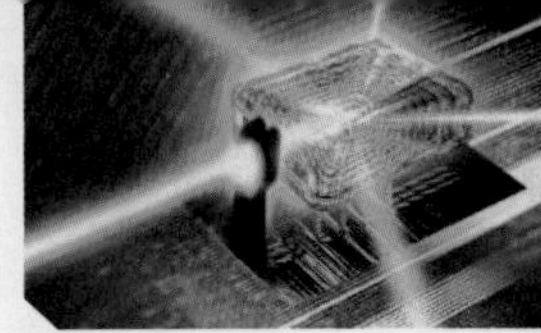

图 7-43　创建圆球体

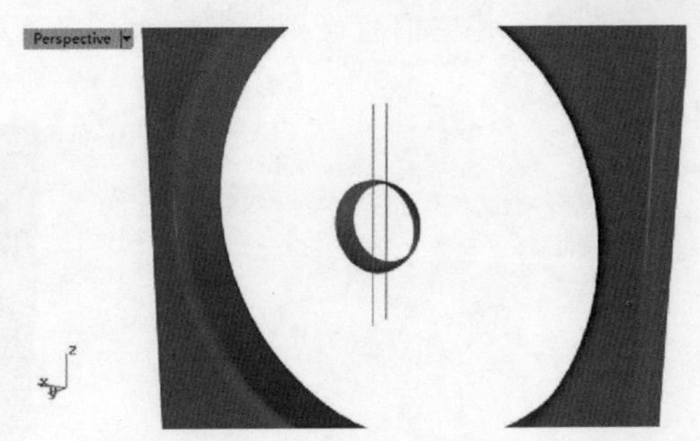

图 7-44　修剪圆球体

44 选取剪切后的圆球体，执行菜单栏中【实体】|【将平面洞加盖】命令，创建两块平面为圆球体封口，如图 7-45 所示。

45 执行菜单栏中【实体】|【边缘圆角】|【不等距边缘圆角】命令，为封闭后的圆球体的棱边处创建圆角，随后在【Right】正交视图中水平调整位置，如图 7-46 所示。

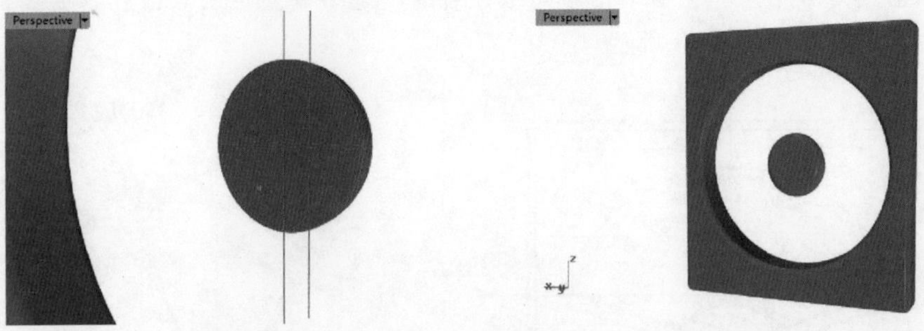

图 7-45　为平面洞加盖　　图 7-46　创建边缘圆角

46 执行菜单栏中【实体】|【立方体】|【角对角、高度】命令，在【Front】正交视图中创建一块立方体，并在【Right】正交视图中调整位置，如图 7-47 所示。

47 执行菜单栏中【变动】|【阵列】|【环形】命令，将新创建的立方体以小球体中心为环形阵列中心点创建环形阵列，阵列数设为 5，如图 7-48 所示。

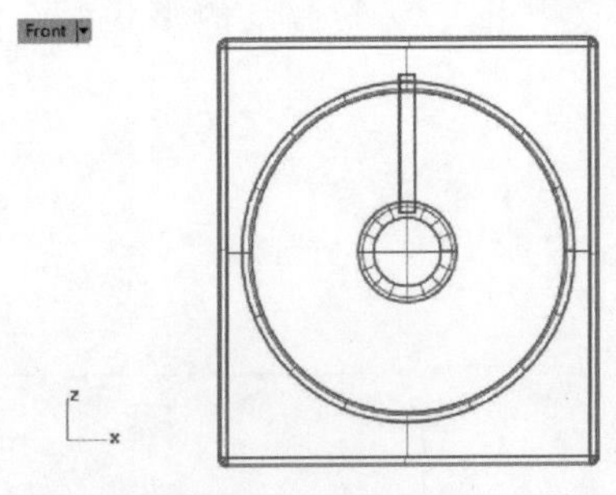

图 7-47　创建立方体

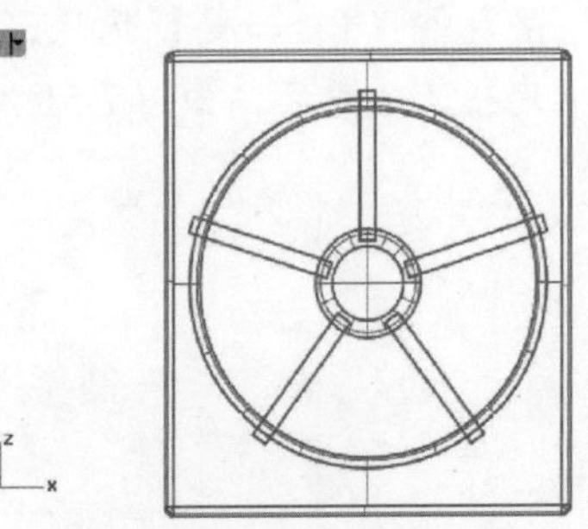

图 7-48　创建环形阵列

48 执行菜单栏中【实体】|【并集】命令，选取此时图中的所有曲面，右键单击以确

定，将它们组合到一起，如图 7-49 所示。

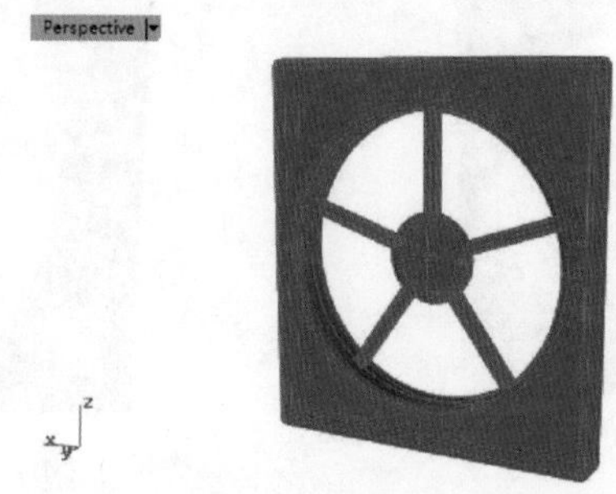

图 7-49　布尔运算并集

2. 创建扇叶部分曲面

01 执行菜单栏中【曲面】|【自由造型】|【控制点】命令，在【Front】正交视图中创建一条扇叶轮廓曲线，通过调整控制点的位置，调整曲线的形状。执行菜单栏中【分析】|【曲线】|【开启曲率图形】命令，选取曲线，右键单击以确定，可以观察曲线是否平滑，在曲率图形处于开启的状态下调整控制点，直到曲线达到满意的平滑度，如图 7-50 所示。

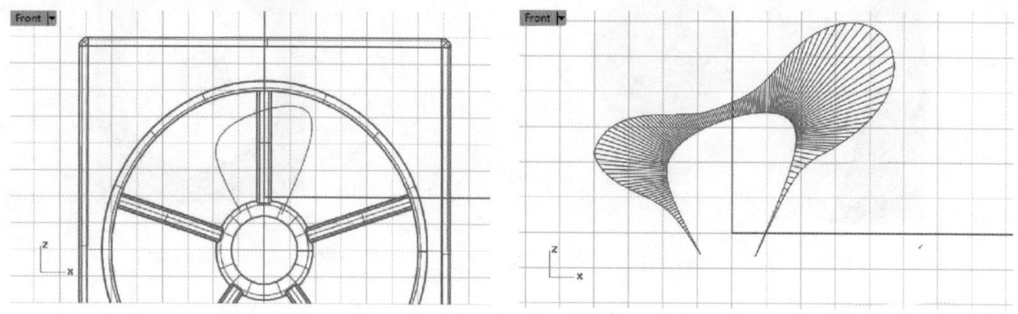

图 7-50　创建扇叶轮廓线

02 执行菜单栏中【变动】|【扭转】命令，选取扇叶轮廓线，右键单击以确定，在【Front】正交视图中，确定扭转轴与垂直坐标轴重合，在命令提示行中开启【无限延伸（T）=是】选项，在【Top】正交视图中观察曲线的形状变化，从而确定扭转的角度，如图 7-51 所示。

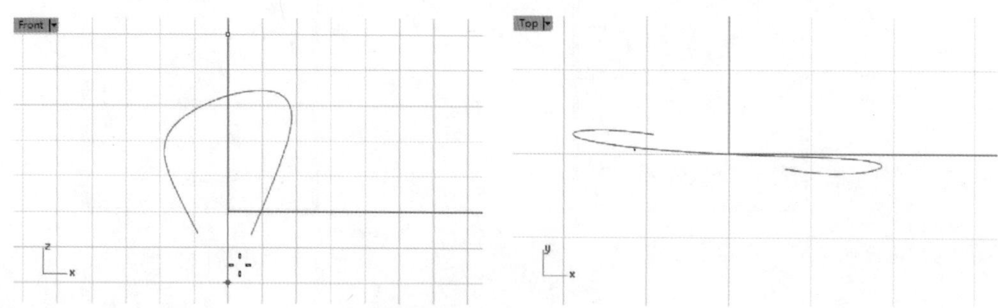

图 7-51　扭转曲线

03 执行菜单栏中【曲线】|【直线】|【单一直线】命令，在【Top】正交视图中创建一条与垂直坐标轴重合的直线，如图 7-52 所示。

04 执行菜单栏中【曲线】|【点物件】|【单点】命令，开启状态栏处的【物件锁点(交点)】捕捉，在【Top】正交视图中直线与扇叶轮廓线的交点处，创建一个单点，随后删除那条垂直直线，如图 7-53 所示。

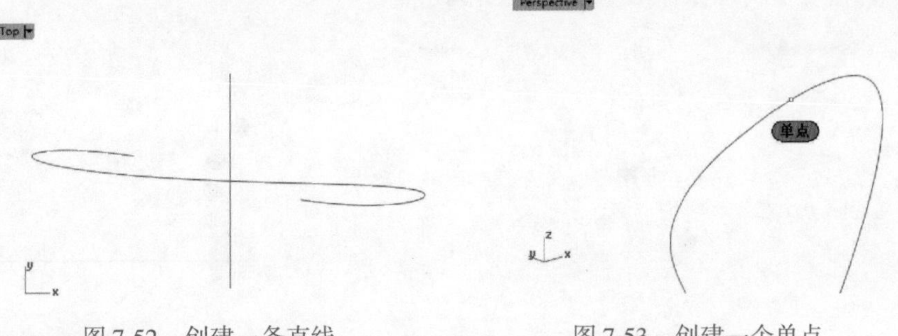

图 7-52　创建一条直线　　图 7-53　创建一个单点

05 执行菜单栏中【曲线】|【椭圆】|【从中心点】命令，在【Right】正交视图中，以垂直坐标轴上的一点为中心点，以刚才创建的点物件所在位置为第一轴终点，创建一条椭圆曲线，如图 7-54 所示。

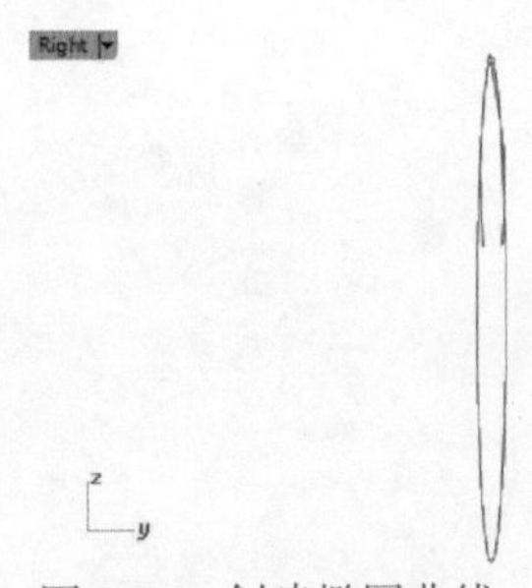

图 7-54　创建椭圆曲线

06 执行菜单栏中【曲线】|【直线】|【单一直线】命令，在【Right】正交视图中创建一条直线，如图 7-55 所示的曲线 1。

07 执行菜单栏中【编辑】|【修剪】命令，在【Right】正交视图中，用曲线 1 修剪去椭圆曲线的下部分，如图 7-56 所示。

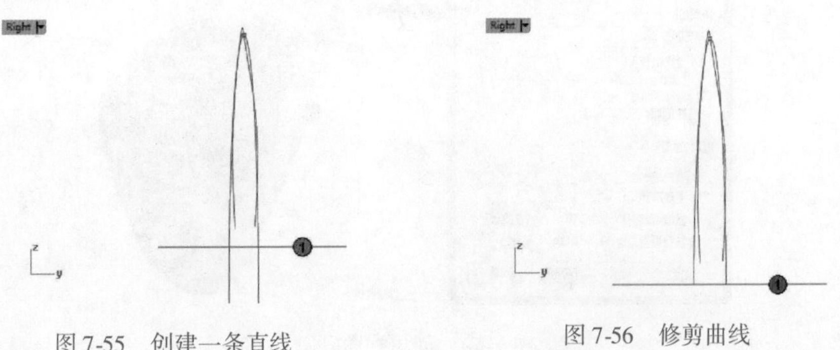

图 7-55　创建一条直线　　图 7-56　修剪曲线

08 删除图中曲线 1，执行菜单栏中【编辑】|【分割】命令，单击提示行中的【点(P)】选项，在透视图中，以两条曲线的交点分别对这两条曲线进行分割，最终分割为四条曲线（曲线 2、曲线 3、曲线 4、曲线 5），如图 7-57 所示。

09 在【Right】正交视图中，删除曲线 5，执行菜单栏中【编辑】|【重建】命令，重建曲线 4，为三阶，然后显示其控制点，调整控制点，以确保位于上方的两个控制点位于同一水平位置，如图 7-58 所示。

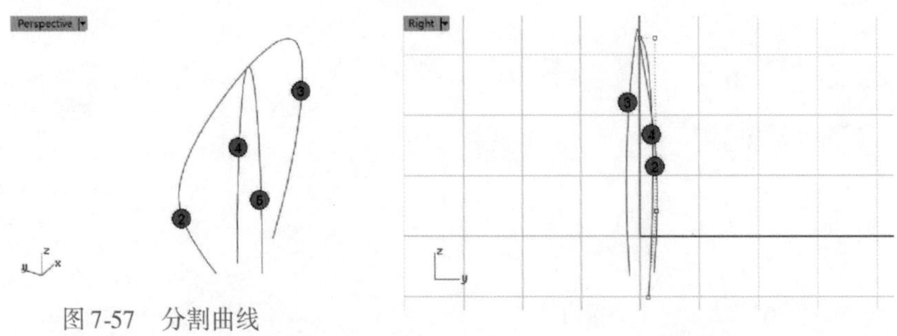

图 7-57 分割曲线

图 7-58 调整曲线

10 执行菜单栏中【变动】|【镜像】命令，选取曲线 4，以垂直坐标轴为镜像轴，创建曲线 6，如图 7-59 所示。

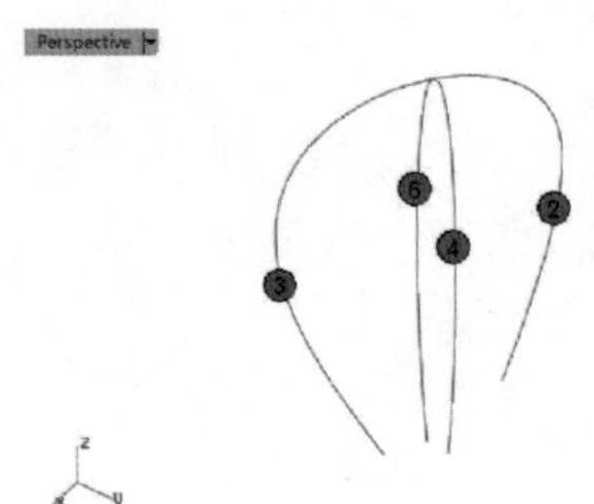

图 7-59 镜像曲线

11 执行菜单栏中【曲面】|【放样】命令，依次选取曲线 2、曲线 4、曲线 3、曲线 6，右键单击以确定，在弹出的对话框中勾选【封闭放样】复选框，单击【确定】按钮，创建一块放样曲面，如图 7-60 所示。

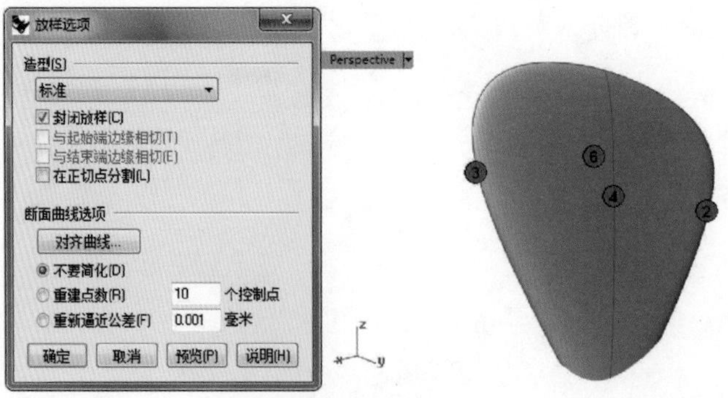

图 7-60 创建放样曲面

12 隐藏图中的曲线，执行菜单栏中【变动】|【阵列】|【环形】命令，选取放样曲面，按照图7-61所示的阵列中心点创建一个环形阵列。

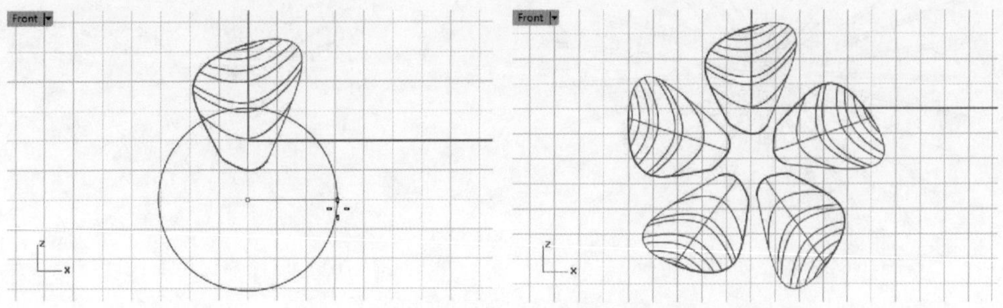

图7-61　创建环形阵列

13 执行菜单栏中【实体】|【圆柱管】命令，在【Front】正交视图中确定圆柱管的两个底面半径，然后在【Right】正交视图中确定圆柱管的长度，创建一个圆柱管，如图7-62所示。

14 在【Right】正交视图中调整这几块曲面的位置，然后执行菜单栏中【实体】|【并集】命令，选取图中的所有曲面，右键单击以确定，将其组合到一起，如图7-63所示。

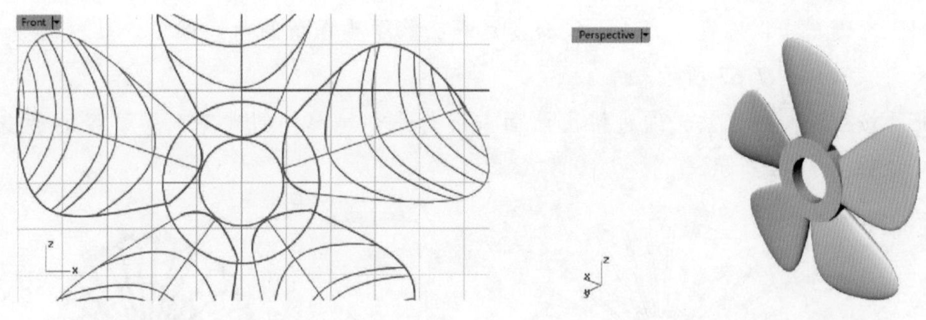

图7-62　创建圆柱管　　图7-63　布尔运算并集

3. 组合转页扇各部分曲面

在组合转页扇各部分曲面之前，需要先创建转页扇的后盖曲面，由于转页扇的后盖曲面与前盖曲面有着很多相似之处，这里便不做具体的讲解，为了方便模型的制作，这里需要讲解一下【曲线布尔运算】这个命令。

01 对于图7-64中的曲线，需要保留的曲线只是两圆形曲线之间的部分，执行菜单栏中【编辑】|【修剪】命令，虽然能够完成，但是过于麻烦。

02 执行菜单栏中【曲线】|【曲线编辑工具】|【曲线布尔运算】命令，选取图中的所有曲线。右键单击以确定，然后在需要保留的曲线区域中单击，如图7-65所示。

03 采用这种方法，依次选取所有要保留的区域，并在提示行中调整各选项分别为【删除输入物件（D）＝全部】，【结合区域（C）＝是】，如图7-66所示。

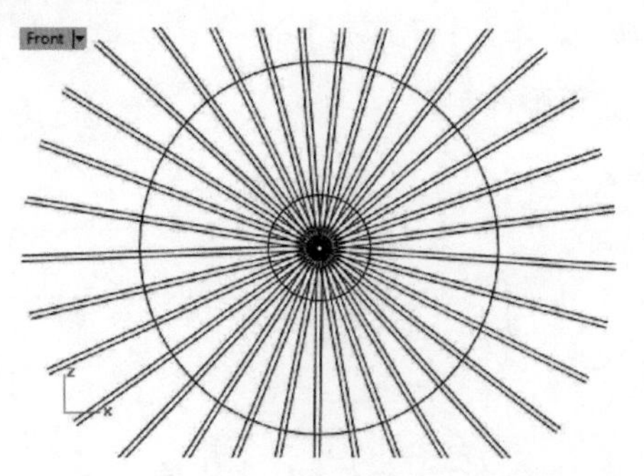

图 7-64　需要处理的曲线

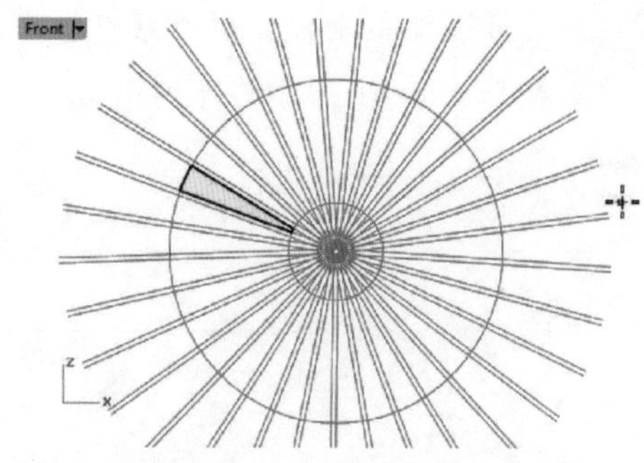

图 7-65　选择要保留曲线区域

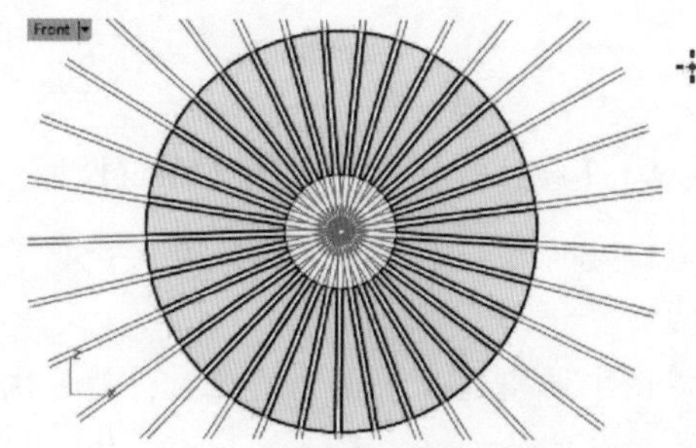

图 7-66　选取所有要保留的区域

04 右键单击以确定，完成曲线布尔运算，除了要保留的曲线部分，其他曲线均被删除，如图 7-67 所示。

05 按照这样的方法，通过挤出曲面，进行布尔运算，创建完成转页扇的后盖曲面，如图 7-68 所示。

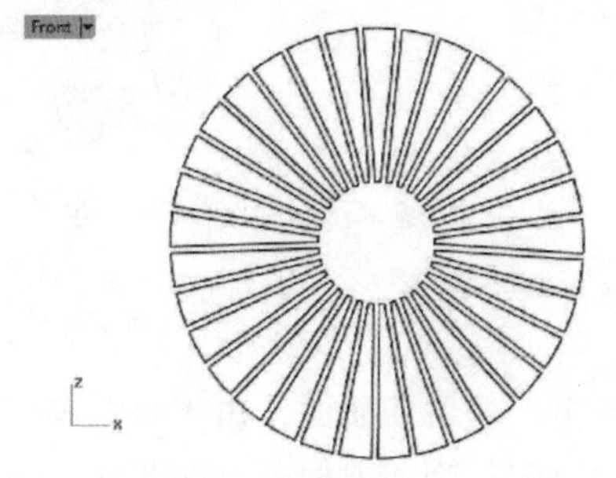

图 7-67　曲线布尔运算完成

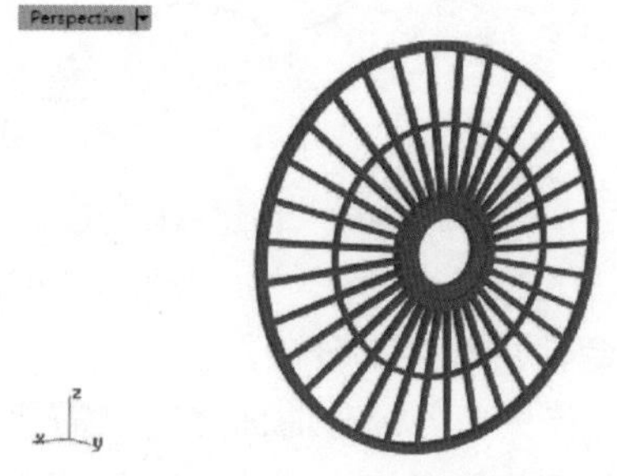

图 7-68　后盖曲面

06 执行菜单栏中【曲线】|【圆】|【中心点、半径】命令，在【Front】正交视图中创建一条圆形曲线，然后执行菜单栏中【实体】|【挤出平面曲线】|【直线】命令，以新创建的圆形曲线创建一块圆柱体，如图 7-69 所示。

07 执行菜单栏中【实体】|【边缘圆角】|【不等距边缘圆角】命令，在圆柱体前侧边缘处创建圆角，随后将整个圆柱体移动到转页扇的前部，如图 7-70 所示。

08 采用同样的方法，在转页扇的后部分创建一块类似的曲面，调整扇叶，以及前盖

与后盖的间距，组合转页扇各部分，如图 7-71 所示。

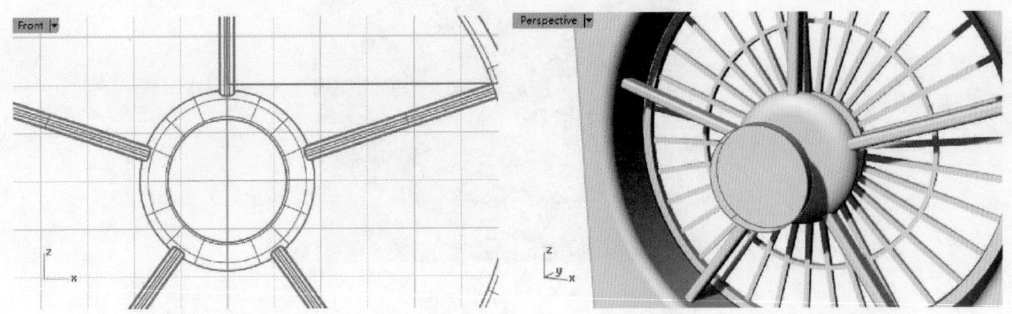

图 7-69　创建一块圆柱体

图 7-70　创建圆角曲面

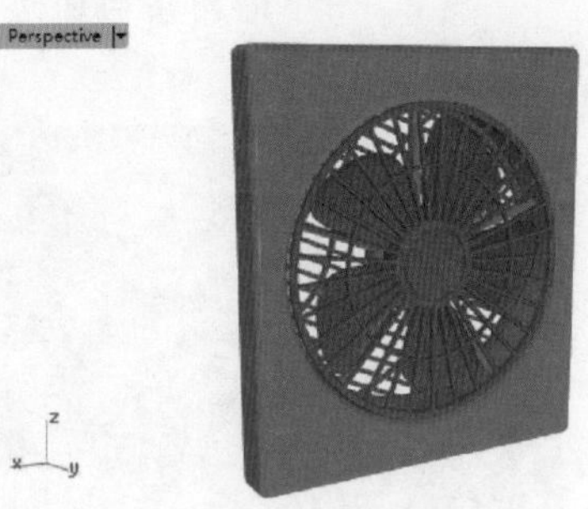

图 7-71　组合转页扇各部分

4. 创建转页扇前侧按钮

01 显示转页扇主体曲面，执行菜单栏中【曲线】|【圆】|【中心点、半径】命令，在【Front】正交视图中主体曲面的右上角创建两条圆形曲线，如图 7-72 所示。

02 执行菜单栏中【曲面】|【挤出曲线】|【直线】命令，在【Front】正交视图中以曲线 1、曲线 2 创建两块挤出曲面，随后在【Right】正交视图中调整其位置，使其与主体曲面的前侧曲面相交，如图 7-73 所示。

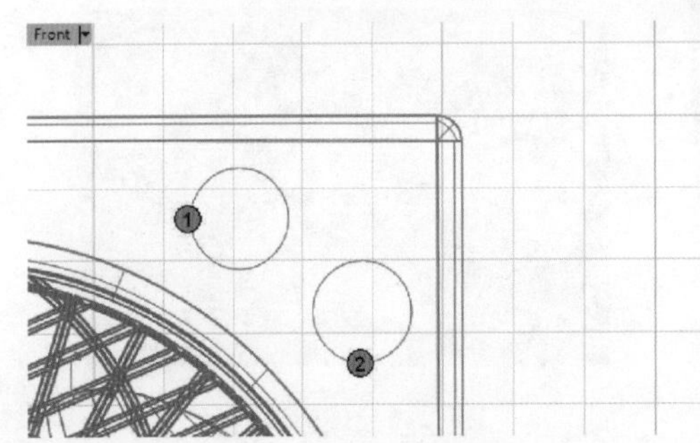

图 7-72　创建圆形曲线

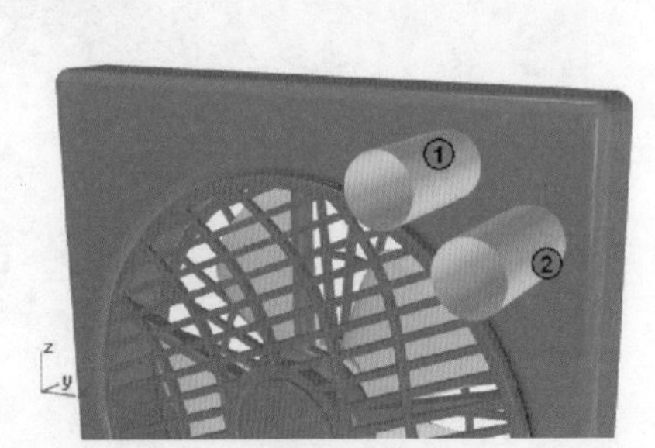

图 7-73　创建挤出曲面

03 执行菜单栏中【编辑】|【分割】命令，用新创建的两块挤出曲面对转页扇主体曲面进行分割，随后删除这两块挤出曲面，如图 7-74 所示。

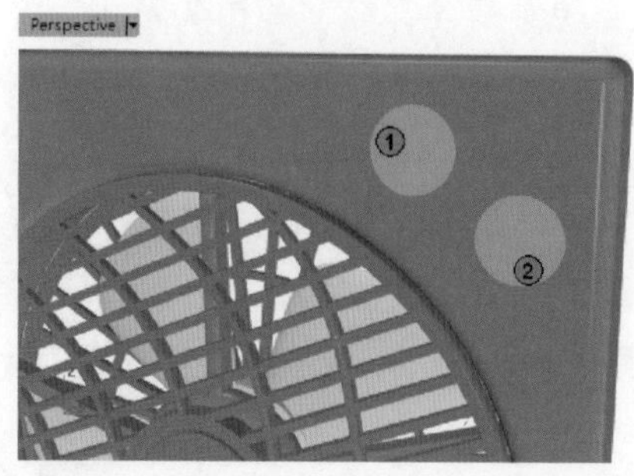

图 7-74　分割曲面

04 隐藏分割后的两块小曲面。再次执行菜单栏中【曲面】|【挤出曲线】|【直线】命令，以图中的两条曲面边缘创建挤出曲面，如图 7-75 所示。

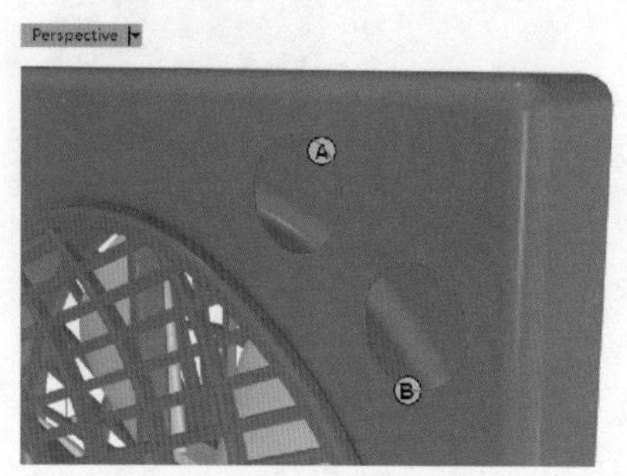

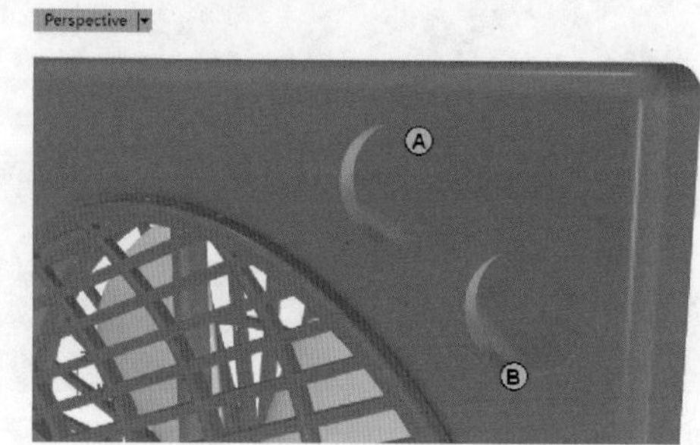

图 7-75　创建挤出曲面

05 执行菜单栏中【曲面】|【曲面圆角】命令，为挤出曲面与主体曲面连接处创建圆角曲面，如图 7-76 所示。

06 执行菜单栏中【实体】|【圆柱体】命令，在【Front】正交视图中创建两块圆柱体，并移动到如图 7-77 所示的位置。

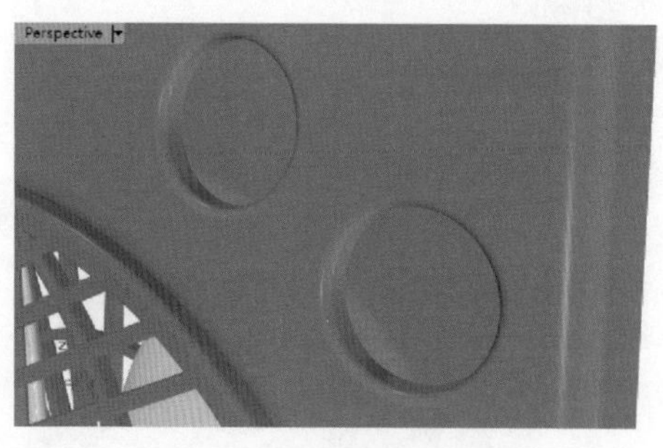

图 7-76　创建边缘圆角

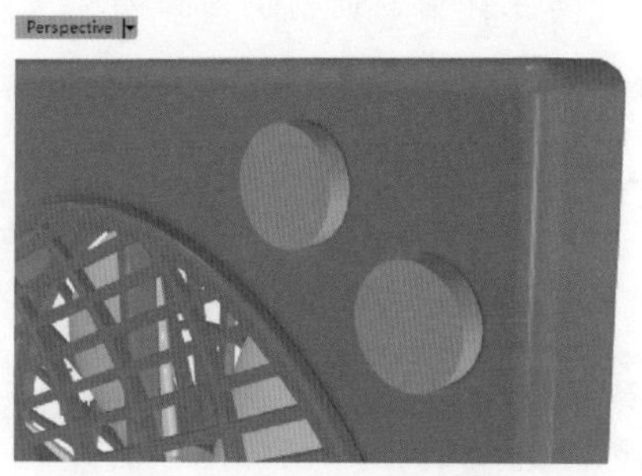

图 7-77　创建圆柱体

07 执行菜单栏中【曲线】|【从物件建立曲线】|【复制边缘】命令，选取圆柱体的外侧边缘，右键单击以确定，创建两条曲线。然后执行菜单栏中【曲线】|【偏移】|【偏移曲线】命令，将复制后的两条曲线向内偏移一定的距离，如图 7-78 所示。

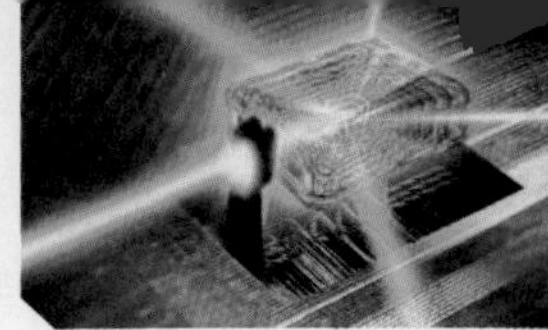

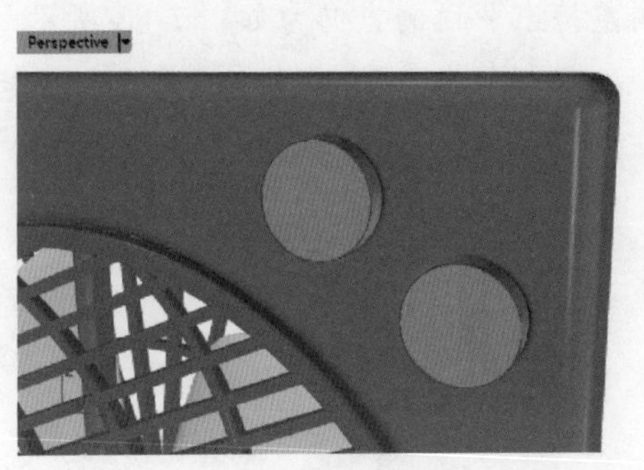

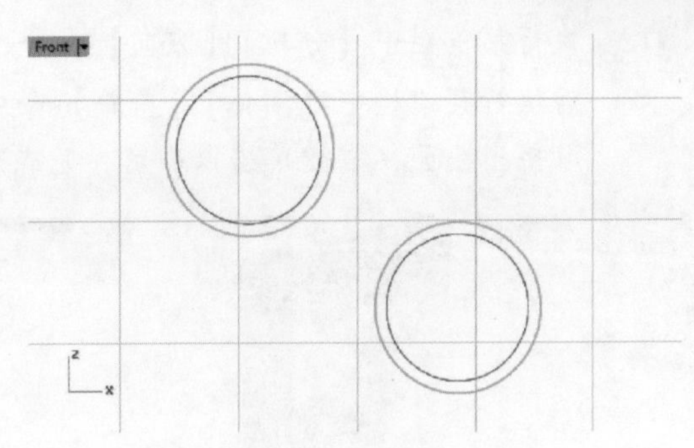

图7-78 创建圆形曲线

08 单独显示两条偏移曲线，以及两块圆柱体，执行菜单栏中【曲面】|【挤出曲线】|【锥状】命令，选取两条偏移曲线，调整拔模角度，创建两块挤出曲面，如图7-79所示。

09 隐藏图中的几条曲线，执行菜单栏中【实体】|【差集】命令，选取两块圆柱体，右键单击以确定，然后选取两块挤出曲面，右键单击完成布尔运算，如图7-80所示。

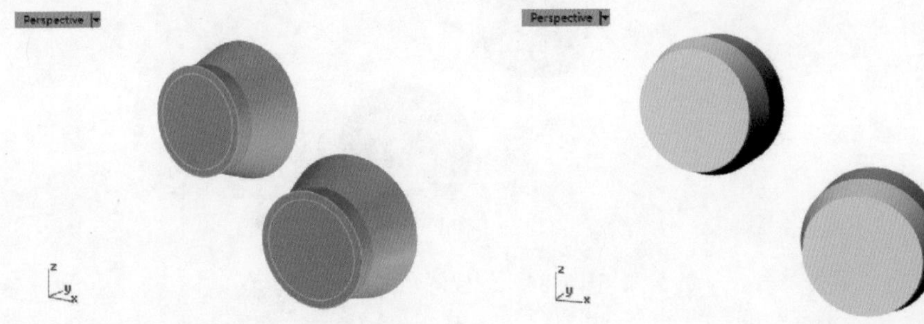

图7-79 创建挤出曲面　　图7-80 布尔运算差集

10 执行菜单栏中【曲线】|【直线】|【线段】命令，在【Top】正交视图中创建4条多重直线，如图7-81所示。

11 执行菜单栏中【曲面】|【挤出曲线】|【直线】命令，以新创建的四条多重直线创建几块挤出曲面，如图7-82所示。

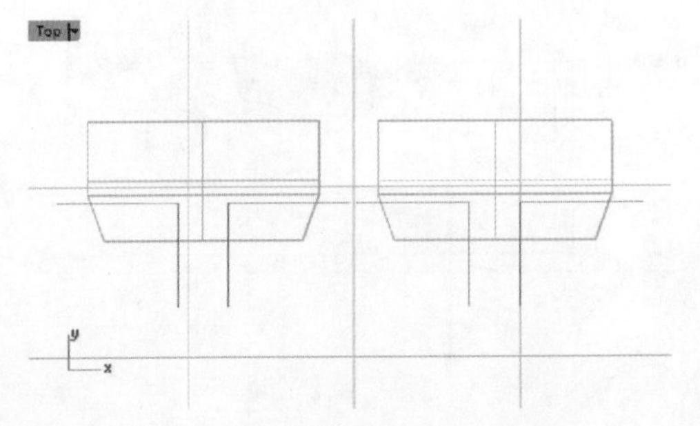

图7-81 创建多重直线

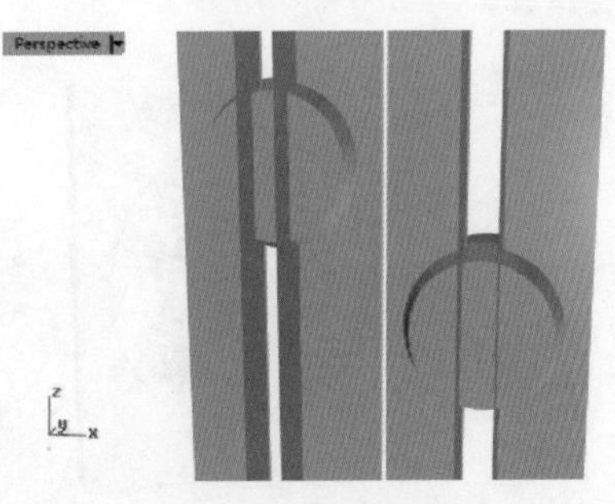

图7-82 创建挤出曲面

12 执行菜单栏中【分析】|【方向】命令，调整挤出曲面的方向为如图 7-83 所示。然后执行菜单栏中【实体】|【差集】命令，选择圆柱体，右键单击以确定，然后选取挤出曲面，右键单击以确定，完成布尔运算差集。

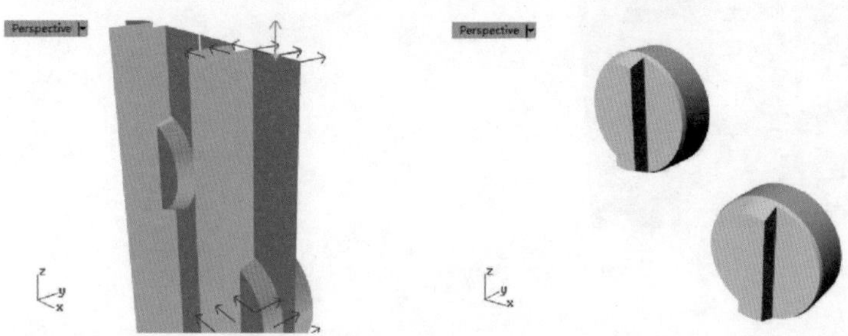

图 7-83　调整挤出方向并进行布尔运算差集

13 执行菜单栏中【实体】|【边缘圆角】|【不等距边缘圆角】命令，为按钮曲面的棱边创建圆角曲面，如图 7-84 所示。

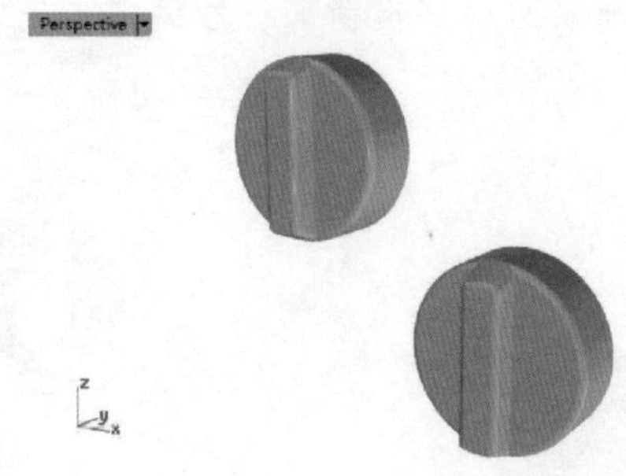

图 7-84　创建圆角曲面

5. 完成转页扇模型的创建

01 显示所有曲面，在透视图中可看到完成的转页扇主体部分，接下来的工作是为整个转页扇创建支撑部分，如图 7-85 所示。

02 执行菜单栏中【实体】|【立方体】|【角对角、高度】命令，在【Front】正交视图中创建一块立方体，在【Right】正交视图中将其移动到关于垂直坐标轴对称的位置，如图 7-86 所示。

图 7-85　转页扇主体部分

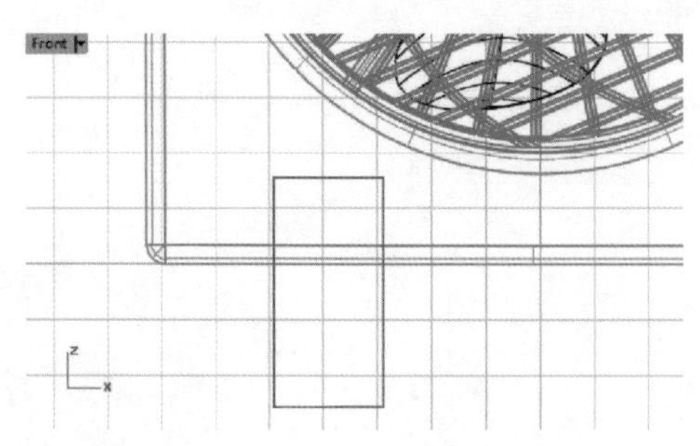

图 7-86　创建立方体

03 执行菜单栏中【变动】|【镜像】命令，在【Front】正交视图中，以垂直坐标轴为镜像轴为立方体创建一块镜像曲面，如图7-87所示。

图7-87 创建镜像副本

04 采用同样的方法，再次执行菜单栏中【实体】|【立方体】|【角对角、高度】命令，在【Right】正交视图中创建一块立方体，并在【Front】正交视图中创建它的镜像副本，从而完成转页扇的支撑座的创建，如图7-88所示。

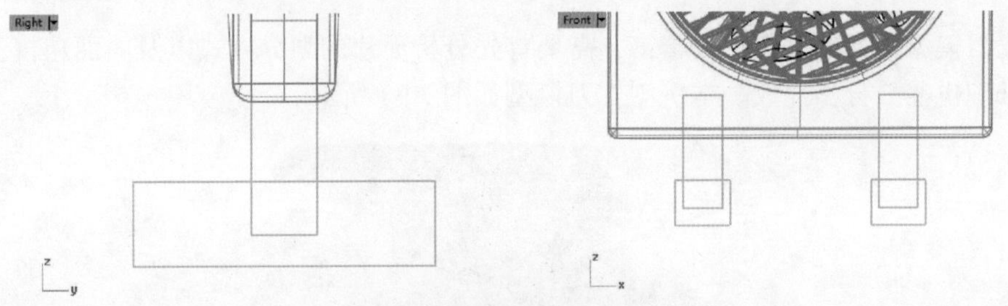

图7-88 创建立方体并镜像

05 执行菜单栏中【曲线】|【直线】|【线段】命令，在【Right】正交视图中创建一条多重曲线，如图7-89所示。

06 执行菜单栏中【曲面】|【挤出曲线】|【直线】命令，以新创建的多重直线创建一块挤出曲面，然后将这块挤出曲面复制一份，移动到如图7-90所示的位置。

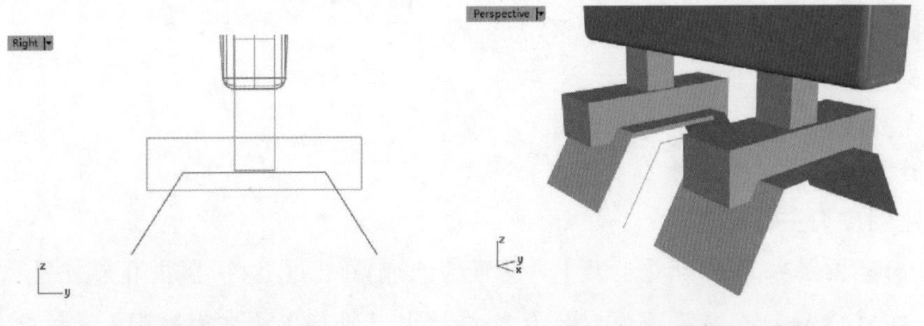

图7-89 创建多重曲线　　图7-90 创建挤出曲面

07 执行菜单栏中【实体】|【差集】命令，选取两块支撑座立方块，右键单击以确定，然后选取两块挤出曲面，右键单击完成布尔运算，如图7-91所示。

08 最后为转页扇底部曲面棱边处创建边缘圆角，并将它们与主体部分组合到一起，整个转页扇模型创建完成，如图 7-92 所示。

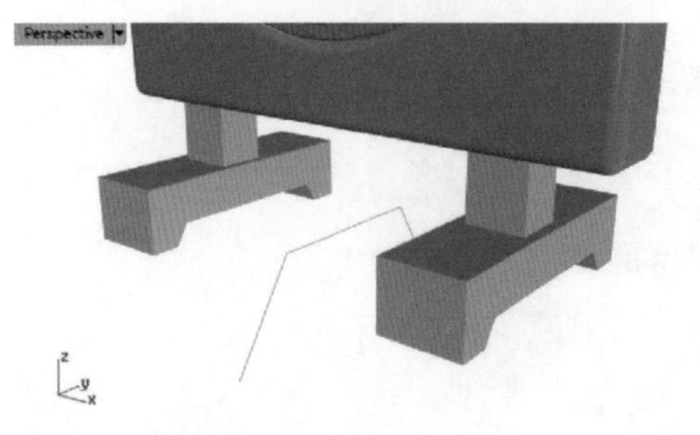

图 7-91　布尔运算差集

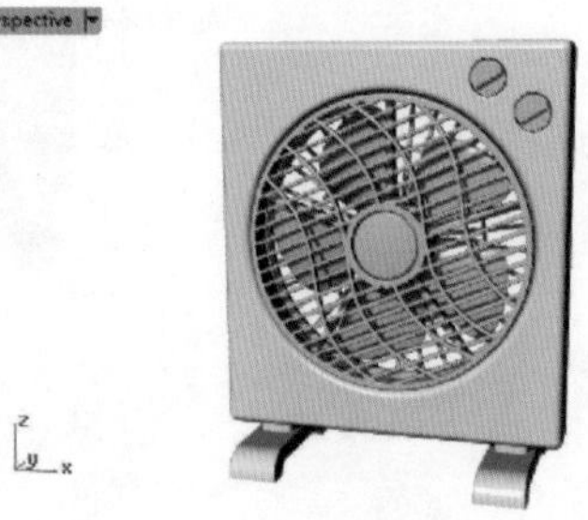

图 7-92　转页扇模型

7.2 刨皮刀

刨皮刀模型曲面的变化比较丰富，需要首先分析面片的划分方式以及曲面建模流程，对于圆角处理也需要分步完成。本例刨皮刀模型如图 7-93 所示。

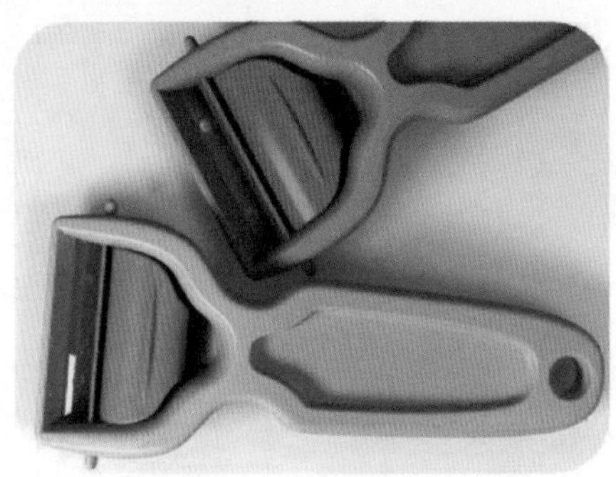

图 7-93　刨皮刀模型

刨皮刀的建模过程可采用以下基本流程。

- 创建刨皮刀主体部件。
- 创建刨皮刀刀头部分。
- 圆角处理。
- 构建其他部件，完成模型的创建。

1. 创建刨皮刀主体部件

01 新建图层并命名为【曲线】，设置为当前图层（这个图层用来放置曲线对象）。在【Front】正交视图中，执行菜单栏中【曲线】|【自由造型】|【控制点】命令，创建一条描述刨皮刀侧面的曲线，如图 7-94 所示。

02 将创建的曲线复制一份，然后垂直向上移动，开启曲线的控制点，调整复制后的曲线的控制点，调整时保证控制点在垂直方向移动，这样可以使后面以它创建的

曲面的ISO线较为整齐，如图7-95所示。

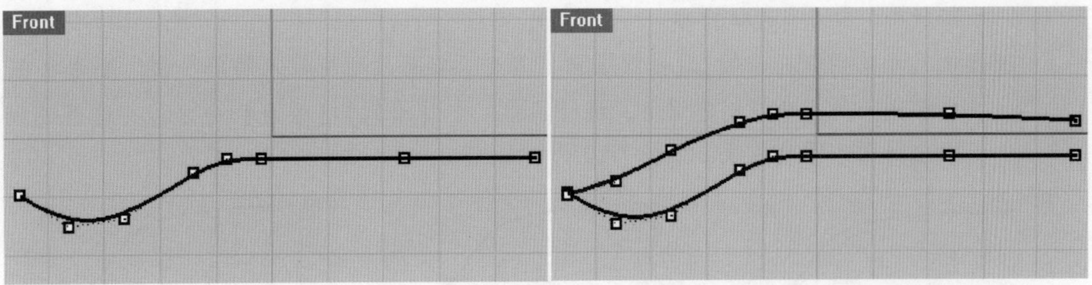

图7-94 创建控制点曲线　　图7-95 复制调整曲线

03 在【Top】正交视图中，绘制出刨皮刀顶面的曲线，确保端点处的控制点水平对齐或垂直对齐（如下面右侧图中亮色显示的点），如图7-96所示。

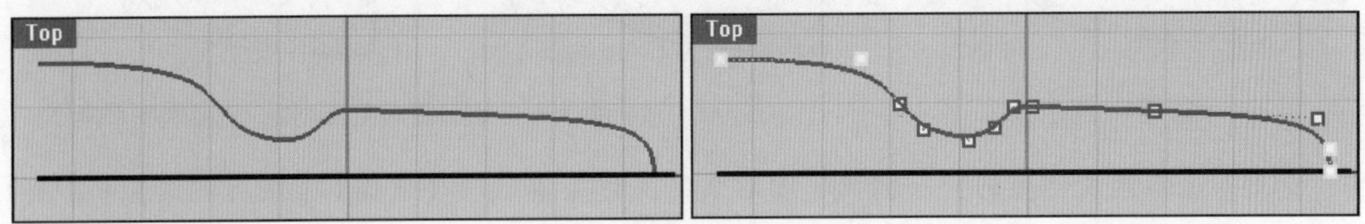

图7-96 创建刨皮刀顶面曲线

04 将上一步绘制好的曲线复制一份，再垂直向上调节图中所示亮色显示的3个控制点，其他控制点保持不变，如图7-97所示。

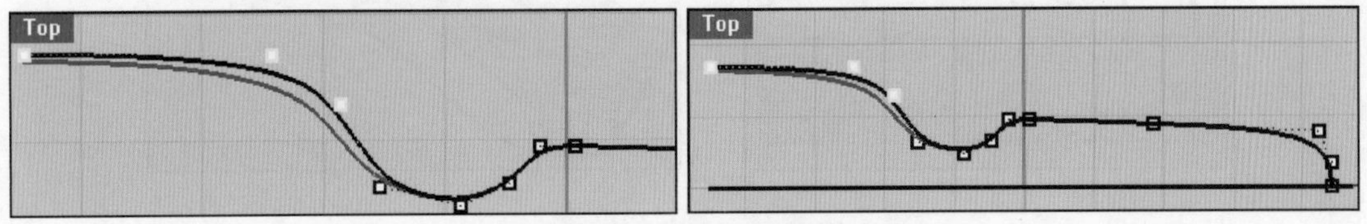

图7-97 调整控制点

05 执行菜单栏中【变动】|【镜像】命令，选取刚刚创建的两条曲线，在【Top】正交视图中以水平坐标轴为镜像轴，镜像复制这两条曲线，如图7-98所示。

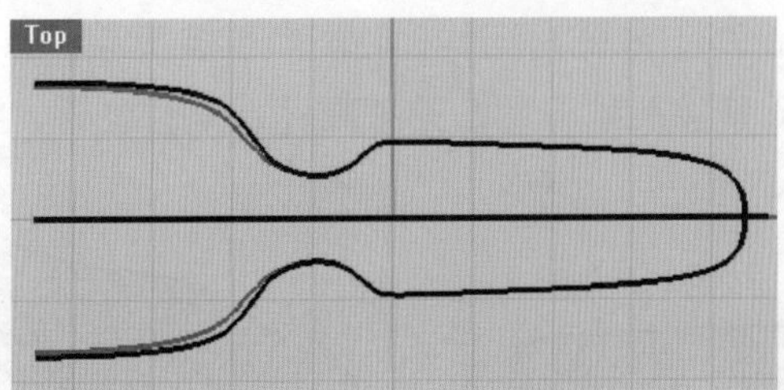

图7-98 创建镜像副本

06 执行菜单栏中【曲线】|【直线】|【单一直线】命令，在【Top】正交视图中创建两条直线，如图7-99所示。

07 执行菜单栏中【编辑】|【修剪】命令，对图中的曲线进行相互剪切，剪切为闭合的轮廓，如图 7-100 所示。

08 执行菜单栏中【曲线】|【曲线圆角】命令，在提示行中输入圆角半径大小为 0.8，在曲线间的锐角处创建圆角。执行菜单栏中【编辑】|【组合】命令，将这些曲线组合为两条闭合曲线，如图 7-101 所示。

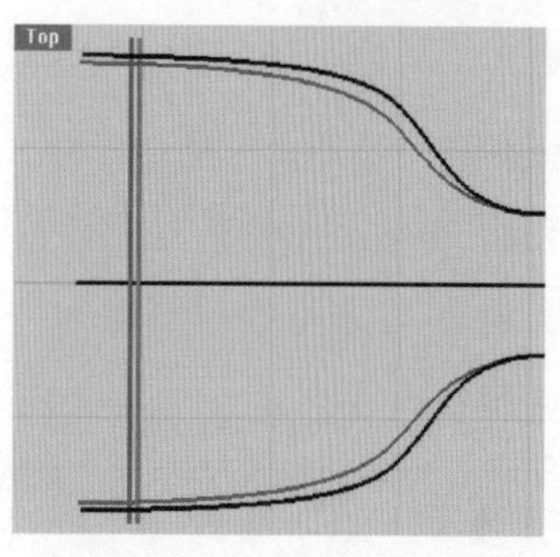

图 7-99 创建两条直线

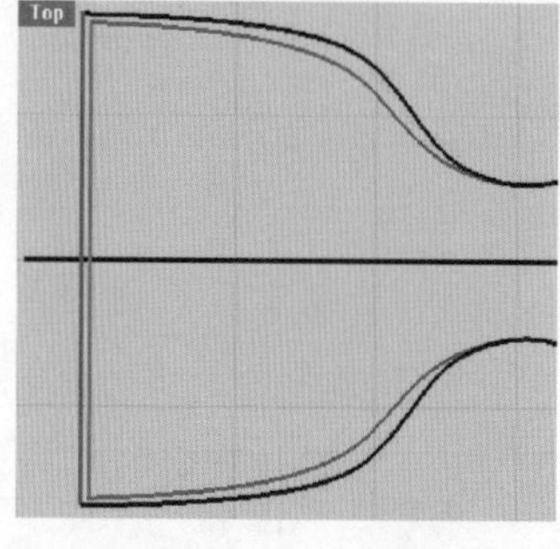

图 7-100 修剪曲线

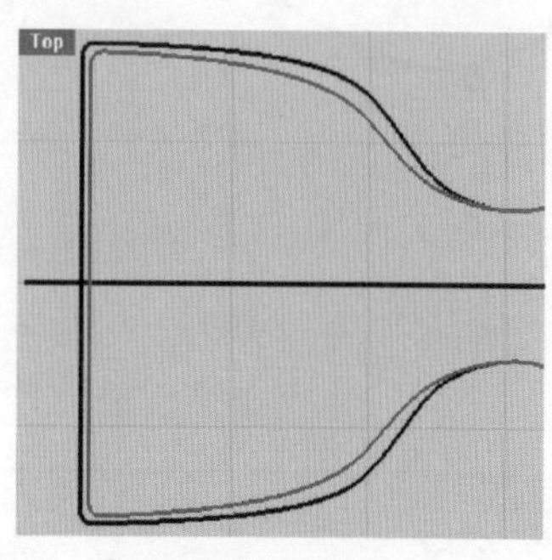

图 7-101 创建曲线圆角

09 选取前面创建的两条侧面轮廓曲线，执行菜单栏中【曲面】|【挤出曲线】|【直线】命令，在【Top】正交视图中将这两条曲线挤出创建曲面，确保挤出的长度超出顶面曲线，如图 7-102 所示。

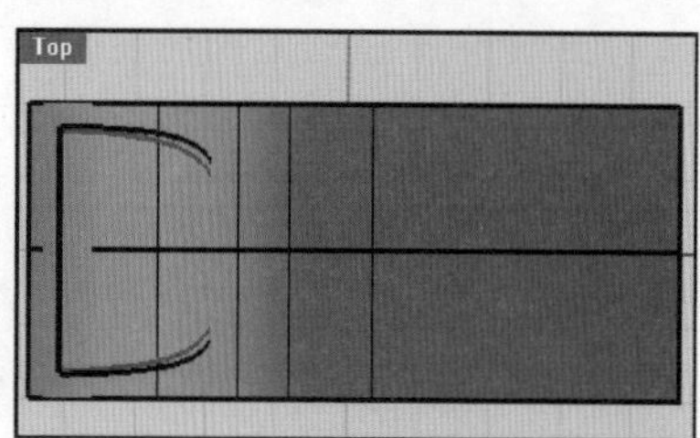

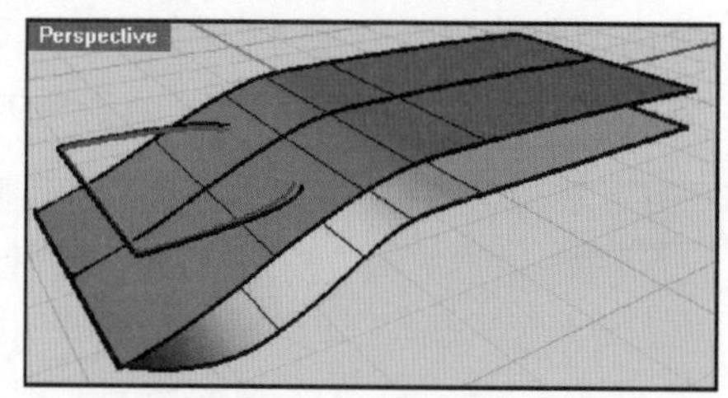

图 7-102 创建挤出曲面

10 执行菜单栏中【编辑】|【修剪】命令，在【Top】正交视图中，使用步骤 08 中编辑好的两条曲线修剪拉伸曲面（其中较大的曲线用来修剪上侧的曲面，较小的曲线修剪下侧的曲面），如图 7-103 所示。

11 新建图层并命名为【曲面】，将其设置为当前图层，该图层用来放置曲面对象，将修剪后的曲面移动到该图层，并隐藏【曲线】图层，如图 7-104 所示。

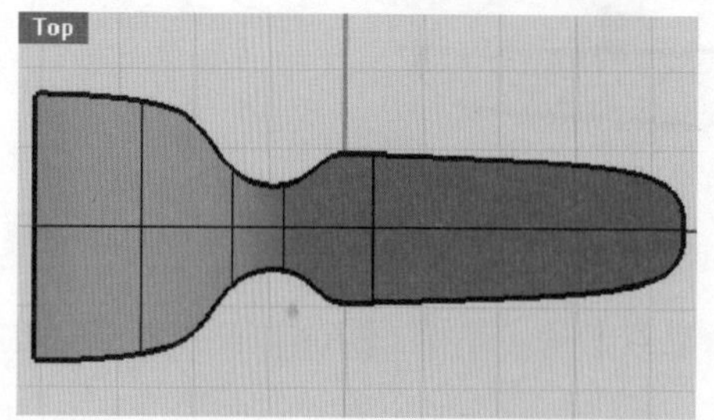

图 7-103 修剪曲面

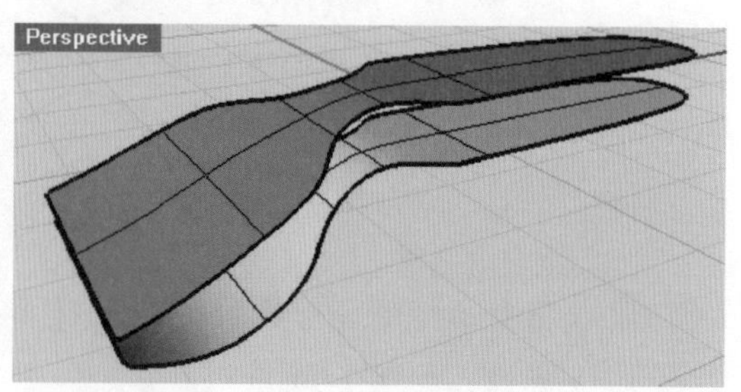

图 7-104 分配并隐藏图层

12 执行菜单栏中【曲面】|【混接曲面】命令，分别选取两个修剪后曲面的边缘。参照如图7-105所示的方法调整混接曲面的接缝，创建一块混接曲面。

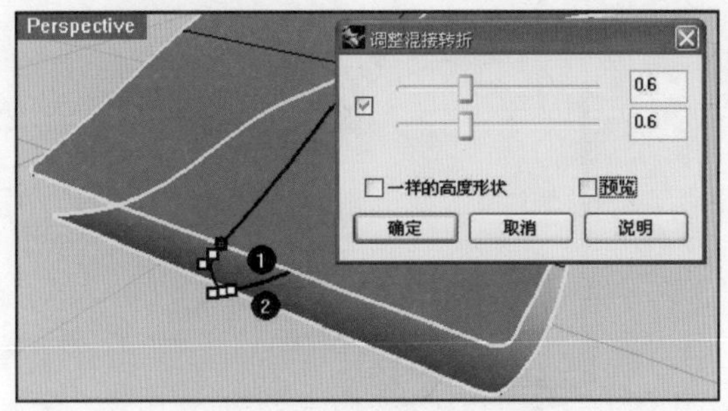

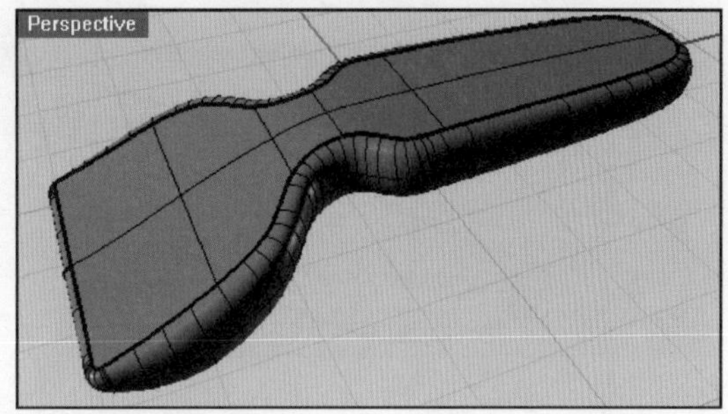

图7-105　创建混接曲面

技巧点拨

混接曲面的接缝不在对象的中点处时，应手动调整到中点处。若找不到中点，可以在对称中心线处画一直线后投影到曲面上，然后利用捕捉工具调整混接的接缝位置，这是因为混接起点在中点处时生成的混接曲面的ISO不会产生扭曲。

13 执行菜单栏中【曲线】|【从物件建立曲线】|【抽离结构线】命令，捕捉边缘线的终点，分别提取图中的两条结构线，并将抽离的结构线调整到【曲线】图层，如图7-106所示。

14 执行菜单栏中【曲线】|【自由造型】|【控制点】命令，在【Top】正交视图中创建一条新的曲线，如图7-107所示。

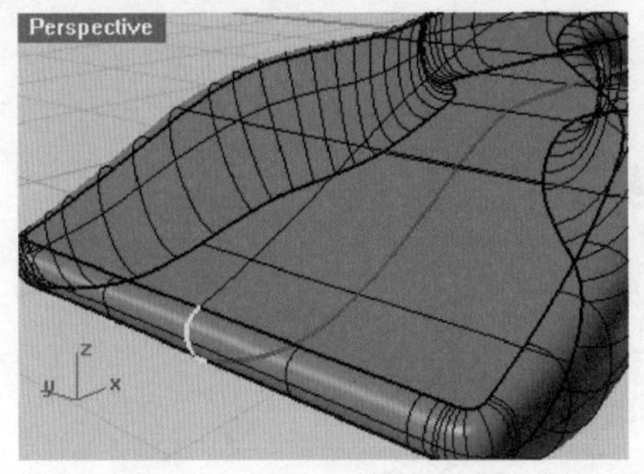

图7-106　抽离结构线

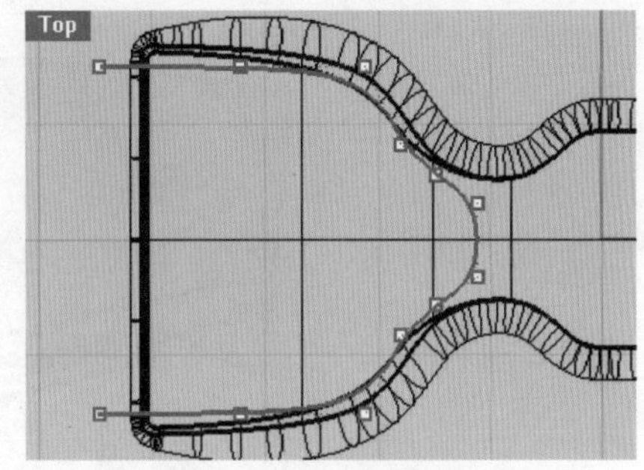

图7-107　创建曲线

15 将新创建的曲线在原位置复制一份，然后在【Front】正交视图中调整原始曲线与复制后的曲线的位置，如图7-108所示。

16 切换到【Top】正交视图，显示复制后曲线的控制点。开启状态栏处的【正交】捕捉，将图中亮色显示的控制点水平向左移动一小段距离，如图7-109所示。

17 执行菜单栏中【曲面】|【放样】命令，用创建的两条曲线创建一块放样曲面，效果如图7-110所示。

18 在【Front】正交视图中，执行菜单栏中【曲线】|【直线】|【线段】命令，创建一条多重直线，如图 7-111 所示。

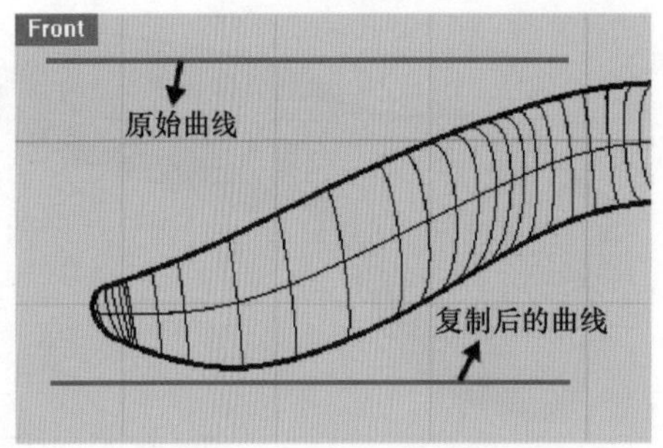

图 7-108　复制、移动曲线

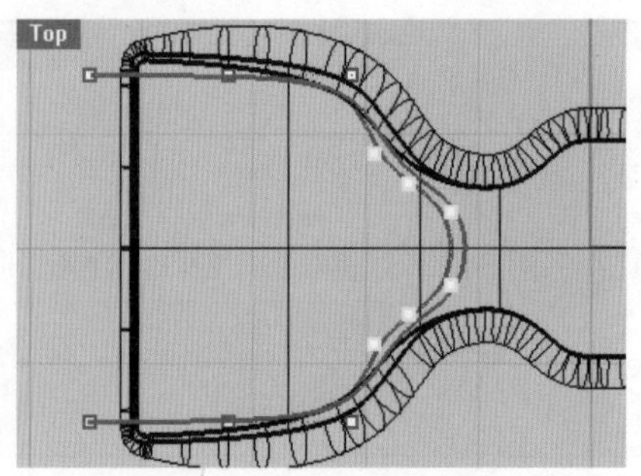

图 7-109　调整控制点

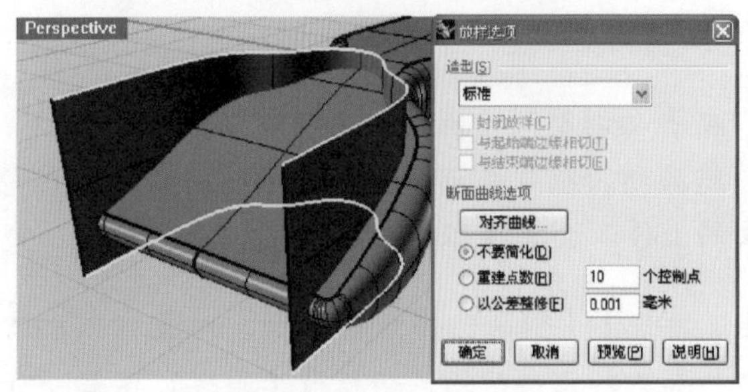

图 7-110　创建放样曲面

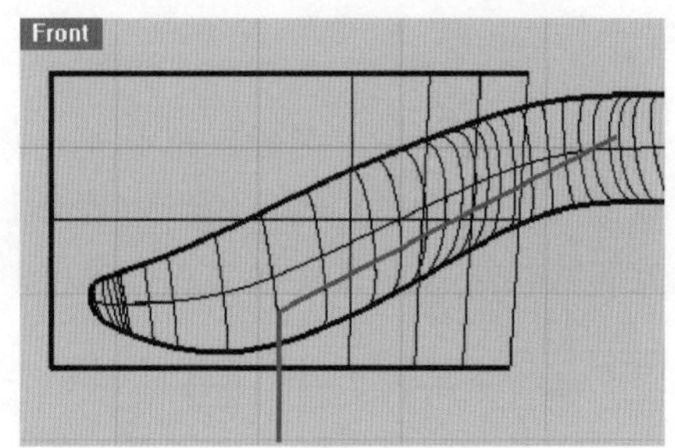

图 7-111　创建多重曲线

19 执行菜单栏中【曲面】|【挤出曲线】|【直线】命令，将上面创建的多重直线沿直线挤出创建一块曲面，如图 7-112 所示。

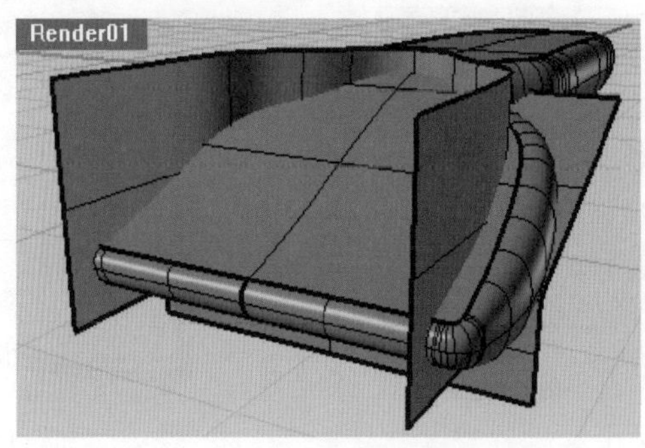

图 7-112　创建挤出曲面

20 执行菜单栏中【编辑】|【修剪】命令，选取下图所示（左）的曲面对象，然后右键单击以确认，再选择刨皮刀主体对象进行修剪处理，如图 7-113 所示。

21 再次执行菜单栏中【编辑】|【修剪】命令，选取另一块曲面（左图），然后右键单击以确定，对多余的曲面进行剪切。执行菜单栏中【编辑】|【组合】命令，将图中的所有曲面组合到一起，如图 7-114 所示。

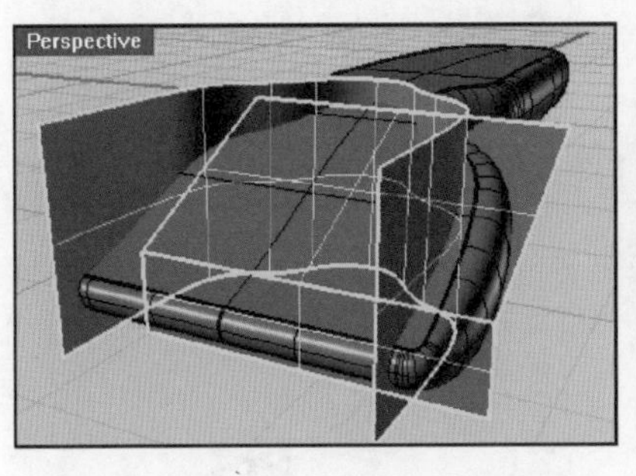

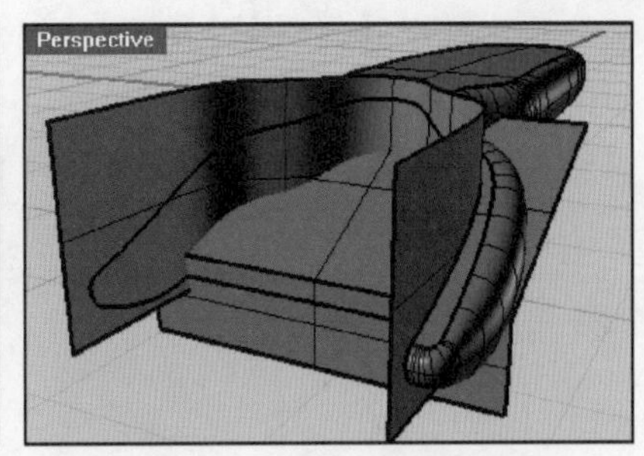

图 7-113 修剪曲面

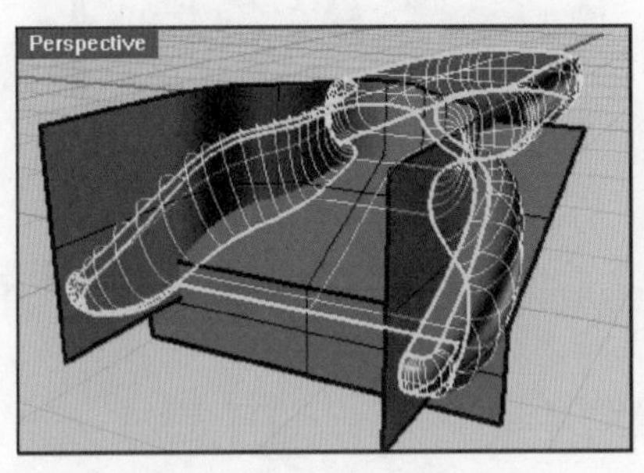

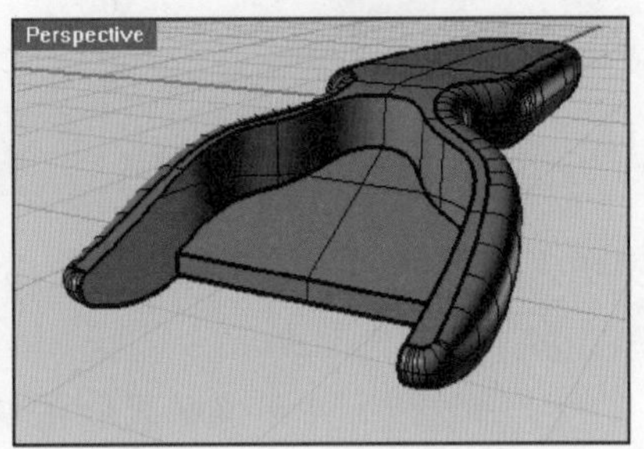

图 7-114 组合曲面

2. 创建刨皮刀刀头部分

01 单独显示前面步骤 13 中抽离的两根结构线，然后在【Front】正交视图中，以复制的方式创建 4 条曲线，如图 7-115 所示。

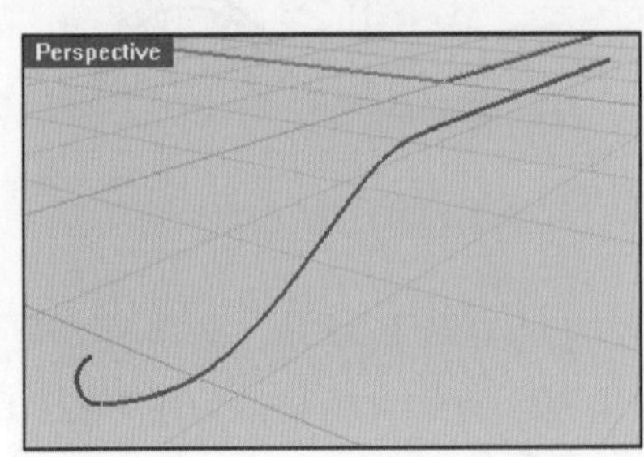

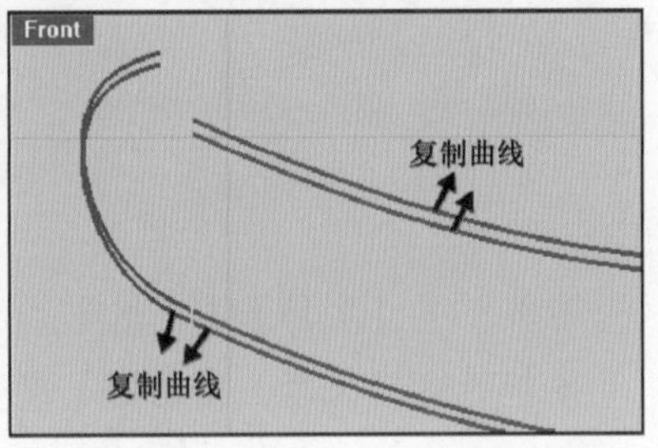

图 7-115 创建曲线

02 选择复制后的蓝色曲线，参照下图调整亮黄色显示的 3 个控制点。再绘制两条直线，并利用捕捉功能在曲线上创建两个点物件，如图 7-116 所示。

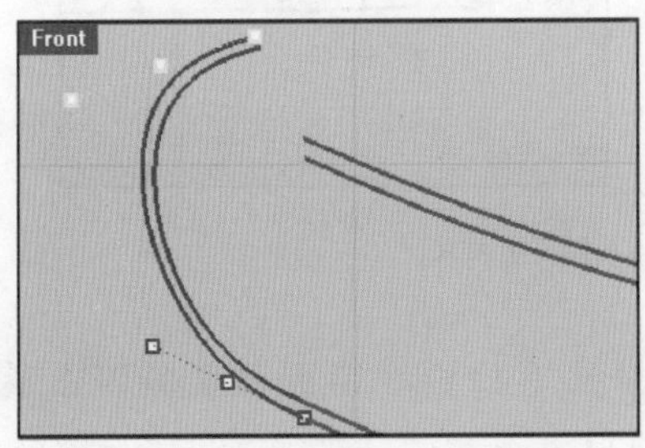

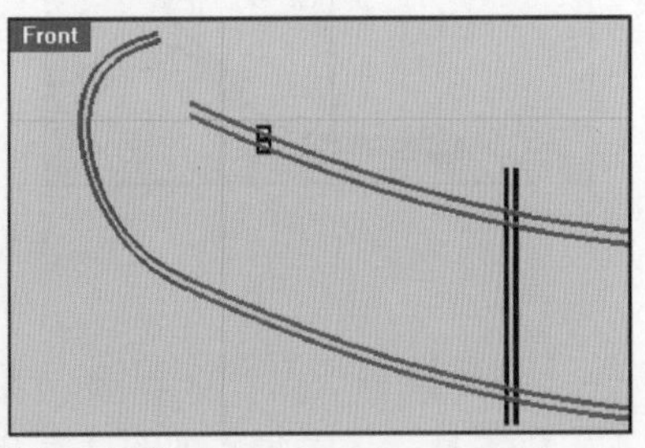

图 7-116 创建点物件

03 执行菜单栏中【编辑】|【修剪】命令，用点物件以及创建的两条直线修剪曲线，如图 7-117 所示。

04 删除点物件，执行菜单栏中【曲线】|【混接曲线】命令，创建一条如图 7-118 所示的混接曲线。

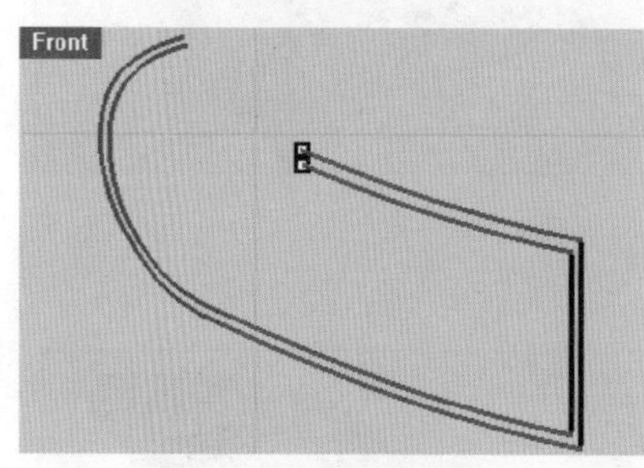

图 7-117 修剪曲线

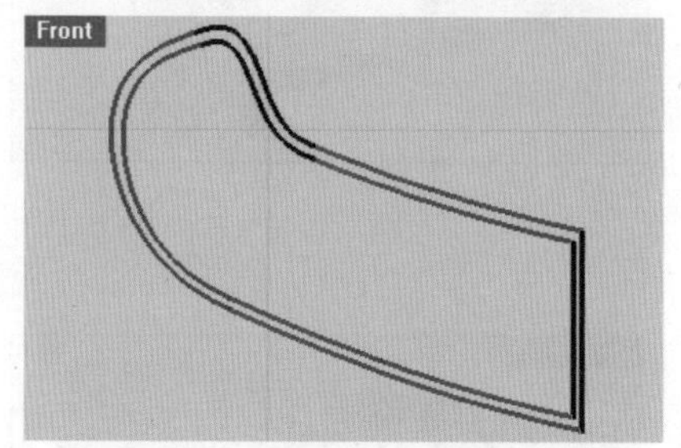

图 7-118 混接曲线

05 执行菜单栏中【编辑】|【组合】命令，将图中的曲线组合为两个闭合的多重曲线，如图 7-119 所示。

06 显示其余的曲面，执行菜单栏中【实体】|【挤出平面曲线】|【直线】命令，在【Top】正交视图中以刚刚创建的闭合曲线较小的那条，创建挤出曲面，如图 7-120 所示。

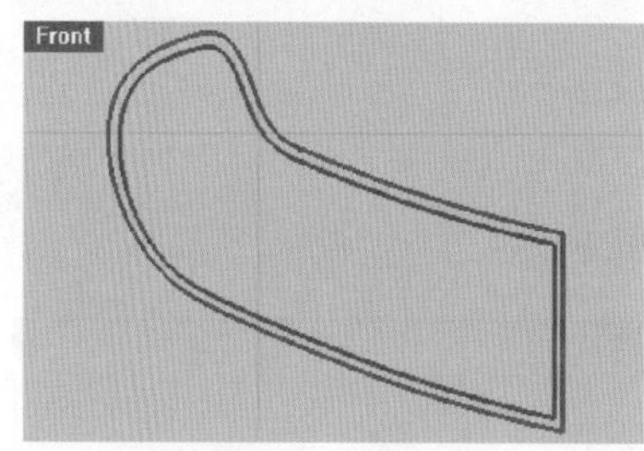

图 7-119 组合曲线

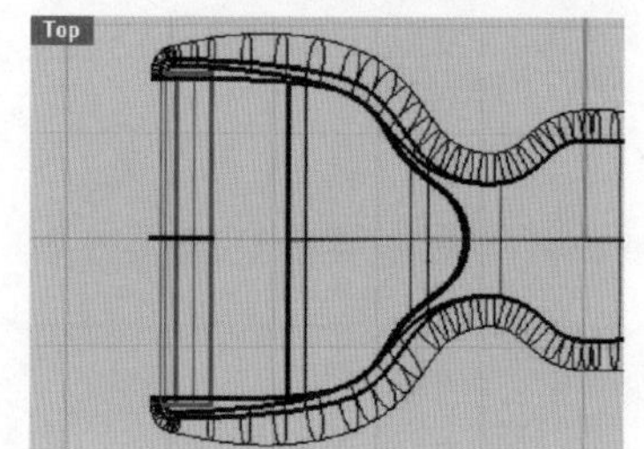

图 7-120 创建挤出曲面

07 执行菜单栏中【实体】|【挤出平面曲线】|【直线】命令，选取较大的闭合曲线创建一条新的挤出曲面，挤出的长度要比刚才的那块稍长，如图 7-121 所示。

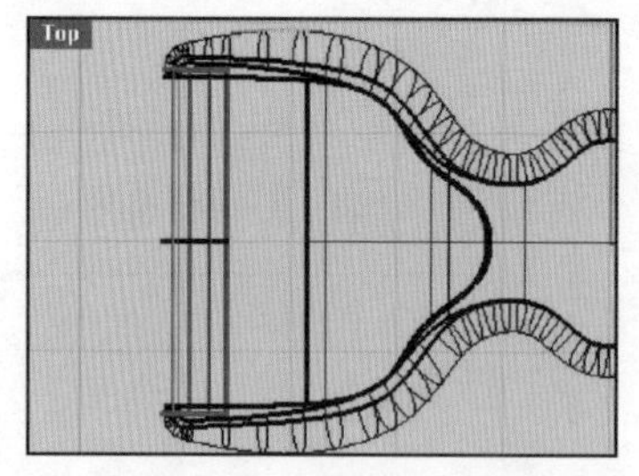

图 7-121 再次创建挤出曲面

08 切换【曲面】图层为当前图层，将挤出后的两个曲面调整到该图层中，并隐藏【曲线】图层。执行菜单栏中【实体】|【差集】命令，选取刨皮刀主体对象后单击

右键，再选取新创建的挤出曲面并单击右键，完成布尔运算差集，如图 7-122 所示。

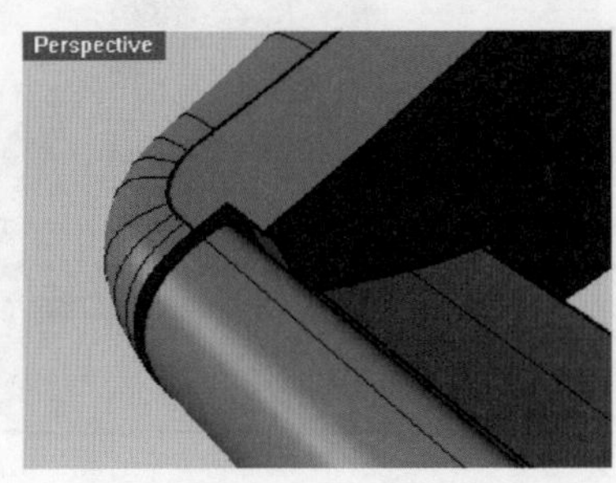

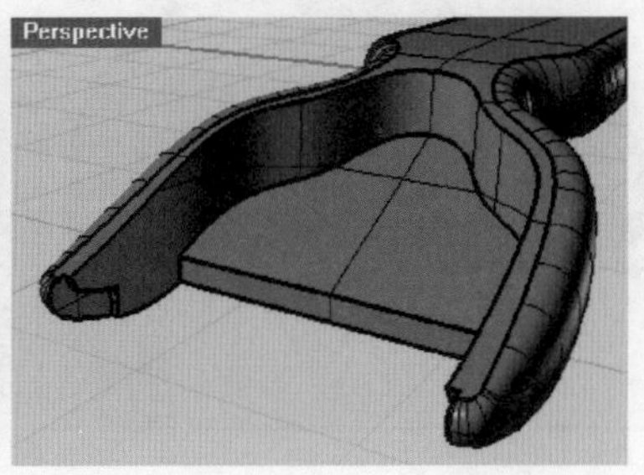

图 7-122 布尔运算差集

3. 圆角处理

01 执行菜单栏中【曲线】|【点物件】|【单点】命令，在图中的曲面边缘曲线上创建两个关于 X 轴对称的点物件，如图 7-123 所示。

02 执行菜单栏中【实体】|【边缘圆角】|【不等距边缘圆角】命令，在提示行中输入 0. 5，右键单击以确定，然后选取图中的边缘曲线，右键单击以确定，如图 7-124 所示。

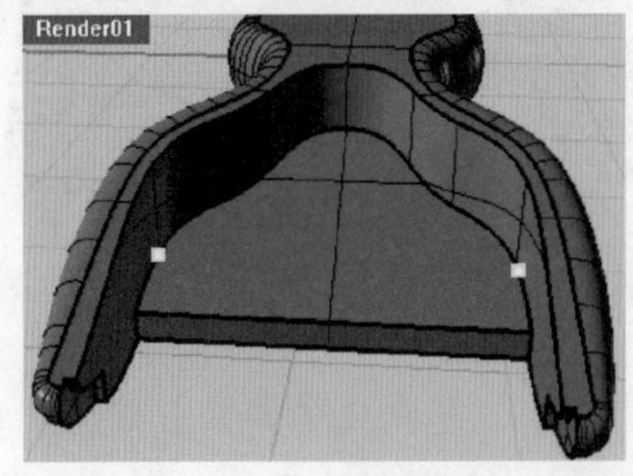

图 7-123 创建点物件

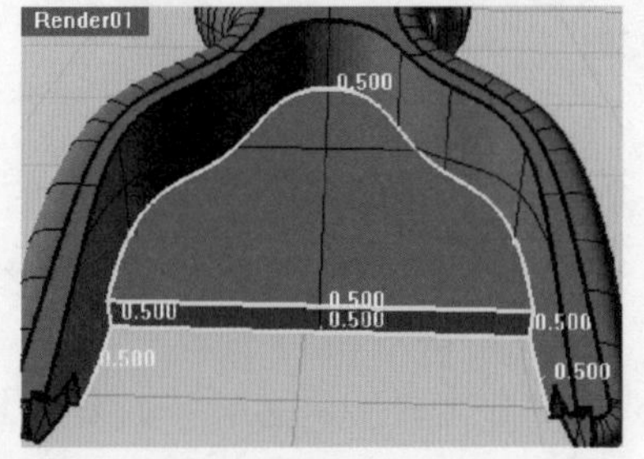

图 7-124 选取图中的边缘曲线

03 在命令提示行中单击【新增控制杆】选项，然后使用捕捉工具，在图中的位置新增三个控制杆，右键单击以确定，如图 7-125 所示。

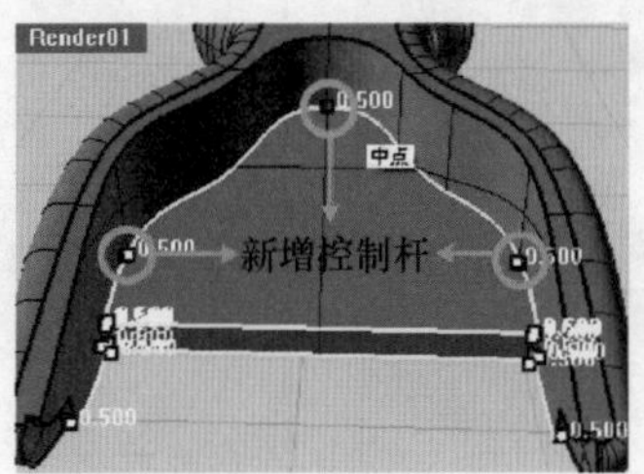

图 7-125 新增控制杆

04 选择中点处的控制杆，然后在命令提示行中将圆角半径值修改为 3，右键单击以确认，创建圆角曲面，如图 7-126 所示。

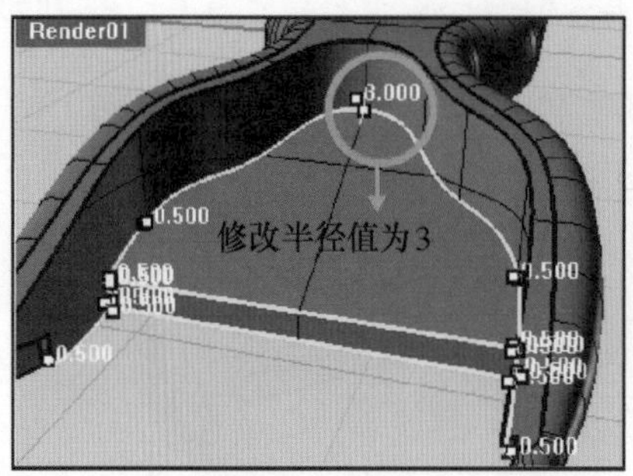

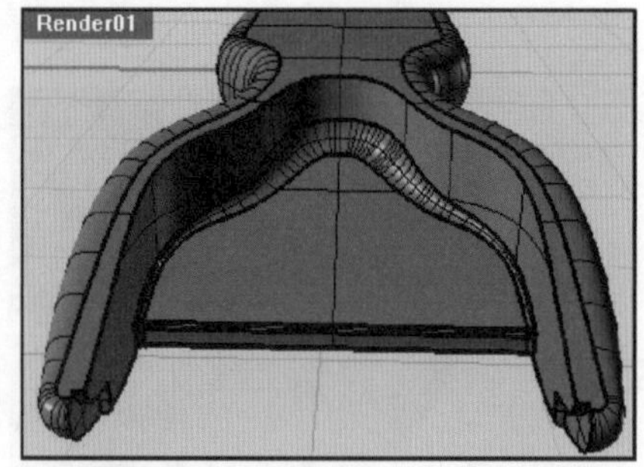

图 7-126　创建边缘圆角

05 与此类似，在需要控制圆角半径大小的边缘处创建特殊的点物件，然后执行菜单栏中【实体】|【边缘圆角】|【不等距边缘圆角】命令，添加控制杆，调整中心处圆角大小为 2，右键单击以确定，完成圆角曲面的创建，如图 7-127 所示。

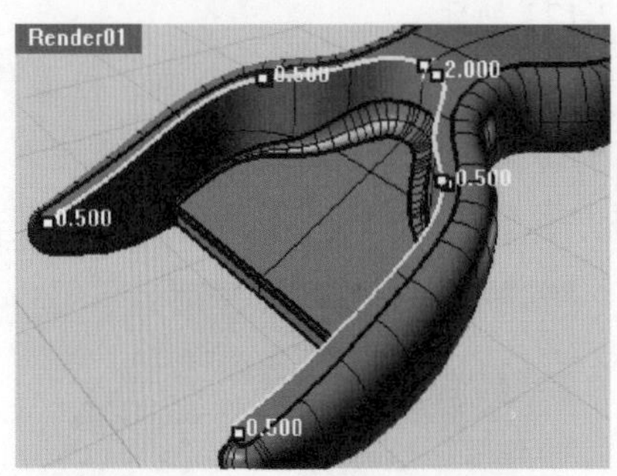

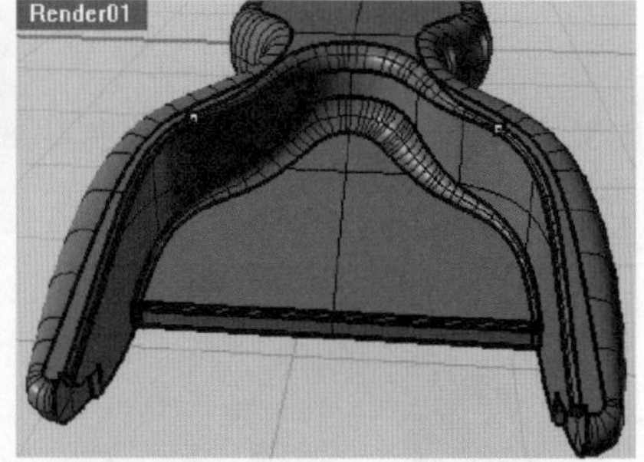

图 7-127　继续创建边缘圆角

06 再次执行菜单栏中【实体】|【边缘圆角】|【不等距边缘圆角】命令，将圆角大小设置为 0.2，选取图中的边缘曲线。连续右键单击以确认，完成圆角曲面创建，如图 7-128 所示。

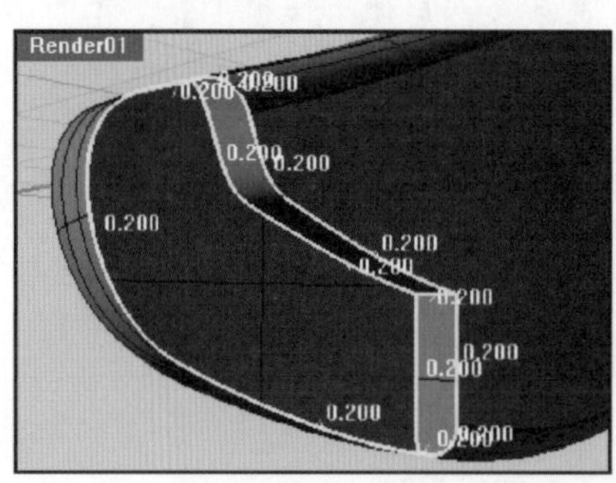

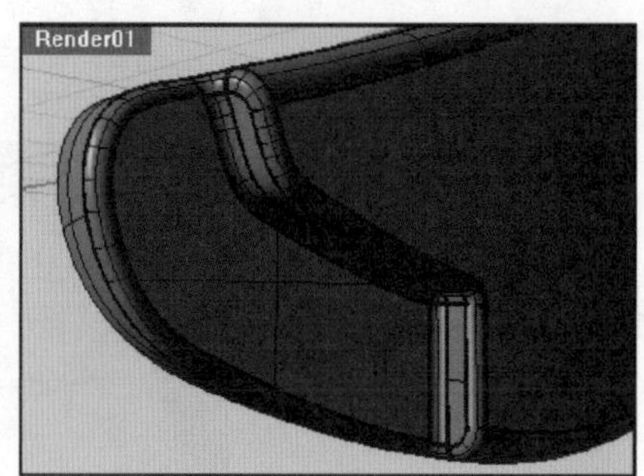

图 7-128　创建边缘圆角曲面

07 采用同样的方法，对另一侧的棱边曲面进行同样的处理，保持圆角大小不变，最终显示所有的曲面，观察在圆角处理后的刨皮刀头部效果，如图 7-129 所示。

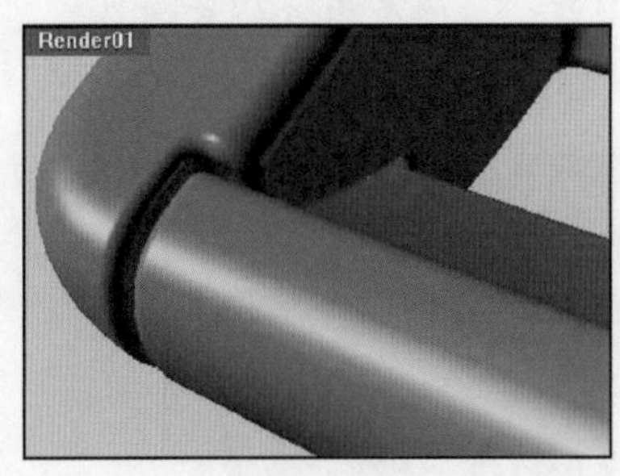

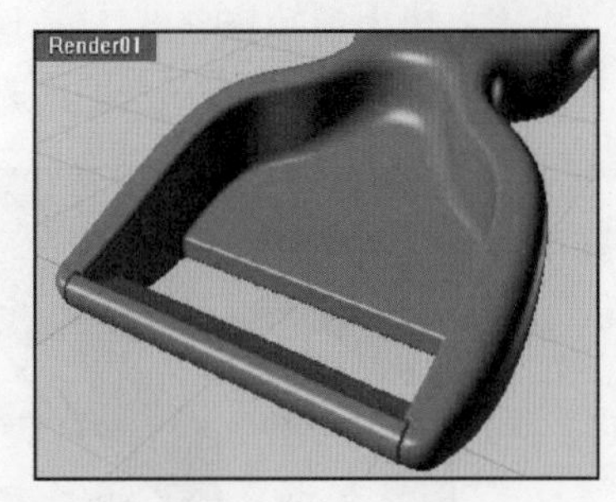

图 7-129 刨皮刀头部

4. 构建其他部件

01 新建图层并命名为【曲线 02】，将其设置为当前图层。在【Front】正交视图中执行菜单栏中【曲线】|【自由造型】|【控制点】命令，创建一条控制点曲线，通过移动控制点的位置调整曲线的形状，如图 7-130 所示。

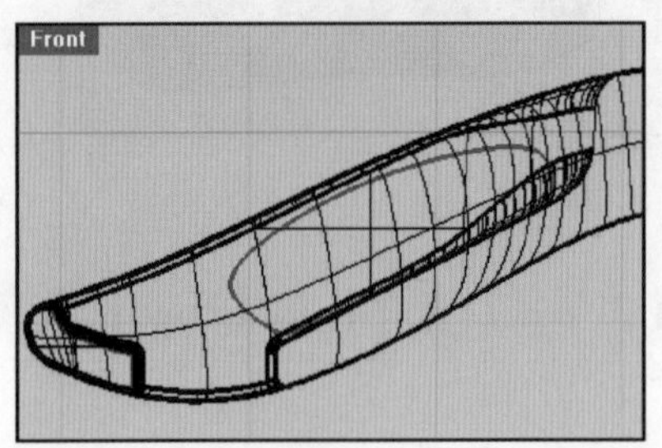

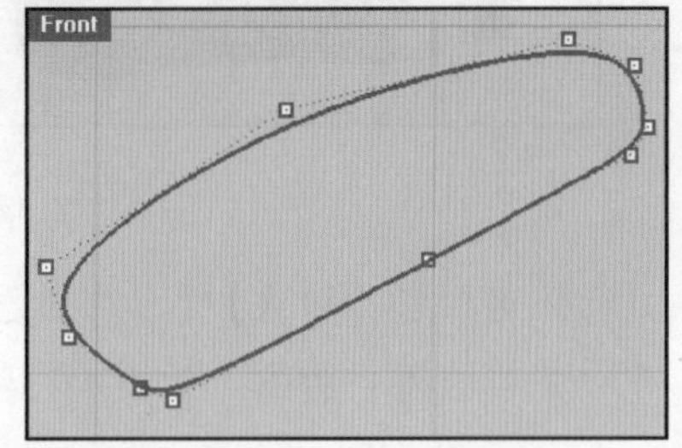

图 7-130 创建曲线

02 执行菜单栏中【曲线】|【自由造型】|【控制点】命令，在【Top】正交视图中创建一条曲线，并调整控制点（该曲线可以通过复制前面的步骤创建的曲线而得到）如图 7-131 所示。

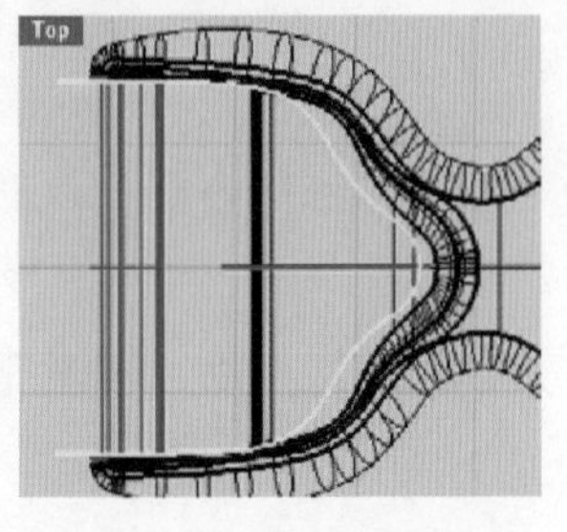

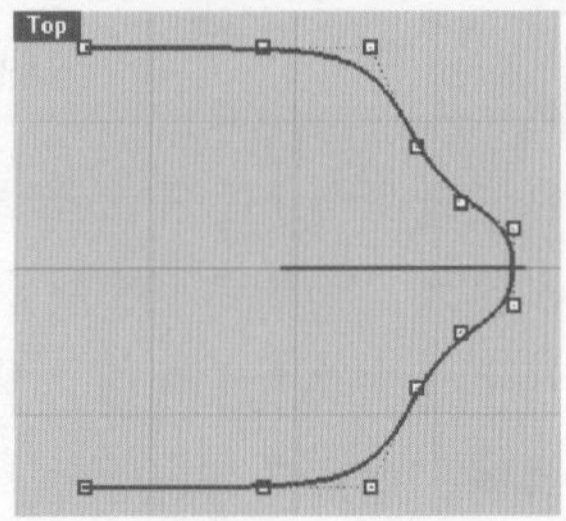

图 7-131 创建控制点曲线

03 执行菜单栏中【曲面】|【挤出曲线】|【直线】命令，将两条曲线分别挤出创建曲面，确保创建的两块挤出曲面要完全相交。然后执行菜单栏中【编辑】|【修剪】命令，对两块曲面进行互相剪切，如图 7-132 所示。

04 执行菜单栏中【编辑】|【组合】命令，将剪切后的两块曲面组合到一起。然后执行菜单栏中【实体】|【边缘圆角】|【不等距边缘圆角】命令，设置圆角大小为

0.3，选取图中的边缘曲线，新增控制杆，并修改中点处控制杆的圆角半径值为1。连续右键单击以确认，创建圆角曲面，如图 7-133 所示。

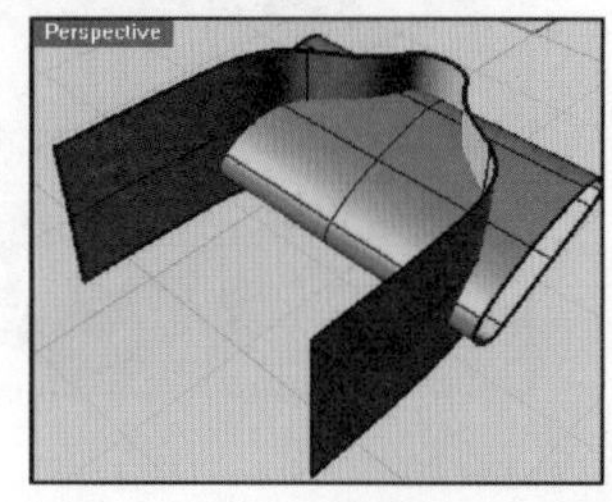

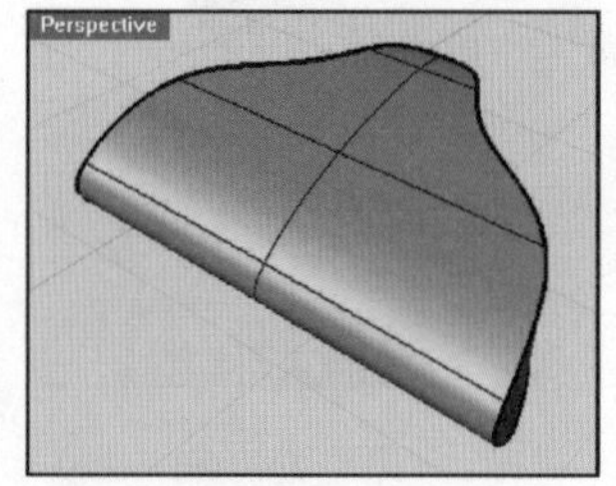

图 7-132　创建并修剪曲面

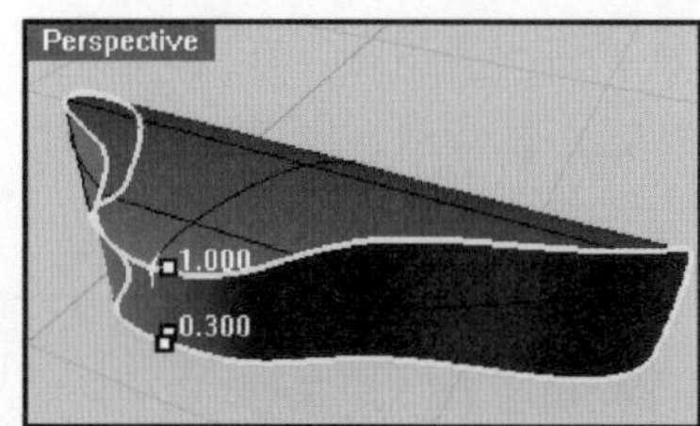

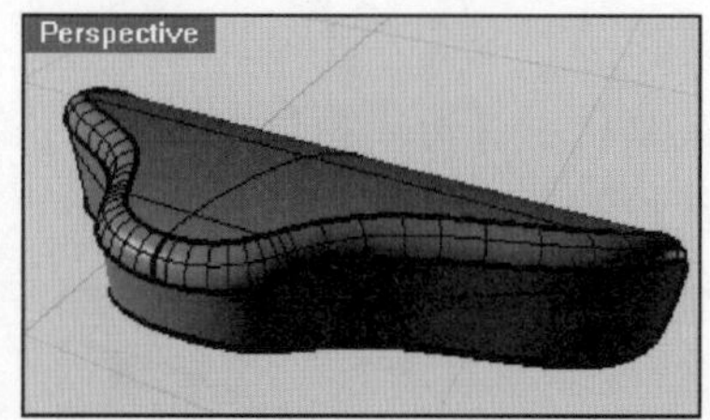

图 7-133　创建边缘圆角

05 执行菜单栏中【曲线】|【自由造型】|【控制点】命令，在【Front】正交视图中创建一条新的闭合曲线，如图 7-134 所示。

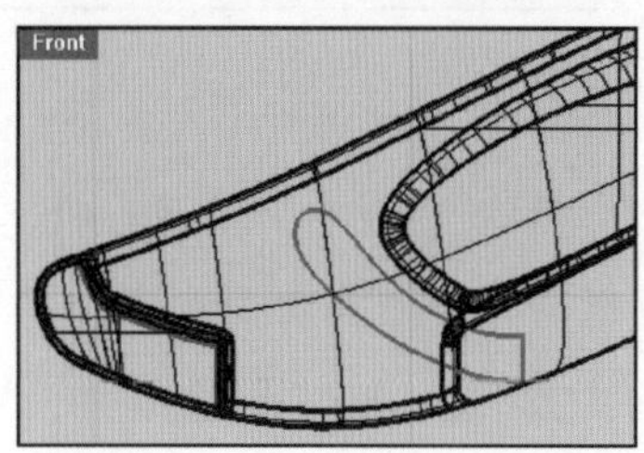

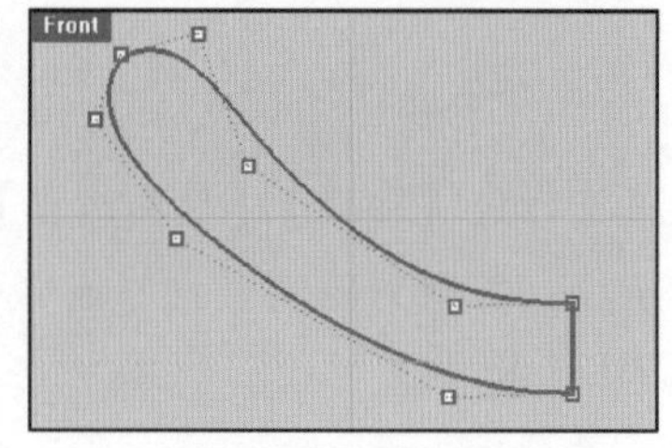

图 7-134　创建曲线

06 执行菜单栏中【实体】|【挤出平面曲线】|【直线】命令，以新创建的闭合曲线创建一块挤出曲面，如图 7-135 所示。

07 执行菜单栏中【实体】|【椭圆体】|【从中心点】命令，参考下图的位置、大小创建一个椭圆体，如图 7-136 所示。

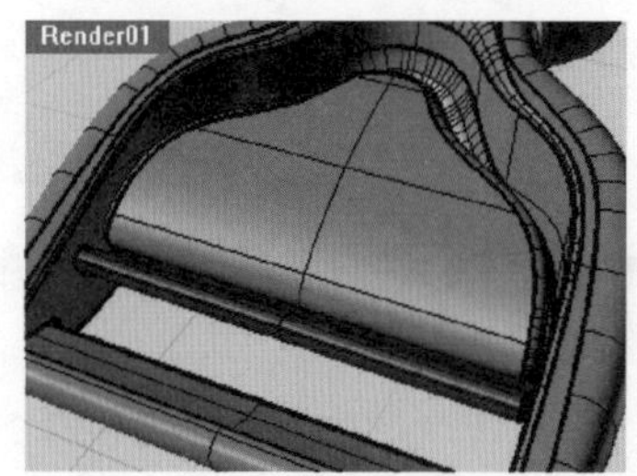

图 7-135　创建挤出曲面

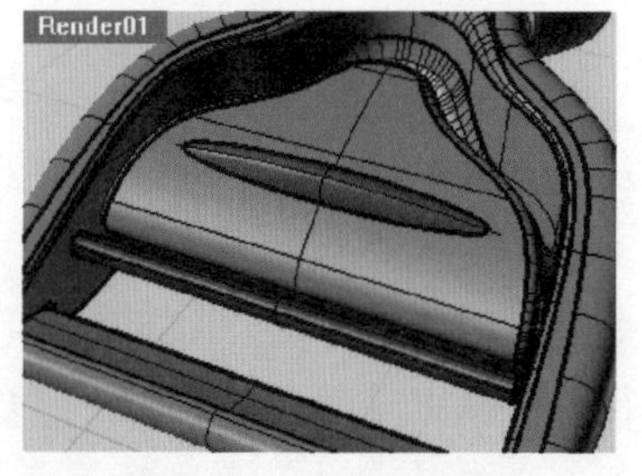

图 7-136　创建椭圆体

08 执行菜单栏中【编辑】|【修剪】命令，对圆球体以及与其相交的曲面进行修剪，然后执行菜单栏中【曲面】|【曲面圆角】命令，为相交处创建圆角曲面，如图7-137所示。

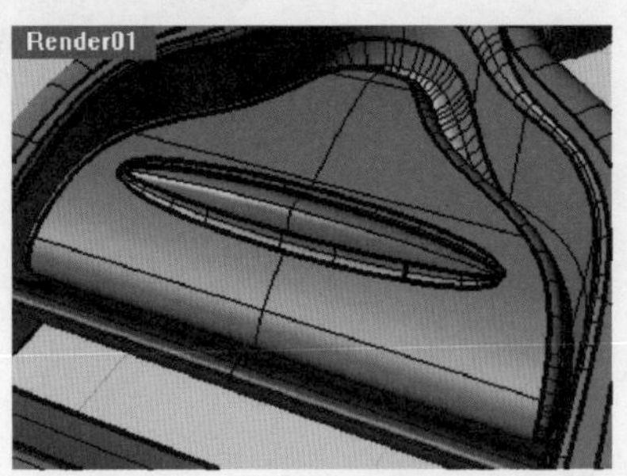

图7-137 创建边缘圆角

09 其他部件的创建方法都较为简单，可以参考书中附赠的资源文件自行添加，整个刨皮刀完成后的模型如图7-138所示。

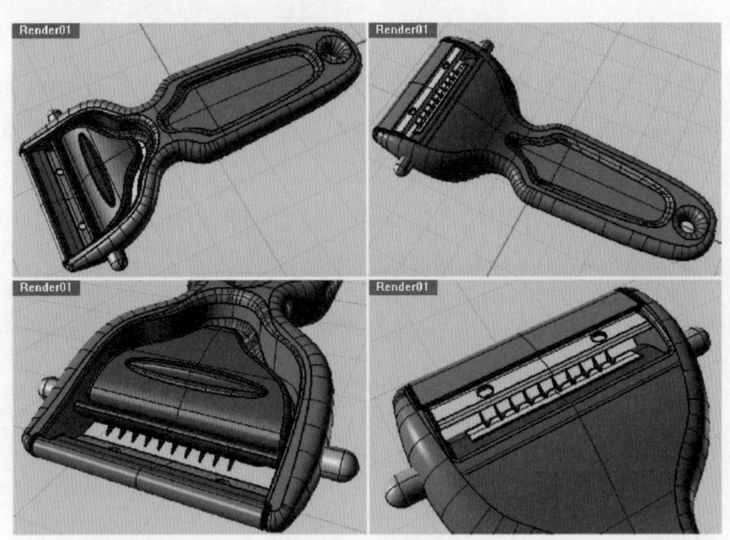

图7-138 刨皮刀模型

10 最后保存效果文件。

7.3 随身听

随身听造型如图7-139所示。整个模型的创建工作中最为重要的是随身听主体模型的创建，在主体模型创建完成后，在这个基础上刻画模型的细节，然后创建耳机部分，丰富整个产品模型，并最终将它们组合放置在一起。

随身听建模过程可采用以下基本流程。

- 创建主体曲面轮廓线，并依据轮廓线创建主体曲面。

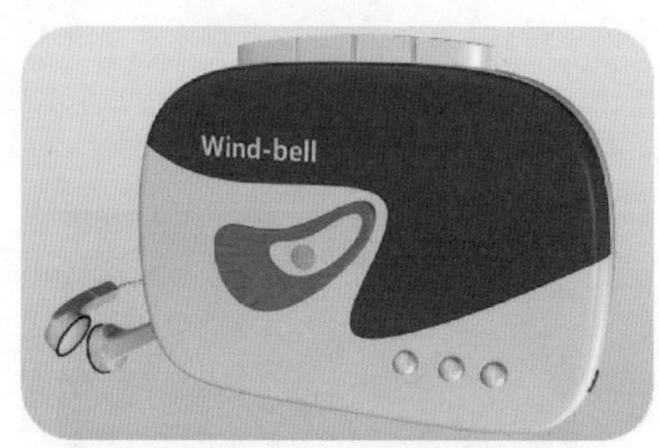

图 7-139　随身听

- 分割主体曲面，并对前侧曲面进行分块处理。
- 在主体曲面前侧上创建按钮等曲面。
- 在随身听主体曲面侧面创建按键，并添加 Logo 细节。
- 创建耳机曲面，并将它们放置在不同的位置，与随身听主体组合在一起，完成模型的创建。

1. 创建随身听主体曲面

01 执行菜单栏中【曲线】|【自由造型】|【控制点】命令，在【Front】正交视图中创建一条曲线（首先绘制出曲线的形状，然后开启控制点进行调整），如图 7-140 所示。

02 执行菜单栏中【变动】|【对称】命令，选取刚刚创建的曲线，以垂直坐标轴为对称轴创建一条对称曲线，如图 7-141 所示。

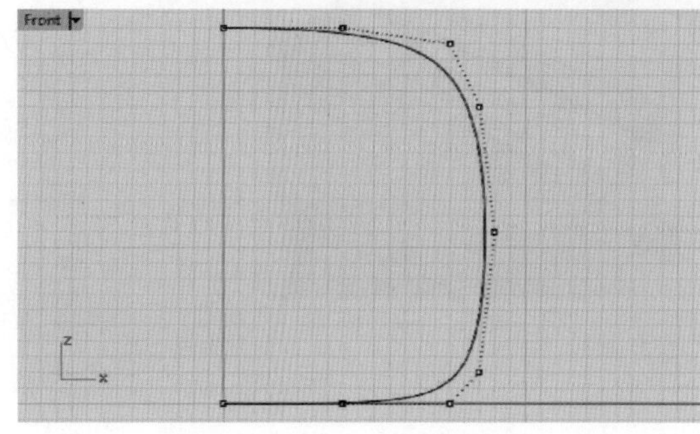

图 7-140　创建控制点曲线

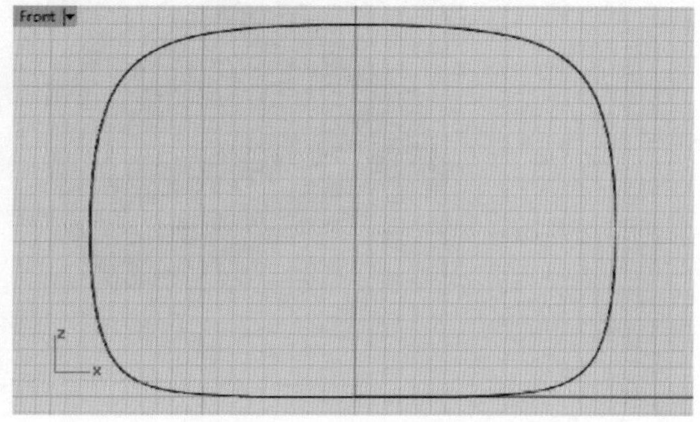

图 7-141　创建对称曲线

03 执行菜单栏中【编辑】|【组合】命令，将两条曲线组合为一条单一曲线（图中将这条曲线标记为 1），如图 7-142 所示。

04 执行菜单栏中【曲面】|【平面】|【角对角】命令，在【Front】正交视图中创建一块曲面 A，如图 7-143 所示。

05 将曲面 A 复制，创建一块曲面 B，然后将其隐藏。执行菜单栏中【编辑】|【重建】命令，重建曲面 A，在弹出的对话框中设置曲面的 U、V 阶数，以及控制点的数量，单击【确定】按钮，完成曲面的重建，随后开启曲面的控制点显示，如图 7-144 所示。

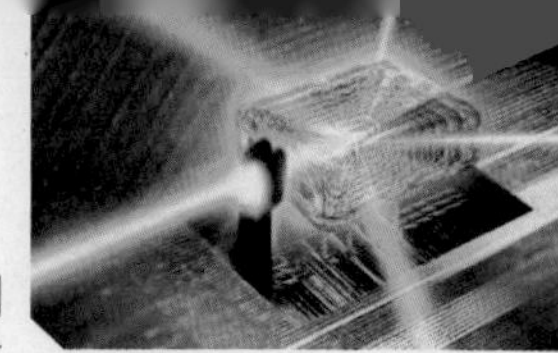

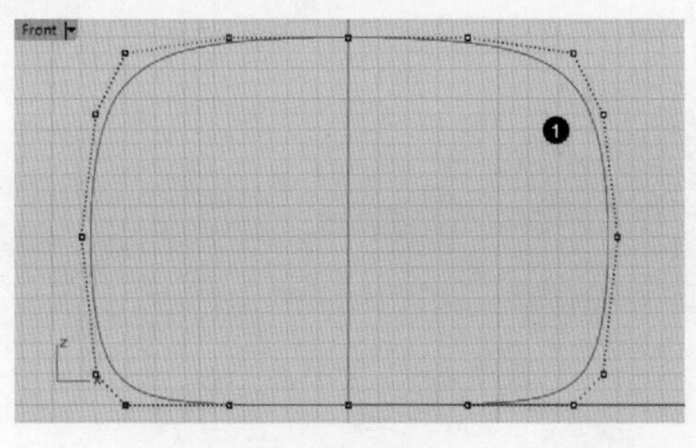

图 7-142　组合曲线

图 7-143　创建一块平面

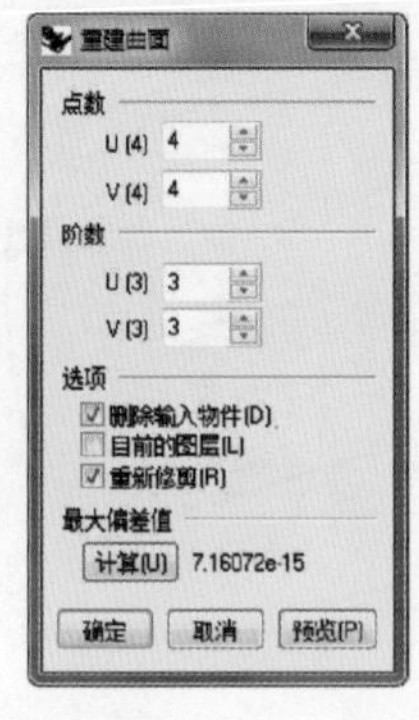

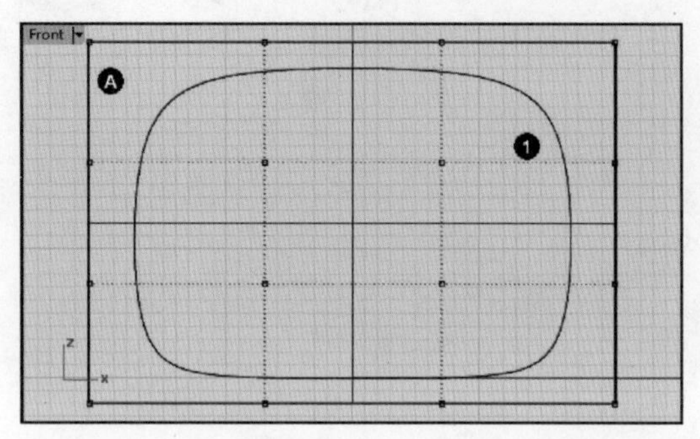

图 7-144　重建曲面

06 在【Front】正交视图中选取位于中间的控制点，开启状态栏处的【正交】捕捉，然后在【Top】正交视图中将这些控制点向下垂直移动一段距离，使曲面 A 产生凸出的效果，如图 7-145 所示。

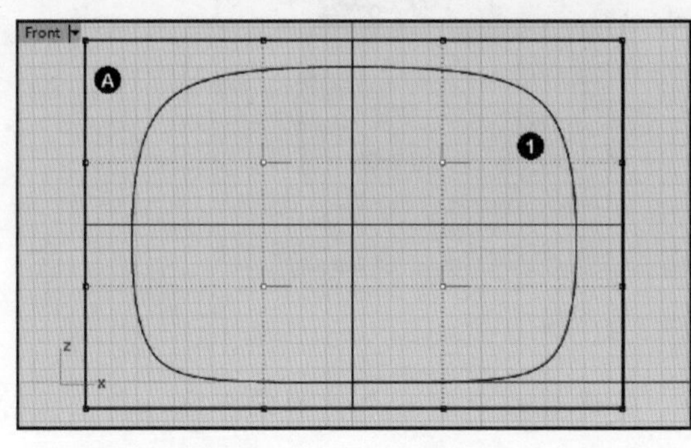

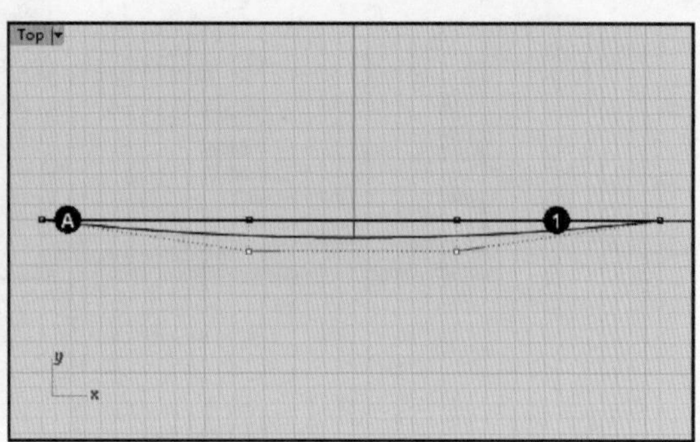

图 7-145　调整控制点

07 取消控制点的显示，执行菜单栏中【编辑】|【修剪】命令，在【Front】正交视图中，使用曲线 1 剪切曲面 A，保留位于曲线内部的曲面，如图 7-146 所示。

08 隐藏曲面 A，显示由复制得来的曲面 B，采用同样的方法，执行菜单栏中【编辑】|【修剪】命令，剪切曲面 B，如图 7-147 所示。

09 显示所有曲面，在【Top】正交视图中垂直移动两曲面的间距，曲面 A 将作为随身听的前侧曲面，曲面 B 将作为随身听的后侧曲面，如图 7-148 所示。

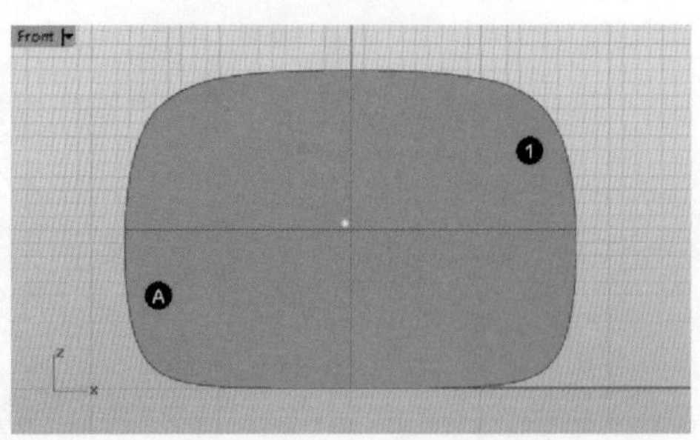

图 7-146　修剪曲面 A

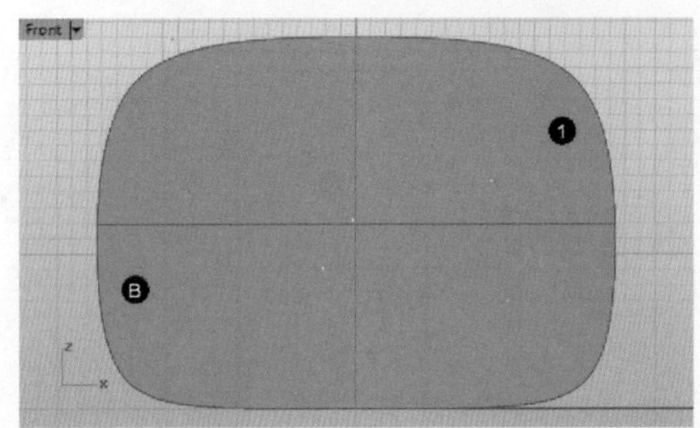

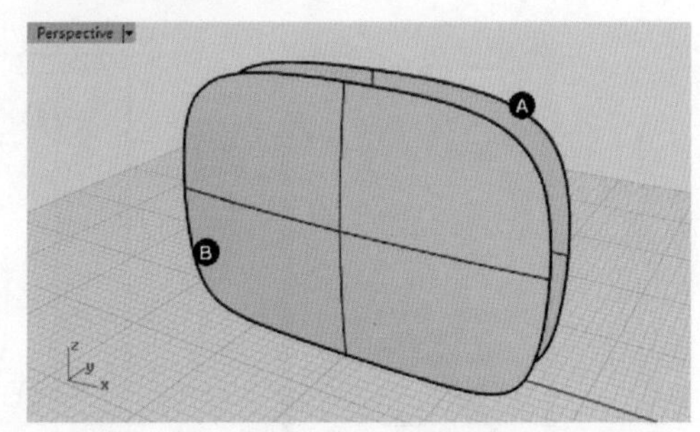

图 7-147　修剪曲面 B　　　　图 7-148　移动两块曲面

10 执行菜单栏中【曲面】|【混接曲面】命令，依次选取曲面 A、曲面 B 的边缘，右键单击以确定，在弹出的对话框中设置相关的参数，最后单击对话框中的【确定】按钮，完成混接曲面的创建，如图 7-149 所示。

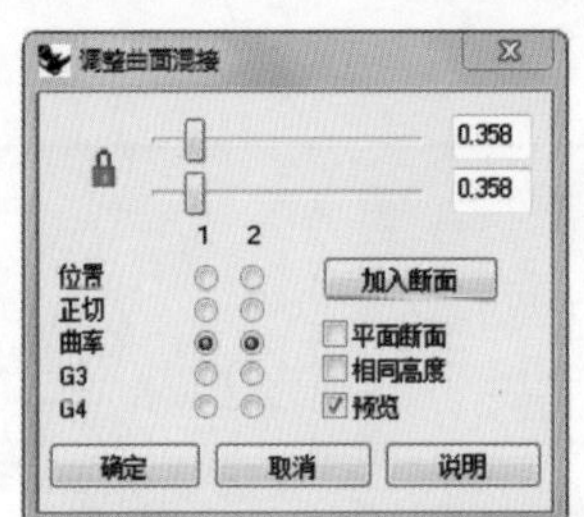

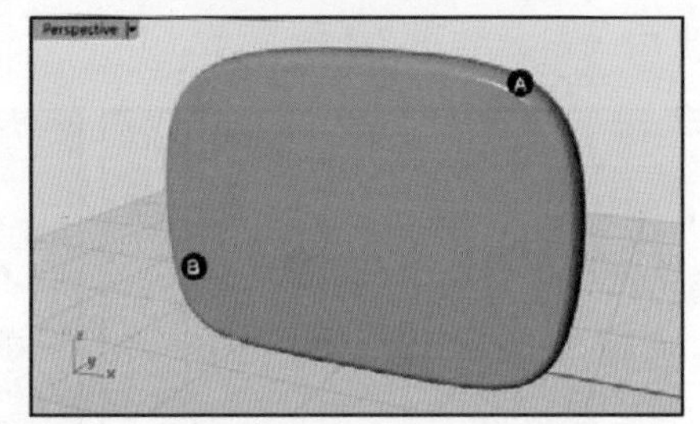

图 7-149　创建混接曲面

11 执行菜单栏中【编辑】|【组合】命令，将透视图中的三个曲面组合到一起，然后将这块多重曲面移动到合适的位置，如图 7-150 所示。

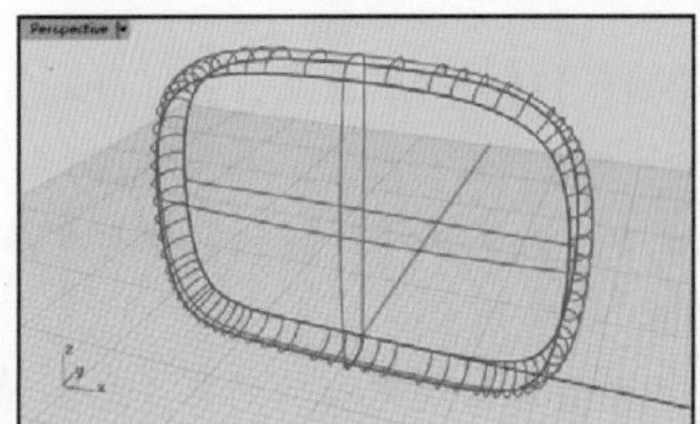

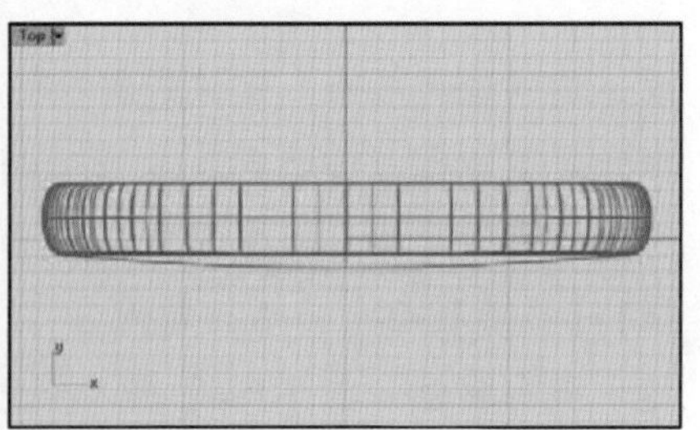

图 7-150　组合曲面

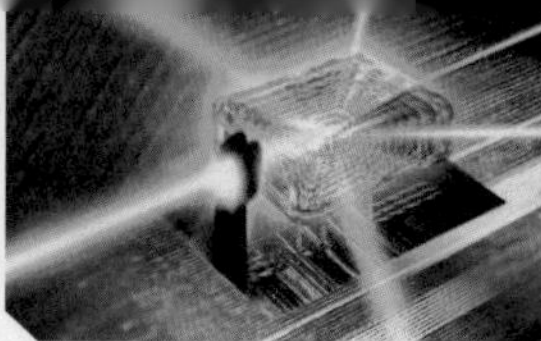

12 执行菜单栏中【曲面】|【平面】|【角对角】命令，在【Front】正交视图中创建一块曲面C，确保曲面稍大于随身听的主体曲面，如图7-151所示。

13 执行菜单栏中【编辑】|【分割】命令，在【Top】正交视图中用曲面C对主体曲面进行分割，之后删除曲面C，如图7-152所示。

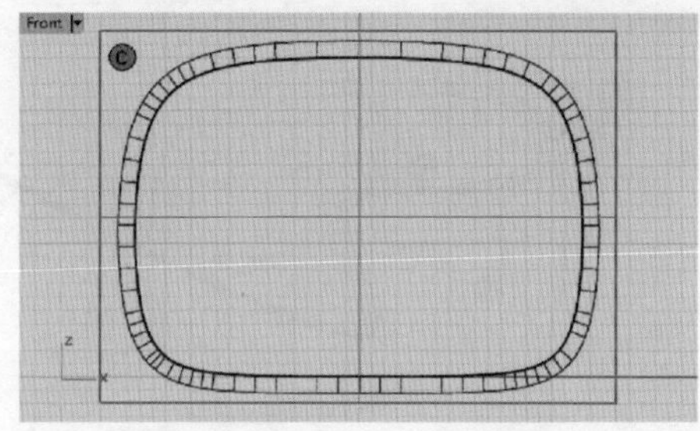

图7-151 创建一块平面

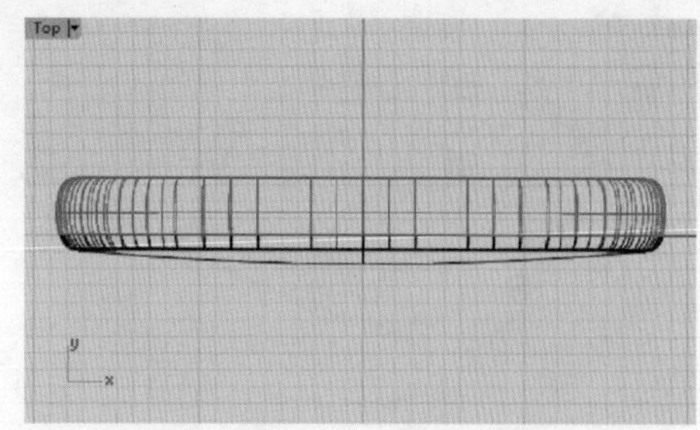

图7-152 分割曲面

14 执行菜单栏中【实体】|【将平面洞加盖】命令，选取分割后的前侧曲面，右键单击以确定，创建为实体，然后隐藏随身听后侧曲面，如图7-153所示。

15 执行菜单栏中【曲线】|【自由造型】|【控制点】命令，在【Front】正交视图中创建一条曲线1，显示控制点，通过移动控制点调整曲线的形状，如图7-154所示。

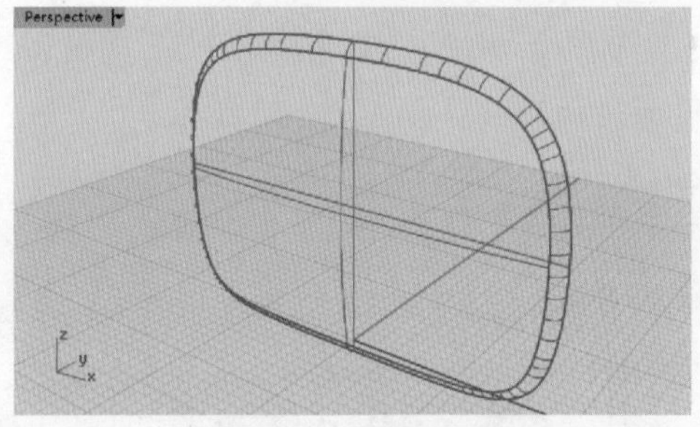

图7-153 将平面洞加盖

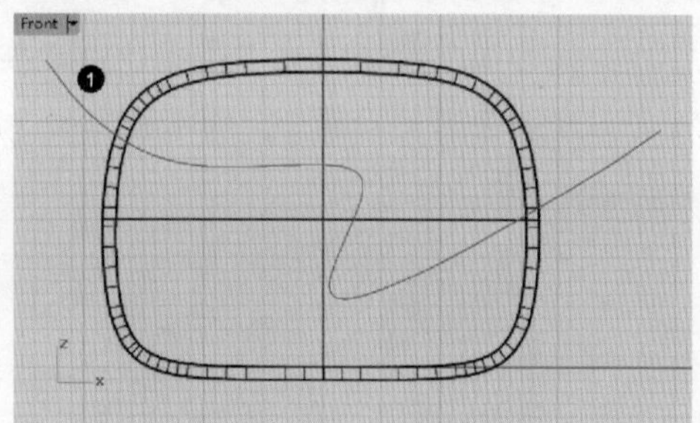

图7-154 创建曲线

16 执行菜单栏中【曲面】|【挤出曲线】|【直线】命令，以曲线1创建一块挤出曲面A，确保曲面A与前侧曲面完全相交。新建一个图层，将其命名为【曲线】，然后将图中的曲线分配到该图层中，并将图层隐藏，如图7-155所示。

17 将曲面A复制一份，从而创建一块曲面B，同样的，将随身听的前侧曲面命名为曲面C，然后将其复制一份，创建出一块曲面D，如图7-156所示。

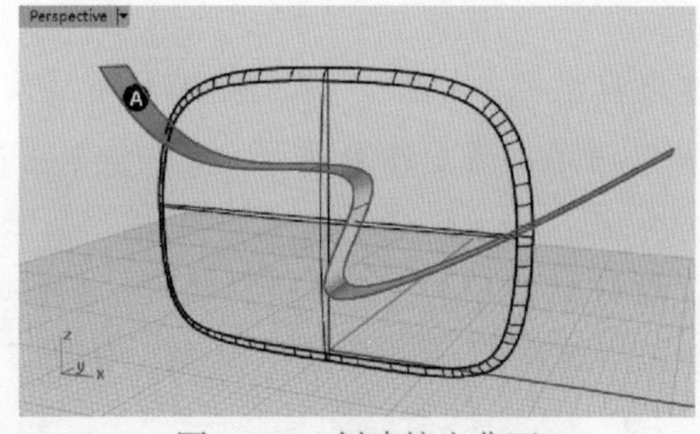

图7-155 创建挤出曲面

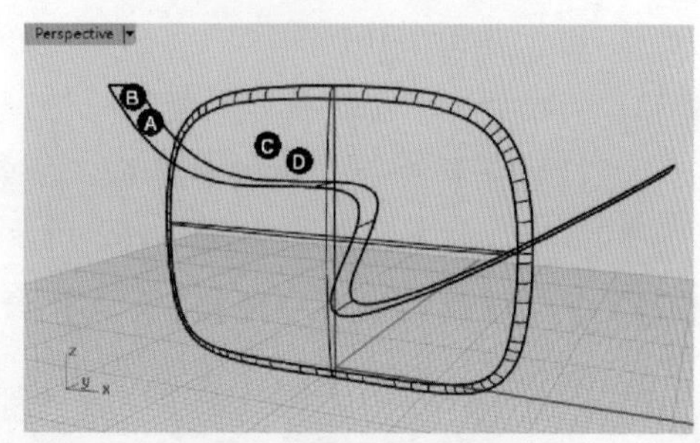

图7-156 复制曲面

18 执行菜单栏中【实体】|【差集】命令，选取曲面 C，右键单击以确定，然后选取曲面 A，右键单击以确定，完成布尔运算差集，如图 7-157 所示。

19 执行菜单栏中【分析】|【方向】命令，选取曲面 B，右键单击以确定，然后在曲面 B 上单击，反转曲面的方向，再次右键单击，如图 7-158 所示。

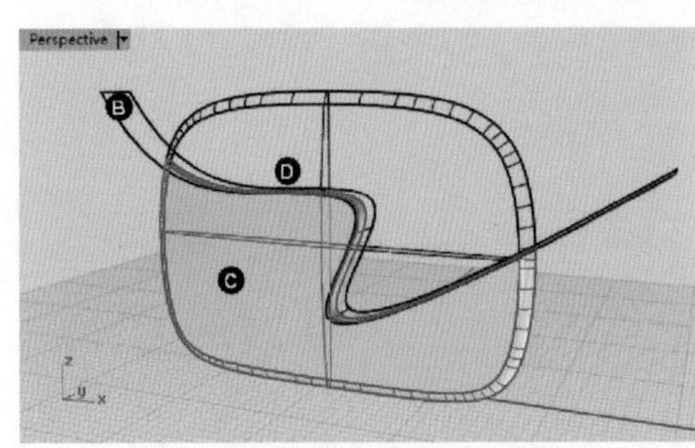

图 7-157　布尔运算差集

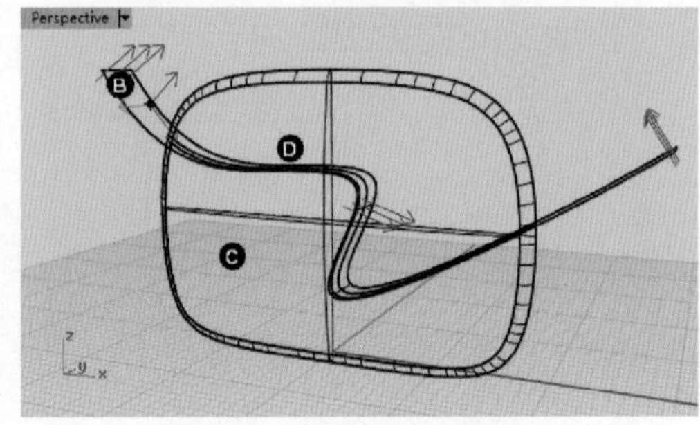

图 7-158　调整曲面方向

20 执行菜单栏中【实体】|【差集】命令，选取曲面 D，右键单击以确定，然后选取曲面 B，右键单击以确定，完成布尔运算差集，此时的随身听前侧曲面被分割为两块单独的实体，如图 7-159 所示。

2. 为主体曲面前侧创建按钮

01 执行菜单栏中【曲线】|【自由造型】|【控制点】命令，在【Front】正交视图中创建一条封闭曲线 1，移动控制点，调整曲线的形状，如图 7-160 所示。

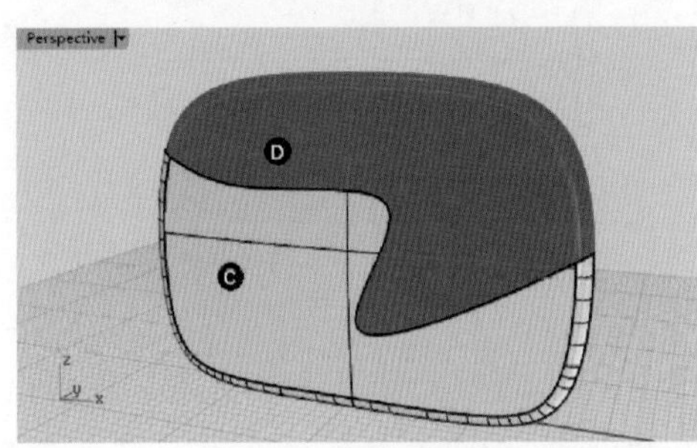

图 7-159　布尔运算差集

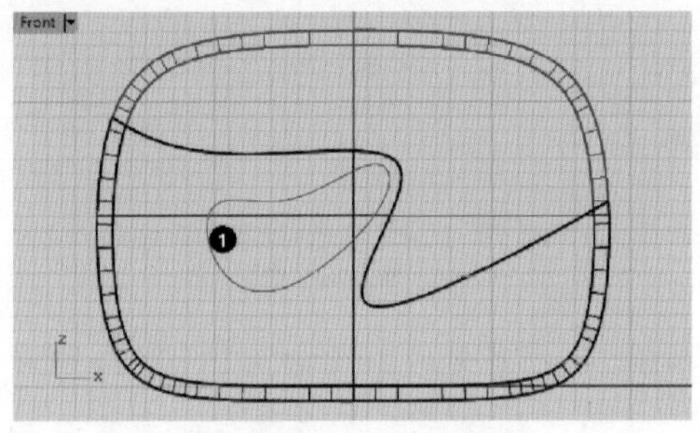

图 7-160　创建曲线

02 执行菜单栏中【实体】|【挤出平面曲线】|【直线】命令，以曲线 1 创建一块实体曲面 F，然后在【Top】正交视图中进行移动，使其相对于前侧曲面稍微向下凸出，如图 7-161 所示。

03 将曲面 C、曲面 F 分别复制一份，创建出曲面 E、曲面 G。执行菜单栏中【实体】|【差集】命令，选取曲面 C，右键单击以确定，然后选取曲面 F，右键单击，完成布尔运算差集，如图 7-162 所示。

04 执行菜单栏中【实体】|【交集】命令，选取曲面 G，右键单击以确定，然后选取曲面 E，右键单击，完成布尔运算交集，创建出一块新的曲面 H，如图 7-163 所示。

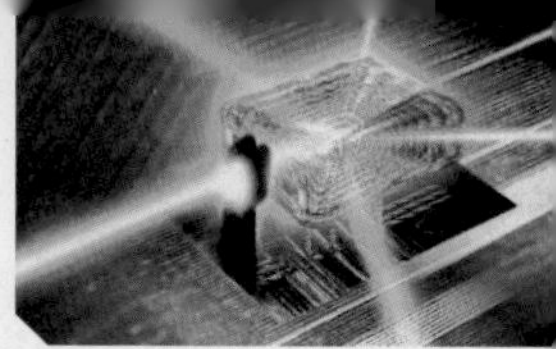

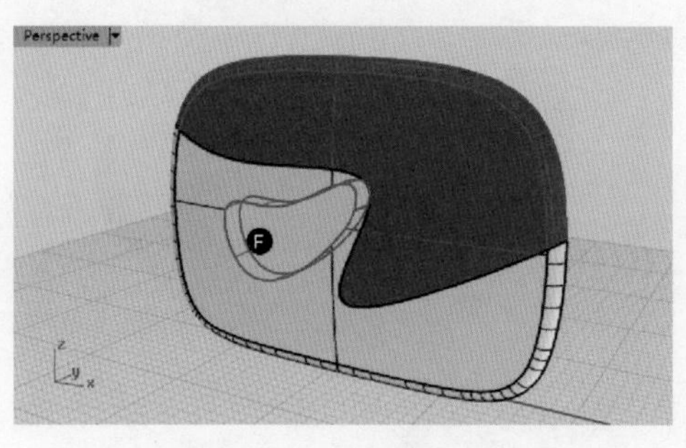

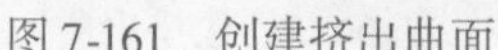
图 7-161　创建挤出曲面

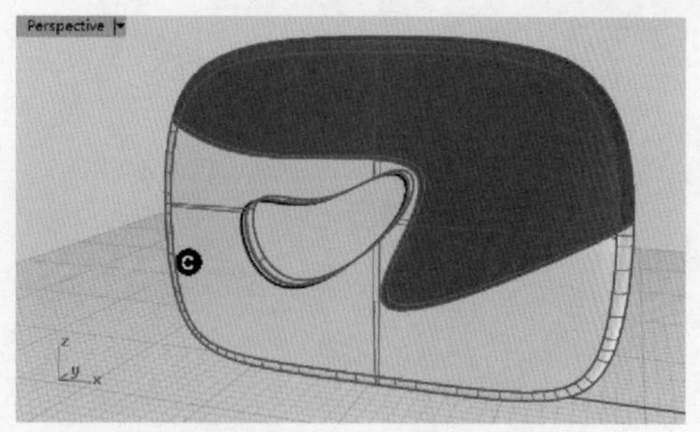

图 7-162　布尔运算差集

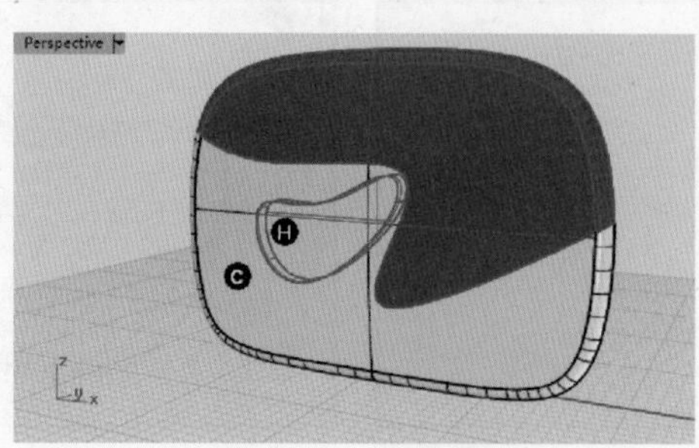

图 7-163　布尔运算交集

05 在【Top】正交视图中，将多重曲面 H 垂直向下移动少许的距离。然后执行菜单栏中【实体】|【边缘圆角】|【不等距边缘圆角】命令，为曲面 H 的凸出边缘创建圆角曲面。将不再使用的曲线分配到【曲线】图层并隐藏。最后将曲面 H 单独显示，隐藏其余的曲面，如图 7-164 所示。

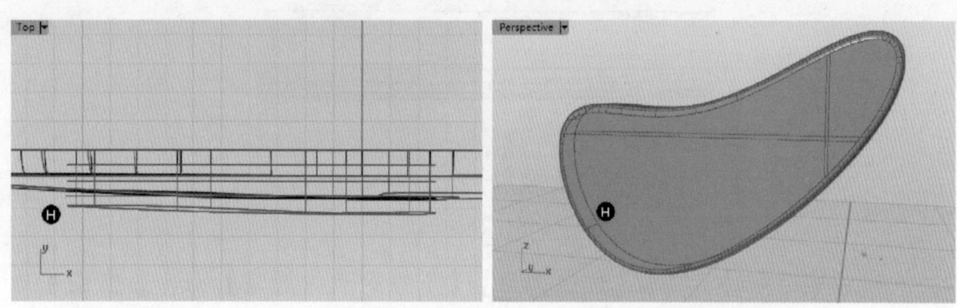

图 7-164　创建边缘圆角

06 执行菜单栏中【曲线】|【自由造型】|【控制点】命令，在【Front】正交视图中创建一条曲线 1，如图 7-165 所示。

07 执行菜单栏中【实体】|【挤出平面曲线】|【直线】命令，以曲线 1 创建一块挤出曲面 A，如图 7-166 所示。

08 采用前面的操作方法，将曲面 A 与曲面 H 复制一份，然后执行菜单栏中【实体】|【差集】命令以及【实体】|【交集】命令，创建出两块单独的实体曲面，如图 7-167所示。

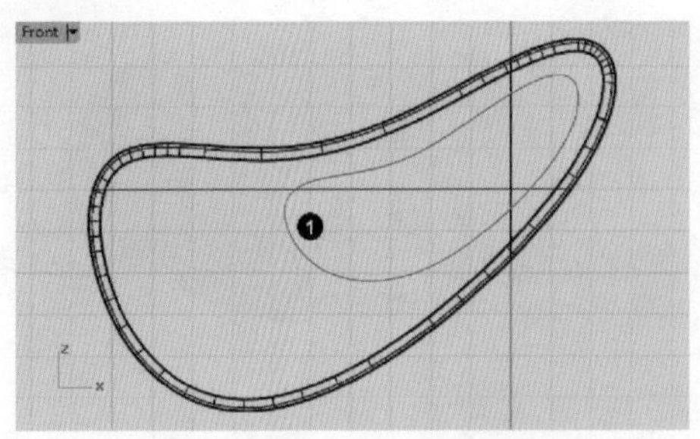

图 7-165　创建曲线

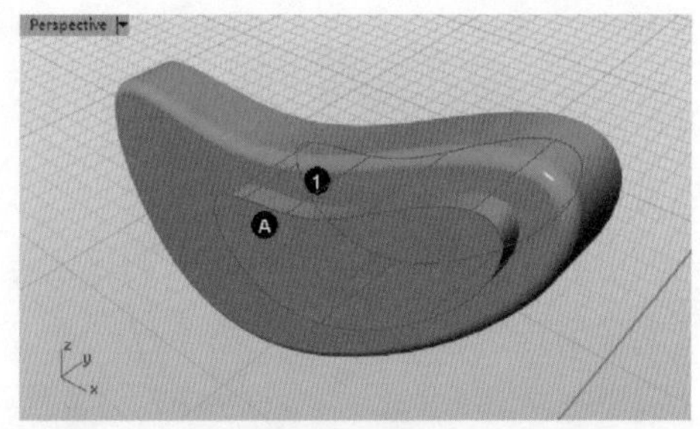

图 7-166　创建挤出曲面

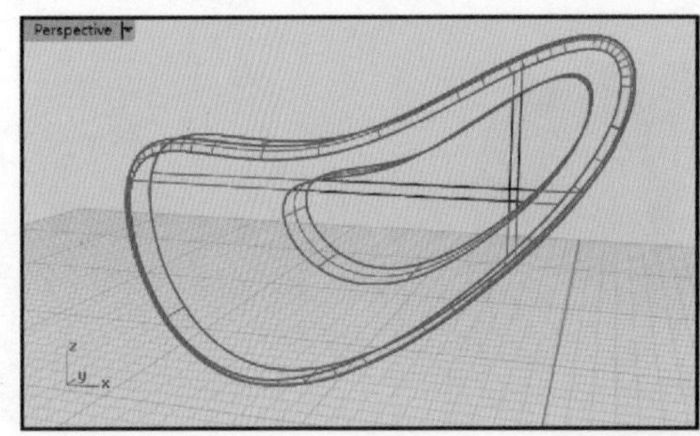

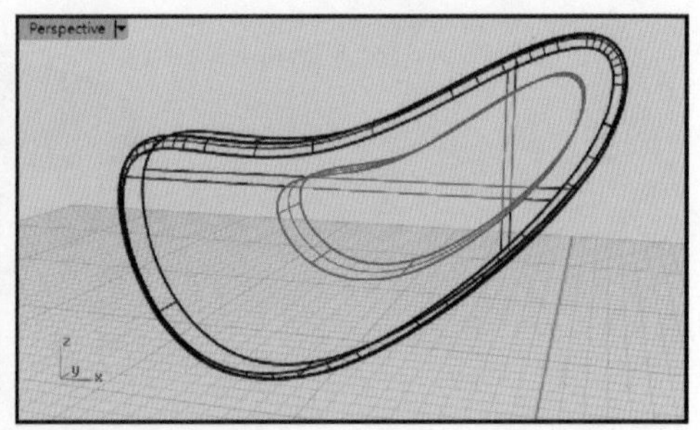

图 7-167　布尔运算差集、交集

09 在【Top】正交视图中，将位于内部的曲面 A 向上垂直移动一小段距离，使得该曲面相对于曲面 H 呈现一定的凹陷，如图 7-168 所示。

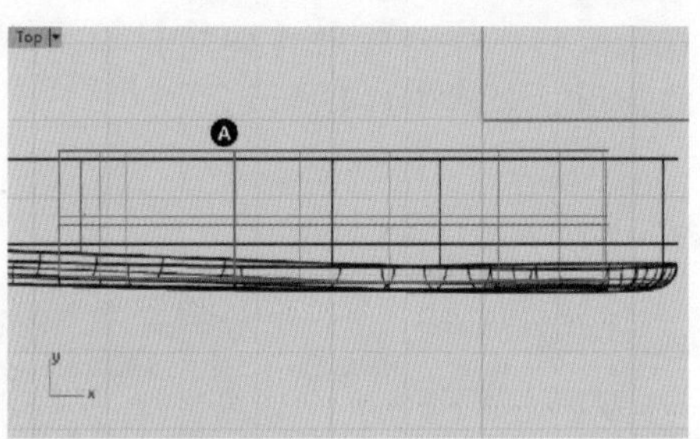

图 7-168　移动曲面 A

10 执行菜单栏中【实体】|【边缘圆角】|【不等距边缘圆角】命令，在图中的实体边缘处创建圆角曲面，如图 7-169 所示。

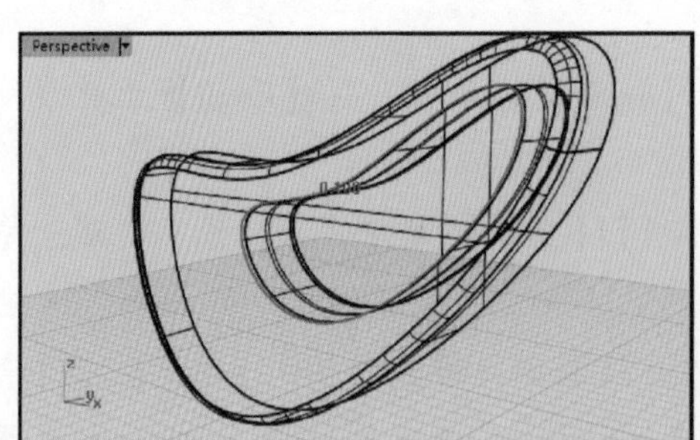

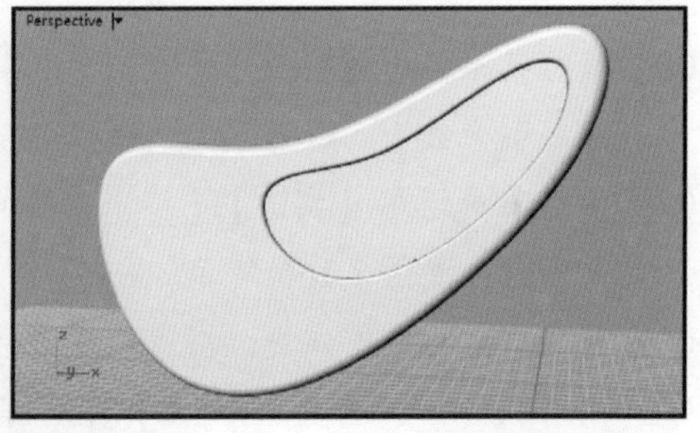

图 7-169　创建边缘圆角

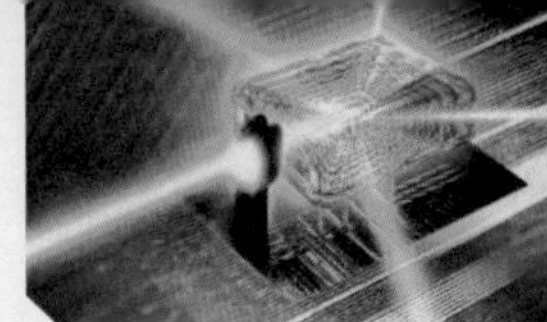

11 执行菜单栏中【实体】|【圆柱体】命令，在【Front】正交视图中创建一条圆柱体，在【Top】正交视图中控制圆柱体的高度，如图7-170所示。

12 采用与前面类似的方法，复制圆柱体曲面以及与其相交的多重曲面，然后执行菜单栏中【实体】|【交集】【差集】命令，将两块多重曲面分隔为不同的实体，如图7-171所示。

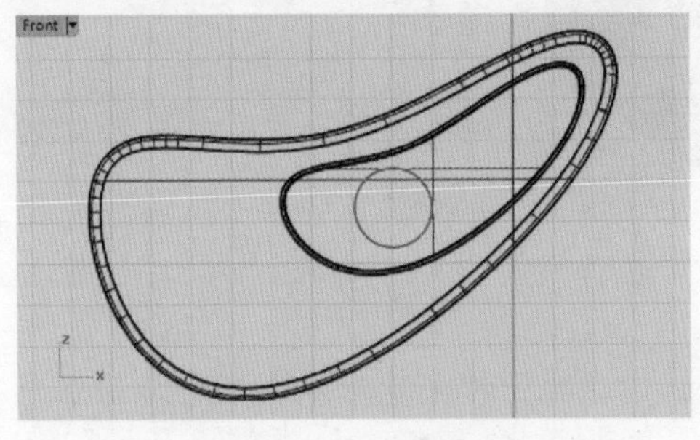

图7-170 创建圆柱体

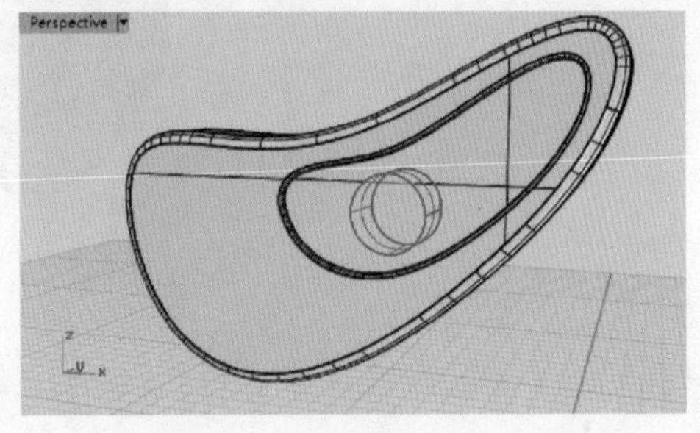

图7-171 布尔运算差集、交集

13 移动圆柱体曲面到合适的位置，然后执行菜单栏中【曲线】|【从物件建立曲线】|【复制边缘】命令，以圆柱体底面边缘创建一条曲线，如图7-172所示。

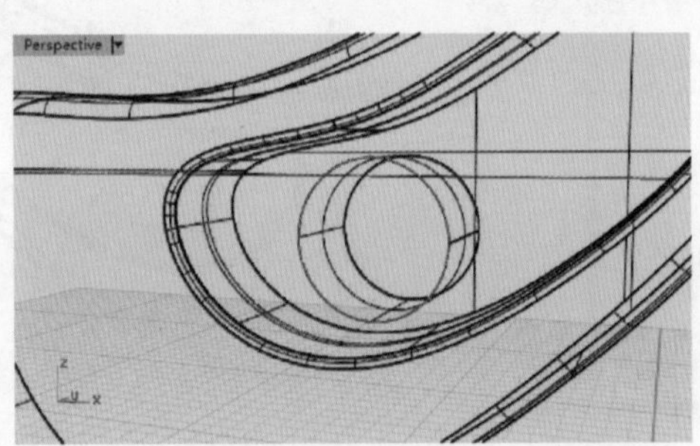

图7-172 复制边缘

14 执行菜单栏中【曲线】|【偏移】|【偏移曲线】命令，在【Front】正交视图中将刚刚创建的那条曲线向内偏移，创建一条新的曲线，然后在【Right】正交视图中将这条新创建的曲线向左侧移动一段距离，如图7-173所示。

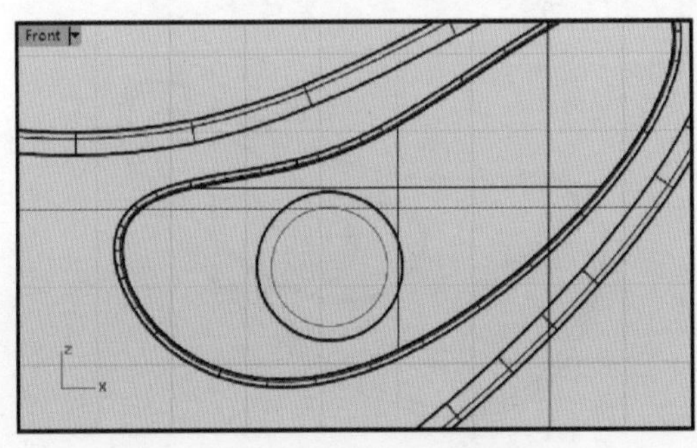

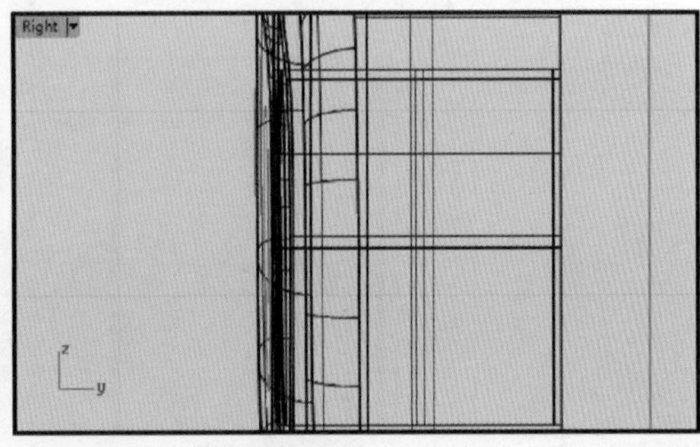

图7-173 偏移曲线

15 执行菜单栏中【编辑】|【炸开】命令，将圆柱体炸开为几个单独曲面，随后删除位于前侧的圆柱体底面，如图 7-174 所示。

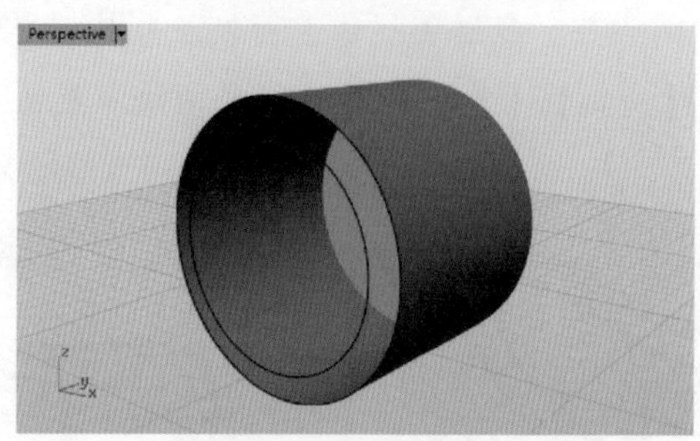

图 7-174　炸开并删除曲面

16 执行菜单栏中【曲面】|【嵌面】命令，在透视图中依次选取复制的边缘曲线，偏移曲线，右键单击以确定，在弹出的对话框中单击【确定】按钮，创建一个凸起的曲面。然后执行菜单栏中【编辑】|【组合】命令，将这块曲面与剩余的圆柱体曲面组合到一起，如图 7-175 所示。

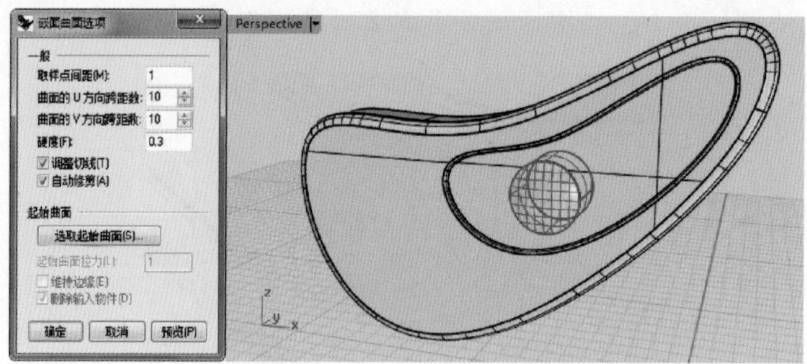

图 7-175　以曲线嵌面

17 执行菜单栏中【实体】|【圆柱体】命令，在【Right】正交视图中创建一个圆柱体，并移动位置，如图 7-176 所示。

18 在【Front】正交视图中移动圆柱体的位置，如果圆柱体长度偏短，可执行【单轴缩放】命令，对它进行拉伸，如图 7-177 所示。

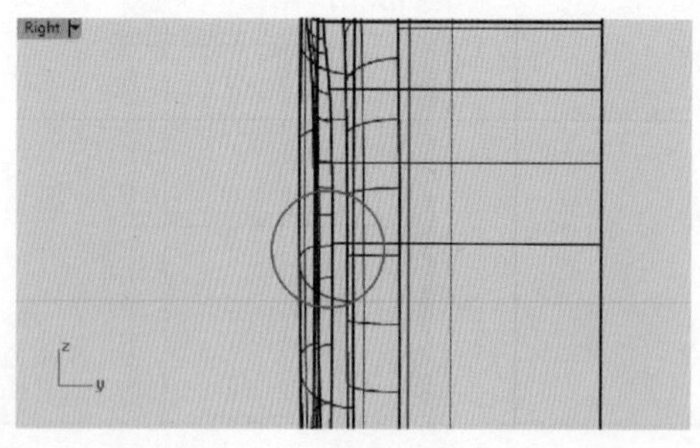

图 7-176　创建圆柱体

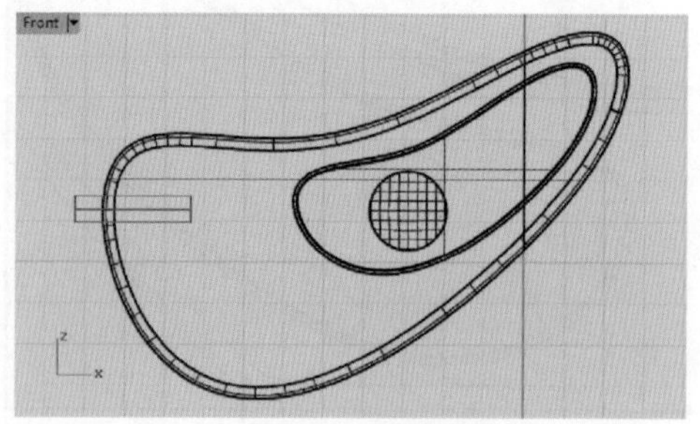

图 7-177　缩放圆柱体

19 执行菜单栏中【变动】|【旋转】命令，并在提示行中开启【复制（C）=是】选项，在【Front】正交视图中将圆柱体旋转复制多份，如图7-178所示。

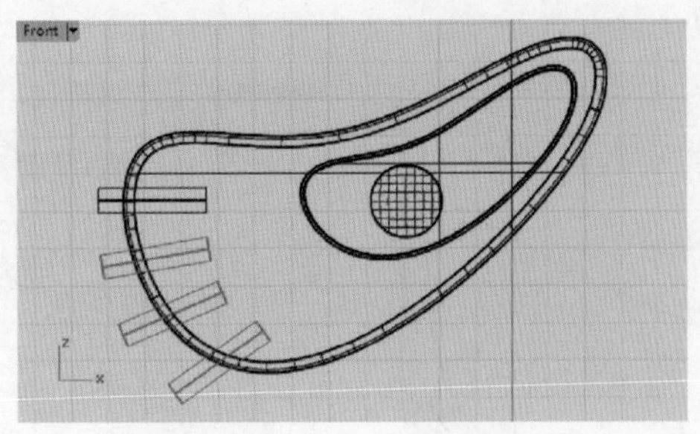

图7-178 旋转复制圆柱体

20 执行菜单栏中【实体】|【差集】命令，选取曲面A，右键单击以确定，然后选取4个小圆柱体，右键单击以确定，完成布尔运算差集，如图7-179所示。

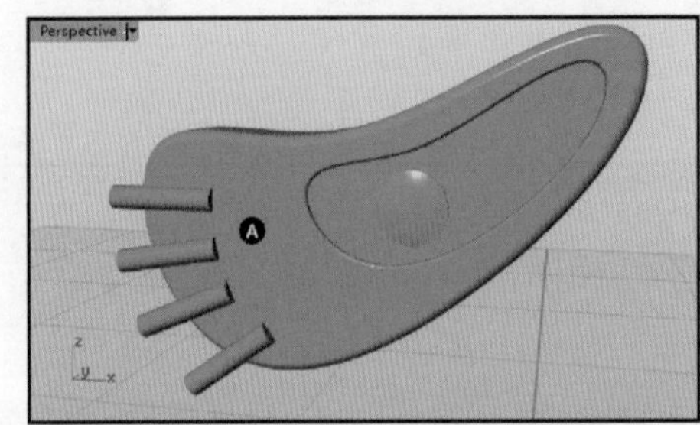

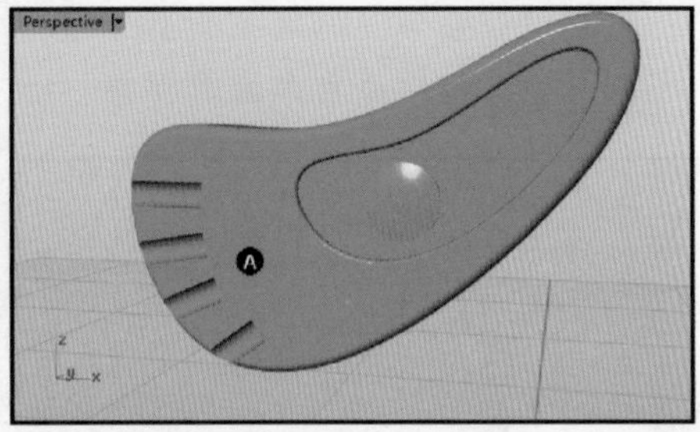

图7-179 布尔运算差集

21 在透视图中显示其他多重曲面，然后将不同的曲面分配到不同的图层，着色显示当前的模型，如图7-180所示。

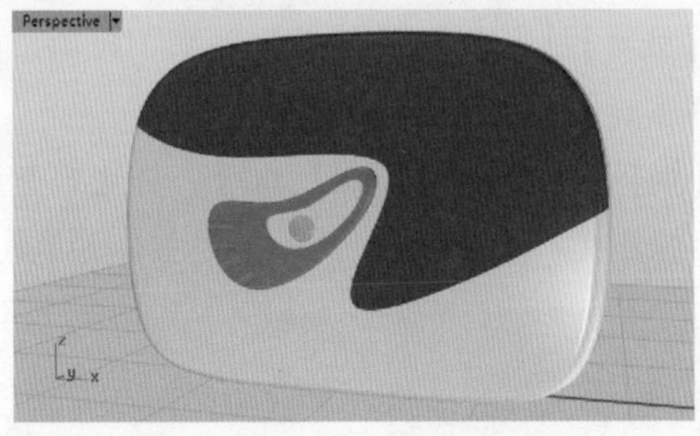

图7-180 随身听主体曲面

3. 创建随身听前侧按钮

01 执行菜单栏中【实体】|【圆柱体】命令，在【Front】正交视图中创建一个圆柱体，在【Top】视窗中控制圆柱体的长度（不宜过长），然后将其移动到如图7-181所示的位置。

02 执行菜单栏中【实体】|【圆球体】命令，单独显示刚刚创建的圆柱体，开启状态栏处的【物件锁点】，创建一个圆球体，确保圆球体半径大小与圆柱体底面半径大小一致，如图 7-182 所示。

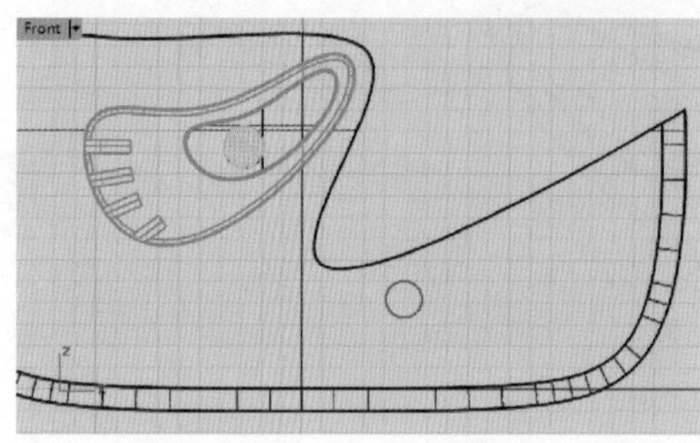

图 7-181　创建圆柱体

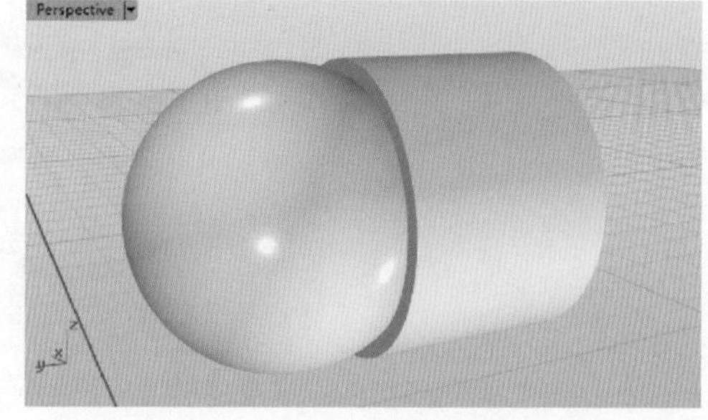

图 7-182　创建圆球体

03 在【Right】正交视图中，将圆球体移动到圆柱体内部，使圆球体的中心与圆柱体底面中心重合。然后执行菜单栏中【实体】|【并集】命令，选取圆柱体，右键单击以确定，完成布尔运算并集，如图 7-183 所示。

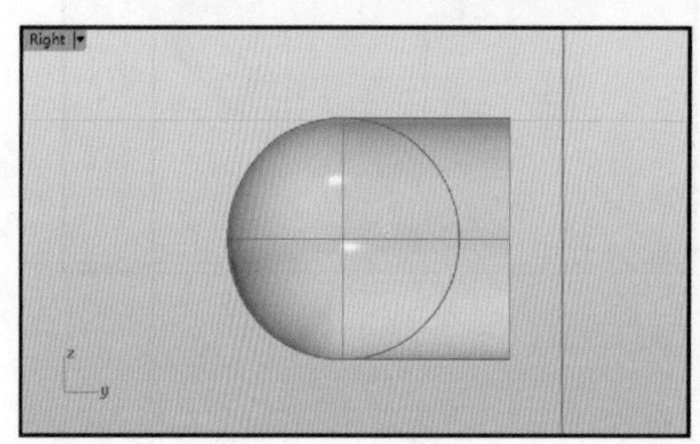

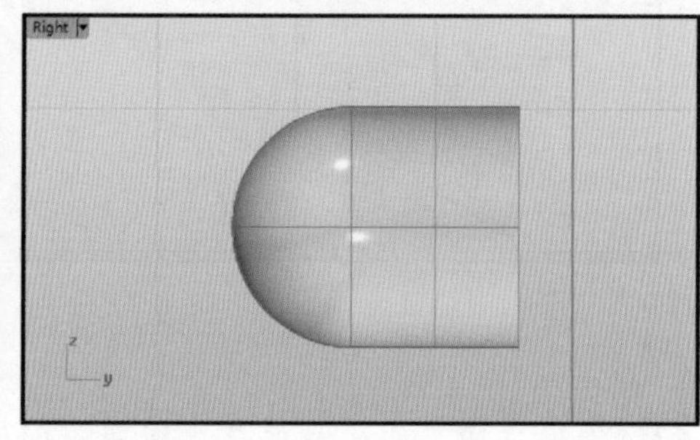

图 7-183　布尔运算并集

04 执行菜单栏中【编辑】|【复制】、【粘贴】命令，将新组合的曲面复制两份，并分别移动到不同的位置，如图 7-184 所示。

05 执行菜单栏中【编辑】|【群组】|【群组】命令，将这三个按钮曲面创建为一个群组。然后将按钮曲面组复制一份并隐藏，为下面的布尔运算做准备，如图 7-185 所示。

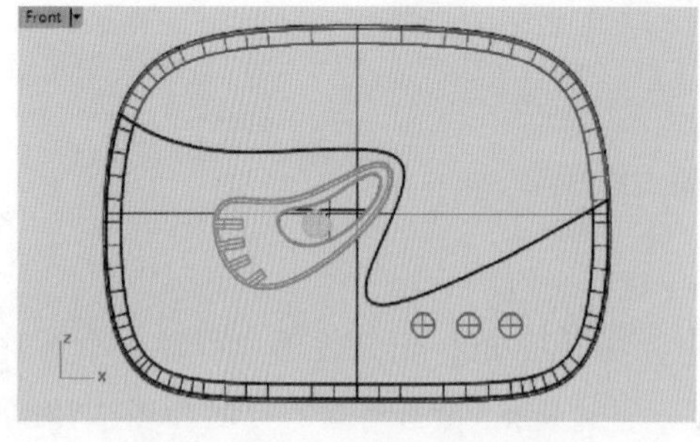

图 7-184　复制移动曲面

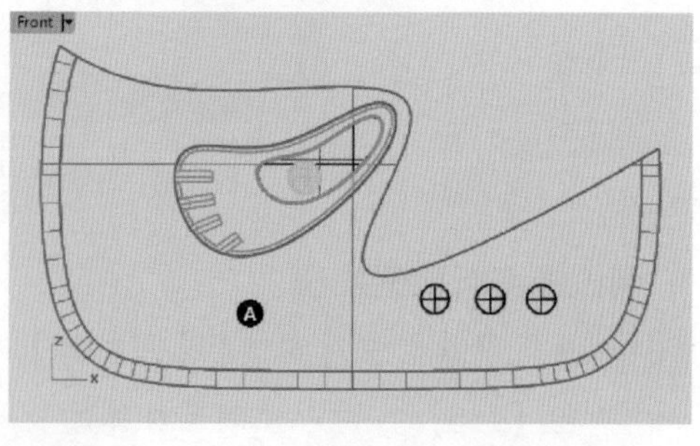

图 7-185　创建群组

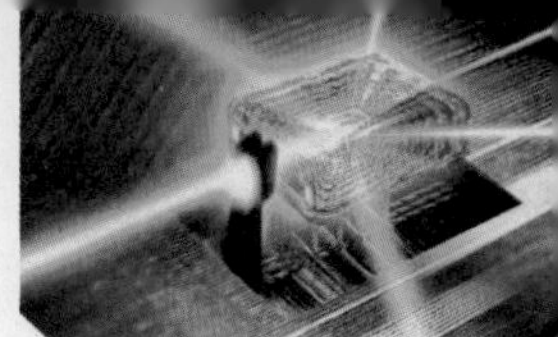

06 执行菜单栏中【实体】|【差集】命令，选取曲面A，右键单击以确定。然后选取按钮曲面组，右键单击以确定，完成布尔运算，如图7-186所示。

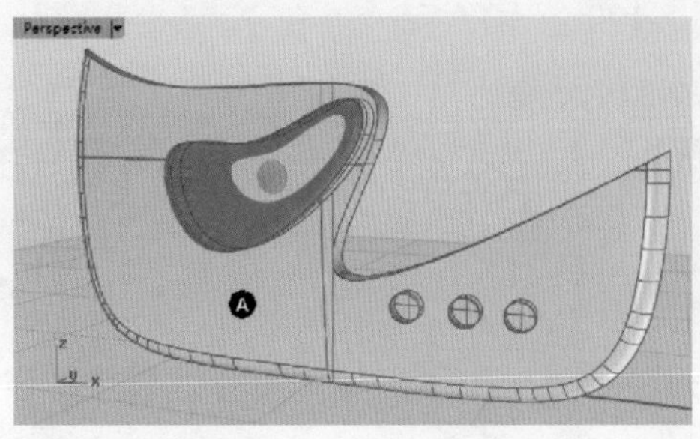

图7-186 布尔运算差集

07 执行菜单栏中【实体】|【边缘圆角】|【不等距边缘圆角】命令，在命令提示行中输入圆角的大小，右键单击以确定，然后选取图中的三个边缘，连续右键单击以确定，创建圆角曲面，如图7-187所示。

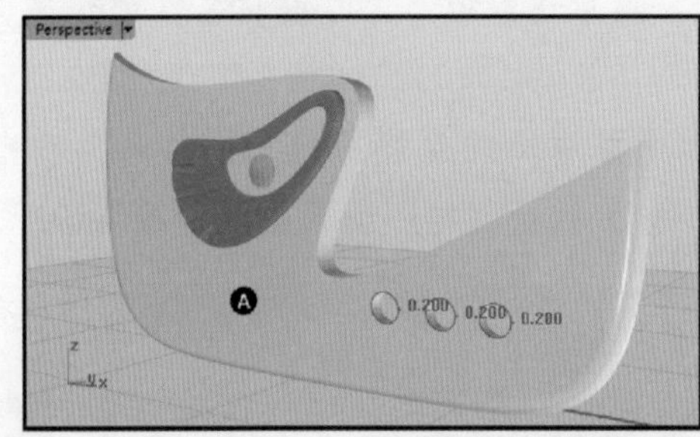

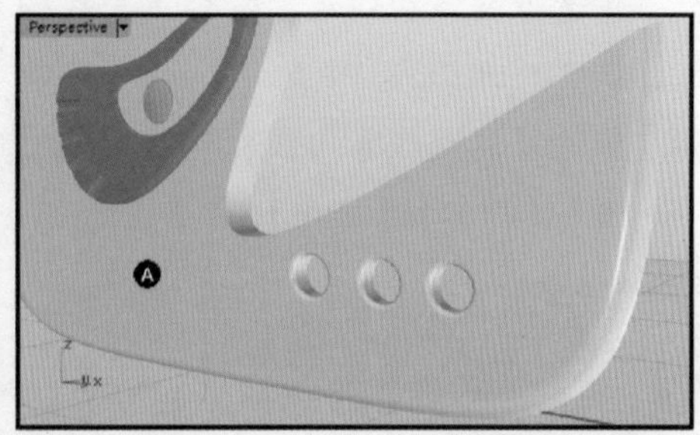

图7-187 创建边缘圆角

08 显示按钮曲面组副本，同时显示其余的曲面，在透视图中进行查看，随身听的前侧按钮曲面即创建完成（如果按钮曲面过于凸出，可以在【Right】正交视图中通过单轴缩放工具进行调整），如图7-188所示。

4. 添加其他细节

01 为了更好地观察视图中的变化，暂时隐藏不需要使用到的曲面，接下来在随身听前侧上部分创建文字细节，如图7-189所示。

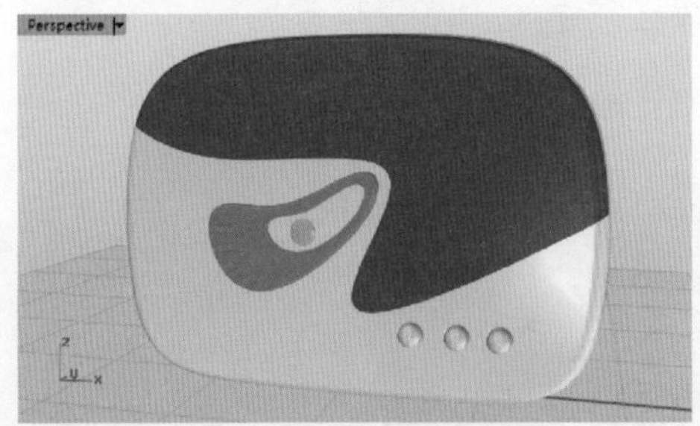

图7-188 前侧按钮

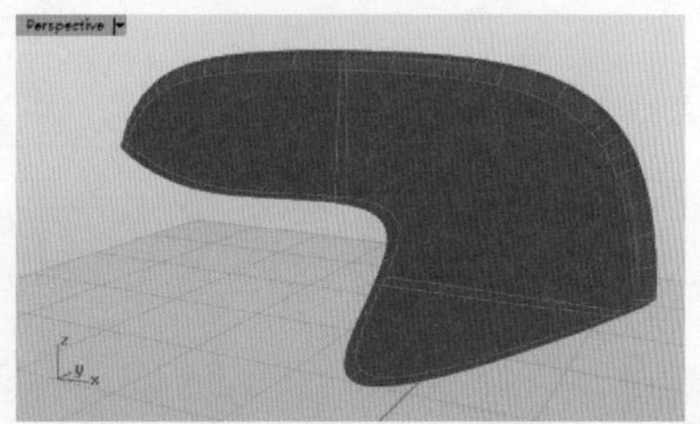

图7-189 隐藏多余的曲面

02 执行菜单栏中【实体】|【文字】命令，然后在弹出的窗口中输入要建立的文字，设置文字大小等参数，单击【确定】按钮，在【Front】正交视图中确定文本曲线的位置，如图 7-190 所示。

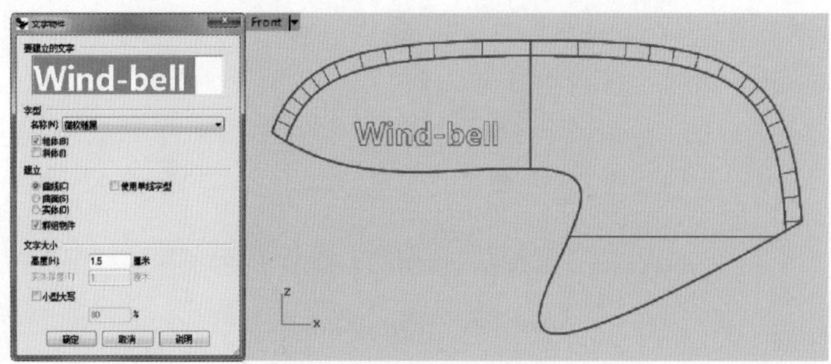

图 7-190　创建文本实体

03 执行菜单栏中【曲线】|【从物件建立曲线】|【投影】命令，在【Front】正交视图中选取文本曲线组，右键单击以确定，然后选取曲面，右键单击，创建完成投影曲线，如图 7-191 所示。

04 删除或隐藏原始曲线，然后删除位于曲面后侧的投影曲线，执行菜单栏中【曲线】|【群组】|【群组】命令，为剩余的投影曲线创建一个群组，如图 7-192 所示。

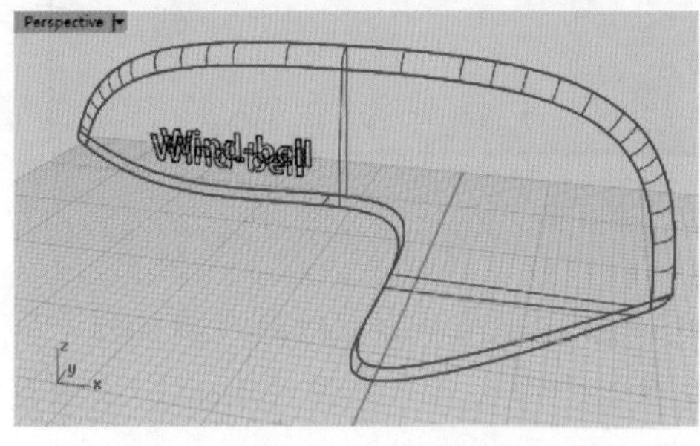

图 7-191　创建投影曲线

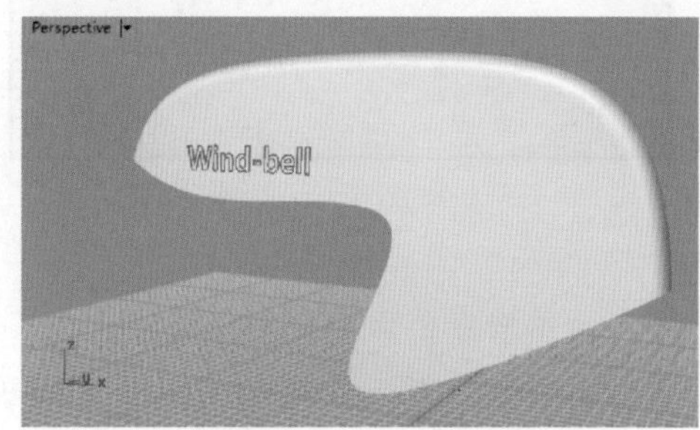

图 7-192　创建群组

05 执行菜单栏中【实体】|【抽离曲面】命令，选取图中曲面，在命令提示行中开启【复制（C）=是】选项，右键单击以确定，如图 7-193 所示。

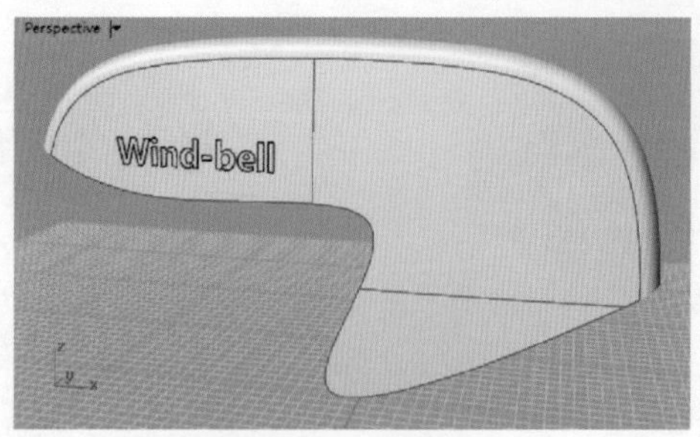

图 7-193　抽离曲面

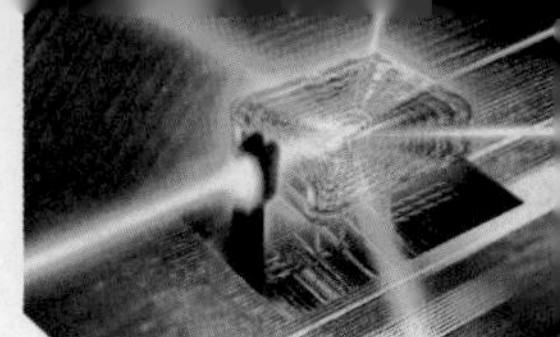

06 选取抽离曲面A以及投影曲线组，隐藏图中的多余曲面。然后执行菜单栏中【编辑】|【分割】命令，用投影曲线对曲面A进行分割，如图7-194所示。

07 删除文本曲线外的曲面，以及文字内部多余的曲面，最终保留文本曲面，然后将投影曲线、文本曲面分配到不同的图层，并赋予不同的颜色显示，隐藏曲线层，如图7-195所示。

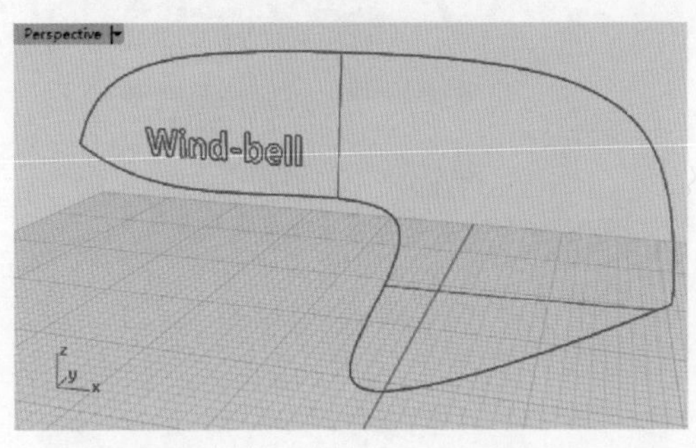

图7-194 分割曲面

图7-195 分配图层

08 显示其他曲面，在透视图中着色显示，旋转查看，至此，整个随身听的前侧部分创建完成，接下来要创建侧边按钮以及耳机插孔，如图7-196所示。

09 执行菜单栏中【曲线】|【椭圆】|【从中心点】命令，在【Top】正交视图中创建一条椭圆曲线1，开启【物件锁点】，确保椭圆的中心点位于垂直坐标轴上，如图7-197所示。

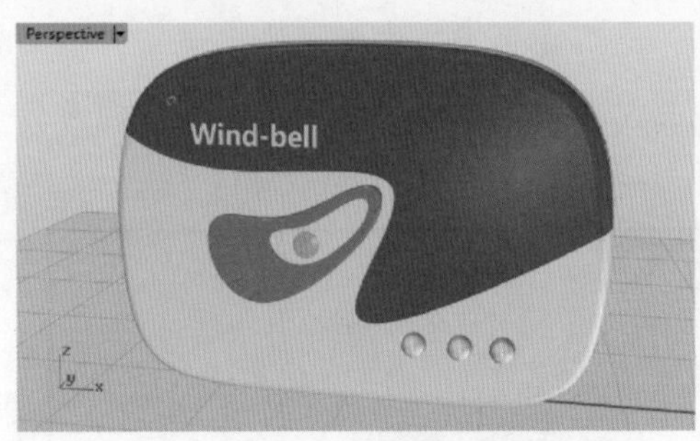

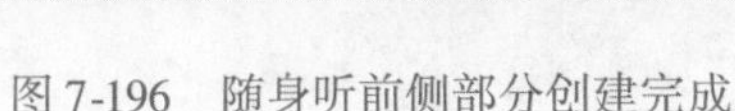

图7-196 随身听前侧部分创建完成

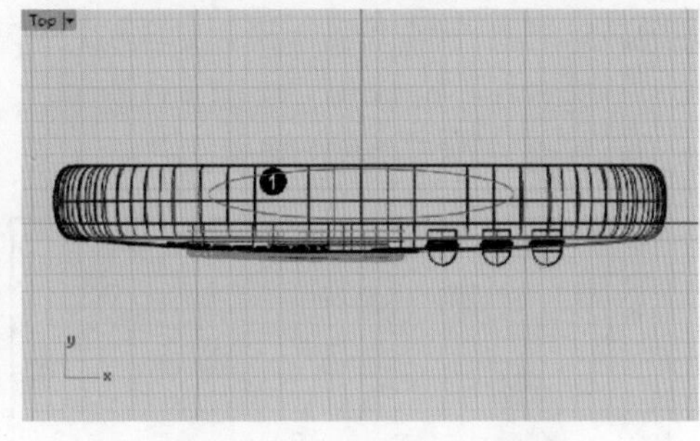

图7-197 创建椭圆曲线

10 执行菜单栏中【实体】|【挤出平面曲线】|【直线】命令，以曲线1创建一块挤出曲面A，在【Front】正交视图中将这块曲面A移动到如图7-198所示的位置。

11 选取曲面A，执行菜单栏中【编辑】|【复制】【粘贴】命令，在原地复制创建一块曲面B，如图7-199所示。

12 隐藏曲面B，执行菜单栏中【实体】|【差集】命令，在透视图中选取后侧曲面组，右键单击以确定，然后选取曲面A，右键单击完成布尔运算差集，如图7-200所示。

13 显示隐藏的曲面 B，执行菜单栏中【实体】|【立方体】|【角对角、高度】命令，在【Top】正交视图中创建一块立方体，然后移动复制这块立方体到不同的位置，如图 7-201 所示。

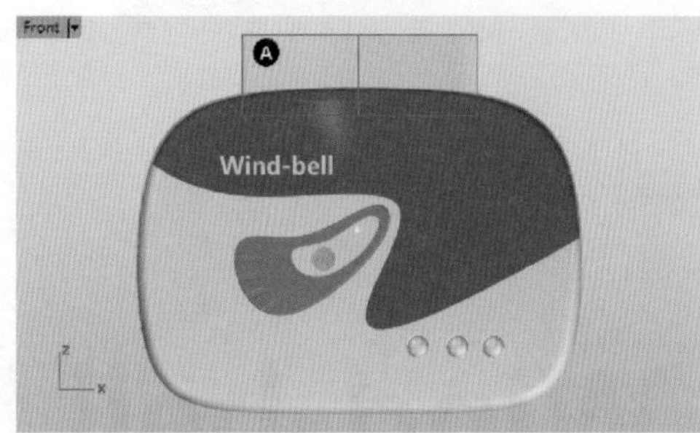

图 7-198　创建挤出曲面

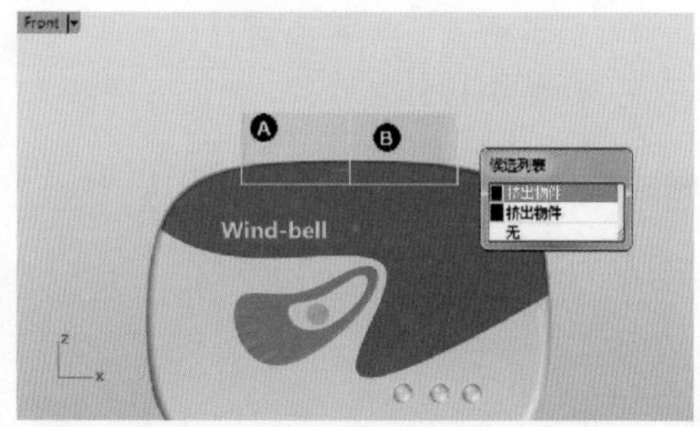

图 7-199　复制曲面

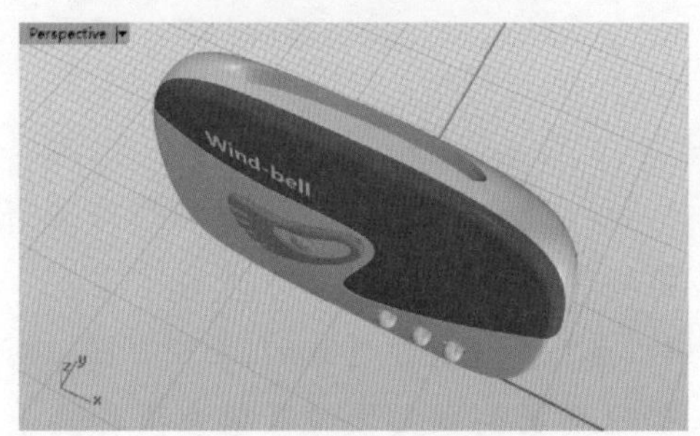

图 7-200　布尔运算差集

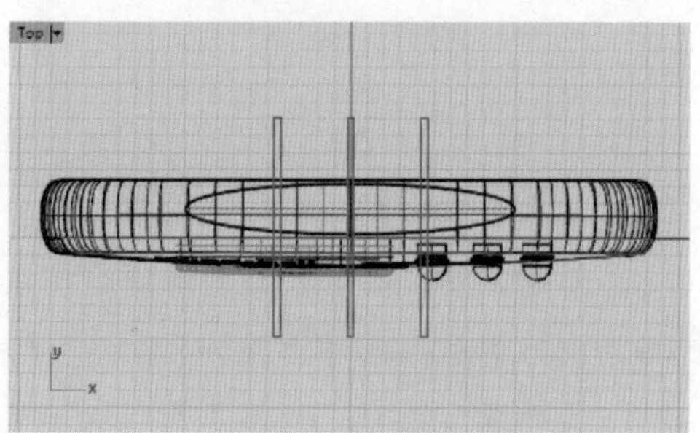

图 7-201　创建立方体

14 执行菜单栏中【实体】|【差集】命令，选取曲面 B，右键单击以确定，然后依次选取 3 个立方体，右键单击以确定，整个曲面 B 被分为 4 个小块作为随身听的控制键，如图 7-202 所示。

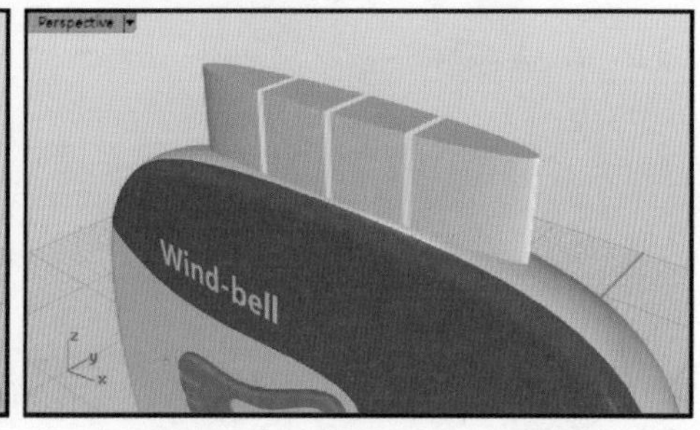

图 7-202　布尔运算差集

15 执行菜单栏中【曲线】|【自由造型】|【控制点】命令，在【Front】正交视图中创建一条曲线，如图 7-203 所示。

16 执行菜单栏中【曲面】|【挤出曲线】|【直线】命令，在【Front】正交视图中选取新创建的曲线，右键单击以确定，然后在【Top】正交视图中控制挤出曲面的长

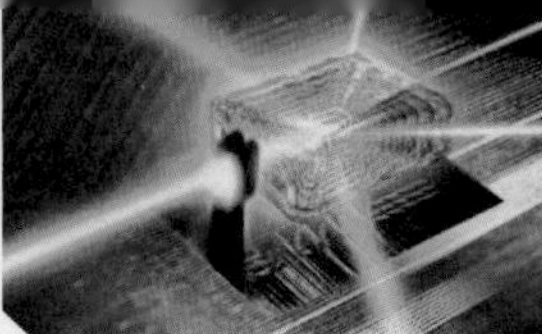

度，如图7-204所示。

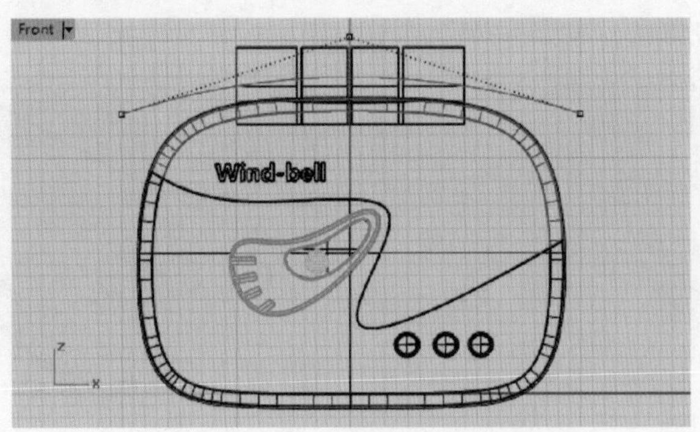

图7-203 创建曲线

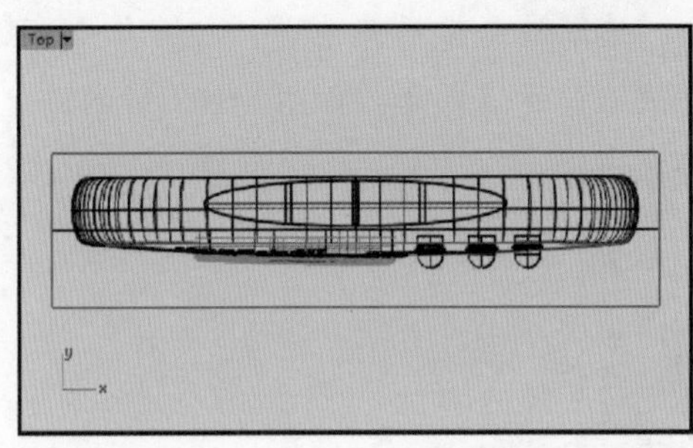

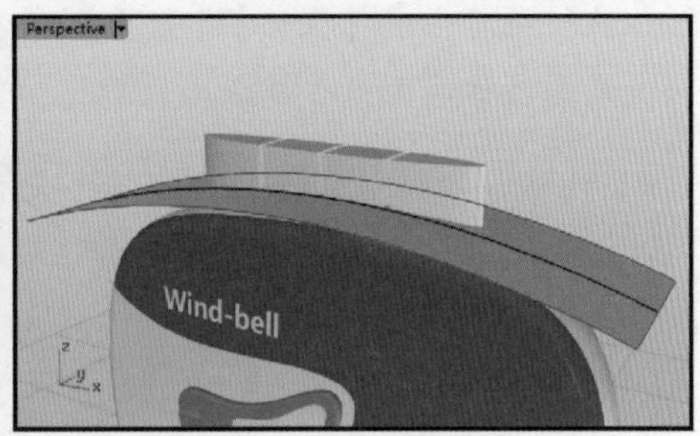

图7-204 创建挤出曲面

17 执行菜单栏中【实体】|【差集】命令，选取4个按键曲面，右键单击以确定，然后选取挤出曲面，右键单击以确定，完成布尔运算，如图7-205所示。

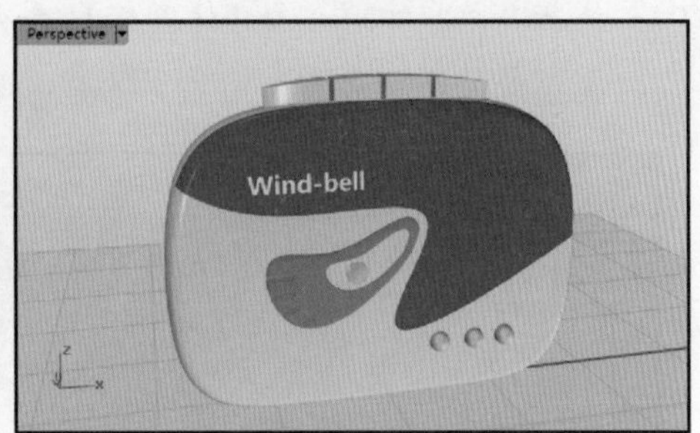

图7-205 布尔运算差集

技巧点拨

如果执行布尔运算后，未能达到满意的结果，而是只保留了按键曲面的上侧部分，则需返回一步，执行菜单栏中【分析】|【方向】命令，反转挤出曲面的法线方向。

18 执行菜单栏中【实体】|【圆柱体】命令，在【Right】正交视图中创建一条圆柱体曲面，然后在【Front】正交视图中移动其位置，如图7-206所示。

19 执行菜单栏中【变动】|【旋转】命令，在【Front】正交视图中将新创建的圆柱体旋转一定的角度，如图 7-207 所示。

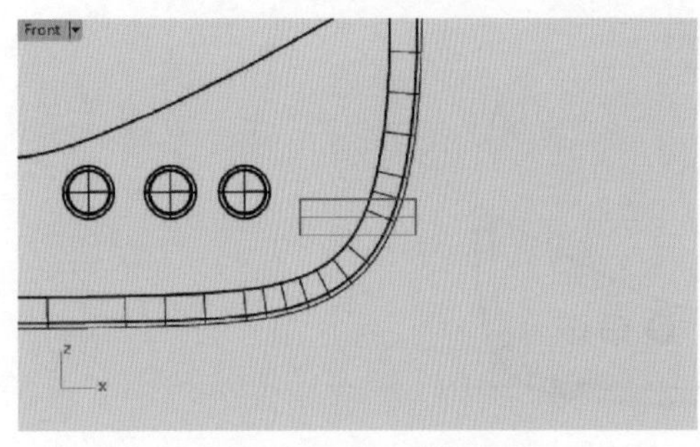
图 7-206 创建圆柱体

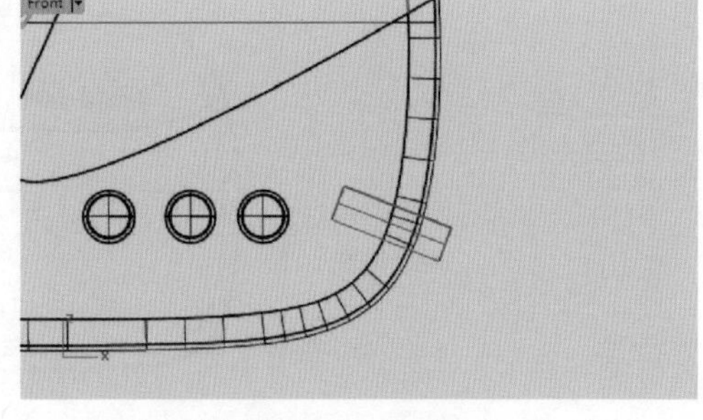
图 7-207 旋转圆柱体

20 执行菜单栏中【实体】|【差集】命令，选取随身听后侧曲面，右键单击，然后选取圆柱体曲面，右键单击以确定，完成布尔运算差集，如图 7-208 所示。

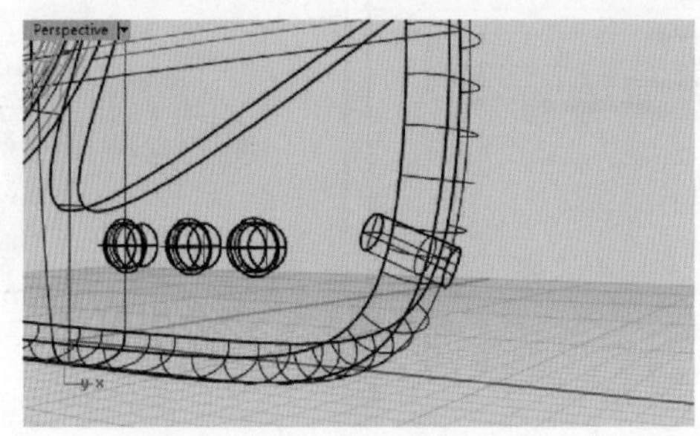

图 7-208 布尔运算差集

21 执行菜单栏中【实体】|【圆管】命令，选取图中的边缘曲线，在提示行中输入创建圆管的半径大小，右键单击以确定，完成耳机插口创建，如图 7-209 所示。

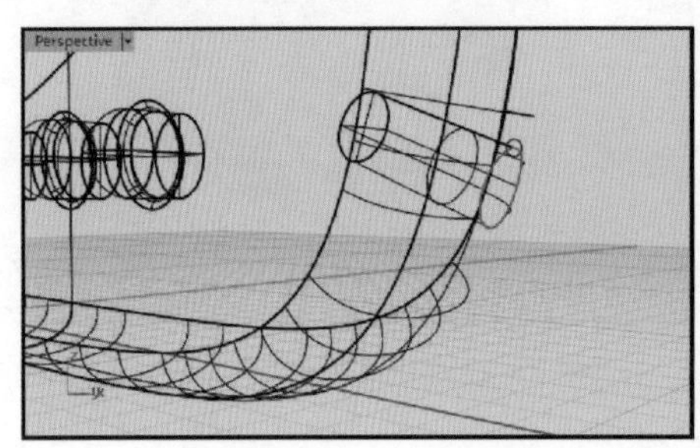

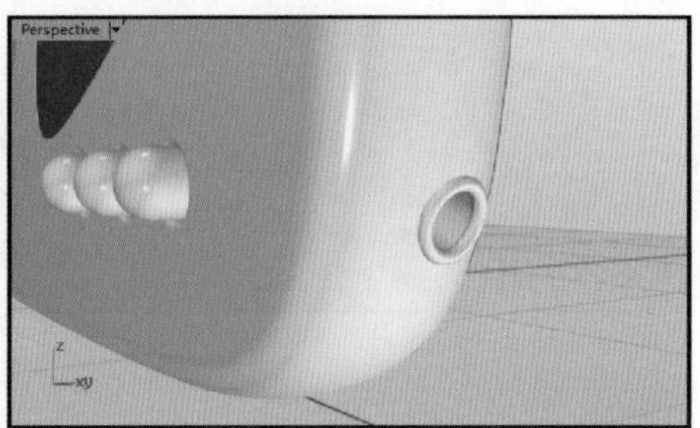

图 7-209 创建圆管曲面

22 至此，整个随身听的主体部分创建完成。在透视图中进行着色显示，旋转查看，接下来的工作是创建耳机，丰富整个模型的细节，如图 7-210 所示。

5. 创建耳机部件

01 执行菜单栏中【实体】|【圆柱体】命令，在【Top】正交视图中创建一个圆柱体，

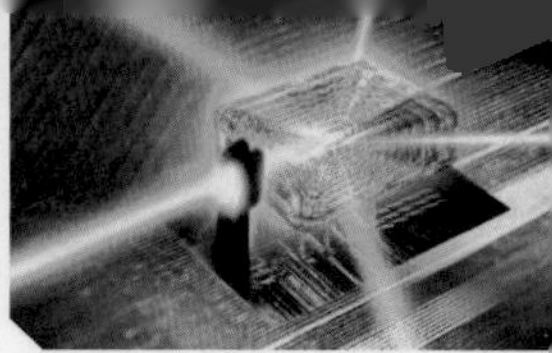

在【Front】正交视图中控制圆柱体的高度，如图7-211所示。

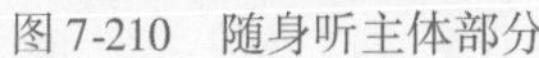
图7-210　随身听主体部分

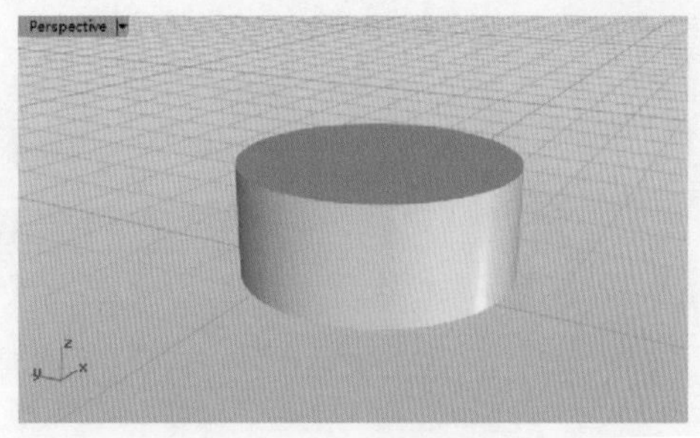

图7-211　创建圆柱体

02 执行菜单栏中【曲线】|【圆】|【中心点、半径】命令，开启【物件锁点（中心点）】，在【Top】正交视图中创建一条圆形曲线，然后在【Front】正交视图中将其移动到圆柱体的下方，如图7-212所示。

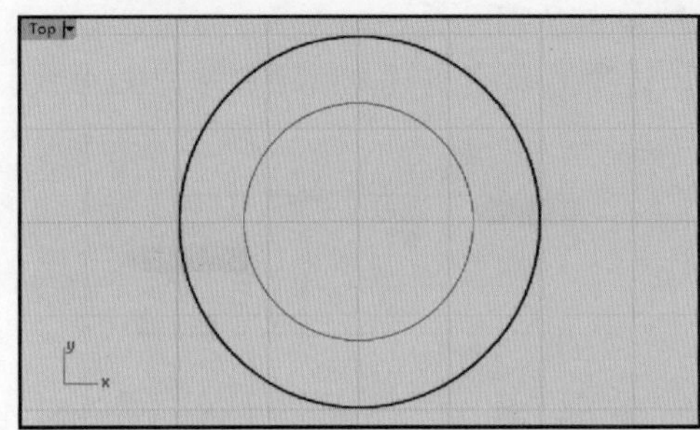

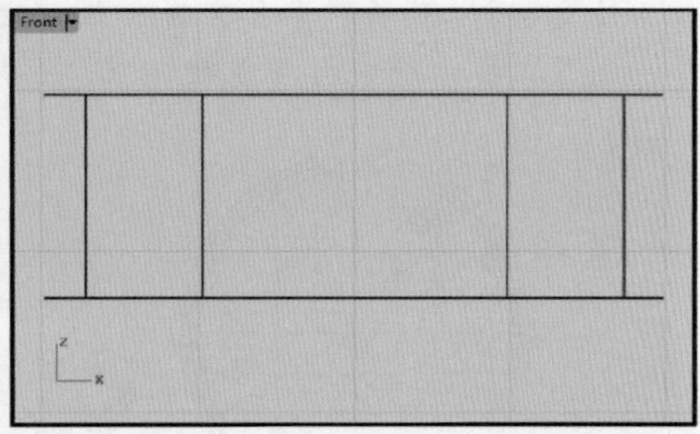

图7-212　创建圆形曲线

03 执行菜单栏中【曲线】|【从物件建立曲线】|【复制边缘】命令，复制圆柱体下侧边缘。然后执行菜单栏中【曲面】|【嵌面】命令，选取复制的边缘线以及创建的圆形曲线，右键单击以确定，如图7-213所示。

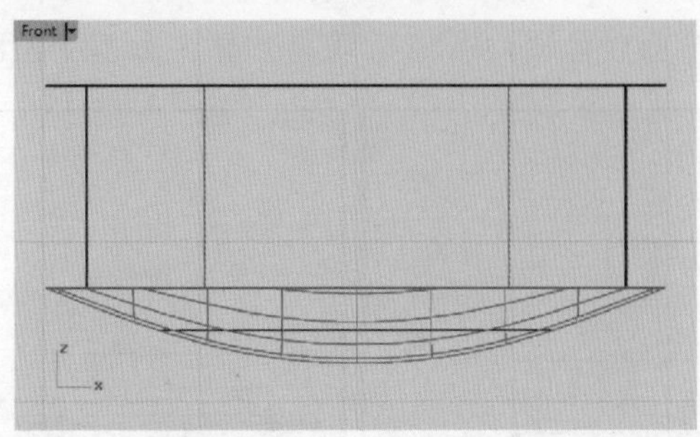

图7-213　以曲线创建嵌面

04 执行菜单栏中【实体】|【圆管】命令，选取圆柱体的下边缘，在提示行中输入要创建圆管的半径大小，右键单击以确定，创建圆管曲面，如图7-214所示。

05 隐藏几条圆形曲线，执行菜单栏中【实体】|【并集】命令，选取圆柱体、圆管以

及嵌面曲面，右键单击以确定，完成布尔运算并集，如图 7-215 所示。

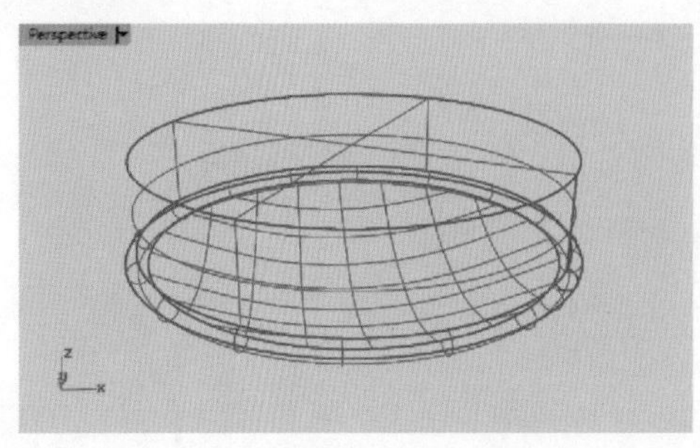

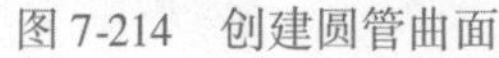

图 7-214　创建圆管曲面

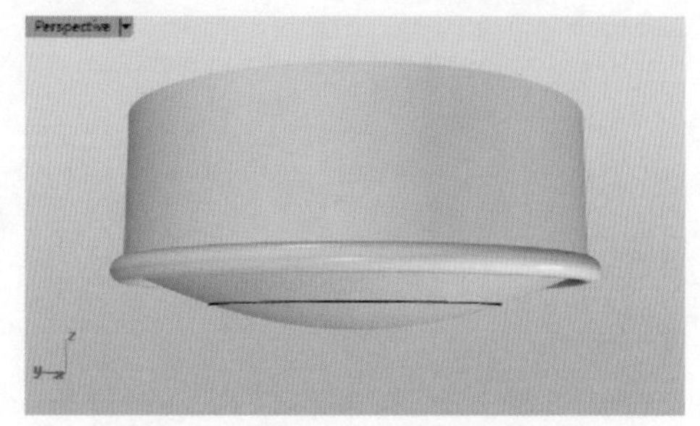

图 7-215　布尔运算并集

06 执行菜单栏中【曲线】|【矩形】|【角对角】命令，然后在提示行中单击【圆角(R)】选项，在【Top】正交视图中创建一条圆角矩形曲线 1，如图 7-216 所示。

07 在【Right】正交视图中，移动矩形曲线 1 到圆柱体的上方，然后执行菜单栏中【变动】|【旋转】命令，将曲线旋转到如图 7-217 所示的角度，并适当移动位置(开启提示行中的【复制（C）＝是】选项可以在旋转之后不删除原始曲线)。

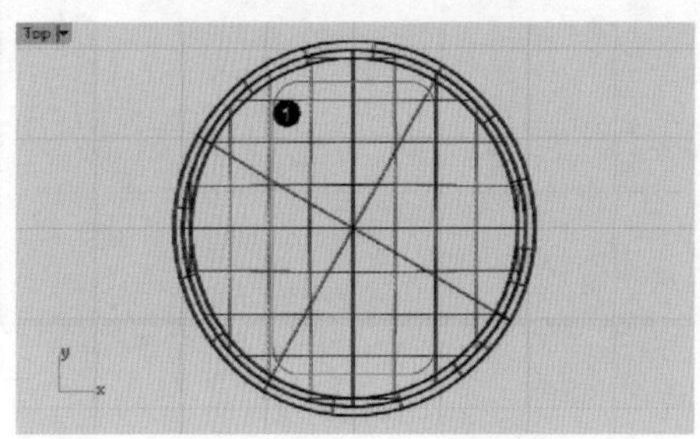

图 7-216　创建圆角矩形曲线

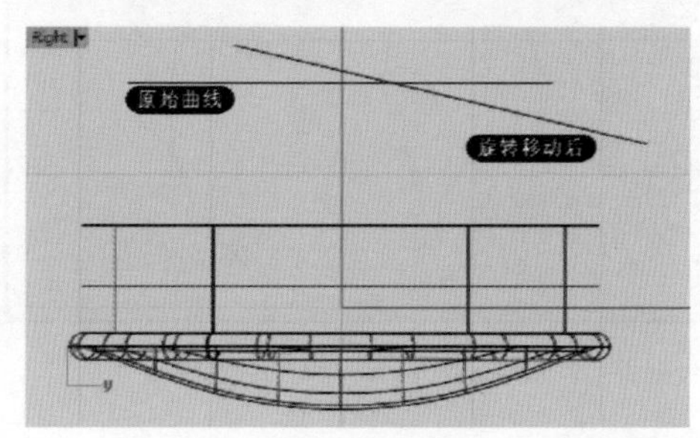

图 7-217　旋转复制曲线

08 再次执行菜单栏中【变动】|【旋转】命令，在【Right】正交视图中旋转移动原始曲线 90 度，然后在【Front】正交视图中执行菜单栏中【变动】|【缩放】|【单轴缩放】命令，调整曲线的大小，随后调整位置，如图 7-218 所示。

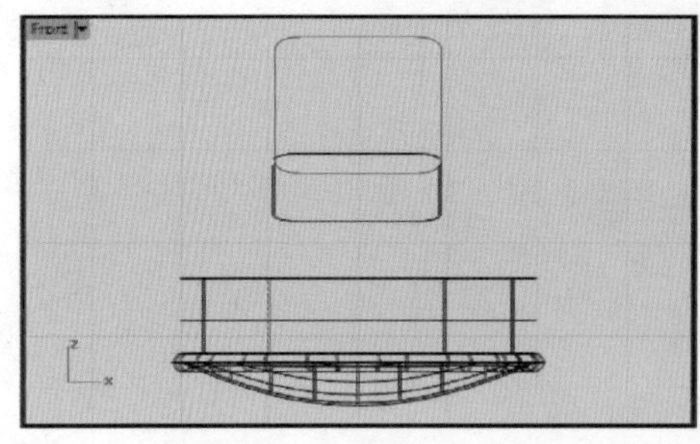

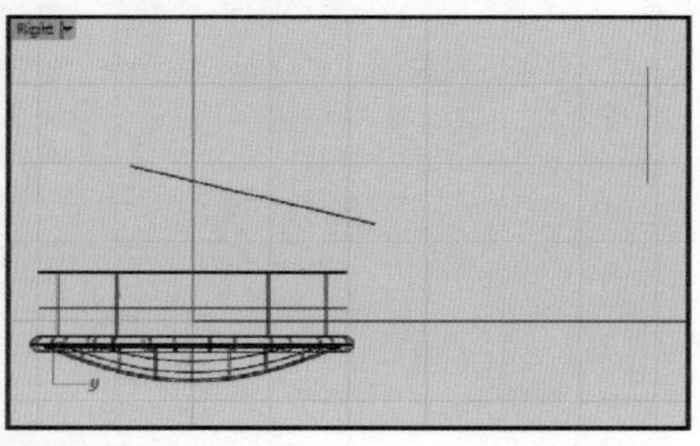

图 7-218　单轴缩放曲线

09 执行菜单栏中【曲线】|【自由造型】|【内插点】命令，开启【物件锁点（中点)】命令，在透视图中连接两条矩形曲线对应边的中点，右键单击以确定。采用同样

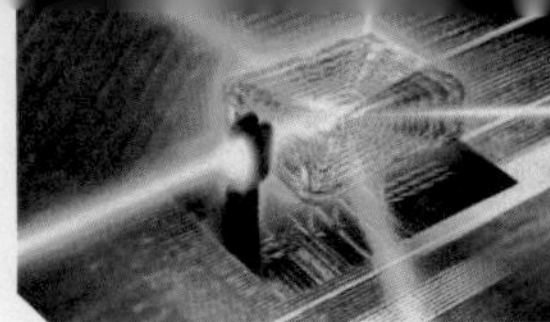

的方法创建两条内插点曲线，然后执行菜单栏中【编辑】|【控制点】|【开启控制点】命令，开启两条曲线的控制点，在【Right】正交视图中，移动控制点编辑曲线的形状，最后将控制点隐藏，如图 7-219 所示。

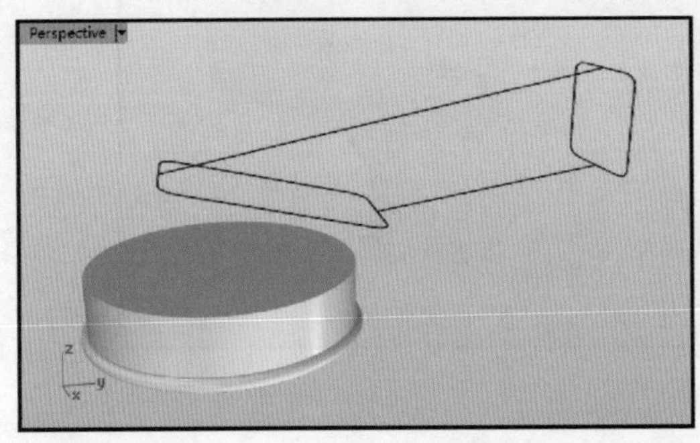

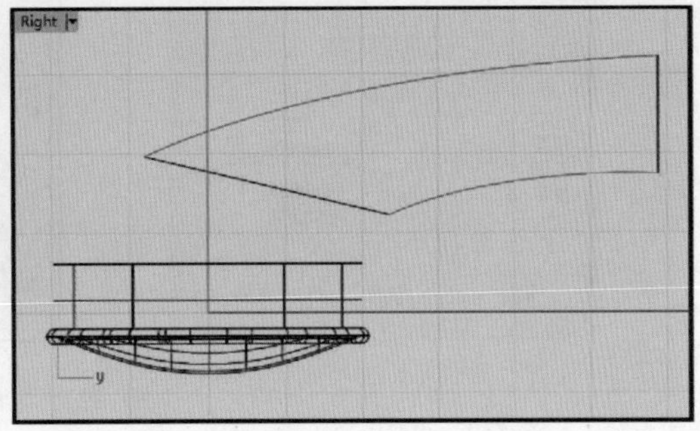

图 7-219　创建曲线

10 执行菜单栏中【曲面】|【双轨扫掠】命令，依次选取曲线 1、曲线 2、曲线 3、曲线 4，右键单击以确定，在弹出的【双轨扫掠选项】对话框中调整相关的参数，单击【确定】按钮，完成扫掠曲面的创建，如图 7-220 所示。

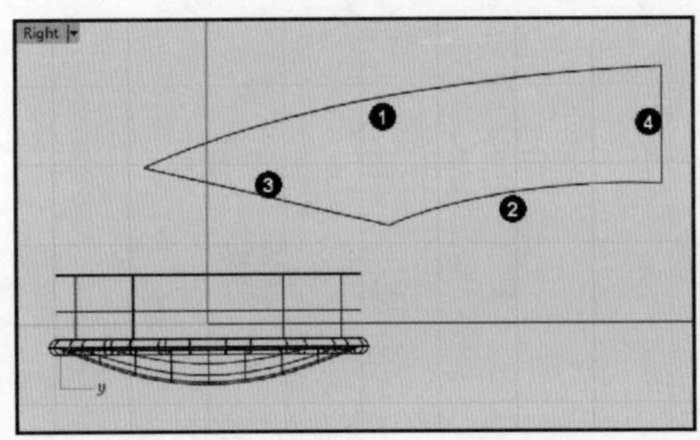

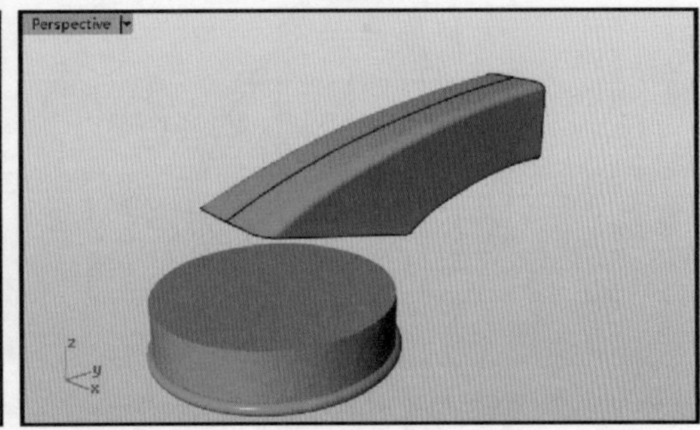

图 7-220　创建扫掠曲面

11 隐藏图中的曲线，执行菜单栏中【实体】|【抽离曲面】命令，抽离圆柱体上底面，然后将其删除，如图 7-221 所示。

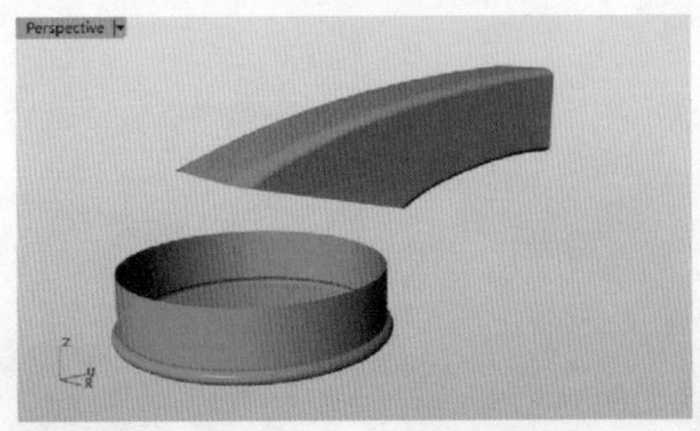

图 7-221　抽离曲面

12 执行菜单栏中【曲面】|【混接曲面】命令，选取圆柱体边缘，以及与它靠近的扫

掠曲面边缘，右键单击以确定，在弹出的对话框中勾选【预览】复选框，调整混接曲面的形状，单击【确定】按钮，完成混接曲面创建，如图 7-222 所示。

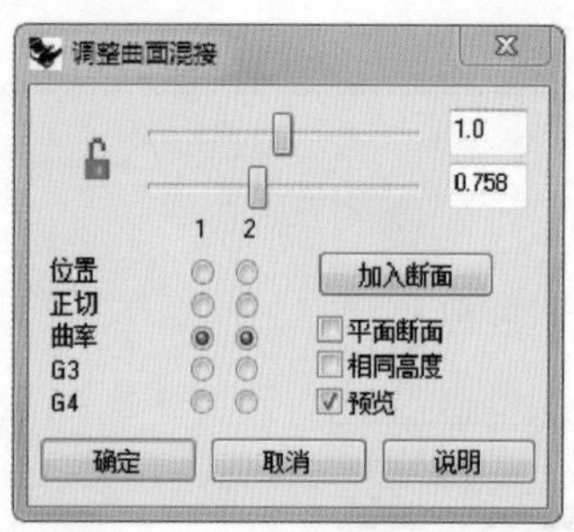

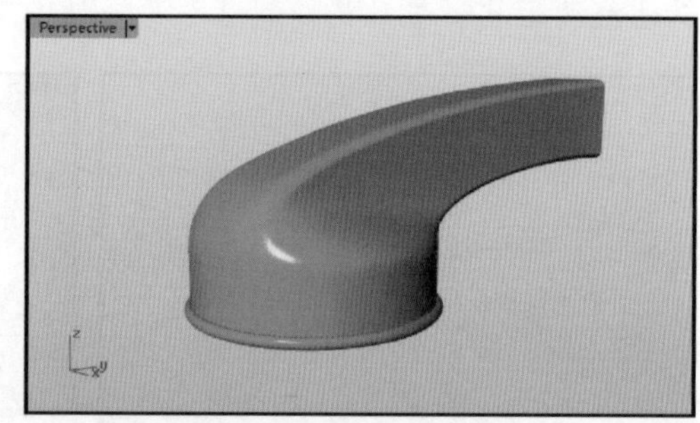

图 7-222　创建混接曲面

13 执行菜单栏中【编辑】|【组合】命令，将图中的所有曲面组合到一起。然后在【Top】正交视图中创建一块小的立方体，如图 7-223 所示。

14 将这块小的立方体复制几份，并分别移动位置，在【Front】正交视图中调整这几块立方体与耳机主体曲面的相交位置，如图 7-224 所示。

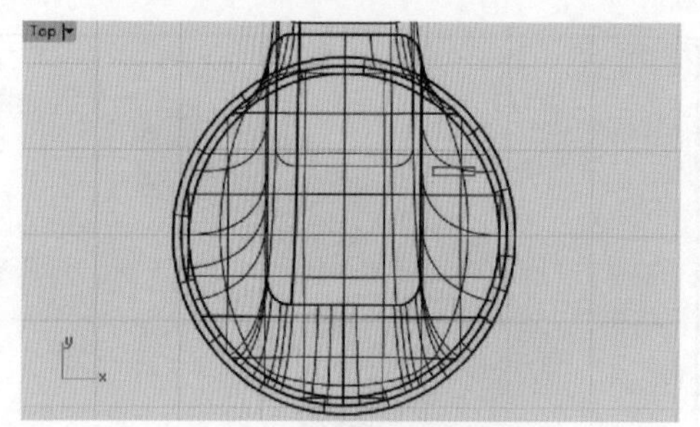

图 7-223　创建小立方体

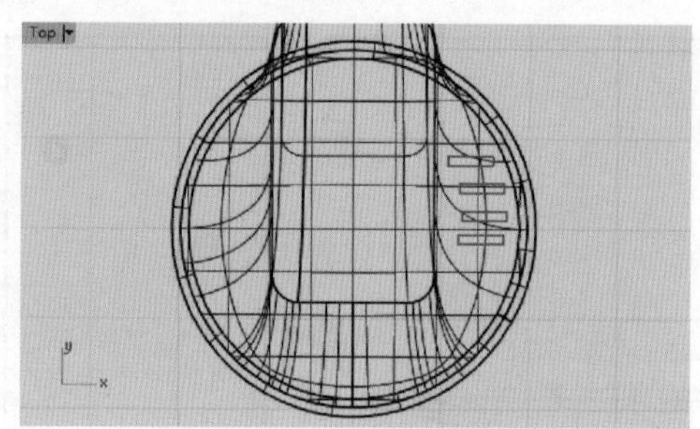

图 7-224　复制并移动立方体

15 执行菜单栏中【实体】|【差集】命令，在透视图中选取耳机主体曲面，右键单击以确定，然后选取 4 个小立方体，右键单击以确定，完成布尔运算，如图 7-225 所示。

16 执行菜单栏中【实体】|【将平面洞加盖】命令，选取耳机头部曲面组，右键单击以确定，为后端封口，如图 7-226 所示。

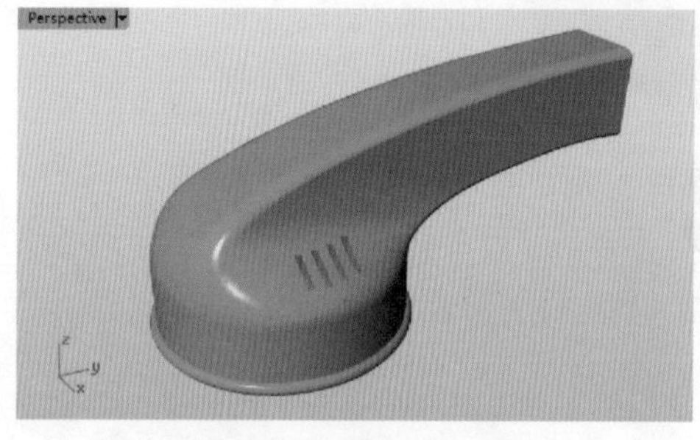

图 7-225　布尔运算差集

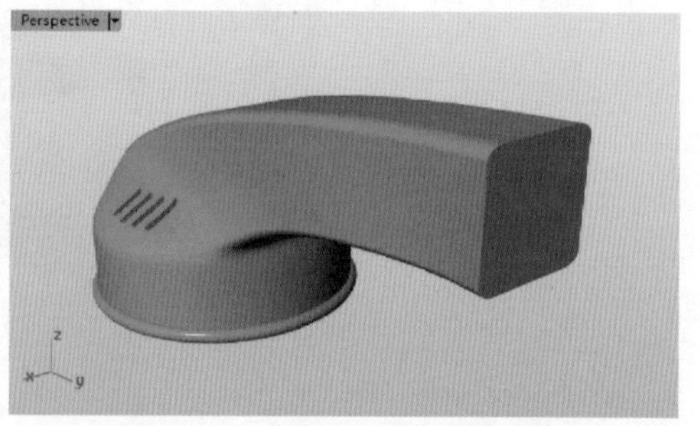

图 7-226　将平面洞加盖

17 执行菜单栏中【实体】|【挤出平面曲线】|【锥状】命令，选取后端边缘曲线，右键单击以确定，在【Right】正交视图中控制挤出的长度，创建一块挤出曲面，如图7-227所示。

18 执行菜单栏中【实体】|【边缘圆角】|【不等距边缘圆角】命令，为两块多重曲面的棱边创建圆角曲面，如图7-228所示。

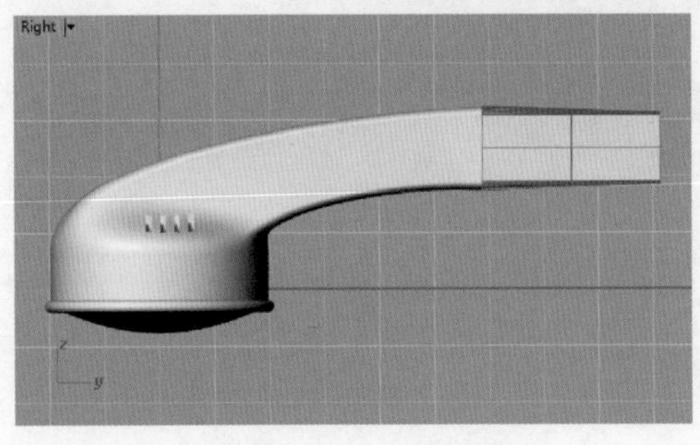

图7-227 创建挤出曲面

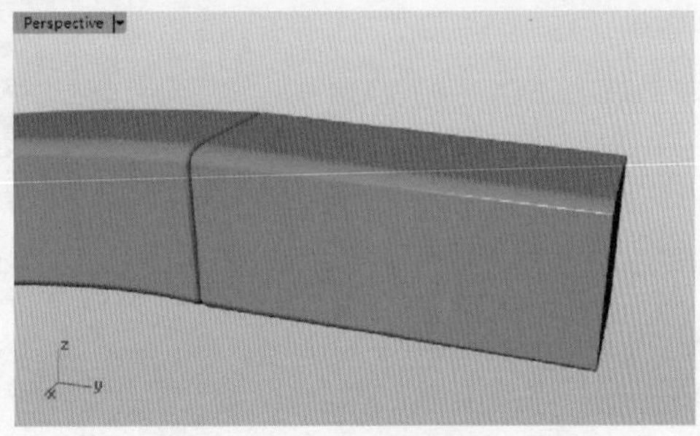

图7-228 创建边缘圆角

19 执行菜单栏中【曲线】|【自由曲线】|【控制点】命令，在【Top】正交视图中创建一条曲线作为耳机线轮廓线，如图7-229所示。

20 执行菜单栏中【实体】|【圆管】命令，以前面创建的曲线创建一条半径大小合适的圆管曲面，如图7-230所示。

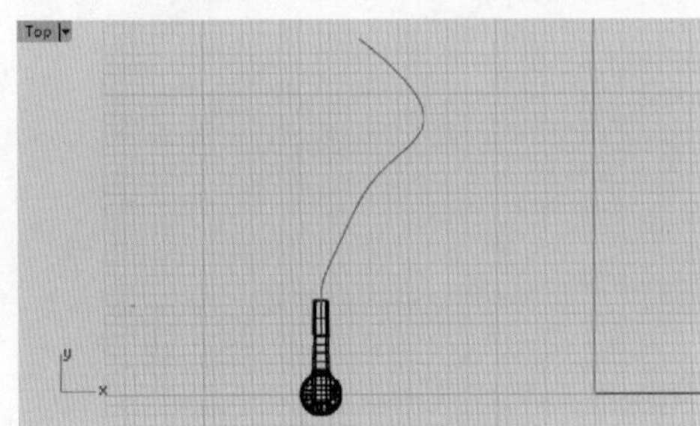

图7-229 创建曲线

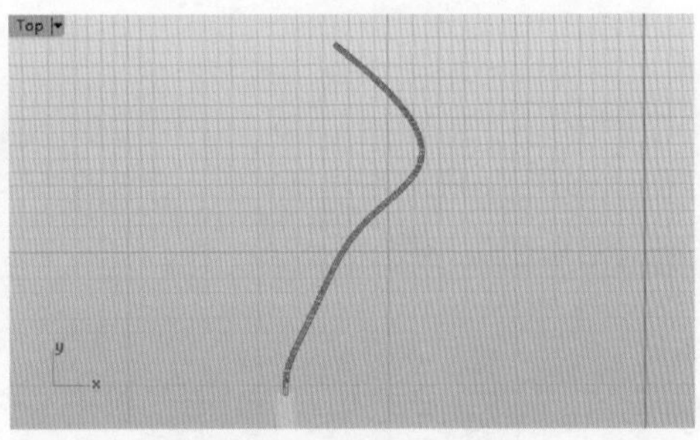

图7-230 创建圆管曲面

21 在【Right】正交视图中，将圆管曲面移动到耳机曲面的后侧，整个耳机部分创建完成，如图7-231所示。

22 将整个耳机部件复制一份，然后执行菜单栏中【变动】|【旋转】命令，在各个视图中进行旋转，调整到合适的位置，如图7-232所示。

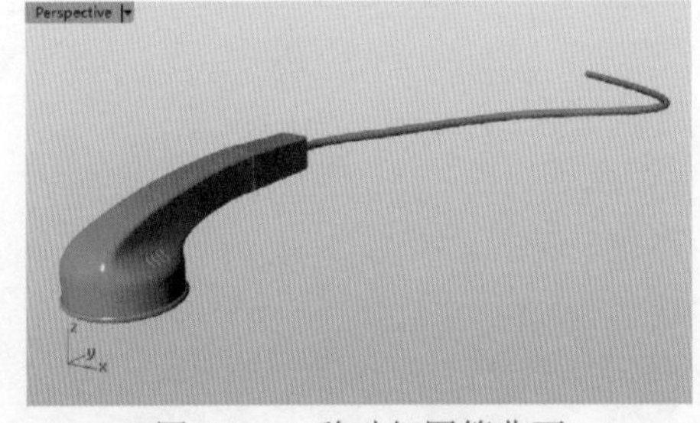

图7-231 移动细圆管曲面

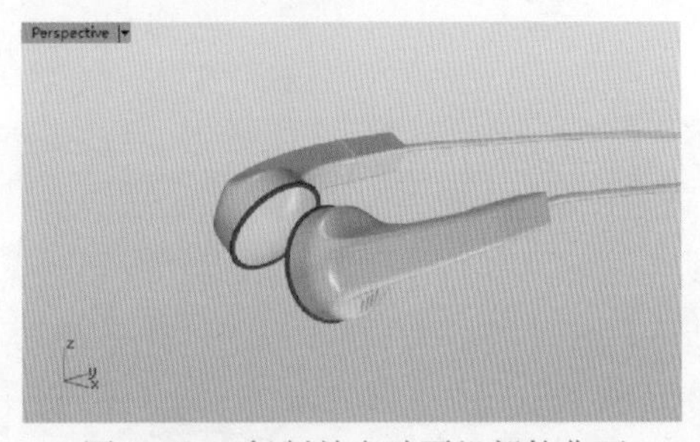

图7-232 复制并变动耳机部件曲面

23 显示随身听的主体曲面，至此，整个随身听的模型创建完成，在透视图中进行着色显示，旋转查看，如图 7-233 所示。

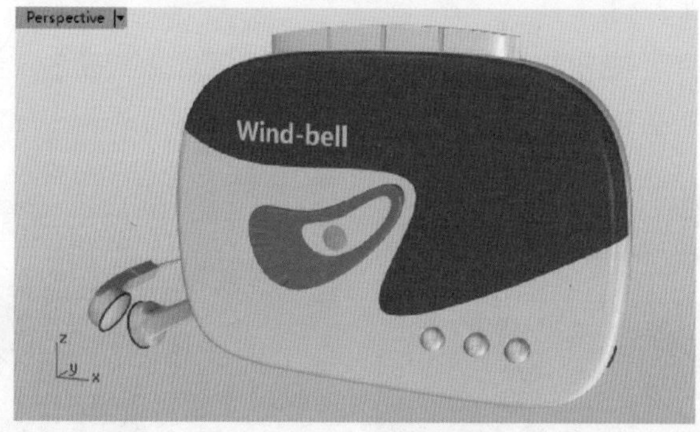

图 7-233　随身听模型

Chapter

第8章 RhinoGold珠宝设计

本章导读

随着人们生活品质的不断提高，珠宝首饰成为生活中越来越常见的消费品。那么珠宝的设计是怎样实现的呢？在Rhino中可以利用各种建模工具共同完成设计，但设计一款简单造型的首饰，或许花费我们大量的建模时间。为此，本章推荐一款实用的珠宝设计软件——RhinoGold。本章我们将介绍RhinoGold的基本功能以及如何设计漂亮的珠宝首饰。

案例展现

案 例 图

独粒宝石戒指　花瓣形戒指　双轨镶钻戒指

绿宝石群镶戒指　三叶草坠饰　心形坠饰

8.1 RhinoGold 软件介绍

RhinoGold 是一款 3D 珠宝专业设计软件，用来设计立体的珠宝造型，输出的文件可适用于任何打印设备，能制作尺寸精准的可直接铸造模型。

RhinoGold 6.6 是截止目前的最新版本软件，能完美结合 Rhino 6.0 使用。RhinoGold 6.6 大幅提升了用户的操作体验，引进了相关的先进装饰和快速省时工具。读者可进入 RhinoGold 的官网进行下载和安装，该软件可以免费试用（通常的期限为 15 天，第一次试用期 2 天，继续试用为 13 天），为初学者提供了学习的便利。

注意：RhinoGold 6.6 的官网下载与正确安装、软件基本操作可参见本章配套的教学视频。

安装 RhinoGold 6.6 后，在桌面上双击 RhinoGold 6.6 图标，启动该珠宝设计软件，同时打开其工作界面窗口，如图 8-1 所示。

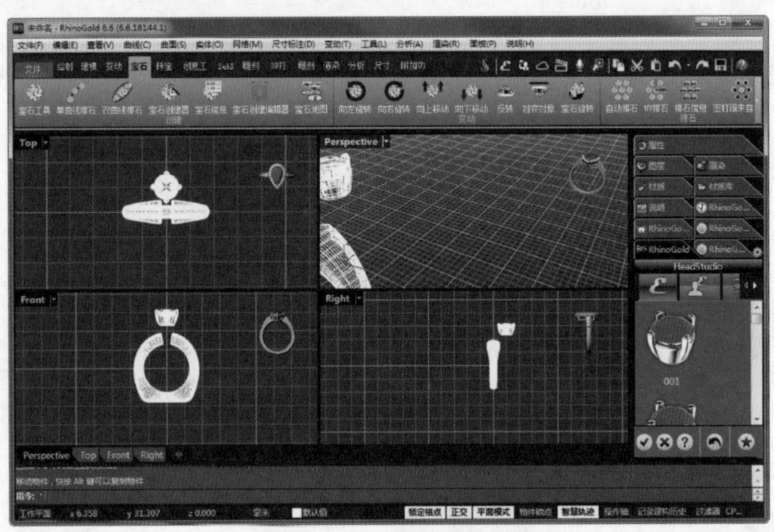

图 8-1　RhinoGold 6.6 工作界面

RhinoGold 的界面风格与 Rhino 界面保持一致。在功能区中，【绘制】【建模】【变动】【尺寸标注】等选项卡与 Rhino 相似，其余选项卡是珠宝设计的专用功能。

RhinoGold 的视图基本操作与 Rhino 的基本操作也是完全相同的，如果习惯于其他三维软件的键鼠操作方式，可以在菜单栏执行【文件】|【选项】命令，打开【Rhino 选项】对话框。在左侧列表中选择【鼠标】选项，然后在右边的选项设置区域中设置键鼠操控方式，如图 8-2 所示。

技巧点拨

在 RhinoGold 中打开的【Rhino 选项】对话框与在 Rhino 中打开的【Rhino 选项】对话框是完全相同的。应该说，打开的就是 Rhino 软件的选项设置对话框。

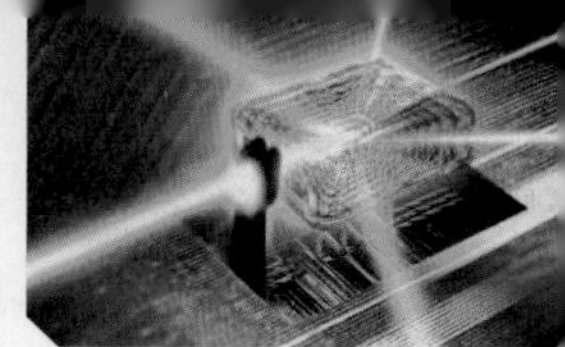

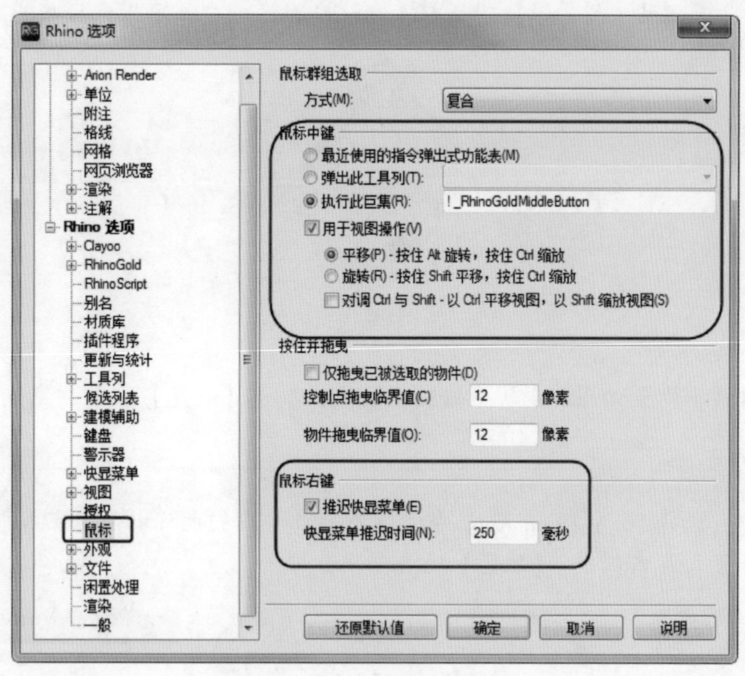

图 8-2　【Rhino 选项】对话框

RhinoGold 的键鼠操控视图的方法如下。

- 单击鼠标左键：选择对象。
- 单击鼠标中键：按下中键，弹出选择功能菜单。
- 单击鼠标右键：单击鼠标右键，重复执行上一次命令。
- 鼠标中键滚轮：滚动滚轮，缩放视图。
- 按下鼠标右键：旋转视图。
- 按下右键 + Shift 键：平移视图。
- 按下右键 + Ctrl 键：缩放视图。

8.2 珠宝设计案例

鉴于本章篇幅限制，RhinoGold 的珠宝设计功能不能一一详细描述，在此，我们通过各类型的珠宝设计案例来介绍 RhinoGold 的珠宝设计流程。

8.2.1 手饰设计

1. 独粒宝石戒指

在本例中，我们将使用 RhinoGold 中常用的建模工具，如宝石工具、尺寸测量器、戒圈、包镶和布尔运算等功能制作独粒宝石戒指造型，如图 8-3 所示。

01 在菜单栏中执行【文件】|【新建】命令，新建珠宝文件。

02 设置戒指大小。在【珠宝】标签下，单击【(戒指) 尺寸测量器】按钮，弹出

【（戒指）尺寸测量器】对话框，在这个对话框中，可以选择戒指尺寸。

图 8-3　独粒宝石戒指

03 在对话框设置如图 8-4 所示的戒指尺寸，单击【确定】按钮，完成尺寸设置。

技巧点拨

在此例中，选择 16 号 Hong Kong 香港测量标准。我们也可以使用宝石平面选项来定义中心宝石位置，在本例中，【距离】为 5 毫米。

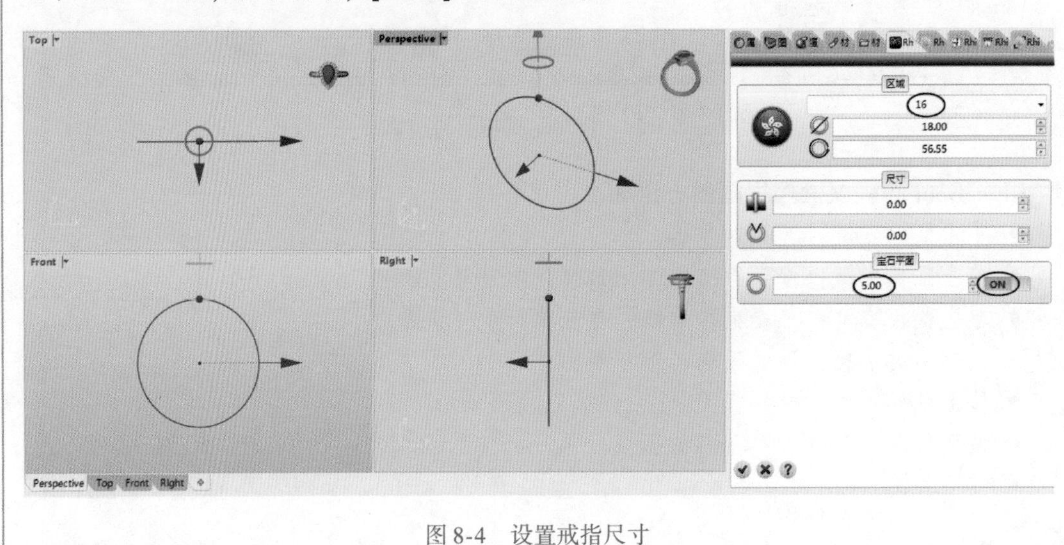

图 8-4　设置戒指尺寸

04 在【珠宝】选项卡中单击【包镶】按钮，【RhinoGlod】控制面板显示包镶选项。在截面形状标签下双击选择 010 号样式，将其添加到模型中，如图 8-5 所示。

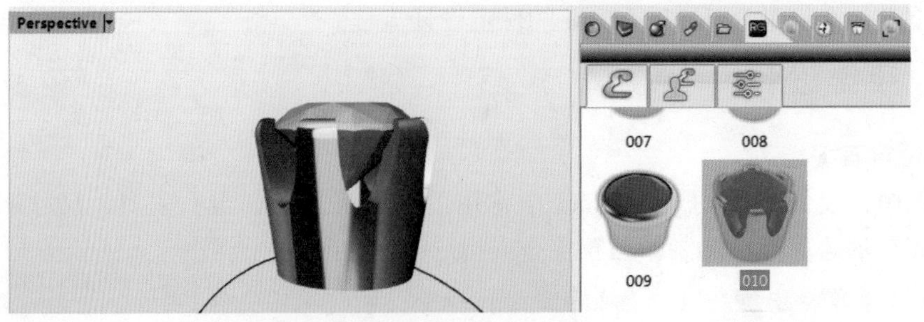

图 8-5　选择包镶样式

技巧点拨

使用【包镶】工具，可以在创建包镶的同时，一同创建出宝石，只需按 F2 键重新编辑宝石参数即可。

05 在视窗中选择宝石并按下 F2 键，编辑其内径为 6mm，如图 8-6 所示。

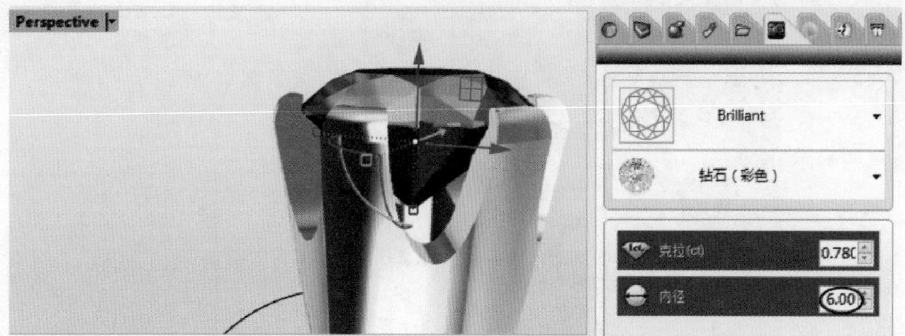

图 8-6 编辑宝石内径

06 在视窗中选择包镶并按下 F2 键，然后设置包镶截面形状参数。接着设置缺口形状曲线，如图 8-7 所示。最后单击【确定】按钮完成包镶设计。

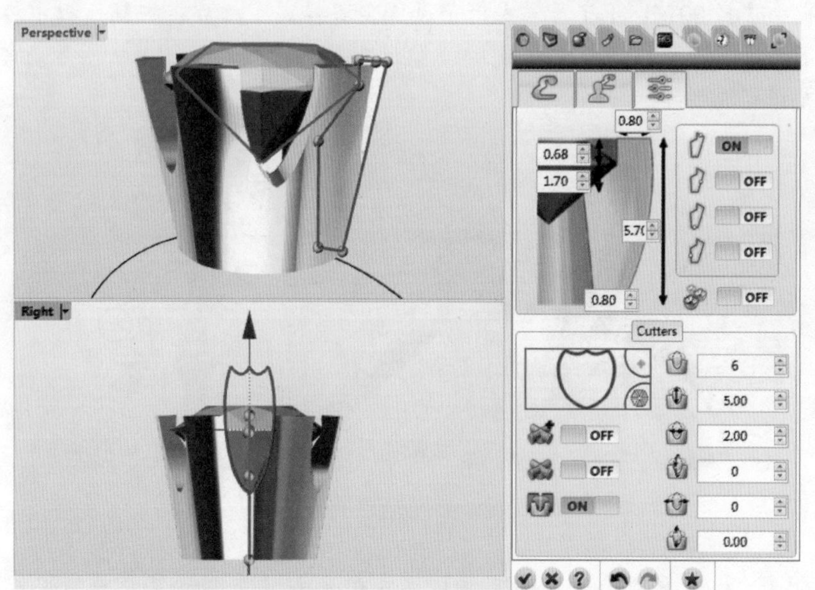

图 8-7 设置包镶缺口花纹

技巧点拨

除了在对话框中设置尺寸参数外，还可以在视窗中拖动控制点手动改变形状。

07 现在为戒指创建一个戒指环。在【珠宝】选项卡中单击【戒圈】按钮，弹出

【RhinoGold】控制面板并显示戒圈设置选项。选择 Hong Kong 标准，在戒圈样式标签下设置戒圈的截面曲线（选择 013 的曲线），并在视窗中拖动操作轴箭头，改变戒圈的形状，如图 8-8 所示。其余选项保留默认，单击【确定】按钮完成戒圈的设计。

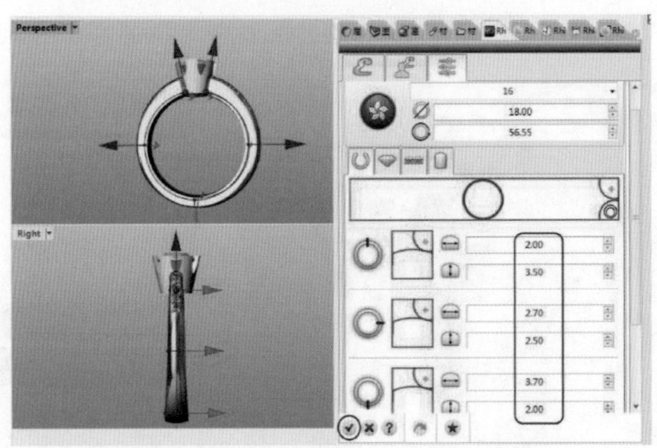

图 8-8 设置戒圈截面曲线与戒圈模型修改

08 在【珠宝】选项卡中单击【刀具】按钮，弹出【开孔器】对话框。在控制面板中选择 007 号开孔器样式用于设置宝石样式，然后在控制面板中参数设置标签下添加宝石到选择器中。最后设置开孔器的参数，如图 8-9 所示。单击【确定】按钮完成创建。

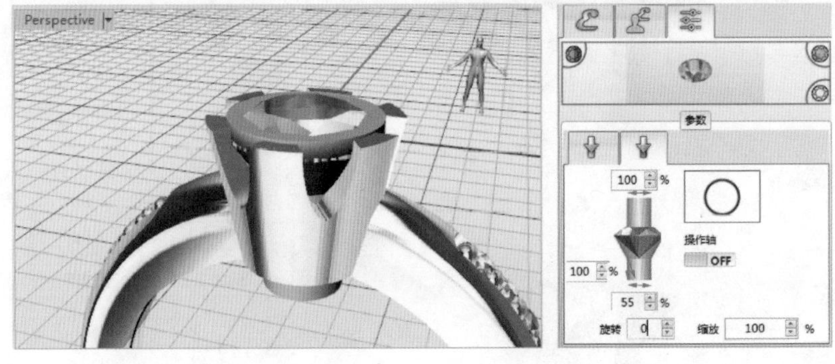

图 8-9 创建开孔器

9 在【建模】选项卡【修改实体】面板中单击【布尔运算：差集】按钮，先选择包镶，按下【Enter】键后再选择开孔器，按下【Enter】键完成差集运算。

10 单击【布尔运算：并集】按钮，将包镶和戒圈合并，至此，完成戒指设计。在菜单栏中执行【文件】|【另存为】命令，将戒指文件保存。

2. 花瓣形戒指

在本例中，我们将使用 RhinoGold 中常用的建模工具，如宝石工具、包镶、智能曲线、挤出、圆管、动态弯曲以及动态圆形数组功能创建花瓣形戒指造型，如图 8-10 所示。

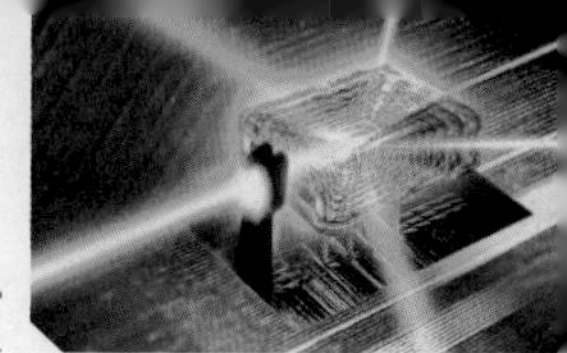

图 8-10　花瓣形戒指

01 在菜单栏中执行【文件】|【新建】命令，新建珠宝文件。

02 在【珠宝】选项卡中单击【戒环生成器】按钮，定义一个 Hong Kong16 号、004 号截面曲线、上方截面 2mm ×6mm、下方截面 2mm ×3mm 的戒圈，如图 8-11 所示。

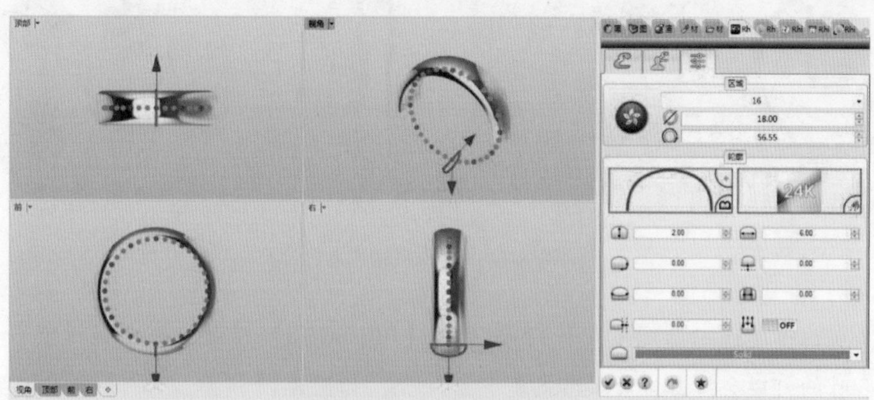

图 8-11　创建戒环

技巧点拨

默认状态下，只有一个操作轴，在戒圈下方象限点（也叫方位球），可以先在对话框中设置下方的截面值 3mm ×2mm。然后在视窗中单击戒圈上方的象限点，显示操作轴，此时出现两个操作轴。如果不想同时改变整个戒环形状，则单击上方或下方的截面曲线，这样会隐藏这一方的操作轴，此时在对话框中设置的截面参数仅仅对显示操作轴的那一方产生效果。图 8-12 和图 8-13 所示为添加操作轴的示意图。

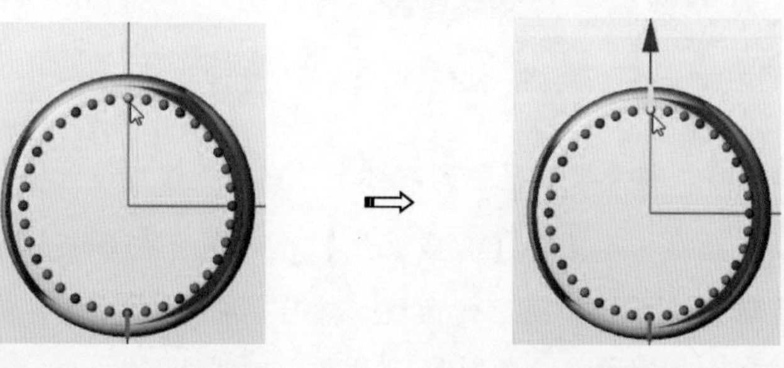

图 8-12　添加操作轴　　图 8-13　添加完操作轴

03 在【珠宝】选项卡单击【爪镶】按钮，在【RhinoGold】控制面板的爪镶外形库中双击选择编号为 004 的爪镶外形，视窗中可以看到爪镶预览，如图 8-14 所示。

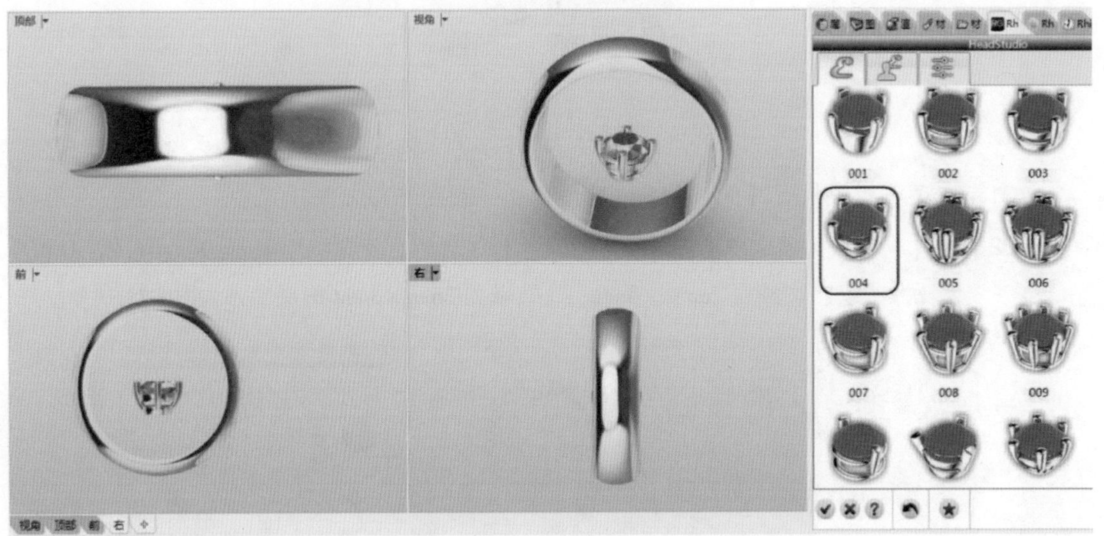

图 8-14　选择爪镶形状

04 在视窗中选中宝石并按下 F2 键，在【RhinoGold】控制面板中编辑宝石参数，此时的钉镶会随着宝石尺寸的变化而变化，如图 8-15 所示。

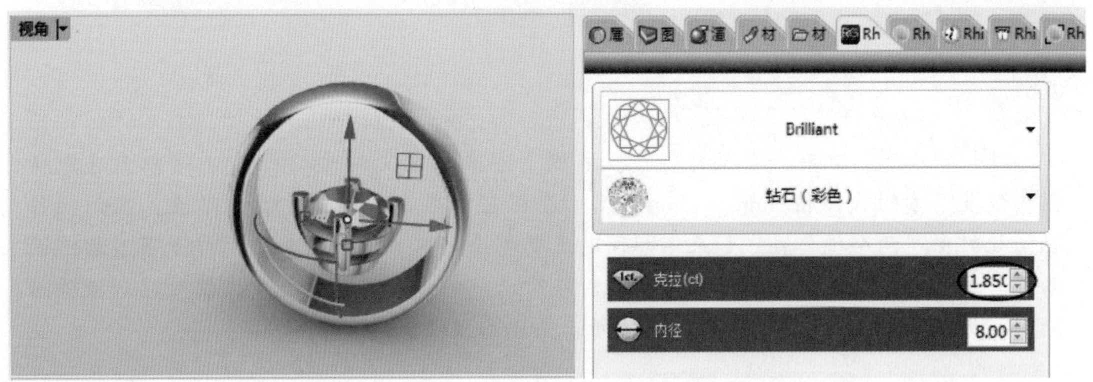

图 8-15　编辑宝石尺寸

05 利用操作轴将爪镶及宝石平移到戒环上，完成爪镶的设计，如图 8-16 所示。

06 在【绘制】选项卡中单击【智能曲线】按钮，在命令行中设置对称、垂直选项，然后绘制如图 8-17 所示的曲线。然后单击【插入控制点】按钮和【控制点】按钮，调整曲线，如图 8-18 所示。

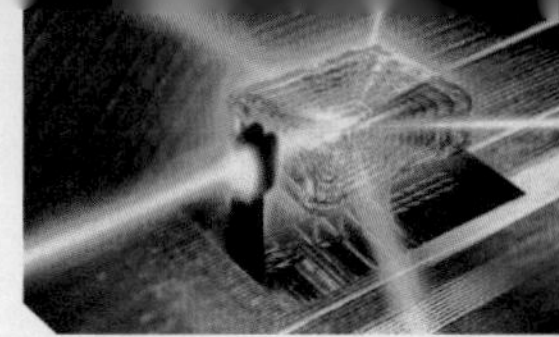

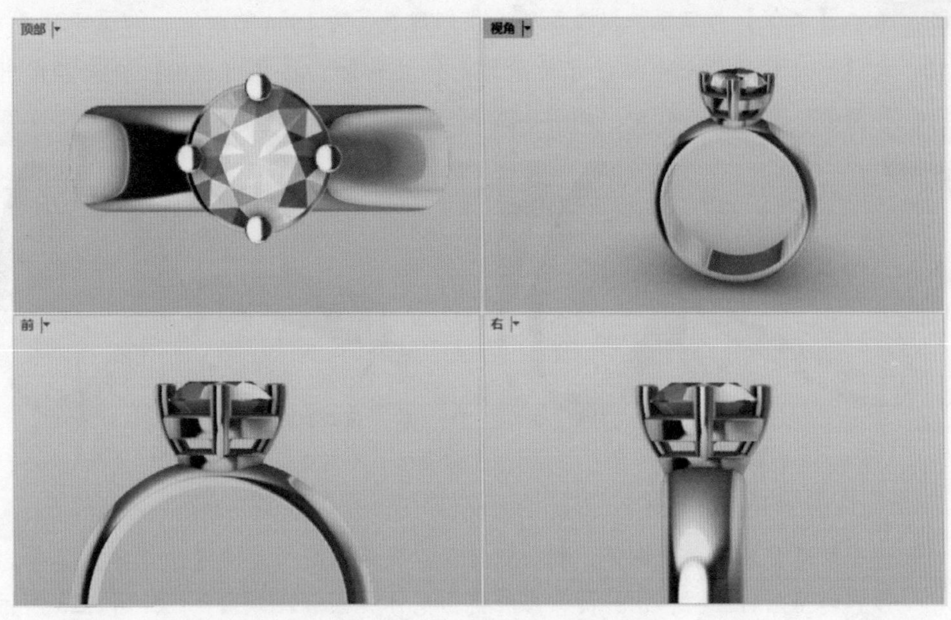

图 8-16 爪镶设计完成的效果

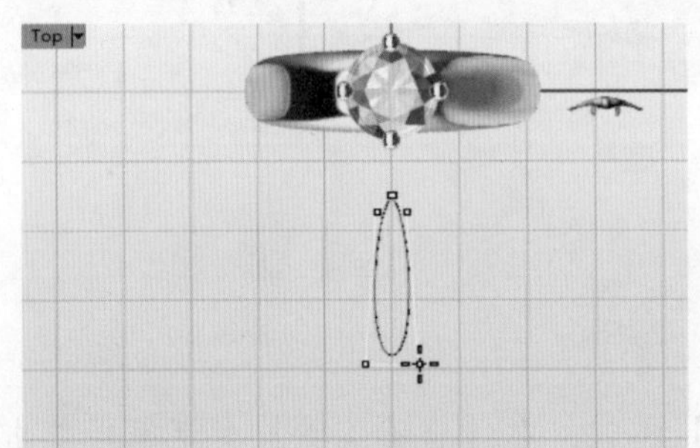

图 8-17 绘制智能曲线

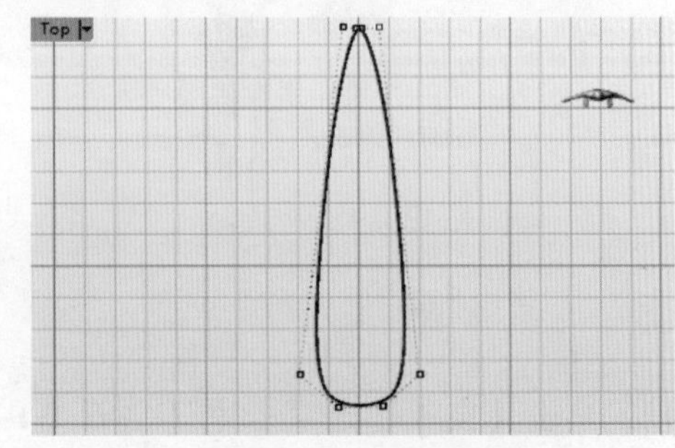

图 8-18 编辑曲线控制点

07 单击【偏移】按钮，创建偏移距离为 0.5mm 的偏移曲线，如图 8-19 所示。

08 在【建模】选项卡中单击【挤出】按钮，选择里面的曲线，创建挤出实体，厚度为 1mm，如图 8-20 所示。

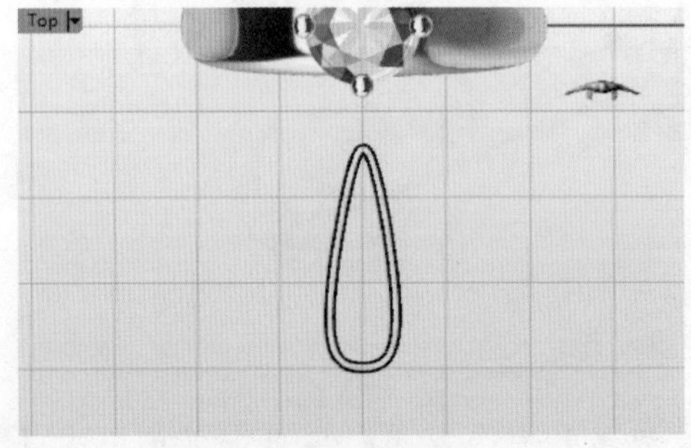

图 8-19 创建偏移曲线

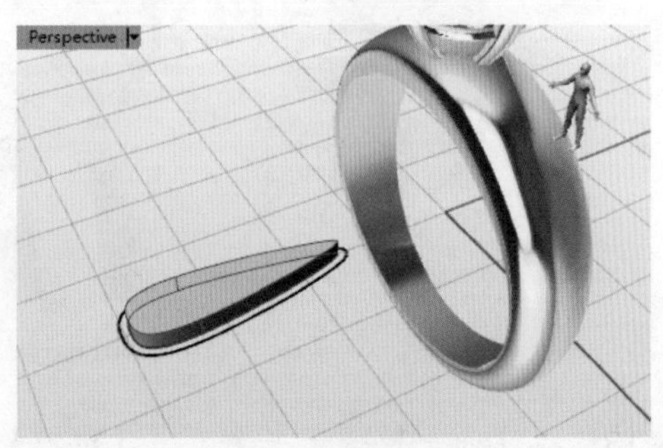

图 8-20 创建挤出实体

09 单击【圆管】按钮，沿着偏移曲线创建直径为1mm的圆管，如图8-21所示。

10 在【变动】选项卡中单击【动态弯曲】按钮，按住【Shift】键选取挤出实体和圆管，进行动态弯曲，如图8-22所示。

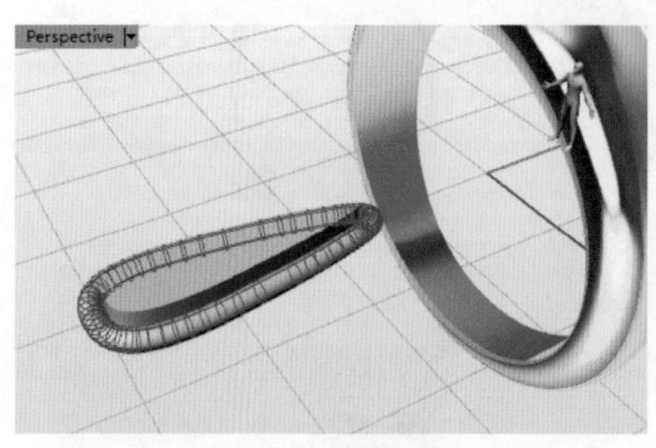

图8-21 创建圆管

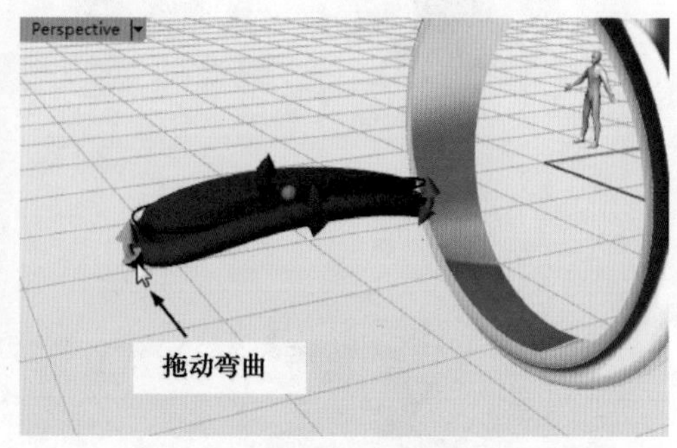

图8-22 动态弯曲

11 选中动态弯曲的两个实体，利用软件窗口底部状态栏中的【操作轴】工具，将实体移动至爪钉位置，同样的，再将挤出实体和圆管实体重合，如图8-23所示。

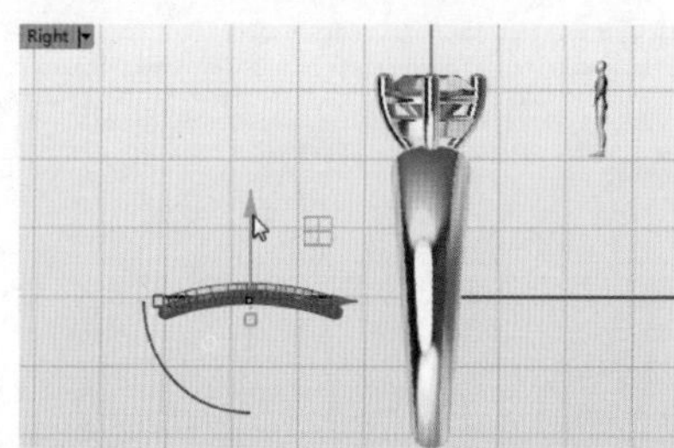

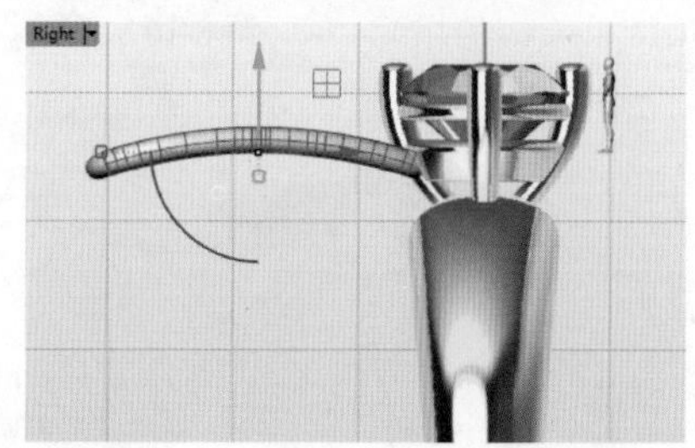

图8-23 平移实体

12 单击【宝石】选项卡中【宝石工具】按钮，在【宝石工具】对话框中单击【插入平面原点】按钮，再展开菜单中的【选取对象上的点】按钮，依次放置4个内径均匀相差0.5mm（从1.5mm~3mm）的钻石，如图8-24所示。

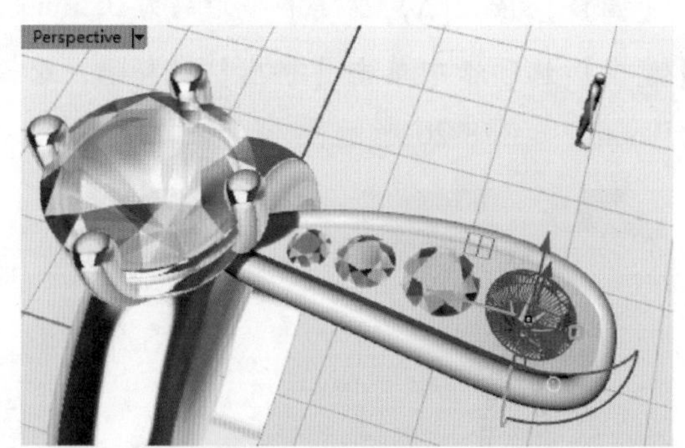

图8-24 创建宝石

13 在【珠宝】选项卡中单击【钉镶】按钮展开命令菜单，再单击菜单中的【于线上】按钮，【RhinoGold】控制面板上显示线性钉镶选项。按Shift键选取4颗

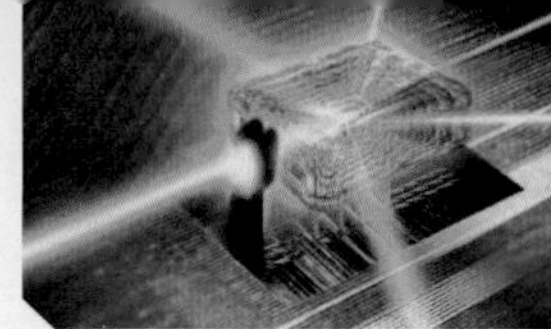

钻石后将其添加到选择器中，设置钉镶参数，依次为 4 颗钻石插入钉镶，如图 8-25 所示。这里需要手动移动钉镶的位置。

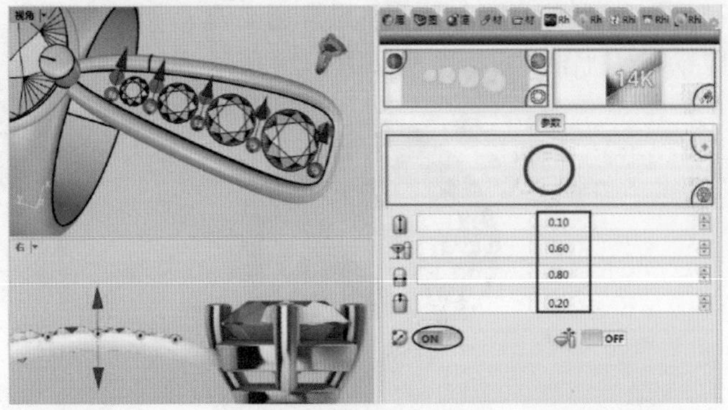

图 8-25　创建线性钉镶

14 利用【珠宝】选项卡中的【刀具】工具，创建 4 颗钻石的开孔器，如图 8-26 所示。

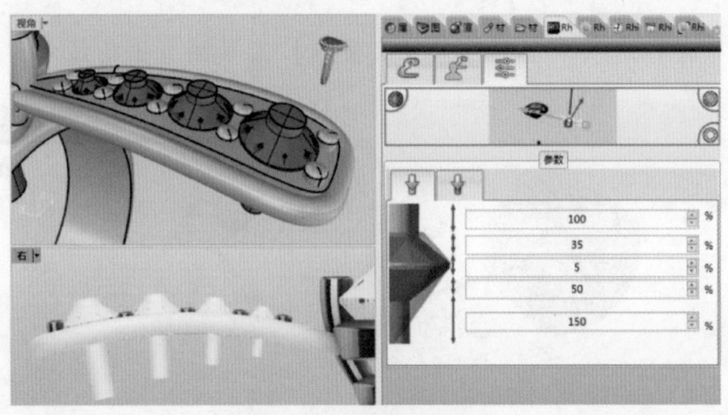

图 8-26　创建开孔器

15 利用【布尔运算：差集】工具，从挤出实体中修剪出开孔器。

16 利用【变动】选项卡中的【动态圆形阵列】工具，创建圆形阵列，如图 8-27 所示。

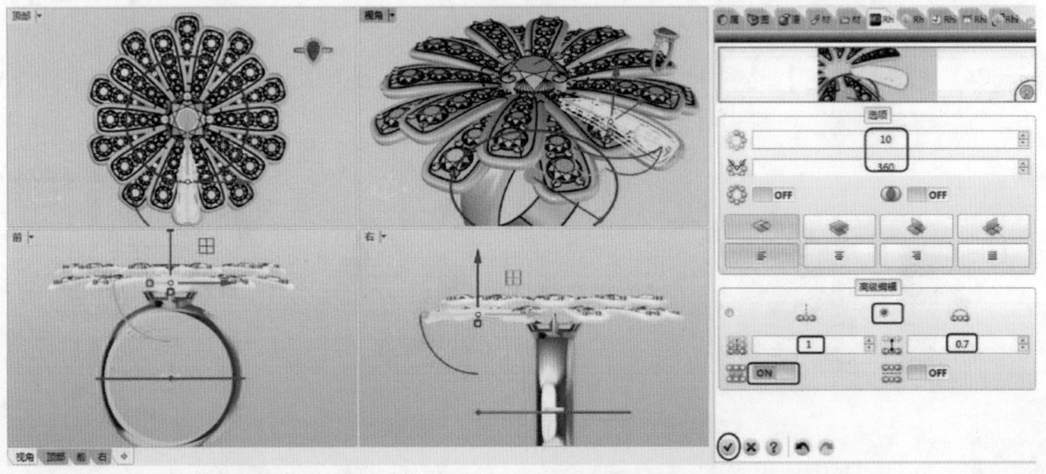

图 8-27　创建动态圆形阵列

17 至此，完成花瓣形宝石戒指的造型设计工作，保存文件。

3. 双轨镶钻戒指

在这个范例中，我们将使用 RhinoGold 中的常用工具，如动态截面、布尔运算、轨道镶，以及开孔器工具等。双轨镶钻戒指造型如图 8-28 所示。

图 8-28　双轨镶钻戒指

01 在菜单栏中执行【文件】|【新建】命令，新建珠宝文件。

02 利用【珠宝】选项卡中的【尺寸测量器】工具测量手指尺寸，如图 8-29 所示。

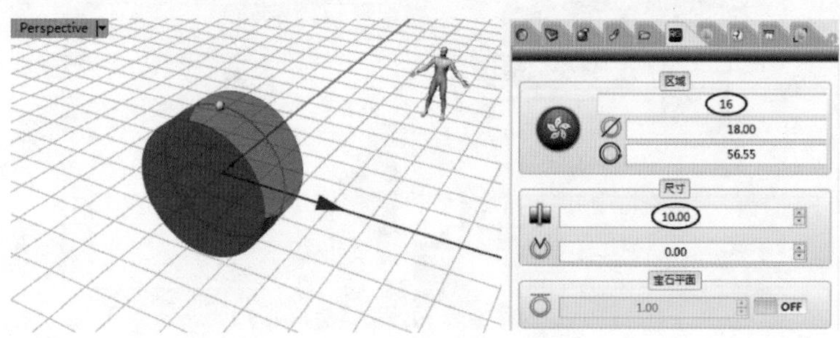

图 8-29　测量手指尺寸

03 利用【绘制】选项卡【曲线】命令菜单下【曲面上的内插点曲线】工具，在【Top】视窗中的戒环表面上绘制曲线，绘制时要开启物件锁点的【最近点】功能，以便捕捉到曲面边缘，如图 8-30 所示。

04 利用【珠宝】选项卡中【动态截面】工具，选取曲面上的曲线，创建动态截面的实体，如图 8-31 所示。

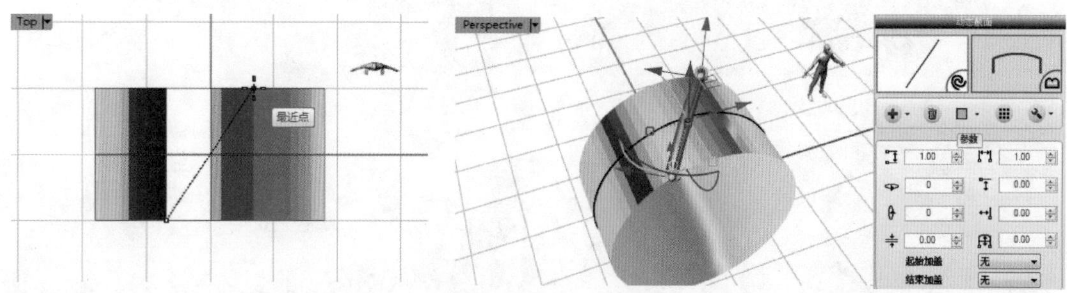

图 8-30　绘制曲面上的曲线

图 8-31　创建动态截面实体

技巧点拨

注意，两端需要往相反方向各旋转 15°，使底部曲面与戒环表面相切，为后续的设计减少不必要的布尔差集运算的麻烦，如图 8-32 所示。

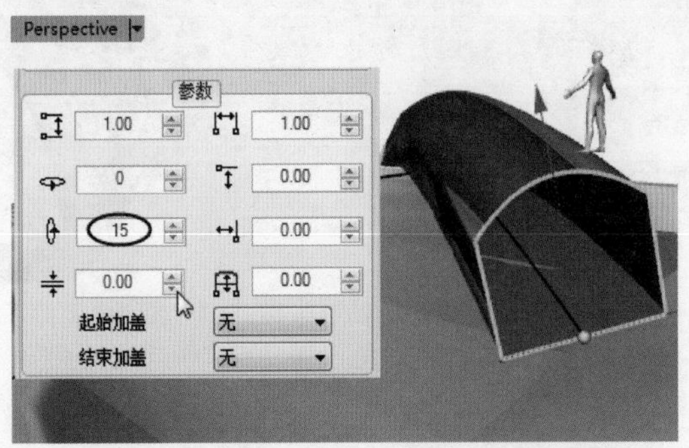

图 8-32　调整端面角度

05 利用【变动】选项卡中的【动态圆形阵列】工具，创建圆形阵列，如图 8-33 所示。

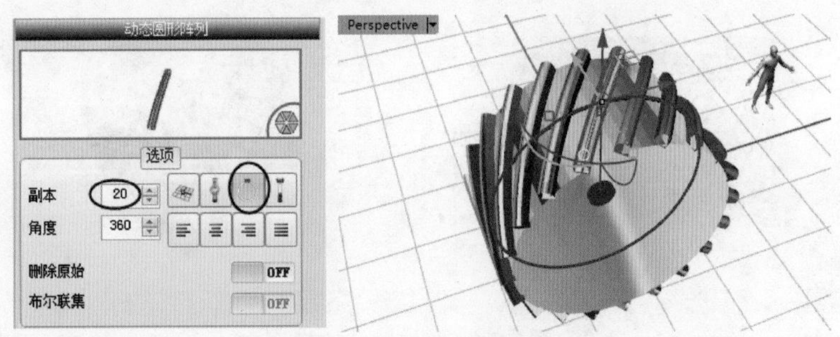

图 8-33　创建动态圆形阵列

06 利用【变动】选项卡中【水平对称】工具，将圆形阵列的成员水平镜像，结果如图 8-34 所示。在【Top】视窗中选择镜像平面。

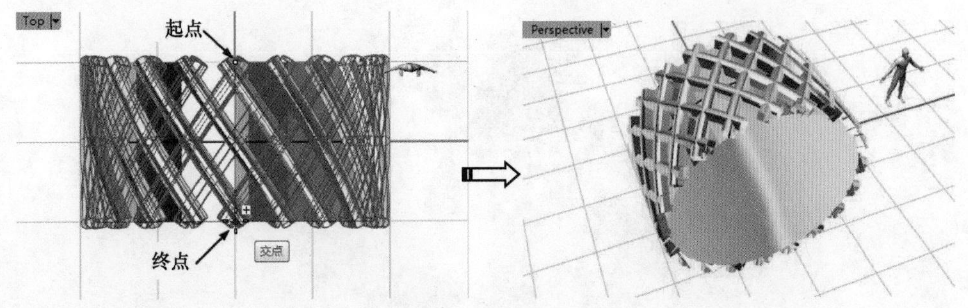

图 8-34　水平对称

07 利用【珠宝】选项卡中【轨道镶】工具，选取戒环的边缘，创建轨道镶，如

图 8-35 所示。同样的，在另一侧也创建相同的轨道镶。

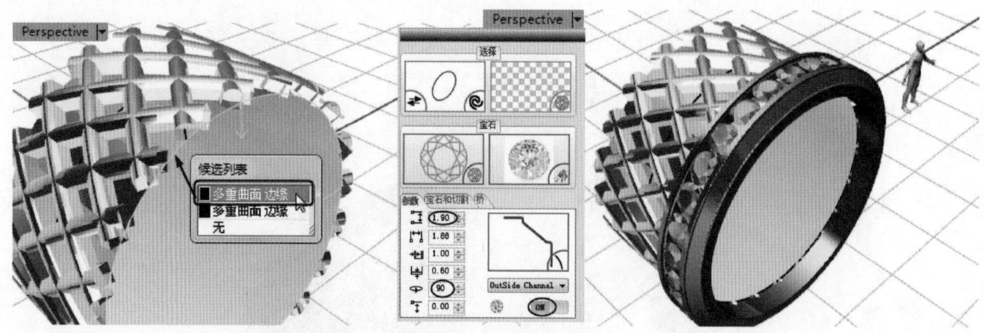

图 8-35　创建轨道镶

技巧点拨

如果第一次不能选取边缘，可先选取戒环曲面，取消选取后就可以拾取其边缘了。

08 删除中间的戒环实体和曲线，完成双轨镶钻戒指的创建，如图 8-36 所示。

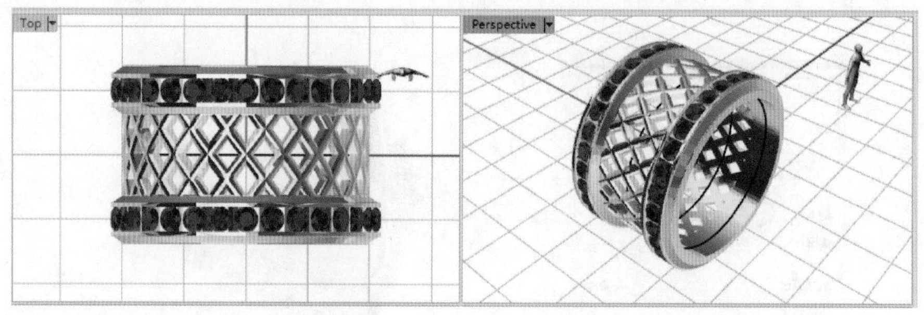

图 8-36　双轨镶钻戒指

4. 绿宝石群镶戒指

在这个范例中，我们将使用 RhinoGold 中的由对象环、爪镶、自动排石以及动态圆形数组等功能。绿宝石群镶戒指造型如图 8-37 所示。

图 8-37　绿宝石群镶戒指

01 在菜单栏中执行【文件】|【新建】命令，新建珠宝文件。

02 利用【绘制】选项卡中的【智能曲线】工具，以水平对称的方式，绘制如图8-38所示的对称封闭曲线。

技巧点拨

如果觉得左右不对称，可以先绘一半，采用镜像对称命令绘制另一半，如图8-39所示，镜像后利用【组合】工具组合曲线。

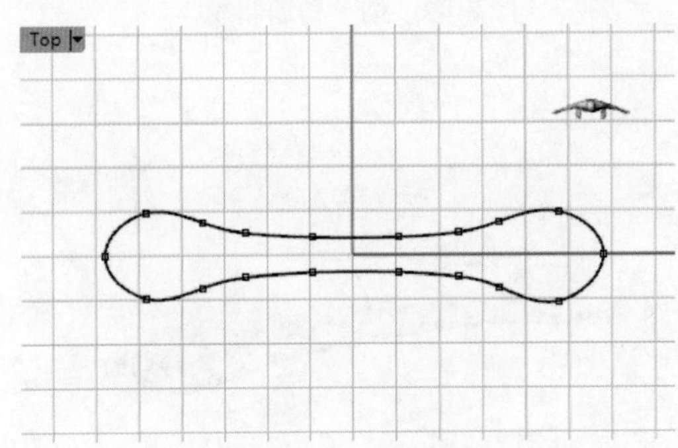

图8-38 绘制对称曲线

图8-39 用镜像命令镜像出另一半

03 利用【建模】选项卡中【挤出】工具，创建挤出厚度为2mm的实体，如图8-40所示。

04 利用【不等距圆角】工具，为挤出实体创建半径为1mm的圆角，如图8-41所示。

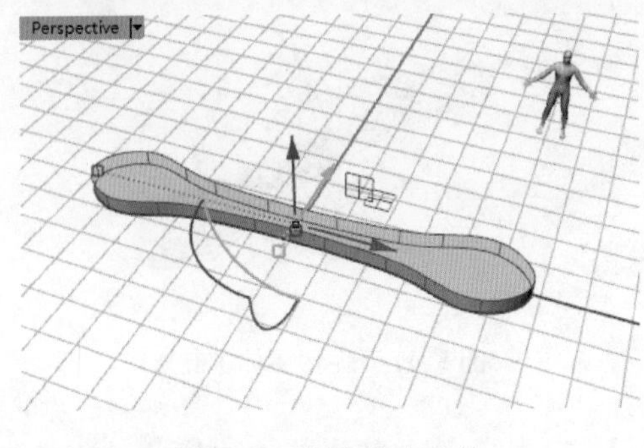

图8-40 创建挤出实体

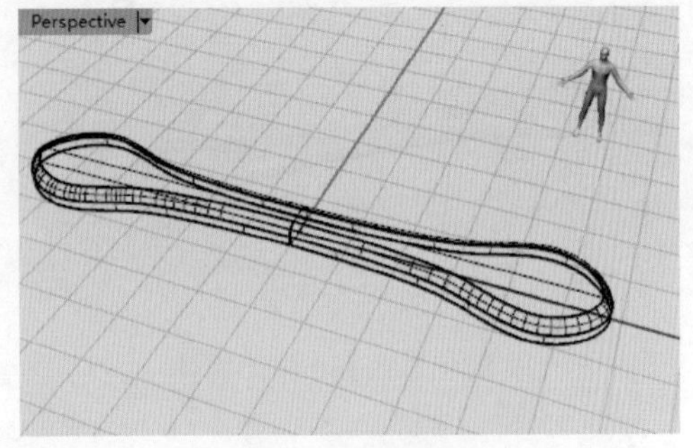

图8-41 创建圆角

05 利用【智能曲线】工具，以水平对称的方式，绘制如图8-42所示的对称封闭曲线，三个点即可绘制完成。然后开启【锁定格点】，并利用操作轴将曲线向上平移1mm，如图8-43所示。

06 利用【建模】选项卡中【挤出】工具，创建挤出厚度为2mm的实体，如图8-44所示。利用【变动】选项卡中【镜射】工具，将减去的小实体镜像至对称侧，如图8-45所示。

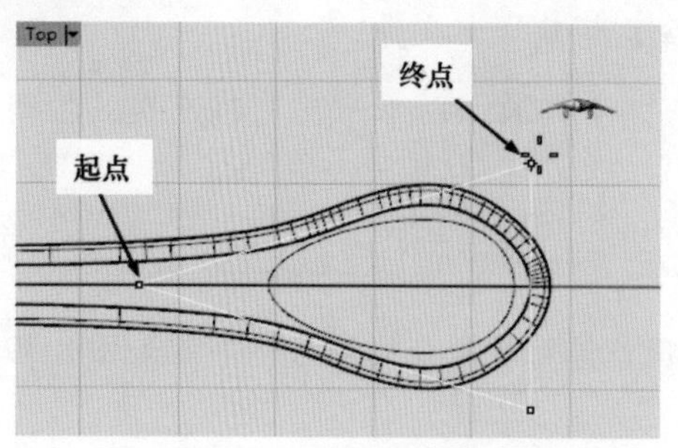

图 8-42　绘制封闭曲线

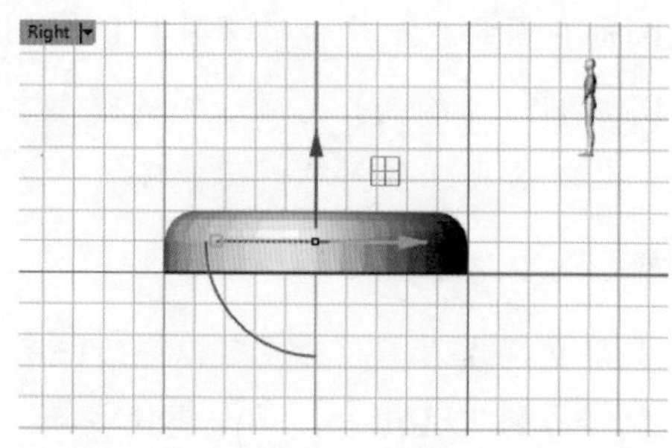

图 8-43　向上移动曲线

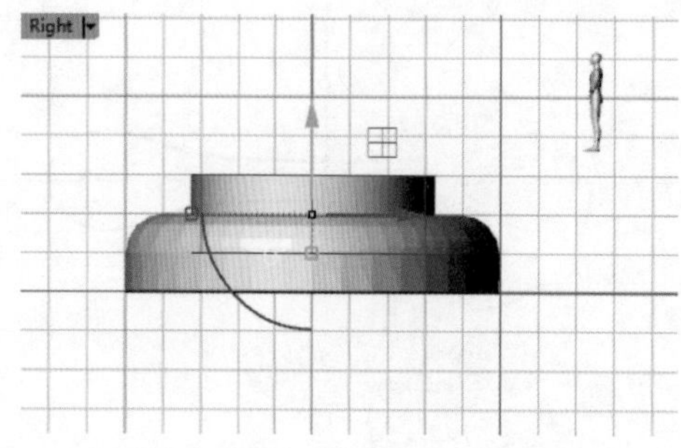

图 8-44　创建小的挤出实体

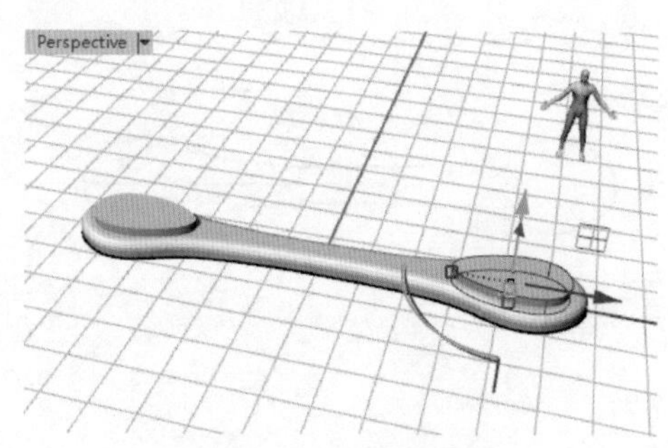

图 8-45　创建镜像

07 利用布尔差集运算工具减去小实体，如图 8-46 所示。利用操作轴将整个实体旋转 180°，让减去的槽在 –Z 方向，如图 8-47 所示。

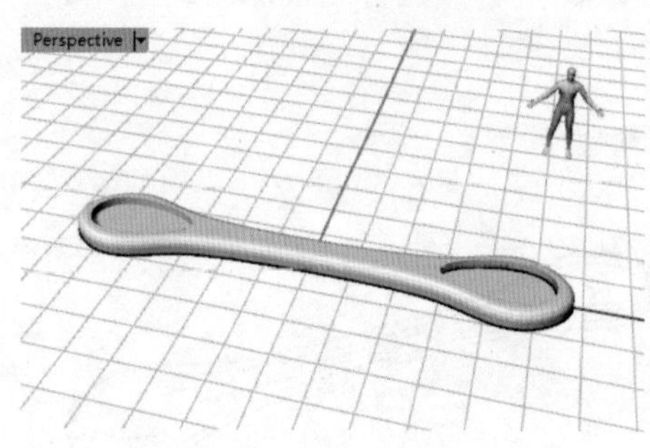

图 8-46　减去小挤出实体

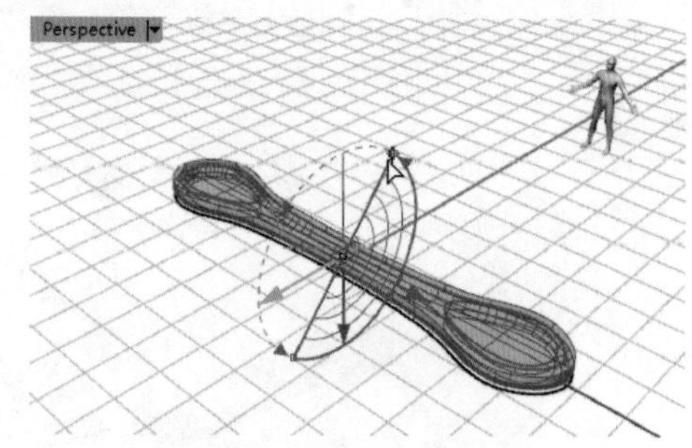

图 8-47　旋转实体 180°

08 利用【珠宝】选项卡中的【由物件环】工具，选取旋转后的实体，创建环形折弯的实体，如图 8-48 所示。

技巧点拨

因 RhinoGold 软件的原因，使得折弯实体不能按意图来创建角度，所以我们需要将折弯实体手动旋转一定角度后，创建一个能分割实体的曲面，然后利用曲线分割折弯实体，这样就得到想要的一半折弯实体，最后进行镜像，得到最终的折弯实体，如图 8-49 所示。详细操作步骤可以参考附赠资源中的相关视频。

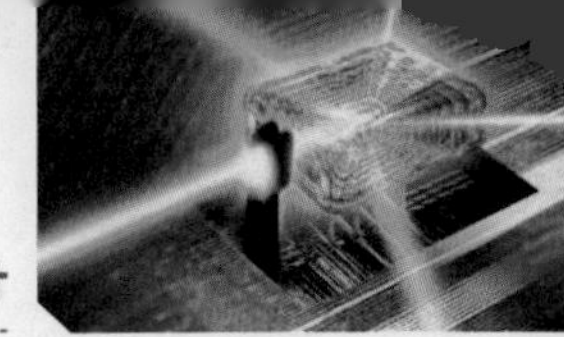

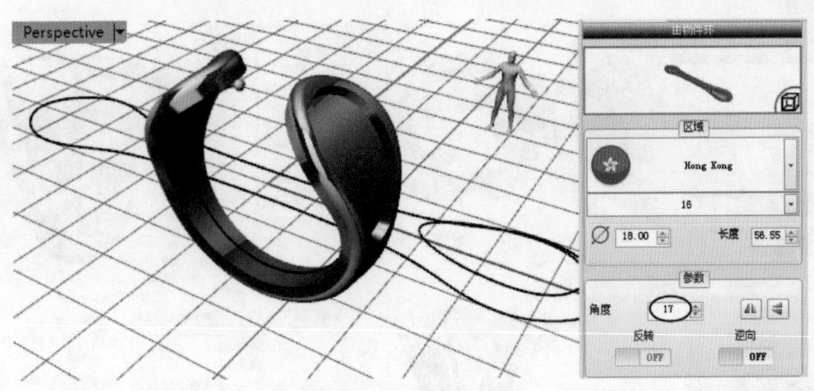

图 8-48 创建折弯实体

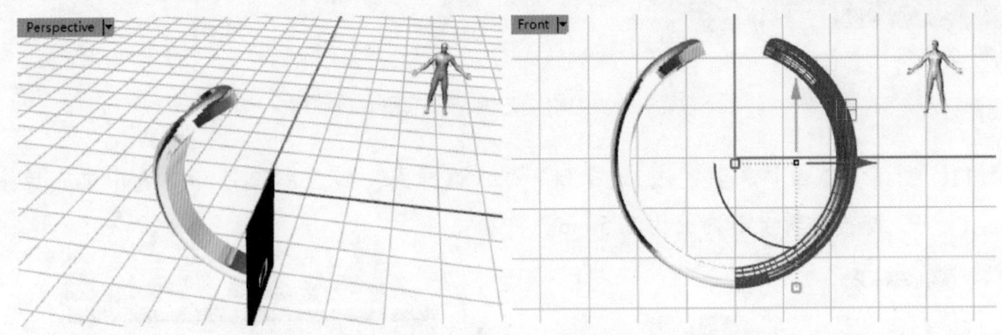

图 8-49 修改折弯实体

09 利用【珠宝】选项卡的【爪镶】工具，在【RhinoGold】控制面板中选择 008 号爪镶样式，如图 8-50 所示。在视窗中选取宝石并按下 F2 键，编辑宝石的内径为 6mm。

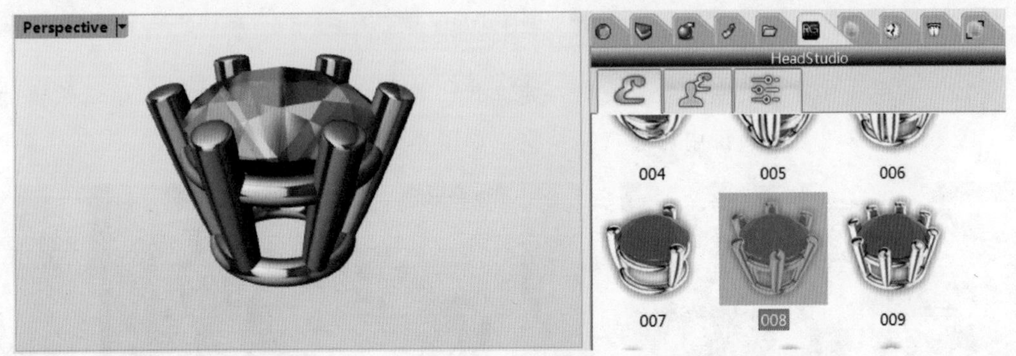

图 8-50 选择爪镶样式

10 在视窗中选取爪镶并按下 F2 键，然后在参数设置标签下编辑爪镶参数，如图 8-51 所示。注意，钉镶和滑轨需要在视窗中手动调节，以达到最佳的修改效果。

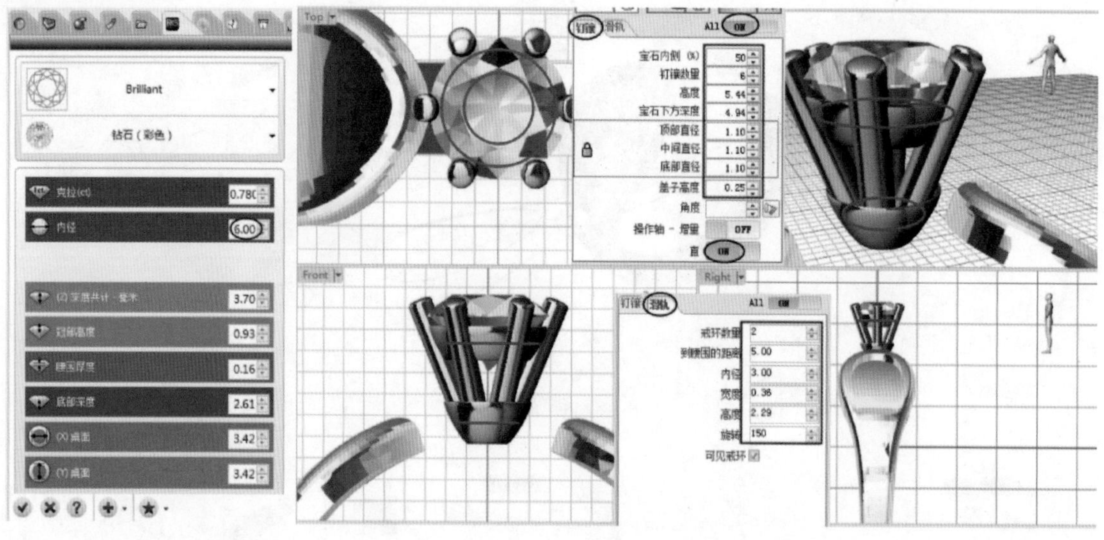

图 8-51　编辑宝石内径和爪镶参数

11 利用【爪镶】工具，选择 007 号爪镶样式，如图 8-52 所示。选中宝石后按下 F2 键，编辑宝石内径为 2.5mm。

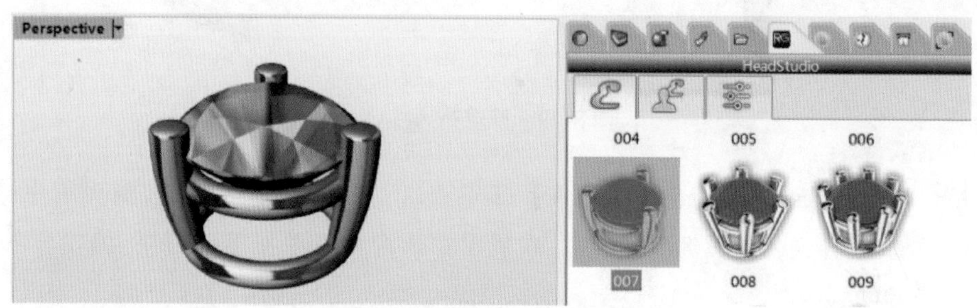

图 8-52　选择爪镶样式并编辑宝石尺寸

12 利用操作轴将爪镶及宝石旋转一定角度。再选中爪镶按下 F2 键，编辑爪镶的参数，这里要在视窗中调整爪镶结构，如图 8-53 所示。

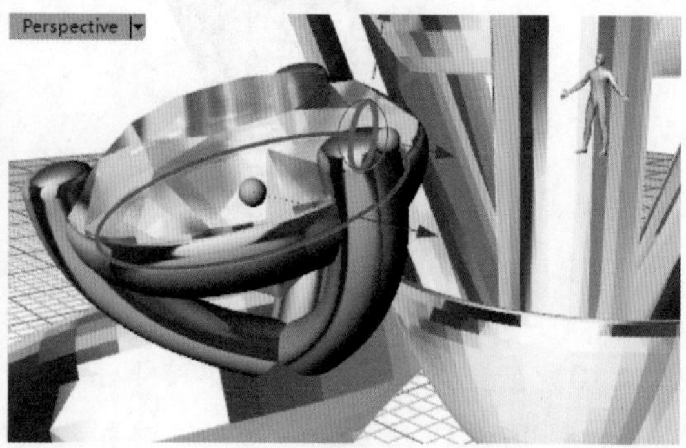

图 8-53　编辑爪镶

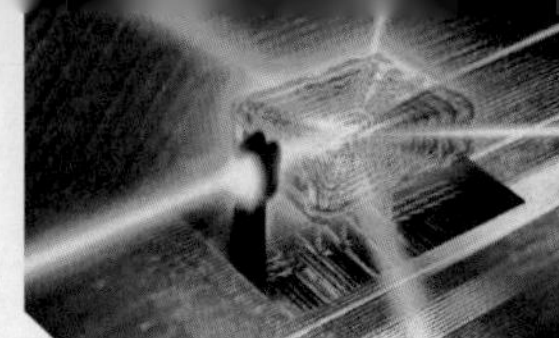

13 利用【动态圆形阵列】工具，将小宝石及爪镶圆形阵列，阵列副本为 10 个，如图 8-54 所示。

图 8-54　动态圆形阵列

14 利用【建模】选项卡中的【环状体】工具，创建半径为 0.5mm 的环状体，并利用操作轴将其移动到圆形阵列的爪镶下方，如图 8-55 所示。

15 利用【建模】选项卡【修改实体】面板中的【抽离曲面】工具，选取折弯体中凹槽表面进行面的抽取，如图 8-56 所示。同样的，在另一侧也抽离出曲面。

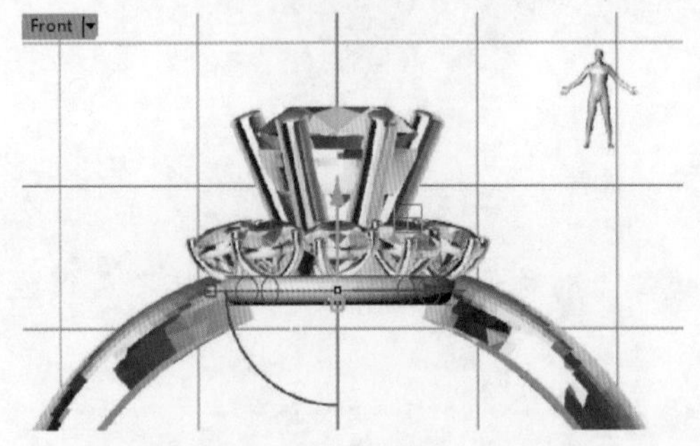

图 8-55　创建环状体并移至合适位置

图 8-56　抽离曲面

16 利用【宝石】选项卡中的【自动排石】工具，选取上步骤抽离的曲面作为放置对象，然后在对话框中设置参数，如图 8-57 所示。

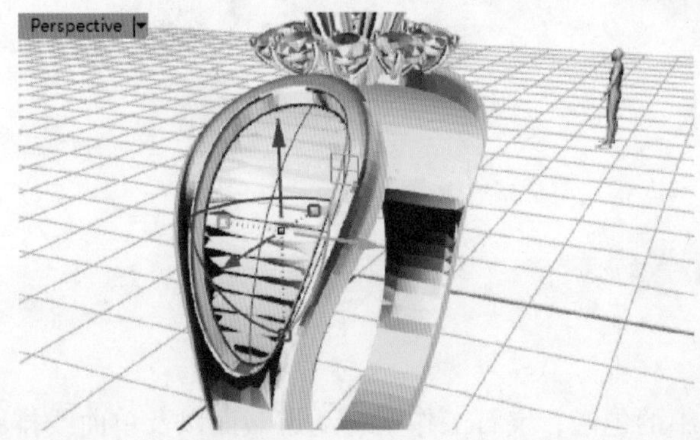

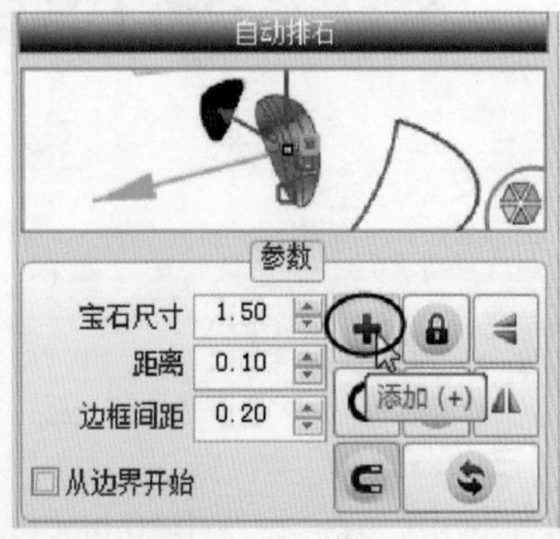

图 8-57　选取曲面并设置宝石尺寸

17 单击【添加】按钮后将宝石任意放置在所选曲面上，在对话框第二个标签下设置钻石最小值为1mm，在第四个标签下开启钉镶的创建开关，并设置钉镶参数，单击对话框下方的【预览】按钮，自动排布钻石，如图8-58所示。

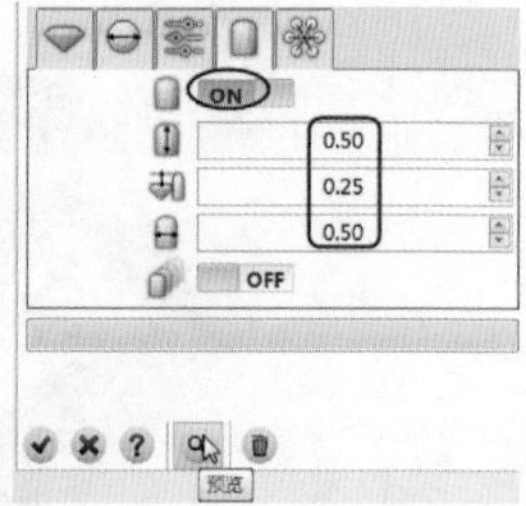

图8-58　放置钻石并设置参数

18 创建预览后单击【确定】按钮✔完成自动排石，如图8-59所示。

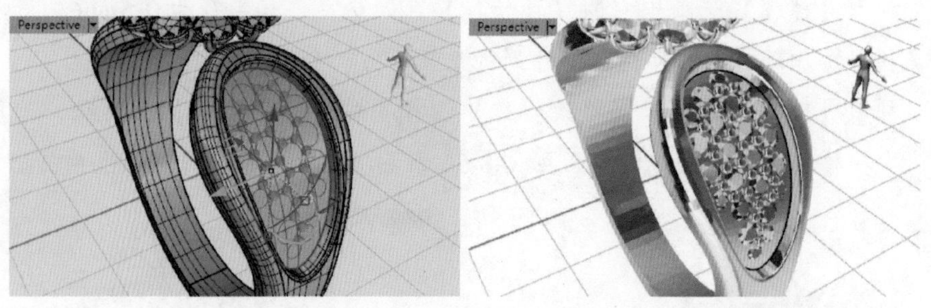

图8-59　完成自动排石

19 同样的，在另一侧也自动排石，或者镜像至对称侧。至此，完成绿宝石群镶戒指的造型设计，效果如图8-60所示。

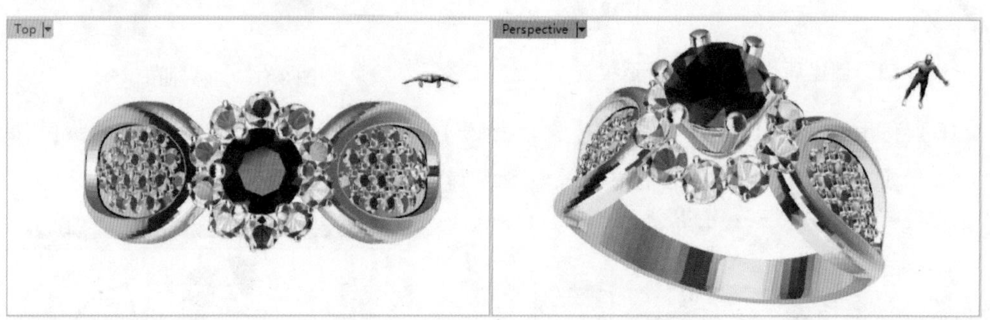

图8-60　绿宝石群镶戒指

8.2.2　颈饰设计

1. 三叶草坠饰

在本例中，我们将使用RhinoGold中的包镶、宝石工作室、动态截面以及单曲线排石等工具进行制作。三叶草坠饰造型，如图8-61所示。

图8-61 三叶草坠饰

01 在菜单栏中执行【文件】|【新建】命令，新建珠宝文件。

02 利用【珠宝】选项卡中的【包镶】工具，为宝石建立包镶台座，在【包镶】控制面板中选择028号包镶样式，在视窗中手动调整外形曲线以达到需要的效果，如图8-62所示。

03 按F2键编辑宝石，设置宝石的直径为5mm，如图8-63所示。

图8-62 创建包镶与宝石

图8-63 编辑宝石尺寸

04 利用【绘制】选项卡中的【圆：直径】工具，在【Top】视窗中绘制圆，如图8-64所示。

05 在【珠宝】选项卡中利用【动态截面】工具，选取圆曲线，在【动态截面】对话框中设置截面曲线和参数，创建如图8-65所示的宽2.6mm的实体。

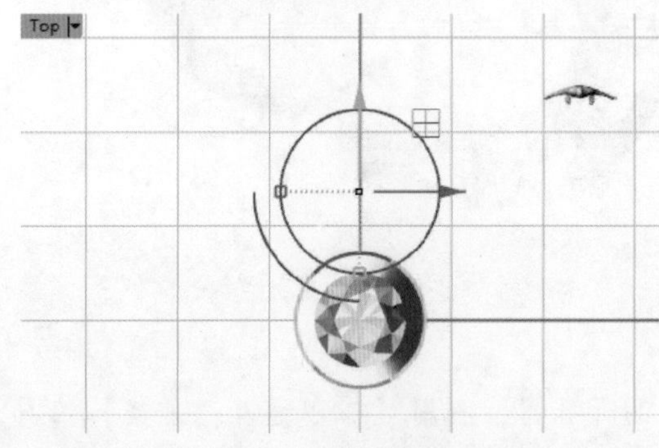

图8-64 绘制圆曲线

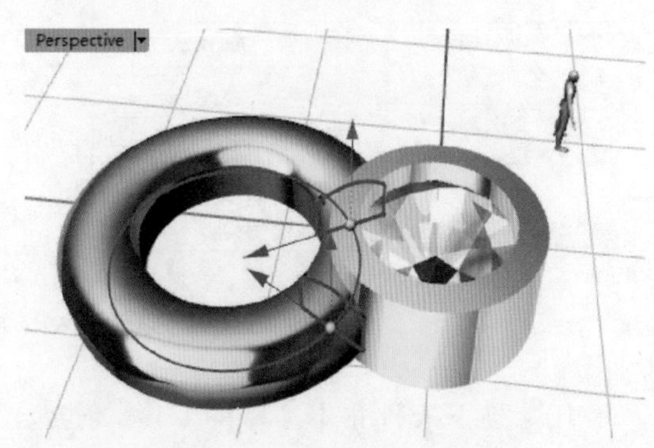

图8-65 创建动态截面

06 通过操作轴，将动态截面实体向下平移，底端与包镶底端对齐，如图 8-66 所示。

07 利用【布尔运算：分割】工具，分割出动态截面实体和包镶实体的相交部分，然后将分割出的这一小块实体删除。

08 开启对象锁点的【中点】锁定功能，利用【建模】选项卡【对象曲线】面板中的 抽离结构线工具，从上一步骤所建立的实体抽离中间结构线（可分多次抽离），如图 8-67 所示。

技巧点拨

如果抽离的结构曲线是两条，那么接着需要利用【绘制】选项卡【修改】面板中的【组合】工具对两条曲线进行组合，否则不利于后续的自动排石。

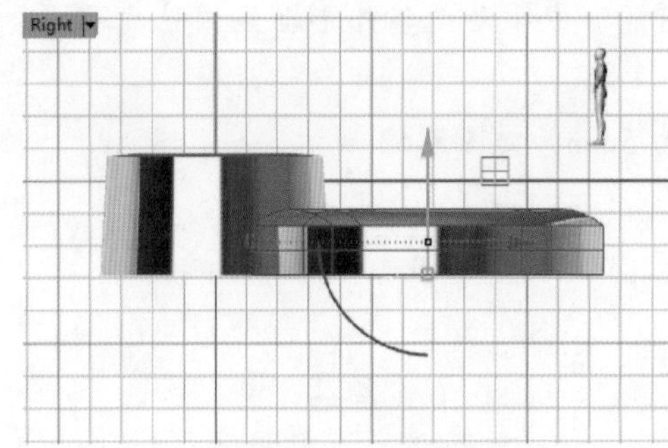

图 8-66 平移实体

图 8-67 抽离结构线

09 利用【宝石】选项卡中的【单曲线排石】工具，沿着上一步骤所抽离的曲线，在实体上放置直径为 2mm、数量为 7 的宝石，如图 8-68 所示。

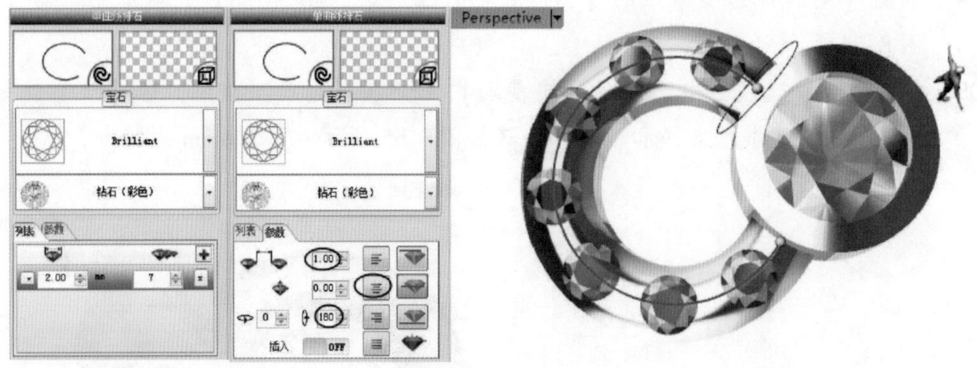

图 8-68 单曲线排石

10 接下来利用【刀具】工具创建宝石的开孔器，利用【布尔运算：差集】工具，在动态截面实体上创建出单线排石的宝石洞，如图 8-69 所示。

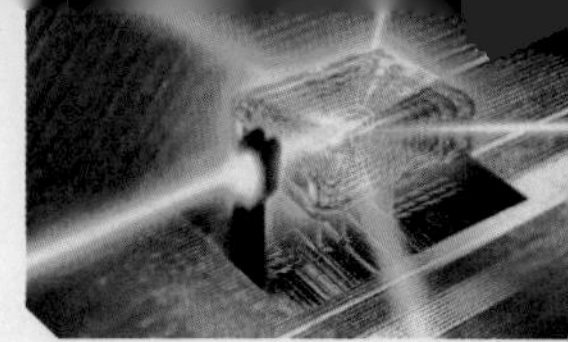

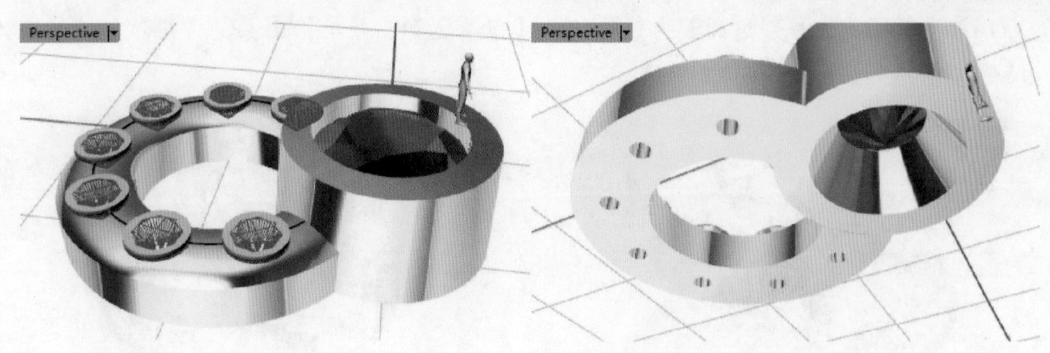

图 8-69 创建宝石洞

11 利用【珠宝】选项卡中的【线性钉镶】工具，选取单线排石的宝石，以便插入钉镶，如图 8-70 所示。

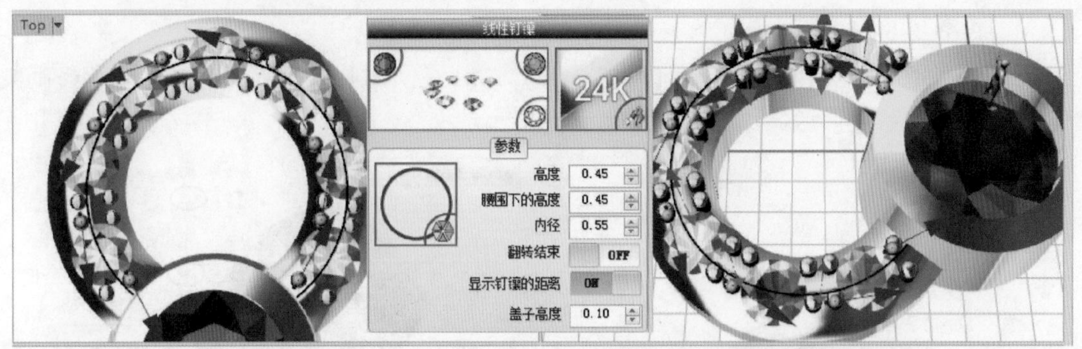

图 8-70 创建线性钉镶

12 利用【变动】选项卡中【动态圆形阵列】工具，创建圆形阵列，如图 8-71 所示。

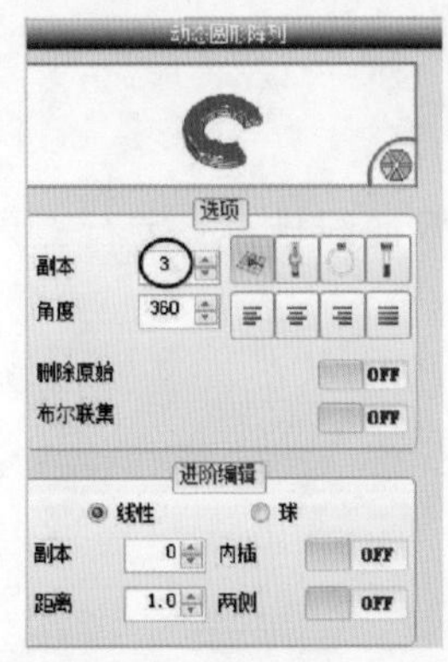

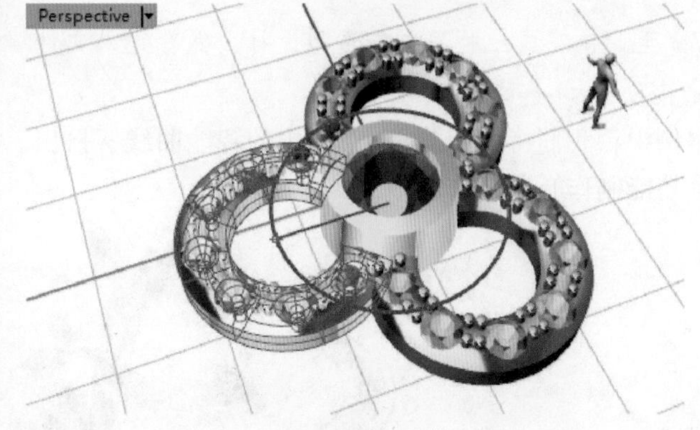

图 8-71 创建圆形阵列

13 利用【建模】选项卡中【不等距斜角】工具，创建中间包镶的斜角（斜角距离为 0.8mm），如图 8-72 所示。

14 绘制圆曲线并创建圆管，然后利用【布尔运算：并集】工具，将圆管与其他实体合并，结果如图 8-73 所示。

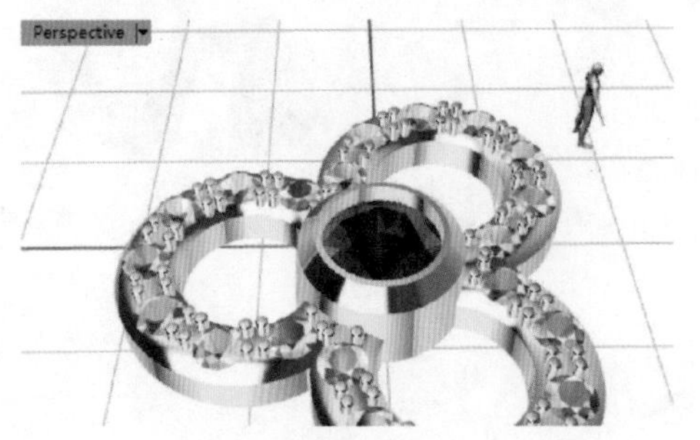

图 8-72　创建斜角

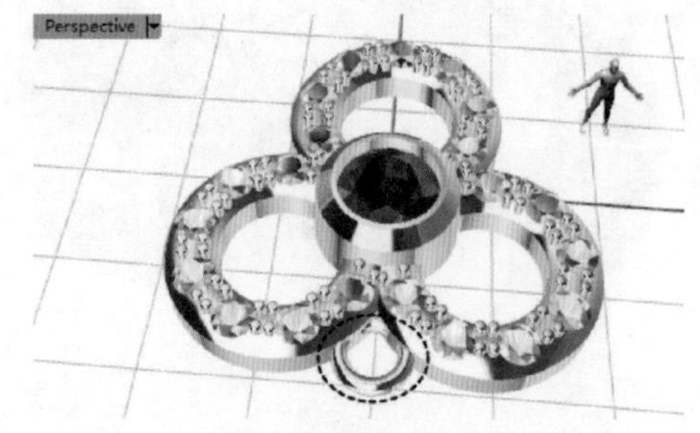

图 8-73　创建圆管

15 利用【绘制】选项卡中的【椭圆】工具，在【Right】视窗中绘制椭圆曲线，如图 8-74 所示。

16 利用【珠宝】选项卡中【动态截面】工具，选取椭圆曲线，创建动态截面实体，如图 8-75 所示。

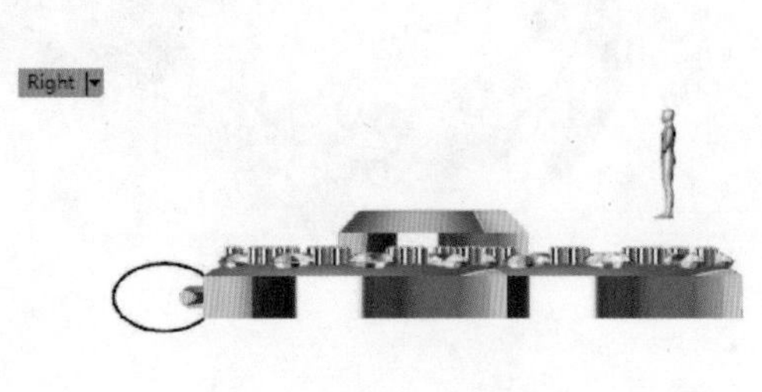

图 8-74　绘制椭圆曲线

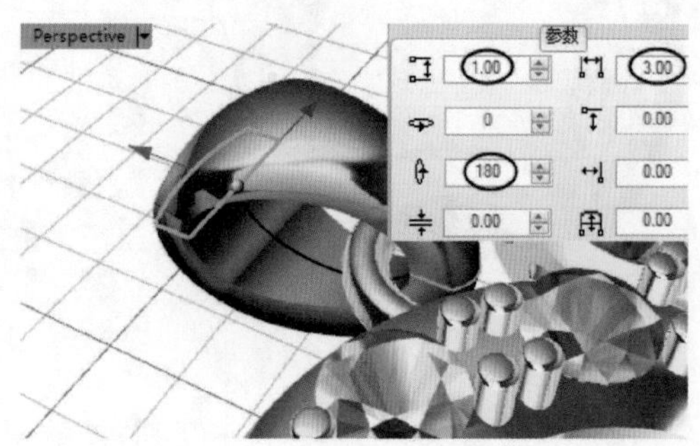

图 8-75　创建动态截面实体

17 至此，完成三叶草坠饰造型设计，保存结果文件。

2. 心形坠饰

在本例中，我们将使用 RhinoGold 中的智能曲线、挤出、双曲线排石、宝石工具、包镶与圆管等功能制作心形坠饰造型，如图 8-76 所示。

图 8-76　心形坠饰

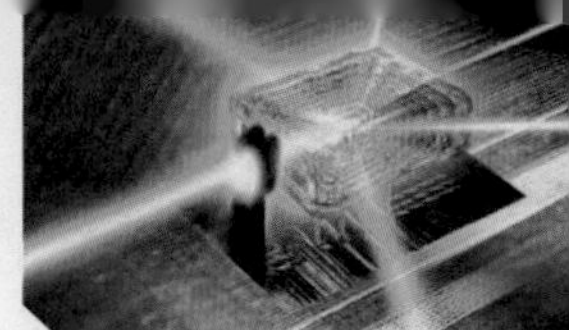

01 在菜单栏中执行【文件】|【新建】命令，新建珠宝文件。

02 利用【宝石】选项卡的【包镶】工具，在控制面板中选择028号包镶样式。选中宝石后按F2键，重新选择宝石形状为心形钻石，内径为6mm，如图8-77所示。

03 选中包镶按F2键，编辑包镶的尺寸，这里可以在视窗中手动调整包镶截面形状，如图8-78所示。

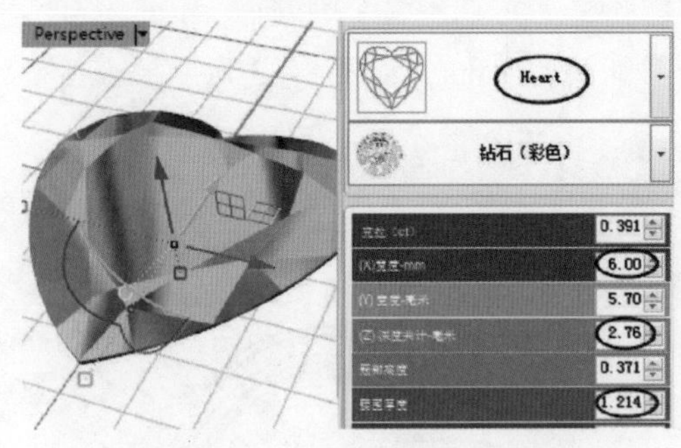

图8-77 创建心形宝石

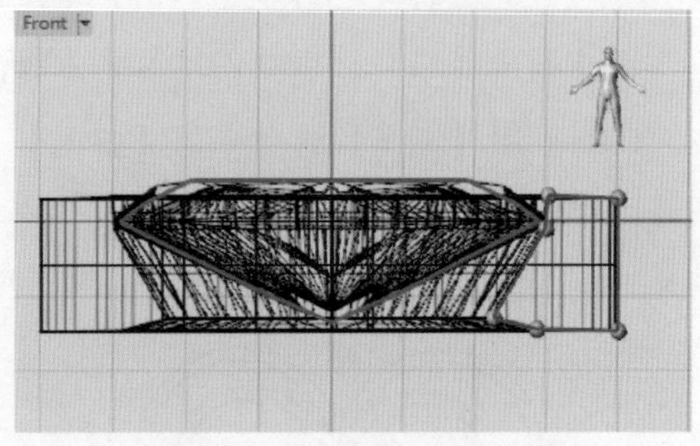

图8-78 创建钻石包镶

04 利用【绘制】选项卡中【智能曲线】工具，以垂直对称的绘制方式，绘制心形，注意曲线控制点的位置，然后利用操作轴移动钻石和包镶，如图8-79所示。

05 接着绘制心形曲线的偏移曲线，并修改曲线，绘制曲线后将两个心形曲线一分为二（绘制一条竖直线将其左右分），如图8-80所示。

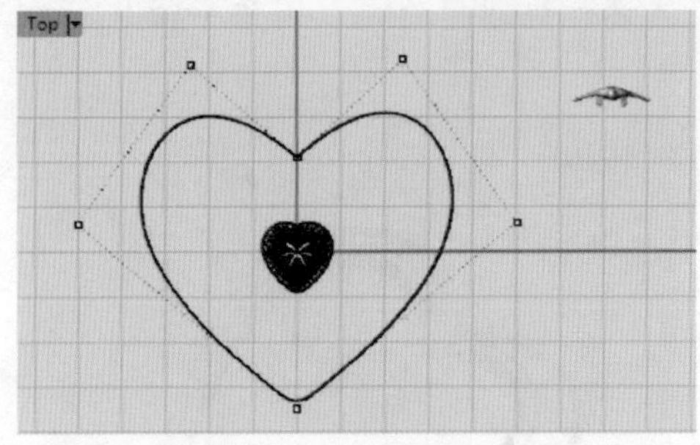

图8-79 绘制智能曲线

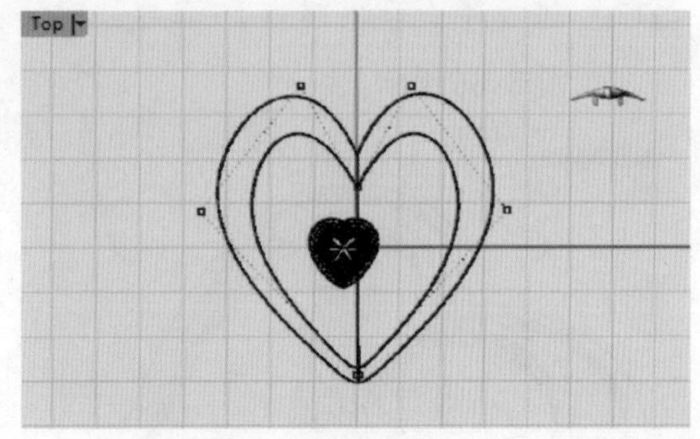

图8-80 移动视图并绘制曲线

06 利用【绘制】选项卡中【延伸】工具，延伸右侧两条半边心形曲线交汇于一点，如图8-81所示。

07 利用【剪切】工具剪切延伸的曲线。然后利用【组合】工具将所有心形曲线组合成整体，如图8-82所示。

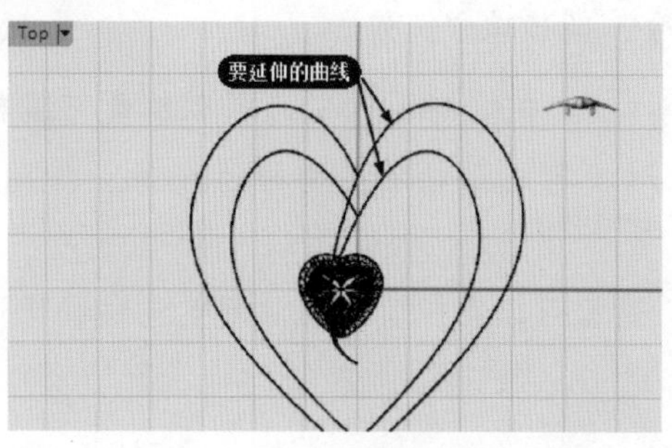

图 8-81　延伸曲线

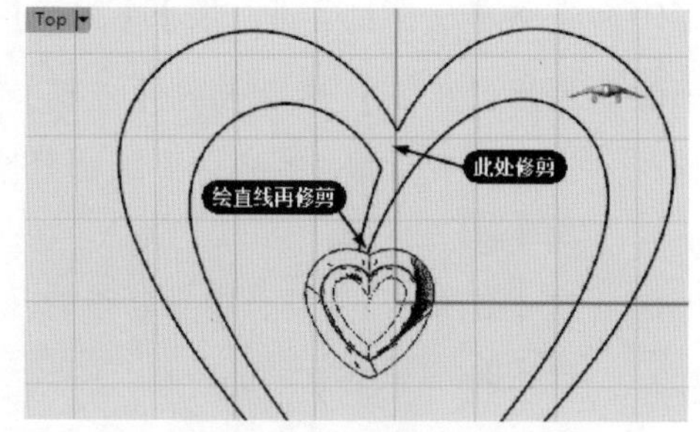

图 8-82　剪切曲线

08 利用【偏移】工具创建偏移曲线，偏移距离为 1mm，如图 8-83 所示。

09 利用【建模】选项卡的【挤出】工具，向下挤出 2mm（在命令行中输入 -2）的高度，如图 8-84 所示。

图 8-83　偏移曲线

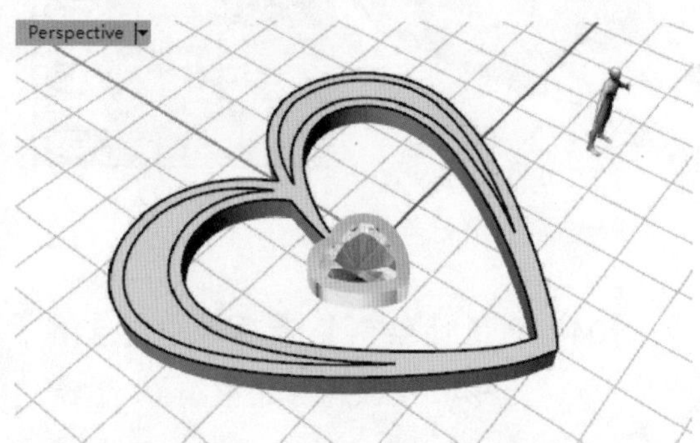

图 8-84　创建挤出视图

10 同样的，创建里面偏移曲线的挤出实体，向下挤出 1mm，然后进行布尔差集运算，得到如图 8-85 所示的结果。

11 利用【不等距圆角】工具，对挤出实体进行边圆角处理，圆角半径 0.3mm，如图 8-86所示。

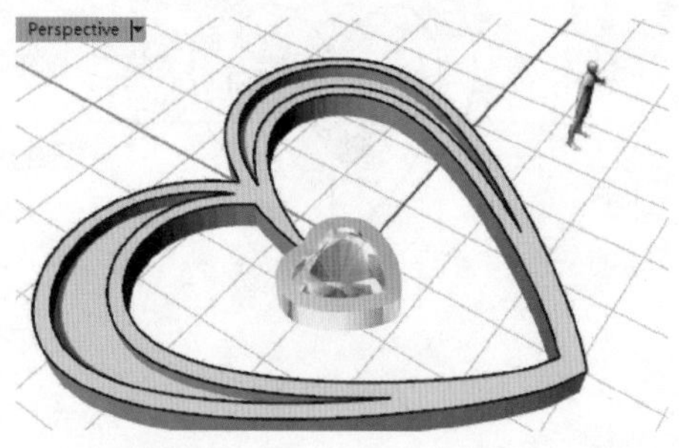

图 8-85　创建内部挤出并布尔差集运算

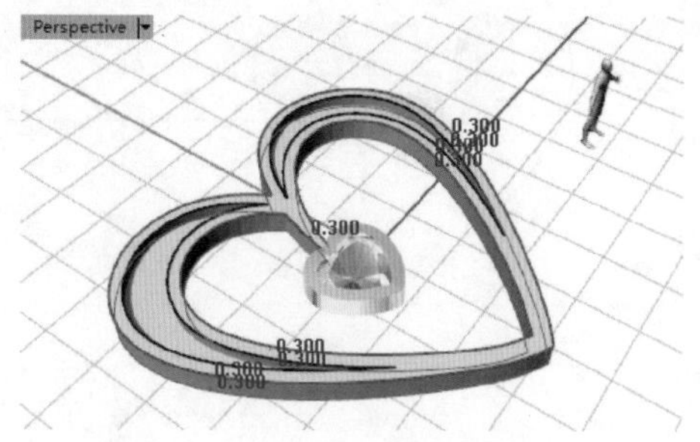

图 8-86　创建圆角

12 利用【宝石】选项卡中【双曲线排石】工具，选取偏移曲线（由于偏移曲线是组合曲线，可以利用【炸开】工具拆分成单条曲线）来放置宝石，宝石之间距离为 0.1mm，如图 8-87 所示。同样的，在另一侧也创建双曲线排石。

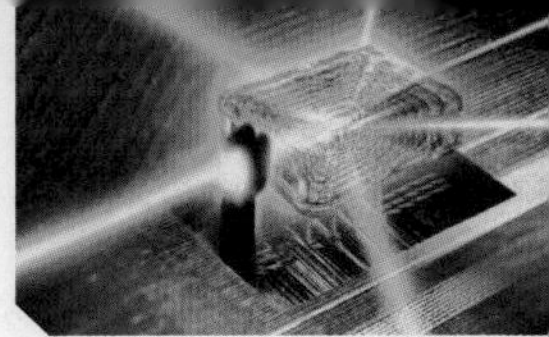

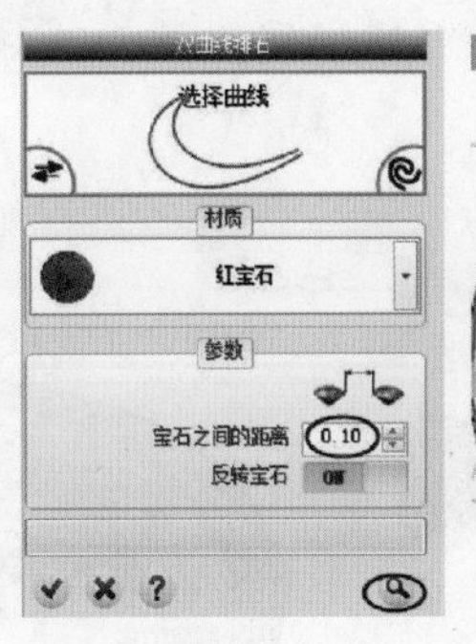

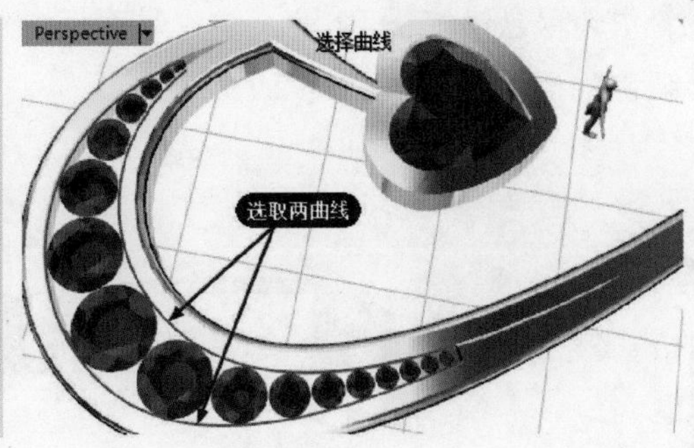

图 8-87 双线自动排石

技巧点拨

在【双曲线排石】对话框中要先单击【预览】按钮，预览成功后再单击【确定】按钮完成创建，否则不能创建成功。

13 利用【智能曲线】工具，在【Top】视窗中绘制一条圆弧曲线，如图 8-88 所示。

14 利用【绘制】选项卡【曲线】菜单中的【螺旋线】工具，以【环绕曲线】的方式绘制螺旋线，如图 8-89 所示。

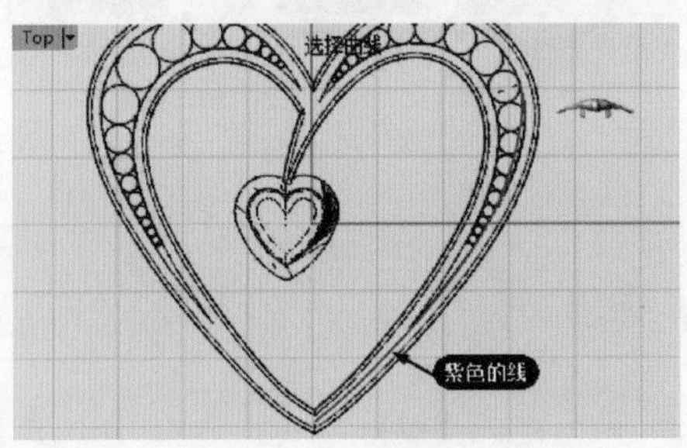

图 8-88 绘制智能曲线

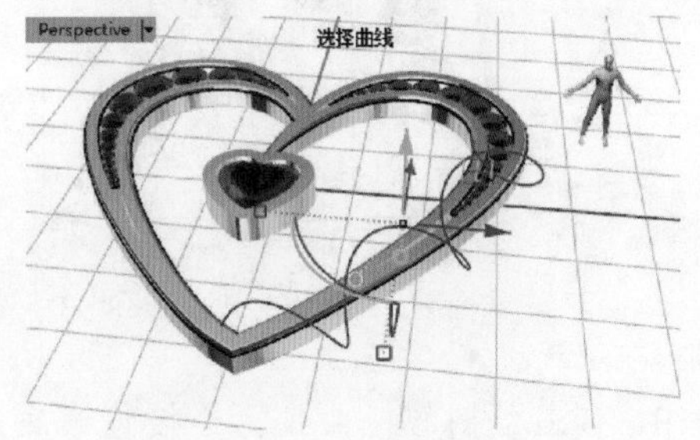

图 8-89 绘制螺旋线

15 利用【建模】选项卡中的【圆管，圆头盖】工具，选取螺旋线，创建直径为 1mm 的圆管，如图 8-90 所示。

16 利用【包镶】工具，在控制面板中选择 040 号包镶样式（含眼形宝石）。选取宝石后按 F2 键编辑眼形宝石的宽度为 3.5mm，如图 8-91 所示。

图 8-90 创建圆管

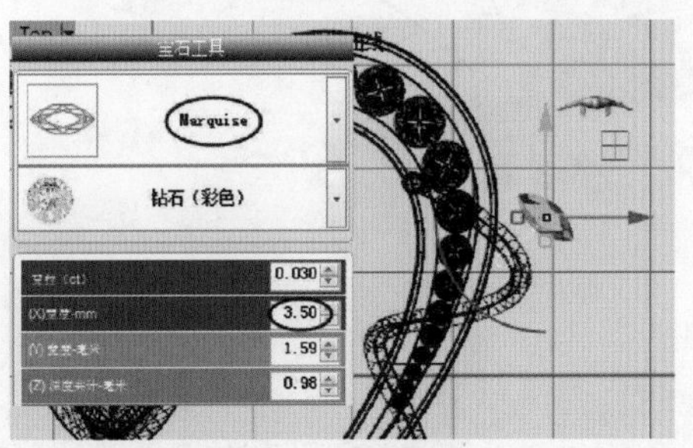

图 8-91 创建宝石

17 在视窗中选取包镶按下 F2 键，在控制面板中编辑包镶参数，并且需要在视窗中手动调整截面形状，如图 8-92 所示。

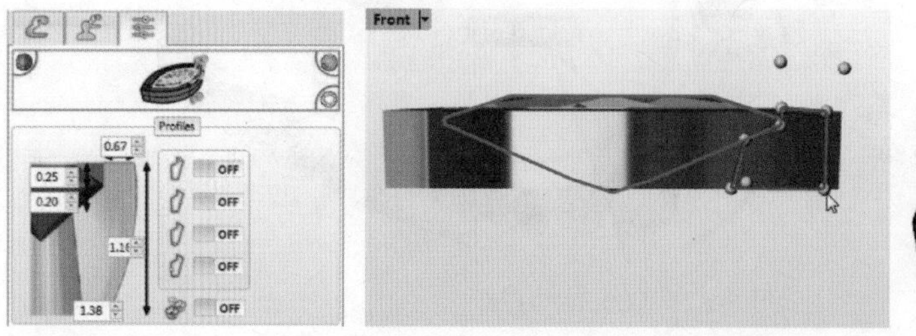

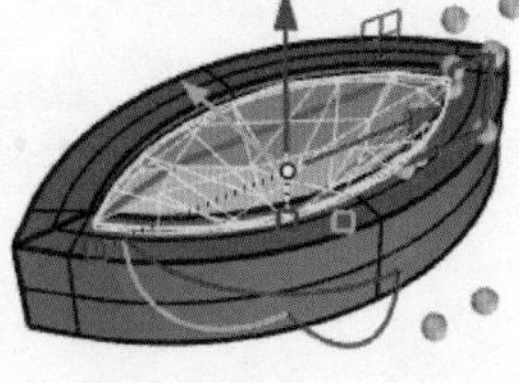

图 8-92　创建包镶

18 在视窗中调整包镶和眼形钻石的位置，如图 8-93 所示。

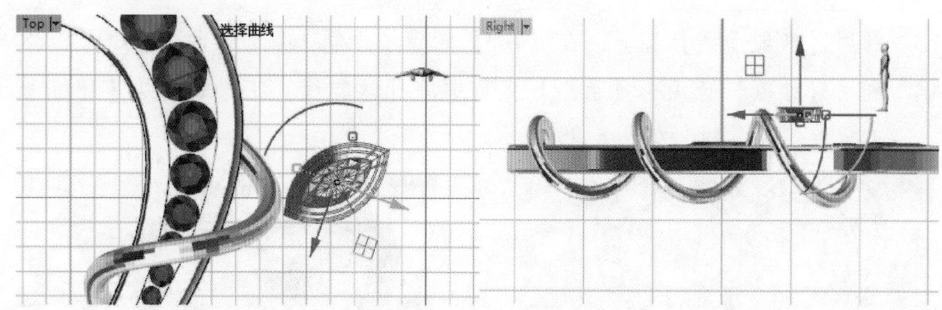

图 8-93　调整钻石的位置

19 接着绘制智能曲线，连接包镶底座与圆管，如图 8-94 所示。利用【圆管】工具创建圆管，起点直径 0.5mm，终点直径 0.25mm，如图 8-95 所示。

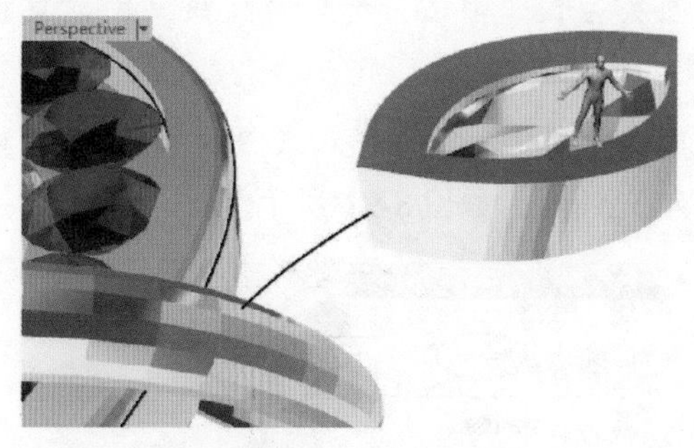

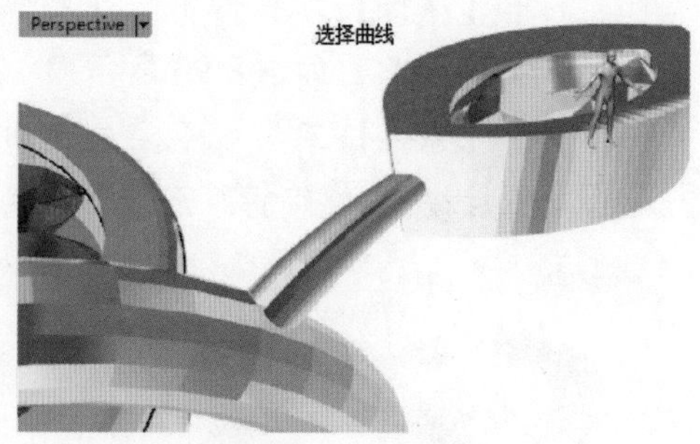

图 8-94　绘制智能曲线　　图 8-95　创建圆管

20 利用【变动】选项卡【矩形阵列】菜单中的【沿着曲面上的曲线阵列】工具，创建如图 8-96 所示的沿螺旋曲线的阵列。

21 利用操作轴调整阵列的包镶和钻石，如图 8-97 所示。

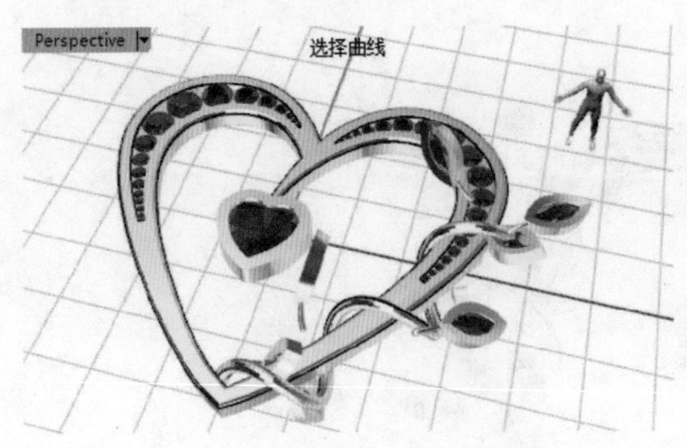

图 8-96　创建动态阵列

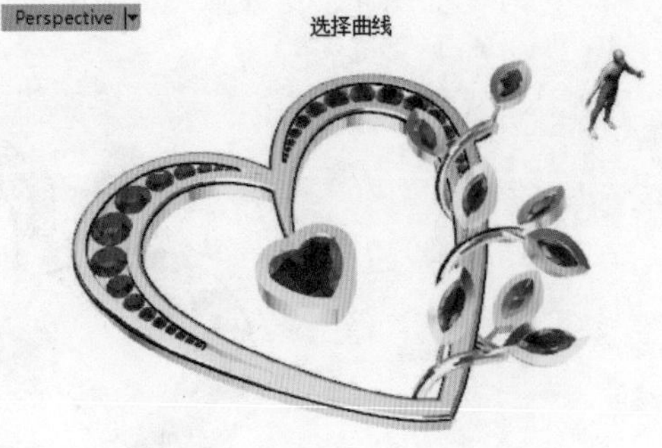

图 8-97　调整包镶和钻石的位置

22 利用圆弧工具在【Top】视窗中绘制如图 8-98 所示的圆弧。

23 利用【圆管】工具创建直径为 1mm 的圆管，如图 8-99 所示。

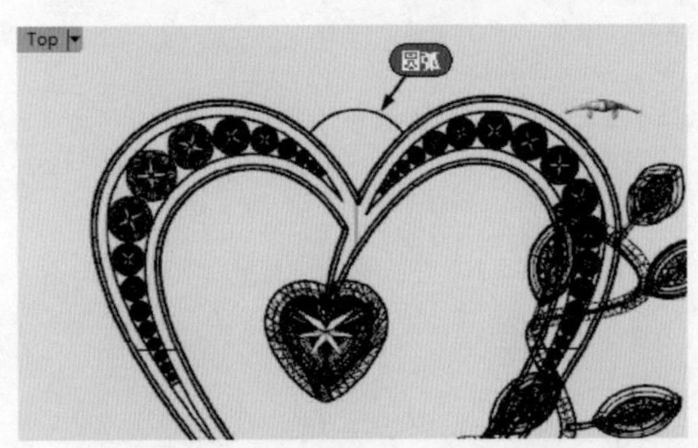

图 8-98　绘制圆弧

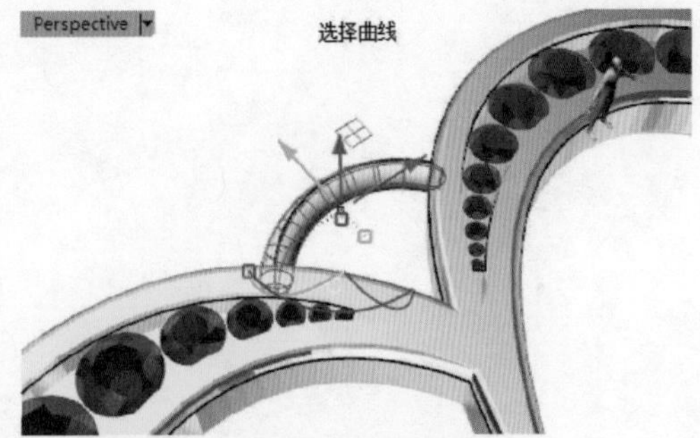

图 8-99　创建圆管

24 利用【珠宝】选项卡中的【挂钩】工具，在控制面板中挂钩样式标签下双击 004 号样式，将其添加到模型中。然后在参数设置标签下编辑挂钩参数，手动调整其位置，如图 8-100 所示。

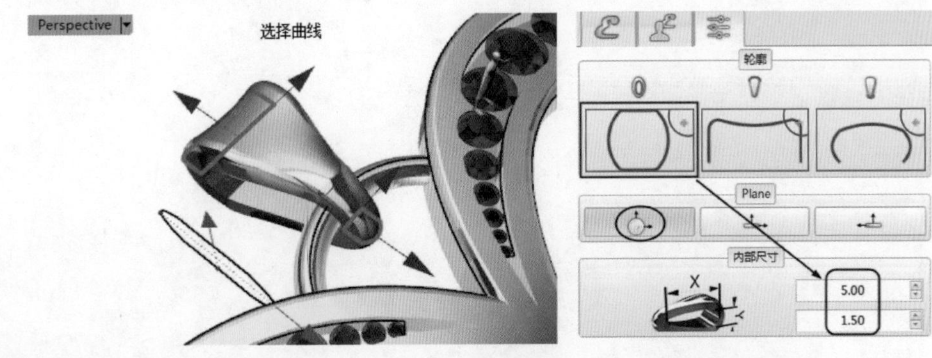

图 8-100　挂钩设计

25 最后按照前面坠饰中创建线性钉镶的方法，创建心形坠饰的钉镶，完成心形坠饰的造型设计，结果如图 8-101 所示。

图 8-101　设计完成的心形坠饰

Chapter

第9章 KeyShot产品高级渲染

本章导读

本章主要介绍当前 Rhino 的渲染辅助软件最新版 KeyShot 7.0，读者可通过学习与掌握 KeyShot 相关操作命令，从而掌握对 Rhino 所构建的数字模型进行后期渲染处理的方法，最终输出符合设计要求的渲染图。

案例展现

案例图	描述
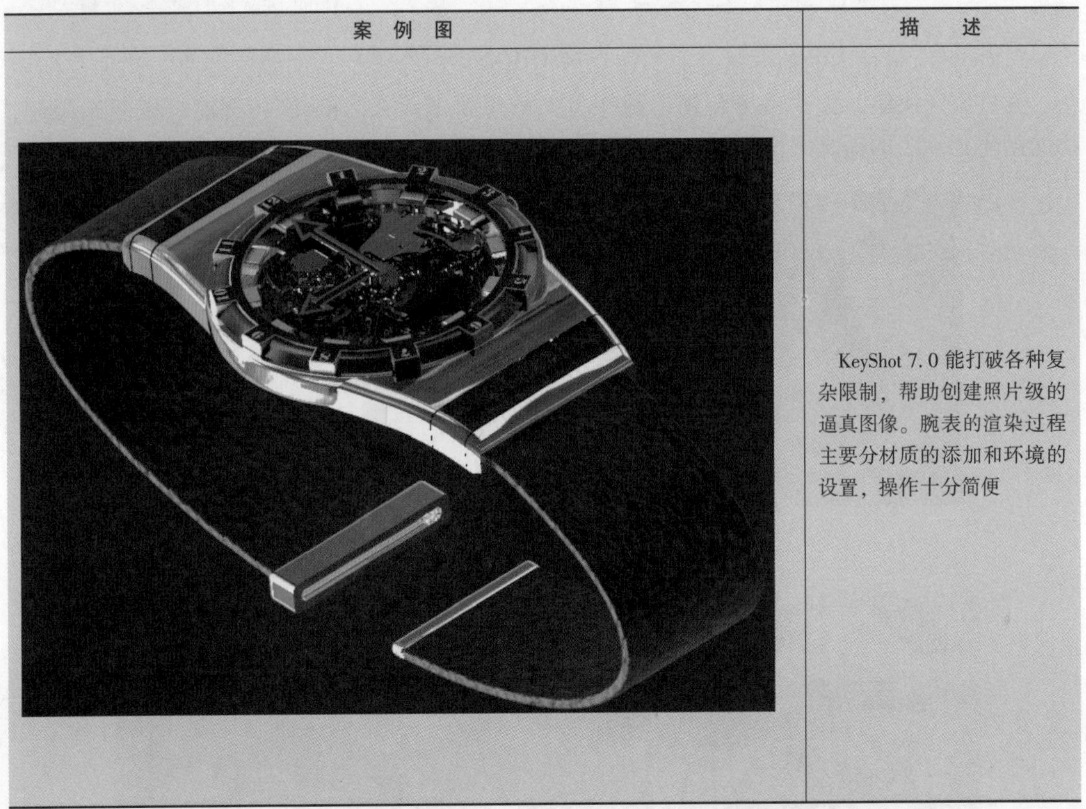	KeyShot 7.0 能打破各种复杂限制，帮助创建照片级的逼真图像。腕表的渲染过程主要分材质的添加和环境的设置，操作十分简便

9.1 KeyShot 渲染器简介

KeyShot 软件启动界面如图 9-1 所示。KeyShot 意为【The Key to Amazing Shots】，是一个互动性的光线追踪与全域光渲染程序，不用复杂的设定即可产生相片般真实的 3D 渲染影像。无论渲染效率还是渲染质量均非常的优秀，非常适合用于即时方案展示效果渲染，同时，KeyShot 对目前绝大多数主流建模软件支持效果良好，尤其对于 Rhino 模型文件更是完美支持。KeyShot 所支持的模型文件格式如图 9-2 所示。

图 9-1　KeyShot 软件启动界面

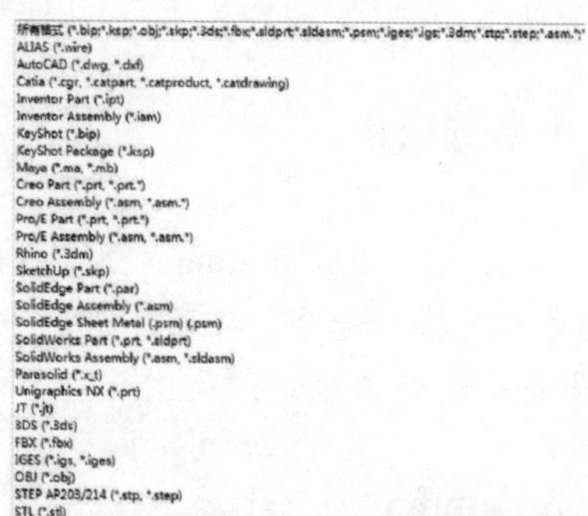

图 9-2　KeyShot 所支持的模型文件格式

KeyShot 最惊人的地方就是能够在几秒之内渲染出令人惊讶的镜头效果。沟通早期理念、尝试设计决策、创建市场和销售图像，无论想要做什么，KeyShot 都能打破复杂限制，帮助创建照片级的逼真图像。图 9-3 和图 9-4 所示为 KeyShot 渲染的高质量图片。

图 9-3　KeyShot 渲染的高质量图片（一）

图 9-4　KeyShot 渲染的高质量图片（二）

9.2 KeyShot 7.0 界面

鉴于 KeyShot 7.0 是一款独立的软件程序，所涉及的知识内容较多，我们将简要介绍下基本操作。

9.2.1　窗口管理

在 KeyShot 7.0 的窗口左侧为渲染材质面板，中间区域是渲染区域，底部则是人性化的控制面板，如图 9-5 所示。

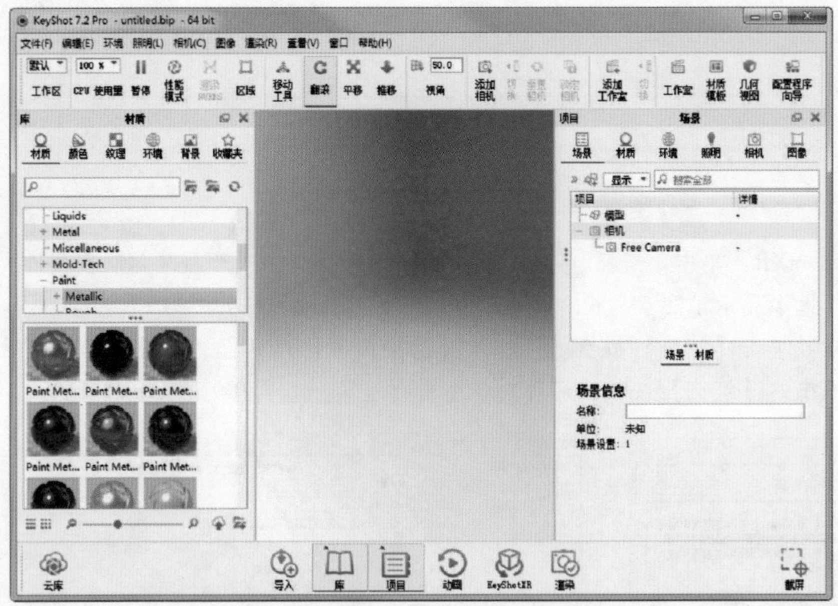

图 9-5　KeyShot 7.0 的窗口分布

下面介绍底部的窗口控制按钮，如图 9-6 所示。

图 9-6　窗口控制按钮

- 导入：单击【导入】按钮，打开【导入】对话框，导入适合 KeyShot 7.0 的格式文件。您也可以执行菜单栏【文件】菜单中的的文件操作命令，进行各项文件操作。
- 库：【库】按钮用于控制左侧材质库面板的显示与否。【库】面板用于添加材质、颜色、环境、背景、纹理等。
- 项目：【项目】按钮用于控制右侧的各渲染环节的参数与选项设置的控制面板。
- 动画：【动画】按钮控制【动画】面板的显示，如图 9-7 所示。

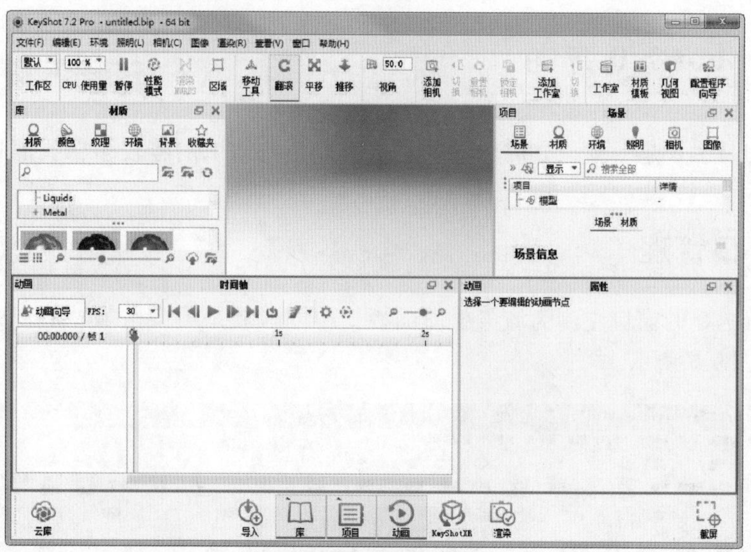

图 9-7　显示【动画】面板

- KeyShotXR：单击此按钮，可以在网站上进行交互式产品演示。图 9-8 所示的向导对话框中展示了演示的 6 种类型。
- 渲染：单击【渲染】按钮，打开【渲染选项】对话框。设置渲染参数后，单击对话框中的【渲染】按钮，即可对模型进行渲染，如图 9-9 所示。

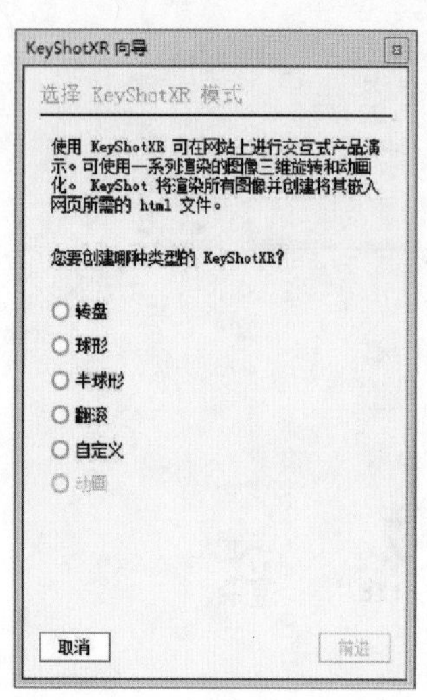

图 9-8　KeyShotXR 向导

图 9-9　【渲染选项】对话框

9.2.2　视图控制

在 KeyShot 7.0 中，视图的控制是通过相机功能来执行的。

若要显示 Rhino 中的默认视图，则在 KeyShot 7.0 的菜单栏中执行【相机】|【相机】命令，打开相机视图菜单，如图 9-10 所示。

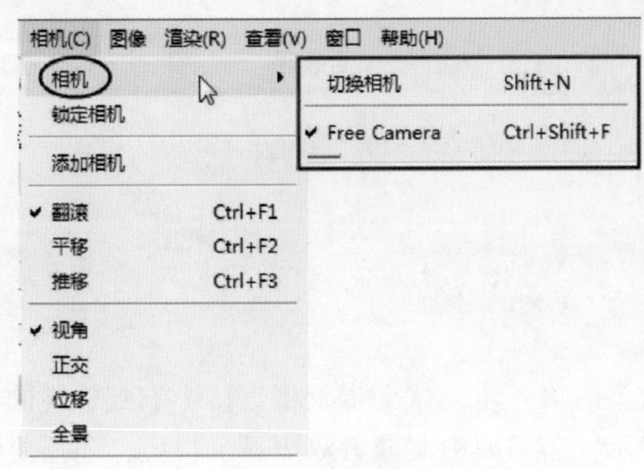

图 9-10 相机菜单

在渲染区域中按住鼠标中键可以平行移动摄像机，单击左键可旋转摄像机，达到多个视角查看模型的目的。

技巧点拨

也可以在工具列中单击【中间移动手掌移动摄像机】按钮，以及【左键旋转摄像机】按钮来完成相机视图操作。

若要旋转模型，则将光标移动到模型上，然后右键单击，弹出快捷菜单，选择快捷菜单中的【移动模型】命令，渲染区域中显示三轴控制球，如图 9-11 所示。

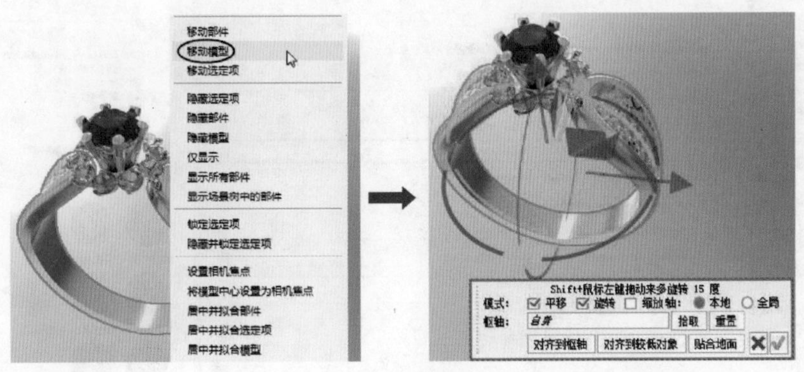

图 9-11 显示三轴控制球

技巧点拨

快捷菜单中的【移动部件】命令，是针对导入的装配体模型的可以移动装配体中的单个或多个零部件。

拖动环可以旋转模型，拖动轴可以定向平移模型。

默认情况下，模型的视角是以透视图进行观察的，可以在工具列中设置视角，如图 9-12 所示。

可以设置视图模式为【正交】，正交模式也就是 Rhino 中的【平行】视图模式。

图 9-12　视角设置

9.3 材质库

为模型赋予材质是渲染的第一步，这个步骤将直接影响到最终的渲染结果。KeyShot 7.0 材质库中的材质为英文显示，若需要中文或者双语显示材质，还需要安装由热心网友提供的【KeyShot 5 中英文双语版材质 . exe】程序。

技巧点拨

为了便于大家学习，我们会将本章中所提及的插件程序与双语材质库放置在本书附赠资源中供大家下载。安装中文材质库后，复制并粘贴到桌面上 KeyShot 7 Resources 材质库文件夹中，与 Materials 文件夹合并即可。但还需要在 KeyShot 7.0 中执行菜单栏的【编辑】|【首选项】命令，打开【首选项】对话框定制各个文件夹，也就是编辑材质库的新路径，如图 9-13 所示。重新启动 KeyShot 7.0，中文材质库即生效。

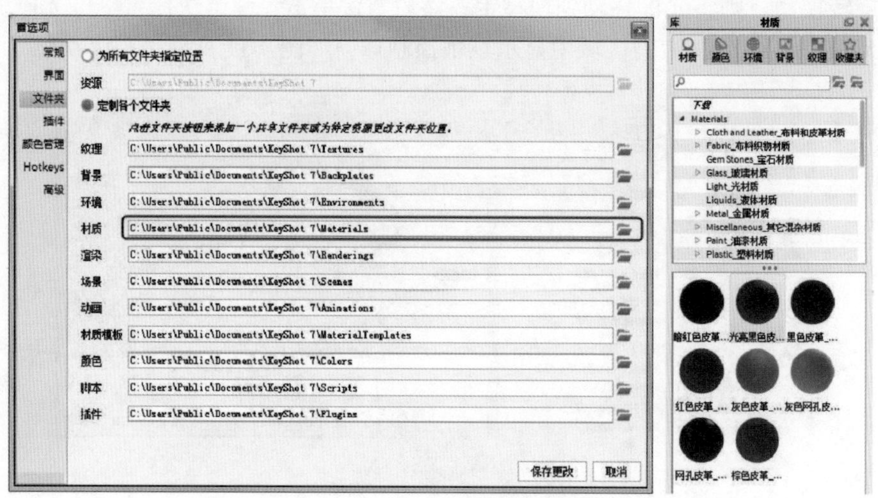

图 9-13　定制文件夹加载中文材质库

本章将采用中文材质库进行介绍，方便大家学习。

9.3.1 赋予材质

KeyShot 7.0 的材质赋予方式与 Rhino 渲染器的材质赋予方式相同，选择材质后，直接拖动该材质到模型中的某个面上释放，即可完成赋予材质操作。如果渲染的模型是一个整体，需要拖动材质到控制面板的【场景】标签下【项目】列表中的模型几何，如图 9-14 所示。

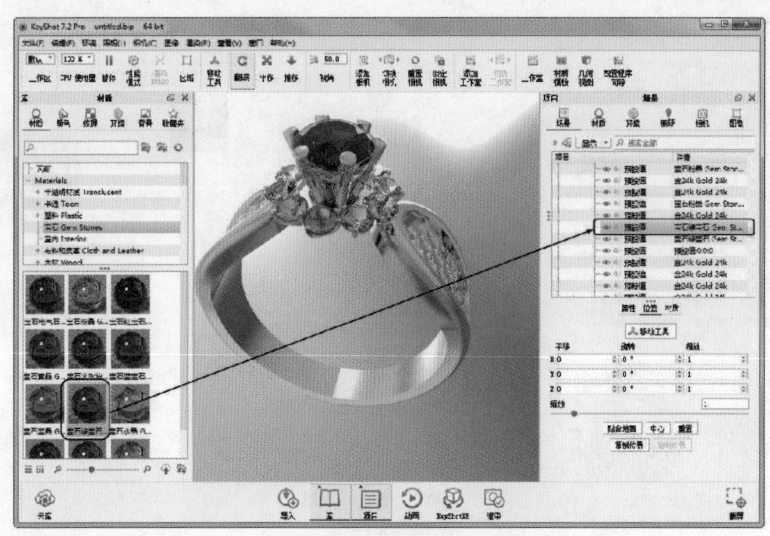

图 9-14　赋予材质给对象

9.3.2　编辑材质

编辑材质时，首先要单击【项目】按钮，打开【项目】控制面板。赋予材质后，在渲染区域中双击材质，【项目】控制面板中显示此材质的【材质】属性面板，如图 9-15 所示。

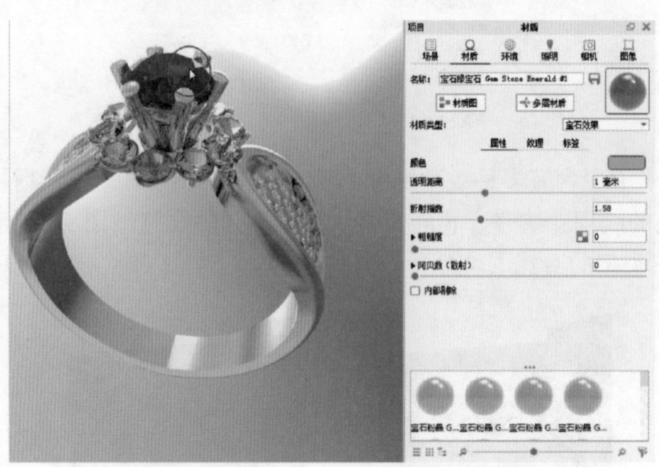

图 9-15　控制面板中的【材质】属性面板

在【材质】属性面板中有 3 个选项卡：【属性】【纹理】和【标签】。

1. 【属性】选项卡

【属性】选项卡用于编辑材质的属性，包括颜色、粗糙度、高度和缩放等属性。

2. 【纹理】选项卡

此选项卡用于设置贴图，贴图也是材质的一种，只不过贴图是附着在物体的表面，而材质是附着在整个实体体积中。【纹理】选项卡如图 9-16 所示。双击【未加载纹理贴图】块，可以从【打开纹理贴图】对话框打开贴图文件，如图 9-17 所示。

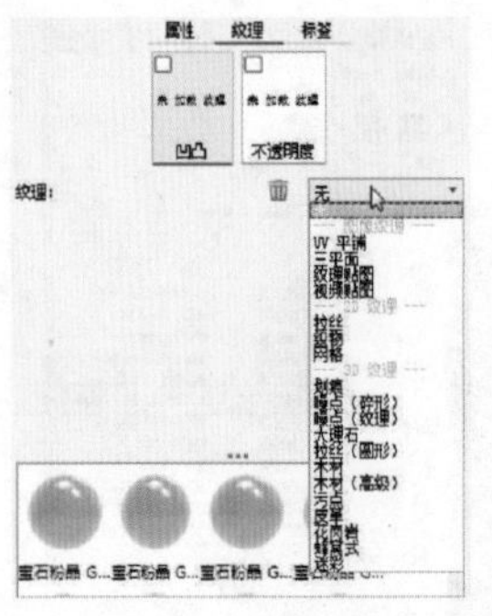

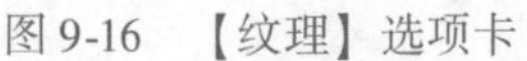

图 9-16 【纹理】选项卡

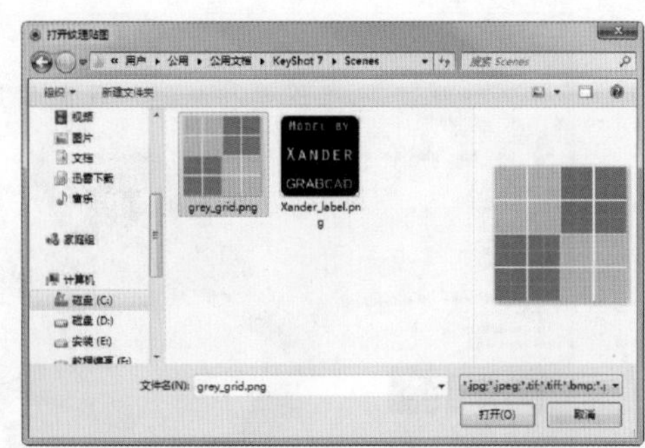

图 9-17 打开纹理贴图

打开贴图文件后，【纹理】选项卡会显示该贴图的属性设置选项，如图 9-18 所示。

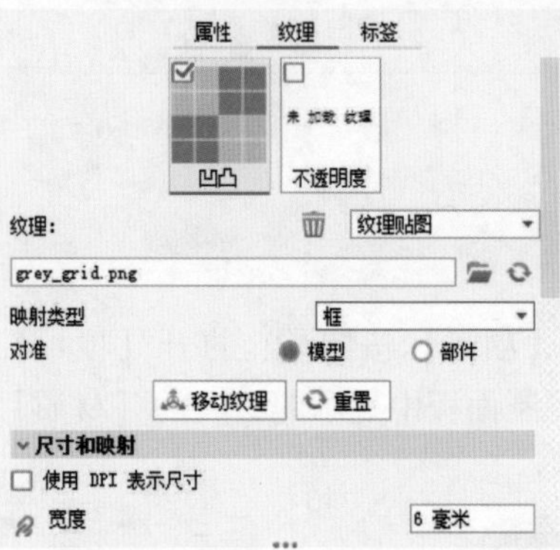

图 9-18 贴图属性设置

【纹理】选项卡中包含有多种纹理贴图类型，见图 9-16 中贴图类型下拉列表。贴图类型主要用于定义贴图的纹理、纹路。相同的材质，有不同的纹路，图 9-19 所示为【纤维编织】类型与【蜂窝式】类型的对比。

【纤维编织】类型　　【蜂窝式】类型

图 9-19 纹理贴图类型

3. 【标签】选项卡

KeyShot 7.0 中的【标签】就是前面两种渲染器中的【印花】，同样也是材质的一种，只不过【标签】与贴图都是附着于物体的表面，【标签】常用于产品的包装、商标、公司徽标等。

【标签】选项卡如图 9-20 所示。单击【未加载标签】块，可以打开标签图片文件，如图 9-21 所示。

图 9-20　【标签】选项卡

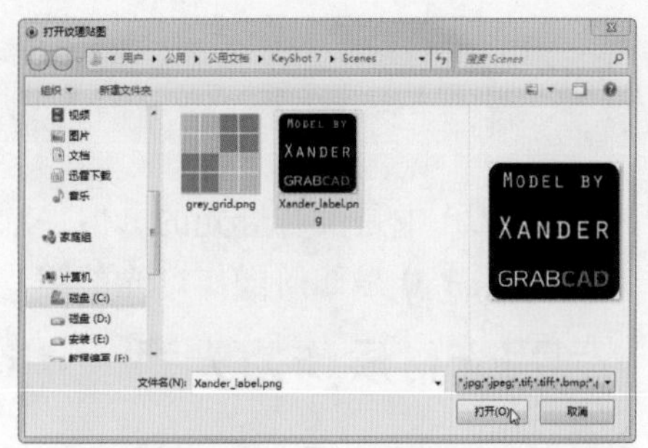

图 9-21　打开标签图片

打开标签后，同样可以编辑标签图片，包括投影方式、缩放比例、移动等属性，如图 9-22 所示。

图 9-22　标签属性设置

9.4 颜色库

颜色不是材质，颜色只是体现材质的一种基本色彩。KeyShot 7.0 的模型颜色位于【颜色】库中，如图 9-23 所示。

图 9-23　颜色库

更改模型的颜色除了在颜色库中拖动颜色给模型外，还可以在编辑模型材质时直接在【材质】属性面板中设置材质的【基色】。

9.5 灯光

其实 KeyShot 7.0 中是没有灯光的，但一款功能强大的渲染软件是不可能不涉及灯光渲染的。那么 KeyShot 7.0 是如何操作灯光的呢？

9.5.1 利用光材质作为光源

在材质库中，光材质如图 9-24 所示。为了便于学习，我们特地将所有灯光材质作了汉化处理。

- Light_光
  - Area Light_区域光源
  - Emissive_发射光
  - IES Light_IES光源
  - Point Light_点光源

图 9-24 光材质

从图中不难发现，可用的光源包括 4 种类型：区域光源、发射光、IES 光源和点光源。

1. 区域光源

区域光源也叫【面光源】，指的是局部透射、穿透的光源，比如窗户外照射进来的自然光源、太阳光源，光源材质列表中有 4 个区域光源材质，如图 9-25 所示。

区域光 100W（冷光）

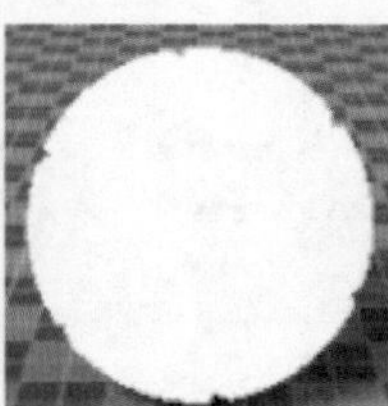

区域光 100W（暖光）

区域光100W（白光）

区域光100W（中性）

图 9-25 4 个区域光源材质

添加区域光源，也就是将区域光源材质赋予窗户中的玻璃等模型。区域光源一般适用于建筑室内渲染。

2. 发射光

发射光源也叫【自发光】，主要用于车灯、电筒、电灯、路灯及室内装饰灯的渲染。光源材质列表中的发射光材质如图 9-26 所示。

发射光源材质中英文对照如下。

- Emissive Cool（发射光 – 冷）
- Emissive Neutral（发射光 – 中性）
- Emissive Warm（发射光 – 暖）
- Emissive White #1（发射光 – 白色#1）
- Light linear sharp（线性锐利灯光）
- Light linear soft（线性软灯光）
- Light radial sharp（径向锐利灯光）
- Light radial soft（径向软灯光）

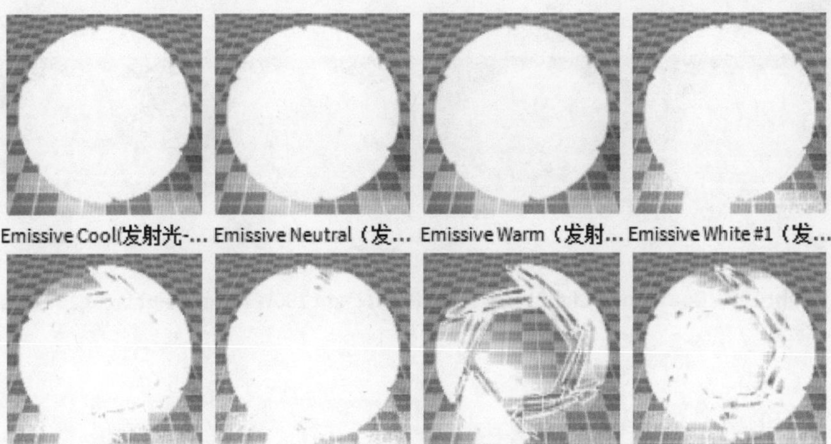

图 9-26 发射光源材质

3. IES 光源

IES 光源是由美国照明工程学会制订的各种照明设备的光源标准。

在制作建筑效果图时，常会使用一些特殊形状的光源，例如射灯、壁灯等，为了准确真实地表现这一类的光源，可以通过使用 IES 光源导入 IES 格式文件来实现。

IES 文件就是光源（灯具）配光曲线文件的电子格式，因为它的扩展名为【＊.ies】，所以，我们直接称它为 IES 文件。

IES 格式文件包含准确的光域网信息。光域网是光源的灯光强度分布的 3D 表示，平行光分布信息以 IES 格式存储在光度学数据文件中。光度学 Web 分布使用光域网定义分布灯光。可以加载各个制造商所提供的光度学数据文件，将其作为 Web 参数。在视窗中，灯光对象会更改为所选光度学 Web 的图形。

KeyShot 7.0 提供了 3 种 IES 光源材质，如图 9-27 所示。

图 9-27 3 种 IES 光源材质

IES 光源对应的中英文材质说明如下。

- IES Spot Light 15 degrees（IES 射灯 15 度）
- IES Spot Light 45 degrees（IES 射灯 45 度）
- IES Spot Light 85 degrees（IES 射灯 85 度）

4. 点光源

点光源从其所在位置向四周发射光线。KeyShot 7.0 材质库中的点光源材质如图 9-28

所示。

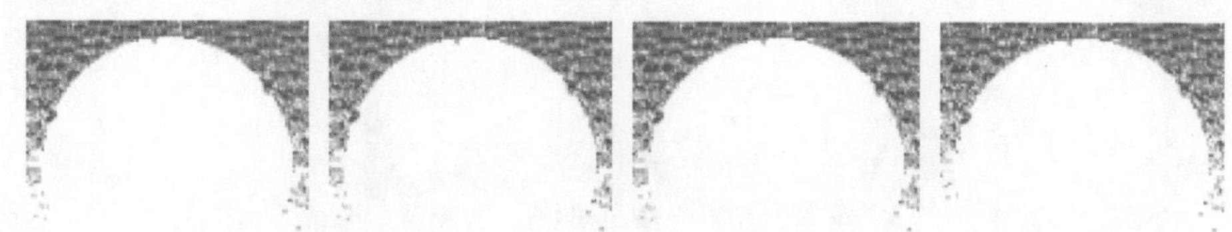

图 9-28　点光源材质

点光源对应的中英文材质说明如下。

- Point Light 100W Cool（点光源 100W-冷）
- Point Light 100W Neutral（点光源 100W-中性）
- Point Light 100W Warm（点光源 100W-暖）
- Point Light 100W White（点光源 100W-白色）

9.5.2　编辑光源材质

光源不能凭空添加到渲染环境中，需要建立实体模型。通过在菜单栏中执行【编辑】|【添加几何图形】|【立方体】命令，或者其他图形命令，可以创建用于赋予光源材质的物件。

如果已经有光源材质附着体，就不需要创建几何图形了。把光源材质赋予物体后，随即可在【材质】属性面板中编辑光源属性，如图 9-29 所示。

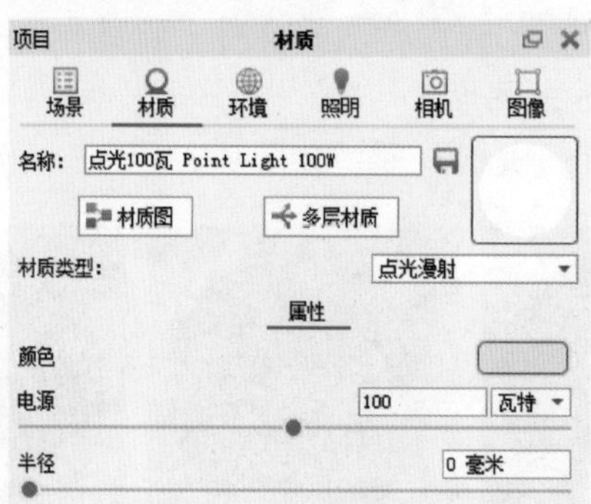

图 9-29　在材质属性面板中编辑光源属性

9.6 环境库

渲染离不开环境，尤其是需要在渲染的模型表面表达发光效果时，更需要加入环境。在窗口左侧的【环境】库中列出了 KeyShot 7.0 全部的环境，如图 9-30 所示。

在环境库中选择一种环境，双击环境缩略图，或者拖动环境缩略图到渲染区域释放，即可将环境添加到渲染区域，如图 9-31 所示。

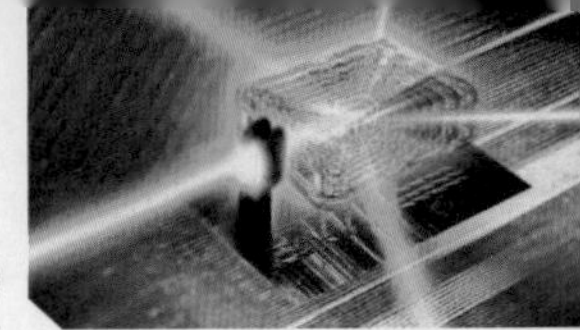

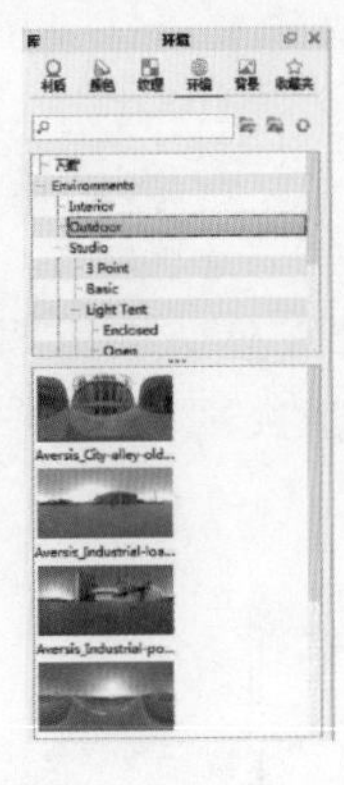

图 9-30　【环境】库

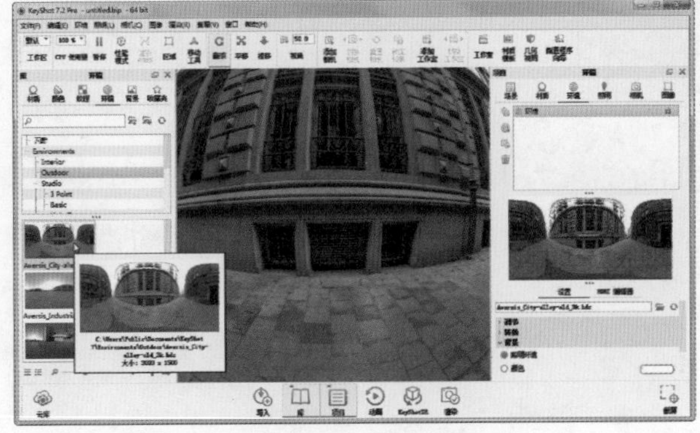

图 9-31　添加环境

添加环境后，可以在右侧的【环境】属性面板中设置当前渲染环境的属性。

如果不需要环境中的背景，在【环境】属性面板中的【背景】选项区选择【颜色】单选按钮，并设置颜色为白色即可。

9.7 背景库和纹理库

背景库中的背景文件主要用于室外与室内的场景渲染，如图 9-32 所示。背景的添加方法与环境的添加方法是相同的。

图 9-32　背景库

纹理库中的纹理用来作为贴图用的材质。纹理既可以单独赋予对象，也可以在赋予材质时添加纹理。KeyShot 7.0 的纹理库如图 9-33 所示。

图 9-33　纹理库

9.8 渲染

在窗口底部单击【渲染】控制命令按钮，弹出【渲染】设置对话框，如图 9-34 所示。其中包括了输出、质量、队列、区域、网络和通道 6 个渲染设置类别，下面主要介绍常用的渲染输出参数。

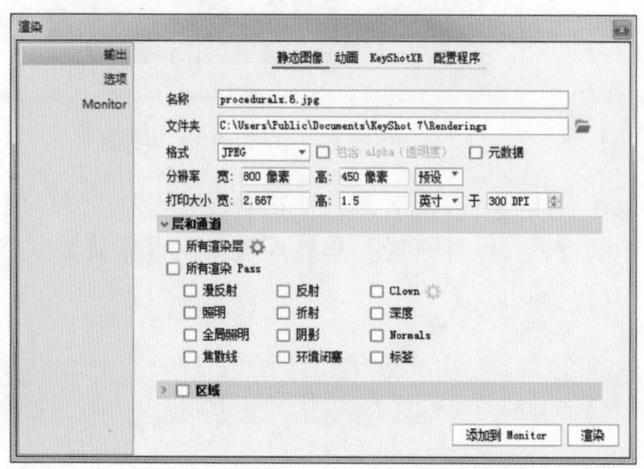

图 9-34 【渲染】设置对话框

【输出】面板中有 4 种输出类型:【静态图像】、【动画】、【KeyShotVR】和【配置程序】。

1. 静态图像

静态图像就是输出渲染的位图格式文件，该控制面板中各选项功能介绍如下。

- 名称：输出图像的名称，可以是中文名称。
- 文件夹：渲染后图片保存位置，默认情况下为【Renderings】文件夹。要注意的是路径全英文的问题，不能出现中文字符。
- 格式：文件保存格式，在格式选项中，KeyShot 7.0 支持三种格式的输出：JPEG、TIFF、EXR。通常我们选择最为熟悉的 JPEG 格式，TIFF 文件可以在 PS 中去除背景，EXR 是涉及色彩渠道、阶数的格式，简单来说就是 HDR 格式的 32 位文件。
- 包括 Alpha（透明度）：勾选这个选项是为了在 TIFF 格式下输出文件在 PS 等软件处理中能自带一个渲染对象及投影的选区。
- 分辨率：图片大小，在这里可以改变图片的纵横大小。可以选择一些常用的图片输出大小。
- 打印大小：设置保持纵横比例与打印图像尺寸单位选项。选项栏中的 inch 和 cm 就是英寸和厘米。后面选项栏调整的是 DPI 的精度，一般使用打印尺寸为 300DPI。
- 【层和通道】选项组：该选项组控制图层与通道的渲染与否。
- 【区域】选项组：勾选【区域】复选框，可以在软件视窗界面中灵活使用鼠标左键拖拽，形成渲染画框，进行局部渲染。通过这种方式可以灵活渲染所需查看的画面局部。比如，将宽度设置为 1634，高度设定为 2319，则仅该区域渲染，如图 9-35 所示。

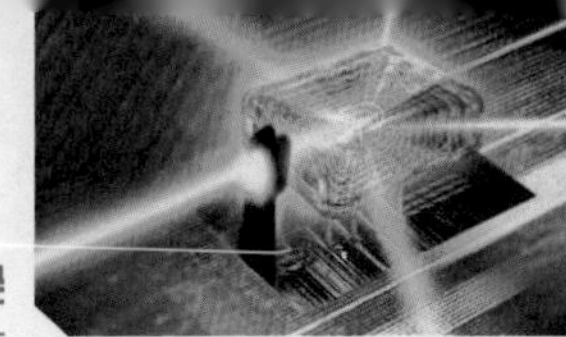

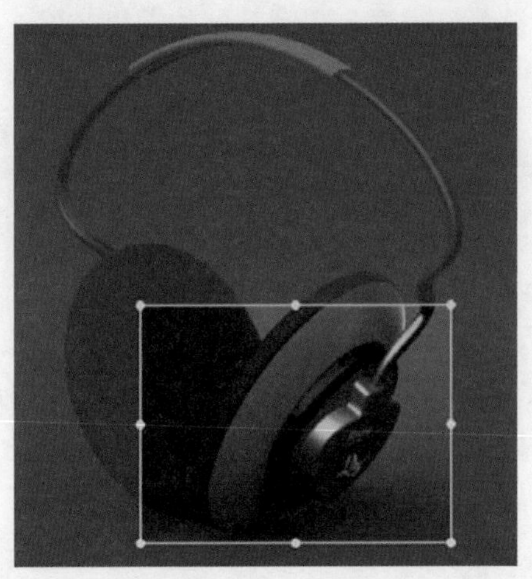

图 9-35　区域渲染

技巧点拨

在 KeyShot 中，打开软件视窗界面后应尽量将视窗缩放至最小（适合观看模型即可），这样可以加快模型的即时硬件渲染效率。。

2. 动画

在创建渲染动画后才会显示【动画】输出设置面板，KeyShot 中制作动画非常简单，只需在动画区域单击【动画向导】按钮 动画向导 ，选择动画类型、相机、动画时间等，即可完成动画的制作，每种类型都有预览功能，如图 9-36 所示。

完成动画制作后，在【渲染】设置对话框的【输出】类别中单击【动画】按钮，即可显示动画渲染输出设置面板，如图 9-37 所示。

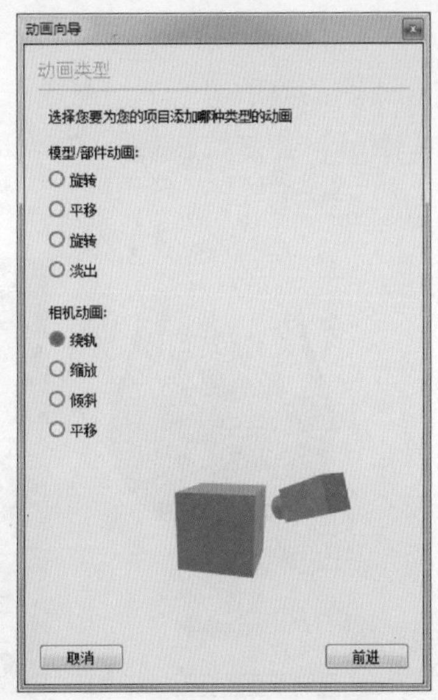

图 9-36　制作动画

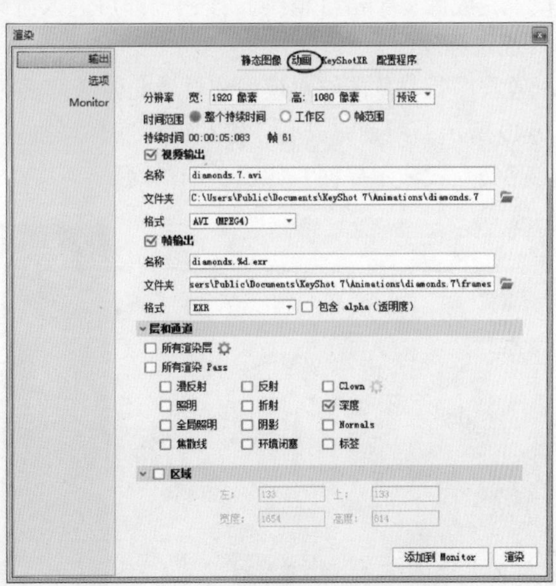

图 9-37　【动画】输出设置面板

在此面板中，根据需要设置分辨率、视频与帧的输出名称、路径、格式、性能及渲染模式等。

3. KeyShotVR

KeyShotVR 是一种动态展示。动画也是 KeyShotVR 的一种类型。除了动画，其他的动态展示多是绕自身的重心进行旋转、翻滚、球形翻转、半球形翻转等定位运动。在渲染区域上方的工具列中单击【KeyShotVR】按钮 KeyShotVR，打开【KeyShotVR 向导】对话框，如图 9-38所示。

KeyShotVR 动态展示的定制与动画类似，只需按步骤操作即可。定义了 KeyShotVR 动态展示后，在【渲染】设置对话框的【输出】类别中单击【KeyShotVR】按钮，即会显示 KeyShotVR 渲染输出设置面板，如图 9-39 所示。

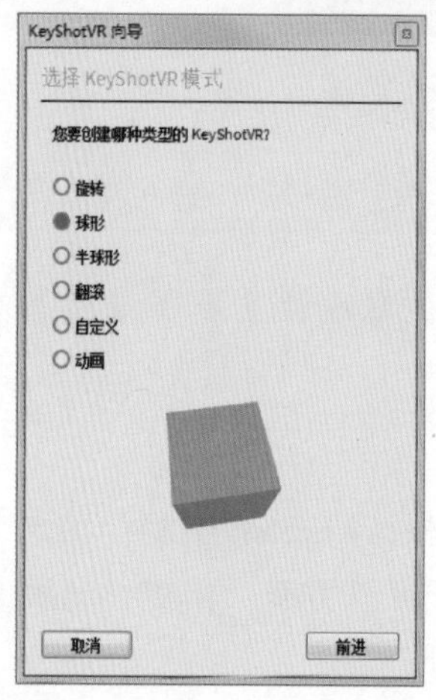

图 9-38 【KeyShotVR 向导】对话框

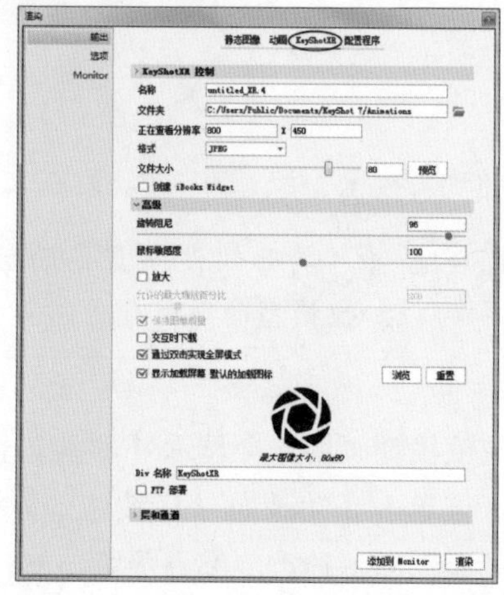

图 9-39 【KeyShotVR】渲染输出设置面板

设置完成后，单击【渲染】按钮，即可进入渲染过程。

4. 配置程序

配置程序是一款能够对模型和材质变体进行实时交互式产品演示的工具，配置向导页面如图 9-40 所示。配置完成后，将在窗口底部增加一个【演示】控制按钮，单击此按钮，弹出产品交互式演示界面，如图 9-41 所示。

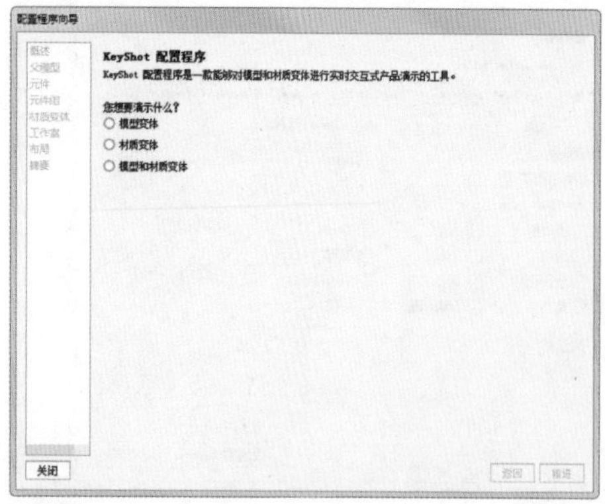

图 9-40 配置向导页面

图 9-41 产品交互式演示

9.9 渲染综合案例——腕表渲染

本节通过具体实际案例对相关操作命令做进一步阐释。本例腕表的 KeyShot 渲染效果如图 9-42 所示。

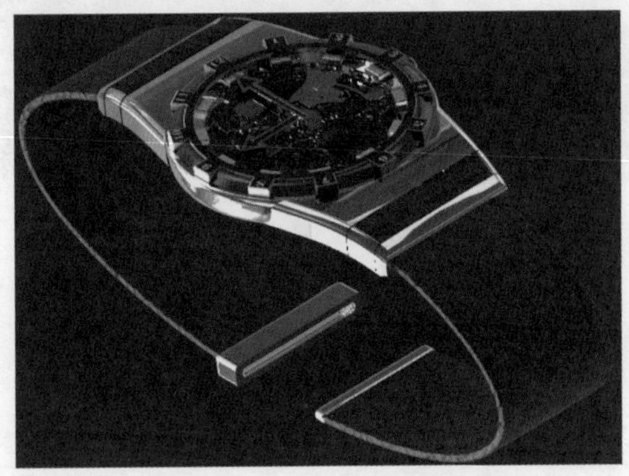

图 9-42 KeyShot 渲染结果

1. 赋予模型材质

01 启动 KeyShot 7.0 软件。单击【导入】命令按钮，打开【导入文件】对话框，然后导入腕表文件，如图 9-43 所示。

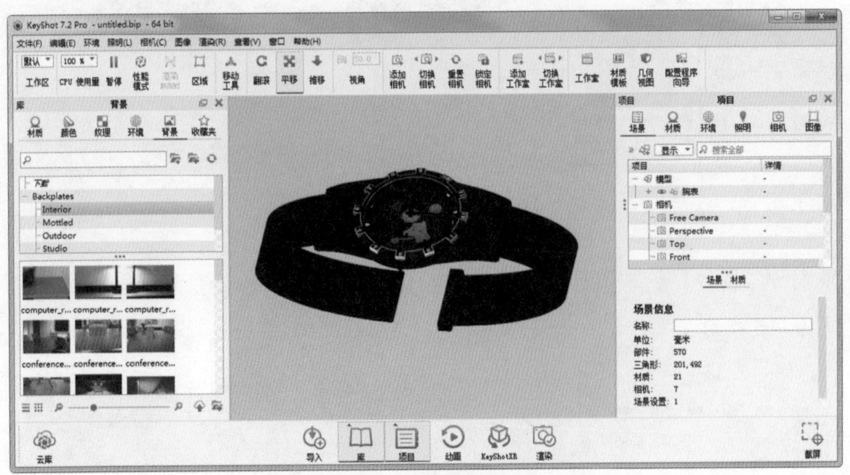

图 9-43 导入模型文件

02 首先赋予材质给表带，在【材质】库中找到【布料和皮革】|【皮革】|【基础】|【皮革暗红色】材质，将其赋予表带，如图 9-44 所示。

技巧点拨

要使用双语材质，请参考本例视频提前安装双语材质库。

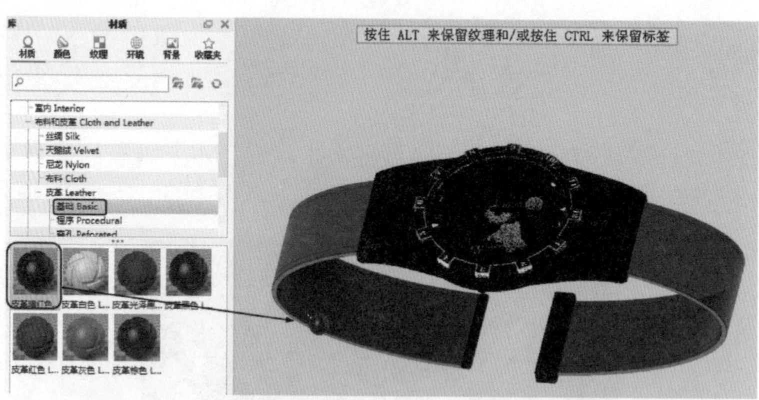

图 9-44　赋予表带材质

03 将【金属】|【贵金属】|【铂】文件夹中的【铂抛光】材质赋予表壳，如图 9-45 所示。

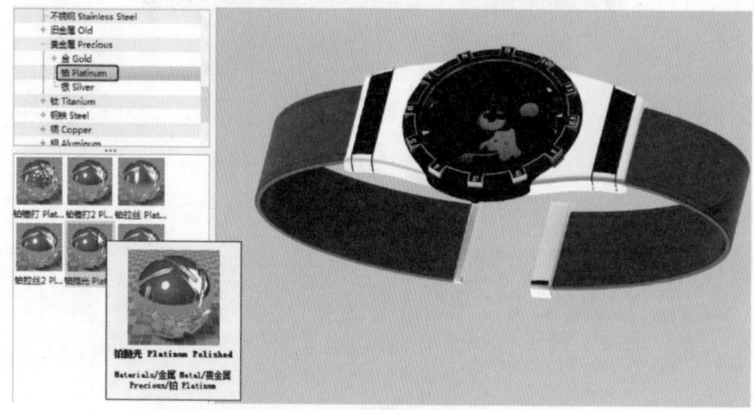

图 9-45　赋予材质给表壳

04 同样的，将【金属】|【贵金属】|【铂】文件夹中的【铂抛光】材质赋予表盘，如图 9-46 所示。

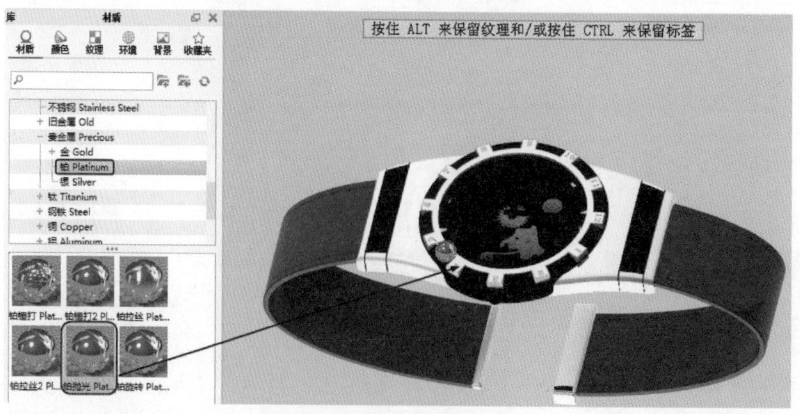

图 9-46　赋予材质给表盘

05 将【金属】|【贵金属】|【黄金】文件夹中的【24K 拉丝黄金】材质赋予表把，如图 9-47 所示。

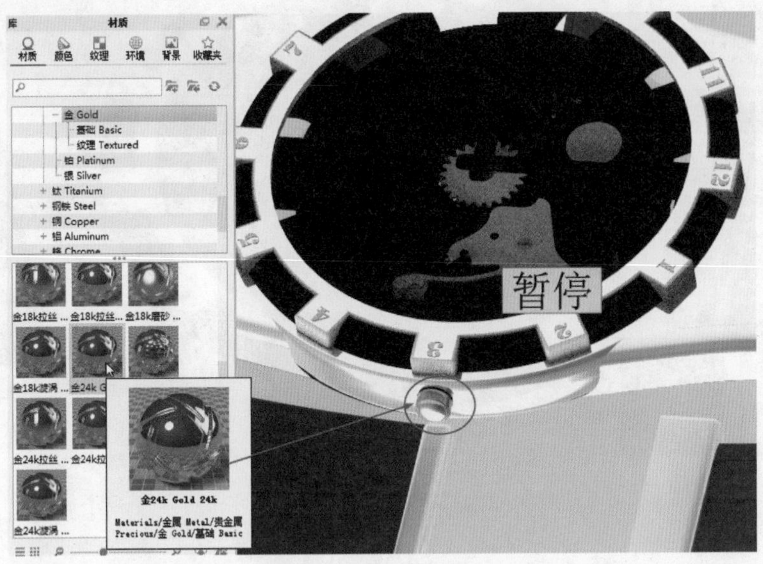

图 9-47 赋予材质给表把

06 将【金属】|【贵金属】|【黄金】文件夹中的【24K 黄金】材质赋予机芯中的两个齿轮，如图 9-48 所示。

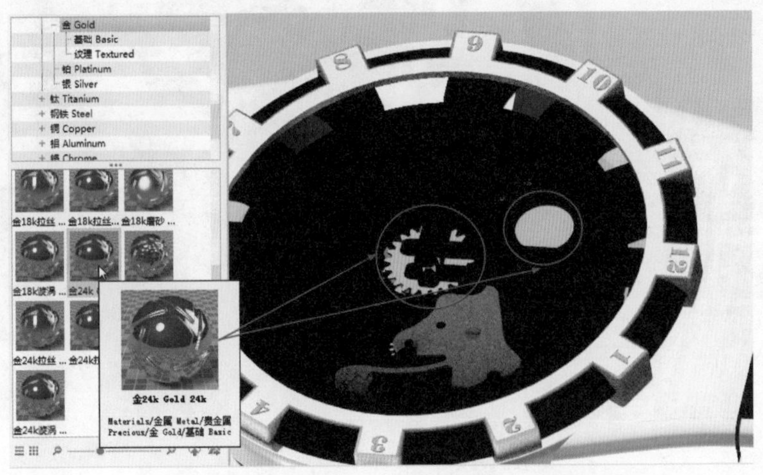

图 9-48 赋予材质给机芯齿轮

07 把【宝石】文件夹中的【宝石紫晶】材质赋予机芯中的护盖，如图 9-49 所示。

08 将【金属】|【不锈钢】文件夹中的【不锈钢轻拉丝】材质赋予机芯中其他零件。可以通过控制面板的【项目】列表赋予材质。

09 将【金属】|【贵金属】|【金】文件夹中的【金 18k 磨砂】材质赋予表内圈，如图 9-50所示。

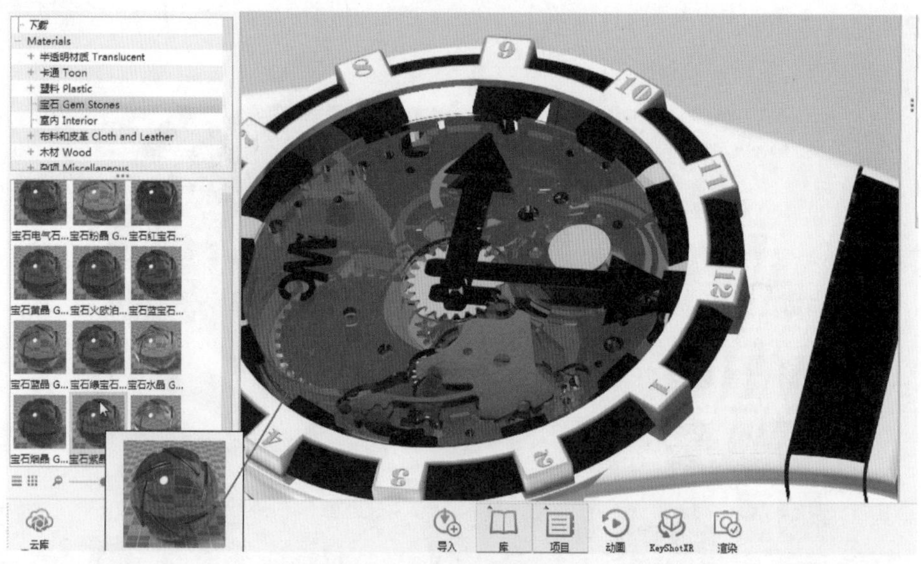

图 9-49　赋予材质给机芯中的护盖

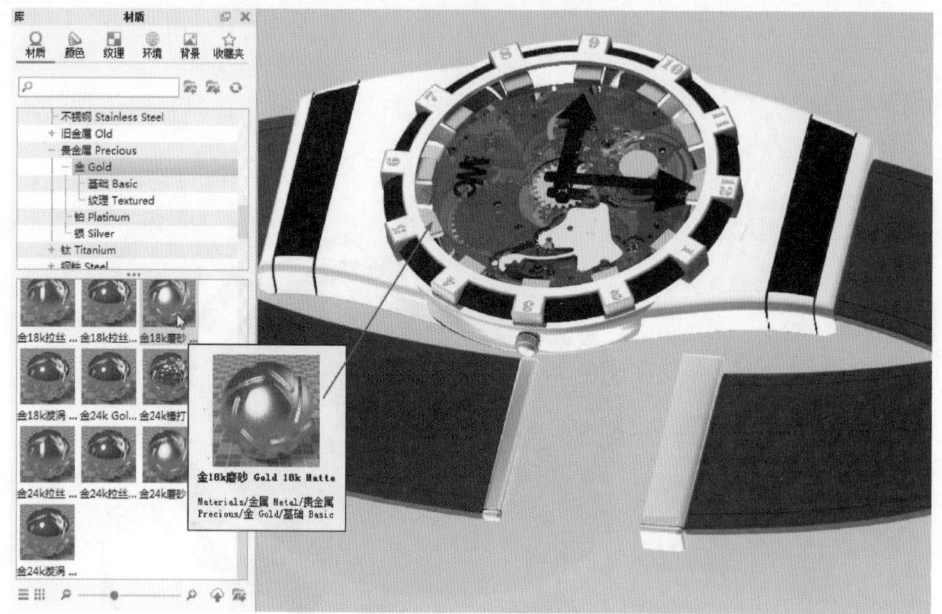

图 9-50　赋予材质给时刻

10 将【金属】|【贵金属】|【铂】文件夹中的【铂抛光】材质赋予指针，如图 9-51 所示。

11 将【艾仕得涂料】|【热门色调】|【效果颜色】文件夹中的【868911_ 糖果苹果】涂料赋予指针中的荧光面，如图 9-52 所示。

12 将【木材】|【传统】文件夹中的【黑核桃木抛光】和【樱桃木】两种木材分别赋予表中的装饰区域，如图 9-53 所示。

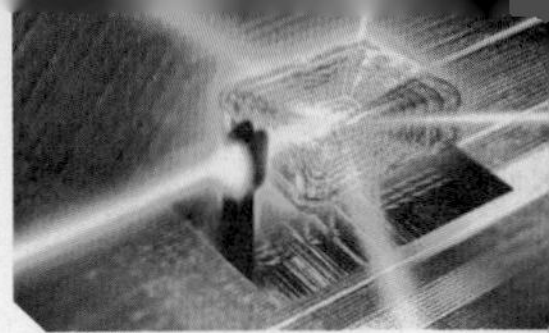

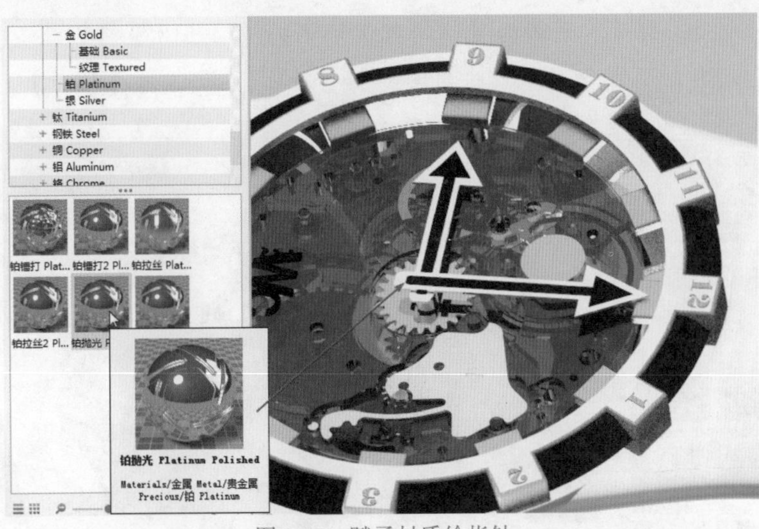

图 9-51　赋予材质给指针

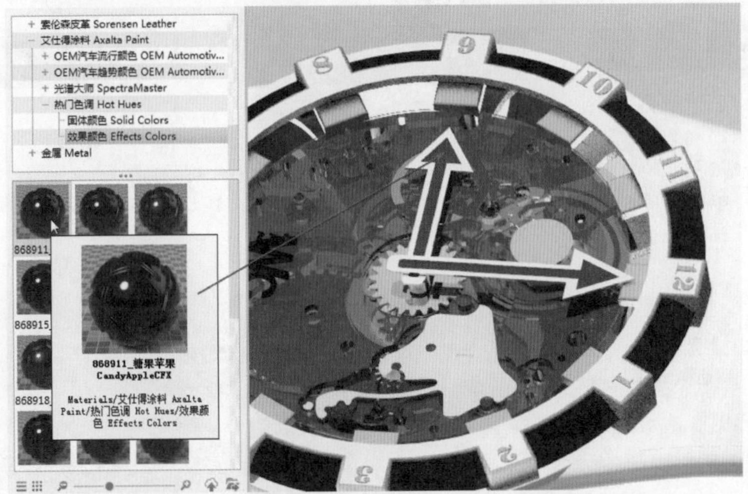

图 9-52　赋予材质给指针荧光面

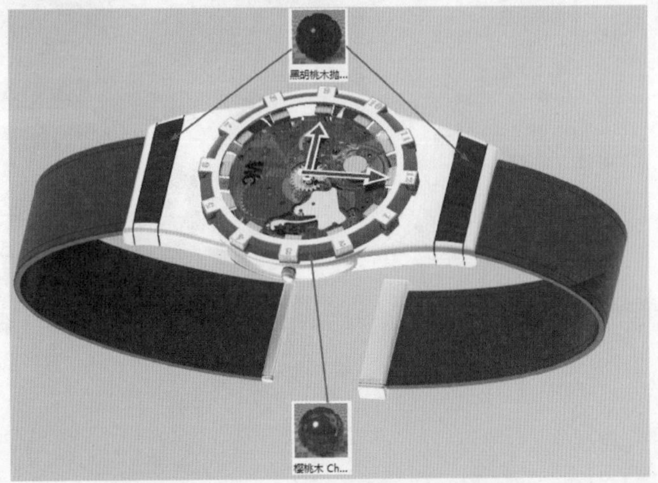

图 9-53　赋予木材材质给表中的装饰

13 最后将艾仕得涂料系统的【热门色调】中的【741518 蓝宝石恍惚】涂料赋予表盘上小时刻度的表面涂层，如图 9-54 所示。可以通过【项目】列表一一赋予材质。

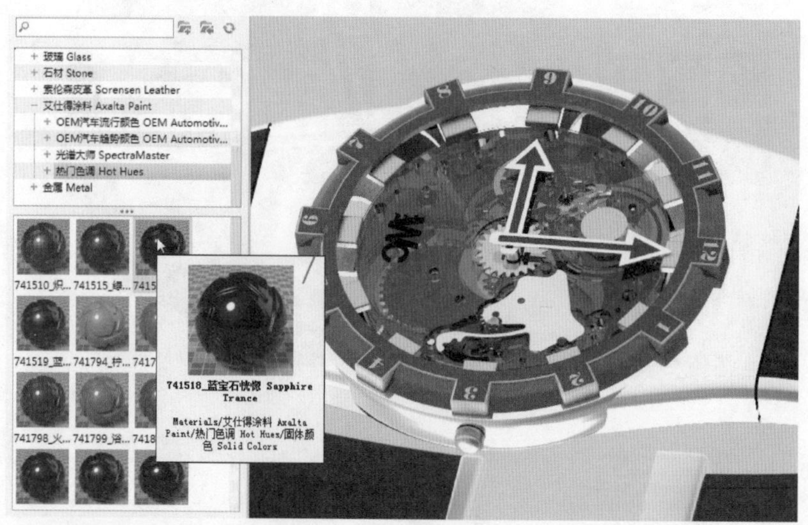

图 9-54　赋予材质给表盘中的涂层

14 接下来需要编辑表带的材质。编辑表带的皮革材质，在【纹理】标签下设置参数，如图 9-55 所示。

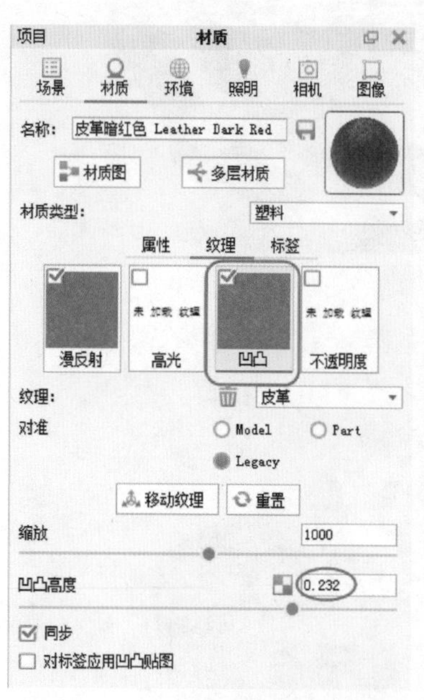

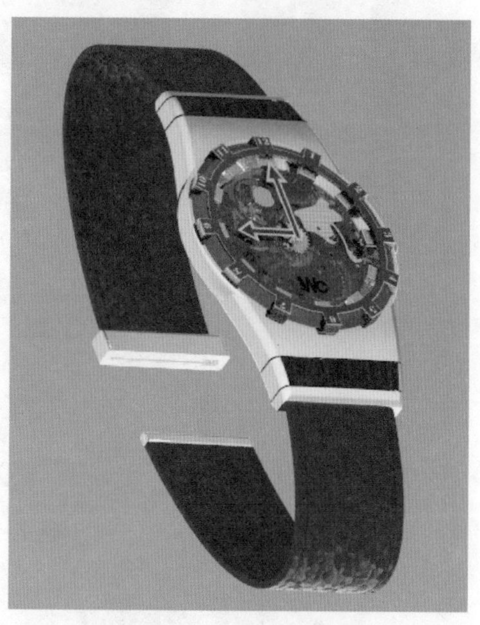

图 9-55　编辑皮革属性

2. 添加场景

01 在【环境】库中双击【interior（室内）】文件夹中【Dosch－Apartment_ 2k】场

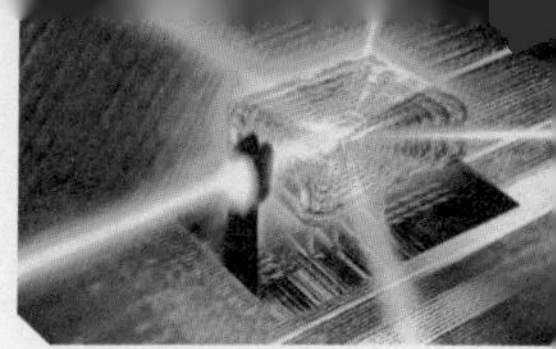

景，添加场景到渲染区域中，如图9-56所示。

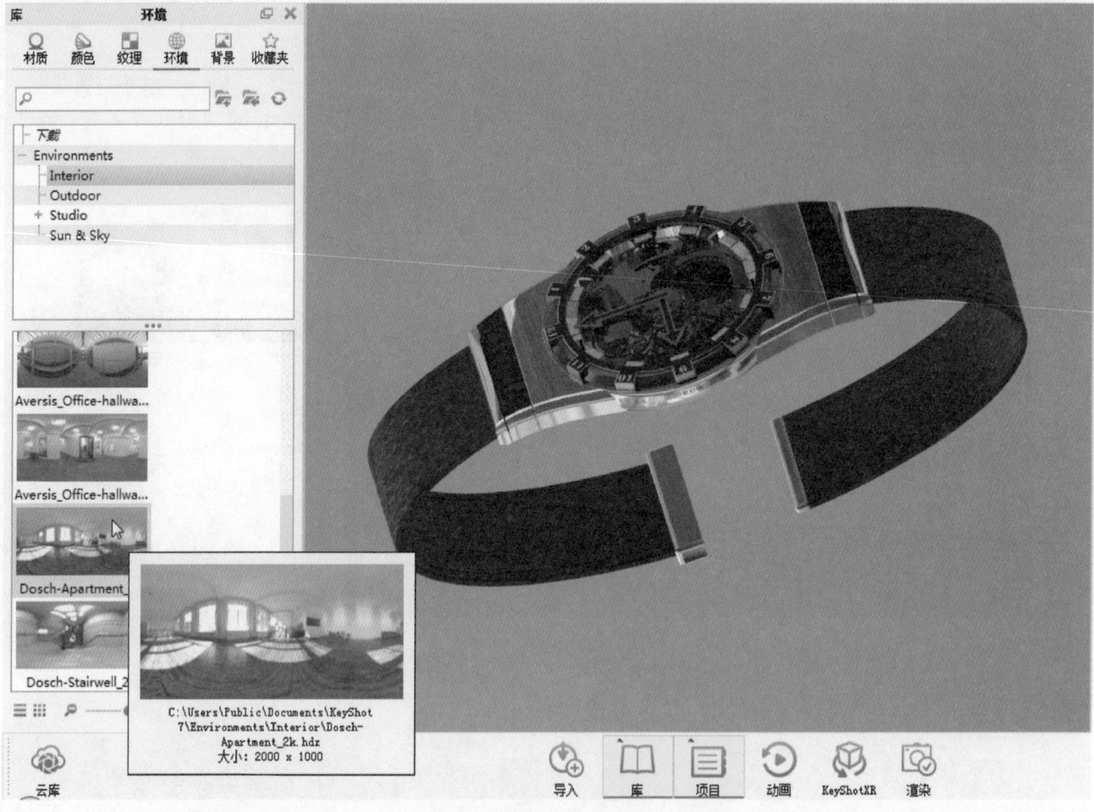

图9-56 添加场景

02 在右侧控制面板的【环境】属性面板中设置背景为【颜色】，且将颜色设置为【黑色】，并设置底面（地板），如图9-57所示。

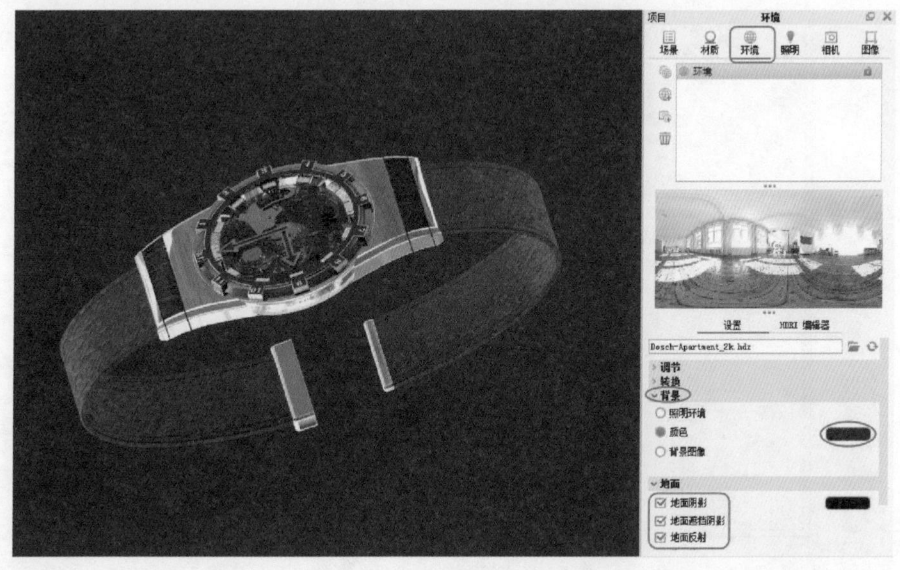

图9-57 设置背景和地板

03 设置【环境】属性面板中的 HDRI 属性，如图 9-58 所示。

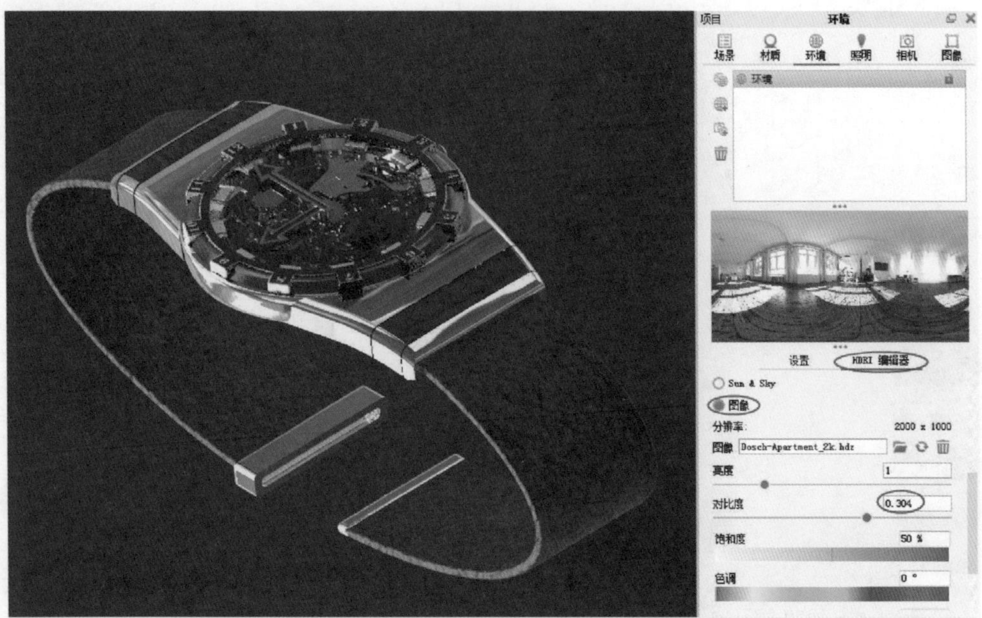

图 9-58 设置 HDRI 属性

3. 渲染

01 在窗口下方单击【渲染】命令按钮，打开【渲染】对话框。输入图片名称，设置输出格式为 JPEG，文件保存路径采用默认路径。勾选【所有渲染层】和【所有渲染 Pass】复选框，其余选项保留默认设置，如图 9-59 所示。

图 9-59 设置渲染输出参数

02 单击【渲染】按钮即可渲染出最终的效果图，如图 9-60 所示。在新渲染窗口中单击【关闭】按钮 ✓，保存渲染结果。

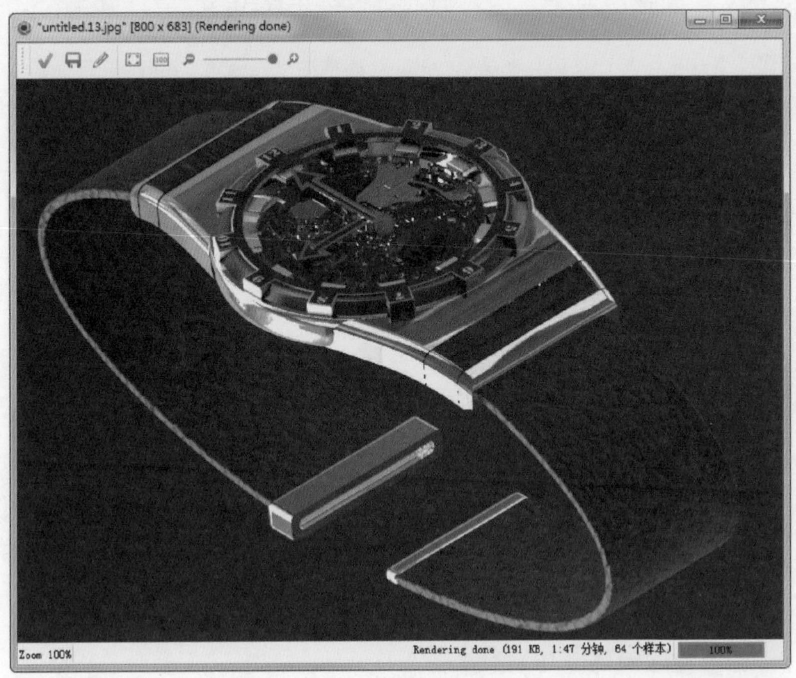

图 9-60 腕表最终渲染图

本书采用 Rhino（中文译名“犀牛”）6.0 中文版为教学版本，全面介绍了软件应用技巧与产品造型设计技能知识。

本书由浅到深、循序渐进地介绍了 Rhino 的基本操作及命令的使用技巧，并配合大量的制作实例，使用户能更好地掌握知识。全书共 9 章，主要介绍 Rhino 与产品设计的关系、Rhino 的基本建模应用、Rhino 在产品造型中的实际应用和 Rhino 插件的高级应用等知识。

本书中的所有案例均从实战出发，每章、每节都配有典型技术案例，将软件学习与实战技术紧密结合，使读者掌握更多的知识。

本书既可以作为本专科院校工业设计、产品设计、珠宝设计等专业的培训教程，也可作为对制造行业有浓厚兴趣读者的案头手册。

图书在版编目(CIP)数据

中文版 Rhino 6.0 产品设计从入门到精通/孙燕飞编著.—北京：机械工业出版社，2018.8（2019.7 重印）

ISBN 978-7-111-60631-4

Ⅰ.①中… Ⅱ.①孙… Ⅲ.①产品设计-计算机辅助设计-应用软件 Ⅳ.①TB472-39

中国版本图书馆 CIP 数据核字(2018)第 179765 号

机械工业出版社(北京市百万庄大街 22 号　邮政编码 100037)
策划编辑：丁　伦　责任编辑：丁　伦
责任校对：丁　伦　责任印制：孙　炜
2019 年 7 月第 1 版第 2 次印刷
廊坊一二〇六印刷厂印制
185mm×260mm ·21 印张·518 千字
标准书号：ISBN 978-7-111-60631-4
定价：89.90 元（附赠海量资源，含教学视频）

凡购本书，如有缺页、倒页、脱页，由本社发行部调换

电话服务	网络服务
服务咨询热线：010-88361066	机 工 官 网：www.cmpbook.com
读者购书热线：010-68326294	机 工 官 博：weibo.com/cmp1952
010-88379203	金 书 网：www.golden-book.com
封面无防伪标均为盗版	教育服务网：www.cmpedu.com